国家出版基金项目
NATIONAL PUBLICATION FOUNDATION

有色金属理论与技术前沿丛书

粉末冶金钛基结构材料

刘　咏　汤慧萍　著
Liu Yong　Tang Huiping

中南大学出版社
www.csupress.com.cn

中国有色集团
CNMC

内容简介 / Introduction

　　该书主要针对粉末冶金方法制备的钛合金和钛铝金属间化合物，结合作者所在团队多年来在国家重大科研项目资助下积累的研究成果，详细阐述了各种钛基结构材料的制备方法、显微组织演化和力学性能研究中的物理冶金学原理，运用数值模拟和物理模拟方法着重介绍了材料的热变形行为及机理；同时结合工程应用，介绍了汽车用粉末冶金钛基复合材料连杆和发动机气门的研发过程；在钛铝合金的应用方面，则主要介绍了大尺寸热锻坯的制备，同时也介绍了钛铝合金板材制备工艺。该著作适合于高年级材料学科本科生、研究生以及工程技术研究人员作为参考资料。

作者简介 /

About the Authors

刘咏，1973 年 4 月出生，博士，教授，博士研究生导师。现为中南大学粉末冶金研究院副院长。2002—2004 年在中南大学 - 自贡硬质合金公司联合企业博士后流动站工作，从事梯度结构硬质合金的研发；2005—2006 年在美国橡树岭国家实验室和田纳西大学访问研究；2009 年获得德国"洪堡"奖学金，在亚琛工业大学进行访问研究；2004 年入选教育部"新世纪优秀人才支持计划"。

长期从事与粉末冶金相关的新材料、新技术和基础理论研究，在复合材料、金属间化合物、金属陶瓷材料、粉末冶金技术等方面做了大量工作，先后承担和参加了 10 余项国家级科研项目。目前已在国内外发表学术论文 70 余篇，获得省部级科技进步奖 3 项。

汤慧萍，博士，西北有色金属研究院教授、博士研究生导师，国务院特殊津贴专家。主要从事稀有金属粉末冶金及金属多孔材料方面的研究与开发。主持或参加国家级科研项目 20 余项，获省部级以上科技奖 12 项，授权发明专利 11 项，发表学术论文 122 篇。将部分成果进行转化，成功应用于我国洁净煤、核能、航天等领域，促进了相关行业的技术进步。

中国有色金属学会粉末冶金与金属陶瓷学术委员会副主任委员，中国机械工程学会粉末冶金专业委员会副主任委员，中国钢铁协会粉末冶金分会副理事长，中国材料研究学会青年委员会常务理事。《中国钼业》、《粉末冶金技术》杂志编委。

学术委员会
Academic Committee

国家出版基金项目
有色金属理论与技术前沿丛书

主 任

王淀佐　中国科学院院士　中国工程院院士

委 员（按姓氏笔画排序）

于润沧	中国工程院院士	古德生	中国工程院院士
左铁镛	中国工程院院士	刘业翔	中国工程院院士
刘宝琛	中国工程院院士	孙传尧	中国工程院院士
李东英	中国工程院院士	邱定蕃	中国工程院院士
何季麟	中国工程院院士	何继善	中国工程院院士
余永富	中国工程院院士	汪旭光	中国工程院院士
张文海	中国工程院院士	张国成	中国工程院院士
张懿	中国工程院院士	陈景	中国工程院院士
金展鹏	中国科学院院士	周克崧	中国工程院院士
周廉	中国工程院院士	钟掘	中国工程院院士
黄伯云	中国工程院院士	黄培云	中国工程院院士
屠海令	中国工程院院士	曾苏民	中国工程院院士
戴永年	中国工程院院士		

编辑出版委员会

总序

当今有色金属已成为决定一个国家经济、科学技术、国防建设等发展的重要物质基础，是提升国家综合实力和保障国家安全的关键性战略资源。作为有色金属生产第一大国，我国在有色金属研究领域，特别是在复杂低品位有色金属资源的开发与利用上取得了长足进展。

我国有色金属工业近30年来发展迅速，产量连年来居世界首位，有色金属科技在国民经济建设和现代化国防建设中发挥着越来越重要的作用。与此同时，有色金属资源短缺与国民经济发展需求之间的矛盾也日益突出，对国外资源的依赖程度逐年增加，严重影响我国国民经济的健康发展。

随着经济的发展，已探明的优质矿产资源接近枯竭，不仅使我国面临有色金属材料总量供应严重短缺的危机，而且因为"难探、难采、难选、难冶"的复杂低品位矿石资源或二次资源逐步成为主体原料后，对传统的地质、采矿、选矿、冶金、材料、加工、环境等科学技术提出了巨大挑战。资源的低质化将会使我国有色金属工业及相关产业面临生存竞争的危机。我国有色金属工业的发展迫切需要适应我国资源特点的新理论、新技术。系统完整、水平领先和相互融合的有色金属科技图书的出版，对于提高我国有色金属工业的自主创新能力，促进高效、低耗、无污染、综合利用有色金属资源的新理论与新技术的应用，确保我国有色金属产业的可持续发展，具有重大的推动作用。

作为国家出版基金资助的国家重大出版项目，《有色金属理论与技术前沿丛书》计划出版100种图书，涵盖材料、冶金、矿业、地学和机电等学科。丛书的作者荟萃了有色金属研究领域的院士、国家重大科研计划项目的首席科学家、长江学者特聘教授、国家杰出青年科学基金获得者、全国优秀博士论文奖获得者、国家重大人才计划入选者、有色金属大型研究院所及骨干企业的顶尖专家。

国家出版基金由国家设立，用于鼓励和支持优秀公益性出版项目，代表我国学术出版的最高水平。《有色金属理论与技术前沿丛书》瞄准有色金属研究发展前沿，把握国内外有色金属学科的最新动态，全面、及时、准确地反映有色金属科学与工程技术方面的新理论、新技术和新应用，发掘与采集极富价值的研究成果，具有很高的学术价值。

中南大学出版社长期倾力服务有色金属的图书出版，在《有色金属理论与技术前沿丛书》的策划与出版过程中做了大量极富成效的工作，大力推动了我国有色金属行业优秀科技著作的出版，对高等院校、研究院所及大中型企业的有色金属学科人才培养具有直接而重大的促进作用。

王淀佐

2010 年 12 月

前言

Foreword

钛及钛合金作为一种优质轻型金属结构材料和重要的功能材料，因其密度小，比强度、比刚度高，抗腐蚀性能、高温力学性能、抗疲劳和蠕变性能好等特点，近年来，在航空航天领域、舰艇及兵器等军品制造中的应用日益广泛，在汽车、医疗、化工和能源等行业也有着巨大的应用潜力，因此，也被称为"正在崛起的第三金属"和"21世纪金属"。

粉末冶金法是利用金属粉末作为原料，通过压制成形和烧结的方法，制备具有一定强度的致密或多孔金属块体的方法。该方法能够低成本生产近净成形零部件，而且材料的化学和组织均匀性好，力学性能优良。因此，粉末冶金方法在钛合金材料及零部件制备方面得到了广泛的应用。

本书主要结合钛合金、钛基复合材料以及钛铝金属间化合物，重点介绍采用粉末冶金方法制备的工艺过程，显微组织演化、力学性能研究中的物理冶金原理；同时通过数值模拟和物理模拟相结合的方法，研究材料的热变形行为以及在汽车用连杆、发动机气门、大尺寸的热锻坯和板材方面的应用。

第1章概述了钛合金、钛基复合材料以及钛铝金属间化合物的发展、成分、组织、基本性能和主要应用；第2章介绍了钛合金的粉末冶金工艺，包括粉末的制备、各种致密化工艺，如激光快速成型、电子束快速成型等；第3章介绍了著者在粉末冶金钛合金方面的研究工作，包括成分的设计和添加稀土组元提高力学性能；第4章介绍了著者在粉末冶金钛基复合材料方面的工作，主要是添加不同的颗粒原位形成TiC相，同时对基体进行合金化；第5章根据热加工图的原理，系统研究粉末冶金钛基复合材料的热变形行为和组织演化规律；第6章则是在前述工作基础上详细介绍了粉末冶金钛基复合材料连杆和汽车发动机气门的制备及工程化应用；第7章主要是介绍各种方法制备的多种成分钛铝金属间化合物的组织演化和热变形行为，最后还详细介绍了钛铝合金大热锻坯和板材的制备工艺过程。

　　本书的撰写得到了诸多同事和学生大力支持，袁铁锤教授撰写了钛冶炼一节，刘海彦参与了氢化脱氢钛粉及钛合金致密化章节，黄瑜参与了球形钛粉制备及激光成形部分，杨鑫参与了电子束成形部分章节，韦伟峰、陈丽芳、刘彦斌、丘敬文、王斌、王玉林参与了粉末钛合金及钛基复合材料研究及内容撰写，李慧中、刘彬、张伟、王辉、王丽、杨广宇、王岩参与了钛铝合金制备、热加工研究及相关内容撰写。刘彬博士对全书进行了通读和校阅。在此表示衷心的感谢。研究和撰写过程中，还得到许多其他同行和同学的帮助，也深表感谢。

　　该著作所涉及的研究工作多年来得到了国家重大科学研究计划（973）、国家高技术新材料计划（863）、国家科技部支撑计划等重大课题的资助，在此谨表谢忱。

著　者

2010 年 10 月

目录

Contents

第 1 章　钛基结构材料简介

1.1　钛合金概述

钛储量丰富，在结构金属中仅次于 Al、Fe、Mg，居第四位，在地壳中的丰度为 0.44，是 Ni、Zn、Cu、Co、Pb、Sn、W、Mo、Sb、Ag、Pd、Au 等 12 种金属总丰度的 10 倍。钛及钛合金作为一种重要的有色金属材料，因其密度小，比强度、比刚度高，耐腐蚀性能、高温力学性能、抗疲劳和蠕变性能好等特点，近年来，在航空航天飞行器、舰艇及兵器等军品制造中的应用日益广泛，在汽车、医疗、化工和能源等行业也有着巨大的应用潜力，因此，钛也被称为"正在崛起的第三金属"和"21 世纪金属"。

1.1.1　钛的冶炼

钛元素是由英国矿物学家和化学家 William Gregor 在 1791 年首次发现的。随后，德国柏林化学家 Martin Klaproth 成功地分解了氧化钛。1910 年纽约科学家 Matthew Albert Hunter 通过加热 $TiCl_4$ 和 Na 的混合物制取了金属钛。卢森堡化学家 Wilhelm Justin Kroll 于 1932 年采用 $TiCl_4$ 制取了大量的钛，实现了工业化应用。Kroll 法的基本原理如图 1 – 1 所示。

首先将氯气通过装有氧化钛矿和粉煤灰的容器，在高温高压下使之转化为液态的 $TiCl_4$，反应如下：

$$TiO_2 + 2Cl_2 + C \longrightarrow TiCl_4 + CO_2 \tag{1-1}$$

$TiCl_4$ 通过分离蒸馏，纯化，然后和金属镁或者金属钠在高温高压和惰性气氛下，通过如下的金属热还原制备出海绵钛。

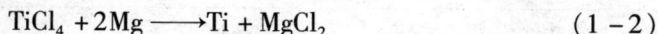

$$TiCl_4 + 2Mg \longrightarrow Ti + MgCl_2 \tag{1-2}$$

当前，Kroll 法是世界各国普遍采用的钛的生产方法。但是，由于 Kroll 工艺生产流程长、非连续、污染环境等问题，使得钛金属的生产成本居高不下，制约了钛的广泛应用。自 2000 年以来，世界各国科学家开发出了几十种新的钛冶炼和直接制粉技术，如表 1 – 1 所示。下面介绍其中的几种主要冶炼技术。

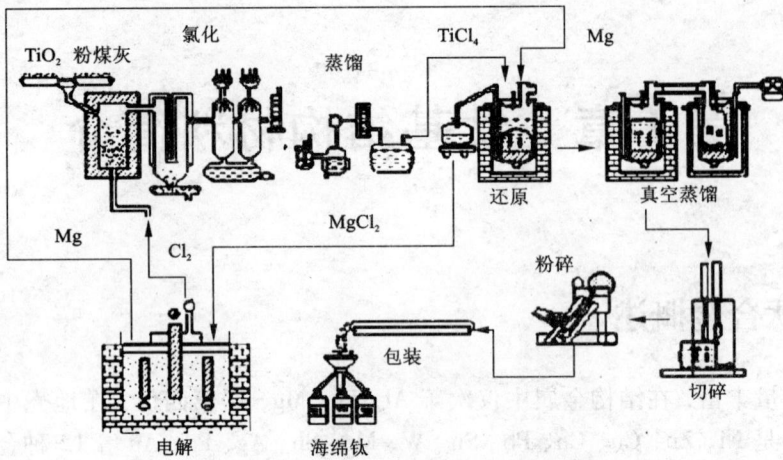

图 1-1　Kroll 法制备海绵钛工艺示意图

表 1-1　钛的几种主要还原技术

技术名称/单位	工艺	产品
FFC 法/剑桥大学	在熔融 $CaCl_2$ 中电解还原部分烧结的 TiO_2	粉末块体
阿姆斯特朗法/国际钛粉公司	液体钠还原 $TiCl_4$ 蒸汽	粉末
MER 法/MER 公司	在阳极还原 TiO_2,在卤盐电解质中传输,在阴极沉积	粉末、片状物或固体渣
SRI 公司	流态床还原 Ti 的卤盐	粉末、颗粒
爱达荷钛技术公司	氢还原 $TiCl_4$ 等离子体	粉末
GTT 公司	电解还原在溶解在熔融电解质中的 $TiCl_4$	液体 Ti,或者压实的固体
OS 法(Ono/Suzuki)/京都大学	Ca 热还原 TiO_2	粉末/海绵状
MIR 化学公司	在摇动反应器中用碘蒸气还原 TiO_2	颗粒
CSIR 法/南非	氢还原 $TiCl_4$	海绵状
魁北克铁钛公司	电解还原 Ti 渣	液体钛
EMR 法/东京大学	在 TiO_2 和液体 Ca 合金之间,电解还原 TiO_2	多孔 Ti 的粉末坯体
Vartech 法	气相还原 $TiCl_4$	粉末
爱达荷研究基金会	机械化学法还原液体 $TiCl_4$	粉末

1. FFC 法

1996 年剑桥大学研究人员在实验室发现,钛箔表面上的 TiO_2 氧化层可以通过熔盐电化学的方法直接还原成金属单质 Ti。随后把 TiO_2 粉体做成多孔的片体作为阴极,利用熔盐电解的方法,成功制备了纯钛。此方法称之为 FFC 剑桥法,又称为熔盐电脱氧法,简称 FFC 法。

FFC 法制备金属 Ti 的工艺流程如图 1 - 2 所示。先将 TiO_2 粉末压制成形,然后进行烧结,制备成阴极。以石墨做阳极,$CaCl_2$ 熔盐作为电解质,将氧化钛置于钛坩埚或者石墨坩埚中,在 800 ~ 1000℃下进行电解,槽电压为 2.8 ~ 3.2 V。当电流通过时,阴极 TiO_2 电离出氧离子,发生还原反应,氧离子离开阴极,扩散到阳极处,获得电子,氧化成 O_2 或者与碳结合生成 CO 和 CO_2,气体在阳极放出,钛则被留在阴极,从而获得纯钛,产物的组织结构与镁热法生产的粒状、多孔的海绵钛基本一样。

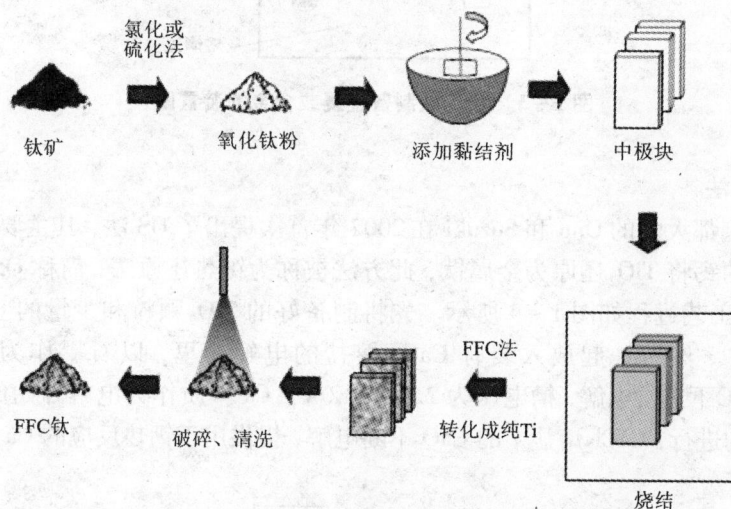

图 1 - 2　FFC 法制备金属 Ti 的工艺流程图

因为该制备过程为固态阴极在熔盐中的电化学脱氧反应,所以整个过程可能包括的环节有:①TiO_2 坯体中的 Ti 离子得电子,离解出氧离子;②固体氧化物中氧离子由固相向熔盐中扩散;③氧离子在熔盐中向阳极迁移;④氧离子在阳极失电子形成氧气后在阳极析出。制备电化学性能较好的阴极,使得氧离子能够以较快的速度扩散到熔盐是提高电解效率的关键手段。

FFC 制备金属中合金的实验装置如图 1 - 3 所示。

FFC 法生产周期为 24 ~ 48 h,产物的最终氧含量低于 0.1%,氮含量在 0.0005% ~ 0.002% 之间。延长反应时间可以进一步降低氧含量。该方法除了可以制备金属 Ti 以外，还可以用来制备很多难熔金属和稀土金属，如：Cr、Zr、Nb、Ta、W 和 Ce 等。此外，同时还原几种氧化物还能制备合金，如已经制备出来的有 Nb_3Sn、NbTi、NiTi、NdFeB 和 Ni_2MnGa 等。

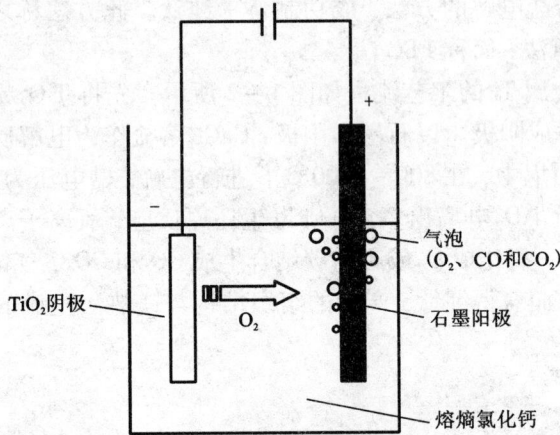

图 1-3 FFC 法制备金属或合金的装置图

2. OS 法

日本京都大学的 Ono 和 Suzuki 在 2002 年首次提出了 OS 法，其主要特点是用电解得到的钙将 TiO_2 还原为金属钛，此方法被称为钙热还原法，简称 OS 法。

OS 法工艺过程如图 1-4 所示。先将制备好的 TiO_2 颗粒和少量的 Ca 单质置入钛篮筐中，然后一起放入装有 $CaCl_2$ 熔盐的电解槽里，以石墨作为阳极，在 800~1000℃下进行电解，槽电压为 2.8~3.2 V。Ca 单质作为电解开始的引发剂，随着反应的进行，$CaCl_2$ 熔盐中的 CaO 不断电解，提供用于钙热反应的 Ca 单质。

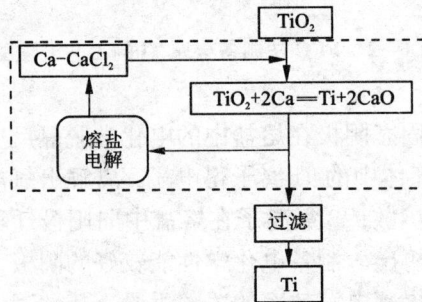

图 1-4 TiO_2 的钙热还原和电解熔融 CaO 工艺流程图

OS 法实验装置如图 1-5 所示。

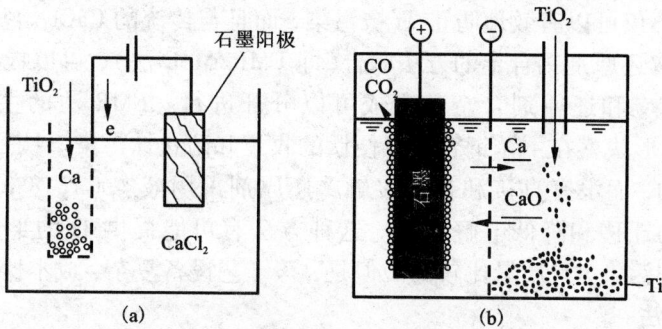

图 1-5　OS 法及其改进法电解装置图

(a) OS 法；(b) OS 改进法

OS 法以可溶性石墨为阳极，器壁为阴极，钙和氯化钙共同组成介质。TiO_2 粉末从反应槽顶部加入，被钙还原后生成的钛沉积到反应槽底部。在两极之间加的电压高于 CaO 而低于 $CaCl_2$ 的分解电压，反应生成的副产物 CaO 被电解还原成再生钙，可以实现钙的循环利用。所以，还原和电解在同一设备中同时完成，实现了工艺的连续化。

与 FFC 法相比，OS 法可以实现短程还原和脱氧，TiO_2 以粒状加入，更适合于氧的转移，所以不会像 FFC 法需要氧的长距离扩散。经计算，与 Kroll 法相比，OS 法理论上电解所需的能量是 Kroll 法的一半，并且工艺连续，是节能型海绵钛制备的新工艺。

3. EMR/MSE 法

2004 年日本科学家提出了将 TiO_2 用钙热还原直接制取钛粉的过程。在反应中，TiO_2 粉和还原剂（Ca - Ni 合金）被放在 $CaCl_2$ 融盐中的不同区域，避免了反应物的直接物理接触。

EMR 法工艺过程是将 $CaCl_2$ 熔盐放在真空装置中、473 K 干燥 12 h；1173 K 时，TiO_2 在氩气的保护下进行电解。TiO_2 的还原过程主要通过还原剂合金释放的电子来完成的。还原结束后，用蒸馏水浸泡溶解不锈钢容器中的 $CaCl_2$。随后，用醋酸和盐酸过滤得到钛粉；用蒸馏水、酒精和丙酮漂洗，最后在真空容器中干燥，最终可得到金属纯钛。

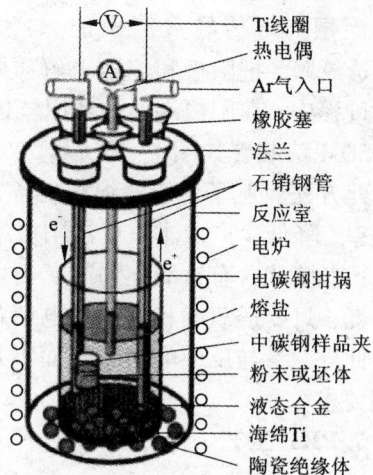

图 1-6　EMR 法实验装置示意图

EMR 法实验装置如图 1-6 所示。

EMR 法不仅可以有效地防止 Ti 被污染，而且与传统的 $CaCl_2$ 熔盐中电解 CaO（MSE 法）制取还原剂钙合金的方法联合（即 EMR/MSE 法），可以提高电解效率，TiO_2 的还原反应和还原剂合金的生成可以分开进行。EMR 法的主要特点是将 TiO_2 粉末或成形块盛在不锈钢容器以便钛的收集和防止钛污染。钛是被合金释放的电子还原的，而没有直接和合金接触。还原剂采用液态 Ca（18%）- Ni 合金，更有利于氧的迁移和降低电解成本。这种方法有可能提供 Ti 的半连续化生产，产物不会受到污染，且质量比较高。但是，该工艺设备复杂，成本比较高。

4. SOM 法

2005 年我国科学家在电解 TiO_2 制取钛的基础上提出一种新的海绵钛制备工艺——利用固体透氧膜提取海绵钛的新技术，即 SOM 法。

SOM 法工艺过程为将含钛氧化物矿熔于熔点低、TiO 溶解度大的熔盐体系，熔盐电解质体系可由 MCl_m - MF_m - TiO_x（M 可以为 Na、Ca、K 等）组成。控制参与电解反应的带电离子，使得参与电解反应的是 TiO_x，而不是其他物质。阴极材料为石墨，阳极则是表面覆盖氧渗透膜的多孔金属陶瓷涂层。可传导氧离子的

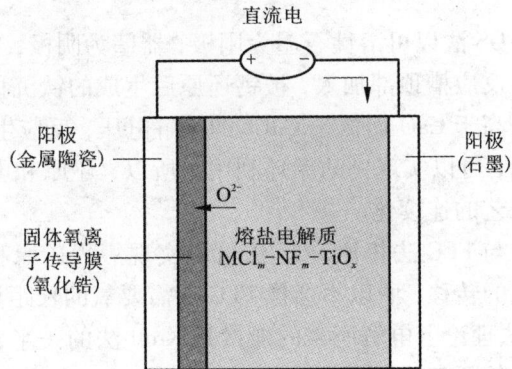

图 1-7 SOM 法工艺图

固体透氧膜，把阳极和熔融电解质隔离，因而参与阳极反应的阴离子只有 O^{2-}，电解过程中，在阳极端通入还原气体 H_2，则生成的产物是 H_2O。

SOM 法装置如图 1-7 所示。

此方法克服了传统海绵钛制备方法不能实现连续化生产的缺点，大大提高了生产率，降低生产成本。此法阳极端生成产物为 H_2O 而非 CO、CO_2 或 Cl_2，绿色环保；直接从含有钛氧化物的矿石中提取海绵钛，工艺流程短，能耗低；阳极不会消耗；只要透氧膜稳定，在电解槽上施加相当高的电压也不会导致熔盐的电离。此外，参与反应的是 TiO_x 而不是其他物质，这可降低传统电解法对原材料的苛刻要求。

5. PRP 工艺

PRP（preform heduction process）工艺是日本学者 Okabe 等提出的新的 TiO_2 还原工艺，即预还原成形工艺。

PRP 工艺过程包括 TiO_2 预制坯的制作，Ca 蒸气还原及 Ti 粉的回收。将粉状 TiO_2 与熔剂（$CaCl_2$ 和 CaO）、黏结剂混合均匀后，在钢模中铸成片状、球状及管状

等各种形状，然后在 1073 K 下烧结成 TiO_2 预制坯。随后，用 Ca 蒸气作还原剂直接对含有 TiO_2 的预制坯还原，反应在 1073 K 至 1273 K 下进行 6 h；最后用浸出法回收预制品中的 Ti。所得产物海绵钛的纯度达 99%。

PRP 工艺试验装置如图 1-8 所示。

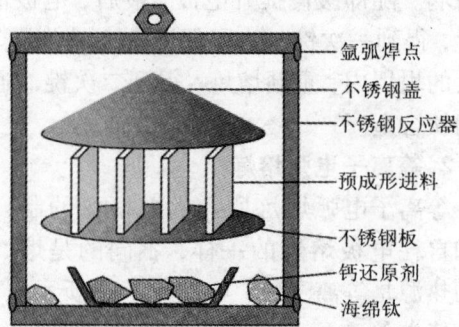

氩弧焊点
不锈钢盖
不锈钢反应器
预成形进料
不锈钢板
钙还原剂
海绵钛

图 1-8　PRP 工艺试验装置

PRP 工艺的优点是通过控制熔剂组成及预制坯形状，可有效控制产物的形态；反应中避免了 TiO_2 原料与还原剂和反应容器的直接接触，可有效控制产物纯度；另外，该工艺易于放大，$CaCl_2$ 的用量也较少。

1.1.2　钛合金的熔炼技术

从海绵钛到钛合金需要经过熔炼阶段。由于钛的活性很高，其熔炼通常在真空环境进行。目前常用的钛合金熔炼技术包括真空自耗电极熔炼、等离子电弧熔炼、电子束熔炼、感应熔炼等。

1. 真空自耗电极熔炼

该方法的工艺流程如图 1-9 所示。将钛及其合金原料，压成电极棒。由于受压制设备的限制，电极棒通常由几根短棒通过电子束焊接成长棒。将电极放入水冷铜坩埚内，施加大电流，电极和坩埚壁之间产生电弧，使电极尖端熔化，滴

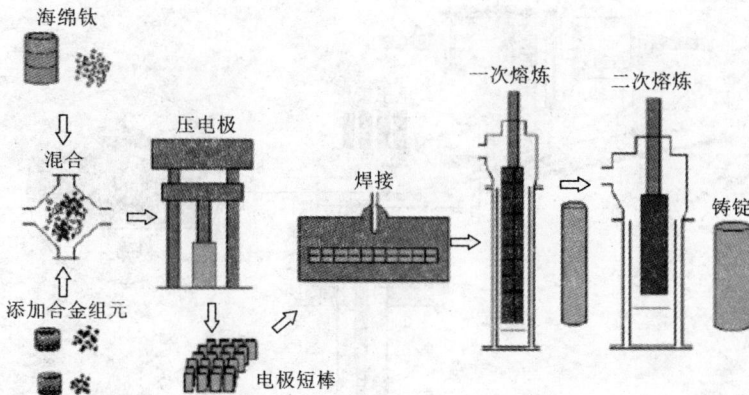

海绵钛

混合

添加合金组元

压电极

电极短棒

焊接

一次熔炼

二次熔炼

铸锭

图 1-9　真空自耗电极熔炼制备钛合金示意图

入坩埚。随即缓慢提升电极，最后，电极消耗完毕，熔体全部滴入坩埚，凝固冷却后，得到一次锭。为了保证合金成分均匀，将一次锭直接作为电极，放入尺寸更大的坩埚内，重新熔炼，得到二次锭。通常如此反复熔炼 3 次，可得到成分均匀的钛合金。

2. 等离子电弧熔炼

等离子电弧熔炼所需的电极棒的制备和自耗电极熔炼的一样，不同的是熔炼的热源是等离子弧，如图 1 – 10 所示。电极棒被等离子弧熔化后，首先滴入一个水平的熔池中，在熔池壁上将形成一层钛合金壳，保护熔体不与池壁反应。低熔点杂质元素在等离子弧的作用下可挥发，而高熔点的不溶物会沉积到池底。合金熔体通过流道，再流至一个垂直的

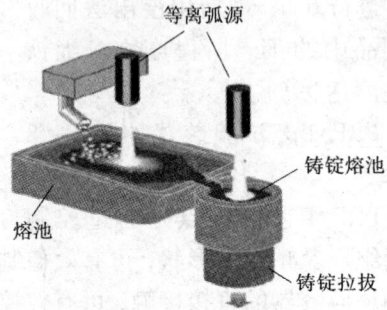

图 1 – 10　等离子电弧熔炼示意图

水冷铜坩埚容器中，凝固，冷却。为了防止熔体在流动过程中热量散失，而提前凝固，通常在该坩埚上方放置另一个等离子弧，辅助加热。该方法的优点是钛合金熔体在熔体和流动过程中有一个均匀化过程。通常两次熔炼就能够获得成分均匀的合金锭子。

3. 电子束熔炼

电子束熔炼的热源是高能电子束，如图 1 – 11 所示。钛合金原料通过喂料器，运入高真空熔炼腔，在高能电子束的作用下熔化。熔体在熔池壁上形成凝

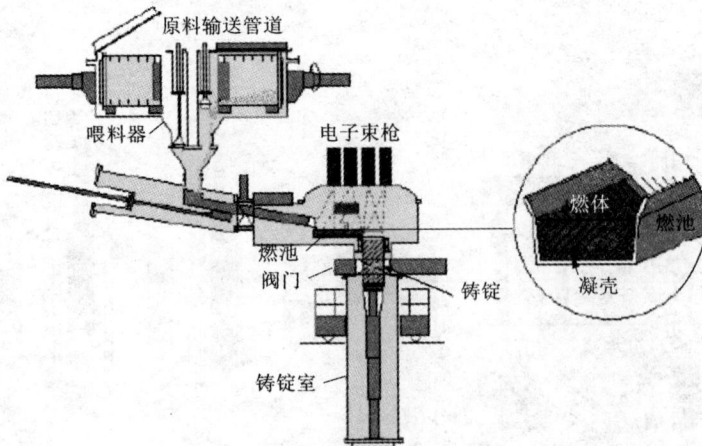

图 1 – 11　电子束熔炼装置示意图

壳,防止熔体与池壁反应。同时,熔体中的低密度杂质会浮在熔体表面,易于除去。充分熔化后的熔体随后流入水冷铜坩埚内,凝固冷却,得到铸锭。由于熔体在熔池中能够混合充分,因此,所得合金锭成分均匀,纯度高。

4. 感应凝壳熔炼

该方法与传统的感应熔炼技术一样,也是通过感应电流,加热原材料,使之在坩埚内熔化。不同的是,由于钛合金熔体活性高,几乎和所有氧化物坩埚反应,因此采用水冷铜坩埚。由于坩埚壁温度低,

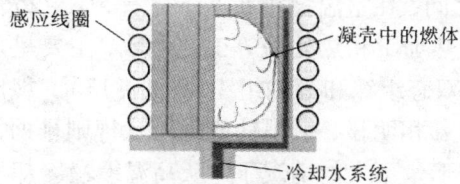

图 1 – 12 感应凝壳熔炼装置图

因此,熔体会在壁上形成一层凝壳,防止熔体被池壁污染。同时,由于坩埚壁的散热作用,原材料在熔化时所需的感应电流也比使用传统氧化物坩埚时大得多。该方法操作简单,成本较低,可用于普通钛合金的熔炼,也可为后续精密铸造浇注提供熔体。

1.1.3 钛合金的分类及合金化

纯钛在 883℃存在同素异晶转变,常温是以 hcp 点的(α – Ti),在 883℃转变为具有 bbc 点阵的 β – Ti。从对 β 转变温度的影响上看,钛的合金化元素主要有:① α 稳定化元素:提高钛的同素异晶转变温度,如铝、镓、铟等,非金属元素有碳、氮、氧;② β 稳定化元素:降低钛的同素异晶转变温度,包括元素周期表中位于钛右边的几乎所有过渡族元素以及 IB 族元素,约 30 种,如钒、铬、锰、铁、镍等,非金属元素有氢;③对钛的同素异晶转变温度影响小的元素,如锡、锆等。

根据钛合金退火得到的亚稳态组织,可将钛合金分为四类:α 型、($\alpha + \beta$)型、β 型以及近 α 型四大类。

(1)α 型钛合金

退火状态以 α 钛为基体的单相固溶体合金称为 α 钛合金。α 钛合金中的主要合金化元素是 α 稳定元素和中性元素,如 Al、Sn、Zr,基本不含有 β 稳定化元素,Mo 当量为 0。因此,α 型钛合金室温下是由 100% 的 α 相组成,典型的 α 型钛合金是工业纯钛和 TA7(Ti – 5Al – 2Sn)。随着 α 型钛合金加热至 β 相区后冷却速度的不同,α 相的形态也有所不同。若从 β 相缓慢冷却时,α 相呈片状且规则排列,此时形态为魏氏 α 组织,若从 β 相快速冷却时,将发生马氏体转变,得到马氏体 α 组织,若 α 型钛合金含有过量氢时,则会出现针状氢化钛。在($\alpha + \beta$)相变区变形或再结晶可以获得等轴细晶 α 组织,该组织室温塑性较好。α 型钛合金具有优良的焊接性能,600℃以下高温抗蠕变性和热稳定性好,但 α 型钛合金不能进行热处理强化,退火后的强度基本无变化或仅有少量变化。

（2）（α+β）型钛合金

退火组织为（α+β）的合金，称为（α+β）两相钛合金。α和β两相的比例取决于合金成分，特别是β稳定化元素的含量。（α+β）钛合金的 Mo 当量在 2.5～10 之间，在室温稳定状态下含有 5%～25% 的β相。α和β两相的形态与分布取决于热加工和热处理等工艺参数，主要呈现为以下 4 种组织：魏氏组织、网篮组织、双态组织和等轴组织（图 1-13）。魏氏组织的特点是原始β晶粒清晰完整，晶界α相明显，呈粗针或细针状规则排列，这种组织通常是在β相区加热未变形或变形量不大的情况下，从高温缓慢冷却下来获得的。具有这种组织的合金断裂韧性、持久和蠕变强度高，但塑性、疲劳强度、抗缺口敏感性、热稳定性和抗热应力腐蚀性能差。网篮组织的特点是原始β晶粒边界有不同程度被破碎，晶界α相已经不明显，晶内α相变短变粗，在原始β晶粒轮廓内出现高度扭曲或类似网篮的片状组织。这种组织是在β相区加热并在（α+β）相区进行最终变形获得的，具有这种组织的合金热强性和抗蠕变性能很高，并且在塑性、疲劳和热稳定性方面的综合性能都很好。双态组织的特点是在转变β组织上分布着一定数量的等轴初生α相，但总含量不超过 50%。这种组织通常是在钛合金热变形或热处理的加热温度低于β相变点较少时获得的。具有这种组织的合金具有较好的拉伸塑性和微裂纹扩展抗力。等轴组织的特点是在均匀分布的，含量超过 50% 的初生α基体上，分布着一定数量的转变β组织。这种组织一般在低于相变点 30～50℃下加热

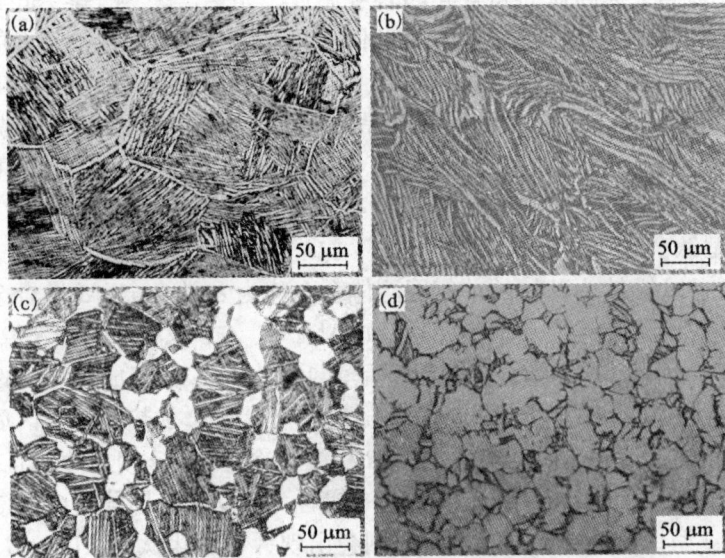

图 1-13 （α+β）型钛合金的典型组织示意图[1]

（a）魏氏组织；（b）网篮组织；（c）双态组织；（d）等轴组织

和变形时获得。具有这种组织的合金具有较好的塑性、疲劳强度、抗缺口敏感性和热稳定性，但断裂韧性、持久、蠕变强度相对较差。此外，在 β 相区快速冷却，会发生马氏体相变，故称为马氏体（$\alpha+\beta$）钛合金。其淬火状态的相组成为 α' 或（$\alpha'+\alpha''$）+保留 β 相。总体上说，在退火状态下，（$\alpha+\beta$）型钛合金具有良好的综合力学性能。目前应用最广泛的（$\alpha+\beta$）型钛合金为 Ti－6Al－4V（TC4），Ti－6Al－2.5Mo－2Cr－0.3Si－0.5Fe（TC6），Ti－6Al－2Sn－4Zr－6Mo（Ti－6246）等。

（3）β 型钛合金

钛合金的 β 稳定元素的含量大于 17%，其主要是稳定的退火组织及亚稳定的淬火组织，均为 β 单相组织。这种组织的晶粒尺寸一般比等轴 α 或（$\alpha+\beta$）组织粗大。在固溶处理时，过饱和的 β 相不发生转变而被保留到室温，变成亚稳定 β 相，亚稳定 β 相在时效过程中发生分解而析出弥散的 α 相，使合金得到强化。因此，β 钛合金是可以淬火、时效强化。目前，较成熟的 β 型钛合金主要有美国的 Ti－10V－2Fe－3Al（Ti－10－2－3），Ti－15V－3Cr－Al－3Sn（Ti－15－3）和俄罗斯的 Ti－5Al－5Mo－5V－1C－1Fe（DN－22）等。β 型钛合金室温变形能力好，但焊接性能和热稳定性能较差。

（4）近 α 型钛合金

近 α 型钛合金是在（$\alpha+\beta$）型钛合金中含有少量（少于 2%）的 β 稳定元素，其 Mo 当量小于 2.5。这类合金主要是靠 α 相稳定化元素固溶强化，加入少量的 β 稳定化元素，其退火组织为 α 相和少量的 β 相（少于 10%），以改善成形性能，并使合金具有一定的热处理强化特性。近 α 型钛合金具有良好的焊接性和高的热稳定性，具有较高的蠕变强度和高温瞬时强度。国内外在 500℃ 以上使用的高温钛合金几乎都是近 α 钛合金，例如我国的 TA12、TA15，美国的 Ti－6242，Ti－1100，英国的 IMI829 和俄罗斯的 BT20、BT18 和 BT36 等。

（5）合金化

从以上钛合金的分类来看，合金元素有助于调整钛合金的显微组织，改善各种力学性能。钛合金的合金化组元很多，包括各种金属元素，也包括 O、C、N 等间隙元素。

铝在钛合金中是主要的 α 稳定元素，一般各类钛合金中几乎均有铝存在。因此对钛合金来说，Ti－Al 系的意义可以与铁基合金中的 Fe－C 系相提并论。在近 α 和（$\alpha+\beta$）型合金中均使用 α 稳定元素铝。

钛合金中加入的铝，主要溶入 α 固溶体，而少量溶于 β 相，具有显著的固溶强化效果，提高合金的强度，但不明显降低塑性，因此具有良好的冷、热加工性能。铝比钛轻，加入后可增加合金的比强度。铝还能显著提高再结晶温度。纯钛的再结晶温度为 600℃，含 5%Al 时，钛合金的再结晶温度上升为 800℃。钛合金中加入铝后，还可以提高氢的溶解度，从而降低钛合金的氢脆现象。此外铝还能提高钛合金的热强性和弹性模量。

钛合金中若铝含量过高，则会导致脆性相 Ti_3Al 的出现，并急剧地降低力学性能。这是由于当共格有序的 Ti_3Al 粒子被运动位错切割时，形成大量的位错堆积，导致早期脆性断裂。当 Al 含量在 6.8% ~ 10.0% 时，存在短程有序相。但一般认为，钛合金中铝含量不超过7%是适宜的。为了防止 Ti_3Al 相析出，合金设计应满足条件：

$$Al + Sn/3 + Zr/6 + 10(O) \leqslant 9\%（质量数分数）\qquad (1-3)$$

或者满足：

$$Al + 0.46Sn + 0.42Ga + 6.7(O) \leqslant 8\%（质量数分数）\qquad (1-4)$$

铝过高对合金的抗蚀性也无益处。例如，Ti – 7Al – 2Nb – 1Ta 合金中引起海水应力腐蚀的脆性相是由钛 – 铝脆性反应的结果。为了抑制 Ti_3Al 的形成，应降低铝含量，可设计 Ti – 6Al – 2Nb – 1Ta 和 Ti – 6Al – 2Nb – 0.8Mo 合金，消除海水应力腐蚀的敏感性。

近 α 和 $(\alpha + \beta)$ 型合金中主要使用的 β 稳定元素为钼、钒、铌和钽等。它们均为 β 同晶稳定元素，在 β 钛中能无限固溶，在 α 钛中有限固溶。其中钼在 α 钛中的溶解度仅在 0.2% ~ 0.8% 的范围内。而钒、铌、钽则可达百分之几的量级。在这些元素中，钼稳定 β 的能力最高，钽最弱，其临界浓度比钼大 6 倍。1% 钼的稳定化能力与 3% 的钒等价，但也有认为是钒的 1.75 倍，钼对 β 相稳定能力是铌的 3.6 倍。在钛合金中加入 β 同晶元素以稳定 β 相的优点是所得组织稳定性好，不发生共析或包析反应。

钒在钛合金中能起有效的固溶强化作用，在提高合金强度的同时还能保持良好的塑性，因此钒亦是钛合金中广泛应用的合金元素。钒在常用的 β 稳定元素中是最轻的，密度为 $6.1~g/cm^3$。Ti – 6Al – 4V 是典型的 Ti – Al – V 三元合金。对 Ti – V 低温淬火硬化研究表明，当加热到 β 相变点以上 50℃ 进行淬火处理和慢冷时，合金的屈服点均随钒含量的增加而增加。当钒含量从 0 增加到 0.5% 时，发现屈服点由 15% 增加到 50% 左右达到最大值，再增加钒量，就稳定在 40% 左右。

钼元素和钒相似，钛中加入钼主要起固溶强化作用和改善合金的热加工性能，它还能减少钛合金的氢脆倾向。钼的强化效果比钒高，但密度也大，为 $10.22~g/cm^3$。钼的扩散系数很小。钼含量过高对钛合金的焊接性能不利。美国海军船舶局（NAV SHIPs）在研究 Ti – 6Al – 2Nb – 1Ta – 0.8Mo 合金的焊接性能时，选用了 Ti – 6Al – 2Nb – 1Ta – 0.5Mo 作为焊丝，避免出现与较高 β 含量有关的焊接问题。此外，钼含量较低还可以使焊缝抗应力腐蚀特征保持不变，因为焊接区域的快速冷却会提高其腐蚀抗力。

铌在 α_2 – Ti 中的溶解度较大，最大值可达 4%（质量数分数），并且随着温度下降而溶解度增大。Ti – Nb 合金的低温塑性很好。铌和铝一样扩散系数小，在 900℃时自扩散系数为 10^{-15} cm/s 级。铌能减缓合金元素的扩散，抑制 β 相的过于长大。它对提高钛合金的抗氧化能力也较显著。

各种合金元素对钛合金强度的贡献，可以参见表 1 – 2。

表 1 – 2　钛合金中单位质量的合金化元素的强度增量[2]

合金元素	$\Delta\sigma_b$/MPa	合金元素	$\Delta\sigma_b$/MPa
Al	50	Mn	75
Sn	25	Cr	65
Zr	20	Fe	75
Mo	50	Co	55
V	35	Si	12
W	35	Nb	15

1.1.4　钛合金的应用

1. 航空航天

钛及钛合金由于具有比强度高、抗腐蚀性好、耐高温等一系列突出的优点，是航空航天发动机及机身的重要结构材料。飞机越先进，用钛量越大，如先进的战斗机 F – 22 中，钛占结构质量的 41%；先进发动机 V2500 中，钛占结构质量的 30%。

早在 20 世纪 50 年代初，一些军用飞机上开始使用工业纯钛制造后机身的隔热板、机尾罩、减速板等受力不大的结构件。60 年代，钛合金在飞机结构上的应用，进一步扩大到襟翼滑轨、承力隔框、中翼盒形梁、起落架梁等主要受力结构件中。到 70 年代，钛合金在飞机结构上的应用，又从战斗机扩大到军用大型轰炸机和运输机，而且在民用飞机上也开始大量采用钛合金结构。

普通钛合金主要是为适应飞机机身结构而研制的，其使用温度一般在 350℃以下，强度水平依合金类型及热处理状态不同而有很大差异（650 – 1500 MPa）。这类合金除对力学性能有较高要求之外，工艺性能（如冷成形性、可焊性、超塑性等）也是其重要指标。以钛代铝或钢作机体结构件，其目的是为减重、增强及解决某些零件的腐蚀问题。飞机的速度越快，钛合金的使用比例越大。据统计，国外机体用钛量占机身总重的比例在民航机中约为 7%，在军用飞机上占 20% ~ 35%。常用的航空钛合金主要有 Ti – 6Al – 4V（中强锻件和板材）、Ti – 3Al – 2.5V（低强管材）及 β 钛合金。Ti – 6Al – 4V 虽有较好的综合性能，但其冷加工性能差，强度、塑性、韧性及淬透性偏低。为此，美国开发了一系列新型结构钛合金。

近年来得到较快发展的 β 钛合金是 Ti – 10V – 2Cr – 3Al 和 Ti – 15V – 3Cr – 3Al – 3Sn。这两种钛合金因具有高的结构强度、可靠性及良好的加工性能而受到航空界的重视。Ti – 10V – 2Fe – 3Al 适于做航空锻件，目前已在波音 757、737、A300、A320、F14、F18、BIB 上得到应用。Ti – 15V – 3Cr – 3Al – 3Sn 合金冷加工性及冷成形性优异，适于制成薄板及带材，也可用于锻件、棒材及管材。目前该合金已用于飞机短舱、紧固件、液压管、弹簧、直升机旋翼等。此外，美国还研制了高强度、高弹性模量的钛合金 Ti – 62222S 及抗高温氧化的高强 β 钛合金 β2LS，后者可作为纤维增强钛基复合材料的基体。

高温钛合金是现代航空发动机的关键材料之一，它主要用作飞机发动机的压气机盘、叶片和机匣，以减轻发动机质量，提高推重比。发动机对高温钛合金的要求非常苛刻，它要求材料具有高的室温强度、高温强度、抗蠕变性能、热稳定性、抗疲劳性能和断裂韧性的良好匹配。最具有代表性的几种高温钛合金包括：英国 1976 年推出的 IMI829，1984 年推出的 IMI834，美国 1988 年推出的 Ti – 1100 和前苏联 1974 年推出的 BT28。

在民用领域，为降低材料制造成本，美国 TIMET 公司开发了一种新型高强 β 钛合金 Ti – 4.5Fe – 6.8Mo – 1.5Al 以取代较贵的 Ti – 1023 合金。该合金用便宜的 Fe 元素取代了昂贵的 V 元素，而且可以像钢一样冷绕或温绕成弹簧，从而降低加工成本。TIMET 公司开发的另一个低成本高强钛合金是 Ti – 6V – 6Mo – 5.7Fe – 2.7Al（TIMETAL125），也由于添加了 Fe 元素同时具有优良的冷成形性而降低了成本，非常适合于作飞机紧固件。日本开发的低成本超塑性钛合金 SP700（Ti – 4.5Al – 3V – 2Mo – 2Fe）不仅在拉伸强度、疲劳强度等性能上优于 Ti – 6Al – 4V，而且其超塑性成形温度显著降低。

2. 舰船

钛耐海水腐蚀的特性使其成为舰船用关键、核心部件的结构材料。例如，台风级核潜艇用钛量达 9000 t。

由于船舶及其设备长期浸泡在海水和暴露在海洋大气环境中，有许多设备和构件易受腐蚀而又不易加以保护，如高速螺旋桨、轴、舵、阀、海水泵、热交换器及高温排气管等，在使用中就要求材料耐腐蚀性能高、使用寿命长、安全、大承载、少维修等。相对于钢铁和铝合金，钛合金在耐腐蚀性方面具有明显优势。

另一方面，船用材料的规格一般比较厚大，多采用冷热成形、弯曲成形、锻造、铸造和焊接成形等手段，因此，船用钛合金的特点是除要求某些力学性能外，还要有高的塑韧性、可焊性及成形性。通常，焊接系数要求大于 0.9，合金的系数要小于 0.25，铝当量要小于 6。

常见舰船用钛合金如表 1 – 3 所示。

表 1 - 3　舰船上用钛的部位及采用的钛合金

应用部位	采用的钛合金
耐压壳体	T - 1M, Ti - 5Al - 2.5Sn, Ti - 6Al - 4V, Ti - 6Al - 2Nb - 1Ta - 0.8Mo
螺旋桨及桨轴	纯 Ti, Ti - 6Al - 4V
通海管路、阀及附件	纯 Ti, Ti - Al - Mn, Ti - 6Al - 4V, Ti - 6Al - 6V - 0.5Cu - 0.5Fe, Ti - 3Al - 2.5V, β - C, TiNi 形状记忆合金, Ti - 31, Ti - 75
热交换器及海水淡化装置	纯 Ti, Ti - 5Al, Ti - Al - Mn, Ti - 0.3Mo - 0.8Ni, Ti - 6Al - 4V, Ti - 31
发动机零件	Ti - 6Al - 4V, Ti - 5Al - 2.5Sn Ti - 8Al - 1Mo - 1V, Ti - 6Al - 2Sn - 4Zr - 2Mo
声学装置及换能器零件	纯 Ti
系泊装置及发射装置	Ti - 6Al - 4V, Ti - 4Al - 0.005B, β - C

3. 汽车

随着汽车工业的发展,安全、节能、环保成为当今的三大主题,特别是汽车减重已被世界各大汽车公司提到议事日程上来。PNGV(partnership for a new generation of vehicles)计划新一代汽车的燃料利用率比目前汽车提高 3 倍,具有更高的承载能力。

在常用的金属结构材料中,钛合金的比强度是最高的(图 1 - 14)[5],所以随着汽车轻量化的发展趋势,钛在汽车行业将具有很大的应用潜力。钛及其合金的应用有利于减轻汽车质量,降低摩擦损失和空气阻力,改善发动机燃烧状态,因而可节油 2% ~ 3%,噪音降低 5% ~ 10%。

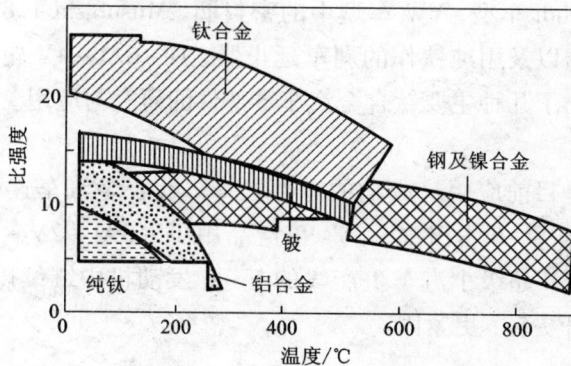

图 1 - 14　不同金属材料比强度对比

　　赛车发动机较早使用钛合金制造的阀门和连杆减轻质量, 降低转矩和功率输出, 解决了部件偏转等问题。在汽车零件中, 钛合金已被认定可代替铁基零件的主要有发动机中的连杆、轴、阀弹簧、挡圈等; 排放系统中的吸气阀、排气阀等 (图 1 - 15)[3]。这些零件的质量比传统铁基零件质量轻 30% ~ 70%。

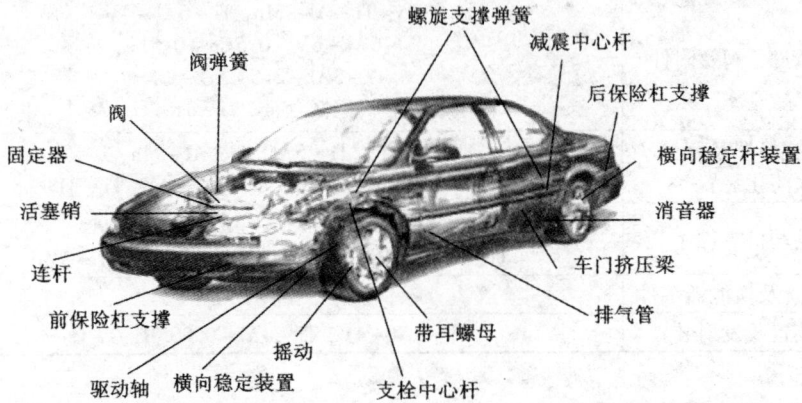

图 1 - 15　钛合金在汽车上的潜在应用

　　随着应用技术不断成熟和低成本钛合金的开发, 钛合金的应用也不断扩展。表 1 - 4 列出了近期汽车用钛合金的情况[5], 可以看出, 在进气、排气系统中使用的有 Corvetle 车型中使用的 Timet 公司专门生产的排气系统及丰田公司 (TOYOTA Motor Corporation) 的 Toyota Alfeza 车型中 Ti - 6Al - 4V 进气阀和 Ti - 834 + B 排气阀, Infinity45 车型与 Toyota Alfeza 车型中使用的 Ti 合金进、排气阀材料相同, 在汽车弹簧中使用的钛合金有 VW Lupo 车型中使用的低成本钛合金 TIMETAL LCB 合金, 另外还有 Audi 车型, VW 车型中的密封圈、Mitsubishi 1.8L 车型中的 β 钛合金阀弹簧固定器以及用纯钛作的刹车延止器、Ti - 6Al - 4V 轮毂螺杆、钛消音器等等。下面给出了几种主要钛合金汽车零部件的研究与应用。

　　(1) 连杆

　　钛合金连杆是目前应用最成功的零件之一。钛合金汽车连杆首次应用是在 Acura 车型的 NSX V - 6 本田汽车上。该产品用 Ti - 3Al - 2V - (La, Ce)S 合金铸锭热锻制成, NSX 超级小汽车生产线的 V - 6 发动机中继续以钛连杆为特色。钛连杆比锻钢连杆更轻, 更紧固。

表1-4　汽车用钛的情况

车型	应用零件	原来材料	钛合金
Corvetle	排气系统	409SS	TIMETAL Exhaust Grade
VW Lupo	吊弹簧	Cr - Si 钢	TIMETAL LCB
Porsche GT3	连杆	Cr - Mo 钢	Ti - 6Al - 4V
Ferrari	连杆	Cr - Mo 钢	Ti - 6Al - 4V
AⅡ Audi, VW	密封圈	Al	TIMETAL 35A
AⅡ Mitsubishi 1.8L	阀弹簧固定器	钢	β 钛合金
Toyota Alteza	进气阀	300 SS	Ti - 6Al - 4V
Toyota Alteza	排气阀	300 SS	Ti - 834 + B
Infinity Q45	进气阀	300 SS	Ti - 6Al - 4V
Infinity Q45	排气阀	300 SS	Ti - 834 + B
Mercedes S Class	刹车延止器	SS	CP Grade2
VW, Mercedes, BMW	轮毂螺杆	铝钢	Ti - 6Al - 4V
Yamaha, Suzuki, Kawasaki	消音器	409 SS	TIMETAL Exhaust Grade

（2）气阀

钛合金的另一重要用途是用作汽车排气阀和进气阀。钛制汽车阀门可以用热锻法，精密铸造法和粉末冶金法生产。进气阀通常使用 Ti - 6Al - 4V 合金，排气阀使用 Ti - 6Al - 2Sn - 4Zr - 2Mo 合金。美国的福特汽车公司和通用汽车公司（Ford 和 GM）研究出新型 V - TiAl 排气阀，其耐高温性能更好。我国"九五"及"十五"期间均开展了 TiAl 合金气门的研制。笔者把粉末冶金和准等静压工艺相结合，制备了 TiAl 基合金排气阀菌部的近型件，通过扩散连接及后序加工制备出了界面接合良好，具有发动机服役性能的 TiAl 基合金排气阀。1998 年，丰田公司用粉末冶金技术与压力加工相结合的方法研制了 Ti - 6Al - 4V/10TiB 进气阀和 Ti - 4.5Fe - 7Mo - 1.5Al - 1.5V/10TiB 排气阀，安装在 Altezza 家用轿车上。采用这种钛阀门的新型发动机与旧的发动机相比，气门质量减轻 40%，发动机最高转速提高 500 r/min，高转速区的运转噪音降低 30%，凸轮驱动转矩降低 20%。

（3）回气管

采用钛合金制成的尾喷管/回气管组件可不受氯盐和含硫废气的腐蚀，甚至在焊接处也不会出现锈蚀，且比传统的不锈钢排气系统减轻 8.2 kg，同时改善了燃料效率，具有较快的加速能力和较短的制动距离。新型雪佛莱 Corvette Z0 6 汽车上已采用了钛合金制成的回气管。

（4）弹簧

与汽车使用的普通钢弹簧相比，钛弹簧质量轻、耐腐蚀性好和剪切模量低

（可减少弹簧卷的转向）。钛质弹簧比钢质的弹簧轻 60% ~70%。在一辆美国典型的 5~6 座的家用车中，使用 4 个弹簧，每辆车就可减轻 9~13.6 kg。TIMET 公司曾专门为满足汽车弹簧生产商的成本和零件装配要求而开发了一种钛合金，该材料保留了航空用钛合金弹簧的优异性能，且大大降低了成本。最初用作欧洲大众汽车公司的新型 Lupo FSI 汽车的齿轮弹簧。2001 年，大众公司指定用该系钛合金制作其他车用弹簧。

（5）消音器

钛质消音器一般只有 5~6 kg，比不锈钢等消音器轻很多，便于操作。日本汽车领域的钛合金的需求基本上全用于消音器（1999 年达 157 t）。本田、铃木等四家较大的厂家均已采用钛质消音器。钛质消音器主要用于大型汽车和个别中型汽车。GM 公司的 2000 款雪佛莱 Corvette Z0 6 汽车上，用了一个 11.8 kg 的钛质消音器和尾气管系统代替了原来 20 kg 的不锈钢系统，减轻 41%，强度不变。

（6）车体及其他部件

TIMET 公司认为钛可用在家用车辆的其他部件以大大削减车重，提高耐用性，这包括发动机元件、驱动齿轮系零件、悬挂系统和结构件，如减震缓冲器中心杆、挂耳螺帽和螺栓、控制杆紧固件、从动轴、车挡支架、门突入梁、制动器卡钳活塞、销轴栓等。该公司还应用 Ti-6Al-4V 合金于制造离合器片、压力板等变速器部件，并开始用旋压成形制造纯钛外壳。同时，日本学者设计了一种新的组合滑动模，采用下冲式成形开发了另一种汽车链轮。通用汽车公司在卡迪拉克 16 型汽车的 1000 马力 V-16 发动机中使用了钛制配件和阀弹簧。该发动机因广泛使用了钛材，而具备了 20 英里/加仑的燃料经济性。Dynamet Technology 公司用粉末冶金冷、热等静压工艺研制的 TiC 颗粒增强钛基复合材料衬套获得了 2002 年粉末冶金大奖，其质量达 19 kg，拉伸强度 1000 MPa，硬度 40HRC。汽车喷油嘴是一种尺寸很小的异型件，用传统方法制备成本高、性能低、易损坏；采用钛制汽车喷油嘴，可发挥钛材耐高温、耐磨损，质量轻的特点。Plansee 公司用粉末注射成形技术（MIM）制造了 50Ti-47.6Al-2.6Cr 合金汽车喷油嘴。该喷油嘴烧结后性能及尺寸精度都达到了使用要求。

4. 生物医用

在生物医用领域，钛无毒、质轻、耐腐蚀与强度高且具有优良的生物相容性，可用作人体的植入物和手术器械等。表 1-5 列出了几种生物医用钛合金[4]，主要包括纯钛、（$\alpha+\beta$）型钛合金（如 Ti-6Al-4V 合金）、β 型钛合金（如 Ti-29Nb-13Ta-4.6Zr）以及具有独特的形状记忆效应的钛基记忆合金。由于在医用领域的特殊性，在保证安全的前提下，研究者们需要重点开发具有良好的生物相容性、耐腐蚀性以及持久性的生物医用钛合金。例如，在 Ti-6Al-4V 合金的基础上，用铌、铁等替换了具有毒性的钒元素，从而开发了 Ti-4Al-2.5Fe 及

Ti -6Al -7Nb 等 $(\alpha + \beta)$ 型钛合金。此外，与 $(\alpha + \beta)$ 型钛合金相比，具有较低的弹性模量以及更好的剪切性能和韧性的 β 型钛合金，如 Ti - 13Nb - 13Zr 和 Ti -15Mo -3Nb 等，更适合于植入人体。

表 1 - 5　生物医用钛合金

纯钛	$(\alpha + \beta)$ 型	近 β 型
级别：1、2、3、4	Ti - 6Al - 4V ELI	Ti - 13Nb - 13Zr(U)
	Ti - 6Al - 4V	Ti - 12Mo - 6Zr - 2Fe(U)
	Ti - 6Al - 7Nb(S)	Ti - 15Mo(U)
	Ti - 5Al - 2.5Fe(G)	Ti - 16Nb - 10Hf(U)
	Ti - 5Al - 3Mo - 4Zr(J)	Ti - 15Mo - 5Zr - 3Al(J)
	Ti - 15Sn - 4Nb - 2Ta - 0.2Pd(J)	Ti - 15Mo - 3Nb(U)
	Ti - 15Zr - 4Nb - 2Ta - 0.2Pd(J)	Ti - 35.3Nb - 5.1Ta - 4.6Zr(U)
		Ti - 29Nb - 13Ta - 4.6Zr(J)

注：S—瑞士；G—德国；J—日本；U—美国

5. 其他方面的应用

钛在体育运动器材领域最大的应用是高尔夫球杆头，具有质量轻、强度高，与不锈钢相比，可以制作打击面与容积更大等优点。此外，钛合金球头击球时，运动员球感更好，声音非常悦耳。近年来，高强钛合金、精铸球头以及带钨合金块材的复合球头发展很快。自行车、摩托艇、垒球棒、长曲棍球棒、网球拍、短跑鞋钉、登山工具、滑雪板、潜水衣、钓具、残疾人竞技轮椅等上都使用了钛合金。美国自行车生产商 Merlin 公司用 MTS325 合金生产的自行车在美国国内占有率达 70%。

化工、冶金、造纸、制碱、石油和农药工业是使用钛合金较早的行业。钛合金主要用在耐腐泵、阀门、叶轮、阳极液槽、加热器、蒸发器等，它们大部分是在腐蚀性高的液体介质中运转。在铁合金厂，抽送铬 - 硫酸溶液的不锈钢泵使用寿命只有 1 年，改用钛泵运转 2 年后仍呈金属光泽，未发生腐蚀现象。在我国氯碱工业中，同传统使用石墨阳极电解槽相比，应用钛阳极电解槽每年可节约电近 10 亿 kWh，使用寿命延长 40 倍以上。

钛的许多特殊性质是它成为近海应用开发项目的理想用材。1995 年 Conoco 挪威有限公司在北海 Heidrun 高压钻井立管上使用了 Ti - 6 - 4ELI 挤压管和锻造法兰。这一领域用钛材在强度、密度、弹性模量、抗疲劳断裂、韧性、抗腐蚀和寿命周期成本等方面比通常的钢竖管系统好得多。南加利福尼亚盐海（Salton Sea）

中的地热井正在使用 Ti – 6Al – 4V/Ru 旋转穿孔管材，材料在 290℃ 超高浓度盐水的腐蚀环境中工作。碳钢铸造管的寿命一般小于 1 年，而钛合金管的设计寿命预期大于 15 年(β – Ti 管材已服役 10 年)。

在日用消费品中，钛用于制造手表壳、照相机外壳、野营用具、录放机、拐杖、剪子、剃须刀打火机，首饰和眼镜架等。近年来，钛领域最新趋势是生产 3C 应用(电脑、电信与消费电子学)的元件。如诺基亚推出新款高价手机 Nokia8910 外壳就使用了钛合金增加了手机的价值感。日本富士通于 1999 年推出纯钛板冲压的 A5 及 B5 大小的掌上型电脑，2000 年 IBM 则推出添加钛金属的复合材料外壳，APPLE 公司则在 2001 年推出 15.2"超大型液晶萤幕及 1"超薄机身的 Power-BookG4，所用的 LCD 内外盖与键盘盖等均为纯钛板所制。除此之外，钛还用于计算机硬盘盘片、鼠标的指示器和显卡，这对扩大钛的应用极具潜力。

在建筑领域，钛及钛合金由于质量轻、抗腐蚀性能好、热膨胀系数低、无环境污染、使用寿命长、焊接性能好等一系列优异特性使之完全能满足建筑材料的许多性能要求，因而倍受建筑业的青睐。日本早在 1973 年就建造了世界首例钛屋顶，其后在日本真光明教堂神殿屋顶上用钛量达 90 ~ 120 t。在各种各样的钛建筑中，除屋顶外，还有大厦的外壁、幕墙、封檐板、天棚、桥梁、海底隧道、雕塑、栏杆、纪念碑等。Frank O. Gehry 在西班牙毕尔巴鄂市的古根海姆博物馆中设计使用钛，随后，全世界各国新的商业和住宅项目的建筑用钛量持续增长。我国的国家大剧院椭圆型屋顶表面就采用了 20000 多块厚度仅 0.4 mm 的钛板和 1200 多块大小不等的有色玻璃幕组合组成。

1.1.5 低成本钛合金

虽然钛在民用上越来越广泛，但成本问题限制了它的广泛应用。表 1 – 6 为汽车工业所能接受的钛零件成本[5]。而目前钛零件成本远远高于这一目标。钛板材的成本一般在 33 美元/Kg 以上，比钢和铝的高得多(表 1 – 7)。其中就原料矿石的成本而言，钛矿是铁矿的 15 倍，铝矿的 3 倍；而板材成本，钛板材是钢板的 50 ~ 83 倍，铝板的 10 ~ 15 倍。

表 1 – 6 汽车用钛材的目标成本

汽车部件	钛材形态	原料成本/(美元·kg^{-1})
气阀	棒材	13 ~ 20
连杆	棒材或粉末	13(棒)，8(粉)
弹簧	线材	<8
排气系统	板材	<8
紧固件	棒材	<8

表 1-7　钛与其他材料的成本比较

	材料成本/(美元·kg⁻¹)		
	钢	铝	钛
矿	0.04	0.22	0.60
金属	0.22	1.50	4.41
铸锭	0.33	1.54	9.91
板	0.66~1.32	2.20~11.01	33.04~110.13

钛成本高的原因从表 1-8 及表 1-9 可以看出。在钛的总成本中，海绵钛生产工序和钛的加工工序占很大比例。仅镁还原制海绵钛一道工序占总成本的 25%，而加工 2.5 cm 厚板材加工成本占 47%。为此各国研究者主要通过两个方面降低钛的成本，即降低钛的原料成本与加工成本。

表 1-8　钛加工材的成本构成

材 料	成本/(美元·kg⁻¹)	
	原材料	钛
金红石	0.55	0.99
钛铁矿	0.09	0.26
钛渣	0.37	0.73
四氯化钛	0.99	3.92
镁	1.89	—
海绵钛		5.81
海绵钛 + 附加费 + 加工		8.81~

表 1-9　各阶段在总成本中的比率

加工工序	占总成本比例 /%
金红石(96% TiO_2)	4
氯化至 $TiCl_4$	9
镁还原	25
一次熔炼 + 中间合金	12
二次熔炼	3
加工成 2.5 cm 厚板	47

通常钛合金多以价格较高的 V 等作为合金化元素来提高强度。以廉价的 Fe、Cr 等取代 V，是降低钛成本、扩大其民用市场份额的一种有效的方法。

如前所述，美国 Timet 公司为取代价格较高的 Ti-1023 而开发的低成本钛合金 Ti-1.5Al-6.8Mo-4.5Fe(Timetal LCB)和为汽车用钛而开发的 Ti-6Al-1.7Fe-0.1Si(Timetal 62S)，均使用了便宜的 Fe 作为合金化元素。Timetal 62S 的性能优于 Ti-6Al-4V，成本视产品形式可降低 15%~20%。活性金属工业公司(RMI)发展的低成本钛合金 Ti-6.4Al-1.2Fe 同样添加了较便宜的 Fe。

日本在降低钛合金成本方面做了大量工作，包括为体育用品市场开发的 TIX (Ti-Fe-O-N)系列合金，由于使用价格低廉的 Fe、O、N 而使成本大大降低，同时强度提高，热加工性能明显改善；系列低成本耐蚀钛合金，如 Ti-0.5Ni-0.05Ru(TICOREX)，Ti-0.03~0.08Pd 和 Ti-0.03~0.08Pd-0.2~0.7Co

(SMI - AGE 系列)及 Ti - 0.4Ni - 0.01Pd - 0.02Ru - 0.14Cr(AKOT).，加入 Ru 或减少 Pd 的含量，同时添加 Co 或 Cr，合金的耐蚀性能均可与 Ti - 0.15Pd 媲美，但其价格和加工性能却与纯钛相当。目前各国研究的新型低成本 Ti 合金系列如表1 - 10所示。

表 1 - 10　新型低成本 Ti 合金系列

类型	合金组成	名称	降低成本的途径	开发地及时间
α 型	Ti - 0.8Fe - O - N	TIX - 80 TIX - 90	利用廉价合金元素改善冷加工性能	日本，1989 年
	Ti - 6Al - Fe - Mo	Ti8LC	利用廉价合金元素，改善加工性能	中国，2002 年
(α + β) 型	Ti - 4.5Al - 3V - 2Fe - 2Mo	SP - 700	改善热加工性能，低温下的超塑加工。	日本，1989 年
	Ti - 6Al - 1.7Fe - 0.1Si	TIMETAL - 62S	利用廉价合金元素铁、硅，降低成本 15% ~20%。	美国，1987 年
	Ti - 3Al - 2V - 0.2S - 0.47Ce - 0.27La	DAT52F	添加稀土元素、硫化物，提高切削速度。	日本，1989 年
	Ti - 6Al - 4Sn - 3.5Zr - 3Mo - 1Nb - 0.2Si	DAT54	降低工艺成本	日本，2002 年
β 型	Ti - 4.5Fe - 6.8Mo - 1.5Al	TIMETAL - LCB	利用 Fe - Mo 中间合金，降低了原料费。	美国，1990 年
	Ti - 3.5 ~4.5Al - 20 ~23V	DTAT51	新型亚稳 β 型，改善冷加工性能。	日本
	Ti - 4.5Al - 1.5Fe - 6.8Mo	Ti12LC	利用廉价合金元素，改善加工性能	中国，2002 年

　　降低原料成本的另一种方法是添加残料。目前钛加工业中，残料产生量占投料量的 35% ~40%。因此残料的回收利用受到了钛加工厂的普遍重视。残料可以加入到海绵钛中压制电极重熔回收，也可用于生产钛铸件。实践表明，钛锭中每利用 1% 的残钛，可使钛锭生产成本降低 0.8%。

　　相比之下，添加残料要比添加合金化元素在降低成本方面的效果好。但目前普遍使用的真空自耗电极电弧熔炼方法，限制了在电极中残料的添加量。

　　占总成本 60% 以上钛的加工成本，是各国降低成本研究的重点。这主要依靠两方面工作：一是改进压力加工工艺，另一个是采用粉末冶金近净成形技术。

　　粉末冶金在零部件制造方面具有组织细小均匀、成分可控、近净成形等一系列优点，是制造低成本钛合金的理想工艺之一。20 世纪 80 年代 Timet 用 Ti - 6Al - 4V 预合金粉末制成预成形毛坯，锻造成燃气轮叶片。美国格鲁曼宇航公司用陶瓷模热等静压方法生产 F - 14 型战斗机的内支撑杆和发动机短舱骨架，材料的利用率由 20% 提高到 60%，成本降低 35%。据称，F - 14 型战斗机用热等静压 Ti - 6Al - 4V 粉末制成的机身支柱，其成本由锻件制作的每个 400 美元降至 260 美元。美国通用电器公司采用热压海绵钛粉的方法，生产出大量的涡轮喷气发动机轴承座，其成本与用锻造棒料经机械加工成同样的制品比较降低了 25% ~ 30%。美国的飞机制造工业采用热压 Ti - 6Al - 4V 合金粉末制造铆钉、运输机的闭锁环和发动机的压缩机叶片，用元素粉末制造圆盘和阀座。德国姆波公司用 Ti - 6Al - 4V 预合金粉末热等静压后锻造，生产直升机叶片连杆接头和大型客机的连接臂，材料节省 40%，成本降低 34%。

　　随着粉末冶金技术的发展，钛制汽车零件的成本又有了降低的空间。目前汽车用粉末冶金钛合金的典型工艺如图 1 - 16 所示。采用常规的粉末混合、冷等静压、烧结及烧结坯锻造或挤压得到最终零件。

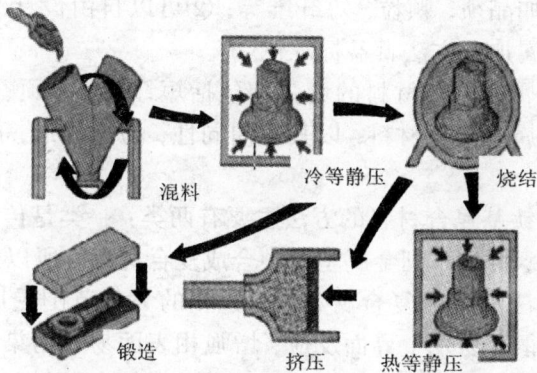

图 1 - 16　粉末冶金钛合金的典型工艺

　　总之，低成本钛合金的研究将大大促进钛的应用，同时也将大幅度促进钛工业的发展。

1.2　钛基复合材料

1.2.1　概况

　　为了进一步提高钛合金的强度和刚度，在钛合金基体中添加第二相纤维或颗粒，可制备成钛基复合材料。

　　在 20 世纪 80 年代中期，美国航天飞机（NASP）和整体高性能涡轮发动机技术（IHPTET）以及欧洲、日本同类计划的实施，给钛基复合材料的发展提供了很好的机遇。

早期应用于航空航天工业的钛基复合材料以连续纤维增强钛基复合材料为主。主要的纤维增强相有 SiC、B、C、Al_2O_3 纤维等。含有 40% SiC(体积数分数)单向纤维的钛基复合材料的比刚度是钛的 2 倍，拉伸强度的提高也超过 50%，纤维性能受温度影响不大。在开发具有优良高温性能的钛基复合材料时，首选的增强相是 SiC 纤维。而采用易与 Ti 发生反应的 B 纤维作为增强相时，为避免与基体发生反应，要采用 SiC 包覆。

纤维增强的复合材料的制备方法比较困难，只能由固相法合成，然后用热等静压(HIP)、真空热压(VHP)、锻造等方法成形。连续纤维增强的钛基复合材料的各向异性较强，横向拉伸强度仅为纵向的 30% ~ 40%，纵向拉伸强度比基体要高出很多。纤维增强的复合材料生产工艺复杂，工艺成本相对较高。

因此，非连续增强复合材料得到了很快发展，主要因为：①拥有大量可供选择的低廉增强相，如晶须，颗粒，短纤维等；②可以自由设计结构和成分的制造工艺的发展；③金属加工方法日益标准化。

非连续增强金属基复合材料的增强相包括短纤维、晶须、颗粒三种。其中，特别是颗粒增强金属基复合材料，以其各向同性，易于成形，成本低廉的特性引起了广泛注意。

制备颗粒增强钛基复合材料的方法主要有两类：一类是传统的外加法，是指将增强相单独合成，再加入到金属基体中合成复合材料。所以这种工艺也被称为异位生成。这种方法制备的复合材料，增强相的大小范围受原始材料的影响很大；增强相与基体很容易发生界面反应；增强相表面易受污染，与基体之间的润湿性较差，结合力不强。另一类是原位生成法，在复合材料制备过程中，通过基体与外加元素或化合物之间的化学反应来合成增强相。

与外加法(也称为异位生成法)相比，原位生成的复合材料有以下优点：①原位生成的增强相热稳定性比较好，在高温环境下，不易发生分解；②基体与增强相之间的界面干净，结合强度高；③原位生成的增强相颗粒细小，在基体中的分布也更加均匀，所以力学性能也比较好。原位生成法已成为制备低成本颗粒强化金属基复合材料的极为重要的方法。

1.2.2 原位生成颗粒增强钛基复合材料

1. 制备方法

与传统的制备工艺相比，原位合成的主要优点是，增强相在材料制备的过程中通过原料之间发生化学反应合成的，因而增强相和基体之间的界面上没有杂质存在。而且增强相和基体之间由于热膨胀系数不同而引起的内应力可以通过基体的塑性变形得到释放，或者通过基体中添加合适的合金元素使得基体和增强相之间的热膨胀系数得到很好的匹配。合成原位生成颗粒增强钛基复合材料的方法通常包括自蔓延高温合成、机械合金化、熔铸法、快速凝固、粉末法、反应烧结、XD™ 法(放热弥散法)、燃烧辅助合成法(CAS)等。其中以熔铸法，XD™ 法，机械合金化，粉末法应用比较广泛。

(1)熔铸法

利用熔铸法制备复合材料，具有工艺简单、灵活、成本低廉和容易制造复杂构件的特点。采用外加熔铸法研究钛基复合材料的较少，这是因为钛合金在液态时具有较强的化学活性，几乎与所有的颗粒增强相发生强烈的界面反应，降低材料的性能。而原位生成熔铸法避免了这

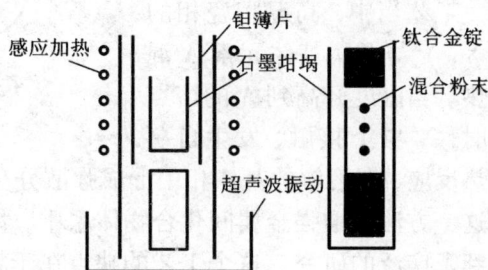

图 1 - 17　熔铸法制备钛基复合材料装置示意图

些问题，通过将普通铸锭冶金方法和凝固技术相结合，实现了对凝固组织和 TiC 颗粒增强相形貌的控制，因而应用相当广泛。有报道称将石墨粉和钛合金在感应炉中一起熔化可获得 TiC 颗粒增强的复合材料，TiC 是在熔体中反应自生，因此避免了颗粒与基体的界面润湿性问题。利用原位生成熔铸法也获得了大小不同的 TiC 颗粒混合增强复合材料。图 1 - 17[6] 是利用该法制备原位生成钛基复合材料的装置示意图。在以上研究的基础上，将石墨粉和二硼化钛或硼粉混合，将混合粉末放入钛合金锭中，采用感应加热熔铸方法可以获得 TiB 颗粒增强钛基复合材料。

(2)自蔓延高温合成(SHS)

1967 年，Shkiro 等在研究 Ti 与 B 的燃烧反应时发现，此反应只要一处被点燃，就能以燃烧波的形式持续下去，并能形成有用的陶瓷材料。这种方法具有节约能源的特点。目前，利用该项技术已经合成包括碳化物、硼化物、硅化物和氮化物在内的 500 种化合物。Wrzesinski[7] 将 Ti、Al、SiC 和 Al_2O_3 粉末混合，采用燃烧合成的方法合成 SiC/TiAl 和 Al_2O_3/TiAl 复合材料。将钛、铝、硼混合可燃烧合成 TiB_2/TiAl 复合材料。将钛、B_4C 粉末混合也可以燃烧合成 TiB + TiC/Ti 复合材料。

利用燃烧合成法制备的钛基复合材料存在以下问题：①存在较大孔隙率。一是由于冷压制成的预制块通常只有约 70% 的紧实度，本身存在一定的孔隙率；二是由于反应物和产物存在摩尔体积差，产生了孔隙；另外，低熔点物质和气体在燃烧过程中的挥发也造成一定的孔隙。②增强相的大小和形貌很难控制。这是由于反应的速度很快，温度很高，有时会达到甚至超过增强相的熔点，因此增强相会在燃烧的过程中发生长大或熔化现象。于是材料的致密化工艺成为研究者十分关注的问题。

（3）放热弥散法（XD™）

19 世纪 80 年代，Martin Marietta 公司开发了一种类似于金属定向氧化的工艺，称为 XD™（放热弥散法）。如图 1 – 18 所示，在这一工艺当中，高温陶瓷相的粉末 X、Y 与金属基体元素 A 混合加热。当温度升高到 A 的熔点以上时，X 与 Y 接触，发生自蔓延放热反应，在溶解的基体相中形成弥散分布的亚微观硬质相增强颗粒。

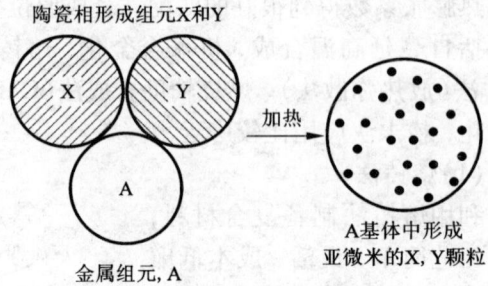

图 1 – 18 XD™ 法示意图

这一方法在增强金属间化合物体系中，特别是在 Al 基和 TiAl 基的复合材料中得到了广泛的研究。这个工艺的缺点在于材料中也可能出现孔隙，但是可以通过热等静压（HIP）进行致密化。

（4）机械合金化

机械合金化常用于合成非平衡态、纳米级合金粉末。机械合金化在颗粒增强钛基复合材料中的应用一般都是利用固相反应来原位合成颗粒增强相。利用该方法合成了 TiB/Ti、TiC/TiAl、TiC/Ti 等一系列颗粒增强钛基复合材料。但是，Godfrey[8] 在 Ti – 6Al – 4V 中加 B 进行机械合金化，在粉末中并没有观察到有 TiB 颗粒生成。经 HIP 和热处理后，所制备的钛基复合材料拉伸强度（UTS）达到 1100 MPa，延伸率在 3.5% ~7.5% 之间。Saito[9] 通过添加 Mo、B，在略低于烧结温度下形成主要成分为 Ti – Mo – B 的瞬时液相，形成扩散通道，加速原子扩散，从而达到强化烧结的目的。在 1300℃，烧结 8 h，烧结体的致密度达到 99% 以上。在烧结过程中 Ti 和 B 发生反应生成强化相 TiB。通过旋锻或热挤压加工后，该复合材料达到了很高的强度、硬度和耐磨损性能，且后续加工少，是制备原位生成颗粒增强钛基复合材料较好的方法。

（5）粉末冶金法

粉末冶金方法生产的材料，与普通熔炼法相比，性能优越，能够避免成分的偏析，得到的合金具有均匀的组织和稳定的性能，且合金的晶粒细小，热加工性能得到提高。而且，用粉末冶金法制造机械零件是一种少切削、无切削的工艺，可以大量减少机加工量，节约金属材料，提高劳动生产率。但粉末冶金在应用上也有不足之处，例如，粉末成本高、粉末冶金制品的大小和形状受到限制，烧结零件的韧性较差等。随着粉末冶金技术的发展，这些问题已经得到逐步解决。近年以来，随着降低钛合金成本的需求，粉末冶金方法在制造低成本钛合金方面得到了广泛应用。

钛的粉末冶金方法大致包括以下几类：近型成形（包括混合元素法和预合金

法）、激光成形、粉末注射成形、喷射沉积和非平衡工艺(快速凝固、机械合金化)。

随着原始粉末价格的下降，目前发展最快，应用最广的方法是混合元素法。常规混合元素法是采用钛粉与母合金粉进行混合，刚模压制，真空烧结获得低成本的钛合金材料，是制作低成本汽车零部件的常用方法。

而粉末冶金法制备钛基复合材料是基于混合元素法。其基本工艺流程如图1-19所示，工艺中所示其他粉末包括原位生成反应起始物粉末和合金元素粉。

采用粉末冶金法已经生产出了一系列的连续强化和不连续强化的钛基复合材料。其中日本汽车公司和美国技术公司采用的低成本 CHIP 法(图 1-16)开辟了用于制造汽车

图 1-19　粉末法工艺的流程图

部件的颗粒增强钛基复合材料的先例，制备出了一系列 TiC 和 TiB 颗粒增强的 Ti-6Al-4V 和低成本 β 合金基的复合材料。

粉末冶金法制备颗粒增强钛基复合材料的主要优点在于：①可优化选用低成本可合金化的粉末，能控制粉末的形状，以最大限度减少烧结后的孔隙度；②能够获得熔炼法难以获得的材料成分，可以自由组合增强相与基体；③工艺比较简单，并且可以生产出少切削和无切削的零件，有利于降低成本。

2. 增强相选择

复合材料的主要强化机理的有效范围如图 1-20 所示。强化作用与增强体的形状、尺寸及体积分数有关。在图 1-20(a)中，基体的强化起主导作用，增强相的体积分数较低，承受载荷较小。这种强化机制在弥散强化和沉淀强化复合材料中表现得最为明显。而在图 1-20(b)中，强度与刚度的增加主要是载荷向增强体传递的结果。这种强化机制在纤维强化的复合材料中最为明显。

对于颗粒增强复合材料来说，无论是基体还是增强体承受载荷的比例都介于弥散强化和纤维强化这两种极端情况之间。由于强化相颗粒较大，阻碍位错运动的 Orowan 机理对强化影响很小；由于体积分数相对比较高，载荷由基体到增强体的传递不再是可忽略不计的；由于沉淀与位错强化的影响，基体的强度仍然起着非常重要的作用。

因此，在颗粒增强钛基复合材料中，基体的强度；颗粒的体积分数；界面的结合强度等是影响其性能的重要因素。如前所述，原位生成钛基复合材料的界面干净，结合强度好，是应用相当广泛的制备颗粒增强钛基复合材料的方法。要提高力学性能，须从基体、增强相和界面三方面考虑。

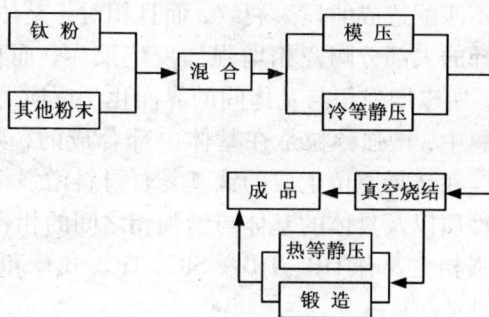

　　因此，钛基复合材料增强体的选择应该具备以下特点：具有较高的物理机械性能，如强度、刚度、硬度等；在 1600 K 的金属基复合材料合成温度下，增强相应该具有良好的热力学稳定性，在烧结过程中不形成新相；增强相的元素不在钛中溶解；增强相和基体之间的热膨胀系数差别应该较小，以降低由于热膨胀系数的不匹配造成的显微裂纹，而且相对于基体要稳定。因为钛及其合金很容易与所选择的大部分陶瓷相增强体发生反应，而且在生产过程中这些反应经常相当激烈，所以增强相与基体间的界面化学反应尤其受到关注。在原位合成的钛基复合材料中，增强颗粒是在基体内部合成的，界面反应的问题已经得到了很好的解决。在选择原位生成的钛基复合材料增强相时应当首先考虑的问题是增强相本身的性质以及具体的基体与增强相之间的相容性。目前，人们认为较为理想的颗粒增强相主要有 TiB、TiB$_2$、SiC、TiC、B$_4$C 和 ZrB$_2$ 等。表 1 - 11 列出了这些增强相的性能[10]。

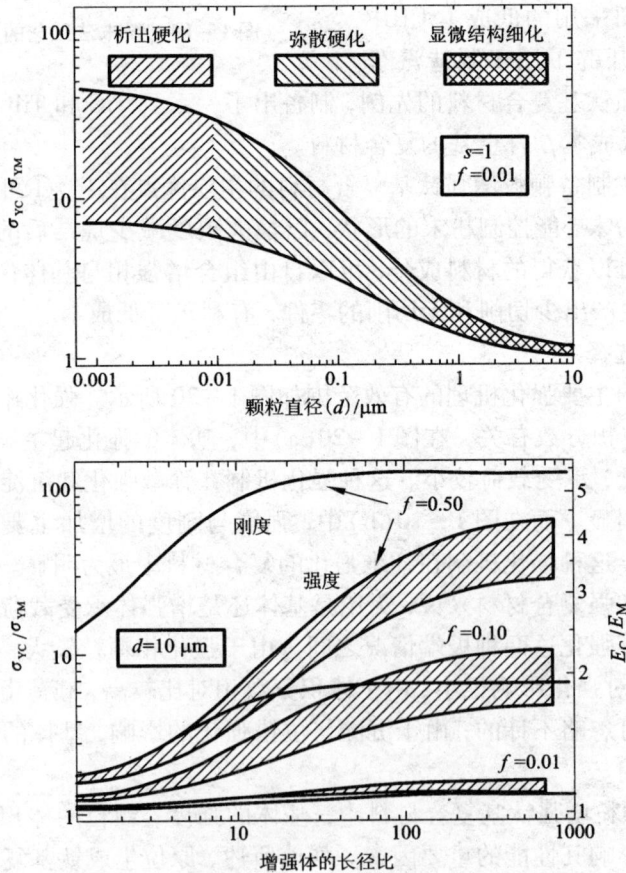

图 1 - 20　复合材料的主要强化机理及有效范围

表 1-11　钛基复合材料中常用的一些陶瓷增强相的性能

陶瓷	密度 /(g·cm^{-3})	熔点 /K	导热率 /(J·cm^{-1}·s^{-1}·K^{-1})	泊松比	弹性模量 /GPa	抗拉强度 /MPa	热膨胀系数 /(10^{-6}·℃)
TiB	4.99	3433			550		8.6
TiC	4.52	3433	0.172~0.311	0.188	460	120(1000℃)	6.25~7.15(25~500℃)
TiN		2323	0.125		250		9.3
Si$_3$N$_4$	3.184				320		3.2
Al$_2$O$_3$	3.97		0.25		402		13.3
TiB$_2$	4.52	3253	0.244~0.260	0.09~0.28	500	129	4.6~8.1
SiC	3.19	2970	0.168	0.183~0.192	430	35~140(25℃)	4.63(25~500℃)
ZrB$_2$	6.09	3373	0.231~0.224	0.144	503	201	5.69(25~500℃)
B$_4$C	2.51	2720	0.273~0.290	0.207	445	158(980℃)	4.78(25~500℃)

作为颗粒增强相，TiB_2由于与钛化学和物理相容而引人注目，但是近年来的一些研究发现TiB_2会和Ti发生反应生成TiB。在原位合成的钛基复合材料中TiB_2的存在极不稳定。S. Gorsse 等[11] 比较了TiB、Ti_5Si_3、CrB、B_4C 和SiC 的硬度以及这些增强相与钛复合的化学稳定性及力学相容性，结果如下：硬度由大到小的顺序为$TiB > CrB > B_4C > SiC > Ti_5Si_3$；残余应力由大到小的顺序为$CrB > SiC > B_4C > Ti_5Si_3 > TiB$；与钛结合的化学稳定性由大到小的顺序为$TiB > Ti_5Si_3 > CrB > B_4C > SiC$，由此认为，$TiB$ 是一种最为理想的钛基增强相。T. Saito 也认为，作为增强颗粒，TiB 优于SiC、B_4C、Ti_5Si_3、TiB_2、TiC，它与钛基体组成的复合材料的性能最佳。但另有许多研究认为，TiC 与钛及钛合金更为匹配。TiC 的密度比Ti 稍大，而其弹性模量却是Ti 的4 倍，与其他陶瓷材料相比，TiC 与Ti 的热膨胀系数最为接近。在原位生成的钛基复合材料中，选用TiB 和TiC 或$TiB + TiC$ 作为增强相最为普遍，也出现了很多种不同的增强相原位合成反应。

（1）TiB 增强原位生成钛基复合材料。

TiB 密度和钛合金相同，弹性模量为550 GPa，是钛的5 倍，热膨胀系数与钛合金相近。TiB 增强钛基复合材料的力学性能比钛基体提高了很多。对不同的基体其增强效果不同。图1-21 所示为$Ti-6Al-4V/10\%$ TiB（体积数分数）和$Ti-6Al-4V$ 的性能比较。

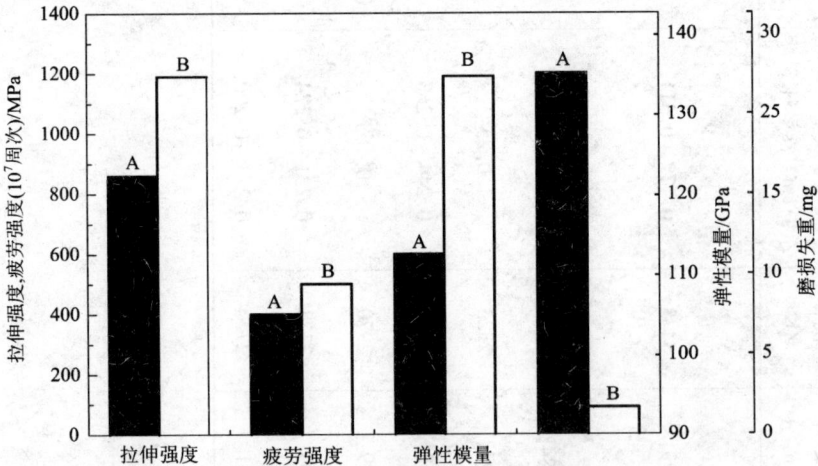

图1-21 Ti-6Al-4V/10% TiB 和 Ti-6Al-4V 性能比较

A 为基体、B 为复合材料

表1-12 是TiB 增强钛基复合材料的典型力学性能。

表 1-12　TiB 颗粒增强钛基复合材料的性能

合金成分	烧结后的相对密度/%	烧结后加工工艺	拉伸强度/MPa	延伸率/%	杨氏模量/GPa
Ti - 10Mo - 3.5B	99.0	HS	1525	2.0	157
Ti - 5.0Fe - 8.0Mo - 1.8B	99.5	HS	1380	3.8	132
Ti - 4.3Fe - 7.0Mo - 1.4Al - 1.4V - 5.4B	98.5	HS	2025	1.4	180
Ti - 5.0Mo - 1.4Al - 1.4V - 3.5B	99.2	HS	1630	4.3	160
Ti - 6Al - 4V - 1.2Fe - 2.0Mo - 3.6B	98.5	HE	1911	1.5	162
Ti - 4.3Fe - 8.5Mo - 1.5Al - 3.6B	98.9	HS	1740	1.8	152
Ti - 4.0Ni - 6.0Mo - 1.4Al - 1.4V - 3.5B	98.8	HS	1645	1.0	155
Ti - 2.0Co - 2.0Mo - 1.4Al - 1.4V - 1.8B	99.3	HS	1350	5.2	130
Ti - 3.0Cu - 4.0Mo - 2.1B	99.0	HS	1555	2.5	156
Ti - 4.3Fe - 9.0Mo - 1.8B	99.0	HS	1585	3.1	145

HS：hot swaging(热锻)，HE：hot extruding(热挤)

　　一般来说，采用 B 与 Ti 或 TiB_2 与 Ti 反应都可以制得 TiB 增强钛基复合材料。而近年来也出现了很多新的方法。采用纯 B、TiB、MoB 以及 CrB 为原料，经过压制真空烧结也可获得原位生成针状 TiB 增强钛基复合材料。采用 Ti、B_2O_3、Nd 作为反应物，通过下列反应：$B_2O_3 + 2Ti \longrightarrow 2TiB + 3[O]$，$3[O] + 2Nd \longrightarrow Nd_2O_3$，也可以生成界面干净的 TiB 增强钛基复合材料，并由于其中的反应物 B_2O_3 和 Nd 的价格均低于 B，成本有所降低。

　　(2) TiC 增强钛基复合材料

　　TiC 增强钛基复合材料应用很广。美国 Dynamet 技术公司开发了一系列 TiC 颗粒增强钛基复合材料即 Cerme Ti 系列。其主要工艺路线为：将 Ti 粉与主要合金粉末混合，进行冷等静压，真空烧结，再进行热等静压致密化。其中，Cerme Ti - C - 10 是含有 10% TiC 增强相的 Ti - 6Al - 4V 基复合材料，其室温延伸率可达 3.5%；在 650℃ 下，其延伸率与基体合金相当；其拉伸强度比基体高 10% ~ 15%，弹性模量提高 15%。表 1 - 13 所示是 TiC 颗粒增强钛基复合材料的性能[12]。

表 1 – 13 TiC 颗粒增强钛基复合材料的性能

材料	增强粒子 $\varphi/\%$	制备技术	模量 E/GPa	抗拉强度 σ_b/MPa	屈服强度 $\sigma_{0.2}/MPa$	延伸率 $\delta/\%$
Ti	0	熔炼	108	367	474	8.3
TiC/Ti	37	熔炼	140	444	573	1.9
TiC/Ti	40、50	熔炼	—	—	1113	1 ~ 2
Ti – 6Al – 4V	0	热压	—	868	950	9.4
TiC/Ti – 6Al – 4V	10	热压	—	944	999	2.0
TiC/Ti – 6Al – 4V	10	冷热压	—	792	799	1.1
TiC/Ti – 6Al – 4V	20	冷热压	139	943	959	0.3
TP – 650	10	熔炼	134	1280	1300	5

近年来也出现了采用 TiB 和 TiC 混合增强的钛基复合材料。如采用原料 Ti + B₄C, B. V. Radhakrishna Bhat[13] 用原位反应热压方法制备出针状 TiB + 颗粒 TiC 强化的钛基复合材料(composite A)和颗粒状 TiB 强化的钛基复合材料(composite B),其结果表明,(TiB + TiC)增强的钛基复合材料维氏硬度较 TiB 增强的低,而弯曲强度比 TiB 增强的钛基复合材料高很多。

1.2.3 钛基复合材料的应用

近 20 年来,人们对钛基复合材料的研究取得了突破性进展,一些成果已经产业化。SiC 纤维增强钛基复合材料在发展最初是以超高音速宇航器和下一代先进航空发动机为主要应用目标。其在高温下具有很高的承载能力和刚度,成为 NASP 航天飞机和 IHPTET 发动机理想的候选材料。美国国防部和 NASA 已建立了 SiC 纤维增强 TMCs 生产线,为直接进入轨道的航天飞机提供机翼,机身的蒙皮,支撑梁及加强筋等构件。此外,为使 SiC 纤维增强钛基复合材料的推广应用具有经济竞争性,Howmet 和 GEAE 公司合作,采用双重铸造工艺,按铸造金属与钛基复合材料 15:1 的比例,将复合材料通过铸造嵌入发动机风扇支撑骨架中,使发动机性能大大改善。

最初颗粒增强钛基复合材料的发展也是瞄准超高音速宇航飞行器和下一代先进航空发动机应用。典型的应用实例是 Martin Marietea Missile System 公司将 XD 钛铝基复合材料 Ti – 47Al – 2V – 7% TiB₂ 用作导弹翼片。因为该材料在 600℃ 以上的强度和 750℃ 以上的弹性模量均高于 17 – 4PH 钢,从而大大改善了导弹机翼的工作温度。

近年来另一个重要趋势是人们正在将颗粒增强钛基复合材料转向民用。在运动器材、生物材料、汽车行业中,钛基复合材料均逐步得到推广。

1.3　钛铝基金属间化合物

随着现代科技的发展，尤其是航空航天事业的发展，对材料也提出了越来越高的要求。提高发动机用结构材料、尤其是高温结构材料的使用性能进而减轻发动机的自重、提高发动机的热效率已经迫在眉睫。金属间化合物具有低密度、高熔点、高模量且有一定塑性的特点，在最近 20 年受到广泛的关注，并取得了巨大的进展。金属间化合物的集中开发与研究始于 20 世纪 70 年代初，在工程上具有实用价值和应用前景的金属间化合物体系主要包括 Fe - Al 系、Ni - Al 系和 Ti - Al 系金属间化合物。其中，TiAl 基合金由于具有较好的综合性能，如低密度、高熔点、高的比弹性模量和比强度、足够高的高温强度、良好的阻燃、抗氧化和抗蠕变能力等，被认为是一种最具竞争力和发展前景的航空航天用新型材料。TiAl 基合金与普通钛合金、Ti_3Al、镍基高温合金的性能比较如表 1 - 14 所示。可以看出，TiAl 基合金不仅具有良好的耐高温性能和抗氧化极限，其弹性模量、抗蠕变性能也优于钛基合金和 Ti_3Al 基合金，但密度还不到镍基合金的一半。

表 1 - 14　普通钛合金、Ti_3Al、TiAl 及镍基高温合金性能比较

性能	Ti 基合金	Ti_3Al 基合金	TiAl 基合金	Ni 基高温合金
结构	hcp/bcc	DO_{19}	$L1_0$	$fcc/L1_2$
密度/($g \cdot cm^{-3}$)	4.5	4.1 ~ 4.7	3.7 ~ 3.9	7.9 ~ 9.5
弹性模量/GPa	95 ~ 115	110 ~ 145	160 ~ 180	206
屈服强度/MPa	380 ~ 1150	700 ~ 900	350 ~ 600	800 ~ 1200
断裂强度/MPa	480 ~ 1200	800 ~ 1140	440 ~ 700	1250 ~ 1450
室温塑性/%	10 ~ 25	2 ~ 10	1 ~ 4	3 ~ 25
高温塑性/%	12 ~ 50	10 ~ 20/660	10 ~ 600/87	20 ~ 80/870
室温断裂强度/($MPa \cdot m^{-1/2}$)	12 ~ 80	13 ~ 30	12 ~ 35	30 ~ 100
蠕变极限/℃	800	750	750 ~ 950	800 ~ 1090
抗氧化极限/℃	600	650	800 ~ 950	870 ~ 1090

目前，TiAl 基合金主要应用在以下三个方向：①由于 TiAl 基合金具有比目前大多数结构材料高出约50%的弹性模量，利用其制成的结构件能够承受较高频率的振动；②TiAl 基合金在高温下（600 ~ 800℃）具有较高的抗蠕变能力，有望替代高密度的 Ni 基高温合金；③TiAl 基合金具有很好的阻燃性能，与 Ni 基高温合金相当，可以替代阻燃性较好但价格昂贵的 Ti 基合金部件。

TiAl 基合金的发展始于 20 世纪 50 年代初，美国学者首先研究了 Ti - Al 二元

合金，并首次发现 Ti – Al 二元系中存在 TiAl 相。后继不断有人发现其良好的抗蠕变性能和较高的抗氧化能力、弹性模量，但是由于该合金存在严重的室温脆性，因此在后来很长一段时间内没有对其做进一步研究。20 世纪 70 年代中，美国空军实验室和美国 P&W 实验室合作研发出了第一代 TiAl 基合金，该设计着眼于改善 TiAl 基合金的抗蠕变性能和塑性，但得到的综合性能还远不能满足航空零部件的性能要求，因而其发展仅停留在了实验研究阶段。20 世纪 80 年代末，GE 公司与美国空军材料实验室合作开发了第二代 TiAl 基合金（Ti – 48Al – 2Cr – 2Nb）。合金的性能较第一代有了明显的改善，室温延伸率达到 3%、大多数高温性能（耐腐蚀性、抗蠕变性、抗氧化性、高温强度、刚度等）按密度比均优于或相当于镍基高温合金。此后又相继开发出来了第三代、第四代 TiAl 基合金。表 1 – 15 列出了 TiAl 基合金在每一步发展过程中的代表性合金成分。

表 1 – 15 TiAl 基合金的发展过程

	合金成分	制备工艺
第一代	Ti – 48Al – 1V – 0.3C	实验研究
第二代	Ti – 47Al – 2(Cr,Mn) – 2Nb	铸造合金
	Ti – (45~47)Al – 2Nb – 2Mn + 0.8 TiB$_2$	铸造 XD
	Ti – 47Al – 3.5(Nb,Cr,Mn) – 0.8(Si,B)	铸造合金
第三代	Ti – 47Al – 2W – 0.5Si	铸造合金
	Ti – 46.2Al – 2Cr – 3Nb – 0.2W(K5)	铸造合金
	Ti – 47Al – 5(Cr,Nb,Ta)	铸造合金
	Ti – 47Al – 2W – 0.5Si	铸造合金
第四代	Ti – (45~47)Al – (1~2)Cr – (1~5)Nb – (0~2)(W,Ta,Hf,Mo,Zr) – (0~0.2)B – (0.03~0.3)C – (0.03~0.2)Si – (0.1~0.25)O	铸造合金

1.3.1 相与相变

室温下 TiAl 基合金主要由 α_2 和 γ 两组成。γ 相为面心正方，具有 L10 型结构，其晶格常数为：$a = 0.395 \sim 0.401$ nm，$c = 0.406 \sim 0.409$ nm，正方度 $c/a \approx 1.02$。α_2 相是晶体结构为 DO$_{19}$ 型的有序六方相，如图 1 – 22 所示，晶格常数 $a = 0.564 \sim 0.578$ nm，$c = 0.461 \sim 0.476$ nm。当在合金中加入一定量 β 相稳定元素，则会生成体心立方结构的有序 β 相（B2 结构），也称 B2 相。

目前广泛研究的 TiAl 合金的 Al 含量多在 44% ~ 48%（原子数分数）范围内，由 Ti – Al 二元相图[14]（图 1 – 23）可以看出，其中会存在两种 $\alpha \rightarrow \gamma$ 相变，若从 α

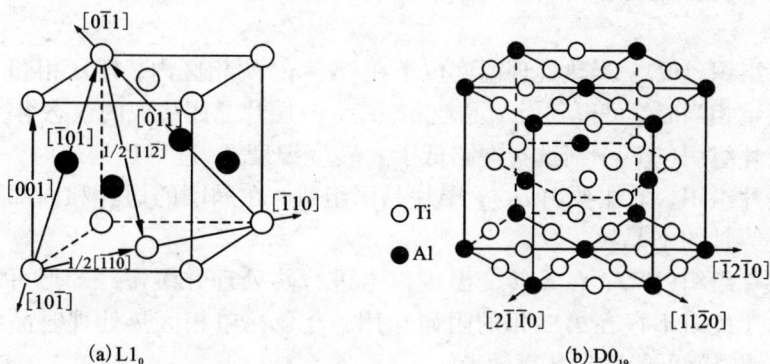

图 1-22　γ 相(a)和 α_2 相(b)的晶体结构[14]

单相区缓慢冷却至室温(如炉冷、空冷)，α 母相中会析出片状 γ 相，最终形成 γ/α_2 片层组织；而从 α 单相区快速冷却(如油淬、水淬)至室温，则会发生非扩散型的 $\alpha \rightarrow \gamma_m$ 转变。

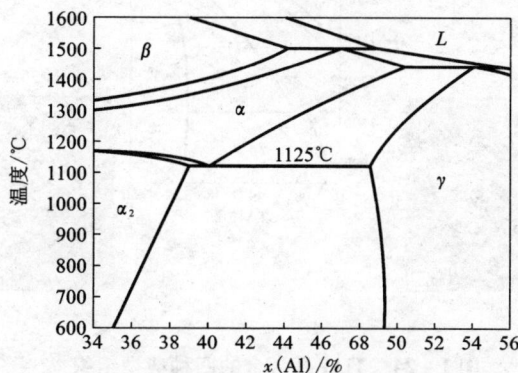

图 1-23　Ti-Al 部分相图[14]

1.3.2　显微组织

　　TiAl 基合金经过不同的热加工或热处理工艺后，可获得如图 1-24 所示的四种典型的显微组织[15]：近 γ 组织(near gamma, NG)、双态组织(duplex, DP)、近层片组织(near lamellar, NL)和全层片组织(fully lamellar, FL)。这四种组织的特征和形成条件如下：

　　近 γ 组织(NG)：热变形后的 TiAl 基合金在稍高于共析温度热处理并随后缓

慢冷却至室温可形成近 γ 组织,它由等轴状的 γ 晶粒和分布于 γ 晶界处的 α_2 相组成。

双态组织(DP):当热处理温度位于在($\alpha + \gamma$)两相区内,且 α 相和 γ 相的体积分数大致相当时,可得到由 γ 晶粒和($\alpha_2 + \gamma$)层片晶团构成的双态组织。

近层片组织(NL):当选择在略低于 α 转变温度 T_α 进行热处理时,得到的组织为近层片组织。它主要由 α_2/γ 层片晶团组成,在晶团的边界和内部还分布着少量细小等轴的 γ 晶粒。

全层片组织(FL):在 α 转变温度以上进行热处理并缓慢冷却形可成全层片组织。由于此时不存在第二相的阻碍作用,合金在单相区热处理时晶粒生长很快,几分钟内就可能达到几百微米。

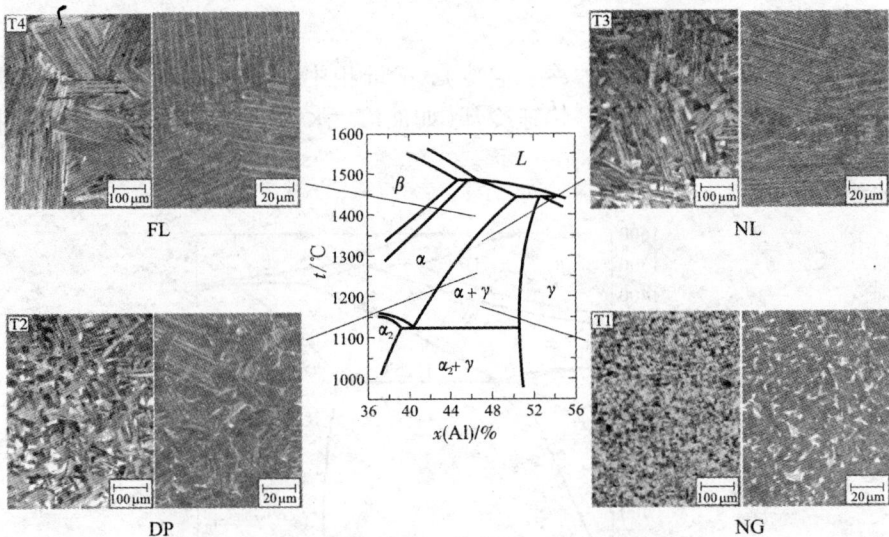

图 1-24 TiAl 基合金的四种典型组织[17]

1.3.3 TiAl 基合金的制备工艺

TiAl 基合金常用的制备方法包括铸造、铸锭冶金(IM)、粉末冶金(P/M)、超塑成形等,也可以用其他的新方法成形,如合金化/冶炼工艺(感应渣壳熔炼、真空电弧冶炼及等离子冶炼等)。目前主要采用粉末冶金方法(包括模压和挤压烧结)、铸造及铸锭冶金技术(如挤压、轧制、锻造、板材成形),如图 1-25 所示。

1. 铸造工艺

精密铸造是最早应用于 TiAl 基合金的成形技术,也是目前应用较为广泛的 TiAl 基合金成形技术。目前采用的精密铸造技术包括:熔模铸造和永久模铸造。

尽管精密铸造方法工艺简单，但是由于铸造 TiAl 基合金显微组织主要是近层片组织，由粗大的层片晶团组成，所以铸造 TiAl 基合金表现出较差的力学性能；另一方面铸造组织中存在着偏析、缩孔、晶粒尺寸不均匀等缺陷，也降低了铸件的力学性能。而且，TiAl 基合金具有很高的活性易与铸造模具发生反应，故也不适用于生产复杂形状零件等。

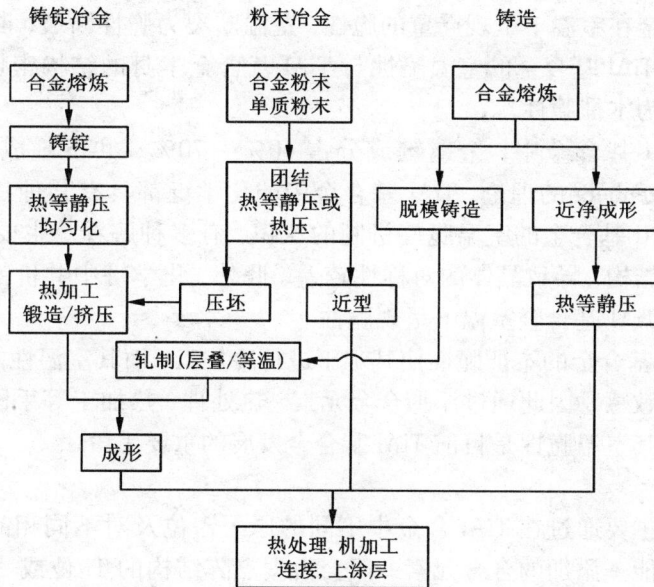

图 1-25　TiAl 基合金常用的制备方法及加工过程

在工业生产和实际应用中，往往需要制备大尺寸 TiAl 基合金铸锭；此外，由铸锭冶金的工艺流程可知，TiAl 基合金铸锭后续都要经过热加工从而得到所需的样品，因此，需要合金铸锭的表面无裂纹，内部无缺陷。

2. 粉末冶金工艺

根据原料粉末的不同，制备 TiAl 基合金的粉末冶金方法可分为元素粉末法和预合金粉末法。元素粉末法是采用元素粉末 Ti、Al 和其他合金化元素如 Nb、Cr、Mo 等，通过冷等静压(CIP)等的方式预压成形，然后在高温下反应合成并致密化，制备 TiAl 基合金的方法。通过这种方法可以方便的添加各种高熔点的合金化元素，通过均匀化混合和高温下反应，避免成分偏析。同时，由于避免了昂贵的预合金粉的制备及复杂的工艺设备，这种方法的成本大大降低。但该方法制备的TiAl 基合金杂质含量高，烧结性能较差。预合金粉末法是以部分合金化或完全合金化的 TiAl 基合金粉末为原料，经压制成形与烧结而获得 TiAl 基合金制品的工艺方法。目前制备 TiAl 预合金粉末的主要工艺路线有雾化法、机械合金化（MA）、自蔓延高温合成（SHS）等。预合金粉末法的成分均匀性好、氧及杂质含量低、力学性能好，但由于 Ti 的熔点较高及活性大，TiAl 基合金预合金粉末的制备需严格控制工艺，以减少杂质，特别是氧、氮的含量，因而成本很高。

1.3.4　力学性能

TiAl 基合金在室温下呈现严重的脆性，室温断裂为脆性断裂，断裂前几乎没有塑性。由于 TiAl 基合金的室温脆性与 TiAl 基合金本身的结构密切相关，这种室温脆性也称为本征脆性。

在 γ - TiAl 基合金中，金属键成分占 60% ~ 70%，共价键成分占 30% ~ 40%，根据 Greenberg 的理论，TiAl 基合金中的化学键都具有某种程度的共价键特性。关于 TiAl 基合金的室温脆性机制的认识，有多种解释。主要认为 TiAl 晶体为面心立方结构，导致晶体的对称性较差，此外，化学键中共价键部分比例较大，也导致了 TiAl 基合金室温下呈现脆性。

由于 TiAl 基合金的本征脆性使其难于进行冷加工，而其室温性能对其显微组织的变化极为敏感。因此通过添加合金元素、热处理、热加工等手段改变其显微组织从而改善其室温脆性是目前 TiAl 基合金发展的重要手段。

1. 合金化

合金元素主要通过在 TiAl 合金中不同的原子占位及对不同相晶格的影响来影响合金的性能。添加的合金元素一般会占据点阵结构的 Ti 位或 Al 位，根据占位情况，可以判断有 3 类合金元素，见表 1 - 16。

因为原子的特征参数不同，合金元素的添加会引起合金中各相的晶格畸变，影响其点阵常数。表 1 - 17 总结了各元素对 TiAl 合金 γ 相晶格参数的影响。

表 1 -16　γ - TiAl 中合金元素的原子占位情况

占位类型	占据 Ti 位元素	占据 Al 位元素
类型 I	Nb、Ta、W、Zr、Mo、Y、Sb、Hf	
类型 II		Ni、Ga、Sn、Ln、Cr、Cu
	$x(\text{Ti})/x(\text{Al}) = 1$　　V、Ge	V、Mn、Fe、Co
类型 III	$x(\text{Ti})/x(\text{Al}) < 1$　　V、Mn、Fe、Co、Ge	
	$x(\text{Ti})/x(\text{Al}) > 1$	V、Mn、Fe、Co、Ge

表 1 – 17　合金元素对 TiAl 合金 γ 相点阵常数的影响

合金	a/nm	c/nm
Ti – 48Al	0.4016	0.4057
Ti – 48Al – 2Nb	0.4015	0.4057
Ti – 48Al – 2Cr	0.3998	0.4036
Ti – 48Al – 2V	0.4007	0.4050
Ti – 48Al – 2Mn	0.4002	0.4050
Ti – 48Al – 2W	0.4004	0.4043
TiAl – xAg	0.3995	0.4063
Ti – 47Al – 0.5Y	0.4026	0.4059
Ti – 48Al – 2Mo	0.4002	0.4057
Ti – 48Al – 2Cu	0.3992	0.4070
Ti – 48Al – 3Si	0.4020	0.5250
Ti – 48Al – 2Hf	0.4008	0.4076

　　Mn、V、Cr 元素的添加会提高 TiAl 合金电子浓度，同时增大成键电子云的球形化程度，增强金属键，进而改善合金塑性。Mn 可占据 Al 原子位置，削弱了 Al—Al 共价键，便于位错开动并可通过降低层错能诱发孪晶，极大改善了 TiAl 基合金的塑性。Nb 元素可占据 Ti 原子位置，通过影响 Ti—Nb 键，提高了晶胞中键强度，进而提高 TiAl 基合金的强度，但不会改变合金的塑性。

　　TiAl 合金的成分可用通式表示为：Ti – (42 ~ 48)Al – (0 ~ 10)X – (0 ~ 1)Y – (0 ~ 0.5)RE

　　式中：X 为 Nb、Cr、Mn、Mo、V 等副族元素；Y 为 B、C、Si、O、N 等主族元素；RE 为 Y、Ce、Nd 等稀土元素。Al 含量的变化可以影响铸态 TiAl 基合金的凝固方式。通过调节 Al 含量来调整 α_2 相的含量，可以获得较好综合性能的 TiAl 基合金。这是因为 TiAl 合金的室温变形主要由 γ 相基体承担，而 γ 相的变形能力与氧含量有关。氧在 α_2 相中的固溶度较大，当合金中存在少量的 α_2 相时，降低 γ 相中的氧含量，从而提高合金的室温变形能力；随着 Al 含量的降低，Al 元素偏析程度降低，片层间距和晶粒尺寸降低，α_2 相体积分数增加，如图 1 – 26 所示。

　　根据合金元素对 TiAl 合金抗氧化性的影响将合金元素分为三类：有益元素、中性元素和有害元素。Ta、Sb、Si、Nb、W、Cr、Y、Mo、Ag 这类合金元素可以提高合金的抗氧化性能属于有益元素；Ni、Zr、Hf 和 Co 对合金抗氧化性能的影响属于中性；Mn、V、和 Cu 会恶化合金性能，是有害元素。表 1 – 18 列出了典型合金元素对 TiAl 合金性能的影响。

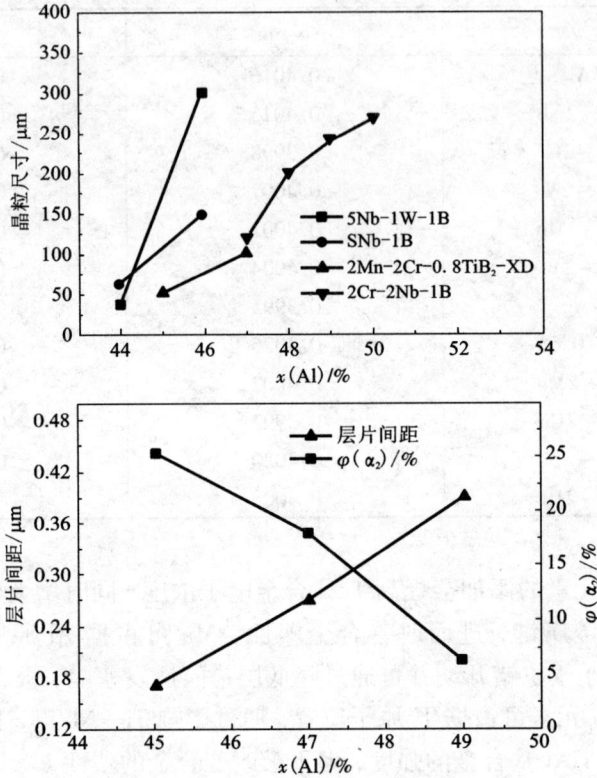

图 1 – 26   Al 含量对 TiAl 合金晶粒尺寸[16]，层片间距和 α_2 相体积数分数的影响[17]

表 1 – 18   合金元素对 TiAl 合金性能的影响[18]

合金元素	已报道的作用
Al	因改变合金的组织而强烈影响合金的塑性,塑性较佳的 Al 含量是 45% ~ 50%,在此范围内,增加含 Al 量将降低韧性
Cr	1% ~ 3% 的添加量将提高双态合金的塑性
	>2% 可改善热加工能力和超塑性
	>8% 可极大地改善抗氧化能力
Mn	1% ~ 3% 可提高双态合金的塑性
V	1% ~ 3% 可提高双态合金的塑性;降低抗氧化性能
Nb	极大地改善合金的抗氧化性能,提高合金的高温强度及抗蠕变性能
W	明显改善合金的抗氧化及抗蠕变性能

续上表

合金元素	已报道的作用
Mo	可提高塑性和强度,改善合金抗氧化性能
Ta	改善合金的抗氧化及抗蠕变性能,但增加合金的热裂敏感性
Si	1% ~5% 改善抗蠕变和抗氧化性能提高浇注流动性和降低热裂敏感性
Fe	提高浇注流动性和热裂敏感性
B	>0.5% 可以细化晶粒,提高强度和热加工性能;改善铸造性能
C	明显改善抗蠕变性能,但对塑性不利
Er	改变变形亚结构,提高单相 γ 的塑性
O	铸造合金含氧量提高时提高蠕变抗力而不损害塑性
Ni	增加流动性
P	降低氧化速率

注:合金元素含量为原子数分数。

由表可知,添加 N、C、W 和 B 可产生有效的弥散强化或沉淀强化作用; Mn、Cr、V 等元素通过置换固溶强化 TiAl 基合金,而 Nb、Mo、Ta、Hf、Sn 固溶强化作用更为明显。提高 Ti 含量可引入 α_2 相,从而大幅度提高强度。当间隙杂质元素 N、O、C 及 B 含量超过 0.1% 时,会降低合金塑性。

2. 热加工

由于 TiAl 基合金的显微组织对其性能具有很大影响,因此在优化 TiAl 基合金性能方面,合金的热加工工艺也起着重要作用。不同热加工工艺对其组织性能及成形有着重要影响。热加工是目前应用最为广泛的 TiAl 基合金细化手段,主要包括热锻热轧和热挤压。

（1）热锻

目前,常用的 TiAl 基合金锻造工艺主要有等温锻造和包套锻造。

TiAl 基合金的等温锻造工艺参数通常为:压缩变形比(4:1) ~ (6:1),锻造温度 1065 ~ 1175℃,变形速率 10^{-3} ~ 10^{-4} s^{-1}。由于铸造 TiAl 基合金粗大的原始组织,要得到同样均匀细小的组织进行的锻造道次远多于粉末冶金 TiAl 基合金。传统的锻造工艺存在锻造温度过低和变形速率高等缺陷,而不适合进行 TiAl 基合金的加工。目前国内外的研究者通常采用等温锻造方法来制备 TiAl 基合金零件。但是在常规等温锻工艺下,试样表面易开裂,且由于变形分区和存在粗大层片晶团的各向异性,导致试样某些区域内粗大层片晶团不能完全被破碎,随后热处理也不能进一步细化晶粒。其次,等温锻造的成本非常高,对设备的要求也比较高。

为了解决 TiAl 基合金的变形开裂问题，对合金坯料进行包套锻造。变形后，可得到表面光滑，无裂纹的样品。包套锻造采用比较高的变形速率，通过包套防止坯料散热，且可以抵消锻造过程产生的二次拉应力，避免了锻坯的开裂。从而，锻后组织更细小、更均匀。包套锻工艺参数通常为：变形量 60% ~ 80%，温度 1040 ~ 1180℃，变形速率为 $2 \times 10^{-1} s^{-1}$。

（2）热轧

与锻造工艺相比，轧制过程中材料的应变状态更为复杂，变形的应变速率更高，因此难度更大。

TiAl 基合金的热塑性变形是一个热激活过程。也就是说 TiAl 基合金只有在变形温度足够高、应变速率足够低的条件下才能实现热塑性变形。要制备无缺陷的 TiAl 基合金板材，轧制变形必须具备以下三个条件：①在 $(\alpha + \gamma)$ 两相区保持近等温轧制；②严格控制轧制速度和道次压下量，使其保持在允许的应变速率范围内；③采取措施以防止 TiAl 基合金变形过程氧化行为的发生。

1989 年，Texas 仪表公司采用铸造冶金工艺成功地冷轧出了试验规模的 γ - TiAl 基合金箔材。美国的 Semiatin 等采用包套热轧工艺成功制备了最大尺寸为 700 mm × 400 mm 的 TiAl 基合金薄板[19]。Clemens 研究小组在改进 Semiatin 的包套轧制工艺的基础上，成功地开发出了 ASRP(advanced sheet rolling process)工艺，可在常规热轧机上生产大型 γ - TiAl 合金板材[20]。

（3）热挤压

在热挤压过程中坯料处于强烈的三向压应力作用下，这种受力状态有利于材料的塑性变形。目前，包套热挤压已经成功用于 TiAl 基合金的开坯与二次成形。

TiAl 基合金的热挤压通常在高于热锻温度下进行，热挤压工艺参数通常为：挤压速度 15 ~ 50 mm/s，挤压变形比（4 : 1）~ （12 : 1），保温温度 1050 ~ 1450℃。图1 - 27 为 PLANSEE 公司所采用的两次挤压成形工艺流程[21]。该工艺选用低碳钢作为包套材料，在包套和铸锭之间添加扩散阻挡层来防止两者反应形成低熔点相。通过第一次挤压将带包套的坯料挤压成外径约 60 mm，长约 5 m 的棒材。然后在相同温度下进行二次挤压，将挤压坯挤压成直径为 15 ~ 20 mm 的棒材，总挤压比为（100 : 1）~ （250 : 1）。二次挤压过程中晶粒进一步细化且显微组织均匀性提高，但是仍存在带状区。

由于挤压过程持续的时间较长且挤压时也伴随着坯料的散热过程，挤压时各部分温度分布的不均匀从而导致的挤压组织的不均匀。通过选择合适的包套可以降低这种组织不均匀的现象，但很难完全消除。

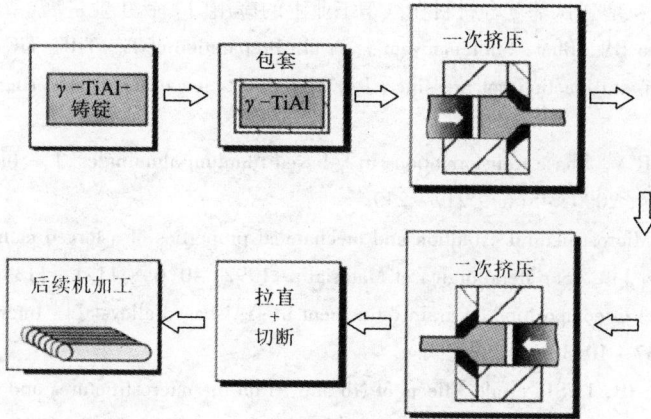

图 1 - 27 γ - TiAl 基合金的两道次挤压工艺[21]

参考文献

[1] Willianms JC. Titanium. 2nd ed. Heidelberg：Springer. 2007.

[2] Moisevev NV. Titanium alloys：Russia aircraft and aerospace applications. CRC Press：New York，2006.

[3] 刘彬，刘延斌，杨鑫，刘咏. TITANIUM2008：国际钛工业、制备技术与应用的发展现状[J]，粉末冶金材料科学与工程，2009，14(2)：67 - 73.

[4] Wang K. The use of titanium for medical applications in the USA [J]. Materials Science and Engineering A, 1996, 213(1 - 2)：134 - 137.

[5] Froes FH, The Titanium Image：Bouncing Back [J], JOM, 2001, 26 - 28.

[6] Zee R , Yongm C, Lin Y et al. Effects of boron and heat treatment on structure of sual-phase of Ti - TiC [J], Journal of Material Science. 1991, 26：3853 - 3857.

[7] Wrzesinski WR. TiAl - SiC composites prepared by high temperature synthesis[J], Material Science Technology, 1990, 6(2)：187 - 191.

[8] Godfrey TMT, Wisbey A, et al. Microstructure and tensile properties of mechanically alloyed Ti - 6Al - 4V with boron addition [J], Materials science and engineering A, 2000, 282：240 - 250.

[9] Saito et al. Sintered titanium alloy material and process for producing the same, United States Patent, NO. 6117204 [P], 2000.

[10] Ranganath S. A review on particulate-reinforced titanium matrix composites [J], Journal of materials science, 1997, 32：1 - 16.

[11] Gorsse S, Chaminade J P et al. Preparation of titanium base composites reinforced by TiB single

crystals using a powder metallurgy technique [J], Composites part A, 1998: 1229 - 1234.

[12] 毛小南, 颗粒增强钛基复合材料在汽车工业上的应用[J]. 钛工业进展, 2000(2): 5 - 13.

[13] Radhakrishna BV, Bhat, Subramanyam J, et al. Preparation of Ti - TiB - TiC & Ti + TiB composites by in-situ reaction hot pressing [J], Materials science and engineering A, 2002, 325: 126 - 130.

[14] Ramanujan R V. Phase transformations in γ based titanium aluminides[J]. International Materials Reviews, 2000, 45(6): 217 - 240.

[15] Kim Y W. Microstructural evolution and mechanical properties of a forged gamma titanium aluminide alloy[J]. Acta Metallurgica et Materialia. 1992, 40(6): 1121 - 1134.

[16] Hu D. Effect of composition on grain refinement in TiAl-based alloys[J]. Intermetallics. 2001, 9(12): 1037 - 1043.

[17] Liu ZC, Lin JP, Li SJ, et al. Effects of Nb and Al on the microstructures and mechanical properties of high Nb containing TiAl base alloys[J]. Intermetallics. 2002, 10(7): 653 - 659.

[18] Shida Y, Anada H. The influence of ternary element addition on the oxidation behaviour of TiAl intermetallic compound in high temperature air[J]. Corrosion Science. 1993, 35(5 - 8): 945 - 953.

[19] Semiatin SL, Vollmer DC, Soudani S, et al. Understanding failure of near-gamma titanium aluminides during Rolling[J]. Scripta Metallurgica et Materialia, 1990, 24(8): 1409 - 1413.

[20] Clemens H, Lorich A, Eberhardt N. Properties and Applications of Intermetallic γ-TiAl Based Alloys[J]. Zeitschrift fur Metallkunde. 1999, 90: 569 - 580.

[21] Hsiung LM, Nieh TG, Clemens DR. Effect of extrusion temperature on the microstructure of a powder metallurgy TiAl-based alloy[J]. Scripta Metallurgica et Materialia. 1997, 36(2): 233 - 238.

第 2 章　钛的粉末冶金制备工艺

　　粉末冶金法能够低成本生产近净成形零部件，而且材料的化学成分和组织均匀性好，力学性能优良。因此，粉末冶金方法在钛合金材料及零部件制备方面得到了广泛的应用。

　　粉末冶金钛合金的原料是钛或钛合金粉末，成形方法则包括冷压、冷等静压、热等静压、注射成形和快速原位制造等。从粉末冶金的工艺流程看，它比传统的熔炼加工法制造钛部件的工艺流程缩短 1/3 以上，而且材料的力学性能相当。本章将简单介绍钛的粉末冶金制备工艺。

2.1　钛粉末制备方法

　　钛粉具有较大的表面积，因此很活泼，非常容易氧化、易燃、易爆、易与其他元素发生反应。通常钛粉呈浅灰色，随着粒级变小而颜色加深。粗钛粉带有金属光泽，微粉呈灰色，超微粉呈黑色。钛粉的形状有球形、多角形、海绵状和片状等几种，与制备方法有关。钛粉的应用十分广泛。等级外(杂质含量较高)钛粉主要用作铸铝的晶粒细化剂和烟火、礼花用爆燃剂。等级钛粉根据不同的纯度和粒级有不同的用途，主要用作粉末冶金钛或含钛合金的原料。钛粉还可以用作电真空吸气剂、表面涂装材料、塑料的加钛充填剂和各种钛的化合物(如 TiB、TiN、TiC 等)的原料等。

　　低成本、低氧含量钛粉一直是研究的重点。典型钛粉制备技术有氢化脱氢法、雾化法、氢化钙还原法及改进的钠还原法。其中雾化法包括旋转电极雾化法和气体雾化法。旋转电极法能生产优质钛粉，但工艺工序复杂，成本高，粉末粒径粗。气体雾化法利用高压气体将钛熔体击散成金属液滴，快速凝固成球形粉末。粉末细，但氧及残余气体含量不易控制。

　　氢化脱氢法生产的钛粉末粒度范围宽、成本低，对原料的要求不苛刻，工艺较易实现，容易产业化。但这种方法制备的粉末往往氧、氮等含量偏高。近年来，日本东邦公司利用改进的氢化脱氢工艺制备的钛粉粒度小于 150 μm，氧含量小于 0.15%。

2.1.1 氢化脱氢技术

1. 正氢氢化工艺

金属钛在一定的条件下能够吸收氢气,生成钛的氢化物,从而使韧性的海绵钛变脆,便于磨碎,制成氢化钛粉,再将氢化钛粉在高温真空下脱氢,便制得钛粉。反应式如下:

$$2/x\text{Ti}(\text{s}) + 1/x\text{H}_2(\text{g}) = 2/x\text{TiH}(\text{s}) + Q \qquad (2-1)$$

通常采用立式氢化炉,在氢气正压下逐步升高温度来实现原料海绵钛与氢气的反应。在350℃时发生氢化反应,再升高温度反应开始剧烈,并快速大量地吸氢,致使系统压力骤降,呈现负压。这时容易发生空气倒灌而引起事故,所以钛和氢气直接反应生成氢化钛的关键是控制好系统氢压。上述反应具有可逆性强、反应速度快以及反应热大的特点。在一定的氢气正压下和高温状态下,反应式(2-1)向正方向进行,海绵钛变成容易破碎的氢化钛。氢化钛经过磨碎成粉后在真空和高温下又向相反的方向进行,脱去氢后便形成钛粉。

通常采用高纯电解水制氢气为气源,经净化处理后使用。氢化炉多为950℃管状真空、充气两用炉,配有压力表和气体流量计。由于钛及钛合金吸氢是放热反应,当大量吸氢时,产生大量热量,瞬间吸氢量很大。因此,当炉温升至480～650℃,大量吸氢时,须加大氢气流量,保持炉内0.1～0.2 MPa的正压。大量吸氢所放出的反应热使炉内温度迅速上升,炉料会部分熔化。这时应停止加热,反应器退出加热炉膛,空冷散热降温,借助于反应自身热量连续反应吸氢。由于吸氢过程是动态可逆平衡过程,直至反应速度大致趋于平衡,吸氢速度减慢。当压力表指数保持一段时间不再降低或升高时,再推进炉膛,升温到750℃保温,深度扩散反应,使大块海绵钛深度氢化。可见,氢化的整个过程的关键是保持炉内正压,防止了氢化过程的氧化。

2. 氢化钛破碎工艺

对于氢化钛,不同的破碎方式得到的钛粉末氧含量及粒度分布、颗粒形貌大不相同。常用方法的比较如表2-1所示。

表2-1 通常破碎方法的比较

方法	原理	适用范围	优缺点
普通球磨	击碎和磨削	各种粒级	较常见的粉碎方法,可以磨细粉,但时间很长,可以通保护气来控制增氧
振动球磨	强化击碎和磨削	各种粒级	装填系数比普通球磨的高,可达0.8,可以提高研磨效率,弹簧在高频振动下易于疲劳,振幅小,进料粒度不能很大

续表 2 – 1

方法	原理	适用范围	优缺点
磨盘粉碎	击碎和磨削	各种粒级	可以控制最大粒度，易于污染
气流破碎	高速气流带着颗粒间撞击	各种粒级，尤其是细粉	所得颗粒细而均匀，粒度分布范围窄，形状不规则，几乎无氧化，但设备昂贵
惯性圆锥	颗粒的自破碎	较粗粉末	易于破碎任何硬度的物体，粒度范围宽，投资少

3. 脱氢工艺

脱氢一般在真空加热状态下进行。在脱氢时，考虑到脱氢的速度以及粉末降低氧含量的要求，通常需要添加罗茨泵和扩散泵。当放气量大时，可以采用机械泵或者机械泵和罗茨泵的组合。为保证较低的氧、氢含量，可以用机械泵和扩散泵组合。真空度达到 7×10^{-3} Pa 时，钛粉氧含量可达到 0.2% 以下。同时，大抽力的罗茨泵提高了脱氢速度。

脱氢时，除了保证系统真空度好以外，脱氢工艺也对最终粉末的品质有重要影响。氢化钛装料量大时（100 kg），可采用层状料舟，使舟中氢化钛装料厚度减小，有利于氢气脱出。脱氢温度通常采用分段保温，开始脱氢温度为 750℃，保温 1 ~ 12 h 后降温至 650℃，保温 4 ~ 12 h，再降温至 600℃ 脱氢，直至真空度降到 0.1 Pa。这样的脱氢工艺可防止结块，减轻脱氢后破碎强度，有利于破碎时的氧含量控制。

2.1.2　等离子旋转电极雾化技术

等离子旋转电极雾化（plasma rotate electrode pulverization，PREP）技术是采用高温等离子体将高速旋转的电极棒熔化，然后经离心作用而制备成球形粉末的技术（图 2 –1）。与常规气雾化相比，该技术制备的粉末球形率高、表面光亮洁净、氧含量低、无气体夹杂（图 2 –2），主要用于制备航空航天领域高性能复杂零部件。

PREP 实际上属于旋转雾化法，即利用使液体旋转而产生的离心力将液体粉碎，或者说将旋转产生的机械能转化为液体粉碎而形成新的表面能，因此，该过程中起主要作用的除离心力外还有液体的表面张力，可从离心力与液体表面张力的平衡关系来估计 PREP 法生产的粉末粒度[1]。

$$\overline{d} = c \left(\frac{\sigma}{D \cdot \rho} \right)^{1/2} \frac{1}{2 \cdot \pi \cdot n} \tag{2 – 2}$$

式中：$\overline{d}$ 为粉末平均粒度；D 为电极棒直径；σ 为熔液表面张力；ρ 为材料密度；n 为电极棒转速；c 为常数。从式（2 –2）可看出，粉末粒度与材料物性（密度、金属熔液表面张力）、电极棒直径和电极棒转速有关。在电极棒尺寸一定的条件下，转速高低是粉末粒度的决定因素，转速越高，粉末越细。对钛合金而言，当转速在 15000 r/min 以下时，制备粉末粒度较粗，一般在 75 μm 以上。

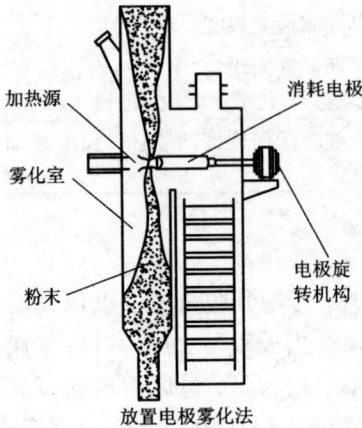

图 2-1   PREP 制粉技术原理图

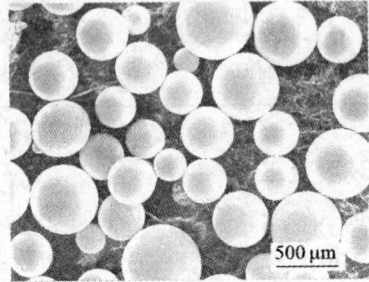

图 2-2   PREP 技术制备的 TA7 粉末

供料速度对粉末粒度也有很大影响。一般说来，供料速度放慢时，相应的工作电流相应降低，粉末粒度变细。表 2-2 和表 2-3 是电极转速和供料速度对 TA7 合金粉末的粒度的影响。

表 2-2   电极转速与粉末粒度分布的关系

电极转速 /(r·min⁻¹)	粒度组成 w/%				
	-20 +40	-40 +60	-60 +80	-80 +100	-100
6000	75.5	19.5	4.5	0.1	0.27
8000	65	28.5	6.5	0.3	0.57
10000	46.5	42	10	0.5	1.41

注：供料速度为 70~80 mm/min，熔化电流为 1200 A。

表 2-3   供料速度(或工作电流)对粉末粒度分布的影响

供料速度 /(mm·min⁻¹)	工作电流 /A	粉末粒度组成 w/%				
		-20 +40	-40 +60	-60 +80	-80 +100	-100
45	840	29	58	8	1.7	3.3
60	960	53	38.5	6.5	0.8	1.2
85	1200	65	28.5	6.5	0.3	0.57

注：转速为 10000 r/min。

在不同的条件下，液体在旋转部件上存在三种不同的破碎机理（图 2 - 3），即：①直接液滴形成机理（direct drop formation, DDF）；②液线破碎机理（ligament disintegration, LD）；③液膜破碎机理（film disintegration, FD）。

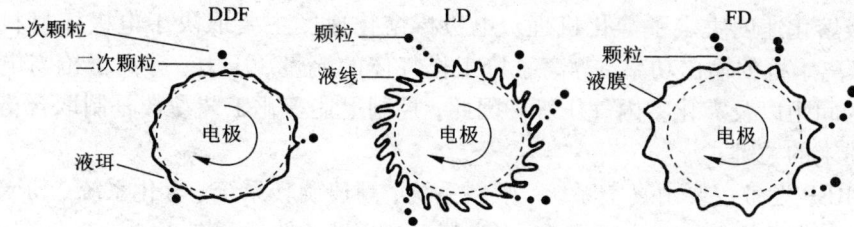

图 2 - 3　PREP 技术粉末的三种破碎机理[2]

在理想的离心雾化状态下，进行匀速圆周运动的电极棒端头是平面，其被等高温离子体熔化后产生的液滴在惯性作用下继续作圆周运动。由于没有向心力的约束，液滴在离心力的作用下产生径向运动并形成液膜。如果液膜流动状态为层流，并不考虑重力以及气 - 液界面处液膜中的剪切力，则可通过求解得到液膜厚度的估算公式[3]：

$$\delta = \left(\frac{3\mu Q}{2\pi R^2 \rho \omega^2} \right) \tag{2-3}$$

式中：δ 为液膜厚度；ρ 为液膜密度；μ 为液膜黏度；ω 为电极转速；Q 为电极棒熔化速度；R 为电极棒直径。液膜越薄，液膜的流动和雾化过程就越稳定，当液膜超过某个临界值时，层流将变成紊流，雾化过程变得不稳定，上述公式不再成立。

利用高速摄影机对 PREP 法制备的金属粉末进行了研究，发现转速一定时，在熔化速度较小的情况下，即液膜厚度较薄时，雾化机理为稳定的直接液滴形成机理（DDF）。熔化的电极材料在离心力的作用下，向电极棒边缘流动，先在电极棒的边缘形成一个液珥，进而在液珥上产生液滴，最后液滴脱离液珥被甩出形成一次球形颗粒。在一次颗粒与液珥分离的过程中，它们之间的粘连液体则形成较一次颗粒直径小得多的二次球形颗粒。在 DDF 机理下，所产生的粉末粒度分布呈双峰形。随着熔化速度的增加，液膜厚度增大，雾化机理转化为稳定性较差的液线破碎机制（LD）。与 DDF 机理相比，电极棒上的液珥向外扩展并在其边缘上形成液线，液线破碎后形成一串大小不等的球形颗粒。在 LD 机制下，粉末粒度分布呈单峰形，区间分布较 DDF 时宽。若熔化速度继续增大，电极棒端头的液膜向外扩展超出边缘，雾化机理转变成液膜破碎机理（FD），因为电极棒外缘的液膜极不稳定，其破碎后形成大量不规则的粉末。

生产球形金属粉末时，应将雾化机理控制为 DDF 或 DDF - LD 机制，使电极棒端头的液膜呈稳定的层流状态。因此，生产一定粒度分布范围的金属粉末时，主要通过控制电极棒的熔化速度来控制液膜厚度，进而达到控制粉末形貌和粒度分布的目的。

由(2-3)式可知，电极棒转速一定时，液膜厚度主要由电极熔化速度决定，即电极熔化速度决定了雾化机理。电极棒熔化速度主要取决于电极棒材料的特性、等离子枪的输出功率、等离子枪工作气体的流量、压力、等离子枪与电极棒端部的间距以及雾化室内气压等。因此，控制上述雾化工艺参数是制取合格球形金属粉末的关键。

PREP设备主要由真空系统、喂料系统、高速旋转系统、雾化系统、粉末收集系统、水冷系统等组成。如图2-4为某PREP设备的示意图。

该设备具备以下特点：①采用双辊传动技术，很好解决了高速旋转送料下动平衡的问题；②转速高，电极旋转速度高达26000 r/min；③产量大，最高产量可达1000 kg/8 h；④拥有先进的动密封技术，真空度可达 10^{-3} Pa；⑤粉末粒度细，对于钛及钛合金而言，75 μm以下的粉末可达50%以上；⑥连续加料，可一次加料(ϕ80 mm×700 mm)50根以上；⑦采用Ar、He混合气冷系统对高速轴承进行冷却；⑧带有气体循环回收净化系统，气体可以连续使用，制粉成本低；⑨噪音低，只有80 dB。

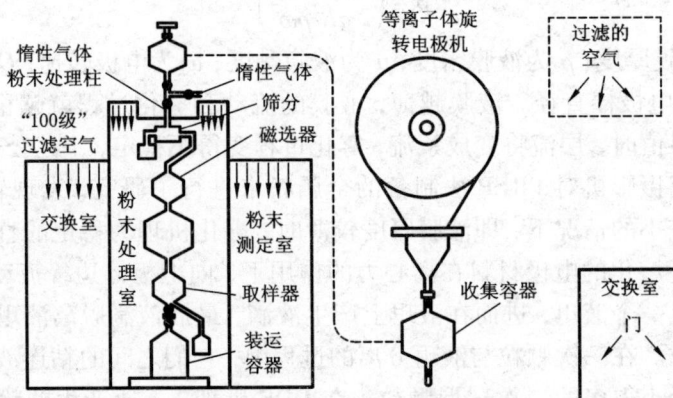

图2-4 PREP设备系统示意图

2.1.3 气雾化技术

1. 工艺简介

气雾化技术(gas atomization, GA)是将原料(坯、锭、棒、块)熔炼后，经导流管形成细小液流或直接熔化形成细小液流，通过高压气体喷嘴雾化制备成粉末的一种技术(图 2 - 5)。该技术的基本原理是用高速气流将液流粉碎成小液滴并凝固成粉末的过程,其核心是控制气体对液流的作用过程,使气流动能最大限度地转化为粉末表面能。因此气体控制部件,即喷嘴是气雾化的关键技术,喷嘴的结构和性能决定了雾化粉末的性能和效率。

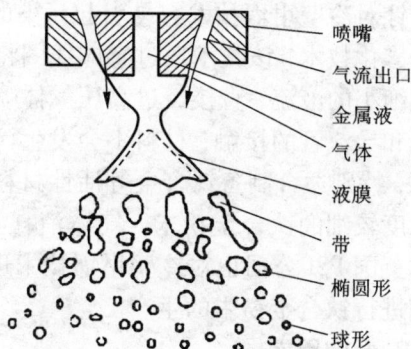

图 2 - 5　气雾化技术示意图

使用气雾化技术可以制备锡、铅、铜、银、镍等金属粉末以及黄铜、青铜、不锈钢、合金钢、铁、镍、钴、钛基等合金粉末。由于液滴细小和热交换条件好,液滴的冷凝速度一般可达到 $10^2 \sim 10^7 K/s$,比铸锭冶金高几个数量级,因此粉末的成分均匀,组织细小。气雾化制备的粉末呈球形或近球形(图 2 - 6),粉末氧含量低,粉末粒度较细。最细粉末可达 $10 \ \mu m$ 以下,用于金属粉末注射成形制备各种高性能复杂零件。气雾化技术制备粉末的缺点是:与旋转电极雾化技术相比,容易引入杂质(冷壁坩埚雾化);少数大颗粒的粉末内部有气体夹杂;制备细粉时气体消耗量大,制粉成本高。

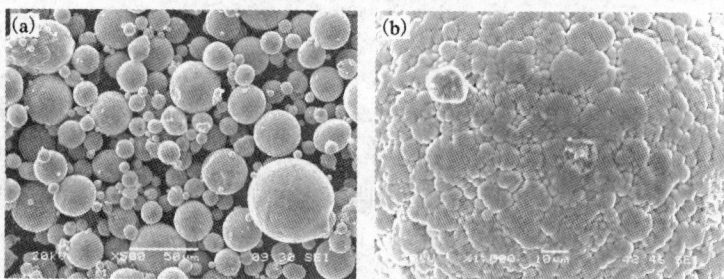

图 2 - 6　气雾化技术生产的钛合金粉末
(a)采用气雾化方法制备的 Ti 粉的扫描电镜照片;(b)粉末表面形貌

由于钛合金熔体活性大,几乎与所有氧化物陶瓷反应。在雾化的熔炼过程通常采用冷壁坩埚和无坩埚方式。

冷壁坩埚雾化主要是通过水冷坩埚(一般是铜坩埚)将熔融液滴经导流管送入喷嘴的雾化技术。熔炼热源可以是等离子体,也可以是感应线圈。由于导流管的存在,对于活性材料(如钛合金以及含稀土的合金),在雾化过程中容易引起导流管的腐蚀,污染粉末并且使粉末粒度变粗。用该技术制备高品质钛合金粉末的关键在于寻找合适的导流管,尽量避免被活性成分腐蚀。

针对冷壁坩埚技术容易引起污染的问题，德国 ALD 公司改进开发了 EIGA 无坩埚雾化技术，该技术通过感应线圈将缓慢旋转的电极材料熔化并控制熔炼参数形成细小的液流，直接经过高压气体喷嘴而雾化制备粉末的技术。由于没有水冷坩埚和导流管的接触，材料不会发生污染，因此，该技术几乎可以制备任何合金粉末，特别适合制备钛合金等活性材料粉末。但该技术增加了气体消耗，尤其制备粒度较细的钛合金粉末，气体消耗量非常大，需要增加气体净化回收循环装置。英国 PSI 公司也对冷壁坩埚技术进行了改进，将限制式喷嘴改为自由落体式喷嘴进行钛合金粉末的生产。

2. 影响因素

由于雾化过程比较复杂，受喷嘴结构、雾化气流和熔体流性质等多重因素的影响，要制备细小的钛合金球形粉末难度较大。喷嘴结构是影响雾化效果的关键因素，直接影响雾化气流的压力和流速，进而影响到雾化效率和粉末性能。雾化气流是影响雾化效果的另一个关键因素，雾化气流的性质、温度、压力、流速等都会极大影响钛合金粉末的氧含量高低和粒度、流动性、松比等性质。此外，熔体流的性质如成分、黏度、表面张力、过热度和液流直径也会对雾化效果产生重要影响。在相同雾化工艺条件下，钛合金成分的差异会导致熔体流性质的极大变化，从而影响到粉末粒度的粗细及区间分布。如 Ti600 和 Ti1100 合金，采用冷壁坩埚技术雾化时，因为 Ti600 合金中微量稀土元素对导流管的腐蚀作用，前者的细粉收得率要小于后者。

（1）雾化喷嘴

雾化喷嘴是气雾化设备的主要构件，不同的喷嘴有不同的结构特征，并对流场和粉末粒度产生重要影响，因此，通常以喷嘴结构类型来对雾化技术进行详细分类。根据熔体流从漏包出口到气流相遇点之间的驱动力，大体可将喷嘴分为自由下落式（非限制式）和封闭式（限制式）两种喷嘴（图 2 - 7）。

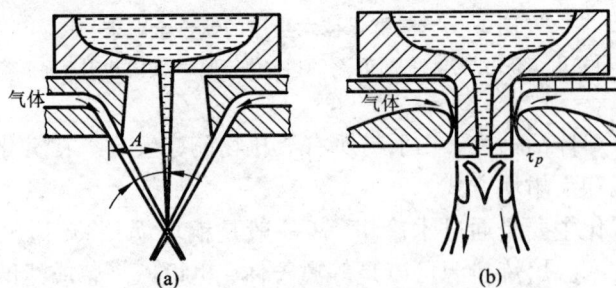

图 2 - 7 雾化喷嘴的两种主要结构

（a）自由下落式；（b）封闭式

　　自由下落式喷嘴又称非限制式喷嘴，其优点是设计和控制过程比较简单、不容易发生堵塞现象，减少了杂质污染（无导流管，对钛合金材料很重要），但存在如下缺点：液流速度不稳定，主要受密度和漏包内液面高度的影响；对钛合金等密度较小的液流，当气体压力大于液面静压时，气体从漏包口逆流而上，形成鼓泡现象，造成液流不稳定甚至发生事故；由于雾化气体交汇点离气体喷口距离较远，气流动能消耗较大，降低了气流动能的利用率，不利于细粉的获得。

　　封闭式喷嘴又称限制式喷嘴，是指液流依靠高速气体的虹吸效应，达到雾化点。液流速度比较平稳，在气流动能传递过程中，气体能量损失较小。在雾化过程中，能量传递均匀，有利于获取较细的粉末。封闭式喷嘴的缺点是容易发生堵塞现象，而且由于导流管的存在，容易引起钛合金等活性粉末的污染。

　　喷嘴结构中影响雾化效果的因素有很多，主要的因素有：喷嘴形状、喷射顶角、喷嘴直径以及喷嘴突出部分的大小。喷嘴形状大部分为环状同心喷嘴，一般分为环缝式和环孔式两种。由于相同的出口面积，环缝式的气流喷射量远大于环孔式，因而环缝式喷嘴细粉收得率远大于环孔式喷嘴。环缝式喷嘴通常有收缩型、扩张型、收放型三种形状（如图 2 - 8）。合适的喷射顶角是设计雾化喷嘴的关键。一般在非限制式喷嘴中，35°~45° 喷射顶角是有效的雾化区域。小于 35° 时，容易发生射流，粉末粒度较粗，甚至不发生雾化，大于 45° 时，容易发生堵塞。在制粉过程中，由于粉末的种类以及性能要求不同，所选择的喷射顶角也不同。喷嘴直径是影响雾化效果的重要因素，喷嘴直径过小，容易发生毛细现象，熔体流过热度较低时，容易导致熔液在导管中凝固，造成堵塞。喷嘴直径较大时，熔体流的最低流速较大，易造成喷射，影响雾化效果。尤其在自由落体式结构的喷嘴中，喷嘴直径过大，熔体液流面较低时，极容易发生反喷事故。另外，喷嘴直径过大，会降低细粉的收得率。

收缩型　　　　扩张型　　　　收敛型

图 2 - 8　雾化喷嘴的三种常见形状

　　目前主要有超声雾化、紧耦合雾化、高压气体雾化、超声紧耦合雾化、层流超声雾化等 5 种典型结构的喷嘴。

　　超声雾化喷嘴最初由瑞典人发明，后经美国 MIT 的 Grant 改进和完善，其结

构如图2-9所示。该喷嘴是组合的拉
瓦尔喷嘴，利用声学 Hartmann 效应在
产生 2~2.5 马赫超音速气流的同时产
生 80~l00 kHz 频率的高频脉冲，能够
生产比一般气雾化技术粒度分布较窄的
微细粉末，而且具有较高的凝固速率，
粉末冷凝速度可达 $10^4 \sim 10^5 \text{K/s}$。但超
声雾化喷嘴只有在熔体流直径小于 5
mm 的条件下才能取得较好的效果。

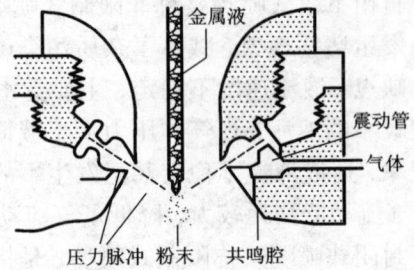

图2-9 超声雾化喷嘴

　　紧耦合雾化喷嘴是一种限制式的喷嘴结构。在普通限制式喷嘴中，增加气体
压力可以提高气流速度，从而减小粉末平均粒度，但由于气流速度与气体压力不
成线性关系，当气压超过 5 MPa 时，其速度增加很慢，气体消耗量却明显增加，
因此，限制式喷嘴中的雾化气体压力一般不超过 5.5 MPa，这限制了雾化效率的
进一步提高。紧耦合喷嘴(图2-10)通过缩短气流到汇集点的距离，增加气体动
能至液流的传输效率，因而细粉末收得率高，而且粉末粒度分布范围窄。

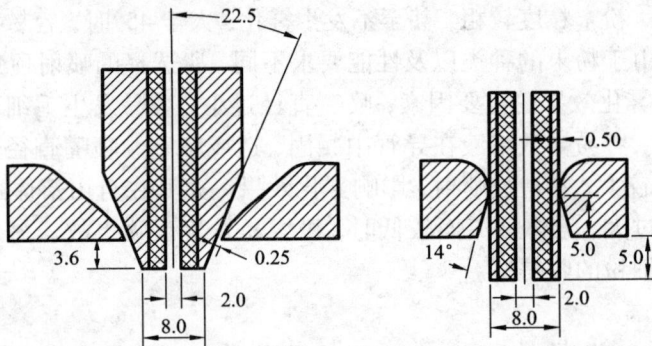

图2-10 紧耦合雾化喷嘴[4]

　　尽管紧耦合喷嘴使雾化效率得到了很大的提高，但仍然存在不足：一是当雾
化气流压力增加到一定值时，导流管出口处会产生正压，使雾化过程不能进行；
二是在高压雾化下，由于导流管出口处负压过低，熔体流发生堵塞的机率增加，
降低雾化效率。因此，Anderson 等人将紧耦合喷嘴的环缝出口改为 20~24 个单
一喷孔，通过改进导流管出口处的形状设计和提高气压(最高 17 MPa)，克服紧耦
合喷嘴中存在的气流激波，使气流呈超音速层流状态，并在导液管出口处形成有
效的负压，如图2-11(a)所示，可以显著提高雾化效率。Ting 等人[5]在这一研究
基础上，将火箭发动机中的收放喷管设计思想引入雾化喷孔的设计中，将上述高

压等径喷孔改成具有收放结构的喷孔,如图 2-11(b)所示。这样可以在较低的气压下产生更高的超音速气流和均匀的气体速度场,从而更加有效抑制有害激波的产生,明显增加气体的动能,使雾化效率更高。该喷嘴在较低的气压下产生与高压雾化喷嘴相同的雾化效果,如在 3.86 MPa 的压力下可以产生与前者喷嘴在 7.7 MPa 压力下相同的速度,而且气流速度更加稳定和均匀。

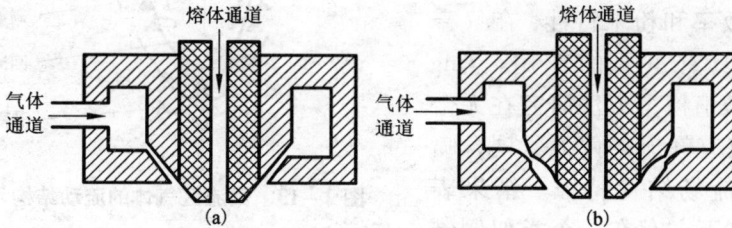

图 2-11 高压气体雾化喷嘴

在常规气雾化技术中(如紧耦合),粉末是依靠气流对熔体流的扰动和冲击而形成的。由于气流扰动具有统计特征,粉末粒度分布较宽;而且气流在飞行过程中速度不断减小,能量损失较大,因此很难使雾化效率进一步提高。德国 Nanoval 公司对喷嘴进行重大改进,提出了层流超声雾化的概念。图 2-12 是层流雾化喷嘴结构示意图。在这种喷嘴结构中,气流和熔体流在稳定的流场中呈层流状态,

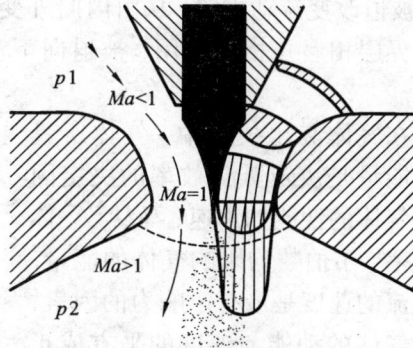

图 2-12 层流超声雾化喷嘴[6]

并且气流不是以某一角度而是平行于熔体流进行喷射,熔体流依靠气流在其表面产生的剪切力和挤压而变形,并发生层流纤维化。当雾化压力 p_1 与压力环境压力 p_2 之比达到某一临界值时,气流在喷嘴的最小处达到音速;当进一步提高压力比时,将维持稳定的音速状态,在喷嘴的最小处下方,气流将呈超声状态,并不出现激波。这时金属液流细丝得到加速,并当表面张力不再平衡金属流内压力和气流压力时,失去稳定性并且破裂为"刷子状"的多个纤维丝而后进一步破碎成粉末。

这种喷嘴克服了常规气雾化过程中存在的问题,雾化效率较高,粉末粒度细且分布非常窄,冷却速度达到 $10^6 \sim 10^7 K/s$。该工艺的另一个优点是气体消耗量低,在同样的雾化效果下,Nanoval 工艺的气体消耗量仅为紧耦合的 1/3,自由落

体式的 1/7，因此，具有显著的经济性。但该使用该喷嘴雾化过程不稳定，且产量小(金属质量流率小于 1Kg/min)，不利于工业化生产。

（2）雾化气流

气体通过喷嘴而形成流场，熔体流进入其中被破碎、雾化，并影响气体流场结构。气体流场结构决定了雾化效率和粉末特性，在气雾化技术中具有重要的作用。Ting 等[7]采用数值模拟方法研究在无金属液流、仅有气流条件下紧耦合喷嘴下方的流场结构特征。结果表明，在喷嘴下方存在一个类似倒锥

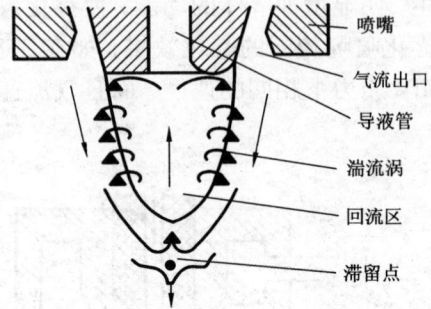

的回流区，如图 2 – 13 所示。锥顶处是气体滞留点，此处气体速度为零，而压力最高。气体从滞留点前端进入回流区，以亚音速由下向上运动，当接近导液管口时，被迫改变流动方向，从由内向外变为径向流动，当到达喷嘴的边缘时，与湍流边界层相遇并相互作用，被迫向下流动，并限制在回流区内，与超音速流场分开。

图 2 – 13　回流区气体的流动结构示意图

在气体雾化技术中，气体所具有的能量是决定雾化效率的决定因素。气体的性能如声速、马赫数、体积流率、韦伯数均影响气体的能量，而气流的速度是最有影响力的因素，因为气体的动能与速度的平方成正比。因此，在雾化技术中均是以提高气流的出口速度为首要目标。从气体动力学原理可知，气流速度不仅与喷嘴的结构、压力、气体类型有关，还受气体温度的影响。当气体

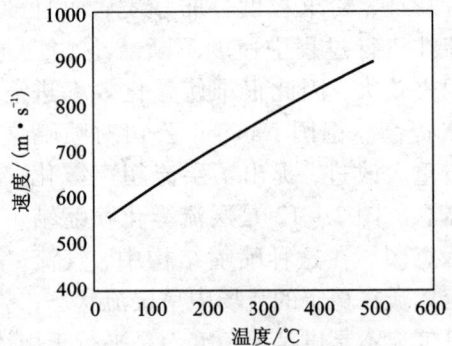

图 2 – 14　气体流速与温度的关系

温度从室温增加至 500℃时，气流速度将增加一倍左右，如图 2 – 14 所示。因此提高气体温度将显著增加其动能。近年来，英国 PSI 公司和美国 HJE 公司分别研究了热气体的作用。HJE 公司在 1.72 MPa 压力下将气体加热至 200 ~ 400℃，雾化银合金和金合金，结果显示粉末的平均粒径 $\bar{d}$ 和标准偏差 σ 均随着雾化气体温度的提高而明显降低。如纯银分别在 40℃ 和 400℃ 雾化时，$\bar{d}$ 和 σ 分别从 23.65 μm 和 1.63 降至 16.90 μm 和 1.54。研究还发现：随着气体温度增加，气体发生膨胀，气体的质量流率减少，气体消耗量从 1.9 kg/min 降为 1.5 kg/min。PSI 公

司采用 500℃ 热气体雾化了不锈钢和纯铜粉末，结果表明，粉末平均粒度分别可以从 22 μm、15 μm 降至 15 μm、10 μm，10 μm 以下粉末的产率大于 30%。

（3）雾化工艺

雾化工艺对粉末性能如形貌、粒度及分布、流动性、松比和结晶组织等有重要影响，主要包括熔体的性能（黏度、表面张力、过热度）和熔体流直径、喷嘴结构、气体温度、压力、流速等。相关文献报道也较多。

通过超合金的雾化实验发现，要实现稳雾化，需要"一定"的金属过热度，而且粉末随雾化顶角增大而变细。Lubanska 提出了预测粉末粒度的方程：[8]

$$\frac{MMD}{d_0} = k_D \left[\left(1 + \frac{m_L}{m_G} \right) \frac{\nu_L}{\nu_G We} \right]^{12}$$

$$We = \frac{\rho_L U^2 G d_0}{\sigma} \tag{2-4}$$

式中：k_D 为常数（40 ~ 50）；U 为气液质量流率；d_0 为导液管直径；ρ_L、σ、和 ν_L 分别为金属液密度、表面张力和黏度；ν_G 为气体的黏度；We 为韦伯数（雾化进程决定于熔滴在雾化气流中的 We 值。研究表明：We 值小于 10.7，熔滴就不能进一步破碎，上式因此被认为是临界 We 值）。平均粒径 $\bar{d}$ 与几何标准差 δ 之间也存在关系式：[8]

$$\bar{d} = 13\delta^3 \tag{2-5}$$

气雾化金属粉末的粒度分布一般呈对数正态分布：[8]

$$P(x) = \frac{1}{\sqrt{2\pi}\delta} \exp \left[-\frac{x - u_x}{2\delta^2} \right] \tag{2-6}$$

2.2　粉末冶金钛合金致密化技术

钛合金粉末通常是通过传统的压制 – 烧结工艺制备成致密零部件。近年来，由于一些新的烧结技术的出现，如注射成形、快速成形、微波烧结等，使得钛合金材料的制备方式有了更多的选择。这里主要介绍在传统粉末冶金工艺中的强化烧结技术，以及新的钛合金快速成形技术。

2.2.1　粉末钛合金的强化烧结

钛合金粉末的烧结通常是固相扩散方式。采用混合元素法制备钛合金时，发现钛合金中的合金元素会在烧结时出现瞬时液相或提供扩散通道，促进致密化过程，也称为强化烧结。

强化烧结过程的实现依赖三个基本条件，即溶解度判据、偏析判据和扩散判据。

通常，基体在添加剂中应具有大的溶解度，或者形成中间化合物，而添加剂在基体的溶解度应很小，这主要归因于：①添加剂在基体的溶解度小会导致添加剂在粉末颗粒间界面上析出，有利于基体的扩散；②添加剂在基体的溶解度小可以减少维持强化烧结的添加剂的需要量。而且，强化烧结的致密化过程是基体向添加剂扩散的过程，这种扩散有利于烧结颈的快速长大与消除孔隙。若添加剂在基体中的溶解度大，将会产生与前者相反的扩散，出现 Kirkendall 效应，孔隙度增加，导致烧结体膨胀。

其次，烧结过程中添加剂能在粉末颗粒间界面析出，而且能在整个烧结过程保持。这种析出使得粉末颗粒间的扩散接触面富集添加剂。因此，提供了基体快速扩散的通道。这种析出特征反应在基体与添加元素相图上液相线和固相线不断下降。

当满足溶解度标准和析出标准时，添加剂的强化烧结效果就取决于其对基体物质扩散速率的影响，物质扩散速率越快，强化烧结效果越好。

关于钛及钛合金的强化烧结的研究报道较少。钛合金常常是多元合金，不同合金元素对粉末钛合金致密化与性能有不同影响，多种元素添加时还存在相互之间的综合影响。Kazuhiko Majima 研究了分别添加少量的 β 稳定元素 Cr、Mn、Fe、Ni、Cu、Si 对烧结致密化的影响，仅经过一次烧结，其最高烧结密度达到了99%（图 2 - 15）[9]。但是，仅添加单一元素的钛合金其力学性能达不到使用要求。Takahashi[10] 等通过调整合金元素的成分，把 Ti - 6Al - 4V 原料母合金粉末（60Al - 40V）改为成分为 SP700 合金用的母合金粉末

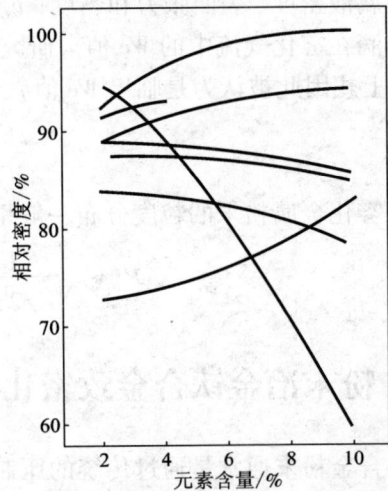

图 2 - 15 混合元素法 1473 K 下烧结时不同元素及含量对钛的烧结致密度的影响

39Al - 26V - 17.5Fe - 17.5Mo，其烧结起始温度降低，烧结完成时间缩短，烧结坯相对密度可达到99.8%。与同条件下的 Ti - 6Al - 4V 合金的性能比较，其拉伸性能及疲劳性能更好，拉伸强度达到 1010 MPa，见表2 - 4。Saito 等通过添加 Mo、B，在略低于烧结温度下形成主要成分为 Ti - Mo - B 的瞬时液相，形成扩散通道，加速原子扩散，从而达到强化烧结的目的。在 1300℃，烧结 8 h，烧结体的致密度达到99% 以上。在烧结过程中 Ti 和 B 发生反应生成强化相 TiB，从而提高了材料的强度、硬度和耐磨损性能。

表 2 - 4　烧结状态的 Ti - 6A1 - 4V 合金和 SP - 700 合金的拉伸性能比较

合金	钛粉	相对密度 /%	拉伸强度 /MPa	延伸率 /%	断面收缩率 /%
SP - 700	海绵钛粉	99.8	1010	20	32
		98.5	1000	8	8
	氢化脱氢粉	99.6	998	20	31
		98.5	1000	14	14
Ti - 6Al - 4V	海绵钛粉	99.6	941	18	32
		97.5	912	8	7
	氢化脱氢粉	99.6	926	19	31
		97.7	954	12	14

2.2.2　粉末钛合金快速成形技术

钛及钛合金粉末通常在冷成形(模压或冷等静压)后,经过真空烧结或者热等静压可以达到较高致密度。真空烧结的致密度一般在94%左右,热等静压可以达到全致密。近年来,粉末钛合金成形的主要发展方向是零部件形状复杂化、制备短流程化、快速化,因此通过与激光、电子束、先进制造等相关领域结合,出现了的激光快速成形和电子束快速成形技术。激光快速成形技术国内外已有诸多专著和文献论述,因此,这里只简述其基本原理和工艺,重点介绍作者近年来在电子束快速成形技术方面的工作。

1. 激光快速成形技术

激光快速成形技术是从 20 世纪 90 年代初期发展起来的一项先进制造技术,能够实现高性能复杂结构金属零件的无模具、快速、全致密近净成形。

激光快速成形技术的基本原理是:首先在计算机中生成零件的三维 CAD 实体模型,然后将模型按一定的厚度切片分层,即将零件的三维形状信息转换成一系列二维轮廓信息,随后在数控系统的控制下,用同步送粉激光熔覆的方法将金属粉末材料按照一定的填充路径在一定的基材上逐点填满给定的二维形状,重复这一过程逐层堆积形成三维实

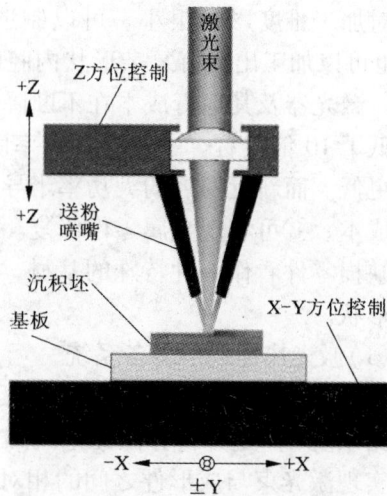

图 2 - 16　激光快速成形原理示意图

体零件。原则上也可以采用同步送丝激光熔覆的方法来成形零件,但实践中很少

采用这种方法。图 2 - 16 是激光快速成形技术的原理示意图。

激光快速成形技术，实际上是将激光选区烧结与激光熔覆技术结合起来，所形成的一种制造高性能致密金属零件的快速成形技术。激光熔覆技术是在一种金属的表面熔覆另一种金属材料，以改善其耐磨、耐蚀等性能的表面改性技术。其显著特点是，熔覆层金属与基体金属之间是牢固的冶金结合。激光选区烧结技术主要是通过激光作用实现金属粉末颗粒之间的冶金结合，也可以制造金属零件，但所制造的零件不致密，一般不能直接作为承受力学载荷的零件使用。虽然可以通过各种后续处理提高零件的致密性和力学性能，但难以达到正常金属零件使用所需的力学性能要求。而将这两种技术结合，制造的金属零件，其强度和塑性可达到锻件的水平。

与传统加工技术相比，激光快速成形技术具有如下主要特点：①制造过程柔性化程度高，能够方便地实现多品种、变批量零件加工的快速转换。②产品研制周期短、加工速度快。激光快速成形比传统加工技术的工序显著减少，而且省去了设计和加工模具的时间和费用，使产品研制周期短、加工速度快。③真正实现制造的数字化、智能化、无纸化和并行化。零件设计、几何建模、分层和工艺设计全过程均在计算机中完成，实际的制造过程也在计算机控制下进行。④所制造的零件具有很高的力学性能和化学性能，不但强度高，而且塑性好，耐腐蚀性能也十分突出。⑤实现多种材料以任意方式复合的零件制造技术。由于是逐点制造，原则上可以在制造过程中根据零件的实际使用需要任意改变其各部分的成分和组织，实现零件各部分材质和性能的最佳搭配。⑥产品零件的尺寸大小和复杂程度对加工难度影响很小。可以制造出小至毫米量级，大至数米以上的金属零件，也可以加工出具有复杂形状内腔以至封闭内腔的零件。⑦可进一步降低加工成本。激光器及其运行成本在不断降低，如大功率 CO_2 激光器的运行成本比十年前降低了 10 倍左右。工业用大功率固体激光器已经成熟，其运行成本比气体激光器更低。而新近发展的大功率半导体激光器具有很高的能量转换效率和更低的运行成本。⑧可实现金属零件修复。由于激光快速成形的逐点增材制造特性，只要把缺损零件看作一种特殊的基材，按缺损部位形状进行激光快速成形就可恢复零件形状。

(1)激光快速成形装备系统

激光快速成形装备系统主要包括以下三部分：①激光器(YAG、CO_2、光纤)和光路系统，产生并传导激光束到加工区域；②多坐标数控机床，按照预编制的程序实现激光束与成形件之间的相对运动；③送粉系统(送粉器和喷嘴等)，将粉末传输到熔池。除上述必备的装置外，还可配有以下辅助装置：①气氛控制系统：保证加工区域的气氛达到一定的要求，该系统对钛合金等活性金属材料的成形是必需的；②监测与反馈控制系统：对成形过程进行实时监测，并根据监测结果对成形过程进行反馈控制。

激光器作为熔化金属粉末的热源，是成形系统的一个核心部分，其性能将直接影响到成形的效果。目前较为常用的主要是 YAG 激光器和 CO_2 激光器，其功率从百瓦级到万瓦级不等。一般而言，激光束的能量越大，所产生的熔池面积就越大，金属堆积速率越大，但熔池面积和金属堆积速率的增大必然导致成形精度的降低。因此，在实践过程中须根据实际需求选择合适的激光器。通常情况下，YAG 激光器能够采用光纤进行传输，在制造过程中具有灵活性优势，因而在一些精确成形的系统中大多采用 YAG 激光器。CO_2 激光器在大功率范围具有优势，因而在某些要求成形效率高的系统中多采用大功率 CO_2 激光器，如美国 AreoMet 公司的 Laser Forming 系统采用了高达 3 万瓦的 CO_2 激光器，其粉末堆积速率相比前者有很大提高，但成形精度较差。近年来，大功率的光纤激光器发展飞速。光纤激光器的光束质量好，能够获得更小的光斑，加工更为精细的结构。其波长与 YAG 非常接近（$1.07~\mu m$），因此金属材料对它的吸收率也较高，而且其光束也是通过光纤进行传输的，加工的灵活性高。

数控系统是激光快速成形系统的另一个必要部分，除了对于数控系统速度、精度等最基本要求的之外，一个重要的要求就是数控系统的坐标数。从理论上讲，立体成形加工只需要一个三轴（X、Y、Z）的数控系统就能够满足"离散＋堆积"的加工要求，但对于实际情况而言要实现任意复杂形状的成形还是需要至少 5 轴的数控系统（X、Y、Z、转动、摆动）。

送粉系统是整个成形系统中最为关键和核心的部分，送粉系统的性能好坏直接决定了成形零件的最终质量，如成形精度和材料性能。送粉系统通常包括送粉器、粉末传输通道和喷嘴三部分。送粉器要能够连续均匀的输送粉末，粉末流不能出现忽大忽小和暂停现象。喷嘴是送粉系统中另一个核心部件。按照喷嘴与激光束之间相对位置关系，喷嘴的种类大致上可分为同轴喷嘴和侧向喷嘴。

（2）影响激光快速成形零件质量的因素

激光快速成形零件的质量主要包括尺寸精度、表面精度、组织结构以及力学性能。影响零件质量的因素很多，主要有粉末性能、送粉参数、成形参数、气氛控制参数等。对成形零件产生影响的粉末性能主要有粉末形貌、流动性、粒度及分布、化学成分等。前三者主要影响零件的尺寸和表面精度，后者影响零件的组织和机械性能。送粉参数主要是指送粉方式、送粉速率、送粉气流量、约束气流量等。送粉参数对激光快速成形很重要，能否均匀、准确地将粉末送入激光熔池，是决定激光快速成形成败的关键，进而决定到成形零件的好坏。成形参数主要有激光功率、扫描速率、光斑直径、搭接率等，前三者主要影响成形零件的组织和力学性能，后者主要影响零件的尺寸及表面精度。气氛控制参数主要影响成形零件的组织和力学性能。

2. 电子束快速成形

电子束快速成形的基本原理与激光快速成形一致，但加热的热源是高能电子束，由此与粉末颗粒材料的相互作用程度也不一样。

（1）工艺概况

电子束快速成形也是一种基于"离散/堆积"成形原理，以高能量利用率和高能量密度的电子束作为加工热源，对粉末材料进行烧结堆积成形的三维实体零件制造方法。它是利用高能量的电子束预先在基板上或者基层上形成熔池，同时金属粉末和电子束相互作用完全熔化并逐层堆积，最终形成具有一定形状的三维实体。这类工艺的成形件致密度高，带有明显的快速熔凝特征。与激光快速成形相比，该技术具有能量利用率高（能量转换率75%以上）、功率大（输出功率可达数百千瓦），加工速度更快，运行成本更低，设备维护方便等特点，适用于高性能难熔金属、高温合金、陶瓷及复合材料等零部件的快速制造。此外，在电子束作用下，金属粉末中杂质元素可挥发，实现提纯，对易污染的钛合金粉末材料加工具有意义。

图 2-17 为电子束快速成形的装置示意图。

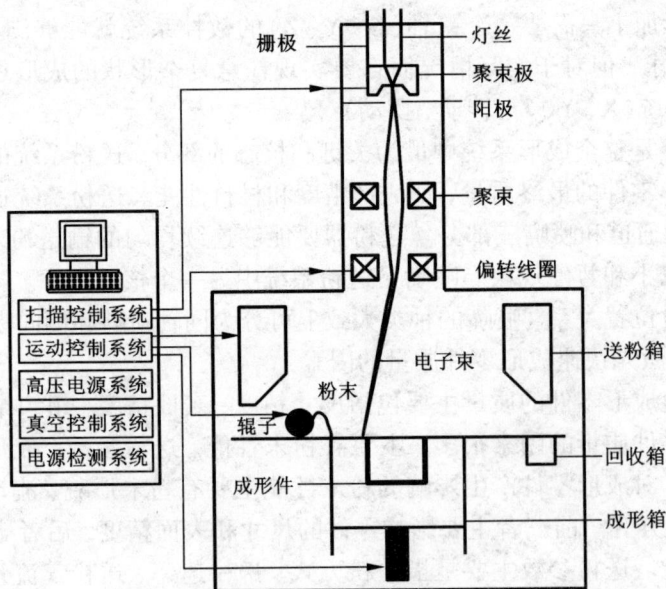

图 2-17 电子束快速成形装置示意图

与激光光源不同，电子束需要在高真空下工作，因此对真空系统的要求很高。抽完高真空后，铺粉装置将在工作台加工区域铺上一层金属粉末，铺粉厚度由送粉机构的出粉量和铺压装置与工作台平面之间的距离决定。粉层厚度对于成形工艺具有很重要的影响，但是电子束成形主要依靠电子与原子核之间的碰撞来传递能量；表层不是温度最高的区域。如果采用较薄的粉层，则不能完全发挥电子束穿透能力强、熔池深的特点。如果粉层过厚势必降低成形速度，且容易造成层间熔覆不良等缺陷。施加电子束时，通常根据分层软件提供的轮廓数据信息，对被选择轮廓区域内的粉末进行选择性加热烧熔。金属粉末在电子束照射下熔化、互相融合并随之冷凝、沉积在底部已成形部分上。下层已经成形部分在电子束加热上层粉末的同时，自身也同时被加热，与上层金属粉末接触部分被重熔，形成连续熔池，在凝固后实现冶金结合。以上的过程不断重复，直到整个零件堆积完成，冷却完毕；最后进行必要的后续加工处理，得到成品。

如前所述，电子束快速成形具有以下特点：

①能量利用率高：电子束的能量转换效率一般为 75% 以上，明显高于激光。

②无反射、可加工材料广泛：金属材料对激光的反射率很高，特别是金、银、铜、铝等，这些材料的熔化潜热很高，不易熔化，所以需要足够高的能量密度才能产生熔池。而且熔池一旦形成，液态金属对激光的反射率迅速降低，从而使熔池温度急剧升高，导致材料气化。而电子束不受加工材料反射的影响，因此能很容易地加工上述材料。

③电子束穿透能力强，加工速度快：电子束设备靠磁偏转线圈操纵电子束的移动来进行二维扫描，扫描频率可达 20000 Hz，不需要运动部件；而激光必须更换反射镜或依靠数控工作台的运动来实现该功能。与激光相比，电子束的移动更加方便且无运动惯性，电子束电流易于控制，因而可以实现快速扫描。依靠高能、高速电子与材料碰撞传递能量的熔化成形使得电子束在功率较低（100 W 左右）的情况下就可以熔化成形为较大体积的材料，成形效率高。

④对焦方便：激光束对焦时，由于透镜的焦距是固定的，所以必须移动工作台；而电子束则是通过调节聚束透镜的电流来对焦，因而可以在任意位置上对焦。

⑤功率大：电子束可以容易地实现几千瓦级的输出；而大多数激光器功率在 1~5 kW 之间。

⑥运行成本低：电子束运行成本仅是激光器运行成本的一半或更低。激光器在使用过程中需要消耗气体，如 N_2、CO_2、He 等，尤其是 He 的价格较高；电子束一般不消耗气体，仅消耗价格不太高的灯丝。

⑦设备维护性好：电子束加工设备零部件少的特点使得其维护非常方便，通常只需更换灯丝；激光器拥有的光学系统则需经常进行人工调整和擦拭，以便其最大功率的发挥。

由上可知，电子束加工较激光加工有许多独特的优势。影响电子束应用的主要问题是必须在真空环境中进行，从而使得工件尺寸受到一定限制，而且真空系统在一定程度上增加了电子束加工设备的复杂性和实现难度。但在真空环境下熔化的材料不会与氮、氧发生反应，降低了材料的污染，同时也提供了一个良好的热平衡系统，从而加大了成形的稳定性，保证了成形质量。

电子束快速成形装备的主要系统组成如图2-18所示。

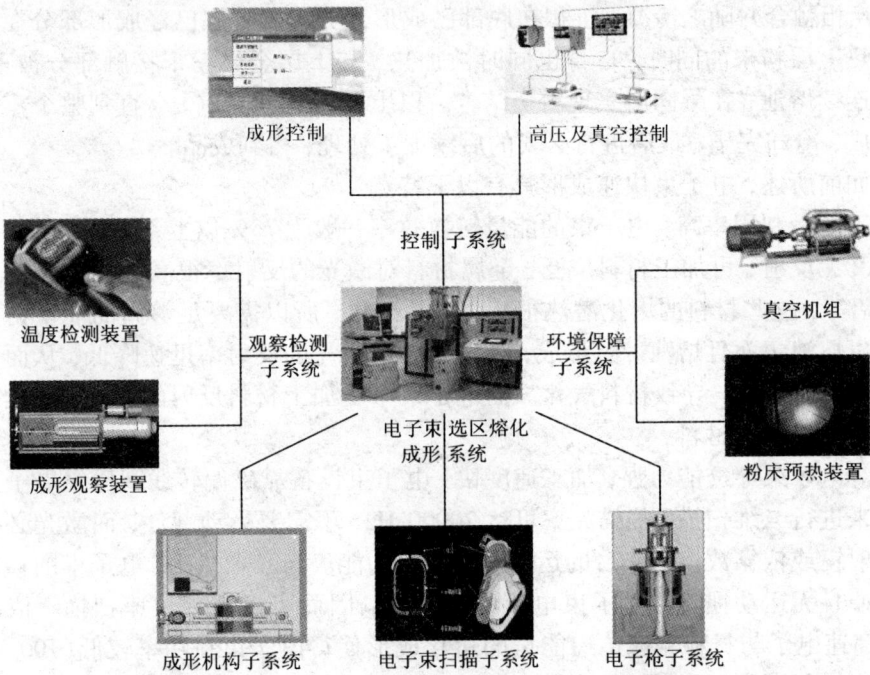

成形控制　　　　高压及真空控制

控制子系统

温度检测装置　　　　　　　　　　真空机组

观察检测　　　　　环境保障
子系统　　　　　　子系统

成形观察装置

电子束选区熔化
成形系统

粉床预热装置

成形机构子系统　　电子束扫描子系统　　电子枪子系统

图2-18　电子束快速成形装备的主要系统组成

该系统主要由六个模块组成。控制子系统是整个系统的中枢，控制、协调系统各部分的有序工作。其中高压及真空控制单元负责电子束高压电源及真空控制。成形控制单元负责系统中数据流的管理与维护，为工艺提供数控文件；同时对成形机构子系统及电子束扫描子系统进行控制；观察及检测子系统中的成形观察装置对成形过程进行实时监控。温度检测装置对成形区域温度场的检测并反馈至成形控制单元，以实现成形过程不同阶段的能量输入调节；成形环境保障子系统中，真空机组为成形室及电子枪提供真空保障。粉末预热装置实现粉床预热的功能，以减小成形过程中电子束扫描区域与未扫描区域的温差；成形机构子系统实现对系统中的金属粉末材料的存储、输送、铺设以及Z轴成形平台的升降等功能；电子束扫描子系统实现任意复杂截面的二维扫描功能，是关键子系统之一；

电子枪子系统实现对束流的开启、关断、聚焦、束流大小调节。电子枪参数控制子系统一般都是利用目前已经技术很成熟的电子束熔炼等技术，所以参数很少调整，基本是固定的。

（3）影响参数

在电子束快速成形工艺中，影响成形件质量的因素主要为工艺参数和粉末特性，如图 2-19 所示：

①电子束功率密度和扫描速度

电子束功率密度由电子束功率和光斑大小决定。在电子束选区熔

图 2-19　电子束快速成形影响成形件质量的因素

覆过程中，电子束功率密度和扫描速度决定了电子束对粉末的加热温度和时间。如果功率密度低而扫描速度快，则粉末不能烧结，制造出的零件强度很低。如果功率密度太高而扫描速度又很低，则会引起粉末表面熔融部分汽化，粉末中易挥发元素组分逸出，从而引起成分变化；而且零件烧结密度不仅不会增加还会使烧结表面凹凸不平，甚至会引起"球化"现象，影响零件层与层之间的黏结。如图 2-20 为电子束快速成形工艺中典型的宏观缺陷。

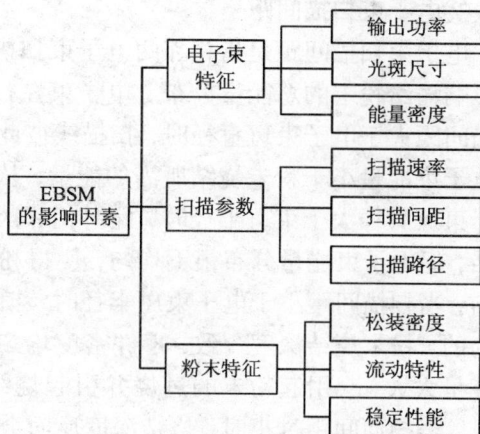

图 2-20　电子束快速成形工艺中典型的宏观缺陷

(a)起始边缺陷；(b)聚球现象；(c)边缘缺陷及起始边聚球；(d)粉末溃散；(e)底板翘曲变形

②电子束扫描间距

电子束扫描间距是指相邻两电子束扫描行之间的距离。电子束扫描间距的大小影响输给粉末的总能量分布。电子束在扫描粉末时电子束能量呈高斯分布。当扫描间距大于电子束斑直径时，扫描线彼此分离或很小部分重叠，其相邻区域总的电子束能量小于粉末烧结所需的能量，从而不能使粉末烧结；当扫描间距小于电子束斑直径大于束斑半径时，此时相邻区域的电子束能量可以使该区域的粉末烧结，但电子束能量分布很不均匀，使得粉末烧结深度不一致，零件的密度也不均匀；当扫描间距小于电子束斑半径时，扫面线的电子束能量叠加后分布基本是均匀的，粉末烧结深度一致，零件密度均匀。但如果扫面间距太小时，总的电子束能量太大，会引起粉末的过烧并引起烧结深度的减小，进而使零件翘曲变形。可见，当扫面间距过小时，烧结深度反而会下降。

③电子束扫描方式

电子束的扫描方式也会影响到零件的性能。在冷却收缩过程中，由于残余应力会大大降低零件的强度，甚至导致零件的开裂失效。

为了得到内部完全致密的金属成形件，可以采用的填充线扫描方式有单向扫描、多向扫描、螺旋形扫描、轮廓偏置扫描和Z字形扫描，如图2-21所示。

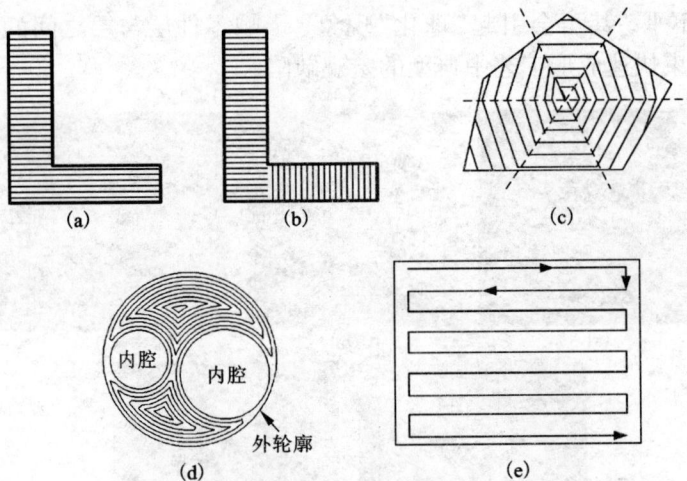

图2-21　基本扫描方式

(a)单向扫描；(b)多向扫描；(c)螺旋形扫描；
(d)轮廓偏置扫描；(e)Z字形扫描

单向扫描方式沿单一方向进行扫描，每扫描完一条填充线后，回到起始边后再接着扫描下一条填充线，有较多的空行程。单向扫描方式的电子束运动简单，可以采用较高的扫描速度。对于任意复杂区域，通过调整填充线的间距，均可致密填充。但是，单向扫描方式容易造成内部微观组织的各向异性。

多向扫描方式可以克服单向扫描内部微观组织各向异性的缺点，成形件内热应力分布相对均匀、变形小，但其只适合于扫描规则形状的零件，对于不规则形状的零件扫描较为复杂。

螺旋形扫描方式遵守成形时热传递变化规律，成形件的内部残余应力小。轮廓偏置扫描方式得到的成形件表面光滑，内部微观组织各向同性，但其偏置扫描环的计算量较大，影响成形速度。在电子束快速成形技术中，螺旋形扫描和轮廓偏置扫描的主要缺点是需要频繁改变两组偏转线圈的电流大小和方向，对于具有较高动能的电子束，其转动时容易造成较大的电子束压力，引起粉末飞溅。

Z 字形扫描方式克服了单向扫描带来微观组织各向异性的不足及空行程引起的冗余扫描时间，扫描方式也相对简单：扫描时磁偏转线圈组中的一组线圈（y 向偏转线圈）保持电流的大小和方向不变，改变另外一组偏转线圈（x 向偏转线圈）的电流大小和方向，即可实现填充线的扫描。当前填充线扫描完毕后，改变前一组偏转线圈（y 向偏转线圈）的电流大小和方向，将电子束快速移到下一条填充线的起点，即可重复进行填充线的扫描。

（3）电子束与粉末作用分析

1）电子束对粉末的作用力

工艺试验发现流动性好或质量轻的金属粉末，在电子束下束的瞬间或者电子束扫描过程中，容易发生粉末飞散现象：即粉末以束斑为中心向四周飞出，偏离其原来堆积位置，造成后续成形过程无法实现。粉末飞散现象具有以下四个基本特征：

①极易在电子束下束瞬间发生：对于流动性好、形状规则的粉末，即使电子束电流十分微弱，只要一下束，粉末也会飞散。

②与电子束电流的大小有强烈关系：粉末飞散程度随着电子束电流的增加而增加。

③与电子束扫描速度有关：以粉末所能承受的电子束电流开始扫描，扫描速度越快飞散现象越严重。

④与粉末的形状有关：不同形状和流动性的粉末在电子束作用过程中表现出很大的差异性。

粉末发生飞散是由于其受力不均导致的。在电子束作用下，作用在粉末上的力主要有三种来源：

①粉末之间的库仑斥力

高能电子将其自身的能量传递给粉末的同时也使粉末带上负电，粉末之间由于带同种电荷引起库仑斥力。

金属粉末在高能电子束作用下熔化的过程：接近光速的高能电子（电子在上万伏高压电场作用下获得能量）与金属粉末相遇，既不透射，也不背反射，而是失去自身的速度吸附在金属粉末上，中性金属粉末因此带上负电荷并被加热熔化，负电荷会通过地线迅速输走，使金属粉末保持电中性。在电子束下束瞬间，由于部分负电荷来不及通过地线输走，从而使金属粉末残留一部分负电荷，带电粉末之间相互排斥，有可能使粉末受相互之间的斥力而分开，造成粉末飞散。

通过推导计算带电粉末之间的库仑斥力与粉末间摩擦阻力的关系可研究粉末飞散行为。

电子束的能量密度在数学上呈高斯分布，即距离束斑中心越远的地方粉末所带电子数量越少，如图 2 - 22 所示，单位面积所带电荷为：

$$q_E(r) = q_{E0}\exp\left(\frac{-2r^2}{r_0^2}\right) \tag{2-7}$$

式中：$q_E(r)$ 为距离束斑中心距离为 r 处的电荷密度，C/m^2；r_0 为电子束束斑半径，m；r 为距离束斑中心的距离，m；q_{E0} 为束斑中心的最大电荷密度，C/m^2。

$$q_{E0} = \frac{2\eta_0 I_0 \Delta t}{\pi r_0^2} \tag{2-8}$$

式中：η_0 为金属粉末吸附电子的效率，取为 65%；Δt 为电子束作用时间，粉末溃散发生在下束瞬间，因此取为 1×10^{-3}s；I_0 为电子束电流，单位为 A。

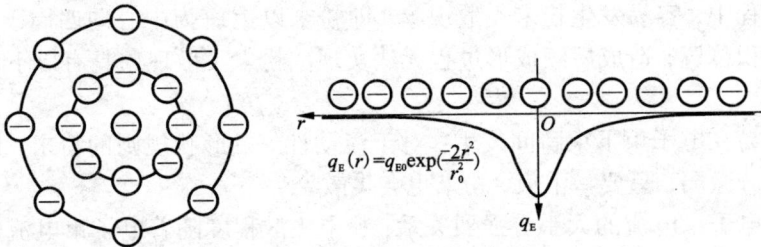

图 2 - 22　粉末带电示意图

最里层粉末所带电子数量最多，但里层粉末受到库仑斥力的方向具有任意性，从而相互抵消，不会引起粉末溃散。中间层带电粉受到里圈与外圈两组带电粉末的作用，由于里圈粉末所带电子数量多，所以中间层粉末受到的合力作用方向是向外的，即有可能分开。最外层带电粉末由于只受到里圈带电粉末向外的排斥作用，没有向内的排斥力与其平衡，所以相对来说最容易溃散。对于图 2 - 22 右图所示最外圈的一个带电粉末（粉末半径为 r_P^2），其带电量为：

$$Q_{r_0} = q_E(r_0)\pi r_P^2 \tag{2-9}$$

与最外圈相邻的粉末所带电量则为：

$$Q_r = q_E (r_0 - r_p) \pi r_p^2 \tag{2-10}$$

最外圈带电粉末受到的库仑斥力为：

$$F_k = k_0 \frac{Q_{r_0} Q_r}{(2r_p)^2} = k_0 \frac{\pi^2 r_p^2 q_{E0}^2}{4} \exp\left[\frac{-2r_p^2 - 2(r_0 - r_p)^2}{r_p^2} \right] \tag{2-11}$$

式中：k_0 为静电力常量，为 8.988×10^9 N·m²/C²。当束斑直径为 0.3 mm，粉末直径为 0.05 mm，电子束电流为 0.5 mA 时，库仑斥力 $F_k = 2.377 \times 10^{-11}$ N。

在库仑斥力作用下，金属粉末运动需要克服粉末之间的摩擦阻力 $f_{阻力}$：

$$f_{阻力} = \mu G = \mu \rho \cdot \frac{4\pi}{3} r^3 g \tag{2-12}$$

式中：μ 为粉末之间的摩擦系数；G 为单颗金属粉末的重量；ρ 为金属粉末的密度。

对于钛合金粉末，其松装密度约为 2 g/cm³，单颗金属粉末的重量 G 约为 1×10^{-9} N，粉末发生运动的条件是粉末所带电荷之间的库仑斥力 F_k（2.377×10^{-11} N）大于摩擦阻力 $f_{阻力}$，即粉末之间的摩擦系数 μ 必须小于 F_k / G：

$$\mu \leqslant \frac{F_K}{G} = 0.0046 \tag{2-13}$$

事实上，粉末材料的摩擦系数不可能如此小，因此，在电子束作用瞬间，库仑力可能不足以造成粉末溃散。

②高速电子产生的电子束压力

按照动能定理，灯丝发出的电子经过高压电场后其运动速度 v_0 为：

$$v_0 = \sqrt{\frac{2e}{m_e} U} \tag{2-14}$$

式中：m_e 为电子质量，$m_e = 9.1 \times 10^{-31}$ kg；e 为电子电荷量，$e = 1.6 \times 10^{-19}$ C；U 为加速电压，V。

当加速电压为 50 kV 时，电子速度 v_0 为 1.33×10^8 m/s，接近一半光速（3×10^8 m/s），此时电子不仅具有较高的速度，而且具有较大的动能，会产生较大的电子束压力。

按照动量定理，单位时间作用在粉末上的电子束压力 F_e 可以表示为：

$$F_e = \frac{\sqrt{3}}{6}\left(I_0 \sqrt{\frac{2m_e U}{e}} \times \frac{d^2}{d_0^2} + \frac{\pi d^3 \rho g}{6} \right) \tag{2-15}$$

式中：I_0 为电子束电流，单位为 A。电子质量 m_e 和电量 e 是恒值，电子束压力 F_e 与电子束电流 I_0 以及加速电压 U 的平方根成正比，为了避免粉末溃散，电子束电流和加速电压不宜过高。

以规则形状的球形、等直径粉末作为研究对象。由于飞散现象是在电子束下束瞬间发生的，因此认为电子束是垂直入射到粉末上的(此时电子束不进行扫描动作)，第一层粉末受到的主要是垂直向下的作用力，没有水平推力，因而不会发生水平方向的运动，如图2-23所示。第二层粉末在第一层粉末垂直向下的压力作用下会产生一个水平方向的推力，当该水平推力大于粉末之间的摩擦阻力时，粉末就会发生滑移，进而粉末体系由于第二层粉末的滑移而产生"塌陷"。第二层粉末的受力情况较为复杂，与其相邻的粉末均会对其产生不同方向的摩擦阻力，限制其运动，可将这些不同方向的摩擦阻力统一为水平方向(支撑力的合力为垂直方向)，得到一个较大的摩擦阻力，然后分别计算水平推力与摩擦阻力的大小，如2-23所示。

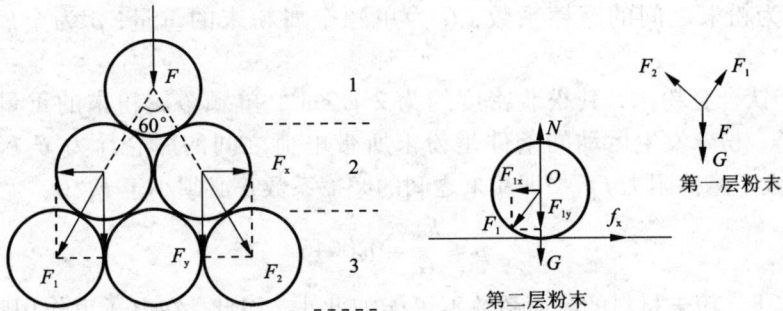

图2-23 电子束作用在金属粉末上的受力分析

电子束在不同电流作用下的束斑直径 d_0 不一样：电子束电流为 1 ~ 4 mA 时，束斑直径为 0.3 mm；电子束电流为 1 mA 以下时，束斑直径 d_0 为 0.2 mm；粉末直径 d 一般比电子束束斑直径小，因此电子束压力作用在多个粉末上，每个粉末承受的电子束压力约为：

$$F = F_e \times \frac{d^2}{d_0^2} \qquad (2-16)$$

处于第二层的粉末受力主要有第一层电子束压力 F 和粉末重力 G 传递过来的压力 F_1、金属粉末的重力 G、第三层对其的支撑力 N 和摩擦阻力 $f_{阻力}$。

从图2-23右图中可以得出，电子束垂直作用在上层金属粉末的作用力 F 和粉末的重量 G 传递给下层粉末的作用力 F_1：

$$F_1 = (F + G)/2\cos 30° \qquad (2-17)$$

粉末的水平推力 F_{1x} 为：

$$F_{1x} = F_1 \sin 30° = \frac{\sqrt{3}}{6}(F + G) \qquad (2-18)$$

粉末之间的摩擦系数为 μ，金属粉末的摩擦阻力 $f_{阻力}$ 为：

$$f_{阻力} = \mu(G + F_{1y}) = \mu(G + F_1 \cos 30°) = \mu\left(G + \frac{3}{6}(F + G)\right) \quad (2-19)$$

粉末发生溃散的条件是：

$$F_{阻力} \leqslant F_{1x}, f_{阻力} \leqslant F_{1x} \quad (2-20)$$

当 $f_{阻力} \leqslant F_{1x}$ 时，金属粉末就会被电子束"推开"。进一步推导可得到：

$$F_{1x} = \frac{\sqrt{3}}{6}\left(I_0\sqrt{\frac{2m_e U}{e}} \times \frac{d^2}{d_0^2} + \frac{\pi d^3 \rho g}{6}\right) \quad (2-21)$$

$$f_{阻力} = \mu\left(\frac{\pi d^3 \rho g}{4} + \frac{3}{6}I_0\sqrt{\frac{2m_e U}{e}} \times \frac{d^2}{d_0^2}\right) \quad (2-22)$$

令 $f_{阻力} = F_{1x}$，得到溃散电流 $I_{0\max}$：

$$I_{0\max} = \frac{\pi\rho g d_0^2(9\mu - \sqrt{3})}{6(\sqrt{3} - 3\mu)\sqrt{\frac{2m_e U}{e}}}d \quad (2-23)$$

飞散电流 $I_{0\max}$ 指的是在材料参数和其他工艺参数不变的情况下，粉末所能承受的静止状态下的最大电子束电流。可见，溃散电流与粉末的直径 d 成正比，粉末直径越大，溃散电流也越大，即直径大的粉末可以承受较大的电子束电流而不溃散。溃散电流与粉末密度也成正比关系。溃散电流与加速电压的平方根成反比关系，加速电压越大，溃散电流就越小。

对式（2-23）中的摩擦系数 μ 求导，得到溃散电流与摩擦系数的关系为：

$$\frac{\mathrm{d}I_{0\max}}{\mathrm{d}\mu} = \frac{\pi\rho g d_0^2 d}{6\sqrt{\frac{2m_e U}{e}}} \cdot \frac{6\sqrt{3}}{(\sqrt{3} - 3\mu)^2} > 0 \quad (2-24)$$

溃散电流与摩擦系数的关系为单调上升，即随着摩擦系数的增加溃散电流不断增加。

③气流冲击力

金属粉末熔化后，原先吸附在金属粉末表面的气体和溶解在金属粉末内部的气体，由于溶解度的降低而释放出来，形成一股气流，带来气流冲击力。但由于溃散现象大都发生在电子束下束瞬间，此时金属粉末尚未熔化，溶解在粉末内部的气体根本来不及释放；另外，粉末表面吸附的气体随着成形室真空度的上升也大为减少，因此气流冲击力对金属粉末的影响基本不存在或者很小。

2）粉末飞散试验

选择粉末直径均在 80 μm 左右的气雾化、水雾化制备的不锈钢粉末以及用旋转电极雾化法和氢化脱氢法制备的 TA7ELI 钛合金粉末作为成形对象，其形貌分别如图 2-24 所示，研究粉末形貌对飞散行为的影响。

气雾化不锈钢粉末为球形泪滴状，表面光滑；水雾化不锈钢粉末形状不规则，表面粗糙，但仍有部分球形颗粒存在；等离子旋转电极法粉末为完全规则球形，表面光滑；氢化脱氢法制备的粉末形状完全不规则，基本上没有流动性。

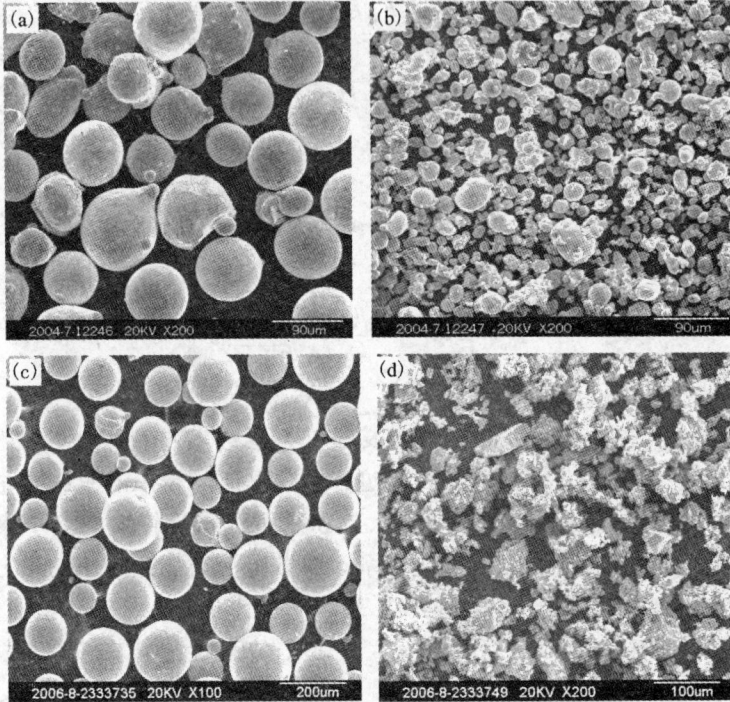

图 2 – 24　不同制备方法制备的粉末形貌
(a) 气雾化 316L 不锈钢粉末；(b) 水雾化 316L 不锈钢粉末；
(c) 旋转电极雾化法 TA7ELI 钛合金粉末；(d) 氢化脱氢法 TA7ELI 钛合金粉末

表 2 – 5　四种粉末的实际飞散电流与计算结果的对比

	理论值/mA	试验值/mA
旋转电极法 TA7 粉末	0.20	0.1
气雾化 316L 不锈钢粉末	0.615	0.4
水雾化 316L 不锈钢粉末	3.285	1.5（已经熔化）
氢化脱氢法 TA7 粉末	—	0.8（理论值）

从表 2 – 5 可以得知，气雾化 316L 不锈钢粉末和等离子旋转电极法粉末的试验结果与按式 (2 – 23) 计算的理论值较为接近，对于粉末形貌完全为球形的粉末，最大溃散电流仅为 0.1 mA，几乎无法下束。

氢化脱氢还原粉末虽然表面形状及其不规则,但松装密度较低,粉末与粉末之间的接触多为点接触,接触面积小导致粉末之间的摩擦力也极为有限,因此在 0.3 mA 左右的电子束作用下粉末即发生溃散。通过对粉末进行压实(松装密度从 $1.5 \times 10^3 kg/m^3$ 提高到 $2.0 \times 10^3 kg/m^3$),其所能承受的溃散电流达 0.8 mA。

水雾化 316L 不锈钢粉末由于存在球形颗粒与非球形颗粒,飞散电流的理论值为 3.285 mA,但在 1.5 mA 左右粉末就开始熔化了,所以试验值为粉末熔化时的电子束电流。

产生以上试验结果的原因为:

①式(2-23)表示的溃散电流是在球形粉末为主的粉末体系下推导得出的,对于形状极不规则的粉末体系并不完全适用。

②颗粒形状越规则,从而导致粉末之间的摩擦系数也越低,抵抗电子束的冲击能力也越弱,粉末几乎不具备可成形性,其形貌必须加以改变。

③颗粒形状完全不规则的粉末,虽然粉末之间的摩擦系数大,但接触面积小导致相互之间的摩擦力也小,必须通过球在磨机上混料后并通过铺粉机构压实后,使得粉末之间的接触面积增大,继而才能提高溃散电流。

④颗粒形状介于规则和不规则之间的粉末具有较大的溃散电流。溃散电流试验粉末溃散电流的表达式(2-23)是在粉末堆积为理想状况下推导得出,与粉末的实际情况存在一定的差距。

选择 5 种不同直径的旋转电极 TA7 金属粉末作为试验对象,其平均粒径分别为 20 μm、50 μm、80 μm、100 μm、150 μm,研究粉末粒度对飞散行为的影响。球形粉末之间的内聚力较小,因此摩擦系数可以用安息角的正切值来表示。图 2-25 中的直线为理论计算值,方点表示的数据为实际的飞散电流。

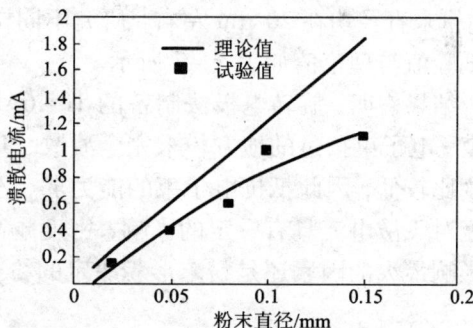

图 2-25 不同直径粉末对应的飞散电流

从图 2-25 中可以看出,试验值均比理论值低。粉末直径在 100 μm 以下时,试验值与理论值均随粉末直径的增大而提高;粉末直径超过 100 μm 后,即使提高粉末直径仍无法得到较高的溃散电流。

选择 3 种不同直径的水雾化 316L 不锈钢粉末作为成形对象,其平均粒径分别为 20 μm、50 μm、80 μm,其飞散电流的理论值和实验值如表 2-6 所示,水雾化粉末在电子束电流作用下基本不会出现飞散现象,当电子束电流在 1.5 mA 以上时,粉末已经发生了熔化。

表 2 – 6 不同直径粉末的飞散电流实际值与理论值

不同直径粉末/μm	理论值/mA	试验值/mA
20	无限大	1.5
50	3.285	1.5
80	2.41	1.8

产生以上试验结果的原因为：

①粉末都有一定的直径范围，如 80 μm 的粉末直径在 71 ~ 100 μm 之间，混合粉末中较小的粉末受电子束电流的作用，容易首先发生溃散，然后"破坏"整个粉末体系，导致溃散电流普遍降低。为避免这种情况的发生，粉末中直径较小的颗粒要尽量降低。

②粉末直径超过 100 μm 后，由于粉末的带电量增加导致粉末之间的库仑斥力增强，溃散电流与粉末直径之间的线性关系发生了变化。

③式（2 – 23）的适用范围为小于 100 μm 的球形金属粉末，对于不规则形状的粉末来说，溃散电流趋近于无限大，其原因是当电子束电流超过一定值后表面能高的粉末即开始熔化并将周围粉末黏结在一起，从而大大提高了溃散电流。

分别选取旋转电极法 Ti – 5Al – 2.5Sn、Ti – 6Al – 4V 球形粉末、国家标准一级钨粉作为成形材料，三者松装密度分别为 3.9g/cm³、4.1 g/cm³、18.50 g/cm³，3 种粉末直径均在 20 μm 左右，研究不同松装密度粉末的飞散行为。其溃散电流的试验值与理论值如表 2 – 7 所示。

结果表明，旋转电极法制备的 Ti – 6Al – 4V、Ti – 5Al – 2.5Sn 球形粉末无法下束，电子束扫过的地方粉末完全溃散。Ti – 6Al – 4V 与 Ti – 5Al – 2.5Sn 粉末的密度比较低，因此抵抗电子束的能力弱，不具备成形性。结果同时表明，粉末的密度对飞散电流具有一定的影响，密度越高，飞散电流也越大。当然，对粉末飞散影响最大的因素还是粉末形貌决定的粉末之间的摩擦系数。

表 2 – 7 不同散装密度粉末的散电流试验值与理论值

不同粉末	理论值/mA	试验值/mA	密度/(g·cm⁻³)
旋转电极法 Ti – 6Al – 4V 粉末	0.10	无法下束	3.9
旋转电极法 Ti – 5Al – 2.5Sn 粉末	0.12	无法下束	4.1
金属钨粉	0.32	0.25	18.5

通过前面的分析，发现溃散电流主要与粉末的摩擦系数、粉末的直径和粉末的密度有关。式（2 – 23）适用于以球形粉末为主的粉末体系溃散电流的计算；当

粉末完全为球形时，溃散电流很低，即粉末几乎不能承受最小的电子束电流；当粉末完全为不规则形状时，溃散电流不能采用式(2-23)加以计算，采用压实措施后该粉末能熔化成形。

随着扫描速度的提高，即使电子束电流低于溃散电流，粉末也可能溃散，溃散电流表达式不能解释上述现象。为此，对不同情况下粉末溃散速度(粉末所能承受的最高扫描速度)进行了试验，以期找到溃散速度与电子束电流、粉末流动性和电子束束斑直径的关系。

对于不同流动性粉末与粉末的飞散速度进行的实验表明，粉末飞散速度与流动性存在经验关系：

$$v_{max} = 0.065t^2 - 3.84t + 52.5 \qquad (2-25)$$

由此可以得知，在金属粉末电子束快速成形工艺中的主要因素是粉末流动性、束斑直径、电子束电流。在实际扫描时，需要先用较低的电子束电流对粉末进行一遍或多遍快速扫描预热，使粉末温度逐渐得到提升，可以相应地提高粉末抵抗飞散的能力，因此一般将电子束电流和束斑直径都设为定值(0.5 mA 和聚焦)，从而式(2-25)可以作为溃散速度的表达式，成为选择材料及成形工艺参数的主要依据之一。

(4)TA7 ELI 金属粉末的电子束快速成形工艺

选择 Ti-5Al-2.5Sn(TA7)ELI 合金混合粉末，粉末的组成为：60% 的 40~100 μm 旋转电极雾化法粉末和 40% 的 ≤40 μm 氢化脱氢法粉末。成形室真空度和加速电压为定值，束斑直径与电子束电流之间的对应关系为：电子束电流 ≤0.5 mA 时，束斑直径为 0.2 mm；电子束电流在 1.5~4 mA 时，束斑直径为 0.3 mm。

图2-26 为在聚焦电流为 400 mA，作用时间为 5 ms 及填充线间距为 0.15 mm 的条件下，不同电子束电流作用的成形件层间结合的显微组织。

电子束电流为 2.0 mA 时，层内没有发现未熔金属粉末和空洞，填充线上表面平直，厚度均匀，但填充线下表面粗糙，层间有较大的空隙和未熔的金属粉末。其主要原因是电子束的能量不足以熔化已成形层的上表面。电子束电流为 2.5 mA 时，除了局部区域的层间有缝隙外，大部分区域都为冶金结合，填充线平直均匀。电子束电流为 3.0 mA 时，层间和层内都未见未熔金属粉末和空洞，层间为冶金结合，各层仍清晰可见，每层上下部分都有重熔区。电子束电流为 3.5 mA 时，由于功率密度过大，层与层之间的分界线已经模糊。此时，金属的蒸发量急剧上升，真空室的观察玻璃很快就被金属蒸气镀上，影响了成形过程的可观察性。

当采用不同电子束电流成形时，TA7 ELI 粉末所含元素低熔点 Al、Sn 元素就会挥发，当电子束电流为 3 mA 以上时，这两种元素挥发十分严重，3.5 mA 时已经严重偏离原来的成分。因此，通过分析，将电子束电流的水平设为 2.5~3 mA。

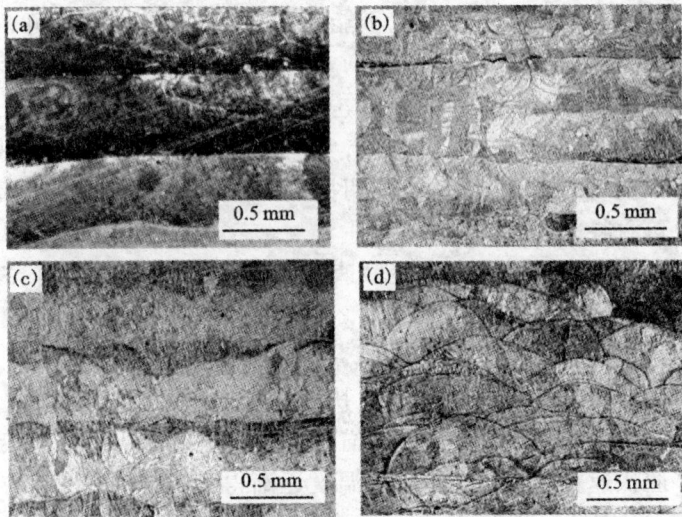

图 2 - 26　不同电子束电流作用下的层间结合组织

(a)I = 2.0 mA；(b)I = 2.5 mA；

(c)I = 3.0 mA；(d)I = 3.5 mA

电子束焦点位于成形区域上方时称为上聚焦，位于成形区域表面时称为表面聚焦，位于成形区域下方时称为下聚焦，如图 2 - 27 所示。

通过调整聚焦电流，即可获得不同的聚焦方式。从层间结合情况来看，聚焦电流影响较大，主要表现在熔化深度及层间冶金结合程度。

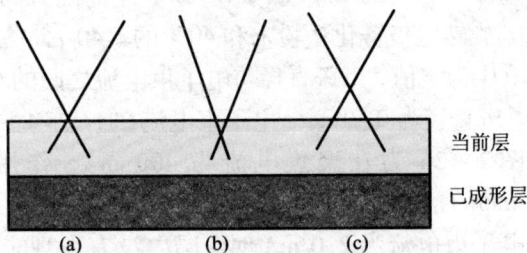

当前层
已成形层

(a)　(b)　(c)

图 2 - 27　不同聚焦方式的定义

(a)表面聚焦；(b)下聚焦；(c)上聚焦

图 2 - 28 为其他工艺参数保持不变(电子束电流 3 mA、作用时间 5 ms、填充线间距 0.15 mm)的前提下，采用不同聚焦电流得到的成形件层的结合情况。表面聚焦时(聚焦电流为 398 mA)，填充线平直均匀，但在高倍聚焦下观察到层间两侧的晶粒生长方向存在很大的差别，层间没有实现完全冶金结合。其原因在于表面聚焦时上部分的粉末得到充分熔化，金属溶液铺展得较为平整。下部分的粉末没有与电子直接发生能量交换，主要是通过上部分传导下来的热量完成熔化成形，已成形层上表面获得的能量更少，因此层间不能实现冶金结合。

上聚焦时(聚焦电流为 396 mA),层间结合程度较差,存在大量的未熔颗粒及间隙,最高能量密度区域在粉末上表面,下部分的粉末依靠热传导获得少量的能量,电子虽然具有很好的穿透能力,但粉末之间存在的空隙会大大降低热传导系数,影响电子束的熔化深度,因此,在其他参数保持不变的情况下,下部分的粉末得不到充分的熔化,层间有大量的未熔颗粒及空隙。

下聚焦时(聚焦电流为 400 mA),聚焦位置在当前粉末层中间某个部位,当前层上、中、下部分及已成形层上部分都能得到较为充分的熔化,层间结合情况为冶金结合。此外,由于上下部分的粉末从高能电子束获得的能量适中,使得填充线熔化成形后较为平直。

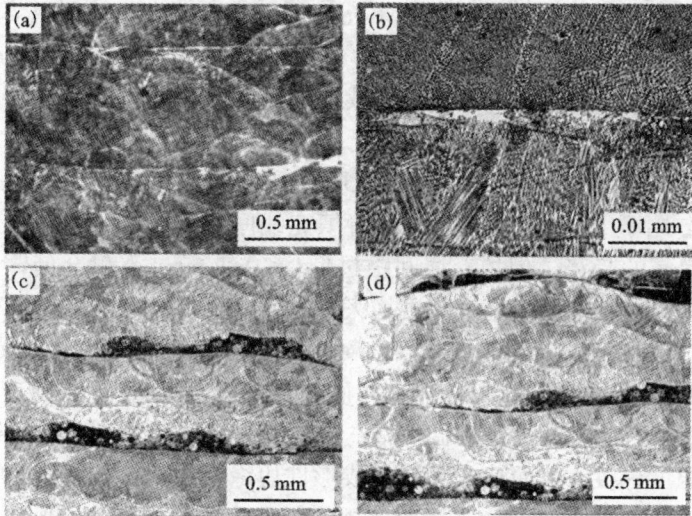

图 2-28　不同聚焦电流作用下的层间结合情况
(a)I=398 mA;(b)I=398 mA(放大);
(c)I=396 mA;(d)I=402 mA

聚焦电流为 402 mA 也属于下聚焦[图 2-28(d)],但是层间结合情况与聚焦电流 400 mA[图 2-28(c)]时具有较大的区别。其原因是由于粉层厚度较薄,聚焦电流为

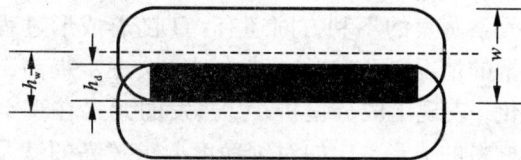

图 2-29　填充线间距示意图

402 mA 时聚焦点过于接近已成形层,电子束在当前层的散焦现象严重,能量密度下降,因此,当前层粉末获得的能量不足以使其熔化成形,层间和层内的熔化情

况都不理想，与上聚焦的情况差不多。

通过上面的分析，可以得出在加速电压为 50 kV 时，较为合理的聚焦电流应在 398 ~ 400 mA 之间，考虑成形区域不同位置的路径不一样，聚焦电流应该动态可调。

电子束快速成形技术的主要目的是直接制备致密的金属零件，因此，其填充线必须相互连接，即相邻填充线之间要有一定的重叠，如图 2 - 30 所示。重叠程度可用重叠系数 λ 表示，其计算公式如下[11]：

$$\lambda = \frac{h_w}{w} \times 100\% = \frac{w - h_d}{w} \times 100\% \tag{2-26}$$

式中：w 为填充线完全熔化区域的宽度，h_w 为相连两条填充线之间的重叠宽度，h_d 为填充线间距。单道扫描时，由于填充线周围存在毛刺，使得其宽度较大，约为电子束束斑直径的 2 倍(电子束电流为 2.5 mA 时，束斑直径为 0.3mm，填充线宽度为 0.5 ~ 0.7 mm)，但完全熔化区域的宽度仍然只与电子束束斑直径相当，因此，在确定重叠度时，将 w 定义为电子束的束斑直径。

通过改变填充线间距 h_d 的大小，即可得到不同的重叠系数，填充线间距减少，重叠系数提高。图 2 - 30 表明，随着填充线间距的减少，成形件表面出现光滑及致密度提高的趋势。但填充线间距过低(≤0.1 mm)不仅会使零件成形速度降低，而且由于成形区域内温度梯度增大，成形件翘曲变形严重[图 2 - 30(d)]，其原因之一是由于不同层的成形时间和凝固收缩时间不一致，当前层收缩时，已收缩的成形层对当前层有约束作用，从而在层间产生正应力和剪应力，造成翘曲；原因之二是内部金属熔液的温度高，边缘外未熔化金属粉末的温度低，二者具有较大的温度梯度，从而造成翘曲。成形件边缘翘曲对多层零件的成形过程具有较大的影响。如果翘曲变形量超过了下一层粉末的铺粉厚度，则铺粉辊子将会无法通过，造成成形过程的失败。

电子束快速成形整个过程都在真空中进行。真空下的提纯可避免杂质对金属熔液的污染及氮、氢、氧等多种气体与金属熔液的相互作用。真空度越高，液态金属元素的蒸发温度就越低，从而加快元素的蒸发，改变合金成分。

元素蒸发的不利方面还有：①随着成形过程的不断进行，在不改变电子束输入能量的情况下，成形区域的温度会逐步提高，蒸发现象会引起成分在高度方向的变化，表现出成分偏析；②蒸发的元素在真空室内壁沉积下来，有可能影响到其他材料的成形，比如对纯净度要求较高的钛及钛合金；③元素大量蒸发会沉积在观察口上，影响观察窗口的视线，失去对成形过程的观察能力。在电子束选区熔化快速制造过程中，元素的蒸发应极力加以避免。

元素在熔池内的蒸发与其表面的蒸发速度和熔池内部该元素的扩散(移动)速度有关。

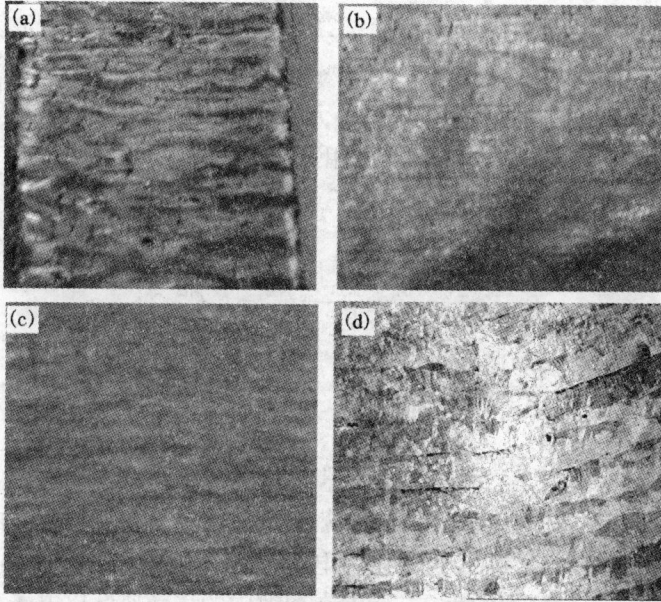

图 2 - 30　不同搭接率的表面质量

(a)$h_0 = 0.2$ mm, 搭接率为 33% ; (b)$h_0 = 0.15$ mm, 搭接率为 50% ;

(c)$h_0 = 0.1$ mm, 搭接率为 67% ; (d)$h_0 = 0.1$ mm, 搭接率为 67%

液态金属表面的蒸发量 j_A 与蒸气压和温度的关系为:[12]

$$j_A = \frac{\gamma_A (p_A^0 - p) C_A^s}{\rho \sqrt{2\pi MRT}} = k_{m,e} C_A^s \tag{2-27}$$

式中: j_A 为元素的蒸发量, mol/$(m^{-2} \cdot s^{-1})$; γ_A 为元素的扩散系数; C_A^s 为元素在表面的摩尔浓度; ρ 为合金的摩尔密度; M 为合金的摩尔质量; T 为温度; $k_{m,e}$ 为元素在表面的蒸发速度; p_A^0 为元素在一定温度下的饱和蒸气压; p 为气体压力, 真空度越高, 气体压力越低。

元素的饱和蒸气压与温度的关系为:

$$\lg p_A^0 = A - \frac{B}{T} \tag{2-28}$$

式中: A, B 为常数。

综合式(2-28)可以得知: ①蒸发量随温度升高而增加; ②在一定温度下, 蒸发量随真空度升高而增加; ③当真空度高到一定程度后, 即 p 可以忽略不计时, 元素的蒸发速率与真空度无关。

液态金属内部该元素往表面输送的扩散量 j_A 为:

$$j_A = k_{m,1}(C_A^\infty - C_A^s) = 2\sqrt{D/\pi\Delta t}(C_A^\infty - C_A^s) \tag{2-29}$$

式中：$k_{m,1}$ 为元素在熔池内的移动速度；C_A^∞ 为元素在熔池内的摩尔浓度；D 为扩散系数，m^2/s。

当成形室气体压力在 10 Pa 以下时，元素在气体中的输送过程可以忽略，元素在熔池内的扩散量与在表面的蒸发量相等，即：[13]

$$k_{m,1}(C_A^\infty - C_A^s) = k_{m,e}C_A^s \tag{2-30}$$

代入式(2-29)，得到：

$$j_A = \left(\frac{k_{m,e}k_{m,1}}{k_{m,e} + k_{m,1}}\right)C_A^\infty = k_0 C_A^\infty \tag{2-31}$$

式中 k_0 表示元素的总移动速度：

$$\frac{1}{k_0} = \frac{1}{k_{m,e}} + \frac{1}{k_{m,1}} \tag{2-32}$$

从式(2-32)可以看出，元素的蒸发量与其在熔池内的移动速度 $k_{m,1}$ 和在表面的蒸发速度 $k_{m,e}$ 有关。速度越高，其对总蒸发量的影响作用就越小。由于电子束在每个扫描点的作用时间非常短，可以认为电子束的移动速度就是熔池内元素的移动速度。事实上由于表面张力的存在，元素在熔池内的移动速度比电子束的移动速度还要高 2~3 个数量级。因此，元素在熔池内得到了充分的均匀化，实际蒸发量不大。元素的实际蒸发量主要是由于表面元素蒸发引起的，即与真空度和温度有关。

提高电子束扫描速度对减少元素的蒸发量影响不大，降低真空度(提高成形室的压力)或成形区域温度对于蒸发量的减少更加有效。解决途径之一是减少粉末层厚，使得熔化当前层粉末和已成形层表面所需的电子束能量减小，从而减少熔池的温度；途径之二是根据成形材料所含元素，采用合适的真空度，并将其维持在一定水平，避免真空度过高或过低。通常真空度在 5×10^{-2} Pa 左右。

以航空用发动机转子叶片为目标零件。选择如下工艺参数：加速电压 50 kV、束斑直径 0.3 mm、真空度 $(3~5) \times 10^{-2}$ Pa、电子束下束电流 2~3 mA、中心点聚焦电流 400 mA、作用时间 6 ms、层厚 0.5 mm、扫描路径 Z 字型扫描、扫描速度为 35 mm/s、填充线间距 0.15 mm、搭接率 50%、成形基板为 71 mm×71 mm TA1 钛板。加工时间：零件高度为 30 mm、总层数为 60 层、每层制造平均时间为 60 s、铺粉时间为 20 s，总加工时间 2 h。

图 2-31 是采用电子束快速成形工艺制造的 TA7 ELI 钛合金转子叶片及微观组织照片。

由图 2-31 可以明显地看出叶片毛坯上表面，即电子束直接轰击的表面光滑、平整。而两个侧面，即电子束没有直接轰击的面比较粗糙，不平整。这是因为未熔化的金属颗粒在金属熔液的毛细管力作用下往粉末孔隙渗透，而黏附在周围。从零件的金相照片可以看出，材料为细小的网篮状组织，具有明显的快速凝固特征。

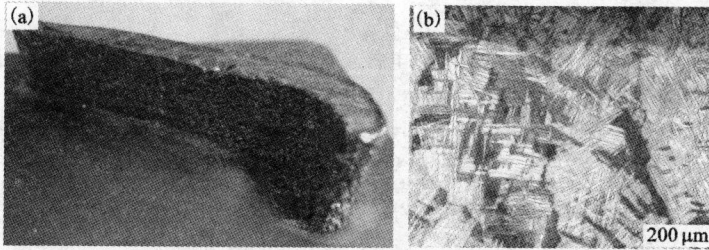

图 2 – 31　采用电子束快速成形技术制造的 Ti – 5Al – 2.5Sn ELI 合金叶片
（a）转子叶片；（b）显微组织

表 2 – 8 表明，零件的力学性能比常规的真空熔炼制备的材料好；而样品水平方向的力学性能明显高于垂直方向。

表 2 – 8　电子束成形零件的力学性能

	屈服强度 /MPa	极限强度 /MPa	断面收缩率 /%
水平方向（电子束快速成形）	670	780	23
垂直方向（电子束快速成形）	635	745	20
真空熔炼法（VM）	680	785	25

电子束成形后，材料化学成分的检测结果如表 2 – 9 所示。结果表明，氧含量基本没有增加，Al 和 Sn 也都在标准范围内。

表 2 – 9　电子束成形 TA7 合金的化学成分分析（w/%）

元素	O	Al	Sn
标准	0.12	4.50 ~ 5.75	2.0 ~ 3.0
金属粉末（球形）	0.08	5.10	2.64
金属粉末（非球形）	0.15	5.10	2.64
电子束成形后	0.08	4.80	2.20

参考文献

[1] 陶宇, Tarek EI Gammal. 用等离子旋转电极工艺生产高氮钢[J]. 钢铁研究学报, 2004, 16 (1): 15 - 20.

[2] 陶宇, 冯涤等. PREP 工艺参数对 GH95 高温合金粉末特性的影响[J]. 钢铁研究学报, 2003, 15(5): 46 - 50.

[3] 陶宇, 张义文等. 用等离子旋转电极法生产球形金属粉末的工艺研究[J]. 钢铁研究学报, 2003, 15(7): 537 - 540.

[4] Anderson IE, Figliola, Richard S. Atomizing nozzle and process, US Patent, No. 5125574 [P]. 1992.

[5] Ting J, Terpstra R, Anderson l E. A novel high presure gas atomizing nozzle for liquid metal atomization. In: Advances in Powder Metallurgy and Particulate Materrals - 1996, 1996: 97 - 108.

[6] Gerking L. New achievements with the nanoval process for gas atomization. Proceedings of 2000 Powder Metallurgy World Congress, 2000: 457 ~ 459.

[7] Ting Jason, Peretti Michael W, Eisen William B. The effect of wake-closure phenomenon on gas atomization performance [J]. Material Science and Engineering A, 2002, 326: 110.

[8] Lubanska H. Correlation of spray ring data for gas atomization of liquid metals [J], Journal of Metals, 1970, 22(1): 45 - 49.

[9] Kazuhiko Majima, Journal of the Japan Society of Powder and Powder Metallurgy, 1989, 12: 41 - 49.

[10] Takahashi. W, Nagata. Tatuo et al. [J] Sumitomo Metals, 1992, 44(5): 58 - 65.

[11] 彭常贤, 林鹏, 唐玉志. 电子束在材料中的能量沉积和热激波特性[J]. 计算物理. 2003, 20(1): 51 - 58.

[12] 吴彤峰, 吴一敏等. 高红外加热技术及其应用[J]. 广西工学院学报. 2003, 11(1): 26 - 29.

[13] 张日升, 杨家林. 选区激光烧结环境控制技术[J]. 组合机床与自动化技术. 2004, 11: 55 - 57.

第 3 章　粉末冶金钛合金

3.1　合金成分设计

　　钛合金的成分由最初的纯钛发展到二元钛合金，再发展到了多元钛合金。目前常用钛合金都是三元或三元以上合金，例如最常用的 Ti – 6Al – 4V(TC4)合金。对粉末冶金钛合金来说，合金元素除了对相组成有影响以外，由于不同组元在钛合金中的扩散速率不同，因此对粉末冶金钛合金烧结行为也有重要影响。此外，针对低成本的要求，在选择合金元素时尽量选用廉价元素。本节主要针对 Ti – Fe – Mo – Al 系合金中的 α 稳定元素 Al，β 稳定元素 Mo、Fe，研究合金元素 Al、Fe、Mo 对烧结过程中的致密化行为及合金性能的影响，为粉末钛合金的成分设计提供思路和范例。

3.1.1　合金元素 Al

　　Al 是熔锻钛合金中的常用强化元素。在粉末冶金钛合金中，铝元素对烧结致密化也有显著影响。

　　图 3 – 1 是不同 Al 含量的钛合金在 1250℃ 及 1300℃ 下烧结时的相对密度。可以发现，随着 Al 含量从 1.5% 增加到 6%(质量数分数)，钛的致密度降低。而同一含量的 Al，随着烧结温度升高致密度降低。这说明加入 Al 以后，粉末钛的烧结会发生反致密化。在烧结过程中还发现，在接近铝熔点时，炉温升高很快。可以认为，Ti、Al 元素混合粉末的烧结过程分两步：第一步是当烧结温度升到接近铝的熔点时，Ti 与 Al 会发生自蔓燃反应，形成钛铝的金属间化合物如 TiAl$_3$，产生的反应热使温度升高；第二步是随后的升温和保温过程中，该反应产物中钛与铝的扩散及与基体钛之间的扩散过程。由于 Ti 在铝中的扩散系数与 Al 在 Ti 中的扩散系数相差较大，如在 1250℃ 下，铝在钛中的扩散系数 $D_{Al} = 14.11 \times 10^{-9} \, m^2/s$，钛在 Al 中的扩散系数 $D_{Ti} = 4.61 \times 10^{-9} \, m^2/s$，$D_{Al} > D_{Ti}$，Al 优先向钛中扩散，原来的铝的位置便形成孔隙。随着 Al 含量增加，这些孔隙会越多，由此导致粉末钛合金烧结致密度降低。

　　图 3 – 2 是 1250℃ 烧结时，不同含量 Al 对粉末钛合金孔隙形貌的影响。孔隙已经球化，并且随着 Al 的含量从 1.5% 提高到 6.0%，孔隙尺寸明显变大，烧结体的孔隙度也随之增加。

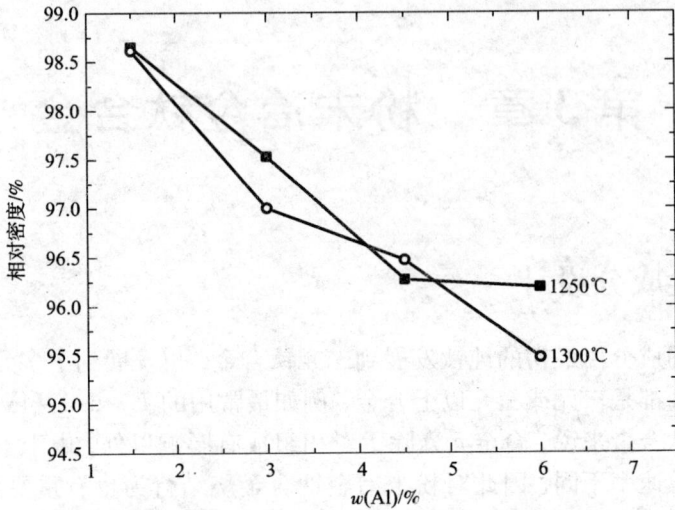

图 3 - 1　不同烧结温度下 Ti - xAl 合金的相对密度

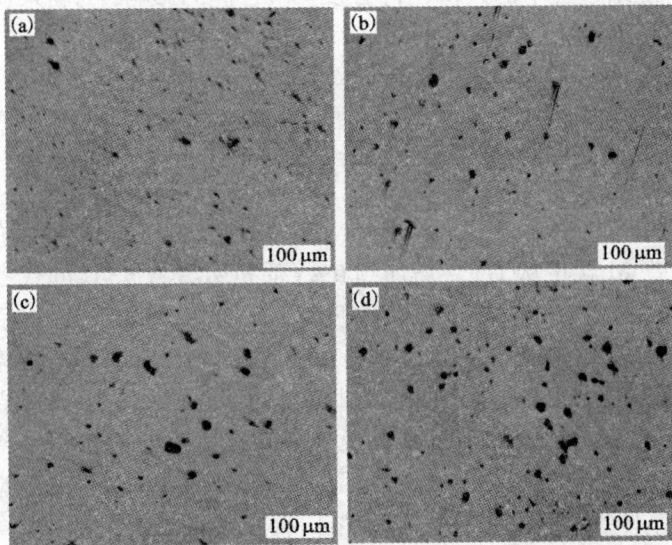

图 3 - 2　1250℃烧结时合金元素 Al 对粉末冶金钛合金孔隙形貌与孔隙大小的影响

(a)Ti - 1.5Al；(b)Ti - 3.0Al；(c)Ti - 4.5Al；(d)Ti - 6.0Al

　　表 3 - 1 是不同 Al 含量的 Ti - xAl 合金烧结试样与纯钛烧结试样的拉伸性能对比。可以看出，添加合金元素 Al 后，试样强度有所提高，而塑性下降。与熔锻钛合金一样，强度提高是因为 Al 在钛中形成了置换固溶体，而密度的降低使合金的塑性下降。

表 3 − 1　**Ti − *x*Al 合金力学性能**

合金	相对密度 /%	抗拉强度 σ_b/MPa	屈服强度 $\sigma_{0.2}$/MPa	延伸率 δ_s/%	断面收缩率 Ψ/%
Ti − 4.5Al	96.3	867	861	1.2	2.3
Ti − 6.0Al	94.9	804	802	1.2	3
Ti	99	745	654	4.0	7.5

3.1.2　合金元素 Fe

　　近年来，在新研究的熔锻低成本钛合金牌号如 TIX − 80、TIX − 90、SP − 700、TIMETAL − 62S、TIMETAL − LCB 中，普遍采用廉价的 Fe 部分替代或完全替代价格昂贵的 V，达到降低原料成本的目的。

　　Fe 的添加对粉末钛合金的烧结致密化有明显的促进作用。Ti − *x*Fe 合金的相对密度随 Fe 含量及烧结温度的变化示于图 3 − 3。当 Fe 含量在 1.5% ~ 6% 范围内变化时，Ti − Fe 二元合金的烧结密度接近或超过 99%。随着 Fe 含量的增加，烧结密度略有增加。1250℃烧结致密度最高，1350℃致密度反而略有下降。

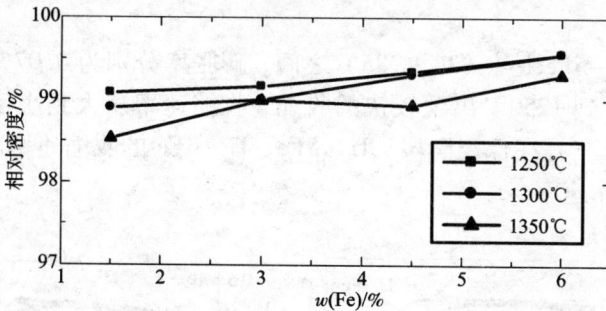

图 3 − 3　不同烧结温度下 Ti − *x*Fe 合金的相对密度

　　图 3 − 4 是不同 Fe 含量烧结 Ti − Fe 二元合金的孔隙形貌。与 Ti − Al 二元合金相比，Ti − Fe 二元合金孔隙小得多，而且孔隙大小比较均匀，具有圆滑边界，1250℃烧结温度下，Fe 含量为 6.0% 时的孔隙比 Fe 含量为 1.5% 时的孔隙明显减小。同样成分的 Ti − Fe 合金，1300℃烧结的试样中的孔隙尺寸与 1250℃的孔隙尺寸相当，说明提高烧结温度对孔隙的缩小没有增加 Fe 含量的效果好。

　　不同 Fe 含量压坯的烧结膨胀/收缩曲线如图 3 − 5 所示。图 3 − 5(a)是从室温到 1250℃，保温 0.5 h 压坯线收缩率与温度的关系，图 3 − 5(b)是同样条件下压坯线收缩率与时间的关系。由图 3 − 5 可知，与纯钛相比，钛铁二元合金的烧结/收缩有三个特征：一是 Ti − *x*Fe 在低温状态下出现膨胀，Ti − 3Fe 是在 865 ~

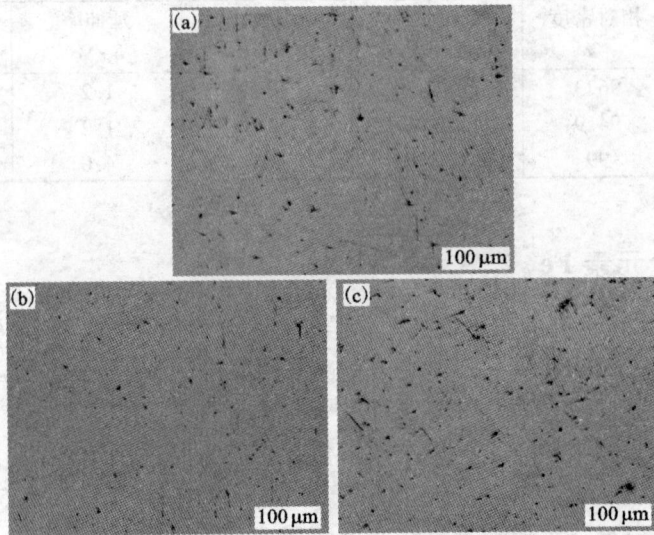

图 3 - 4 不同铁含量及不同烧结温度下粉末钛合金的孔隙形貌

(a)Ti - 1.5Fe,1250℃;(b)Ti - 6.0Fe,1250℃;(c)Ti - 1.5Fe,1300℃

985℃ 之间,Ti - 5Fe 是在 836 ~ 985℃ 之间,膨胀率分别为 0.07% 和 0.08%,二是膨胀结束后,到 1250℃ 出现较快的收缩,收缩速率从大到小依次为 Ti - 5Fe、Ti - 3Fe、纯 Ti;三是在保温阶段,Ti - 5Fe、Ti - 3Fe 的收缩速率减小,但是还是大于纯 Ti 的收缩速率。

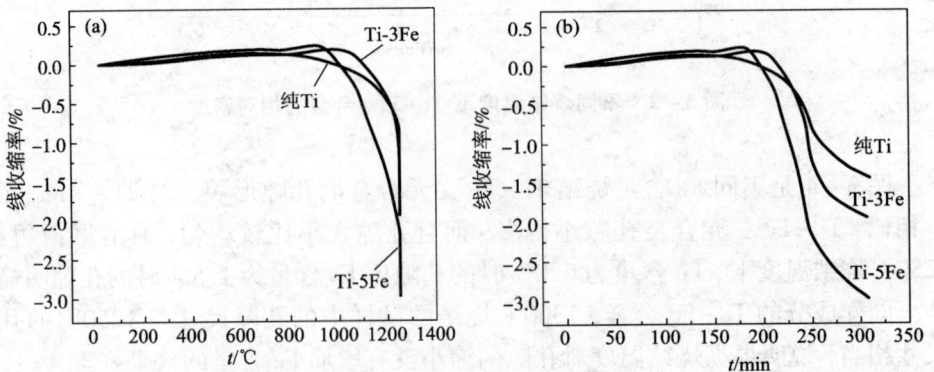

图 3 - 5 不同 Fe 含量压坯的膨胀/收缩行为(Ar 气气氛)

(a)线收缩 - 温度;(b)线收缩 - 时间

　　图 3-6 给出了 Ti-5Fe 在不同温度的淬火试样的背散射电子像。表 3-3 是淬火试样的微区成分分析结果。图 3-6(a) 对应的是略高于钛的 β 转变温度的 950℃ 淬火的显微组织。从表 3-2 可以看出，950℃ 淬火的显微组织中白色颗粒富含 Fe，Fe 含量达到 83.3%，而其邻近的灰色区域则富含钛，Fe 含量为 11.8%，深黑色区域为粉末颗粒间的孔隙，而烧结颈尚未形成，说明 950℃ 烧结尚未开始。图 3-6(b) 对应的是 1020℃ 淬火试样的显微组织。在富 Fe 的白色区域和富钛的灰色区域间出现清晰的的灰白相间的条纹，而且这三个区域的 Fe 含量成递减趋势，从 1 区的 56.4% 减小到 2 区的 28.6% 到 3 区的 14.4%。这些灰白相间的条纹组织反映了 Fe 往钛颗粒里扩散的过程。该温度下，烧结颈已经形成。图

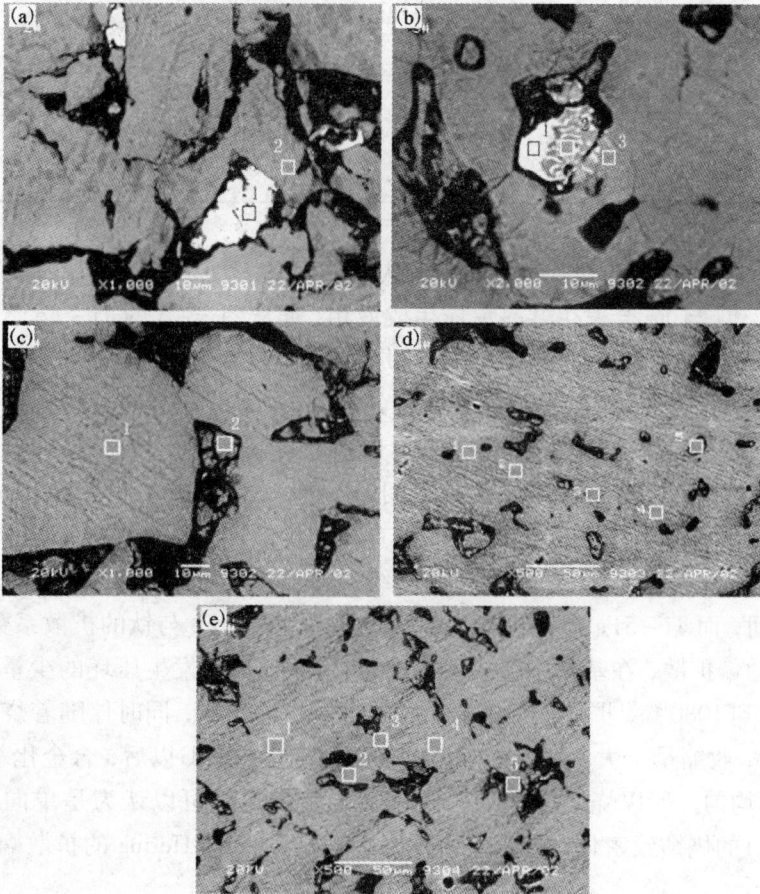

图 3-6　烧结淬火试样的背散射电子像

(a)950℃；(b)1020℃；(c)1080℃；(d)1120℃；(e)1250℃

3 - 6(c)是在 1080℃淬火试样的显微组织。从表 3 - 2 结果可知,图中各区域的 Fe 含量均匀,即 Ti - Fe 的合金化在此温度已基本完成,同时,烧结颈开始长大。在图 3 - 6(d)~图 3 - 6(e)中,烧结颈逐渐长大,初始的连通孔隙逐渐闭合,缩小并发生球化。同时,试样出现大的收缩,并且在各个不同区域的 Fe 含量与名义 Fe 含量(5%)基本一致。

表 3 - 2　淬火试样的微区成分分析结果

温度/℃	$w(Fe)/\%$				
	1	2	3	4	5
950	83.3	11.8			
1020	56.4	28.6	14.4		
1080	4.5	5.3			
1120	4.9	4.9	5.1	5.0	4.9
1250	5.0	5.1	5.2	4.9	4.9

图 3 - 7 是 Ti - Fe 二元相图[1]。从相图可知,当 Fe 含量为 22%,温度为 1085℃时,Ti 与 Fe 会发生共晶反应生成液相,而从图 3 - 6 的 Ti - Fe 二元合金烧结淬火试样分析中未发现液相生成,这是由于 Fe 在 β - Ti 中的扩散速度很快,成分均匀化速度很快,没有达到共晶点成分(22% 的 Fe)。这也说明该成分范围内的 Ti - Fe 合金的烧结是固相烧结过程,以扩散机制为主。根据 Ti - Fe 系二元相图(图 3 - 7),Fe 的扩散按烧结温度区间的不同,分为在 α - Ti 和 β - Ti 中的扩散。研究表明,Fe 在 α - Ti 和 β - Ti 中都具有高的扩散速率。Fe 在 β - Ti 的扩散系数比 β - Ti 的自扩散系数要高两个数量级。在低温状态下(Ti - 3Fe 是在 865 ~ 985℃之间,而 Ti - 5Fe 是在 836 ~ 950℃之间),由于 Fe 与钛的扩散系数的差异,导致 Fe 的偏扩散,在基体中形成 Kirkendall 孔洞,从而发生压坯的少量膨胀。从膨胀结束到 1080℃,扩散继续进行,成分进一步均匀化,同时伴随着烧结颈的形成和长大,收缩量不大,属于致密化过程的初期。1085℃以后,合金化基本完成,成分基本均匀。所以烧结中后期,Ti - Fe 合金的烧结可以认为是单向的固溶体 β - Ti(Fe)的烧结致密化过程,烧结行为可以用 Nabarro-Hering 的扩散蠕变方程描述如下[2]:

$$\dot{\varepsilon}_{ij} = \frac{8D\Omega}{kTG^2}\overline{\sigma}_{ij} \qquad (3-1)$$

式中:$\dot{\varepsilon}_{ij}$ 是扩散蠕变速率,与烧结收缩速率成正比;D 是材料的扩散系数;Ω 是原

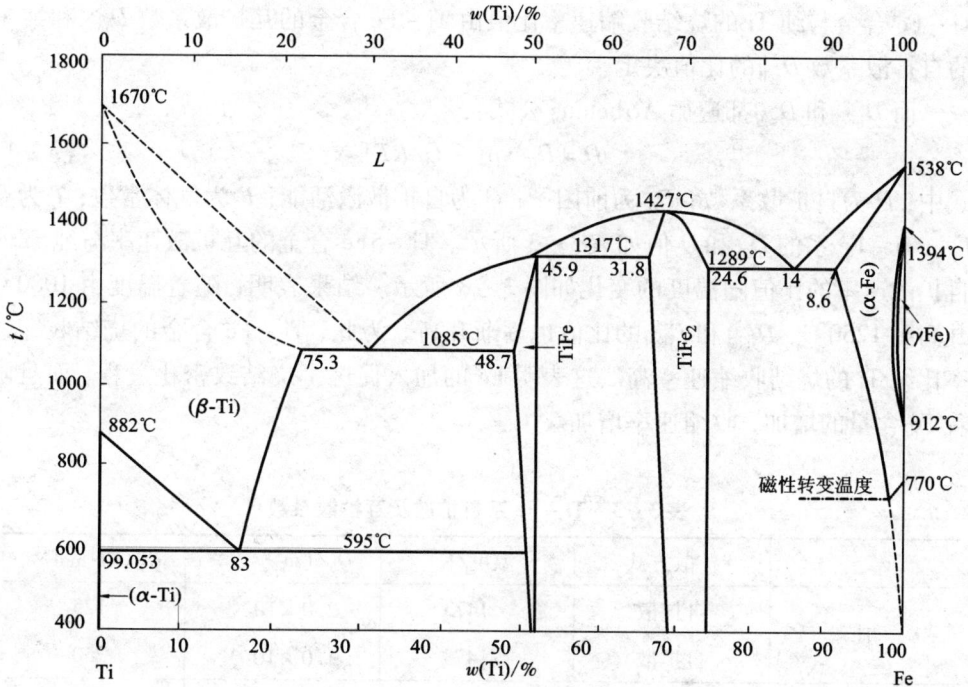

图 3 - 7　Ti - Fe 合金二元相图

子体积；k 是 Boltz mAnn 常数；T 是绝对温度；G 是晶粒尺寸；$\overline{\sigma_{ij}}$ 是局部剪切应力。在烧结过程中，局部剪切应力 $\overline{\sigma_{ij}}$ 可以用局部烧结驱动力 σ_L 替代。则在同一烧结温度下，Ti - Fe 合金与纯 Ti 的烧结收缩速率的比值可以表示为：

$$\frac{\dot{\varepsilon}_{Ti-Fe}}{\dot{\varepsilon}_{Ti}} = \frac{D_{inter}\sigma_{Ti-Fe}}{D_{self}\sigma_{Ti}} \tag{3-2}$$

式中：$\dot{\varepsilon}_{Ti-Fe}$ 和 $\dot{\varepsilon}_{Ti}$ 分别是 Ti - Fe 合金与纯 Ti 的烧结收缩速率；σ_{Ti-Fe} 和 σ_{Ti} 分别是 Ti - Fe 合金与纯 Ti 在某一温度下的局部烧结驱动力；D_{inter} 和 D_{self} 分别为 Ti - Fe 合金的互扩散系数和纯 Ti 的自扩散系数。

　　由 Laplace 方程可知，局部烧结驱动力 σ_L 的表达式为：

$$\sigma_L = \gamma g \left(\frac{1}{R_1} + \frac{1}{R_2} \right) \tag{3-3}$$

式中：γ 是固 - 气界面的界面能；g 是几何常数；R_1 和 R_2 是烧结颈的表面曲率。σ_L 主要与烧结颈的几何尺寸有关，即与原料粉末状态、压制方式以及烧结工艺相关。由于采用同种钛粉，而且添加的 Fe 粉的量很少（≤6%），工艺也一致，可以认为 Ti-Fe 合金与纯 Ti 在同一温度下的局部烧结驱动力 σ_{Ti-Fe} 和 σ_{Ti} 相当，为此，Ti-Fe 合金与纯 Ti 的烧结收缩速率比值由 Ti-Fe 合金的互扩散系数 D_{inter} 和纯 Ti 的自扩散系数 D_{self} 的比值决定。

而 D_{inter} 和 D_{self} 都遵循 Arrhenius 公式：

$$D = D_0 \exp(-Q/RT) \qquad (3-4)$$

式中：D 为自扩散系数；D_0 为前因子；Q 为自扩散激活能；R 为气体常数；T 为温度。Ti-Fe 系的 D_0 和 Q 值如表 3-3 所示。Ti-5Fe 合金的互扩散速率与纯 Ti 的自扩散速率的比值随温度的变化如图 3-8 所示。结果表明，随着温度由 1080℃ 升高到 1250℃，D_{inter} 和 D_{self} 的比值也逐渐升高。为此，Ti-Fe 合金的烧结收缩速率比纯 Ti 的烧结收缩速率高。这表明 Fe 的加入促进了烧结致密化过程，而且随着 Fe 含量的增加，收缩速率增加。

表 3-3 Ti-Fe 系自扩散及互扩散系数

	扩散方式	温度/K	$D_0/(m^2 \cdot s^{-1})$	$Q/(kJ \cdot mol^{-1})$
Ti	自扩散	< 1473	2.0×10^{-8}	125
	自扩散	> 1473	1.0×10^{-4}	250
Ti-5Fe	互扩散	1173 ~ 1573	6.2×10^{-5}	185

图 3-9 是 1250℃ 烧结后 Fe 含量对 Ti-xFe 二元合金拉伸性能的影响，可以看出，添加合金元素 Fe，能提高粉末钛合金的拉伸强度，起到强化效果，Fe 含量为 3% 时强度最高，然而随着 Fe 含量的增加，粉末钛合金塑性急剧下降，含 3% Fe 的烧结钛合金室温延伸率只有 0.8%，而 Ti-4.5Fe 及 Ti-6Fe 合金是脆性断裂。

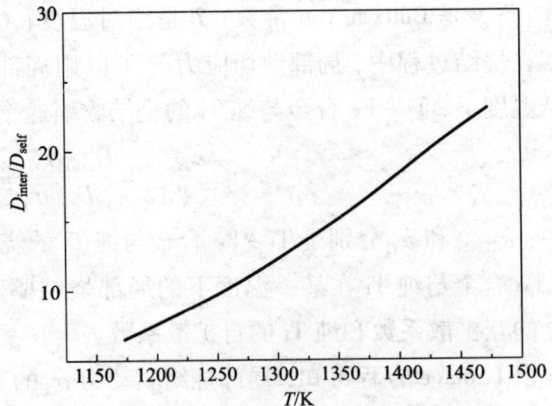

图 3-8 Ti-5Fe 合金的互扩散速率与纯 Ti 的自扩散速率的比值随温度的变化

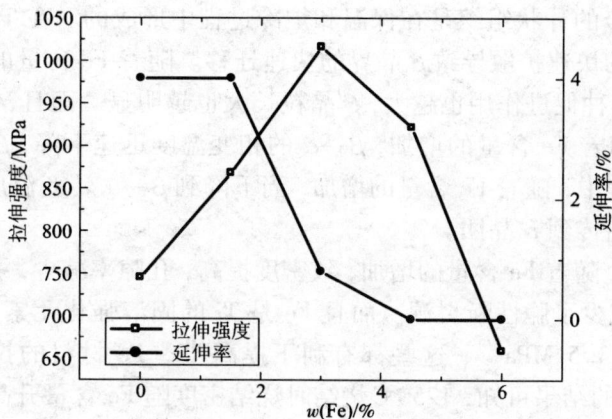

图 3 – 9 铁含量对 Ti – xFe 二元合金拉伸性能的影响

图 3 – 10 显示了不同 Fe 含量钛合金的显微组织。Ti – xFe 合金组织为 $(\alpha + \beta)$ 混合组织, 呈粗大魏氏组织状态, 原始 β 晶粒及 α 片的尺寸均较大。随着 Fe 含量

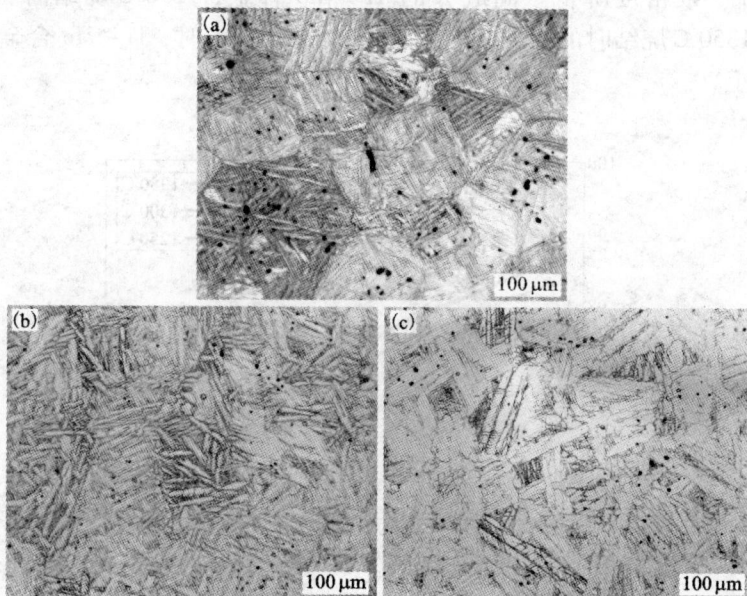

图 3 – 10 不同含量铁(w)的粉末钛合金金相显微组织

(a) Ti – 1.5% Fe, 1250℃ ; (b) Ti – 3% Fe, 1250℃ ; (c) Ti – 6% Fe, 1250℃

增加，原始 β 晶粒、α 晶团尺寸及 α 片尺寸均变大。其主要原因是 Fe 的高扩散速率。Ti – Fe 合金的片状组织是在保温和炉冷过程中形成的。在 Ti – Fe 合金的烧结保温时，Fe 的快速扩散导致 β 晶界的快速迁移。随着 Fe 含量的增加以及烧结温度的提高，这种促进作用也越大，β 晶粒长大也越明显。而且，由 Ti – Fe 系二元相图可知，随着 Fe 含量的增加，$\beta \rightarrow \alpha$ 的相变温度迅速下降，β 相稳定作用增强。在炉冷过程中，随着 Fe 含量的增加，当下降到 $\beta \rightarrow \alpha$ 转变温度时，这种粗大的 β 晶粒将会遗传到 α 晶团。

Ti – Fe 合金随着 Fe 含量的增加，致密度提高，孔隙率减少，孔隙球化且孔隙分布均匀化，减少了脆性断裂源。而且 Fe 是 Ti 的固溶强化元素，每增加 1% 的 Fe，强度提高 73.5 MPa[3]，这些都有利于提高 Ti – Fe 材料的拉伸性能。由图 3 – 3 及图 3 – 9 的结果可知，1250℃ 烧结时烧结密度随 Fe 含量升高而提高，但 Fe 含量大于 1.5% 时，Ti – Fe 合金的延伸率显著下降，Fe 含量超过 3% 时，拉伸强度也下降。显然，显微组织粗大降低了 Ti – Fe 合金的拉伸性能。

3.1.3 合金元素 Mo

图 3 – 11 是不同 Mo 含量的 Ti – Mo 二元合金的致密度。可以看出，随着 Mo 含量的增加，致密度降低。同成分的 Ti – Mo 合金，1250℃ 烧结时密度较低，1300℃ 和 1350℃ 烧结时的密度相当。当 Mo 含量为 1% 时，Ti – Mo 合金相对密度为 98% 以上。

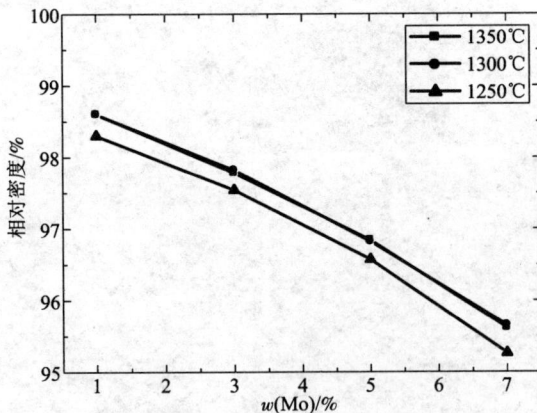

图 3 – 11　不同 Mo 含量的 Ti – Mo 二元合金的致密度

图 3 – 12 是不同温度和不同 Mo 含量烧结 Ti – Mo 二元合金孔隙形貌。与 Ti – Al 二元合金相比，Ti – Mo 二元合金孔隙较小，孔隙大小比较均匀，从 1250 ~

1350℃，Mo 含量从 1% 到 7%，孔隙大小与形貌变化不大。

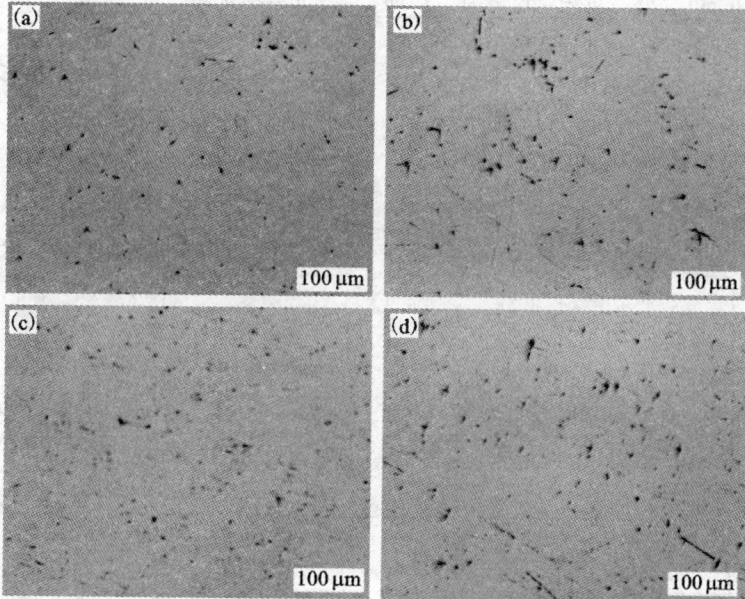

图 3 - 12　不同温度和不同钼含量烧结钛钼二元合金孔隙形貌
(a) Ti - 1% Mo, 1250℃；(b) Ti - 3% Mo, 1300℃；
(c) Ti - 7% Mo, 1350℃；(d) Ti - 7% Mo, 1300℃

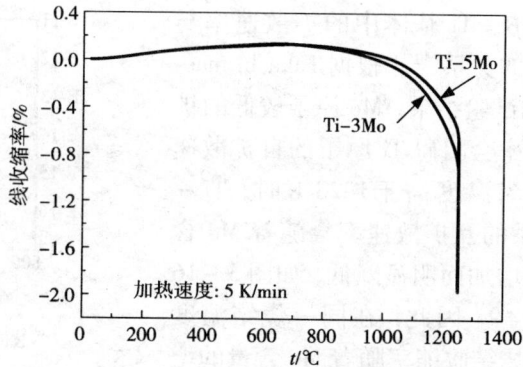

图 3 - 13　Ti - xMo 合金的烧结膨胀收缩行为

添加 3% 及 5% Mo 的压坯烧结收缩曲线示于图 3 - 13。与 Ti - Fe 合金的烧结收缩曲线相比，添加 Mo 的压坯烧结收缩曲线比较平滑，Ti - 3Mo 合金的收缩量多于 Ti - 5Mo 合金，说明添加 3% 的 Mo 比添加 5% 的 Mo 的致密化效果好。

图 3 - 14 是 Ti - Mo 系二元相图[1]。由 Ti - Mo 系二元相图可知，在烧结过程中，Ti - Mo 合金不会出现液相。因此，烧结过程主要遵循 Nabarro-Hering 的扩散蠕变机制。

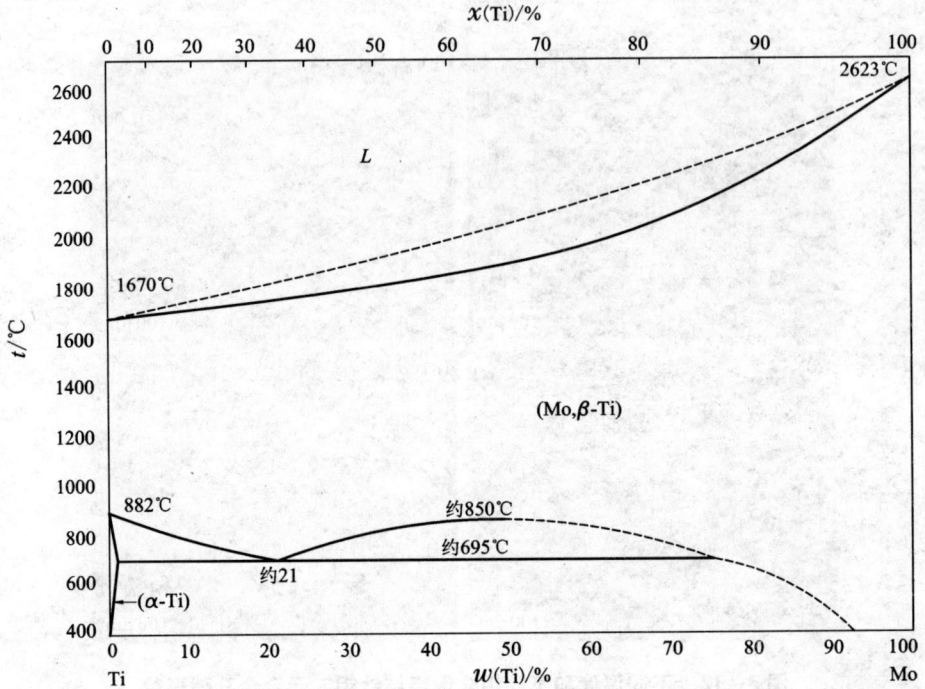

图 3 – 14　Ti – Mo 二元相图

图 3 – 15 是 Ti 原子和 Mo 原子在 β – Ti 基体中的扩散速率与温度的关系[4]。根据 Takashi maeda 的试验结果，Mo 原子较低的扩散速率会阻碍 Ti 原子的自扩散速度。当温度高于 1223 K 时，Ti – Mo 系的互扩散速率会随着 Mo 含量的增加而明显降低，如图 3 – 16 所示[5]。因此，在同一烧结温度下，烧结收缩率随着 Mo 含量的增加而明显降低，这导致了 Ti – Mo

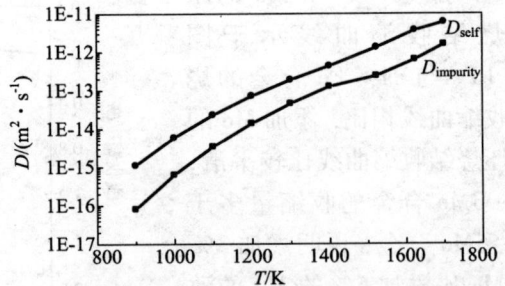

图 3 – 15　不同温度下 Ti 的
自扩散速率和 Mo 在 Ti 中的扩散速率

二元合金的烧结致密度随着 Mo 含量的增加而降低，如图 3 – 11 所示。同时，随着温度的提高，Ti – Mo 合金的扩散速率有较大提高，这也正是烧结温度为 1350℃时，烧结致密度较高的原因。Mo 虽然扩散速率慢，降低了体系的扩散系数，但是同时抑制了晶粒长大，因而能够使体系在较高温度下烧结，而晶粒长大不明显，从而可通过提高烧结温度来促进致密化。

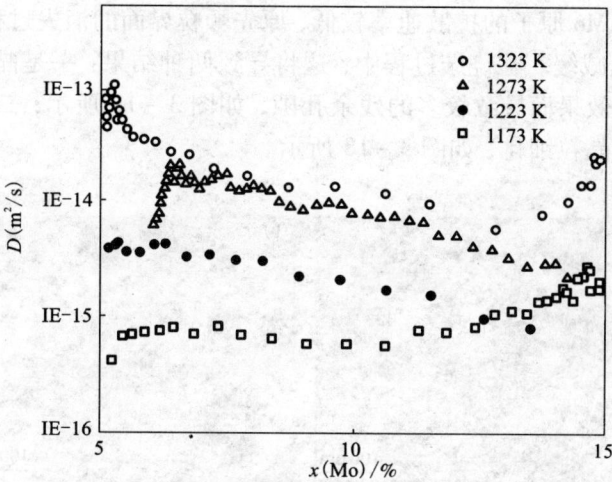

图 3 – 16　Ti – Mo 系的互扩散速率随着 Mo 含量的变化规律

3.1.4　Mo 对粉末钛合金显微组织和力学性能的影响

图 3 – 17 显示了 1300℃烧结后 Mo 对 Ti – Mo 合金力学性能的影响。当 Mo 含量小于 3% 时，随着 Mo 含量增加，合金延伸率提高，Mo 含量大于 3% 以后，延伸率又下降。当 Mo 含量为 3% 时，延伸率达到 23%，表现出优异的室温塑性。这在粉末冶金烧结钛合金中是少见的。而 Ti – Mo 合金的强度却随

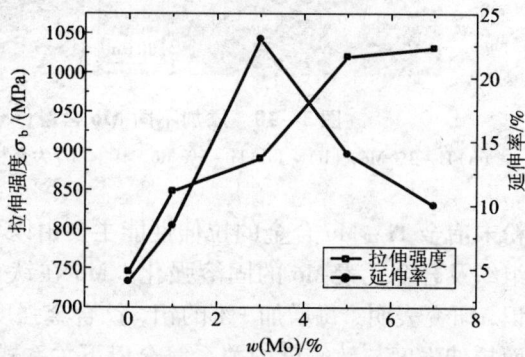

图 3 – 17　钼含量对粉末钛合金力学性能的影响

着 Mo 含量增加而持续上升，达到 5% 含量 Mo 时，强度最大为 1031 MPa。从综合性能来看，Mo 含量为 3% 时最理想。

图 3 – 18 显示了不同 Mo 含量的 Ti – Mo 合金的显微组织。可以看出，添加 Mo 以后组织明显细化。Ti – Mo 合金是一种典型的魏氏组织，其 β 原始晶粒，α 片及 α 晶团随着 Mo 含量的增加而减小。

Ti – Mo 合金的显微组织演化可以分为三步，即 Mo 元素的成分均匀化，原始

颗粒界面的消失，α 相从 β 初晶里析出。尽管 Mo 原子的扩散速率较低，但由于所用的 Mo 元素粉末只有几微米的粒度，Mo 元素的成分均匀化能进行得较完全。但是，同样由于 Mo 原子的扩散速率较低，原先颗粒界面的消失过程会因为 Mo 含量的添加而明显减缓。在烧结过程中，这将导致两种结果：一是晶粒界面迁移受阻，影响致密化效果而导致较多的残余孔隙，如图 3 - 12 所示；二是晶粒的长大受抑止，有利于晶粒细化，如图 3 - 18 所示。

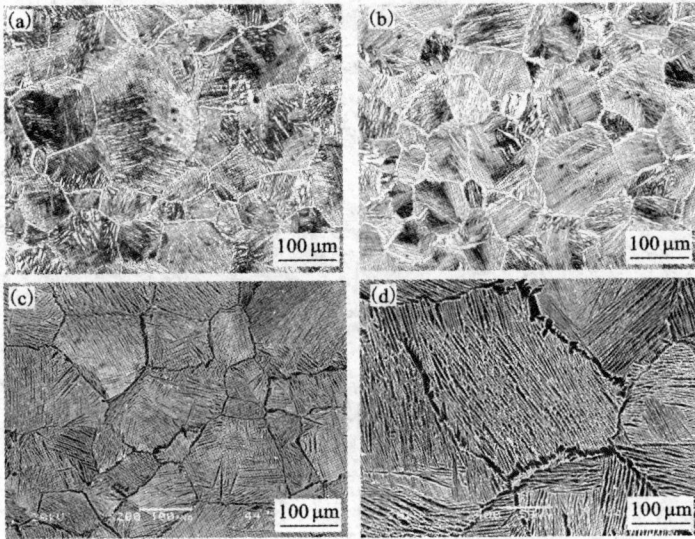

图 3 - 18　添加不同 Mo 含量(w)时的显微组织

(a)Ti - 3% Mo；(b) - (d)Ti - 5% Mo，其中(b)为金相组织，(c),(d)为扫描电镜组织

粉末冶金 Ti - Mo 合金的拉伸性能主要由以下三个因素所控制：合金致密度、显微组织及合金元素 Mo 的固溶强化。Mo 在钛合金中的的固溶强化早就被人们所认识，研究表明，每增加 1% 的钼，钛合金强度提高 49 MPa[3]。

而拉伸强度与致密度的关系符合以下关系式[6]：

$$\sigma_\theta = \sigma_0 \exp(-b\theta) \tag{3-5}$$

式中：σ_θ 是修正后的拉伸强度，σ_0 是具有一定孔隙率 θ 的 Ti - Mo 合金的真实拉伸强度，b 是常数，为 4 ~ 7，可以看出，随着孔隙度 θ 的提高，烧结 Ti - Mo 合金的 σ_θ 呈指数趋势降低。考虑到不同钼含量的 Ti - Mo 合金的孔隙率差异小于 4%，故最终对强度的影响比 Mo 的固溶强化效果影响小。

3.1.5　合金元素 Fe、Mo、Al 的综合作用

通过以上 Al、Fe、Mo 对粉末冶金钛二元合金的烧结致密化及性能的影响可

以看到，这三种元素对 Ti 的烧结致密化行为及力学性能的影响各不相同。Fe 的添加能促进 Ti 的烧结致密化过程，Al 和 Mo 的添加会降低粉末钛的烧结致密度；Fe、Al 使粉末 Ti 的塑性急剧下降，Mo 的添加却能细化晶粒，改善粉末钛合金的室温塑性。为了验证在 Ti – Fe – Mo – Al 多元钛合金中各合金元素的综合影响结果，针对新设计的两种低成本 Ti – Fe – Mo – Al 合金 Ti12LC（Ti – 1.5Fe – 6.8Mo – 4.5Al，近 β 合金）及 Ti8LC（Ti – 1Fe – 1Mo – 6Al，近 α 合金），对比其致密度及力学性能，如表 3 – 5 所示。

表 3 – 4   粉末冶金烧结 Ti – Fe – Mo – Al 合金的性能

合金状态	相对密度 /%	拉伸强度 /MPa	屈服强度 /MPa	延伸率 /%
Ti8LC 烧结态	97	885	858	4
Ti8LC 熔锻退火态	100	964	890	18
Ti12LC 烧结态	97.5	1082	1016	6
Ti12LC 熔锻退火态	100	1014	998	19

由表 3 – 4 可以看出，粉末冶金 Ti – Fe – Mo – Al 多元钛合金的烧结密度大于 97%，比只加 Fe 的合金低，比只加 Al 或 Mo 的致密度高，这是三种合金元素在烧结过程中共同作用的结果。烧结后，合金的强度较高，与熔锻钛合金的强度相当，而延伸率较低。这主要是由于存在残余孔隙的原因，可以通过后续热机械处理，进一步提高。

3.2   稀土元素的作用

由于元素混合法粉末冶金钛合金所使用的钛粉、铝粉等原料活性很大，表面很容易吸附氧和水蒸气，形成致密的氧化膜。这些氧化膜不仅阻碍烧结过程的进行，而且氧在烧结过程中很难去除，而是由表面氧转变为晶内氧，使钛合金基体氧含量提高，合金的塑性恶化。稀土元素作为一种重要的添加剂，可以有效提高材料的性能。这主要是由于稀土元素能够吸收基体材料中的氧、碳、氮等杂质元素，净化晶界。本节针对粉末钛合金中氧含量较高的情况，研究添加稀土元素对纯 Ti 及钛合金合金粉末的致密化行为及组织性能的影响。

3.2.1 稀土 Nd 的作用

在稀土元素中，稀土 Nd 比较廉价而且晶型及相变温度与 Ti 最相似。Nd 以 Nd - Al合金的形式加入，因为该合金是一种脆性金属间化合物，很容易破碎成粉末。Ti - Fe - Mo - Al 合金成分选低成本钛合金 Ti12LC(Ti - 1.5Fe - 6.8Mo - 4.5Al，近 β 合金)及 Ti8LC(Ti - 1Fe - 1Mo - 6Al，近 α 合金)。

采用的原料为元素粉末 Ti、Fe、Mo、Al 和中间合金 Nd - Al 粉末。Nd - Al 中间合金是在干燥 Ar 气氛下由高纯 Nd(>99.9%)和高纯 Al(>99.99%)进行熔炼、破碎而成，其名义成分为 75Nd∶25Al(w，%)。该粉末主要由 NdAl₂、NdAl 两相组成，如图 3 - 19 所示。Nd - Al 合金粉末形貌如图 3 - 20 所示。

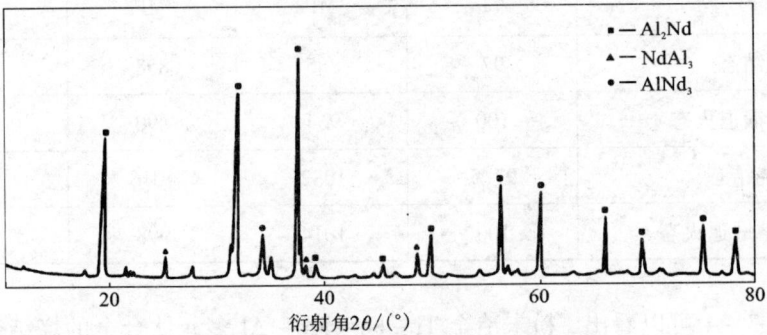

图 3 - 19　Nd - Al 合金粉末的 X 射线衍射图谱

图 3 - 20　Nd - Al 合金粉末的 SEM 形貌

1. 稀土 Nd 对纯 Ti 粉末烧结的作用

图 3 -21 是 Nd 含量对粉末钛烧结密度的影响规律。其中稀土 Nd 含量从 0.3% 增加到 1.2%，烧结温度分别为 1250℃、1300℃和 1350℃。从图中可以看出，添加 Nd 后，钛合金的烧结致密度明显较高，Nd 含量(质量数分数)从 0.3%

增加到1.2%，Ti－Nd－Al合金的烧结致密度均保持在较高水平，相对密度都在99.5%附近。与Ti－Fe，Ti－Mo系相比，Ti－Nd－Al系合金的烧结致密度明显提高，说明稀土Nd的加入促进了钛的烧结致密化过程。

图3－22是不同温度和不同Nd含量烧结Ti－Nd－Al合金孔

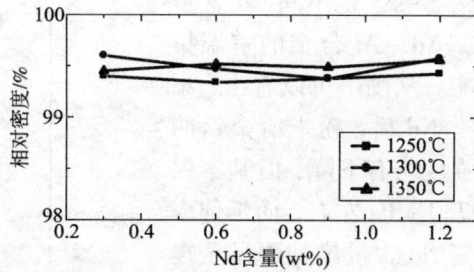

图3－21　Nd含量对粉末钛烧结密度的影响

隙形貌。从图中可以看出，Ti－Nd－Al合金烧结后，孔隙基本球化。随着烧结温度的提高及Nd含量增加，孔隙尺寸不断缩小。在烧结温度为1250℃，Nd含量为0.3%时，Ti－Nd－Al合金的孔隙较大，但在同一温度下，当Nd含量增加到1.2%时，Ti－Nd－Al合金的孔隙明显细化。将烧结温度提高到1350℃，试样的密度得到进一步提高，大孔隙几乎完全消失，剩余孔隙弥散分布在基体中，孔径也得到较大细化。

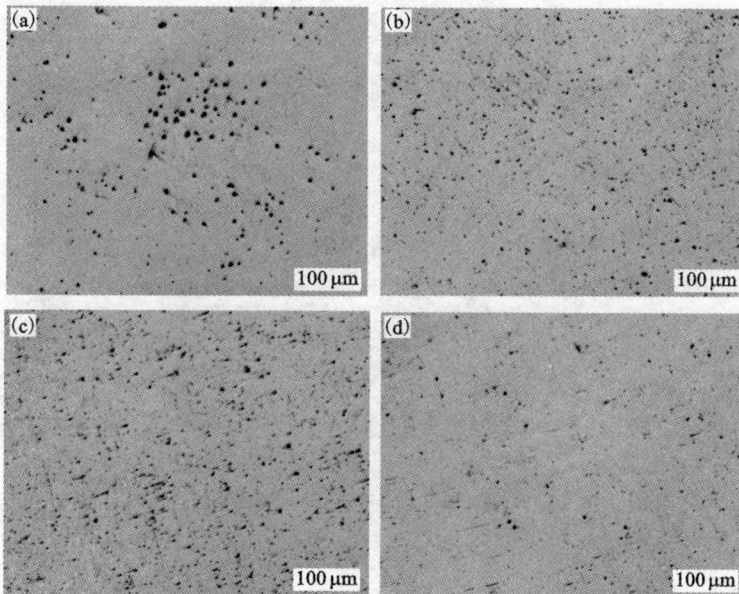

图3－22　不同温度和不同Nd含量烧结钛Nd二元合金的孔隙

(a)Ti－0.3Nd－0.1Al，1250℃；(b)Ti－0.3Nd－0.1Al，1350℃；
(c)Ti－1.2Nd－0.4Al，1250℃；(d)Ti－1.2Nd－0.4Al，1350℃

图 3 - 23 是不同 Nd 含量
的 Ti - Nd - Al 合金的室温拉
伸性能。从图中可以看出，添
加稀土 Nd 后，粉末冶金钛的
拉伸强度略有下降，但基本保
持在 730 MPa 左右，而延伸率
则随着 Nd 含量增加而显著提
高。纯 Ti 的室温延伸率只有
4%，当 Nd 含量增加到 1.2%
时，合金的延伸率达到了
15%，由此可见，添加稀土 Nd
可以较好地改善粉末钛合金
的室温延性。

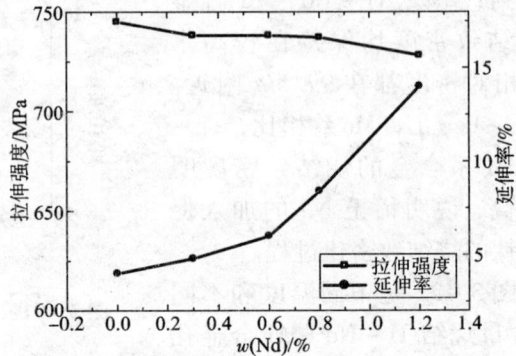

**图 3 - 23 不同 Nd 含量 Ti - Nd - Al
合金的室温拉伸性能**

图 3 - 24 显示了添加不同成分 Nd 元素的显微组织(黑点为孔隙)。添加 Nd
的 Ti - Nd - Al 合金主要是 α 组织，随着 Nd 含量从 0.3% 增加到 1.2%，α 晶粒逐
渐细化。

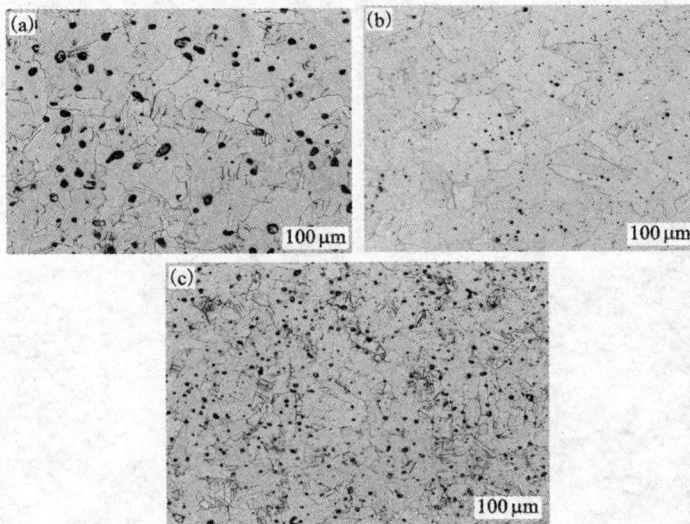

图 3 - 24 1250℃烧结的不同 Nd 含量的粉末 Ti - Nd - Al 合金显微组织

(a)Ti - 0.3 Nd - 0.1Al；(b)Ti - 0.6Nd - 0.2Al；(c)Ti - 1.2Nd - 0.4Al

对该组织进行进一步的分析，图 3 - 25 是 Ti - 1.2Nd - 0.4Al 合金在扫描电
镜观察的显微组织。从图中不难发现，添加稀土 Nd 的的钛合金扫描电镜照片中

有许多白色第二相质点及许多平直的交界，白色第二相质点是稀土 Nd 的氧化物颗粒，如图 3 - 25(c) 所示。为了辨别平直的交界是孪晶还是 β 片，在晶粒两侧选两点分别进行成分分析，结果表明 Ti - Nd - Al 合金中钛只以 α - Ti 形式存在，没有 β 相存在，故应属于孪晶界。

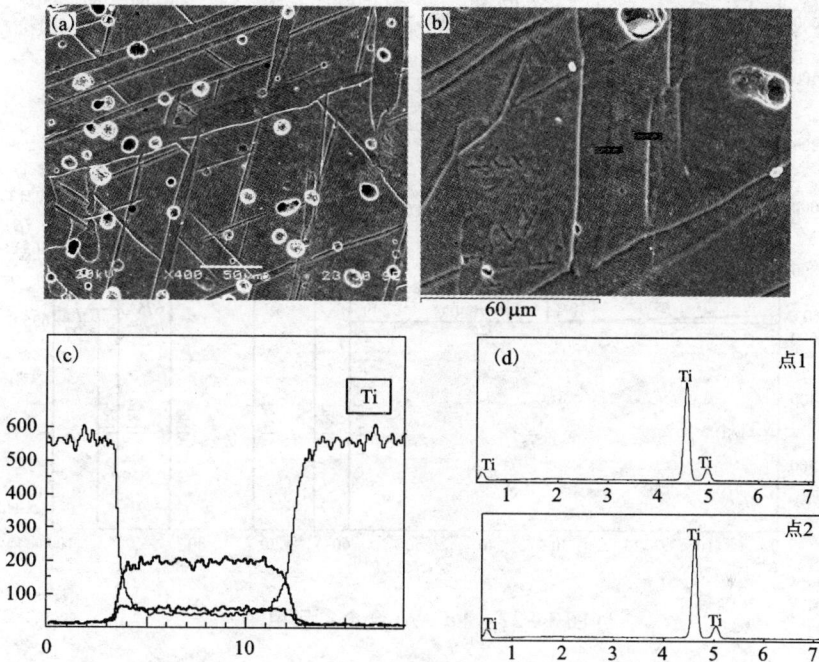

图 3 - 25　Ti - 1.2Nd - 0.4Al%(w) 合金扫描电镜及能谱分析图

(a) Ti - Nd - Al 合金中的第二相颗粒及孪晶；(b) 孪晶晶界两侧取点；
(c) 第二相颗粒的成分线扫描；(d) 孪晶晶界两侧能谱分析曲线

从以上结果可知，稀土 Nd 对粉末钛的烧结有明显的促进作用。由 Ti - 1.6% Nd - Al 的 DSC 曲线 (图 3 - 26) 可以发现，在 862 ~ 1020℃，Ti - 1.2Nd - 0.4Al 的 DSC 曲线上有一个明显的吸热锋，峰值温度为 906℃。可能是在这一温度区间 Nd - Al 合金粉末熔化形成了液相。由于所用的 Nd - Al

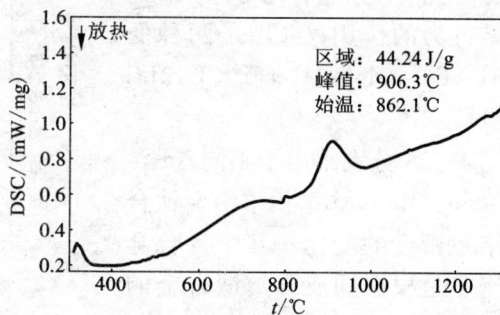

图 3 - 26　Ti - 1.2Nd - 0.4Al 合金的 DSC 曲线

合金粉末由 $NdAl_2$、NdAl 两相组成。根据 Nd – Al 二元相图（图 3 – 27），该合金在 795℃、940℃时会出现液相，这与 DSC 曲线上的吸热峰基本吻合，说明添加稀土 Nd 后的 Ti – Nd – Al 合金的烧结过程中存在液相。

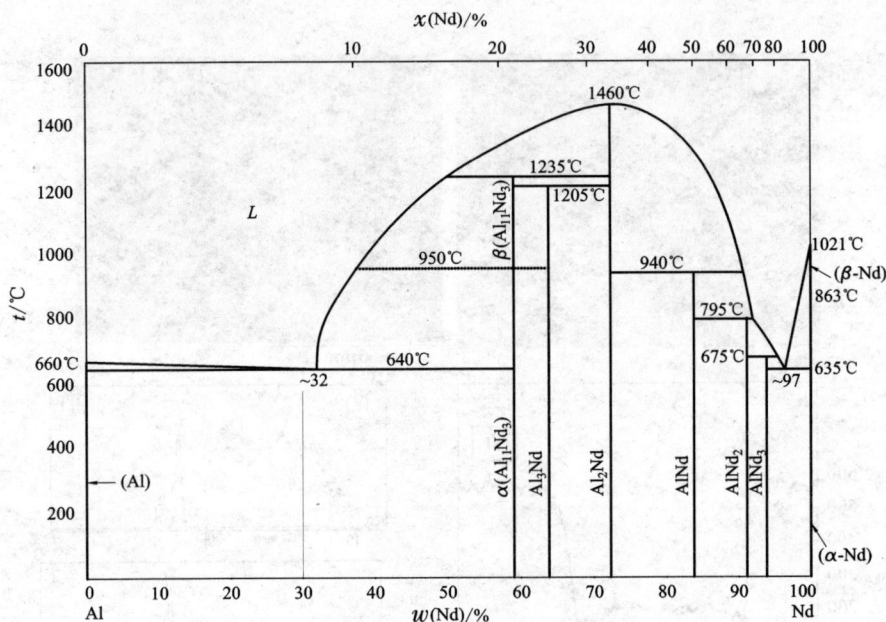

图 3 – 27　Nd – Al 合金二元相图

2. 稀土 Nd 对 Ti 合金粉末烧结的作用

在纯 Ti 中添加稀土元素，能显著改善 Ti 的烧结致密度和室温塑性。为研究稀土 Nd 对多元钛合金的烧结行为的作用，选用了两种低成本 Ti – Fe – Mo – Al 合金 Ti12LC 及 Ti8LC。

图 3 – 28 分别给出了不同 Nd 含量 Ti – Fe – Mo – Al 系粉末冶金钛合金烧结致密度的变化。其中各合金理论密度是根据同成分熔锻合金的实测值计算：Ti12LC 为 4.63 g/cm^3，Ti8LC 为 4.40 g/cm^3。

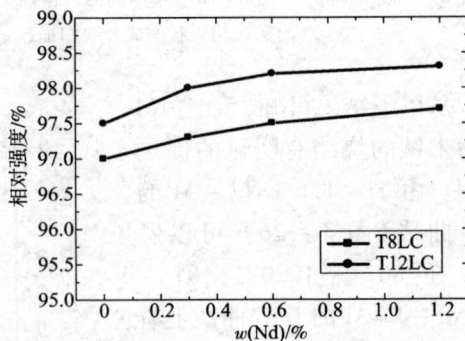

图 3 – 28　不同 Nd 含量的粉末 Ti 合金烧结后的致密度

从图 3 - 28 可以看出，随着 Nd 含量的增加，Ti - Fe - Mo - Al 系粉末冶金钛合金的烧结致密度得到提高，但是致密度均在 98.5% 以下，远比纯 Ti 加入稀土的致密度低。这说明多元钛合金中，稀土的作用受到了一定抑制。

图 3 - 29 是粉末钛合金烧结后的显微组织。其中，白色颗粒是稀土氧化物。从图中可以看出，随着 Nd 含量的增加，孔隙数量减少，孔隙球化，当 Nd 含量增加到 1.2% 时，烧结 Ti12LC 合金孔隙度及孔隙尺寸明显减小。

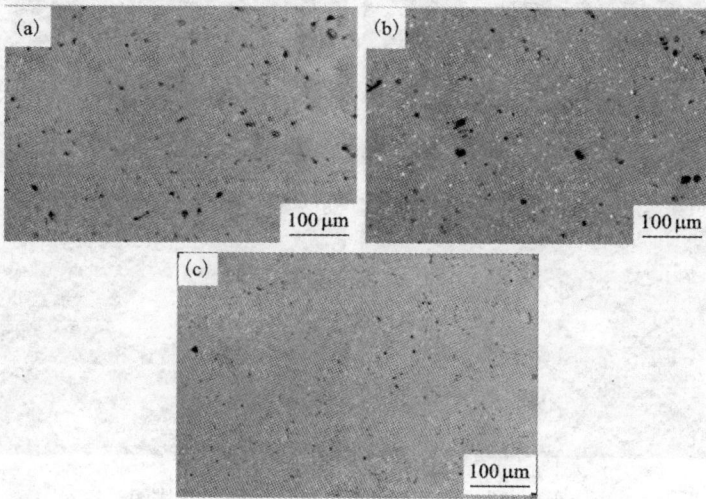

图 3 - 29　含 Nd 粉末钛合金背散射电子照片

（a）Ti12LC；（b）Ti12LC - 0.6% Nd；（c）Ti12LC - 1.2% Nd

图 3 - 30 是 Ti12LC - 1.2% Nd 的 DSC 曲线，在 862 ~ 1020℃ 也有一个吸热峰。但与纯钛中添加 1.2% Nd 的 DSC 曲线相比，其峰值小得多。

以上结果均表明，稀土 Nd 的添加对多元粉末钛合金的烧结致密化有促进作用。这与纯 Ti 中添加稀土的结果是一致的。

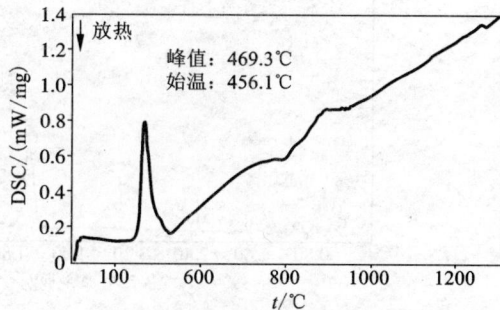

图 3 - 30　Ti12LC - 1.2wt% Nd 的 DSC 曲线

然而，在多元钛合金中，稀土作用的同时还存在其他合金元素对致密化过程的综合影响。其中 Al 和 Fe 在 β - Ti 中的扩散速度很高，Mo 和 Nd 的扩散速度相对较低。所以在氧向稀土 Nd 中扩散的同时，钛反方向向稀土中扩散，铝从 Al -

Nd合金中分解出来向钛中扩散。而合金元素Mo在钛中的溶解度及扩散速度均比Nd中大,所以形成的富Nd颗粒中没有Mo,有少量的Fe和Al,如图3-31、图3-32所示。白色稀土富集颗粒大小与Al-Nd粉末原始颗粒大小相当,说明铁向Al-Nd颗粒中扩散。

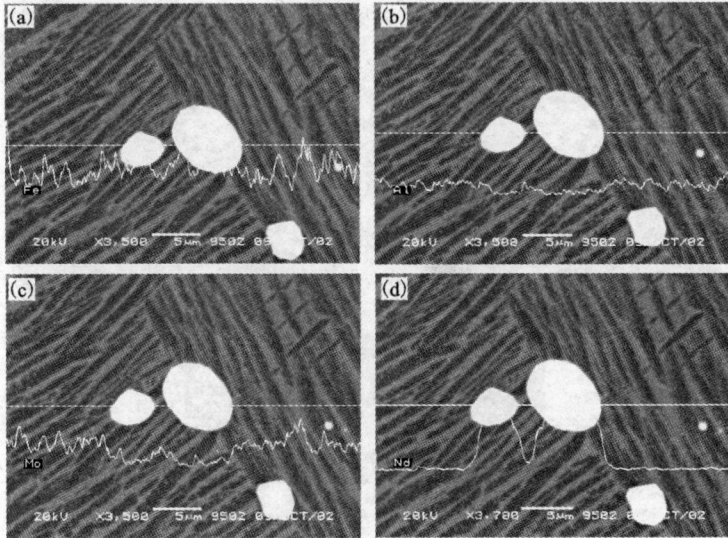

图3-31 富Nd颗粒中合金元素线扫描图

(a)Fe; (b)Al; (c)Mo; (d)Nd

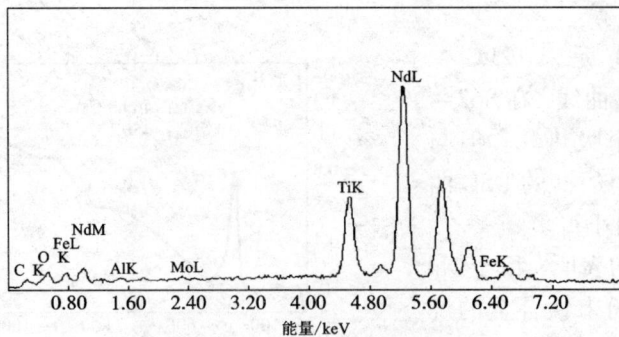

图3-32 富Nd颗粒的能谱分析

不同Nb含量的Ti12LC合金经烧结后的显微组织如图3-33所示。可以从图中发现,Nd的添加使粉末钛合金平均晶粒度细化。图3-34所示的是在1300℃烧结后的加Nd样品的背散射电子像。可以发现,在晶界和晶粒内部都有富Nd颗粒

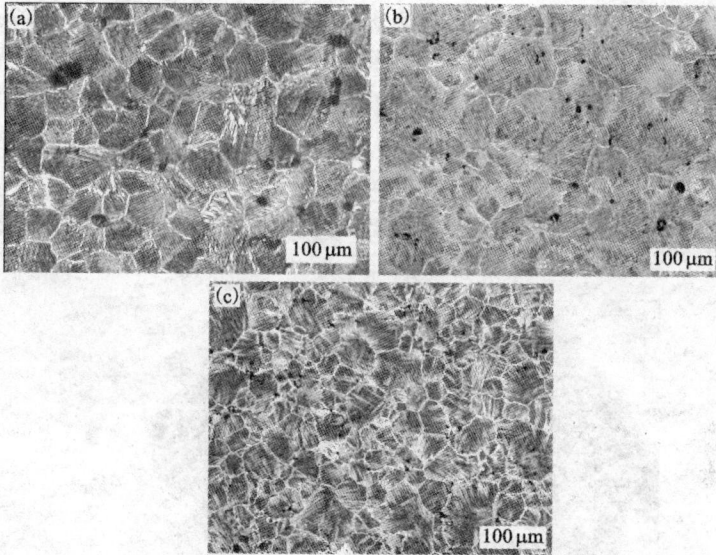

图 3 - 33　含 Nd 钛合金的光学显微组织

(a)Ti12LC；(b)Ti12LC - 0.6% Nd；(c)Ti12LC - 1.2% Nd

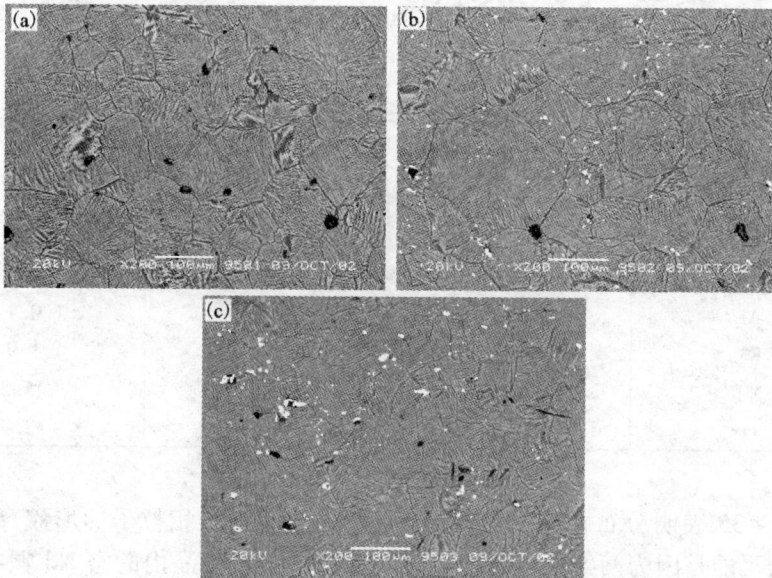

图 3 - 34　含 Nd 粉末钛合金的 SEM 显微组织

(a)Ti12LC；(b)Ti12LC - 0.6Nd；(c)Ti12LC - 1.2Nd

存在。此外还发现在烧结温度为1300℃时，随着 Nd 含量的增加，富 Nd 相粒子发生聚集长大，其平均尺寸由 0.6% Nd 时的 3.57 μm 变为 1.2% Nd 时的 9.20 μm。

图 3 – 35 为富 Nd 颗粒的 TEM 形貌。颗粒近似为多边的椭球形，晶内的颗粒内部组织比较单一，而分布在晶界上的颗粒出现分层现象，外层为白色的亮区，心部为多边形的黑色区域。能谱分析结果表明：Nd、Ti 和 O 在颗粒内部富集，Al 和 Mo 则很贫乏，而 Fe 元素在颗粒里的浓度与名义成分基本一致。分层颗粒的心部 Ti 含量很高 $x(Ti) = 37\%$，而边缘氧含量高达30%，如表 3 – 5 所示。

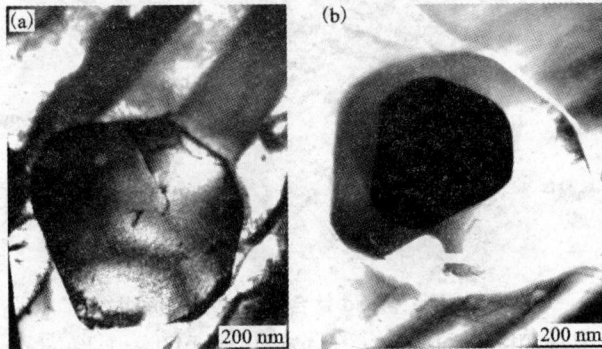

图 3 – 35　富 Nd 颗粒的 TEM 形貌像

(a)晶内富 Nd 颗粒；(b)晶界富 Nd 颗粒

表 3 – 5　富 Nd 第二相粒子的不同区域的的成分($x/\%$)

	单层颗粒	多层颗粒	
		黑区	亮区
Ti	12.2	37.0	19.3
Mo	0	0	0
Al	0.5	0.62	0.7
Fe	1.8	2.0	1.9
Nd	32.0	56.2	45.2
O	53.5	4.13	32.9

图 3 – 35 表明分布在晶内与晶界上两类富 Nd 第二相粒子的形貌存在差异，分析认为可能是因为两类粒子的形成机制不同。分布在晶内的富 Nd 颗粒可能是在冷却过程中析出来的，因而成分均匀；而分布在晶界上的颗粒是由残留的富 Nd 相冷却下来形成的，由于在烧结过程中富 Nd 相中溶解了大量的 Ti、O 等元素，在冷却时会发生元素的偏析，形成两层结构。

采用选区电子衍射(SAD)确定富 Nd 第二相粒子的相结构。根据颗粒不同区域的选区电子衍射的衍射斑点，分别计算出了对应的晶面间距。计算结果表明，颗粒不同区域电子衍射斑点的晶面间距与 Nd 元素、Nd 的氧化物、Ti 的氧化物以及各种稳定的 Ti-Nd-O 化合物对应的晶面间距都不一致。表 3-6 列出了颗粒的不同区域、Nd 元素和 Nd_2O_3 对应的晶面间距数值。由于颗粒是富含 Nd、Ti 和 O 三种元素，而且难于确定其准确的相结构，可以认为富 Nd 第二相粒子是一些过渡态 Ti-Nd-O 复合物组成的。

表 3-6　富 Nd 第二相粒子的电子衍射斑点对应的晶面间距

Nd_2O_3 (hex) $a = 0.3831$ nm $c = 0.5999$ nm		Nd $a = 0.3655$ nm $c = 1.1796$ nm		富 Nd 第二相粒子对应的晶面间距 /nm		
密勒指数 h, k, l	晶面间距 d/nm	密勒指数 h, k, l	晶面间距 d/nm	未分层的颗粒	分层颗粒中的白色区域	分层颗粒中的黑色区域
100	0.331	100	0.314	0.571	0.335	0.282
002	0.299	101	0.303	0.313	0.220	0.157
101	0.290	004	0.291	0.292	0.216	0.141
102	0.220	102	0.277	0.282	0.195	0.105
110	0.191	103	0.245	0.215	0.167	0.096
104	0.171	104	0.214	0.165	0.157	
200	0.165	105	0.188	0.109	0.126	
112	0.161	110	0.182	0.094	0.112	
201	0.159	106	0.166		0.097	
104	0.150	201	0.156		0.093	
202	0.145	114	0.155			
		202	0.153			
		107	0.148			
		008	0.147			

添加稀土 Nd 的粉末钛合金室温拉伸性能如图 3-36 所示。

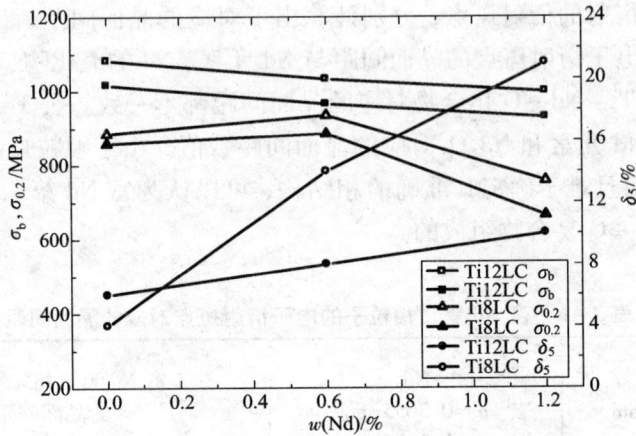

图 3 – 36　稀土 Nd 含量与 Ti12LC 及 Ti8LC 室温拉伸性能的关系

从图 3 – 36 可以看出，未加稀土的合金室温延伸率小于6%，添加稀土元素后有效地改善了粉末钛合金室温拉伸强度和延伸率，得到优良的室温综合性能。其中含1.2% 稀土 Nd 的 Ti12LC 材料拉伸强度为 1050 MPa，延伸率14%；含0.6% 稀土 Nd 的 Ti8LC 材料拉伸强度935 MPa，延伸率14%，均相当于该合金锻造退火态性能水平。同时还发现稀土 Nd 在 Ti12LC 合金与 Ti8LC 合金中的影响程度略有不同。随着 Nd 含量的提高，Ti12LC 合金室温强度一直降低，而 Ti8LC 合金强度先升高，后降低。两种合金的延伸率随着 Nd 含量的增加大幅度提高，Ti8LC 合金延伸率从4%升高到21.5%。

稀土元素 Nd 对拉伸性能的贡献主要归因于它能够夺取粉末颗粒的氧，净化原始颗粒界面，但同时使氧的固溶强化减弱。稀土 Nd 形成的氧化物颗粒起颗粒强化作用，弥补了一部分固溶强化的损失。当原料粉末粒度较小时，由于原料 Nd – Al 本身氧含量增加，对延伸率的贡献也降低。

图 3 – 37 示出了 Ti12LC 和 Ti12LC – 0.6% Nd 粉末钛合金的拉伸断口组织。两种合金都存在大小不一的韧窝及小坑。添加稀土 Nd 的粉末钛合金韧窝较发达，小坑较少。而且在 Ti12LC 粉末钛合金断口中，还存在一些小平面及解理断裂面，这是 Ti12LC 合金比 Ti12LC – 0.6% Nd 合金塑性低的原因之一。

图 3 – 37(c) ~ 3 – 37(d) 是 Ti12LC – 1.2% Nd 和 Ti8LC – 0.6% Nd 粉末钛合金的拉伸断口组织。可以看出，Ti8LC – 0.6% Nd 合金断口中韧窝较发达。说明不同钛合金，添加 Nd 后塑性改善的幅度不同。这与室温延伸率结果相一致，可能由于原料粉末组成不同，总氧含量的差别引起。

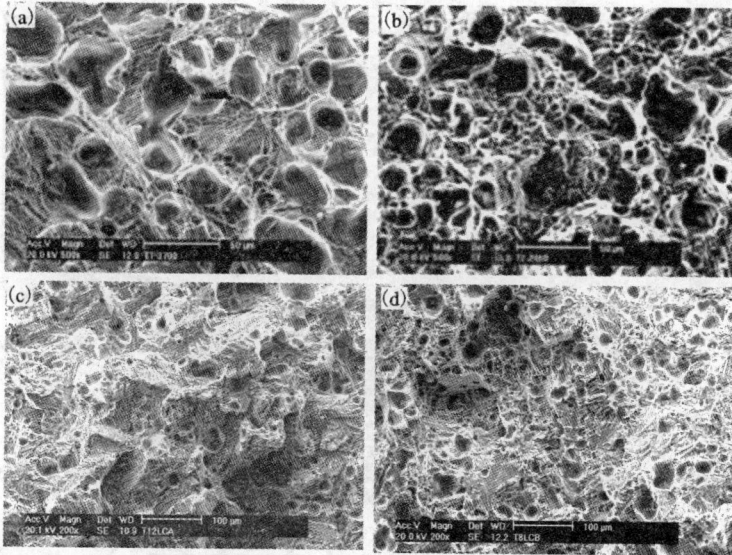

图 3 - 37　粉末冶金 Ti - Fe - Mo - Al 合金的拉伸断口组织
(a)Ti12LC；(b)Ti12LC - 0.6% Nd；
(c)Ti12LC - 1.2% Nd；(d)Ti8LC - 0.6% Nd

3. 含稀土 Nd 的 TN 合金

前面的研究发现 Fe 含量为 1.5%，Mo 含量为 3%，Nd 含量为 1.2% 时，单一合金元素的作用最佳。而合金元素 Al 对致密化没有好处。为了避免 Al 引起的烧结膨胀，发挥 Fe、Mo、Nd 的作用，结合低成本钛合金的要求，采用廉价的中间合金 Mo - Fe(Mo:Fe =6:4) 及含 Al 的脆性易破碎的 Al - Nd 合金作原料，设计新的 Ti - Fe - Mo - Al 系合金，合金成分为 Ti - 1.5Fe - 2.25Mo - 1.2Nd - 0.3Al(TN 合金)。

TN 合金的烧结相对密度大于 97.7%，室温拉伸性能为 910 MPa，延伸率为 17%。该合金室温拉伸性能达到了熔锻 TC4 合金的性能。图 3 - 38 所示为合金显微组织及能谱分析。可以看出，除了稀土元素外，其他元素都固溶在基体中，而稀土元素 Nd 与氧形成富 Nd 氧化物颗粒。

分别对颗粒及基体进行定量成分分析，分析点如图 3 - 38(a)、(b)所示。结果表明，基体成分为 Ti 95.54%，Al 0.28%，Fe 1.79%，Mo 2.39%，各个元素的成分与名义成份基本一致。颗粒成分为：Nd 79.41%，O 17.47%，Ti 3.12%，表明稀土 Nd 大量吸收了基体中的氧，而 Nd:O 的原子比约为 3:2，可以推测颗粒为 Nd_2O_3 相。

对 TN 合金的拉伸断口进行透射电镜分析，发现该合金为 $(\alpha + \beta)$ 双态合金，

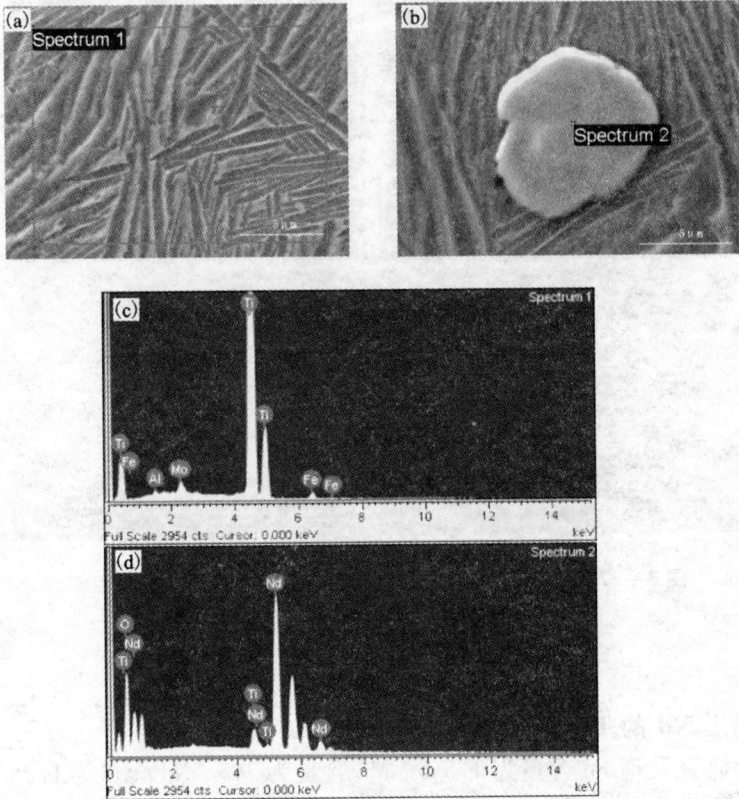

图3-38 TN 新合金基体及颗粒扫描电镜及能谱分析

(a)基体形貌；(b)第二相颗粒新貌；(c)基体成分；(d)第二相颗粒成分

粗细板条及衍射斑点分别为 α 相和 β 相，如图 3-39(a)~3-39(c)所示。图 3-39(d)显示，稀土氧化物以第二相颗粒形式存在，颗粒尺寸约 300 nm，颗粒周围有大量的位错塞积，说明该稀土氧化物颗粒起到了弥散强化作用。图 3-39(e)~图 3-39(f)分别为基体和颗粒及基体的衍射斑点，可以看出，颗粒的衍射斑点呈环状，说明第二相颗粒的晶粒细小。

4. 含 Nd 合金的粉末锻造

由于粉末烧结合金不可避免存在孔隙，这些孔隙会强烈影响钛合金的某些性能如疲劳性能、耐磨性能等。为此进行粉末锻造工艺研究，以消除粉末烧结材料中的孔隙，提高材料性能。

对 Ti12LC+1.2% Nd 和 TN 合金进行粉末锻造研究。锻造工艺为：1050~1150℃，保温 30 min，在 750 kg 的空气锤上加工变形量达到 50%，950~1000℃二

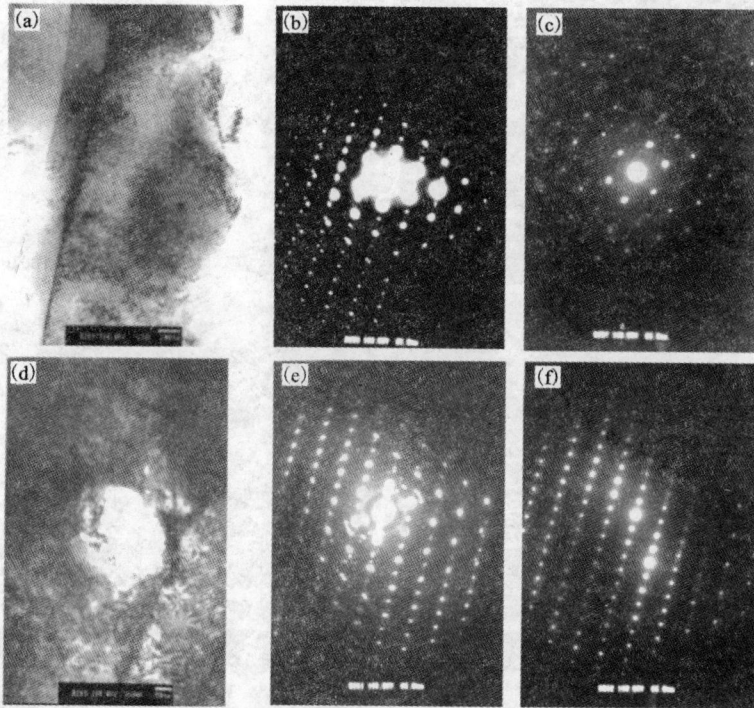

图 3 – 39 TN 合金拉伸试样的透射电镜照片

(a)板条形貌；(b)粗细板条两套衍射斑；(c)细板条衍射斑；
(d)析出相颗粒形貌及颗粒周围的位错塞积；(e)析出相衍射斑(主斑点后面的弱斑点)；(f)与主斑点对比

次保温，保温 15 min，甩圆。锻造后的合金分别在以下两种不同热处理条件下进行热处理(R₁、R₂)：①R₁，960℃保温 1 h，水淬，550℃回火 4 h，空冷；②R₂，810℃保温 1 h，水淬，580℃回火 8 h，空冷。

图 3 – 40 是 Ti12LC、Ti12LC + 1.2% Nd 及 TN 合金锻造及热处理后金相及扫描电镜组织。可以看出，锻造后的合金已经基本达到完全致密化状态，如图 3 –40(b)、(d)、(g)，烧结时的魏氏组织也已经被破碎，Ti12LC + 1.2% Nd 合金热锻态已经看不出晶界，如图 3 – 40(b)所示。但这种组织不稳定，经过两种热处理工艺进行热处理，发现 Ti12LC + 1.2% Nd 合金在热处理以后原始 β 晶粒不再存在，回火过程中新析出的 α、β 相交错分布，形成了近似网篮状组织，而且不同热处理条件下得到的组织不同，经 R₂ 热处理后组织比较细小。

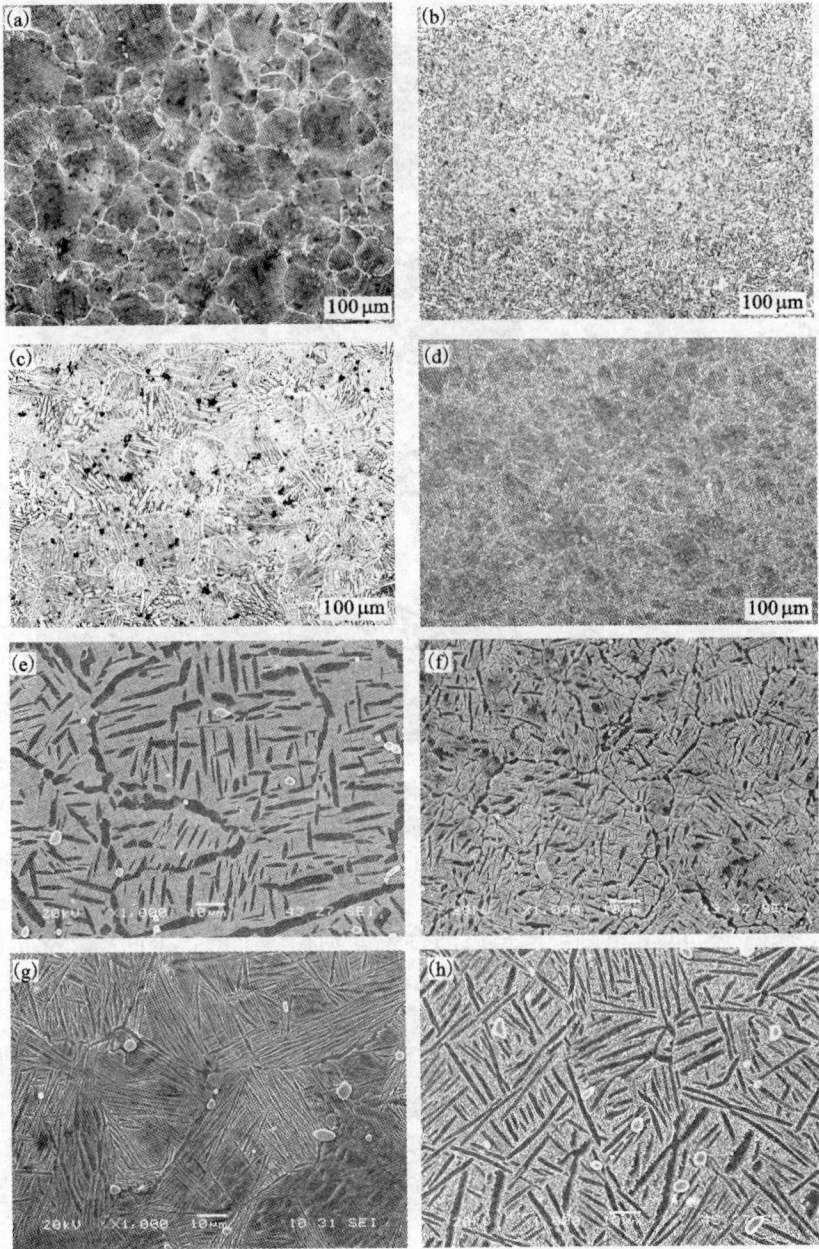

图 3 – 40　不同热处理条件下 Ti – Fe – Mo – Al 合金的组织与锻态组织的对比

(a) Ti12LC + 1.2% Nd 烧结态；(b) Ti12LC + 1.2% Nd 热锻态；

(c) Ti12LC 烧结态；(d) Ti12LC 热锻态；(e) Ti12LC + 1.2% Nd, R_1；

(f) Ti12LC + 1.2% Nd, R_2；(g) TN 热锻态；(h) TN, R_2

　　表 3 - 7、表 3 - 8 分别是锻造后含稀土 Nd 的 Ti12LC + 1.2% Nd 及 TN 合金的室温及 400℃时的拉伸性能。其中含稀土的 Ti - Fe - Mo - Al 合金 Ti12LC + 1.2% Nd 与 TN 的粉末锻造态的室温拉伸强度、延伸率及断面收缩率均比该合金烧结态有所提高。

表 3 - 7　锻造后合金的室温拉伸性能

试样	状态	抗拉强度 /MPa	屈服强度 /MPa	延伸率 /%	面缩 /%
TN	烧结态	910	850	17	19
	锻造热处理态	1072	983	20	27
Ti12LC + 1.2% Nd	烧结态	1172	1109	8.4	12
	锻造热处理态	1298	1203	10.3	25

表 3 - 8　锻造后合金 400℃的高温拉伸性能

试样	状态	抗拉强度 /MPa	屈服强度 /MPa	延伸率 /%	面缩 /%
TN	锻造热处理态	583	505	8.0	25
Ti12LC + 1.2% Nd	锻造热处理态	637	621	12	47

　　图 3 - 41 是 TN 合金锻态室温拉伸断口形貌。从低倍组织中没有发现明显的裂纹源，放大组织中可以看到较丰富的韧窝。这说明，孔隙的消除对粉末钛合金室温强度及塑性的提高有好处。

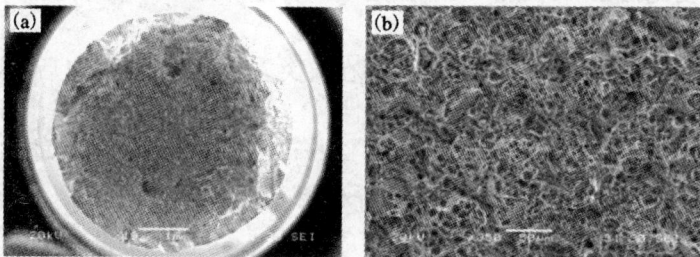

图 3 - 41　新合金 TN 锻态室温拉伸断口形貌
(a)低倍；(b)高倍

　　对 Ti12LC + 1.2% Nd 烧结态和锻造态两种状态的样品进行了疲劳性能的检测。试验采用等截面光滑疲劳试样，轴向应变控制。采用 MTS 810 电液伺服疲劳试验机，轴向加载，应变比 $R = \sigma_{max} / \sigma_{min} = -1$，应变速率 $\varepsilon = 6 \times 10^{-3} \mathrm{s}^{-1}$，波形为三角波形，在室温、空气中进行试验。

图 3-42 及图 3-43 分别为粉末锻造热处理态及粉末烧结态 Ti12LC + 1.2% Nd 合金低周疲劳时总应变幅($\Delta\varepsilon$)及疲劳断裂最大应力 σ_{max} 与循环周次的关系。图中 FM 表示粉末烧结试样性能，FY 表示粉末锻造热处理后的试样性能。从图中可以看出，同一塑性应变幅下，粉末锻造钛合金的循环周次比粉末烧结钛合金的高，而且粉末锻造钛合金的疲劳断裂最大应力比粉末烧结的大，说明粉末锻造钛合金的疲劳性能比粉末烧结钛合金的好。

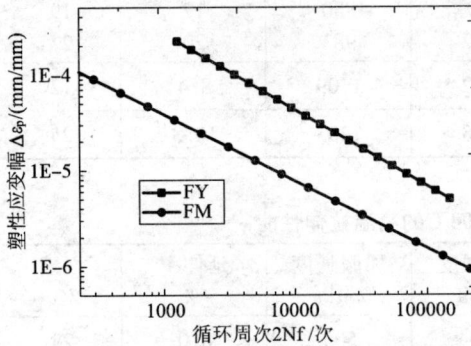

图 3-42　Ti12LC + 1.2%Nd 合金低周疲劳
总应变幅($\Delta\varepsilon$)与循环周次的关系

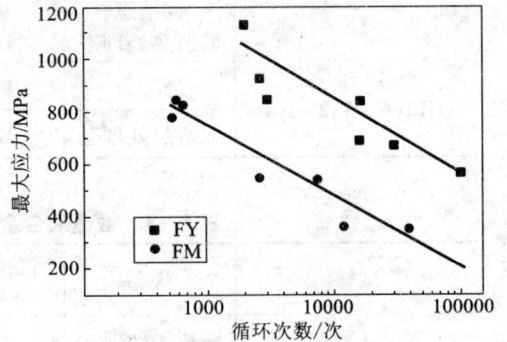

图 3-43　Ti12LC + 1.2%Nd
合金疲劳应力与循环次数的关系

表 3-9 及表 3-10 分别为粉末锻造热处理态及粉末烧结态 Ti12LC + 1.2% Nd 合金低周疲劳常数及经验关系式。可以看出，粉末烧结试样的循环强度系数及循环应变硬化指数均比粉末锻造热处理钛合金的低，说明其抗疲劳性能较粉末锻造热处理态的差。

钛合金的疲劳极限与间隙元素的存在有关。加入稀土 Nd 以后，稀土 Nd 吸收了钛合金基体中的氧，提高了合金的塑性，合金中的滑移系增多，同时稀土氧化物存在强化作用，二者提高了 Ti12LC + 1.2wt% Nd 合金的疲劳性能。而粉末锻造钛合金孔隙的消除，使其疲劳性能得到改善。

表 3-9　粉末烧结 Ti12LC + 1.2%Nd 的疲劳参数及公式

疲劳强度系数 σ'_f/MPa	疲劳强度指数 b	疲劳延性系数 ε'_f	疲劳延性指数 c	循环强度系数 K'/MPa	循环应变硬化指数 n'
2512.4	-0.1317	0.06647	-0.79732	3251.85	0.14175

$$\Delta\varepsilon_t/2 = 0.02284(2Nf)^{-0.1317} + 0.06647(2Nf)^{-0.79732}$$

$$\Delta\sigma/2 = 3251.85(\Delta\varepsilon_p/2)^{0.14175}$$

表 3 - 10　粉末锻造 Ti12LC + 1.2% Nd 低周疲劳参数及公式

疲劳强度系数 σ'_f/MPa	疲劳强度指数 b	疲劳延性系数 ε'_f	疲劳延性 指数 c	循环强度系数 K'/MPa	循环应变 硬化指数 n'
2537	-0.1981	0.00482	-0.699	11855	0.2861
$\Delta\varepsilon_t/2 = 0.0246(2Nf)^{-0.1981} + 0.00482(2Nf)^{-0.699}$					
$\Delta\sigma/2 = 11855(\Delta\varepsilon_p/2)^{0.2861}$					

图 3 - 44 是烧结及粉末锻造态 Ti12LC + 1.2% Nd 合金的疲劳断口的扫描照片。从图上可以看出,锻态材料的断口组织明显要细得多,以韧窝为主,而烧结态的则是属于穿晶解理断裂。因此,高温锻造有助于提高粉末冶金钛合金的动态性能,特别是抗疲劳性能。

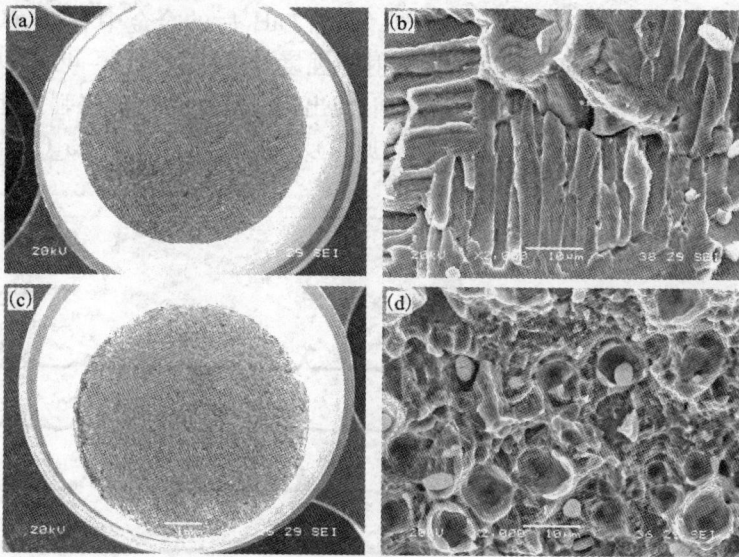

图 3 - 44　Ti12LC + 1.2% Nd 合金烧结及粉末锻造态的疲劳断口
(a)(b)烧结态;(c)(d)锻造态

3.2.2　稀土 La 的作用

金属镧居于稀土家族主体"镧系元素"之首,地壳中丰度为 32×10^{-6},占稀土总丰度的 14.1%,仅次于铈和钕,居第三位。在材料应用领域,稀土作为金属材料的净化和变质剂,通常以混合稀土金属或中间合金的形态来使用。六硼化稀土(ReB_6)化合物由于稀土原子(R)和硼原子(B)的电子结构都十分特殊,因而具备各种独特的物理化学性能。六硼化镧(LaB_6)是稀土元素 La 与非金属元素 B 的化合物,具有很高的电导率、高熔点(>2500℃)、化学稳定性等优异的性能,可作为电子发射材料,电子发射性能比钨还好。

在粉末冶金钛合金中添加稀土元素,由于纯单质稀土 La 在室温下具有很高的化学活性,在空气中容易被氧化,而 LaH_2 和 LaB_6 常温下在空气中比较稳定,因此稀土 La 可以以 LaH_2 和 LaB_6 的形式加入。研究表明,ReB_6 可与 Ti 通过原位生成 Re_2O_3 和 TiB 颗粒增强相[7],可通过复合强化提高合金的强度。

本节主要是在 Ti – Fe – Mo 合金的基础上添加 LaH_2 和 LaB_6,研究稀土 La 的添加量以及添加形式对粉末冶金钛合金致密度、显微组织及力学性能的影响,探讨 LaH_2 和 LaB_6 在粉末钛合金中的存在形式和反应机理。

1. 烧结态合金

图 3 – 45 和图 3 – 46 所示分别为添加不同含量 LaH_2 和 LaB_6 的合金烧结后的 X 射线衍射图谱。从图 3 – 45 可以看到,添加 LaH_2 后的合金中有 La_2O_3 的衍射峰出现,但是由于生成量较少,所以其衍射峰强度较弱。从图 3 – 46 可以看到,添加 LaB_6 后的合金中有 TiB 和 La_2O_3 的衍射峰出现,但是其衍射峰强度也较弱。由此可见,合金中添加 LaB_6 经高温烧结后原位反应生成了 TiB 和 La_2O_3。

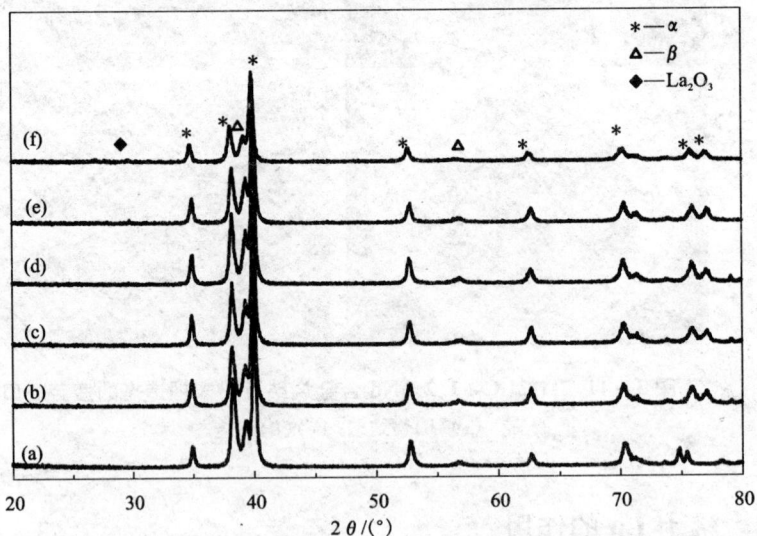

图 3 –45 添加不同含量 LaH_2 的 Ti – Fe – Mo 合金烧结态 X 射线衍射图谱

(a)Ti – Fe – Mo 基体;(b)0.15%;
(c) 0.3%;(d)0.6%;(e)1.2%;(f)3.0%

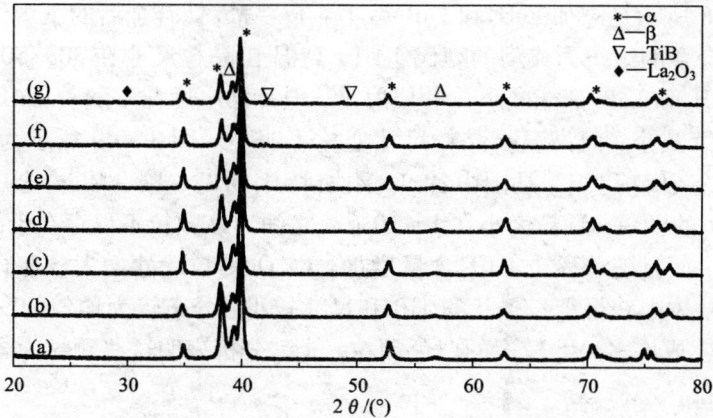

图 3-46　添加不同含量 LaB$_6$ 的 Ti-Fe-Mo 合金烧结态 X 射线衍射图谱

(a)Ti-Fe-Mo 基体；(b)0.15%；

(c)0.3%；(d)0.6%；(e)1.2%；(f)1.8%；(g)3.0%

图 3-47 所示为 Ti-Fe-Mo 合金的相对密度随 LaH$_2$ 和 LaB$_6$ 添加量的变化。从图中看出，合金的相对密度先随着 LaH$_2$ 添加量的增加而增加，当 LaH$_2$ 添加量达到 0.6% 时，相对密度达到 95.71%，继续增加 LaH$_2$ 的含量，相对密度不再有明显变化，基本维持在 95% 左右。Ti-Fe-Mo 合金的相对密度随着 LaB$_6$ 添加量的增加先增加后减小，在 LaB$_6$ 添加量为 0.15% 时相对密度达到峰值 94%，当 LaB$_6$ 添加量超过 1.2% 时，合金的相对密度反而比基体合金低。

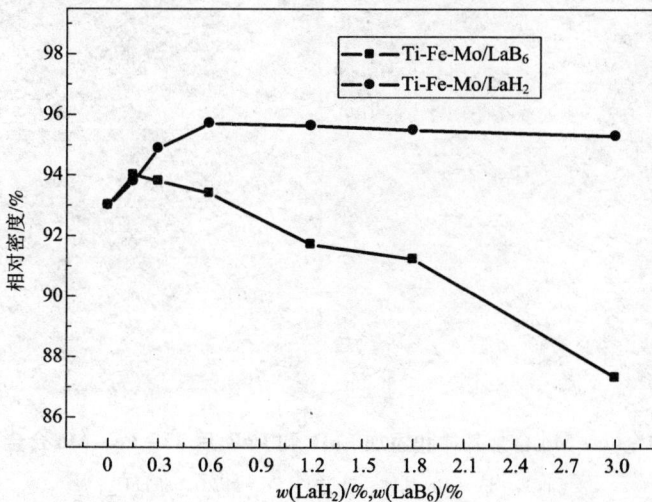

图 3-47　Ti-Fe-Mo 合金的相对密度随 LaH$_2$ 和 LaB$_6$ 添加量的变化

图 3 -48 所示是添加 LaH_2 和 LaB_6 后 Ti - Fe - Mo 钛合金后的微观组织。由图可知，基体合金的组织为典型的魏氏组织，高温 β 晶粒尺寸在 30 ~ 50 μm 之间。添加微量 LaH_2 和 LaB_6 都能减小 α 片层厚度，但片层厚度并不随着 LaH_2 和 LaB_6 含量的增加继续减小，而高温 β 晶粒尺寸变化不明显。图 3 -49 所示为含 LaH_2 和 LaB_6 的钛合金 SEM 组织。从图中看出，添加 LaH_2 的 Ti - Fe - Mo 合金中主要生成等轴状 La_2O_3 的颗粒，颗粒大小在 1 ~ 10 μm 之间。该颗粒不仅存在于晶内，也存在于晶界中，而且随着稀土 LaH_2 含量增加，La_2O_3 颗粒尺寸增大。在合金中添加 LaB_6，可在基体中获得细长条状的 TiB 和尺寸较小、分布较为均匀的 La_2O_3，同时在基体中还生成许多尺寸较大的白色颗粒，能谱分析表明这些颗粒为含 Ti - La - O 的富镧颗粒。

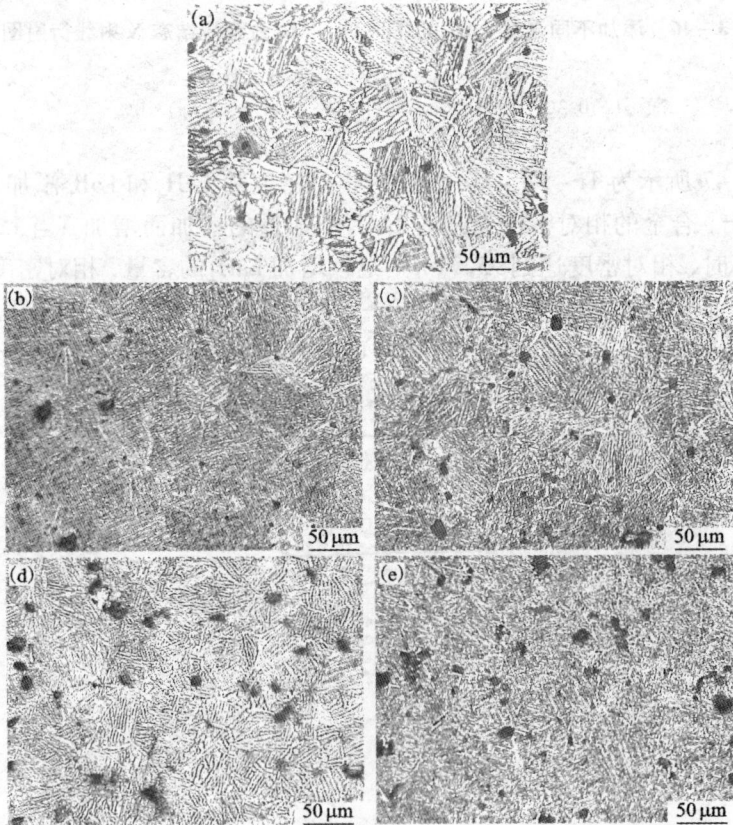

图 3 -48 Ti - Fe - Mo 合金基体和添加 LaH_2 和 LaB_6 后 Ti - Fe - Mo 合金的金相组织

(a) Ti - Fe - Mo 基体；(b) Ti - Fe - Mo/0.6% LaH_2；
(c) Ti - Fe - Mo/3.0% LaH_2；(d) Ti - Fe - Mo/0.6% LaB_6；
(e) Ti - Fe - Mo/3.0% LaB_6

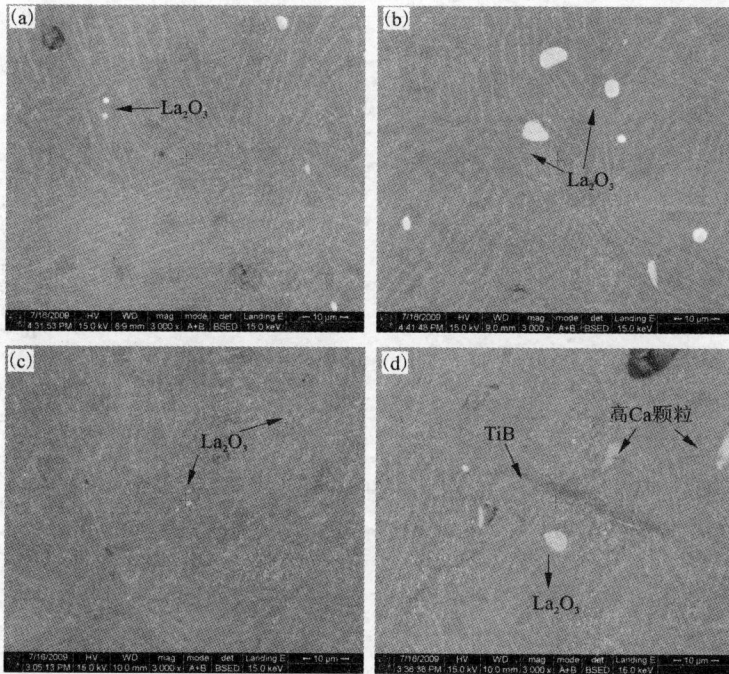

图 3 - 49　添加不同含量 LaH₂ 和 LaB₆ Ti - Fe - Mo 合金的 SEM 显微组织

（a）Ti - Fe - Mo/0.3% LaH₂；（b）Ti - Fe - Mo/1.2% LaH₂；
（c）Ti - Fe - Mo/0.15% LaB₆；（d）Ti - Fe - Mo/1.2% LaB₆

　　图 3 - 50 和图 3 - 51 所示为添加不同含量 LaH₂ 和 LaB₆ 的 Ti - Fe - Mo 钛合金的拉伸性能曲线。从图中看出，添加 LaH₂ 的合金抗拉强度和伸长率均随添加量的增加先增大后减小。抗拉强度的峰值出现在 LaH₂ 的添加量为 0.6% 时，达 773.6 MPa；伸长率的峰值出现在添加量为 0.3% 处，达 8.41%。而随 LaB₆ 的添加量增加，合金的抗拉强度先升高后降低，下降到一定的值后不再随添加量发生变化，峰值抗拉强度出现在 LaB₆ 添加量为 0.15% 处，达 748.9 MPa，而水平阶段开始于添加量为 1.2% 处，强度维持在 640 MPa。合金的伸长率随 LaB₆ 添加量先增加后减小，峰值点同样出现在添加量为 0.15% 处，达 7.47%。

　　图 3 - 52 所示为 Ti - Fe - Mo/0.3% LaH₂、Ti - Fe - Mo/1.2% LaH₂ 和 Ti - Fe - Mo/0.15% LaB₆ 以及 Ti - Fe - Mo/1.2% LaB₆ 合金室温拉伸断口形貌。从图中观察到，合金断口中存在大量大小不一的韧窝，说明合金的断裂方式为韧性断裂。在添加 LaH₂ 的合金中，细小分散的 La₂O₃ 颗粒附近有大量二次断裂韧窝，而远离这些颗粒的区域，主要以沿晶界或相界的方式断裂，由此可见由于稀土 La 与

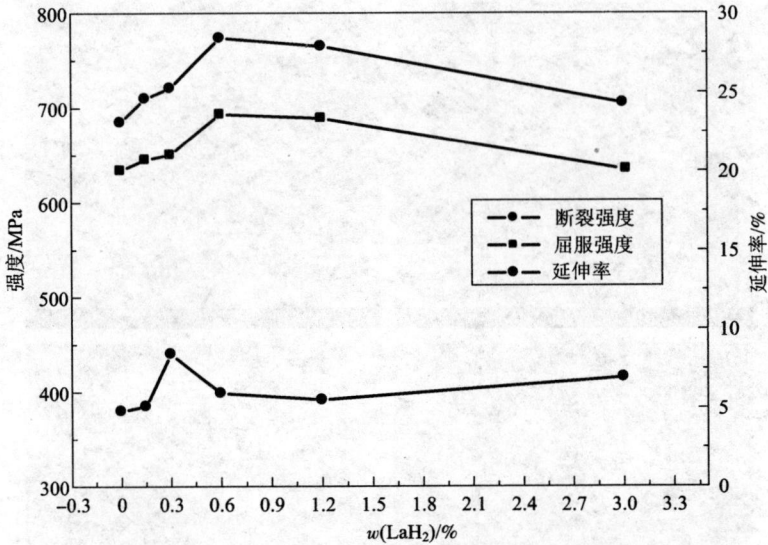

图 3 – 50　LaH₂ 添加量对 Ti – Fe – Mo 合金拉伸性能的影响

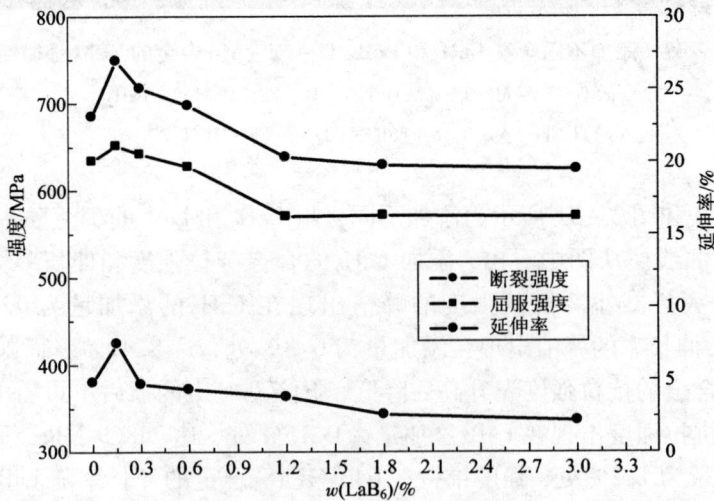

图 3 – 51　LaB₆ 添加量对 Ti – Fe – Mo 合金室温拉伸性能的影响

氧的结合力比钛和氧的结合力强，La 夺取钛合金基体中的氧，净化了晶界，使稀土氧化物颗粒临近区域塑性较好。在含 LaB₆ 的钛合金中，0.15% LaB₆ 含量为 0.15% 时合金的韧窝比 LaB₆ 含量为 1.2% 的合金较发达，这也表明前者具有较好

的塑性。添加 1.2% LaB$_6$合金的高倍断口组织[见图 3 – 52(c)]，除了细小分散
的 La$_2$O$_3$颗粒之外，还有较大絮状的富 La 颗粒，这种颗粒容易破裂，在拉伸变形
过程中容易形成微裂纹并扩展，对合金的力学性能不利。同时，在断口中还观察
到断裂的 TiB 颗粒相，说明 TiB 增强颗粒相在拉伸过程中具有承载的作用。

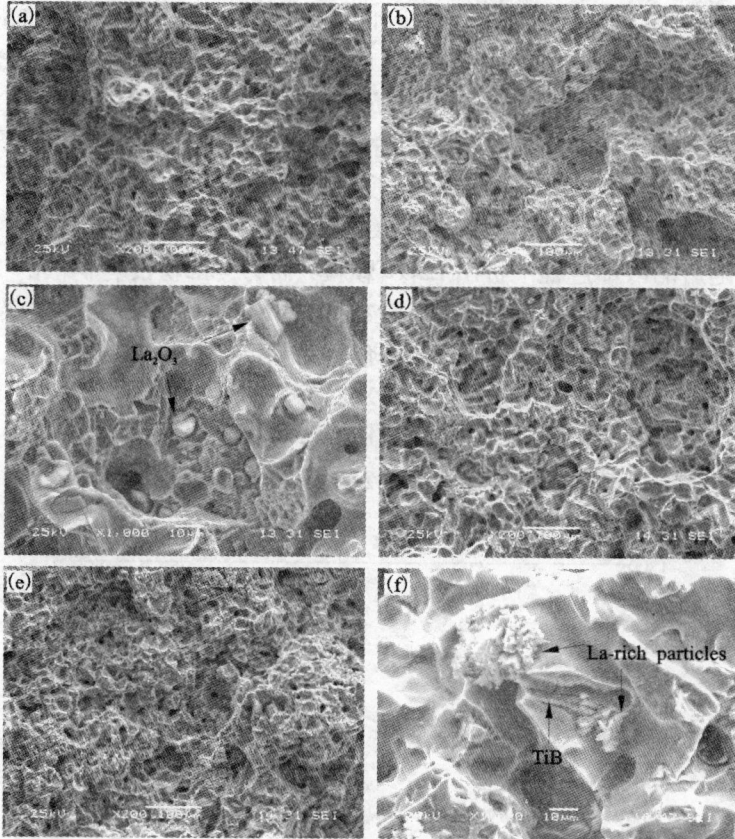

图 3 – 52　添加不同含量 LaH$_2$和 LaB$_6$的 Ti – Fe – Mo 合金的拉伸断口组织

(a)Ti – Fe – Mo/0.3% LaH$_2$；(b)(c)Ti – Fe – Mo/1.2% LaH$_2$；
(d)Ti – Fe – Mo/0.15% LaB$_6$；(e)(f)Ti – Fe – Mo/1.2% LaB$_6$

　　根据 Ti – La 二元相图可知，在 1300℃ 下 La 在 Ti 中的固溶度约为 4%（质量
数分数）。TiH$_2$和 LaH$_2$在高温高真空下很容易脱氢，氢化脱氢 Ti 粉末含有丰富的
氧元素，氧量达到 0.34%。因此在高温烧结过程中脱氢后的 La 元素很容易向 Ti
基体扩散形成 Ti(La，O)固溶体，然后在随炉冷却过程中析出 La$_2$O$_3$颗粒[图 3 – 7
(a)，3 – 7(b)]。由于随炉冷却的冷却速度较小，当 LaH$_2$的添加量增加时很容易

在基体中析出尺寸较大的 La_2O_3 颗粒[如图 3 - 52(c)]。

根据热力学数据计算反应(3 - 5)的吉布斯自由能随温度的变化曲线，如图 3 - 53 所示。由图可知，反应的吉布斯自由能为负值，说明在 1300℃烧结时能发生。从图 3 - 49(d)和图 3 - 52(f)看出，通过高温烧结后，在添加 LaB_6 的 Ti 合金中生成纤维状 TiB 增强相。但 La 的存在形式分为两类：一类是尺寸较小具有规则外形的 La_2O_3 颗粒，另一类则为含 Ti 和 O 的富镧絮状颗粒。Ti 与 LaB_6 的烧结反应是一种固态扩散反应。由于 B 在 Ti 中的扩散主要以间隙扩散方式进行，因而快速扩散的 B 元素很容易在基体中生成纤维状的 TiB。而 La 元素主要以替位或空位机制向基体扩散，其扩散速率相对较低，La 的扩散落后于 B 元素向基体扩散。由于 La 在 TiB 中的扩散速率很低，所以先生成的 TiB 将阻碍 La 向 Ti 基体扩散。因而 LaB_6 颗粒中的 La 元素只有较少一部分扩散到基体中形成 Ti(La, O)固溶体，并在随后的冷却过程中析出 La_2O_3 颗粒，而另一部份没有扩散的 La 元素与从基体扩散来的 Ti 元素和 O 元素生成没有固定外形的 Ti - La - O 絮状颗粒。从以上分析可知，添加 LaH_2 比添加 LaB_6 更容易在基体中获得 La_2O_3 颗粒，但由于真空烧结设备的冷却速度一般较慢，使得 La_2O_3 颗粒尺寸较大。

$$12Ti + 2LaB_6 + 3[O] = 12TiB + La_2O_3 \qquad (3 - 6)$$
$$\Delta G = G_{La_2O_3} + 12G_{TiB} - 2G_{LaB_6} - 3G_{[O]} - 12G_{Ti}$$

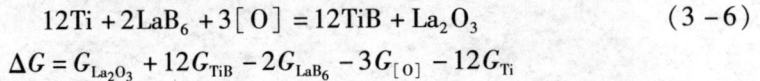

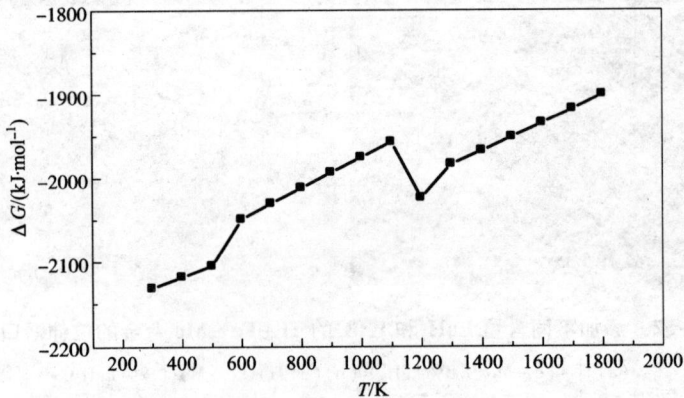

图 3 - 53　反应(3 - 6)的吉布斯自由能 ΔG

钛粉烧结致密的最大障碍之一是粉末颗粒表面存在一层氧化膜。稀土元素 La 元素与氧的亲和力远远大于 Ti 与氧的亲和力，因此在合金中添加 LaH_2 和 LaB_6 能够有效活化钛粉，添加少量的 LaH_2 和 LaB_6 对 Ti - Fe - Mo 粉末冶金钛合金的烧结致密化有较好的促进作用。当添加 LaH_2 时，La 元素携带 Ti 粉表面的氧向基体扩散形成 Ti(La，O)固溶体，促进钛颗粒之间的元素扩散。随着 LaH_2 添加量增大，被活化的 Ti 颗粒表面增多，致密化效果更好。但是，由于烧结过程是以固相为主，过量的二次颗粒会阻碍烧结过程的塑性和黏性流动，因而反而会降低烧结密度。添加少量的 LaB_6，其中的 La 元素能够显著活化 Ti 粉末颗粒表面，合金致密度增大，但由于新生成的 TiB 颗粒会阻碍进一步烧结致密化，提高 LaB_6 的添加量使得 TiB 的生成量增加，因此当 LaB_6 的添加量大于 0.15% 时合金的相对密度降低。

TiB 颗粒和 La_2O_3 颗粒都能明显提高合金的强度，但当 La_2O_3 颗粒尺寸较大时，强化效果显著降低，同时也容易成为裂纹源使得合金的塑性降低。从图 3-50 可知，添加 LaH_2 的合金强度和塑性随着 LaH_2 添加量增加先增加后减小。这主要是由于当合金中 LaH_2 添加量较少时，稀土元素 La 很容易与 O 元素结合生成细小的 La_2O_3，同时降低合金基体中的氧含量并促进烧结致密。稀土氧化物以及密度提高的强化作用大于氧元素减少对基体的软化，因而合金的强度提高，同时密度提高和氧含量降低都有利于合金塑性的提高。随着 LaH_2 添加量增加，合金中稀土氧化物的数量尽管继续增加，但由于其尺寸不断增大，强化效果减小。由于密度不再随 LaH_2 的增加继续增加，基体氧含量的进一步减少对合金的强度起主导作用。而合金中大尺寸的稀土氧化容易成为裂纹源使得 LaH_2 的添加对塑性的提高作用减弱。同样，添加 LaB_6 的合金强度和塑性随着添加量的增加也有类似的变化。与添加 LaH_2 不同，LaB_6 的添加量较大时，不但降低合金的烧结致密度，而且在合金中容易生成不规则 Ti-La-O 絮状颗粒，这都使得合金的强度和塑性显著降低，所以随着 LaB_6 添加量增大，合金的强度和塑性达到峰值后急剧下降。

2. 锻造态合金组织

图 3-54 所示是未添加及添加 LaH_2 和 LaB_6 的 Ti-Fe-Mo 合金锻造及热处理后的显微组织。从图中可以看出，合金经锻造后得到进一步致密化，致密度大于 99%，为典型的网篮状组织，α 和 β 相交错分布，晶界经热变形后已不再明显。添加微量 LaH_2 和 LaB_6 都能明显减小 α 片层厚度，添加 LaH_2 后的合金比添加 LaB_6 后的合金 α 片层相对均匀。添加 LaH_2 的合金，生成两种稀土氧化物颗粒，一种是直径在 3 μm 以下细小的等轴状 La_2O_3 的颗粒，分布于晶粒及晶界中，如图 3-54(f)、3-54(g)，另一种是长条状的 La_2O_3 聚集颗粒，长度达 10～20 μm。添加 LaB_6 的合金，生成 La_2O_3 和 TiB，如图 3-54(h)、3-54(i)，也有聚集态的富 La 颗粒。通过对富 La 颗粒的能谱线扫描可以看出，如图 3-54(j)、3-54(k)，该颗粒处 O、La 含量较多。

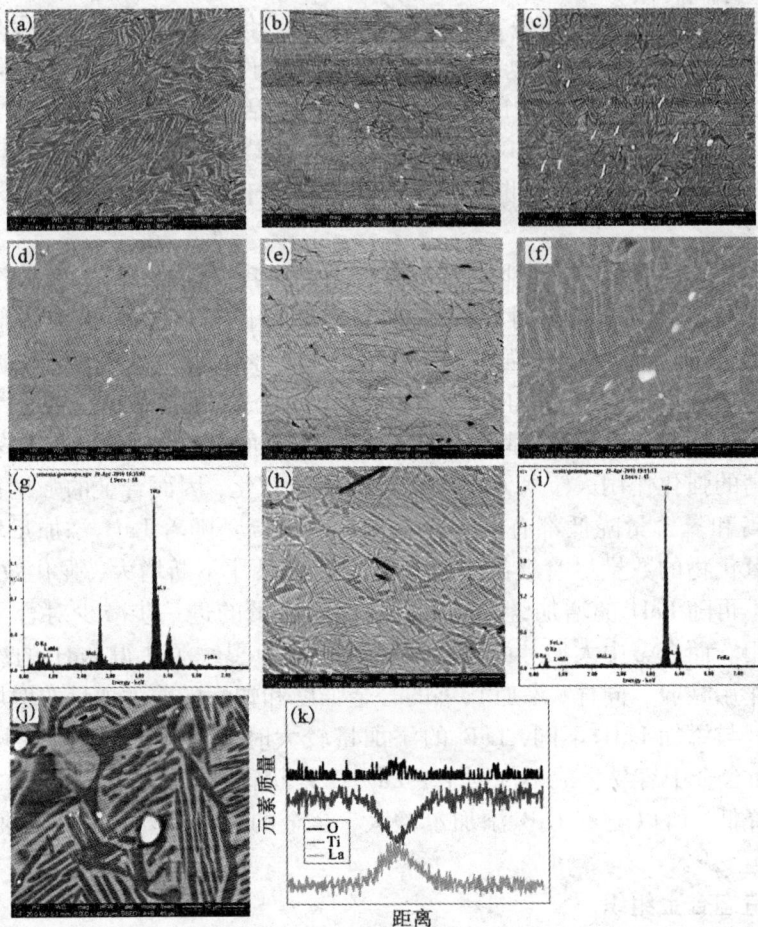

图 3 – 54　Ti – Fe – Mo 合金锻造后 SEM 组织及能谱分析图

(a) Ti – Fe – Mo；(b) Ti – Fe – Mo/0.3% LaH₂；

(c) Ti – Fe – Mo/1.2% LaH₂；(d) Ti – Fe – Mo/0.15% LaB₆；

(e) Ti – Fe – Mo/1.2% LaB₆；(f)(g) 富 La 颗粒；

(h)(i) TiB 颗粒；(j)(k) 富 La 颗粒线扫描

　　图 3 – 55 和图 3 – 56 所示为添加不同含量 LaH_2 和 LaB_6 的 Ti – Fe – Mo 钛合金锻造后的室温拉伸性能。合金经锻造热处理后，其室温拉伸性能相比与烧结态有显著提高。从图中看出，添加不同含量 LaH_2 和 LaB_6 的合金的抗拉强度和室温延伸率的变化规律有所不同。总的来说，添加 LaH_2 对锻造热处理态合金抗拉强度贡献不大，含 0.3%（质量数分数）的 LaH_2 的合金抗拉强度比基体合金提高 50 MPa 左右。但是添加 LaH_2 后，合金的室温延伸率得到了明显的改善，从未添加

LaH$_2$ 的 8% 左右提高到了 20% 以上。添加 LaB$_6$ 的合金，随 LaB$_6$ 的添加量增加，合金的抗拉强度先升高后降低，峰值抗拉强度出现在 LaB$_6$ 添加量为 0.15% 处，达 1092.2 MPa，但总体来说强度比未添加 LaB$_6$ 的合金有所提高。添加 LaB$_6$ 的合金强度提高的同时，延伸率有所下降，LaB$_6$ 的添加量大于 0.3% 时，合金的室温延伸率逐渐增加，当 LaB$_6$ 的添加量达到 1.2% 时，室温延伸率达到 10% 左右。

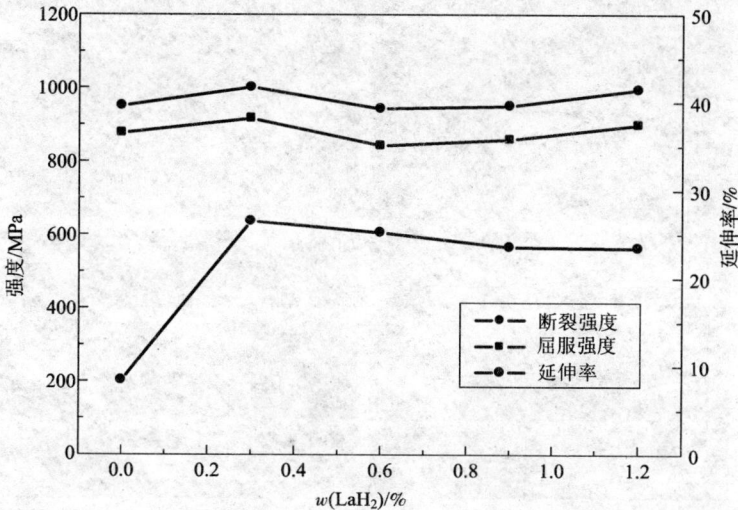

图 3 – 55　LaH$_2$ 添加量对锻造后 Ti – Fe – Mo 合金拉伸性能的影响

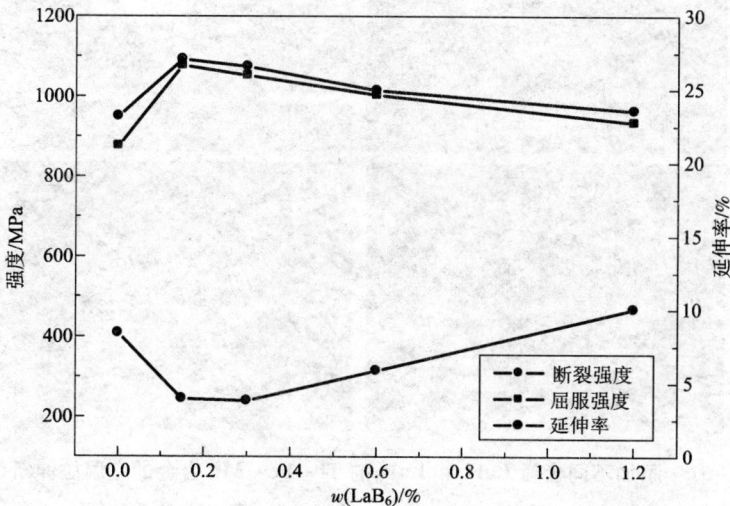

图 3 – 56　LaB$_6$ 添加量对锻造后 Ti – Fe – Mo 合金室温拉伸性能的影响

图 3 – 57 所示为 Ti – Fe – Mo/0.3% LaH_2、Ti – Fe – Mo/1.2% LaH_2、Ti – Fe – Mo/0.15% LaB_6 和 Ti – Fe – Mo/1.2% LaB_6 合金锻造及热处理后室温拉伸断口形貌。结果表明，合金存在大小不一的韧窝，断裂方式为韧性断裂。添加 LaH_2 的合金，如图 3 – 57(a) 和图 3 – 57(b)，其室温延伸率都大于 20%。从断口形貌上看，

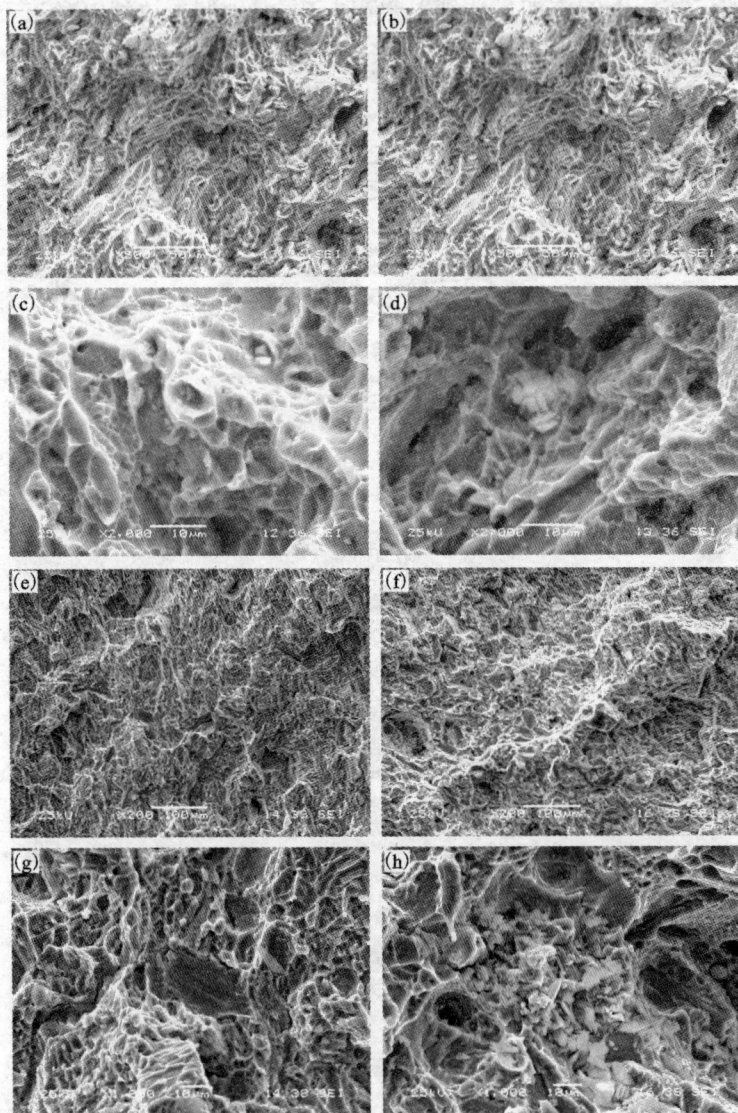

图 3 – 57　添加不同含量 LaH_2 和 LaB_6 的 Ti – Fe – Mo 合金的室温拉伸断口形貌

(a)(c) Ti – Fe – Mo/0.3% LaH_2；(b)(d) Ti – Fe – Mo/1.2% LaH_2；

(e)(g) Ti – Fe – Mo/0.15% LaB_6；(f)(h) Ti – Fe – Mo/1.2% LaB_6

存在发达的韧窝。在韧窝中，存在一些解理断裂小平面。如图 3 - 57(c)，发现小平面上明显不含稀土氧化物颗粒。稀土氧化物存在于断裂小坑中，而在坑边缘处有发达细小的韧窝，说明稀土存在对合金的塑性的提高是有明显贡献的。在含 1.2% LaH$_2$ 的合金中，仍有较大尺寸的稀土氧化物颗粒，如图 3 - 57(d)，该颗粒并没有在锻造及热处理工艺过程中得到明显细化及分散。添加 LaB$_6$ 的合金，韧窝数量明显比添加 LaH$_2$ 的合金少，如图 3 - 57(e)和图 3 - 57(f)。从图 3 - 57(g)中可以观察到断裂的 TiB 颗粒相，说明 TiB 增强颗粒相在拉伸过程中具有承载的作用，该合金也同样存在较大尺寸的稀土氧化物富集颗粒，如图 3 - 57(h)。

图 3 - 58 所示为锻造热处理态的 Ti - Fe - Mo 合金和 Ti - Fe - Mo/0.15% LaB$_6$ 合金的高温拉伸曲线。可以看出，未添加和添加 LaB$_6$ 的合金抗拉强度随温度的升高而降低，而断裂延伸率没有随温度的升高有明显的变化，维持在 30% 左右，但明显高于室温拉伸时的延伸率。与未添加 LaB$_6$ 的合金相比，添加 LaB$_6$ 的合金抗拉强度得到了提高，300℃时提高了 100 MPa 左右，400℃时提高了 50 MPa 左右，500℃时提高不明显。LaB$_6$ 的添加对高温延伸率的作用不明显，与室温拉伸时类似，反而有所降低。

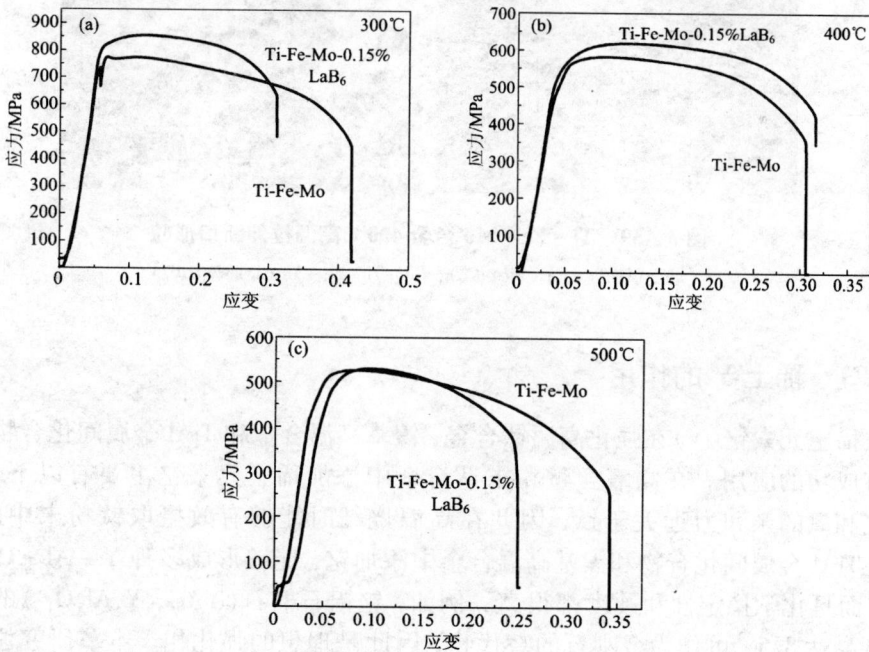

图 3 - 58 Ti - Fe - Mo 合金和 Ti - Fe - Mo/0.15% LaB$_6$ 合金的高温拉伸曲线

(a)300℃；(b)400℃；(c)500℃

图 3 – 59 为锻造热处理态未添加和添加 LaB_6 的 Ti – Fe – Mo 合金在 400℃ 的高温拉伸断口形貌。从图中可以看出，与室温拉伸断口类似，断口中均存在大量的韧窝，说明材料仍然以韧性断裂为主。在高温条件下，合金的塑性变形能力较室温下大大增强，从而使材料的断后延伸率提高。从图 3 – 59(d) 中可以发现，接近断口的 TiB 颗粒经过拉伸后发生了断裂，但尺寸较小的 La_2O_3 颗粒并未明显破碎。可见，在变形过程中，TiB 纤维传递了基体中应力，是使材料强度得到提高的主要原因。

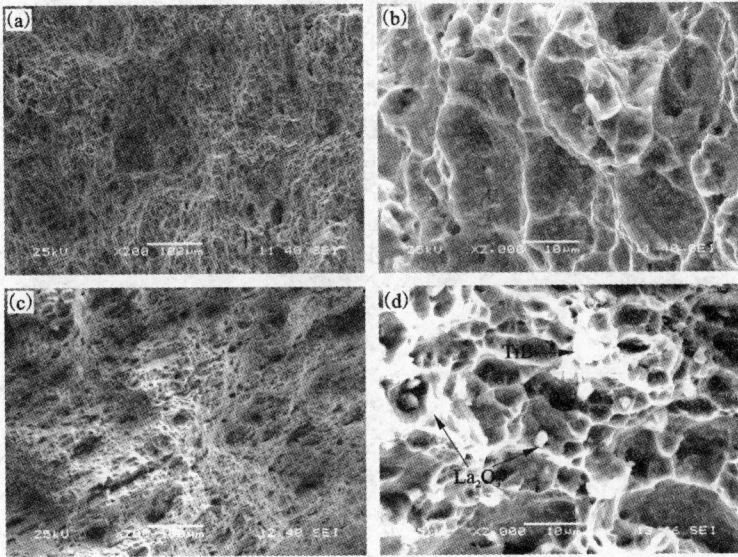

图 3 – 59   Ti – Fe – Mo 合金 400℃ 高温拉伸断口形貌

(a)，(b) Ti – Fe – Mo；(c)，(d) Ti – Fe – Mo/0.15% LaB_6

3.2.3   稀土 Y 的作用

稀土元素钇(Y) 在强化高温钛合金、镍基高温合金和 TiAl 金属间化合物方面已有成功的应用。在高氧含量粉末钛合金中添加稀土元素钇主要有以下优势：①钇和氧的亲和力远大于钛，因此在高温烧结时能够有效摄取钛粉末中的氧；②在 TiAl 金属间化合物和镍基高温合金中添加钇，能够形成多种 Y – Al – O 氧化物，而且化学稳定性和硬度都很高。例如，钇铝石榴石(YAG，$Y_3Al_5O_{12}$) 的莫氏硬度高达 8.5，可作为金刚石的替代物，因此是理想的强化相。本节研究添加稀土 YH_2 对粉末冶金 Ti – 1.5Fe – 2.25Mo 合金组织和力学性能的影响。

1. TN 合金

图 3 – 60 为 Ti – Fe – Mo 合金和 Ti – Fe – Mo/0.6YH_2 合金的烧结态金相显微

组织。从图中可以看出，烧结态合金组织为魏氏体组织，由高温 β 晶粒内的 $(\alpha + \beta)$ 片层和晶界粗大的 α 片组成，高温 β 晶粒尺寸在 30 ~ 50 μm 左右。添加和未添加 YH_2 的合金金相组织没有明显的区别，含有大小为 5 ~ 10 μm 的孔隙，孔隙体积分数约为 3% 。图 3 – 61 所示为合金的 XRD 图谱，Y_2O_3 的衍射峰不明显。

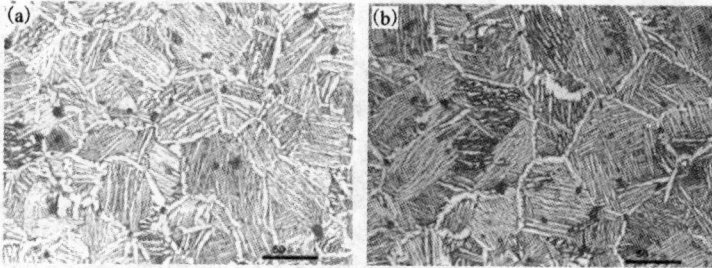

图 3 – 60　烧结态合金的金相显微组织
（a）Ti – Fe – Mo 合金；（b）Ti – Fe – Mo/0.6% YH_2 合金

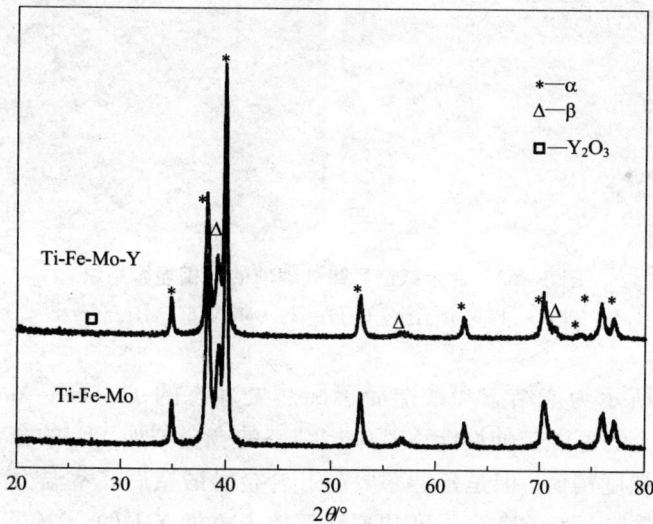

图 3 –61　烧结态 Ti – Fe – Mo 合金添加 YH_2 前后的相组成

　　Ti – Fe – Mo 是一种 $(\alpha + \beta)$ 合金，经测定，其 β 相变温度为 830℃。一般来说，粉末冶金烧结钛合金存在一定的孔隙，对合金的性能有一定的影响。锻造是获得近全致密粉末冶金制品的有效手段，同时，热机处理可以有效改善合金的组织，从而改善性能。图 3 – 62 为未添加及添加 YH_2 的 Ti – 1.5Fe – 2.25Mo 合金进行 850℃ 的 β 锻造后，热处理前的显微组织，从图中可以看出，经锻造后合金组织由烧结态的魏氏组织转变为网篮状组织，晶界粗大的 α 片已基本消除。经退火处理后，合金的组织可以得到明显的改善。图 3 - 63 所示为添加和未添加 YH_2 的合金在 550 ~ 850℃不同温度下退火，空冷后的金相组织。合金在 550℃下退火，由于温度较低，与锻造态相比，α 及 β 相未发生明显的变化，其退火的主要作用体现在消除合金在加工过程中产生的应力。添加和未添加 YH_2 的合金组织差别不大。在 650℃和 750℃温度下退火时，α 相发生长大和析出，其主要包括两部分：一部分是在锻造冷却过程中生成的初生 α 相的基础上进一步长大；另一部分是由于锻造过程中冷却速度较快，基体中残留有一定量亚稳 β 相，亚稳 β 相在退火过程中析出 α 相。随着退火温度的提高，组织变得更为均匀。当退火温度达到 850℃，超过 β 转变点温度时，α 相全部转变为 β 相，并在随后的冷却过程中保留有 β 晶粒，Ti - Fe - Mo 合金的高温 β 晶粒尺寸在 150 ~ 200 μm [图 3 - 63(g)]，而 Ti - Fe - Mo - 0.6YH$_2$合金的 β 晶粒尺寸在 80 ~ 100 μm [图 3 - 63(h)]，稀土氧化物颗粒的存在有效地降低了晶粒尺寸。

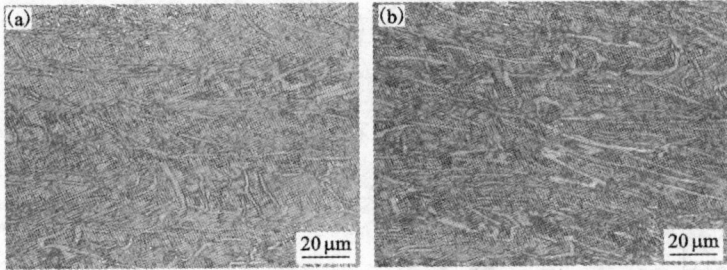

图 3 - 62　合金锻造后热处理前的金相显微组织
(a)Ti - Fe - Mo 合金；(b)Ti - Fe - Mo/0.6% YH$_2$ 合金

图 3 - 64 所示为烧结态和锻造后不同热处理态的 Ti - Fe - Mo 和 Ti - Fe - Mo/0.6YH$_2$合金的室温拉伸性能。其中烧结态的合金添加 YH_2 的合金强度比未添加 YH_2 的合金强度稍低，但是延伸率要高。合金经锻造后其室温力学性能得到显著提高，而且添加 YH_2 的合金强度和塑性都比未添加 YH_2 的合金高。退火温度的变化对合金抗拉强度的影响不明显。Ti - Fe - Mo/0.6YH$_2$合金的抗拉强度基本维持在 920 ~ 950 MPa 之间，而 Ti - Fe - Mo 合金的抗拉强度在 850 ~ 890 MPa 之间，但是室温拉伸延伸率的变化随热处理温度的升高先上升后下降，在 650℃温度下退火其室温延伸率达到最大值，Ti - Fe - Mo/0.6YH$_2$ 合金延伸率达到了 22%，Ti - Fe - Mo合金延伸率为 14.8%。同时，退火后冷却方式对合金的力学性能也有显著的影响，650℃温度下退火，随炉冷却的试样强度比空冷的试样要低 50 MPa左右，但是延伸率却有所提高。

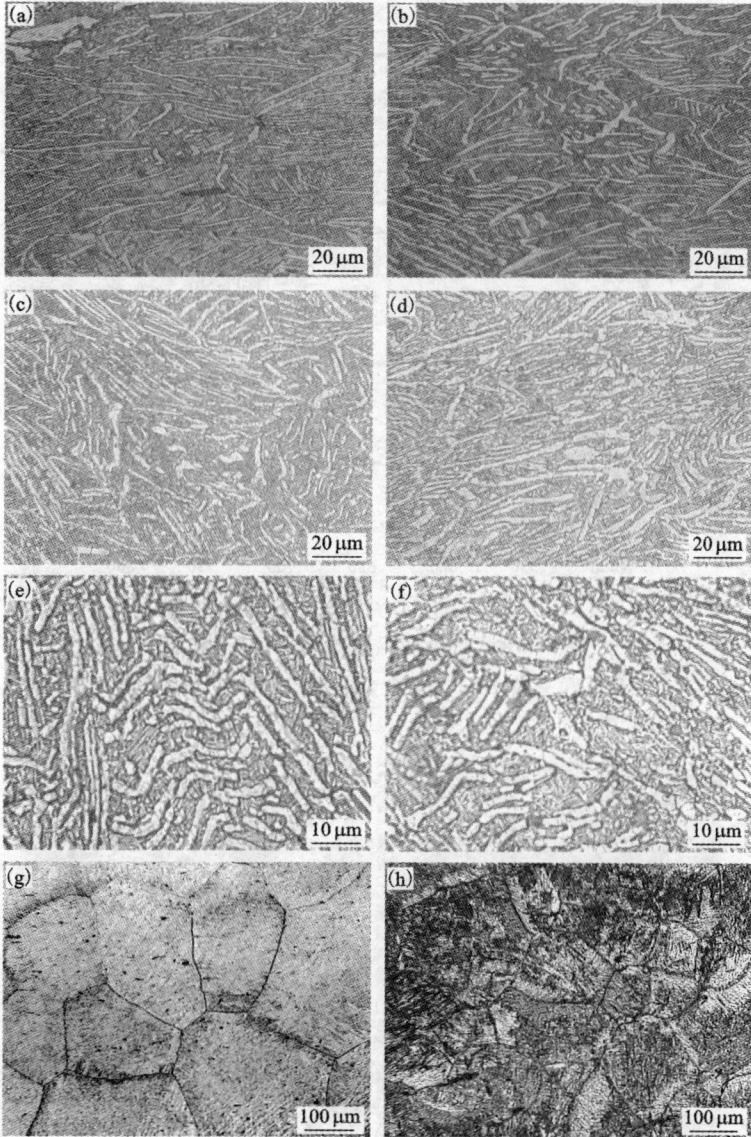

图 3 - 63　合金锻造后不同温度热处理后的金相显微组织

Ti - Fe - Mo 合金：(a)550℃　(c)650℃　(e)750℃　(g)850℃

Ti - Fe - Mo/0.6% YH₂合金：(b) 550℃(d) 650℃(f) 750℃(h) 850℃

图 3 - 65 为未添加和添加 YH₂ 的 Ti - Fe - Mo 合金室温拉伸断口形貌，从图中可以看出，合金的断裂方式均为韧性断裂，断口中含有丰富的韧窝。相比于未

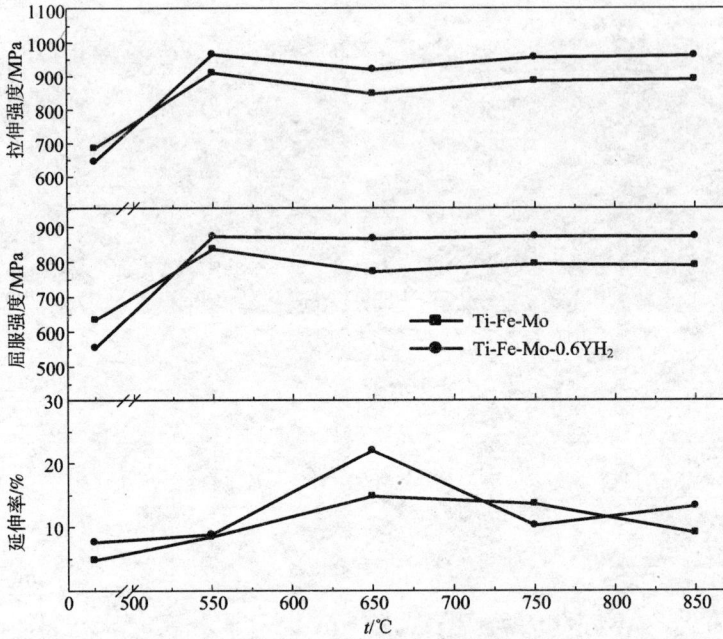

图 3 – 64   热处理温度对 Ti – Fe – Mo 和
Ti – Fe – Mo/0.6YH$_2$ 合金的室温拉伸性能的影响

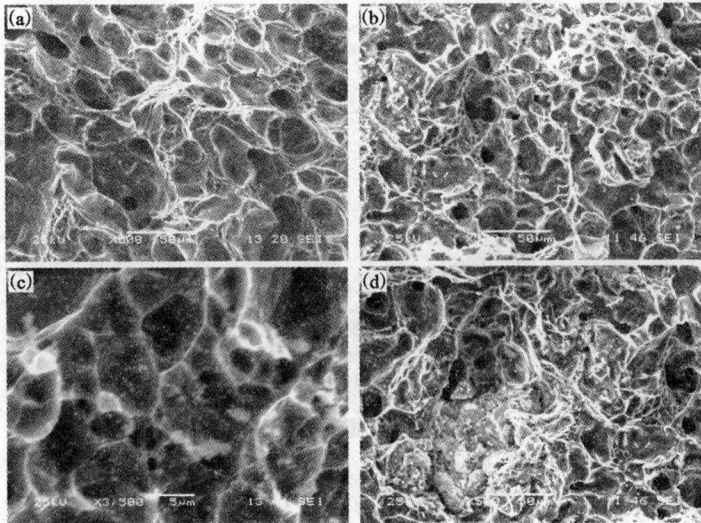

图 3 – 65   Ti – Fe – Mo 和 Ti – Fe – Mo/0.6YH$_2$ 合金的室温拉伸断口形貌

(a)Ti – Fe – Mo；(b) – (d)Ti – Fe – Mo/0.6YH$_2$

添加稀土的合金，添加 YH$_2$ 的合金韧窝更为发达，从图 3-65(c) 高倍下观察发现，细小的稀土氧化物既存在于断裂小坑中，其颗粒大小小于 5 μm，而在坑边缘处有发达细小的韧窝，说明稀土氧化物对合金的塑性提高是有贡献的，另外，也发现在断口中存在破裂的稀土氧化物颗粒，说明稀土氧化物颗粒对合金具有颗粒强化的作用。除了细小的 Y$_2$O$_3$ 颗粒

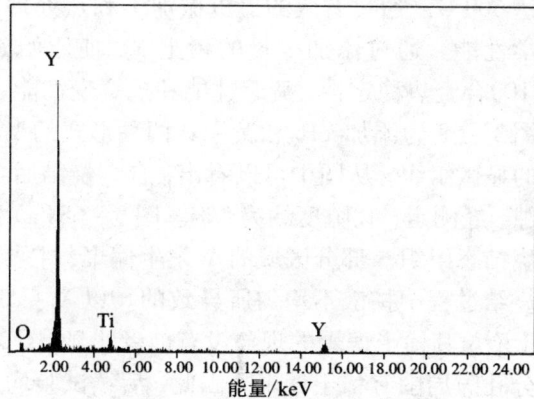

图 3-66 Ti-Fe-Mo/0.6YH$_2$
合金的室温拉伸断口上的富 Y 颗粒能谱

外，在合金的拉伸断口中也发现分布不均匀并且与基体结合很差的颗粒，如图 3-65(d) 所示，能谱分析表明这些颗粒为富 Y 的 Ti-Y-O 粒子(图 3-66)。

图 3-67 为未添加和添加 YH$_2$ 的 Ti-Fe-Mo 合金室温拉伸断口附近纵截面的 SEM 照片，从图中可以看出，未添加 YH$_2$ 的合金初生 α 相和 $(\alpha+\beta)$ 片层在拉伸过程中发生了剥离，而 $(\alpha+\beta)$ 片层内也有由于 α 相和 β 相剥离产生的孔洞，而从图 3-67(b) 中可以看到 α 相和 β 相的匹配性很好，只有少数 $(\alpha+\beta)$ 片层内由于 α 相和 β 相的剥离产生的孔洞。

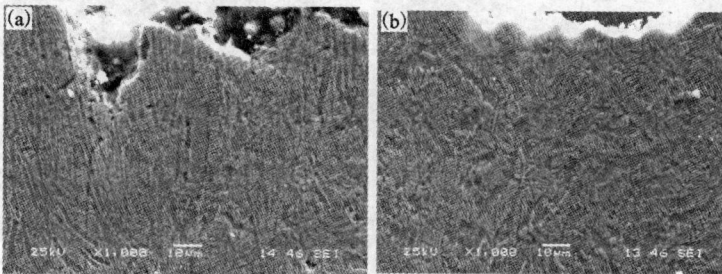

图 3-67 Ti-Fe-Mo 和 Ti-Fe-Mo/0.6YH$_2$
合金室温拉伸断口附近纵截面 SEM 照片
(a)Ti-Fe-Mo; (b)Ti-Fe-Mo/0.6YH$_2$

2. Ti-1100 合金

Ti-1100 是美国 Timet 公司在 20 世纪 80 年代为满足航空发动机对高温钛合金高抗蠕变性能和高断裂韧性的需求而开发出来的一种新型近 α 合金，其使用温

度可达 600℃。通过有效的热机械加工和热处理，可优化合金的组织，改善合金的力学性能。通过添加少量的稀土 Y，使原始 β 晶粒尺寸减小，有效地改善了 Ti–1100 合金热稳定性、疲劳性能和抗蠕变性能，从而提高了合金的综合性能。

图 3–68 为添加 YH_2 和 Y–Al 两种形式的 Y 的 Ti–1100/0.6Y 合金烧结态未腐蚀的显微组织，从图中可以看出，合金烧结后含尺寸为 5~20 μm、形状不规则的孔隙，经测定，孔隙度约为 5%。图 3–68(a) 和图 3–68(c) 为直接添加 YH_2 的合金烧结态组织。部分区域的 Y 发生偏聚，主要集中孔隙附近。这可能主要是由于在烧结过程中扩散不均匀所导致的。以 Y–Al 中间合金形式引入 Y 的烧结态组织上看，其稀土偏聚的现象没有前者明显[图 3–68(b) 和图 3–68(d)]，但仍有部分孔隙周围有稀土偏聚。因此，后续试验均采用 Y–Al 合金为添加方式。

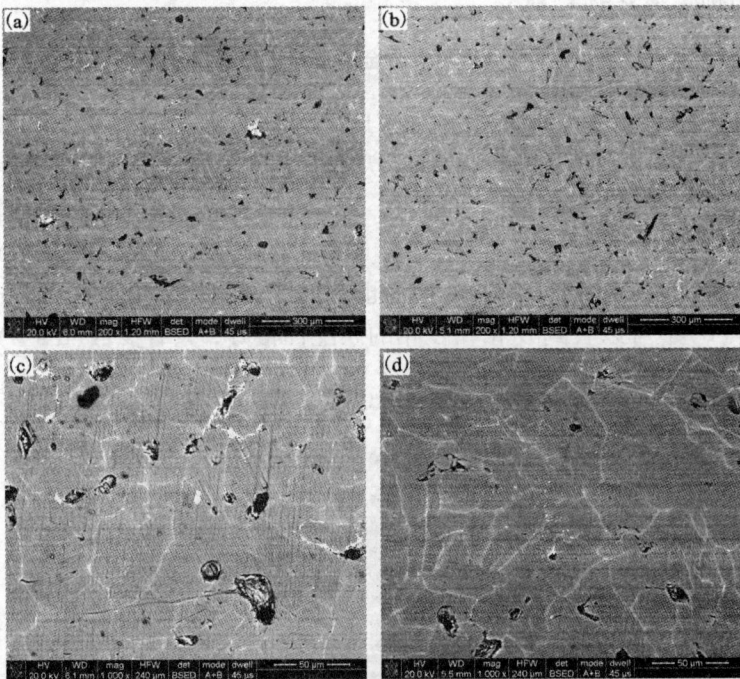

图 3–68 Ti–1100/0.6Y 合金烧结态组织
(a)(c)添加 YH_2；(b)(d)添加 Y–Al 中间合金

图 3–69 为 Ti–1100 合金在 1050℃ 锻造热处理后的金相组织。Ti–1100 是一种近 α 合金，其 β 稳定系数小，锻造后样品经双重退火后组织为由大量的 α 相和少量的 β 相组成的网篮状组织。合金经热处理后，显微组织也呈现不同程度的不均匀性，这主要是由于钛合金加工历史的遗传性所决定的。变形过程中所析出的 α 相一部分由于其变形量较大，存在较大的畸变能，在随后的热处理过程中发

生了球化，即组织中近球状的 α 相。另一部分变形量较小的 α 相则长成为板条状。此外，不同的热处理制度对合金的组织也有影响，固溶处理中冷却速度越快，如水冷［图 3 - 69(c)］，转变 β 组织和初生 α 相则越为细小；而冷却速度慢，如炉冷［图 3 - 69(b)］，组织中的 α 相发生长大和球化的趋势则越为明显。此外，在 α 片层之间也发现明显的再结晶 α 相。

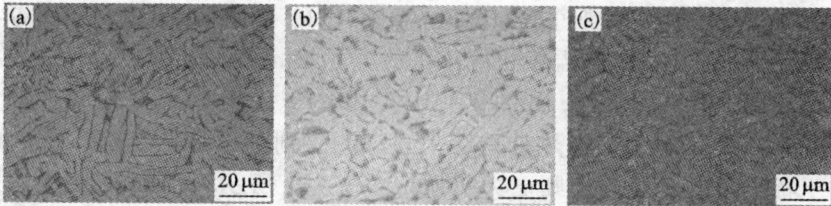

图 3 - 69　Ti - 1100 合金在 1050℃锻造，1060℃/0.5 h 热处理态金相组织
(a)空冷；(b)炉冷；(c)水冷，650℃/8 h 退火

图 3 - 70 为 Ti - 1100/0.6Y 合金在不同温度下锻造、经不同热处理条件后金

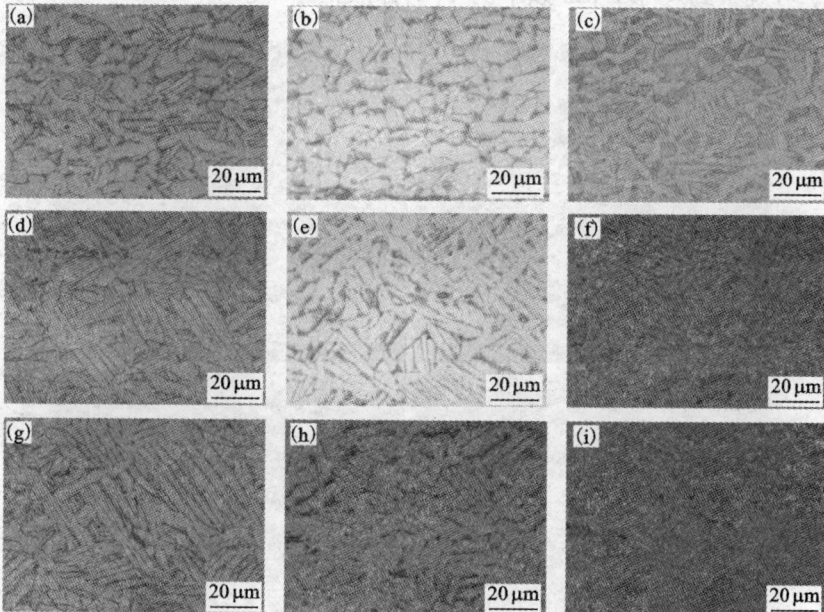

图 3 - 70　Ti - 1100/0.6Y 合金锻造热处理态金相组织
锻造温度：(a)~(c) 1000℃；(d)~(f) 1050℃；(g)~(i) 1150℃和热处理：1060℃/0.5h，
(a)、(d)、(g)空冷；(b)、(e)、(h)炉冷；(c)、(f)、(i)水冷，650℃/8h 退火

相组织。该合金的 β 转变温度为 1015℃。在 1000℃下锻造为（$\alpha+\beta$）常规锻造，1050℃和1150℃为 β 锻造。一般来说，钛合金锻件的显微组织变化是由其加工历史决定的，热加工的影响因素主要有锻前加热温度、锻造及锻后冷却和热处理等。合金在 1000℃锻造，锻造温度低于 β 转变温度，锻造后锻件的畸变能和变形缺陷，在随后的热处理过程中初生 α 相容易发生球化，如图 3-70(a)和图 3-70(b)。此外，当冷却速度较快时，高温下的 β 相来不及发生稳定转变，在随后的热处理过程中次生 α 相相对细小，如图 3-70(c)。随着锻造温度的升高，初生 α 相的含量相对增加，提高锻造温度也减小了次生片状 α 相的形核密度，造成初生 α 相随锻造温度的升高而增加，如图 3-70(d)和图 3-70(g)。在 β 锻造温度以上的 1050℃和1150℃锻造，经热处理后其组织的差别则不是特别明显。但是锻造温度对于稀土元素 Y 的分布则更为明显。图 3-71 所示为不同锻造温度下 Ti-1100/0.6Y 合金未腐蚀的 SEM 组织，可以看出，经锻造后稀土元素的分布有所改善，原烧结态合金中存在于孔隙周围的偏聚稀土颗粒在热锻造过程中被破碎，沿着锻造方向呈带状分布，但仍未完全的弥散分布于基体合金中。随着锻造温度的提高，其 Y 元素的分散效果越好，如图 3-71(a)～图 3-71(c)。在没有 Y 偏聚的区域，可观察到尺寸 1 μm 以下的 Y_2O_3 弥散相分布于基体中。

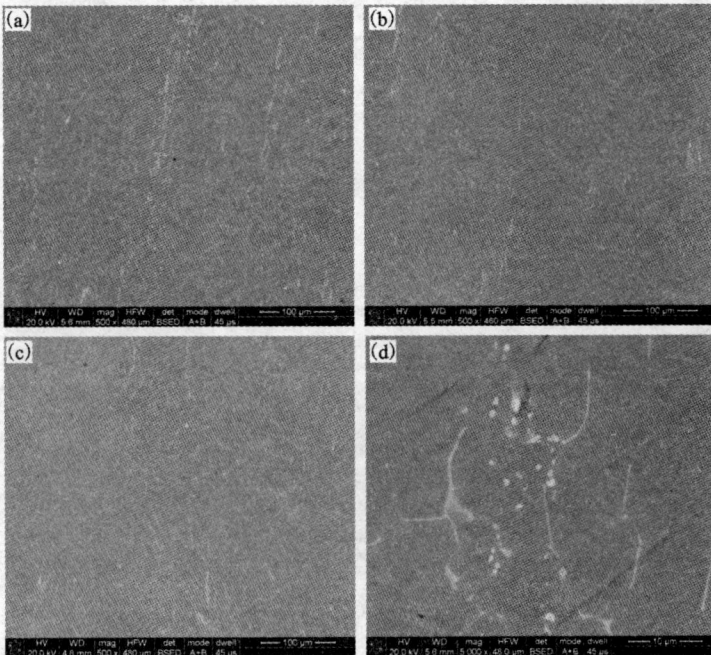

图 3-71　不同锻造温度下 Ti-1100/0.6Y 合金在 Y 的分布

(a)1000℃；(b)1050℃；(c)(d)1150℃

图 3 – 72 为 Ti – 1100 和 Ti – 1100/0.6Y 合金在 650℃、700℃和 800℃的连续氧化增重曲线。从图中可以看出，合金氧化的程度强烈依赖于氧化的温度和氧化时间。在 650℃和 700℃氧化时，在氧化初始阶段，氧化速度较快，随着时间的延长，氧化曲线趋于平缓，其中添加 Y 的合金氧化增重大于未添加 Y 的合金，如图 3 – 72(a)。在 800℃氧化时，氧化增重明显增大，当氧化时间超过 25 h，添加 Y 的合金氧化趋势小于未添加 Y 的合金的氧化趋势。这与 Perez 等人[8]的研究结果类似，通过研究添加 Y_2O_3 对粉末冶金纯钛 700～900℃氧化行为的影响，发现 Ti – 0.6 Y_2O_3 在 650℃和 700℃时氧化增重大于不含 Y_2O_3 的合金，然而在 800℃时的氧化增重明显小于不含 Y_2O_3 的合金。

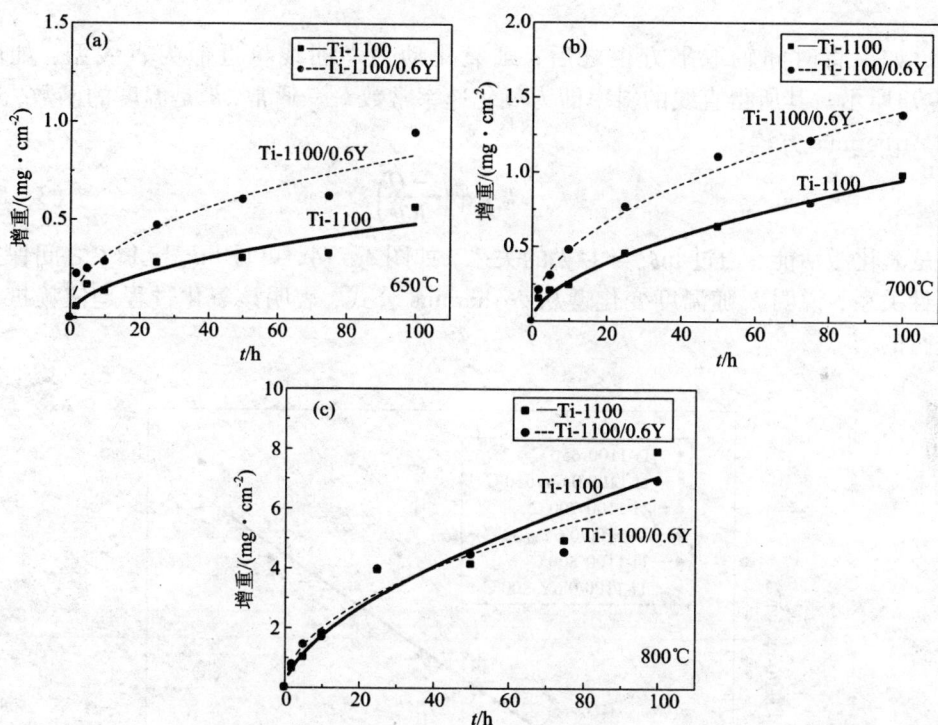

图 3 – 72 Ti – 1100 和 Ti – 1100/0.6Y 合金在 650～800℃的氧化动力学曲线
(a)650℃；(b)700℃；(c)800℃

近 α 高温钛合金的氧化增重由氧化物的生长和形成富氧固溶体两部分组成，其氧化增重与氧化时间呈抛物线变化规律。氧化动力学服从方程：

$$\Delta W = k_p t^n \qquad (3-7)$$

式中：ΔW 为单位面积氧化增重，k_p 为氧化速率常数，n 为反应指数，t 为氧化时间。将式(3-7)两边取对数,将实验所获得的氧化动力学数据代入,通过线性回归,即可求得 n,结果见表3-11。从表中可以看出,两种合金在650~800℃温度区间氧化的 n 值都为0.5左右,说明氧化曲线符合抛物线氧化规律,即符合公式 $\Delta W = k_p t^{1/2}$。

表3-11 Ti-1100 和 Ti-1100/0.6Y 合金在650~800℃区间氧化的 n 值

合金	650℃	700℃	800℃
Ti-1100	0.49	0.55	0.61
Ti-1100/0.6Y	0.42	0.47	0.50

如果将时间轴取平方根之后,则氧化动力学曲线将近似为直线型,如图3-73所示。其所得直线的斜率即为氧化速率常数 k_p。通常,k_p 是温度的函数,遵循 Arrhernius 方程:

$$k_p = k_p \exp\left(\frac{-Q}{RT}\right) \qquad (3-8)$$

Q 是氧化激活能,通过 $\ln k_p$ 与 $1/T$ 的关系,如图3-74,可见 $\ln k_p$ 与 $1/T$ 之间保持线性关系,说明 k_p 随温度变化遵从 Arrhernius 公式,表明该氧化过程是依赖扩散进行的。

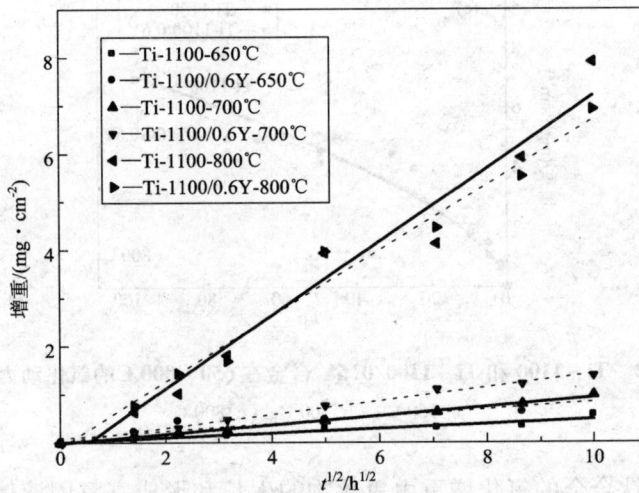

图3-73 Ti-1100 和 Ti-1100/0.6Y 合金在650~800℃时氧化增重 ΔW 和 $t^{1/2}$ 的关系

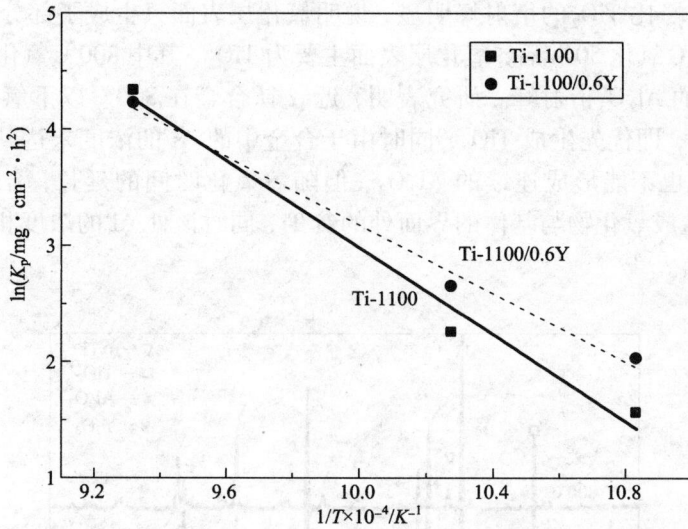

图 3 – 74　Ti – 1100 和 Ti – 1100/0.6Y 合金在 650 ~ 800℃时氧化增重 lnk_p 和 1/T 的关系

Ti – 1100 和 Ti – 1100/0.6Y 合金氧化后表面的颜色与氧化温度和氧化时间密切相关，如图 3 – 75 所示。两种合金在 650℃ 和 700℃氧化后颜色没有明显区别，在 650℃ 氧化，样品表面呈现为棕色，随着氧化时间的增加，颜色逐渐加深；在 700℃氧化，随氧化时间的增加，试样表面从黄色逐渐变成灰白色。在 800℃氧化 25 h 后，Ti –

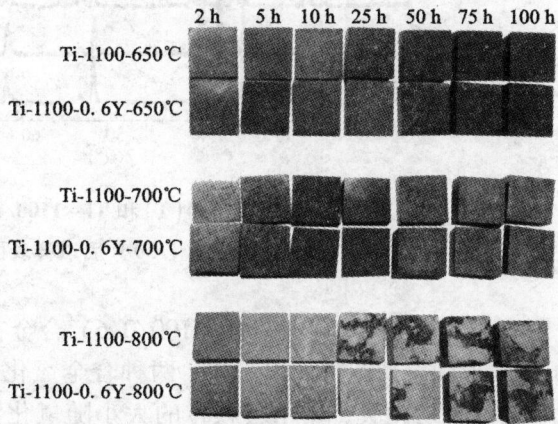

图 3 – 75　Ti – 1100 和 Ti – 1100/0.6Y
在 650 ~ 800℃氧化 2 ~ 100 h 后的表面形貌

1100 合金的部分表面发生剥落，并且有局部区域因氧化严重变成黄色，然而 Ti – 1100/0.6Y 合金氧化 50 h 后才发现表面氧化皮剥落的现象。总体来说，在 800℃ 氧化时未添加 Y 的合金比添加 Y 的合金氧化皮剥落严重。

图 3 – 76 为 Ti – 1100 和 Ti – 1100/0.6Y 合金在 650 ~ 800℃氧化 50 h 后试样表面的 XRD 分析，结果表明，氧化后试样的表面主要以 TiO_2 为主，由于 Y 的添加量较少，在含 Y 合金中只观察的少量的 Y_2O_3 衍射峰。在 650℃ 氧化 50 h 后，

α – Ti 的衍射峰比 TiO_2 的衍射峰明显，说明氧化层表面只生成了部分的 TiO_2。在 700℃ 和 800℃ 氧化 50 h 后，氧化层表面主要为 TiO_2，其中 800℃ 氧化的试样出现了较为明显的 Al_2O_3 衍射峰。研究表明，近 α 钛合金在 800℃ 以下氧化时 TiO_2 比 Al_2O_3 更稳定，即优先生成 TiO_2，同时由于合金中的 Al 的浓度未达到 50%（原子分数），因此也不能形成连续的 Al_2O_3，但随着氧化时间的延长，合金表面形成 TiO_2 后，会造成氧化物与基体的界面处的贫 Ti，同时该处 Al 的浓度相对较高，则会生成 Al_2O_3。

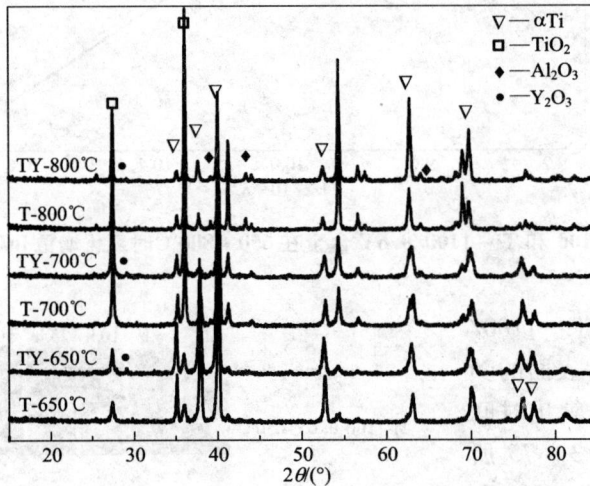

图 3 – 76　Ti – 1100(T) 和 Ti – 1100/0.6Y(TY) 合金
在 650 ~ 800℃ 氧化 50 h 后试样表面 XRD 图谱

图 3 – 77 为 Ti – 1100 和 Ti – 1100/0.6Y 合金在 700℃ 和 800℃ 氧化后试样表面的 SEM 形貌。从图中可以看出，两种合金氧化表面氧化层的形貌与氧化温度和氧化时间密切相关，氧化层颗粒的大小随氧化温度和氧化时间的增加不断长大，直至致密。随着氧化时间的继续增加，氧化层有继续长大的趋势，但由于氧化层已经致密而不能继续长大，致使氧化层发生剥落。未添加 Y 的合金和添加 Y 的合金的氧化层形貌没有明显差异。在 700℃ 氧化 75 h 后，在试样表面可以生成大小均匀，尺寸为 0.2 ~ 0.5 μm 的等轴状 TiO_2 颗粒，如图 3 – 77(a) 和图 3 – 77(b)。氧化温度升高，合金在 800℃ 氧化 5 h 后，TiO_2 颗粒继续长大，部分颗粒长大至 1 ~ 2 μm，如图 3 – 77(c) 和图 3 – 77(d)。当氧化 50 h 后，表面氧化层已经达到致密，如图 3 – 77(e) 和图 3 – 77(f)，同时，观察氧化层剥落区域合金基体表面，如图 3 – 77(g) 和图 3 – 77(h)，发现添加 Y 的合金内部氧化层颗粒尺寸小于未添加 Y 的合金。

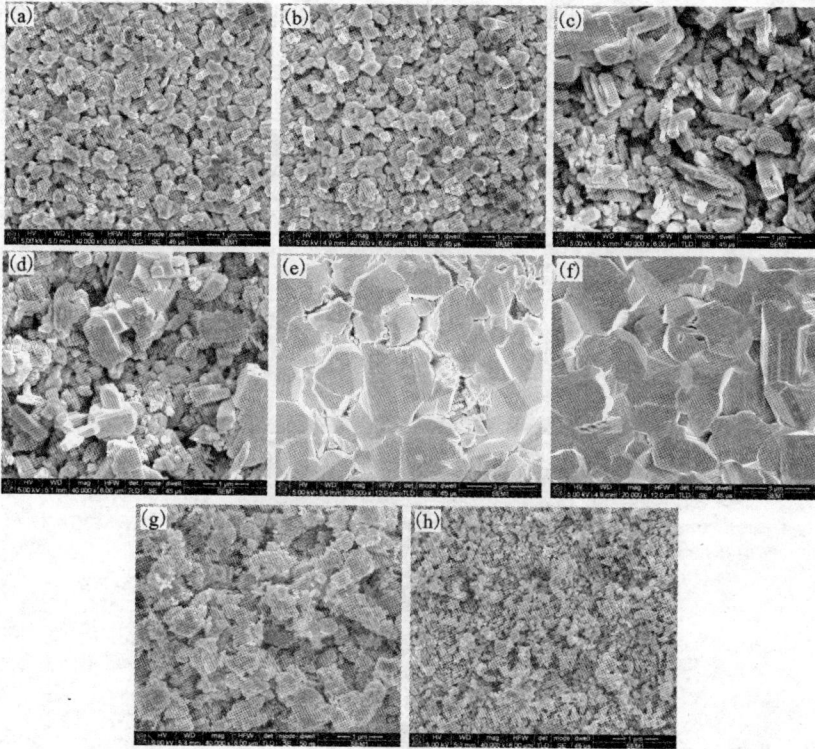

图 3 – 77　Ti – 1100 和 Ti – 1100/0.6Y 合金氧化后试样表面的 SEM 形貌

（a）Ti – 1100；（b）Ti – 1100/0.6Y，700℃ 75h；（c）Ti – 1100；（d）Ti – 1100/0.6Y，800℃ 5h；
（e）Ti – 1100；（f）Ti – 1100/0.6Y，800℃ 50 h；（g）Ti – 1100；（h）Ti – 1100/0.6Y，800℃ 50 h

图 3 – 78 为 Ti – 1100 和 Ti – 1100/0.6Y 合金的 700℃ 氧化 100 h 后氧化层的剖面 SEM 形貌。从图中可以看到，经氧化后在合金表面形成一层厚度约为 4 μm 左右的均匀氧化层。在含 Y 的合金中的局部区域，如图 3 – 78（c），存在有聚集的富 Y 颗粒，由于 Y 的吸氧能力强，这种不均匀的含 Y 颗粒的存在使氧化层和基体之间形成了氧扩散的快速通道，导致该区域的氧化较为严重。在 800℃ 氧化，氧化 10 h 后的氧化层厚度约为 10 μm，如图 3 – 79。此外，在氧化层的外表面还观察到一层颜色亮白的 TiO_2 层。在氧化层上还观察到裂纹与孔隙的存在，说明氧化层比较脆，容易受膨胀及热应力的影响发生开裂。观察 800℃ 氧化 25 h 的试样，其氧化层的多层结构则更为明显。结合能谱分析，可确定氧化层主要由四层组成，如图 3 – 80。最外层为亮白色的 TiO_2 层；第二层则为由于外层贫 Ti，导致 Al 富集而形成的 $TiO_2 + Al_2O_3$ 层，从能谱上也可以观察到该层的 Al 含量较高；第三层则为富 TiO_2 层，该层同时含有较多含量的 TiO_2 和基体中的 α – Ti；最内层为富

Ti 层，该层 TiO_2 含量少，主要是有大量的 O 固溶在 $\alpha - Ti$ 中，因此该层也非常脆，容易在磨样过程中就产生裂纹或者破碎。在 800℃氧化 25 h 后含 Y 合金的氧化层厚度(约为 16 μm)比不含 Y 合金的氧化层厚度(约为 18 μm)小。

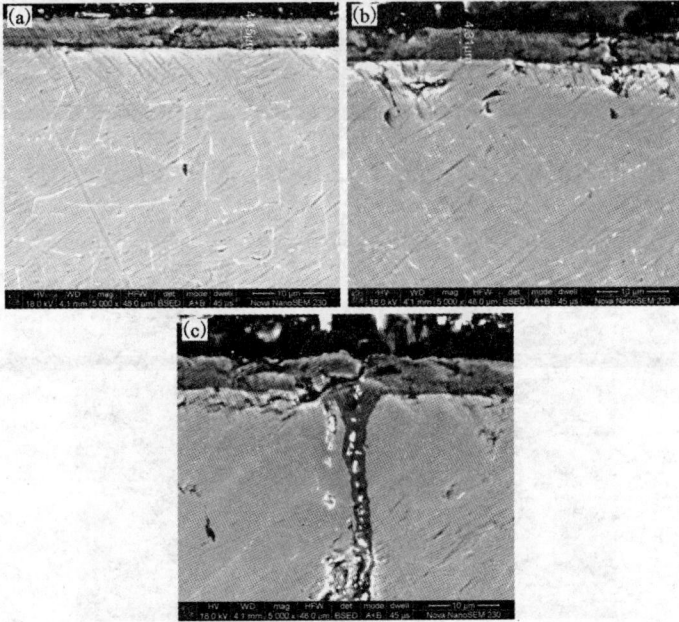

图 3 - 78　Ti - 1100 和 Ti - 1100/0.6Y 合金
在 700℃氧化 100 h 后氧化层的剖面 SEM 形貌
(a)Ti - 1100；(b)Ti - 1100/0.6Y；(c)富 Y 区

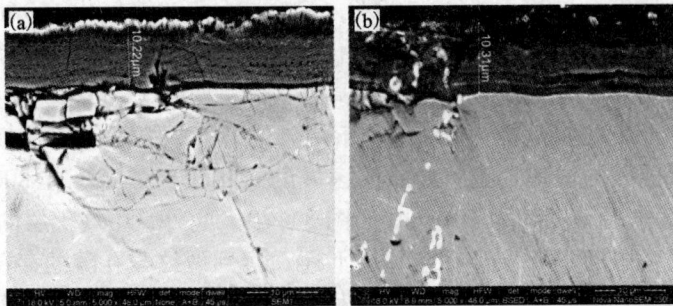

图 3 - 79　Ti - 1100 和 Ti - 1100/0.6Y 合金
在 800℃氧化 10 h 后氧化层的剖面 SEM 形貌
(a)Ti - 1100；(b)Ti - 1100/0.6Y

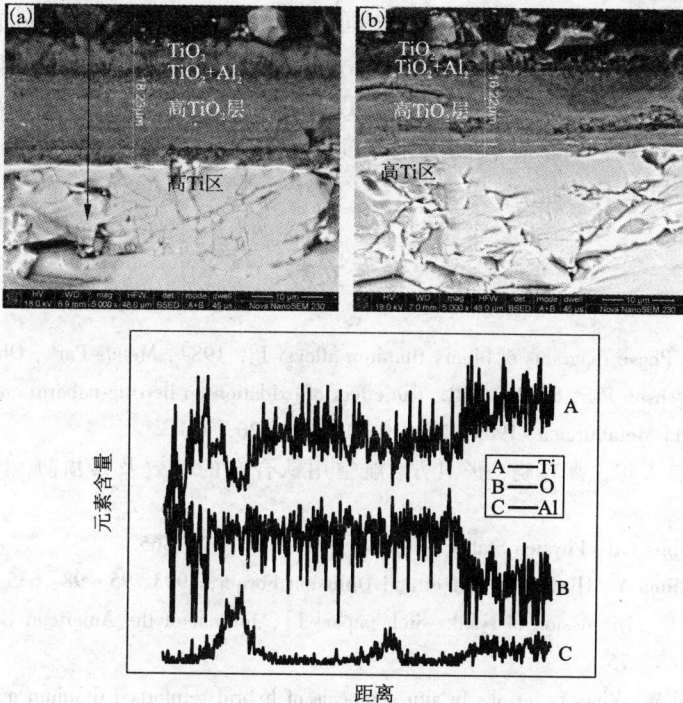

图 3 –80　Ti –1100 和 Ti –1100/0.6Y 合金
在 800℃氧化 25 h 后氧化层的剖面 SEM 形貌
(a)Ti –1100；(b)Ti –1100/0.6Y；(c)成分线扫描

　　根据氧化增重曲线，Ti –1100 和 Ti –1100/0.6Y 合金的氧化符合抛物线规律，氧化反应主要受金属离子和氧在膜中的扩散控制。由于 TiO$_2$是一种 n 型氧化物，其内部缺陷主要有氧阴离子空位和间隙 Ti 阳离子，氧化膜的生长可以以氧的内扩散和 Ti 的外扩散两种方式进行，其生长速度较快。一般来说，由于 Y 有很强的吸氧能力，因此 Y 的添加可以有效地降低合金基体中的 O 含量，尤其是在粉末冶金钛合金中，氧含量是影响钛合金性能非常重要的一个因素。另外，细小弥散分布的 Y 在形成 Y$_2$O$_3$的过程中可以有效降低 TiO$_2$中 O 空位的浓度，从而提高合金的抗氧化能力。合金在 650 ~ 700℃氧化时，Y 的作用没有得到明显体现，氧化增重反而比未添加 Y 的合金高，其主要原因是由于本工艺制备的 P/M Ti –1100合金中的 Y 除了细小弥散分布的小颗粒外，部分区域存在偏聚态富稀土相。这种富 Y 的区域在氧化过程中形成了一个氧向基体扩散的快速通道，如图 3 –78(c)。另外，O 在 α – Ti 中具有较高的固溶体，所以加 Y 合金在氧化增重曲线上表现为增重更大，但氧化层的厚度与未添加 Y 的合金相差不大。在 800℃氧化时，氧化

层中出现一定量的 Al_2O_3。这是由于在较高温度下氧化，合金在表面形成 TiO_2 后，造成氧化物与基体的界面处出现贫 Ti，同时，在空气与氧化物的界面处，接近大气压的氧分压会减小形成 Al_2O_3 的最小活度，促进内层的 Al 向外扩散，在 TiO_2 内层附近形成富 Al_2O_3 的 $TiO_2 + Al_2O_3$ 层。$TiO_2 + Al_2O_3$ 层中 Al_2O_3 含量增加可有效阻碍 O 向基体扩散。因此，在较高氧化温度和较长氧化时间下，Y 的添加有利于提高了钛合金的抗氧化性能。

参考文献

[1] Murray JL. Phase diagrams of binary titanium alloys[J]. 1987, Metals Park, Ohio, 99.

[2] Hales R, Dobson P S, Smallman R. The effect of oxidation on herring-nabarro creep in magnesium [J] Acta Metallurgica, 1969, 17(11): 1323 – 1326.

[3] 陶春虎，刘庆瑔，曹春晓，张卫方. 航空用钛合金的时效及其预防，国防工业出版社，2002.

[4] Askil J, Gibbs GB, Physica Status Solidi B, 1965, 11: 557 – 565.

[5] Taguchi, Iijima Y, Hirano K. Defect and Diffusion Forum, 1993, 95 – 98: 635 – 640.

[6] Duckworth W, Discussion of ryshkewitch paper[J], Journal of the American Ceramic Society, 1953, 36: 68 – 75.

[7] Yang Z, Lu W, Zhao L, et al. In situ synthesis of hybrid-reinforced titanium matrix composites [J]. Materials Letters, 2007, 61(11 – 12): 2368 – 2372.

[8] Perez P, Salmi G, Munoz A, et al. Influence of yttria additions on the oxidation behaviour of titanium prepared by powder metallurgy[J]. Scripta Materialia, 2009, 60(11): 1008 – 1011.

第 4 章　粉末冶金钛基复合材料

　　在设计新的复合材料时必须选择与基体配合度较高的增强相。一般来说，增强相需要满足以下要求：①较高的物理－力学性能；②在 1600 K 以上的合成温度下具有良好的热稳定性，在烧结过程中不形成新相。③所含元素在钛中不溶解；④和基体之间的热膨胀系数差别很小。

　　钛基复合材料的增强相主要有以下几类：①金属陶瓷类如 TiC、TiB、B_4C、SiC、TiB_2 等；②氧化物类如 Al_2O_3、Zr_2O_3、Re_2O_3（Re 为稀土元素）；③金属间化合物如 TiAl、Ti_3Al、Ti_5Si_3 等。它们共同的特性是熔点高，比强度、比刚度高，化学稳定性好。目前的研究主要集中于 TiC、TiB 和 TiB_2 这几种。

　　因此，在原位生成钛基复合材料中，选用 TiB 和 TiC 或 TiB＋TiC 作为增强相最为普遍。考虑粉末冶金工艺的特点，结合开发低成本 Ti 基体的要求，可分别选择多种硼化物或碳化物原位生成强化相，制备钛基复合材料。

4.1　添加 TiB_2 制备钛基复合材料

　　采用 Ti－6Al－4V(TC4) 和 Ti－6Al－4V－1Nd(TC4－1Nd)，TN 三种合金作为基体，分别加入 5%、10%、15%（体积数分数）的 TiB_2，合成 TiB 颗粒增强 Ti 基复合材料。

　　根据热力学计算可知，TiB_2 在 Ti 中并不稳定，会转变成为 TiB 如图 4－1 所示。在烧结温度范围内，此反应的反应 Gibbs 自由能（ΔG），反应生成焓（ΔH）值均为负值，表明反应可以自动进行，并且是放热反应。所以，原位合成 TiB 增强钛基复合材料时，采用 TiB_2 与 Ti 基体作为反应起始物是可行的。

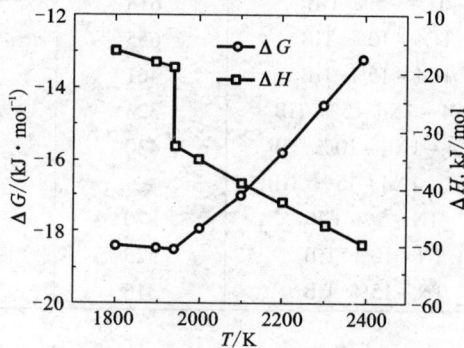

图 4－1　反应吉布斯自由能与生成焓的变化值

　　图 4－2 所示为烧结后复合材料的 X 射线衍射图谱。在图 4－2(a)、4－2(b) 中均不存在 TiB_2，只有 Ti 基体与

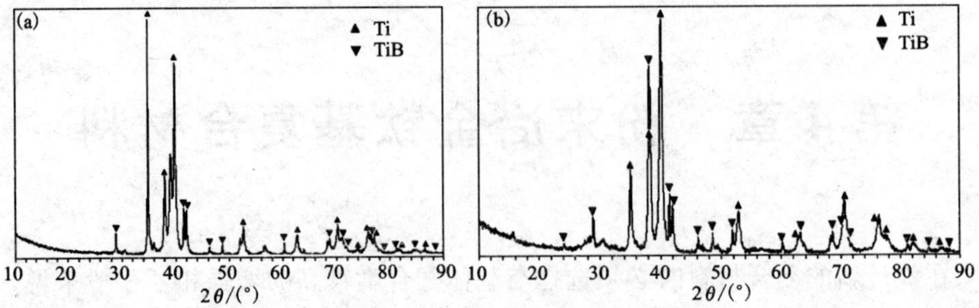

图 4 - 2 钛基复合材料的 X 射线衍射图谱

(a)TC4 - 15% TiB$_2$；(b)TN - 15% TiB$_2$

TiB 两种相的存在。这说明 TiB$_2$ 已经与 Ti 完全反应，反应产物为 TiB。

表 4 - 1 所示为分别在 1200℃ 和 1300℃ 烧结后的复合材料的力学性能。可以看出，复合材料的拉伸强度比基体有提高。以 TN 合金为基体的复合材料比以 Ti - 6Al - 4V 为基体的复合材料拉伸强度高。但是，同一种基体成分复合材料中，随着增强相含量的增大，拉伸强度下降。TN - 15% TiB$_2$ 样品的延伸率均比较低，在拉伸断裂时几乎未表现出任何塑性。以上结果表明，在 Ti 及其合金粉末中，简单地添加 TiB$_2$，所制备的复合材料性能不够理想，需进一步优化工艺。

表 4 - 1 TiB 颗粒增强钛基复合材料的性能

试样	1200℃ 烧结		1300℃ 烧结	
	拉伸强度 /MPa	延伸率 /%	拉伸强度 /MPa	延伸率 /%
TC4 - 5% TiB$_2$	618	1.2	795	3.0
TC4 - 10% TiB$_2$	655	2.0	630	4.0
TC4 - 15% TiB$_2$	461	0	632	0
TC4 - 1Nd - 5% TiB$_2$	323	0	837	1.5
TC4 - 1Nd - 10% TiB$_2$	430	1.0	701	0
TC4 - 1Nd - 15% TiB$_2$	—	0	517	0
TN - 5% TiB$_2$	870	0.4	990	0
TN - 10% TiB$_2$	525	0.4	930	0.4
TN - 15% TiB$_2$	315	0	655	0

4.2 添加 B$_4$C 制备钛基复合材料

钛在高温下可与 B 或 C 发生化学反应，生成 TiBx 或 TiCx。因此，可以通过添加适当含量的硼粉或石墨粉到钛溶液中，使其发生化学反应，在钛熔体可以原位生成 TiBx 或 TiCx。B$_4$C 粉末能与 Ti 发生化学反应，生成 TiC、TiB 或 TiB$_2$，如式(4-1)和式(4-2)所示。

$$3Ti + B_4C = 2TiB_2 + TiC \tag{4-1}$$

$$5Ti + B_4C = 4TiB + TiC \tag{4-2}$$

图 4-3 为反应(4-1)与(4-2)的 Gibbs 自由能变化值与反应生成焓。由图可知，在烧结温度范围内，这两个反应的反应 Gibbs 自由能(ΔG)，反应生成焓(ΔH)值均为负值，表明反应可以自动进行，并且是放热反应。

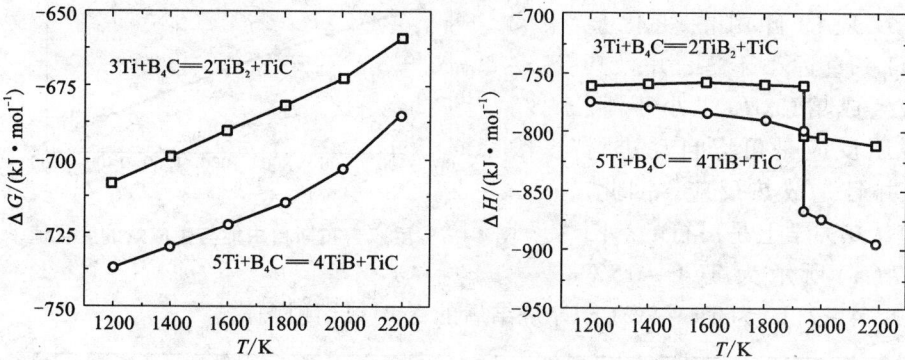

图 4-3　反应吉布斯自由能与生成焓的变化值

图 4-4 的 X-Ray 图谱中未发现 B$_4$C，说明 B$_4$C 已经与 Ti 完全反应生成 TiB + TiC 或 TiB$_2$ + TiC + Ti。这种方法制备的材料的力学性能也不是很理想，其中，TC4-5% B$_4$C 号试样在 1200℃烧结时的拉伸强度为 1074 MPa，延伸率为 5.2%，而其在 1300℃烧结时的拉伸强度仅为 290 MPa，完全脆性断裂。

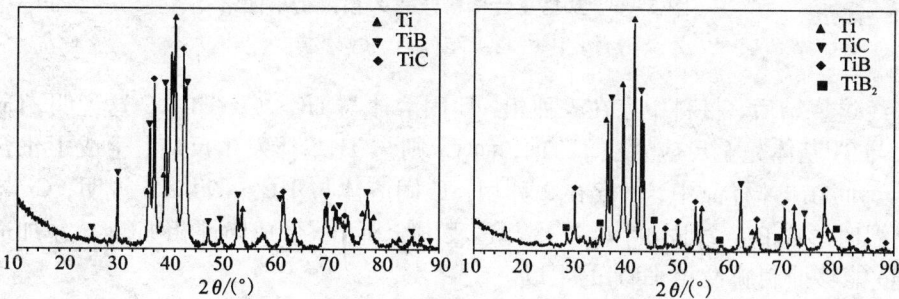

图 4-4　钛基复合材料样品 X 射线衍射图谱

(a)TC4-15% B$_4$C；(b)TC4-1Nd-15% B$_4$C

4.3 添加 Cr_2C_3 制备钛基复合材料

采用 Ti 与 Cr_3C_2 原位反应生成 TiC，反应式见(4-3)。

$$2Ti + Cr_3C_2 = 2TiC + 3Cr \qquad (4-3)$$

图 4-5 所示为在烧结温度范围内，$Ti + Cr_3C_2 \longrightarrow TiC + Cr$ 的自由能和反应生成焓的变化情况。由图 4-5 可知，反应的自由能变化值（ΔG）一直远小于零，并且其反应生成焓（ΔH）也小于零。这说明反应是可以自动进行的，并且是放热反应。因此，反应从热力学上是可行的。图 4-7(a) 所示为 TC4-15%

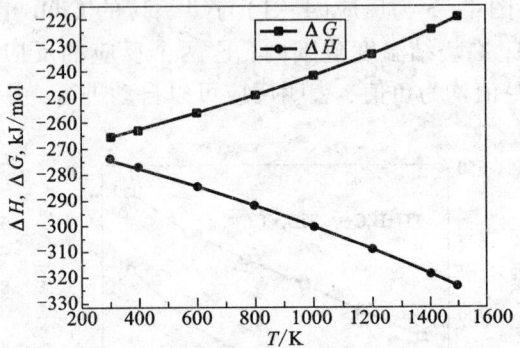

图 4-5 反应吉布斯自由能与生成焓的变化值

Cr_2C_3，4-7(b)为 TN-5% Cr_2C_3 烧结后的 X 射线衍射图谱。

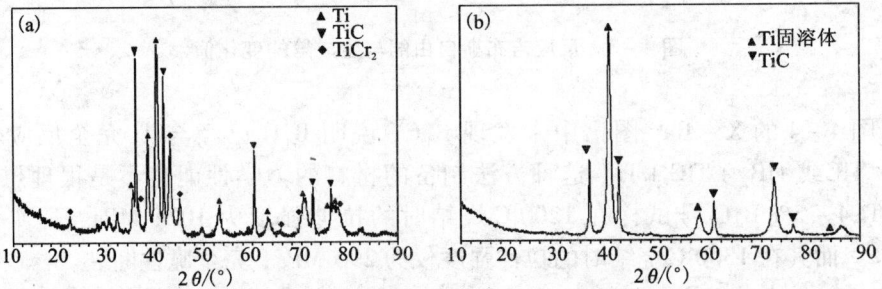

图 4-6 钛基复合材料样品 X 射线衍射图谱

(a) TC4-Cr_2C_3；(b) TN-Cr_2C_3

经过烧结后，材料中存在 3 种相：Ti 固溶体与 TiC 以及 $TiCr_2$。这说明，Cr_3C_2 已经与 Ti 基体完全反应生成了 TiC，而 Cr 则与 Ti 基体发生反应，生成了化合物 $TiCr_2$。而在 TN 样品中，只存在 2 种相：Ti 固溶体与 TiC。图 4-6 说明，Cr 与 Ti 在高温时形成 β 连续固溶体，在冷却过程中会析出，形成脆性相 $TiCr_2$。添加适量的 Mo 能够抑制脆性相 $TiCr_2$ 的生成。

着重观察 TN+Cr_3C_2 复合材料的显微组织。图 4-7 所示为添加 Cr_3C_2 粉末后 TN 合金显微组织。从图中可知，复合材料基体为单相。随着合金中 Cr_3C_2 含量增加，晶粒尺寸变细。这说明固相反应生成 TiC 颗粒的过程阻碍了基体晶粒的长大。

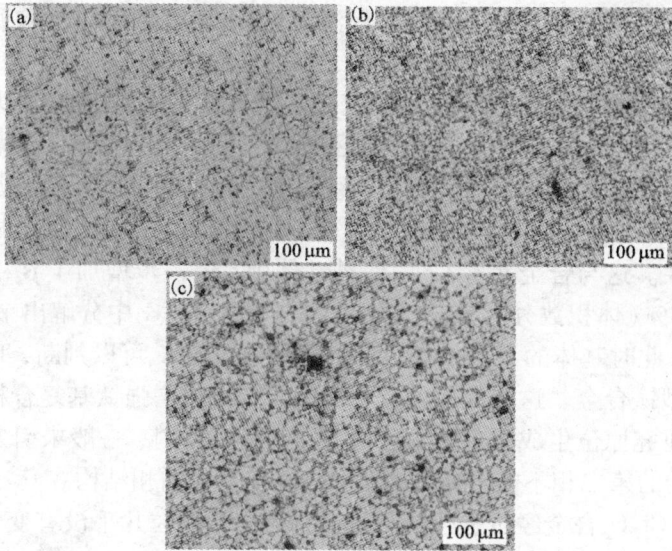

图 4 - 7　TN 基复合材料金相组织

(a) TN + 5% Cr_3C_2，1200℃ 烧结；(b) TN + 10% Cr_3C_2，1200℃烧结；

(c) TN + 10% Cr_3C_2，1300℃烧结

图 4 - 8 是分别为粉末锻造态及热处理态 TN 基体及 TN + 5% Cr_3C_2 合金的扫

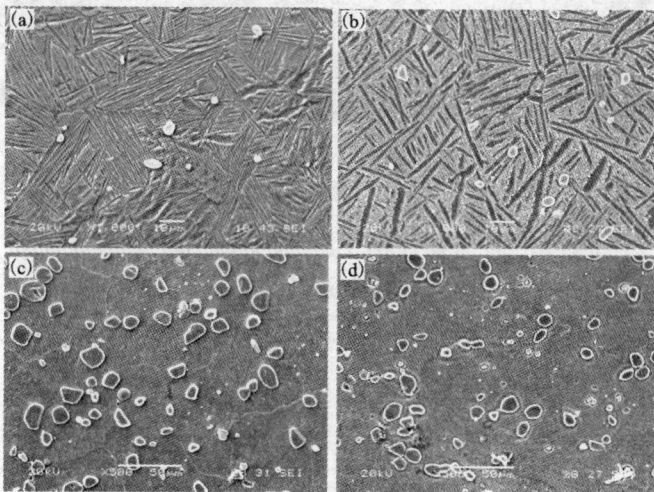

图 4 - 8　粉末锻造 TN 基体及 TN + 5% Cr_3C_2 合金的扫描电镜照片

(a) TN 锻态组织；(b) TN 锻造后热处理态组织；

(c) TN + 5% Cr_3C_2 锻态组织；(d) TN + 5% Cr_3C_2 锻造后热处理态组织

描电镜照片。热处理制度为：810℃，保温 1 h，水淬后 580℃，8 h 回火。该热处理制度为强化热处理。从图中可以看出，无论是粉末锻造状态还是热处理状态，添加 Cr_3C_2 以后，钛合金的组织发生了变化。不含第二相颗粒的 TN 基体的 β 系数值 K_β 为 0.525，是一种典型的 $(\alpha + \beta)$ 两相合金。从 β 相区淬火后得到 $[\alpha'(\alpha'') + \beta]$ 相，时效后亚稳定的 α'' 及 β 相分解，组织中不存在明显的原始 β 晶粒和粗大的晶界 α 相，而是析出的 α 和 β 相交错排列。加入 Cr_3C_2 以后，复合材料组织以单相 β 组织存在。这与合金元素 Cr 固溶进基体中，进一步增加了 β 稳定元素含量有关。加入 5% (体积数分数) Cr_3C_2 的复合材料，从 Cr_3C_2 中分解出来的元素 Cr 存在于基体中，此时基体的 K_β 值为 1.457。从 β 系数值 K_β 可以判断，TN + 5% Cr_3C_2 是亚稳定 β 型钛合金。这与其他方式生成的 TiC 颗粒增强钛基复合材料有很大差别。已有的研究原位生成的 TiC 颗粒增强钛基复合材料，一般未引入固溶强化元素，或者添加的第二相不能形成固溶强化，改变基体的相结构。

TN + 5% Cr_3C_2 合金经过强化热处理后，第二相颗粒几乎没有变化，原始 β 晶粒也变得不明显了。

对复合材料中颗粒相和基体进行成分分析，如图 4 - 9 和表 4 - 2 所示。

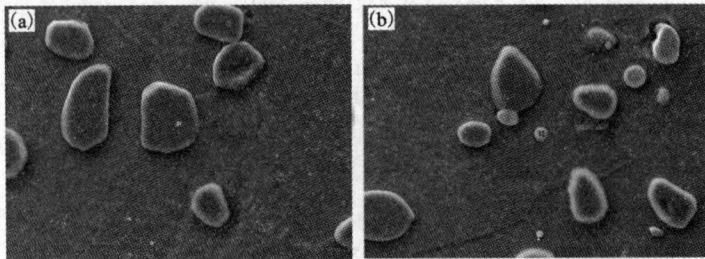

图 4 - 9　TiC 颗粒增强复合材料的成分分析

在基体上均匀分布的较大颗粒是 TiC，尺寸为几个到几十个微米。而在基体合金与复合材料中均存在的尺寸较小颗粒为富 Nd 氧化物颗粒。从复合材料的基体成分分析可以看出，Cr 已经在基体中扩散，形成了固溶体，未发现 Ti 与 Cr 的化合物存在。

表 4 - 2　图 4 - 9(a)、4 - 9(b) 对应区域成分分布

	Ti	C	Al	Cr	Fe	Mo	Nd	O	Total
+1	83.83	16.17	—	—	—	—	—	—	100.00
+2	88.61	—	0.32	6.77	1.81	2.49	—	—	100.00
+3	12.45	—	—	—	—	—	64.75	22.80	100.00

表 4 - 3 是粉末烧结 TN + Cr₂C₃ 复合材料的力学性能。与 TN 基体相比，含 5% Cr₃C₂ 的合金，1200℃烧结 3 h 时，强度较高，而延伸率大幅度降低。含 10% Cr₃C₂ 的合金，塑性提高。1300℃烧结时，塑性更好，延伸率达到 7%。1300℃烧结的试样强度较高，是因为密度提高的原因。而同一温度下烧结的试样，10% Cr₃C₂ 的合金强度比 5% Cr₃C₂ 的合金强度低，而延伸率却提高。这与其他 TiC 颗粒增强钛基复合材料的研究结果相反。这可能与复合材料中的晶粒尺寸、致密度、相成分综合作用有关。

表 4 - 3　粉末烧结 Ti - Fe - Mo - Al 复合材料力学性能

组元	$\varphi(Cr_2C_3)$ /%	力学性能				烧结制度
		抗拉强度 /MPa	屈服强度 /MPa	延伸率 /%	面缩 /%	
TN	0	910	850	17	19	1300℃/3 h
TN + Cr₃C₂	5	1288	/	0.8	0.15	1200℃/3 h
	10	1095	1030	4.0	7.5	1200℃/3 h
	5	1330	1280	1.6	1.6	1300℃/3 h
	10	1090	1030	7.0	12	1300℃/3 h

粉末锻造 TN + 5% Cr₃C₂ 复合材料的力学性能如表 4 - 4 所示。可以看出，锻造合金的延伸率及断面收缩率比烧结合金的提高，强度反而降低。与未加第二相颗粒的基体合金相比，强度相当，塑性降低。400℃时的拉伸强度却比基体合金高很多，达 987 MPa。这说明复合材料的高温强度得到了显著改善。

表 4 - 4　粉末锻造热处理后 TN + 5% Cr₃C₂(φ) 复合材料的力学性能

	力学性能（室温）				力学性能（400℃）			
	抗拉强度/MPa	屈服强度/MPa	延伸率/%	面缩/%	抗拉强度/MPa	屈服强度/MPa	延伸率/%	面缩/%
TN	1 072	983	13	21	583	505	8	25
TN + 5% Cr₃C₂	1 179	1 089	8.0	12	987	949	6	14

图 4 - 10 是粉末锻造 TN 基体及 TN + 5% Cr₃C₂ 合金的拉伸断口。可以发现，TN 基体合金断口韧窝较多，第二相颗粒呈椭圆形，是富 Nd 的氧化物相，在拉伸过程中发生解理断裂。从 TN + 5% Cr₃C₂ 合金的断口形貌看，第二相颗粒 TiC 在拉伸过程中也发生解理断裂，而周围的韧窝没有 TN 基体断口的韧窝丰富。

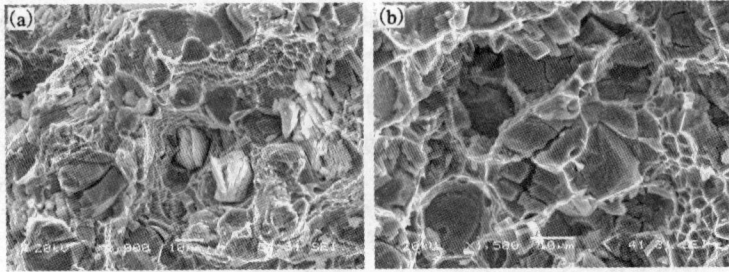

图 4 – 10　粉末锻造 TN 基体及 TN + 5％Cr₃C₂合金的拉伸断口

(a)TN；(b)TN + 5％ Cr₃C₂

图 4 – 11 是粉末锻造 TN + 10％ Cr₃C₂合金的透射电镜照片。发现晶内及晶界处有条状 TiC 析出物，而且晶内稀土氧化物颗粒非常细小。在显微组织中观察到 TiCr₂金属间化合物的析出，因此 Cr 基本固溶到基体中了。

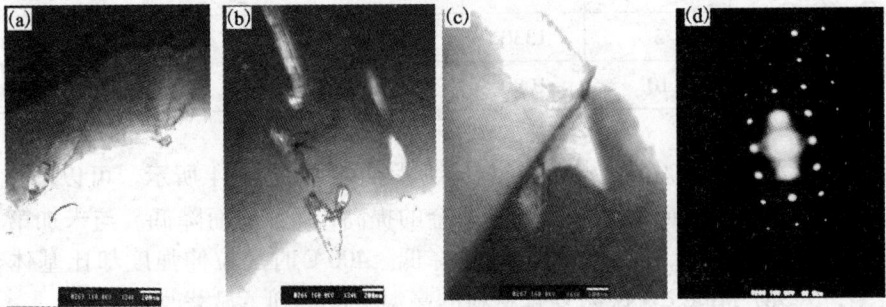

图 4 – 11　粉末锻造 TN + 10％Cr₃C₂合金的 TEM 形貌

(a)晶内 TiC 条状析出物；(b)晶界 TiC 条状析出物；
(c)稀土氧化物析出相；(d)稀土氧化物析出相衍射斑点

Cr 作为钛合金中的一种强 β 稳定元素，在高温时与 Ti 形成置换型固溶体，如图 4 – 12。在随炉缓慢冷却后，固溶的 Cr 元素改变了钛合金的 α 相、β 相的含量，提高钛合金中 β 相的稳定性，使 TN 合金由($\alpha + \beta$)两相合金转变成为亚稳态 β 型钛合金。这种稳定的 β 相的存在对钛合金的屈服强度的提高有很大的贡献。在高温拉伸时，Cr 的固溶强化作用更为明显。

以上结果表明，在 Ti 合金基体中添加 Cr₂C₃，一方面形成 TiC，另一方面，通过对基体的固溶强化，可以使材料在多层次上得到强化，是制备复合材料很好的思路。

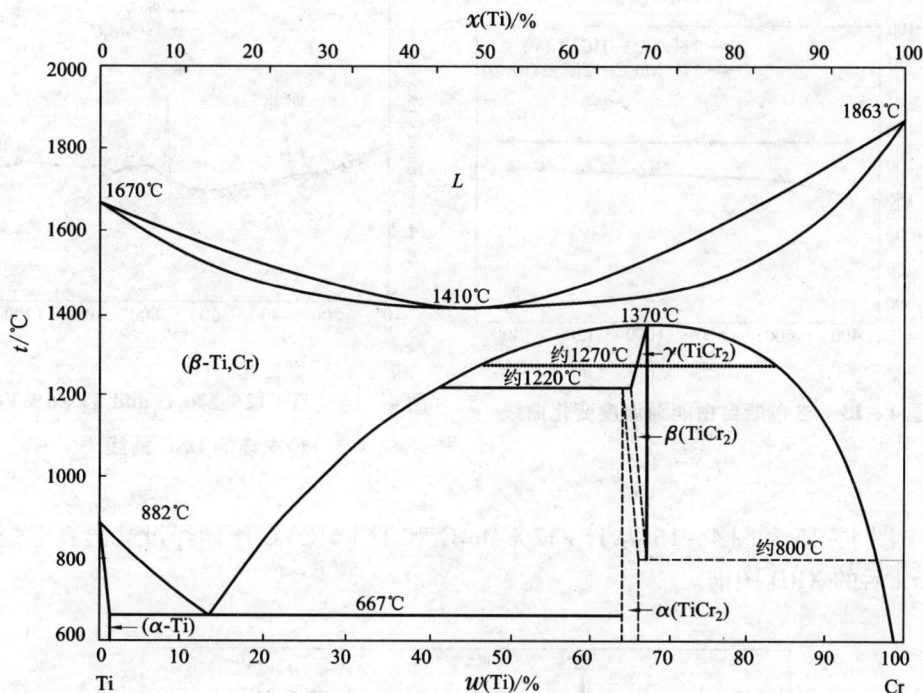

图 4 – 12 Ti – Cr 二元相图

4.4 添加 VC 和 Mo$_2$C 制备钛基复合材料

4.4.1 反应机理

Ti + VC 和 Ti + Mo$_2$C 粉末坯体在高温烧结过程中可能发生如下反应：

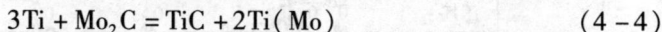

$$3Ti + Mo_2C = TiC + 2Ti(Mo) \tag{4-4}$$

$$2Ti + VC = TiC + Ti(V) \tag{4-5}$$

对上式的反应吉布斯自由能进行计算，结果如图 4 – 13。在 400 ~ 1400℃的范围内，随着温度的增加，反应自由能缓慢增加，但是均为负。Ti + Mo$_2$C 体系的反应吉布斯自由能比 Ti + VC 体系要更负，表明 Ti + Mo$_2$C 体系的反应驱动力大。图4 – 14为 Ti + Mo$_2$C 和 Ti + VC 压坯的 DSC 曲线。从图中可以看出，两个材料在 600℃左右均由吸热转为放热，表明 Ti 与金属碳化物从 600℃左右开始反应。在 900℃左右出现的吸热峰应为 $\alpha \rightarrow \beta$ 相变引起。除以上两个热效应外，在 DSC 曲线上再没有发现其他明显的热效应。

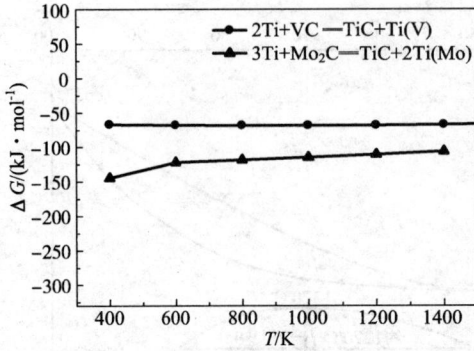

图4－13 吉布斯自由能随温度变化曲线

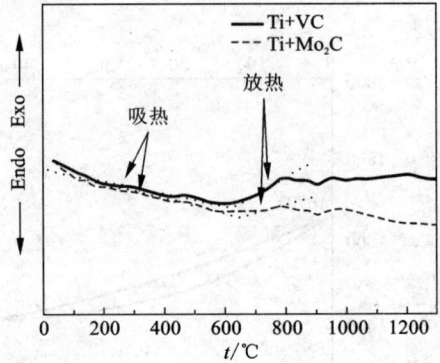

图4－14 Ti＋12％Mo₂C and Ti＋6％VC 粉末坯的 DSC 曲线

图 4 – 15 和图 4 – 16 为 Ti ＋ 12％ Mo₂C 和 Ti ＋ 6％ VC 压坯经过高温真空烧结 1.5 h 后的 XRD 图谱。

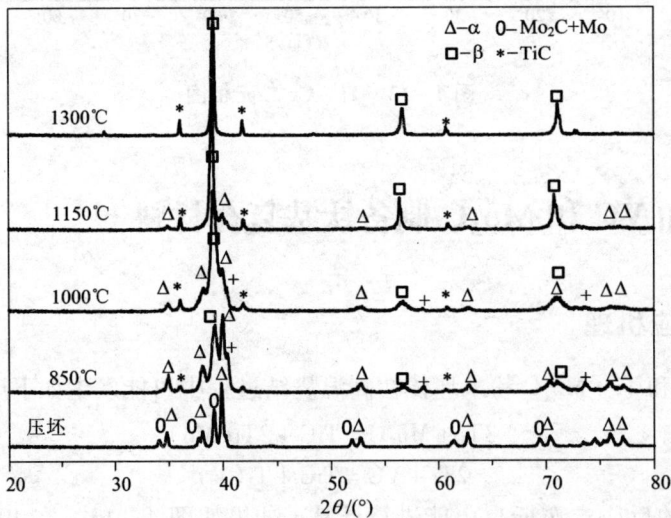

图4－15 Ti＋12％Mo₂C 压坯经过不同温度烧结后的 XRD 图谱

从图 4 – 15 中可以看到，经过 850℃ 烧结后，Ti ＋ Mo₂C 中出现 Mo，TiC 和 β – Ti的衍射峰，而 Mo₂C 的衍射峰消失。随着烧结温度从 850℃ 增加到 1300℃，TiC 和 β – Ti 的衍射峰增强，而 α – Ti 和 Mo 的衍射峰则逐渐减弱并最终在 1300℃ 烧结后消失。图 4 – 16 表明，Ti ＋ VC 经过 850℃/1.5 h 烧结后，VC 和新生成的

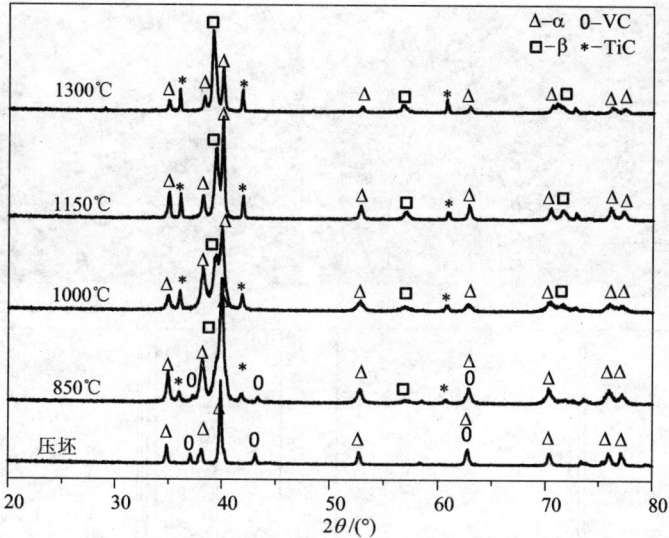

图 4 - 16　Ti + 6% VC 压坯经过不同温度烧结后的 XRD 图谱

TiC 同时存在, 并有 β - Ti 生成。经过 1000℃/1.5 h 烧结后, VC 的衍射峰完全消失而 β - Ti 和 TiC 的衍射峰增强。随着烧结温度继续增至 1300℃, β - Ti 和 TiC 的衍射峰继续增强而 α - Ti 的衍射峰进一步减弱。

图 4 - 17 为 Ti + 12% Mo$_2$C 经过 850℃/1.5 h 烧结后的扫描电镜组织。从图中能够观察到 A, B, C 三个明显的衬度区域。能谱分析表明, A 区为原始 Ti 颗粒未经反应的区域 [图 4 - 17(c)]。B 区域为原始 Ti 颗粒外围反应区域 [图 4 - 17(d)], 该区域有 Mo 和 Fe 原子存在, 同时也有细小的 TiC 颗粒存在。原始 Ti 颗粒与 Ti 颗粒之间的白色衬度 C 区富 Mo, 并有少量 Ti 元素存在 [图 4 - 17(e)], 表明该区域为原始 Mo$_2$C 所在位置。经过 1000℃/1.5h 烧结后, 显微组织如图 4 - 18(a)所示, 原始 Ti 颗粒与 Ti 颗粒之间白色区域面积减小。Ti 颗粒的中心区域形成(α + β)片层组织, 而且新生成的 TiC 颗粒分布开始变得不均起来。当烧结温度继续增加, TiC 颗粒不均分布变得越来越明显, 如图 4 - 18(b)和图 4 - 18(c)。

图 4 - 19 为 Ti + 6% VC 经过 850℃/1.5h 烧结后的扫描电镜组织。图中也可以观察到 A, B, C 三个明显的衬度区域。能谱分析表明, A 区为原始 Ti 颗粒未经反应的区域 [图 4 - 19(c)]。B 区域中含有 C, Mo, V 和 Fe 等元素 [图 4 - 19(d)], 说明该区域已经与 VC 发生反应并含有 Fe 和 Mo 合金化元素。与同样烧结温度下的 Ti + Mo$_2$C 中反应区厚度相比, 明显较小。没有完全反应的 VC 和没来得及扩散的 Mo 与 Fe 元素仍然残留在原始 Ti 颗粒与 Ti 颗粒之间, 该区域标记为

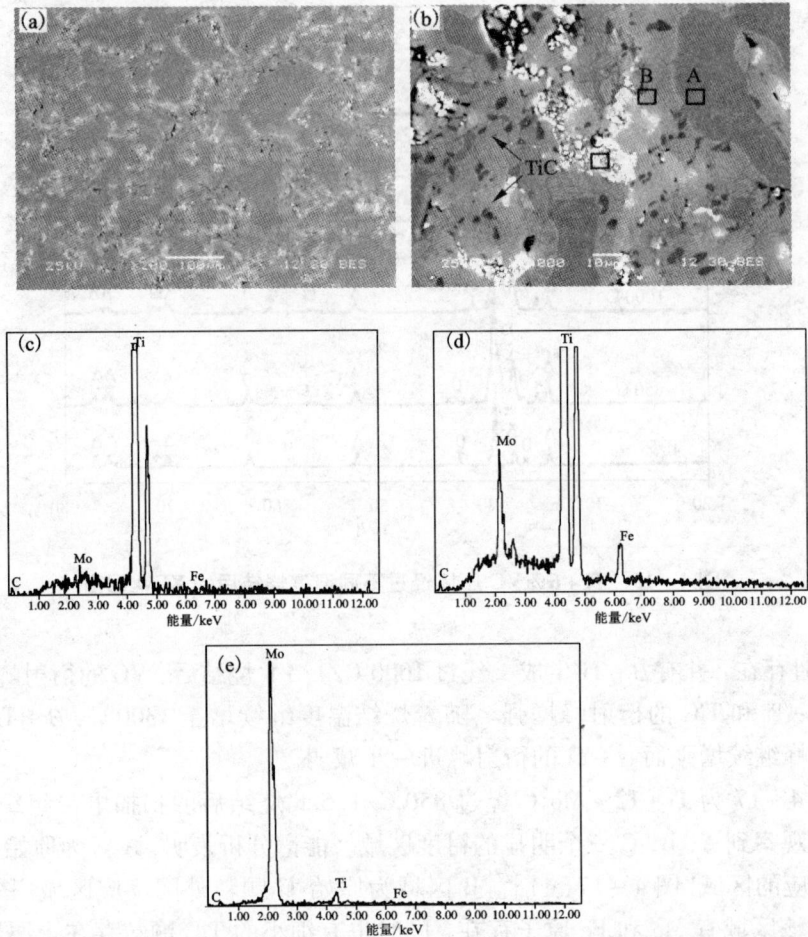

图 4 – 17　Ti + 12% Mo_2C 经过 850℃/1.5 h 烧结后的扫描电镜显微组织(a)和(b)；
(c)，(d)和(e)为(b)中标记为 A，B，C 区域对应的能谱

C[图 4 – 19(e)]。经过 1000℃/1.5h 烧结后[图 3 – 10(a)]，显微组织完全由(α
+β)层片构成，TiC(5 ~ 8 μm)均匀分布其中。随着烧结温度增加，除了 TiC 稍许
长大外，Ti + VC 的微观组织不再发生明显变化，如图 4 – 20(b)和图 4 – 20(c)。

图 4 – 21 为 Ti + 12% Mo_2C 和 Ti + 6% VC 经过 850℃真空烧结 1.5 h 后的显微
组织。从图中可以明显看到 Ti + Mo_2C 压制坯中烧结颈的形成比 Ti + VC 压制坯
更容易，而且 Ti + VC 压制坯中含有较大的残留孔隙。图 4 – 22 为不同温度烧结
后，材料的密度变化曲线。结果表明，Ti + Mo_2C 各个温度下的密度都大
于 Ti + VC。

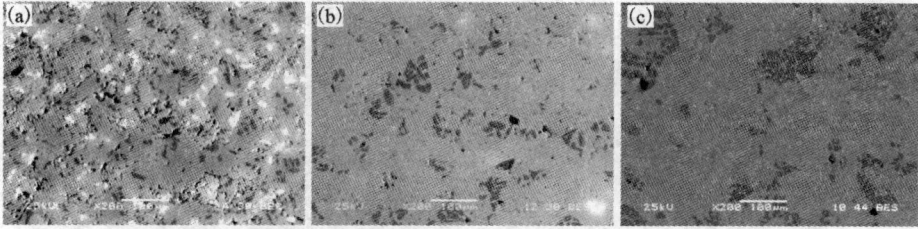

图 4 - 18　Ti + 12% Mo₂C 经过 1.5 h 烧结后的扫描电镜显微组织

(a)1000℃；(b)1150℃；(c)1300℃

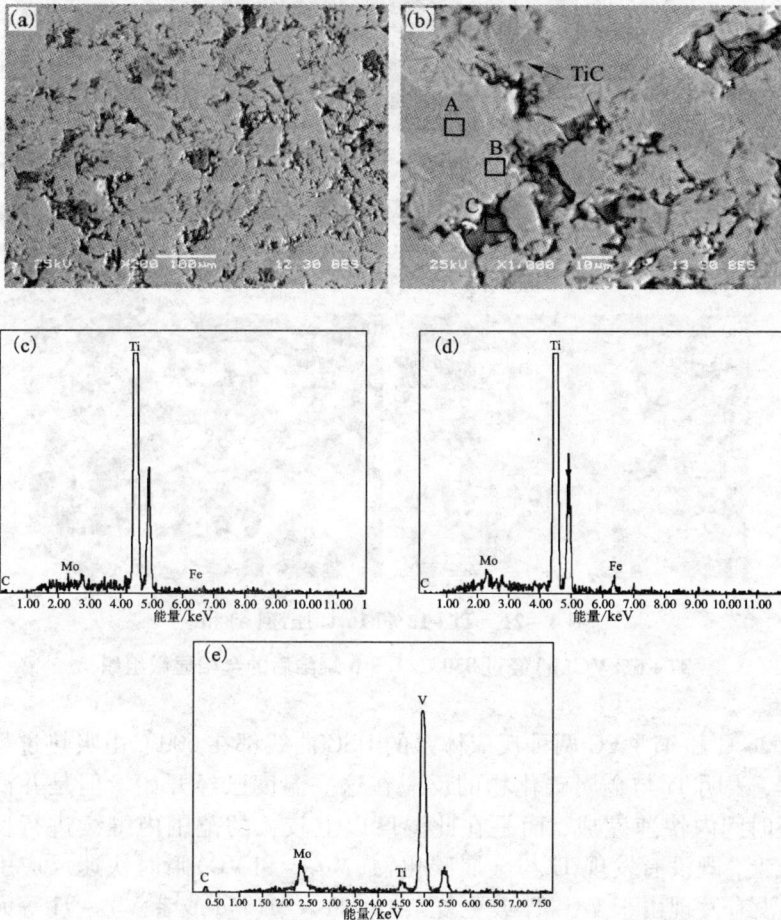

图 4 - 19　Ti + 6% VC 经过 850℃/1.5 h 烧结后的扫描电镜显微组织(a)和(b)；
(c)，(d)和(e)为(b)中标记为 A，B，C 区域对应的能谱

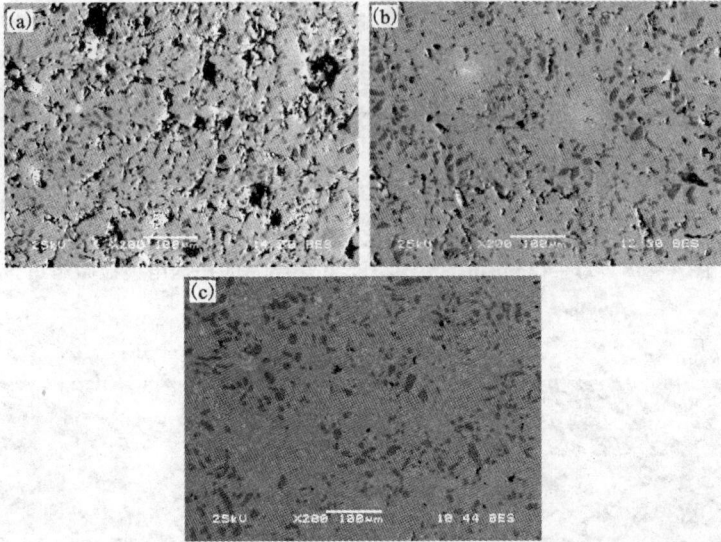

图 4 – 20　Ti + 6%VC 经过 1.5 h 烧结后的扫描电镜显微组织

(a)1000℃；(b)1150℃；(c)1300℃

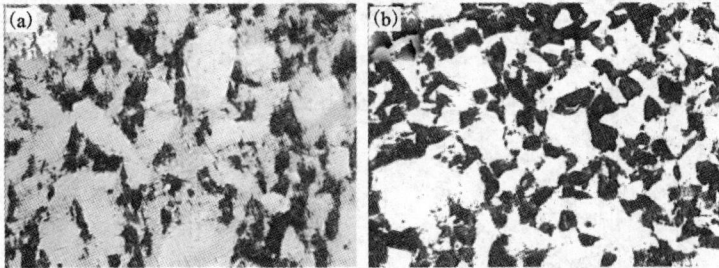

图 4 – 21　Ti + 12%Mo$_2$C 压坯(a)和

Ti + 6%VC(b)经过 850℃/1.5 h 烧结后的金相显微组织

Ti + Mo$_2$C 和 Ti + VC 两种反应体系的 DSC 曲线都在 600℃ 由吸热过程转变为放热过程，表明 Ti 与金属碳化物的反应在这一温度已经开始。但是并没有在这一温度短时间内快速完成，而是在此温度以上较大的范围内继续进行反应。在 DSC 曲线上，既没有发现 Ti 与金属碳化物(Mo$_2$C 和 VC)瞬时快速反应引起的放热峰，也没有发现由于 Fe – Ti 或更复杂 C – Fe – M(Mo 或者 V) – Ti 等元素形成共晶液相而产生的吸热峰。这些结果与 Ti – Mo – C 和 Ti – V – C 相图是一致的[1, 2]。由此可知，在整个升温过程中这两个反应都没有液相的参与，完全在固态下进行。根据相图，Mo 和 V 元素均可以在 Ti 中形成连续固溶体，而 C 元素在高温下也在 Ti 中有大约 0.5% 的固溶度，表明金属碳化物中的 Mo、V 和 C 元素均可溶于 Ti 基体中。在 1300℃ 时 C、Mo、V 在 Ti 基体中的扩散速率为 $10^{-6.5}$，10^{-13} 和 10^{-13} m²/s 的数量级范围，而 Ti 在 Mo 和 V 基体中的扩散速率均在 10^{-16} m²/s 的数量级。这说明在 Ti 与金属碳化物反应时，金属碳化物颗粒中的 Mo、V 和 C 元素向 Ti 颗粒的扩散要快于 Ti 颗粒中的 Ti 元素向金属碳化物

图 4 - 22　Ti + 12% Mo₂C 和 Ti + 6% VC
经过 1.5 h 烧结后的密度随烧结温度变化曲线

颗粒扩散。因此，在 Ti 与金属碳化物烧结反应初始阶段，金属碳化物中的金属原子 Mo 或 V 和 C 原子向钛颗粒扩散并在表层区域形成固溶体 Ti – M(C)(M = Mo 或 V)。当 Ti 颗粒表层的 C 元素浓度足够高时，Ti – M(C) 固溶体中析出 TiC 颗粒。因此，反应进行到一定阶段后，钛颗粒表层形成的单相 Ti – M(C) 区转变成 Ti – M(C) 和 TiC 构成的双相区。随着反应的继续进行，两相区向钛颗粒内部进一步扩张，同时也有 TiC 颗粒的不断析出。两相区扩张和 TiC 颗粒析出的同时进行产生对碳的竞争需求。这种竞争需求对 TiC 颗粒的形核与长大有着非常重要的影响。

基于 Paransky 提出的模型[3]，可采用式(4 - 6)和式(4 - 7)来对两相区的扩张和 TiC 颗粒的析出对碳的需求进行描述。

$$W = K_R C(1 - f) \tag{4 - 6}$$
$$\partial[C(1 - f)]/\partial t = - K_R C(1 - f) + \partial[D_{eff}(\partial C/\partial x)]/\partial x \tag{4 - 7}$$

式中：W 为单位体积 Ti – M(C) 固溶体提供给 TiC 颗粒形核和长大的总量；C 为碳元素在 Ti – M(C) 固溶体中的浓度；K_R 为反应常数，描述包括形核与长大在内整个 TiC 析出过程的唯向系数；f 为 TiC 颗粒的体积分数；D_{eff} 为碳在两相区内的有效扩散系数。根据热力学计算结果，反应(4 - 4)和(4 - 5)的驱动力是不同的，Ti 与 Mo₂C 的反应驱动力大于 Ti 与 VC 反应的驱动力。反应驱动力越大，反应过程越快。经 850℃/1.5 h 烧结后，Ti + VC 压坯中还残存有 VC，而 Ti + Mo₂C 压坯中则找不 Mo₂C 的存在，也说明 Ti 与 Mo₂C 的反应快于 Ti 与 VC 反应。根据式(4 - 6)，在保持其他条件不变的前提下，TiC 颗粒的体积分数随着反应速率的增加而增加。这也就是说可以通过提高反应速度来促进 TiC 的形成和长大。反应速率的增加会抑制两相区扩张，减小其最终宽度。这样就会造成在反应速率较快时，大量的 TiC 颗粒在很窄的两相区内形成。因此，Ti + Mo₂C 压坯内 TiC 颗粒由

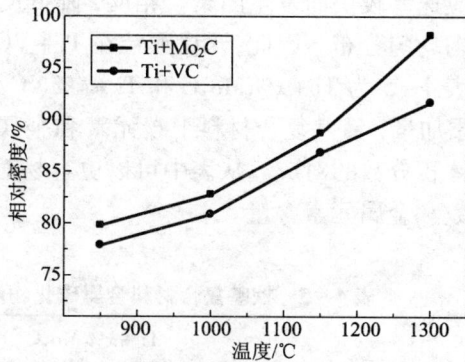

于反应速率较快而发生团聚。相反，降低反应速率则有利于 TiC 颗粒在较为宽的范围内均匀分布。因此，TiC 颗粒在 Ti + VC 压坯中均匀分布。

表 4 - 5 为 Ti + x% Mo$_2$C 和 Ti + x% VC 钛基复合材料中金属碳化物(Mo$_2$C 和 VC)添加量，钛基复合材料中碳元素和金属元素(Mo 和 V)含量以及 TiC 颗粒的理论体积分数的对应。从表中可以更容易对比各种钛基复合材料中的 TiC 颗粒体积分数和金属元素含量。

表 4 - 5　钛基复合材料金属碳化物添加量与 TiC 颗粒体积数分数

	Ti + x% Mo$_2$C			Ti + x% VC		
	Ti + 3% Mo$_2$C	Ti + 6% Mo$_2$C	Ti + 12% Mo$_2$C	Ti + 3% VC	Ti + 6% VC	Ti + 12% VC
碳化物 w%	3	6	12	3	6	12
碳化物 φ%	1.4	3	6.3	2.3	4.7	9.6
合金元素 w%	2.82	5.64	11.28	2.48	4.96	9.92
总碳量 w%	0.18	0.36	0.72	0.52	1.04	2.08
TiCφ%	0.7	1.4	2.8	2.1	4.2	8.4

图 4 - 23 为不同钛基复合材料烧结后的相组成。从图中可以看到，经过烧结后所有钛基复合材料的衍射图谱中均出现了 TiC 衍射峰。随着金属碳化物添加量的增加，TiC 和 β - Ti 的衍射峰增强，α - Ti 的衍射峰减弱。图 4 - 24 为钛基复合

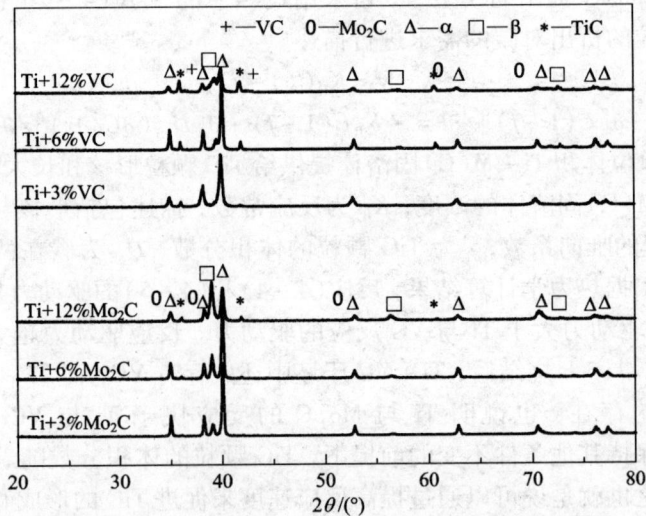

图 4 - 23　钛基复合材料烧结后的 XRD 图谱

材料烧结后的扫描电镜显微组织。从图中可知，金属碳化物的添加量为 3% 和 6% 时，钛基体晶内为典型的 $(\alpha + \beta)$ 层片状组织，原始 β - Ti 晶界由粗大的 α 相构成。金属碳化物的添加量为 12% 时，钛基体为典型的 β - Ti 组织。对比表 4 - 5，可以进一步理解不同碳化物添加量造成材料显微组织的变化。

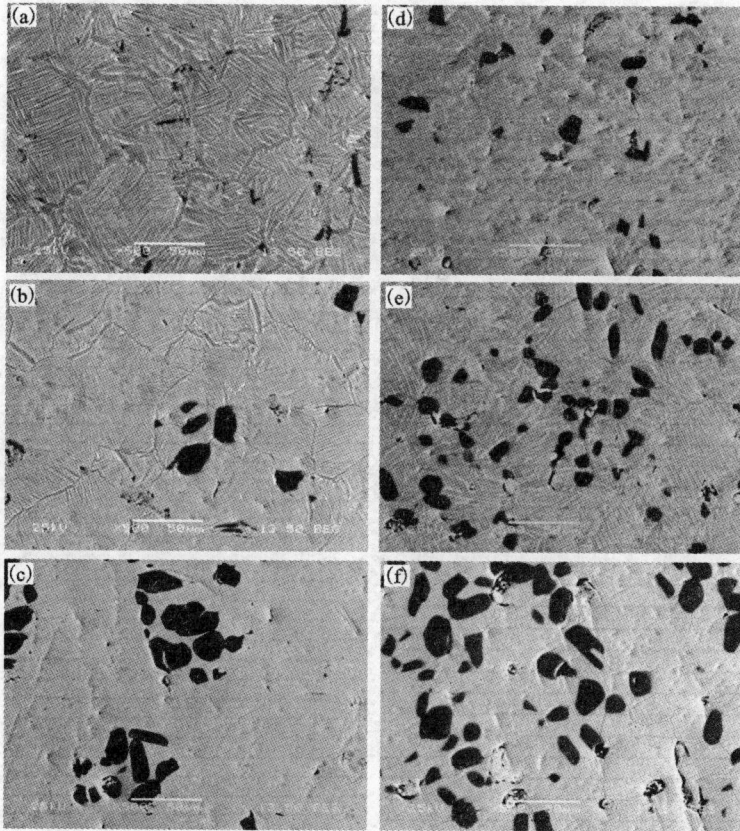

图 4 - 24　烧结态钛基复合材料的显微组织
(a) Ti + 3% Mo_2C；(b) Ti + 6% Mo_2C；(c) Ti + 12% Mo_2C；
(d) Ti + 3% VC；(e) Ti + 6% VC；(f) Ti + 12% VC

4.4.2　变形组织

图 4 - 25 为经过热轧后的 Ti + x% Mo_2C 和 Ti + x% VC 钛基复合材料中 TiC 颗粒分布。Ti + x% Mo_2C 钛基复合材料中的团聚 TiC 颗粒经过热轧后沿轧制方向成线状分布。而 Ti + x% VC 钛基复合材料中的 TiC 颗粒仍然分布均匀。热轧对钛基复合材料中 TiC 颗粒的尺寸影响很小，TiC 颗粒烧结态和轧制态的平均尺寸见

表4-6。图4-26为热轧和退火后 Ti + $x\%$ Mo$_2$C 和 Ti + $x\%$ VC 钛基复合材料的金相显微组织。从图中可以看到，所有钛基复合材料的钛基体晶粒都在 1 μm 左右。轧制极大地细化了 Ti + $x\%$ Mo$_2$C 和 Ti + $x\%$ VC 钛基复合材料的基体组织。经过热轧后，合金中也没有观察到残留孔隙，表明热轧使得烧结态钛基复合材料中孔隙发生了闭合，有利于材料的致密化。

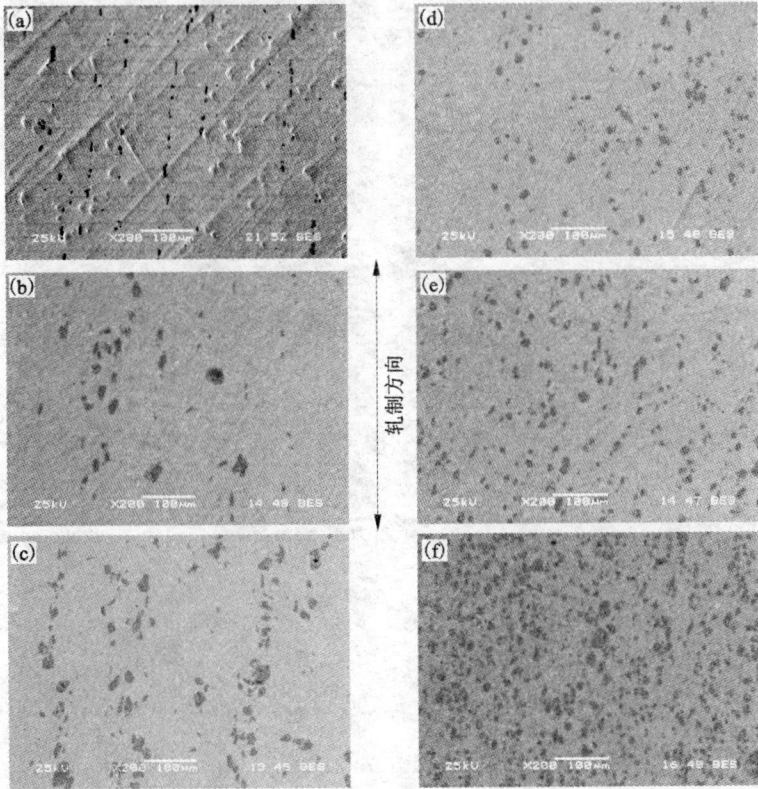

图4-25　热轧态钛基复合材料中 TiC 颗粒的分布

（a）Ti + 3% Mo$_2$C；（b）Ti + 6% Mo$_2$C；（c）Ti + 12% Mo$_2$C；
（d）Ti + 3% VC；（e）Ti + 6% VC；（f）Ti + 12% VC

表4-6　钛基复合材料中 TiC 颗粒的平均尺寸

	Ti + Mo$_2$C			Ti + VC		
	Ti + 3% Mo$_2$C	Ti + 6% Mo$_2$C	Ti + 12% Mo$_2$C	Ti + 3% VC	Ti + 6% VC	Ti + 12% VC
烧结态	4.6	10.9	12.7	11.5	11.7	13.4
热轧态	5.1	11.8	13.2	10.2	12.2	13.9

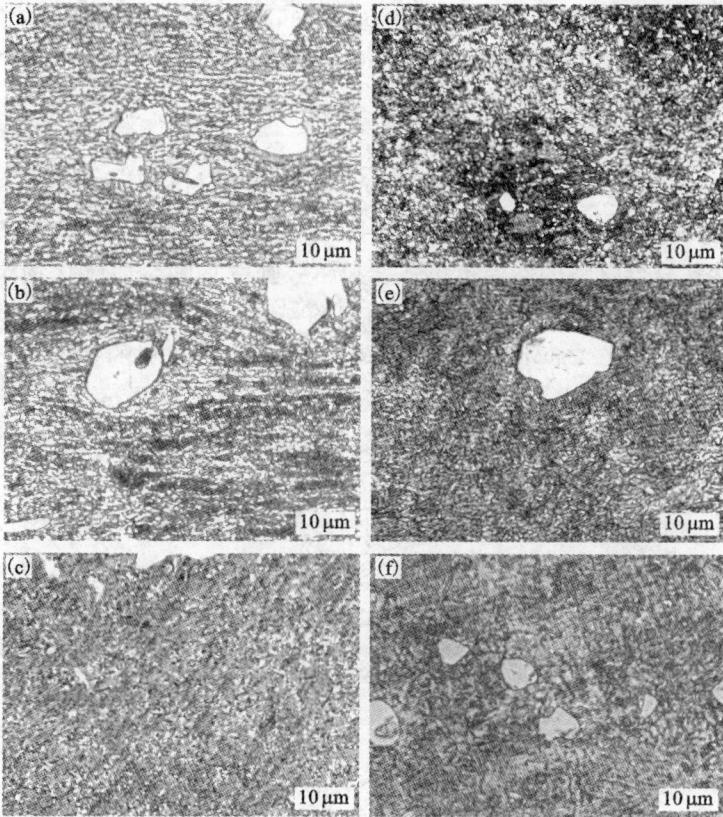

图 4 – 26　热机处理后钛基复合材料的金相显微组织

(a)Ti + 3% Mo_2C；(b)Ti + 6% Mo_2C；(c)Ti + 12% Mo_2C；

(d)Ti + 3% VC；(e)Ti + 6% VC；(f)Ti + 12% VC

图 4 – 27 为钛基复合材料经过热挤压和退火后的金相显微组织。可以看到，

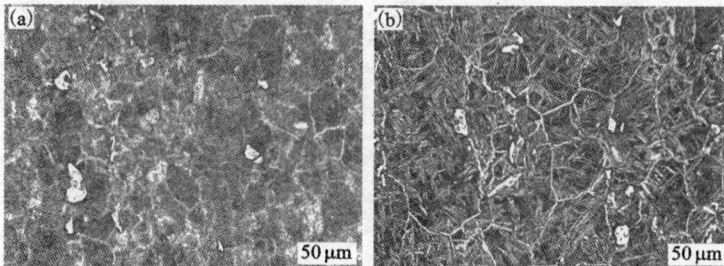

图 4 – 27　热机处理后钛基复合材料的金相显微组织

(a)Ti – 5%(6Al – 4V) – 6% Mo_2C；(b)Ti – 7.5%(6Al – 4V) – 6% Mo_2C

热挤压和退火后使得烧结态钛基体原始 β - Ti 晶粒和(α + β)片层组织发生细化，而其 TiC 颗粒的分布也明显变得更加均匀。

4.4.3 力学性能

图 4 - 28 为 Ti + x% Mo₂C 和 Ti + x% VC 钛基复合材料经过热轧和 650℃/2 h 退火后在室温和高温的力学性能。从图 4 - 28(a)中可以看到，Ti + x% Mo₂C 和 Ti + x% VC钛基复合材料的室温抗拉强度和屈服强度均随金属碳化物添加量的增加成直线增加。Ti + x% Mo₂C 钛基复合材料的强度曲线高于 Ti + x% VC 钛基复合材料的强度曲线。Ti + x% Mo₂C 和 Ti + x% VC 钛基复合材料的强度 - 金属碳化物添加量直线的斜率不一样。Ti + x% Mo₂C 钛基复合材料的强度 - Mo₂C 添加量直线斜率为 17.8，而 Ti + x% VC 钛基复合材料强度 - VC 添加量的斜率为 29.3。也就是说，1% Mo₂C 添加量的强度增量为 17.8 MPa，而 1% Mo₂C 添加量的强度增量为 29.3 MPa。研究结果表明，在钛合金中 1% Mo 添加量的强度增量为 50MPa，而 1% V 添加量的强度增量为 35 MPa。这表明单位质量 Mo₂C 对强度的贡献小于单位质量 Mo 对强度的贡献，而单位质量的 VC 对强度的贡献与单位质量 V 对强度的贡献相近。从图 4 - 28 中还可以看到，Ti + x% Mo₂C 和 Ti + x% VC 钛基复合材

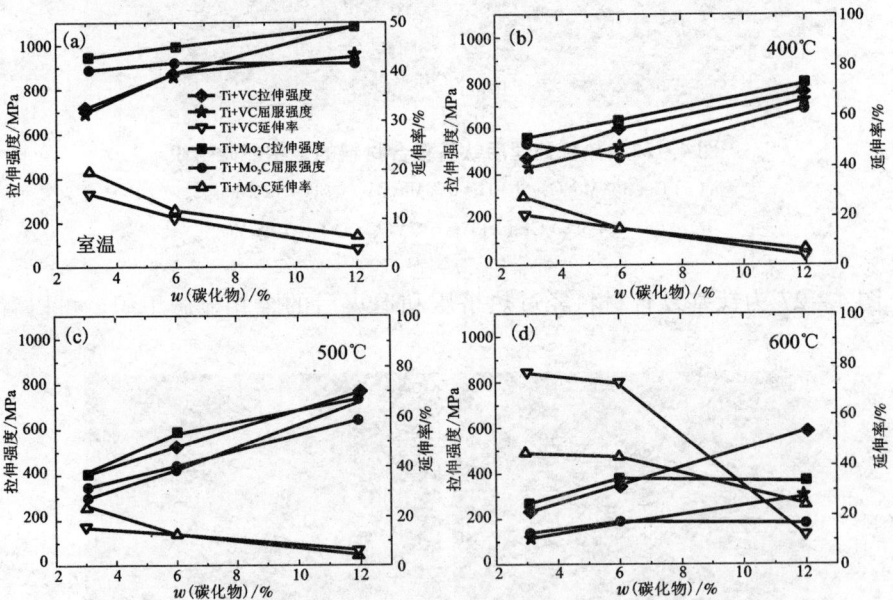

图 4 - 28　经过热轧和 650℃/2 h 退火后钛基复合材料的力学性能

(a)室温；(b)400℃；(c)500℃；(d)600℃

料在高温的强度也随着金属碳化物添加量的增加而线性增加。$Ti + x\% Mo_2C$ 钛基复合材料的高温强度高于 $Ti + x\% VC$ 钛基复合材料。这两类钛基复合材料的强度均随着拉伸温度的增加而减小。而且两类钛基复合材料强度曲线之间的差值随着温度和金属碳化物添加量的增加而减小。两类钛基复合材料的高温延伸率仍然随着金属碳化物添加量的增加而减小，随着温度的增加而增加。

图 4 - 29 为添加 $6Al - 4V$ 合金粉后 $Ti - 6\% Mo_2C$ 钛基复合材料的拉伸强度。从图中可以看出，添加不同含量 $6Al - 4V$ 的钛基复合材料的强度均随着拉伸温度的增加而减少，特别是在 $600℃$ 后下降速度较快。而延伸率则随着温度的增加而增加。同时也可看到，添加 7.5%（$6Al - 4V$）合金的 $Ti - 6\% Mo_2C$ 钛基复合材料的强度曲线高于添加 5%（$6Al - 4V$）合金的材料。

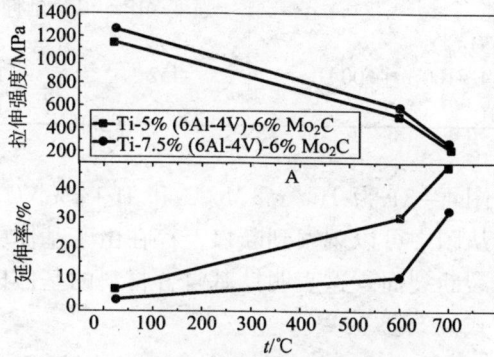

图 4 - 29　钛基复合材料的
力学性能随温度的变化曲线

图 4 - 30 为在 $Ti - 6\% Mo_2C$ 钛基复合材料中添加不同 $6Al - 4V$ 合金粉后的室温和 $600℃$ 高温拉伸性能。可以看到，室温和高温强度均随着 $6Al - 4V$ 合金粉添加量的增加而增加，延伸率则下降。

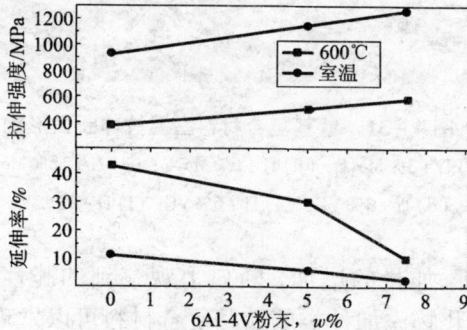

图 4 - 30　$Ti - 6\% Mo_2C$ 钛基复合材料力学性能
与 $6Al - 4V$ 合金粉末添加量的变化曲线

表 4 – 7 为添加 5% 和 7.5% 的 6Al – 4V 合金粉后 Ti – 6% Mo_2C 钛基复合材料未经热暴露和经过 700℃/100 h 热暴露后在 600℃ 高温拉伸的力学性能对比。从表中可以看到，6Al – 4V 合金元素添加量大时强度衰退大。

表 4 – 7　钛基复合材料热暴露前后在 600℃ 的高温力学性能

性能	Ti + 5% (6Al – 4V) – 6% Mo_2C		Ti + 7.5% (6Al – 4V) – 6% Mo_2C	
	强度/MPa	延伸率/%	强度/MPa	延伸率/%
600℃	508	30	581	10
700℃/100 h + 600℃	452	17	509	8
差值	56	13	72	2

图 4 – 31 为 Ti + x% Mo_2C 和 Ti + x% VC 钛基复合材料室温拉伸后的断口形貌。从图中可以观察到断口上存在由于基体中微空洞聚合形成的韧窝和 TiC 颗粒的解裂断裂面。这表明钛基复合材料的基体以韧性方式失效，而 TiC 颗粒则以脆性方式失效。

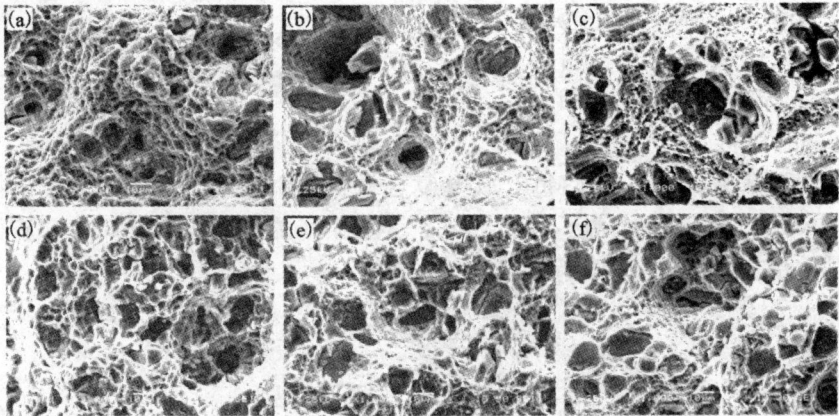

图 4 – 31　钛基复合材料室温拉伸断口形貌

(a)Ti + 3% Mo_2C；(b)Ti + 6% Mo_2C；(c)Ti + 12% Mo_2C；
(d)Ti + 3% VC；(e)Ti + 6% VC；(f)Ti + 12% VC

随着金属碳化物添加量的增加，断口上观察到的脆性断裂 TiC 颗粒数量增多。对比不同金属碳化物添加种类的钛基复合材料可以发现，脆性断裂的 TiC 颗粒在 Ti + x% VC 钛基复合材料断口上的分布比 Ti + x% Mo_2C 钛基复合材料均匀。为了了解材料的断裂过程，对其断口附近区域的截面进行了扫描电镜组织观察，如图 4 – 32。从图中可以观察到 Ti + x% Mo_2C 钛基复合材料断口下方微裂纹的数量随着 Mo_2C 添加量的增加而增加。在 Ti + x% VC 钛基复合材料中则只能观察到相对较少的微裂纹。

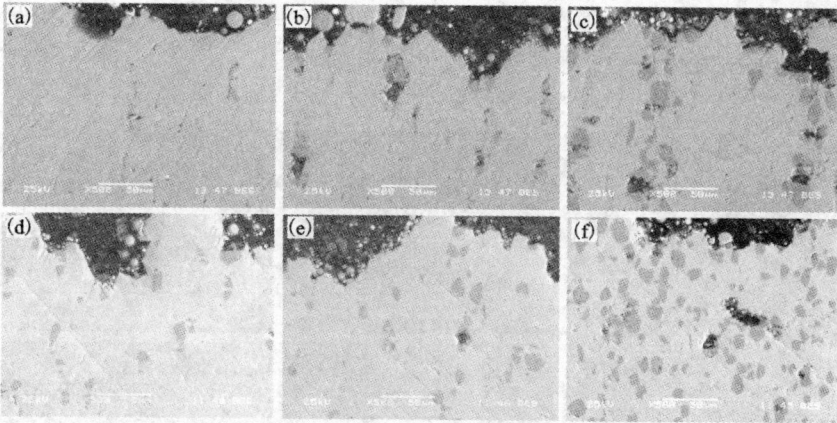

图 4 – 32 钛基复合材料断口附近截面的扫描电镜组织

(a)Ti + 3% Mo$_2$C；(b)Ti + 6% Mo$_2$C；(c)Ti + 12% Mo$_2$C；

(d)Ti + 3% VC；(e)Ti + 6% VC；(f)Ti + 12% VC

图 4 – 33 ~ 图 4 – 35 为 Ti + x% Mo$_2$C 和 Ti + x% VC 钛基复合材料在高温拉伸后的断口组织照片。除了有少量由于 TiC 颗粒脱黏形成的孔洞外，这两类钛基复合材料在 400℃拉伸后的断口组织基本与室温拉伸断口组织相同。随着拉伸温度增加到 500℃，由于 TiC 颗粒脱黏形成的大孔洞数量也在增加，而且在 Ti + x% Mo$_2$C 钛基复合材料比在 Ti + x% VC 钛基复合材料增加得更明显。从 600℃拉伸后的断口组织中可以发现，除在 Ti + 6% VC 和 Ti + 12% VC 钛基复合材料钛基复

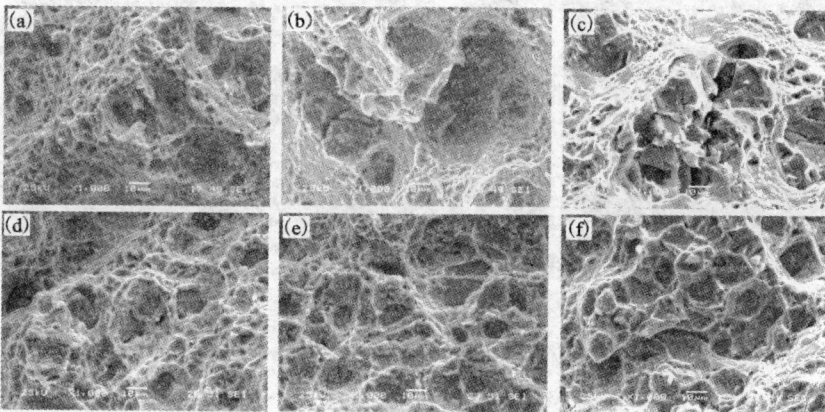

图 4 – 33 钛基复合材料 400℃拉伸后断口形貌

(a)Ti + 3% Mo$_2$C；(b)Ti + 6% Mo$_2$C；(c)Ti + 12% Mo$_2$C；

(d)Ti + 3% VC；(e)Ti + 6% VC；(f)Ti + 12% VC

合材料中可以观察到少量脆性断裂的 TiC 颗粒外，其他钛基复合材料中的 TiC 全部以脱黏的方式发生失效，形成大量尺寸较大的孔洞。

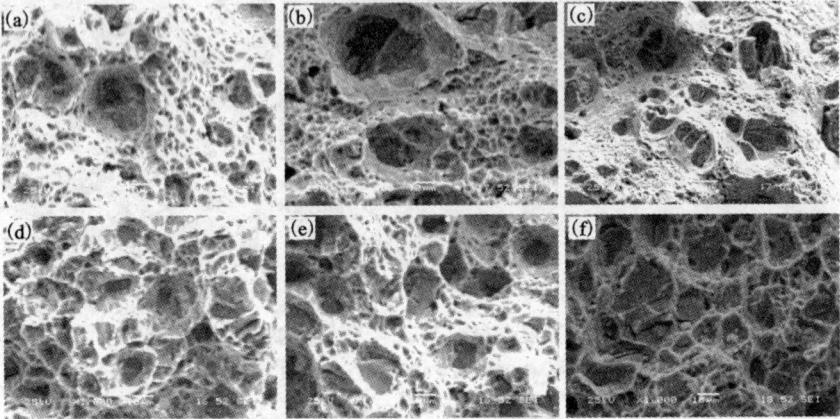

图 4 - 34　钛基复合材料 500℃拉伸后断口扫描电镜组织

(a) Ti + 3% Mo₂C；(b) Ti + 6% Mo₂C；(c) Ti + 12% Mo₂C；

(d) Ti + 3% VC；(e) Ti + 6% VC；(f) Ti + 12% VC

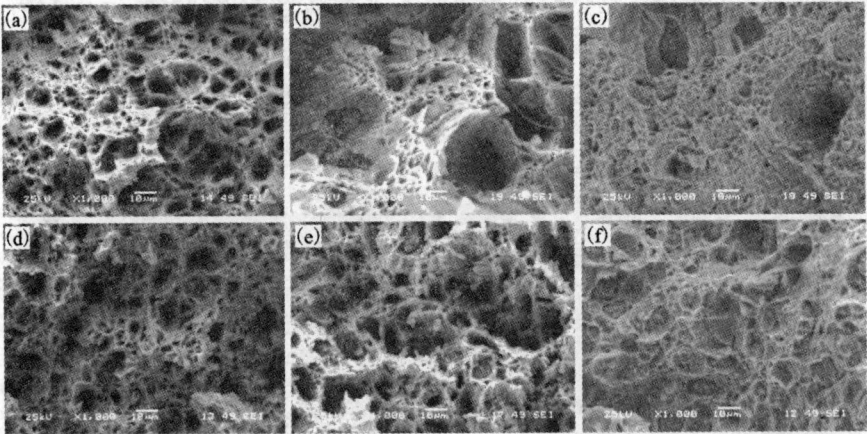

图 4 - 35　钛基复合材料 600℃拉伸后断口形貌

(a) Ti + 3% Mo₂C；(b) Ti + 6% Mo₂C；(c) Ti + 12% Mo₂C；

(d) Ti + 3% VC；(e) Ti + 6% VC；(f) Ti + 12% VC

图 4 - 36 和图 4 - 37 为添加 5% 和 7.5% 的 6Al - 4V 合金粉后的含 Mo₂C 钛基复合材料经过 600℃、700℃拉伸以及经过 700℃/100 h 热暴露后在 600℃拉伸的断口组织。从图中可以看到，两种复合材料的基体都以韧性方式发生断裂。但是

与 Ti – 6% Mo$_2$C 钛基复合材料在 600℃拉伸后 TiC 颗粒发生脱黏不同，这两种材料中的 TiC 颗粒发生了脆性断裂，甚至在 700℃高温下拉伸和 700℃/100 h 热暴露后在 600℃拉伸都是如此，表明 TiC 颗粒在高温下仍然承受了主要载荷，从而强化基体材料。

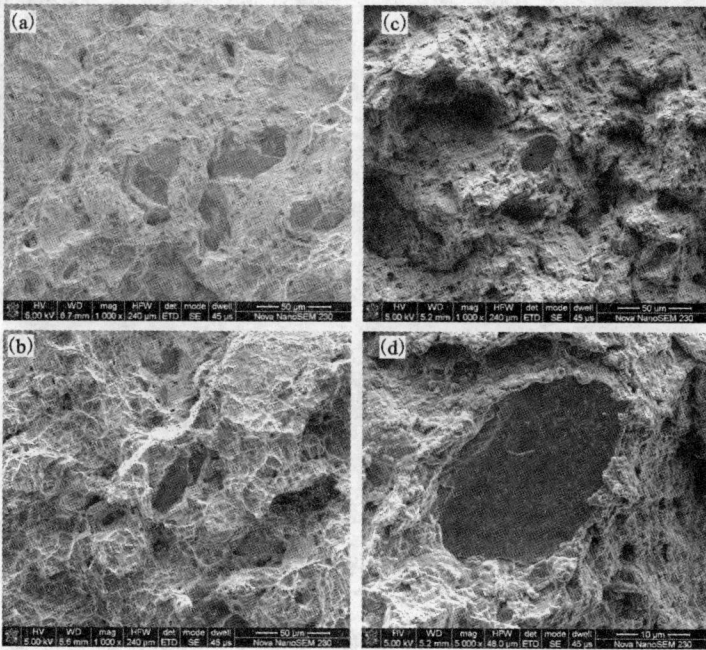

图 4 – 36　Ti – 5%(6Al – 4V) – 6% Mo$_2$C 钛基复合材料在不同温度拉伸后的断口组织

(a)600℃；(b)700℃；

(c)和(d)700℃，100 h 热暴露，600℃

研究表明，颗粒增强钛基复合材料中有多种强化机制起作用。采用添加金属碳化物制备的钛基复合材料的强度来源主要有两个方面的因素：金属碳化物中的金属原子(Mo 和 V)固溶于钛基体中形成固溶体和金属碳化物中的 C 原子与 Ti 反应形成 TiC 颗粒。固溶原子在钛合金强化作用可以采用 Kolachev 经验公式进行估算[4]，钛基复合材料的强度通过试验测得。所以采用式(4 – 8)可以估算 TiC 颗粒对强度的贡献：

$$\Delta\sigma_{TiC} = \sigma_{钛基复合材料} - \sigma_{钛基体} \qquad (4-8)$$

式中：$\Delta\sigma_{TiC}$为 TiC 颗粒对强度的贡献；$\sigma_{钛基复合材料}$为钛基复合材料的强度；$\sigma_{钛基体}$为 Kolachev 经验公式计算得到的钛基体强度。将 TiC 颗粒对强度的贡献，钛基体的强度，钛基复合材料的强度随金属碳化添加量的变化曲线对比列于图 4 – 38。

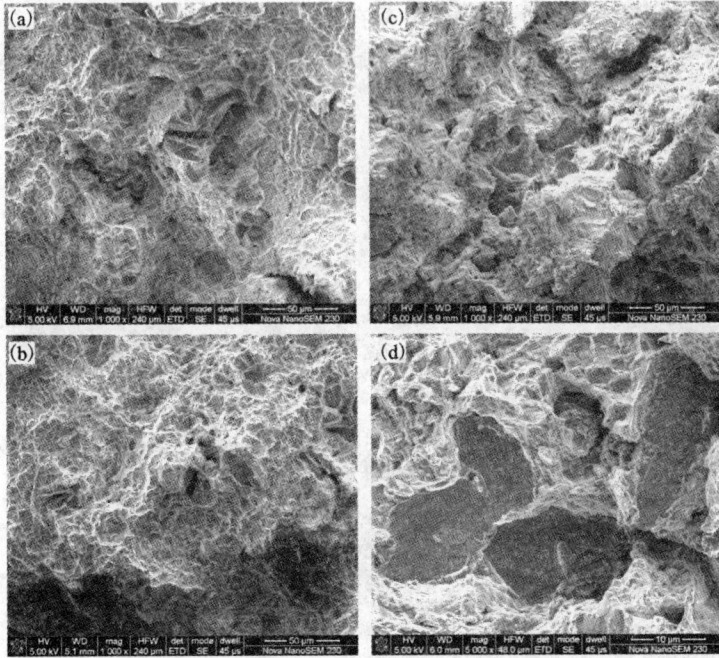

图4－37　Ti－7.5％(6Al－4V)－6％Mo₂C钛基复合材料在不同温度拉伸后的断口组织

(a)600℃；(b)700℃；(c)和(d) 700℃，100 h热暴露，600℃

从图中可以看到，尽管体积分数不断增加，但是 TiC 颗粒的强度贡献并不是单调地随着金属碳化物添加量的增加而增加。对于 $Ti + x\% Mo_2C$ 材料来说，TiC 颗粒的强度贡献随着 Mo_2C 添加量的增加而减小；而对于 $Ti + x\% VC$ 材料来说，TiC 颗粒的强化效果随着 VC 添加量的增加而缓慢增加。TiC 颗粒对强度的贡献可以从两个方面来考虑：一方面，TiC 颗粒在热机处理过程中有利于基体的晶粒细化产生细晶强化。但是从前面结果可以看到，$Ti + x\% Mo_2C$ 和 $Ti + x\% VC$ 钛基复合材料的基体晶粒尺寸基本上处在同一水平，细化程度并不随着 TiC 颗粒体积分数的增加而增加。因此，细晶强化对于这两类钛基复合材料来说是相同的。另一方面，TiC 颗粒在拉伸变形过程中通过载荷转移直接强化基体。在变形过程中颗粒聚集区域内的基体很容易由于应力集中而导致裂纹的过早形成，使得基体所承受应力不能充分转移到 TiC 颗粒，从而减弱 TiC 颗粒的强化作用。从图4－32中也可以看到，$Ti + x\% Mo_2C$ 钛基复合材料拉伸断口下方在大量 TiC 颗粒聚集的区域内有微裂纹形成，表明聚集的 TiC 颗粒在拉伸过程促进了裂纹的过早形成，因而降低了其载荷转移作用。而在 $Ti + x\% VC$ 钛基复合材料中，均匀分布的 TiC 颗粒不会使基体局部发生应力集中而过早产生裂纹，因而 TiC 颗粒能够充分承载基体转移过来的应力，而发挥其强化效果。TiC 颗粒由于载荷转移产生的强度贡献与其体积分数成正比例关系。由于本书所介绍的 Ti + $x\%$ VC 钛基复合材料中 TiC 颗粒体积分数变化较小，因此 TiC 颗粒对强度的贡献也只随着体积分数的变化发生了少量的增加。从图 4 – 38 中也可以看到，Ti + $x\%$ Mo$_2$C 钛基复合材料相对较高的强度主要来自于其基体的固溶强化。而 Ti + $x\%$ VC 钛基复合材料中基体的固溶强化和 TiC 颗粒的强度贡献相当。

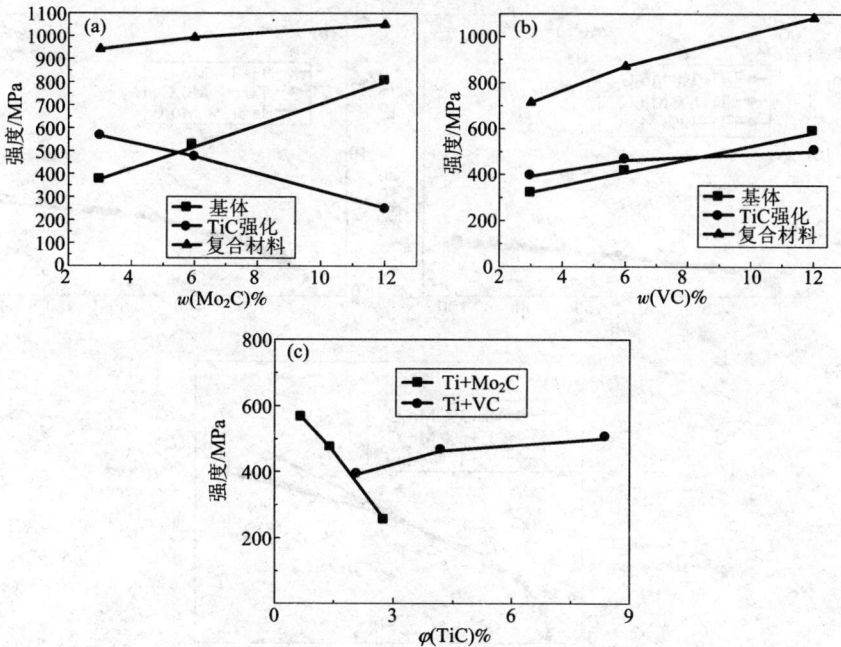

图 4 – 38　TiC 颗粒对强度的贡献
（a）钛基复合材料基体的强度；（b）钛基复合材料的强度；（c）随金属碳化添加量变化曲线

4.4.4　抗氧化性能

钛基复合材料也经常应用于高温环境。空气中的氧不仅会在其表面形成氧化层，而且会扩散到材料内部形成富氧层。复合材料中颗粒与基体的界面有可能成为氧快速扩散的通道，从而影响其抗氧化和力学性能。前面介绍了含稀土钛合金的抗氧化性为，本节拟对 TiC/Ti 基复合材料的高温氧化性能进行系统研究，分析其氧化机制。

图 4 – 39 为 Ti + $x\%$ Mo$_2$C 钛基复合材料的氧化增重曲线。从图中可以看到随着温度和时间的增加，不同 Mo$_2$C 添加量的钛基复合材料的氧化增重均增加。在

氧化初期，增重较快；随着时间的延长，增重减缓。Mo_2C 添加量对钛基复合材料的氧化增重曲线影响甚小。

图 4-40 为 Ti + x% VC 钛基复合材料的氧化增重曲线。从图中可以看到，随着温度和时间的增加，Ti + x% VC 钛基复合材料的氧化增重均增加。在相同温度下，随着 VC 添加量增加，氧化增重增加。在温度和金属碳化物添加量相同时，Ti + x% VC 钛基复合材料的氧化增重曲线高于 Ti + x% Mo_2C 钛基复合材料。

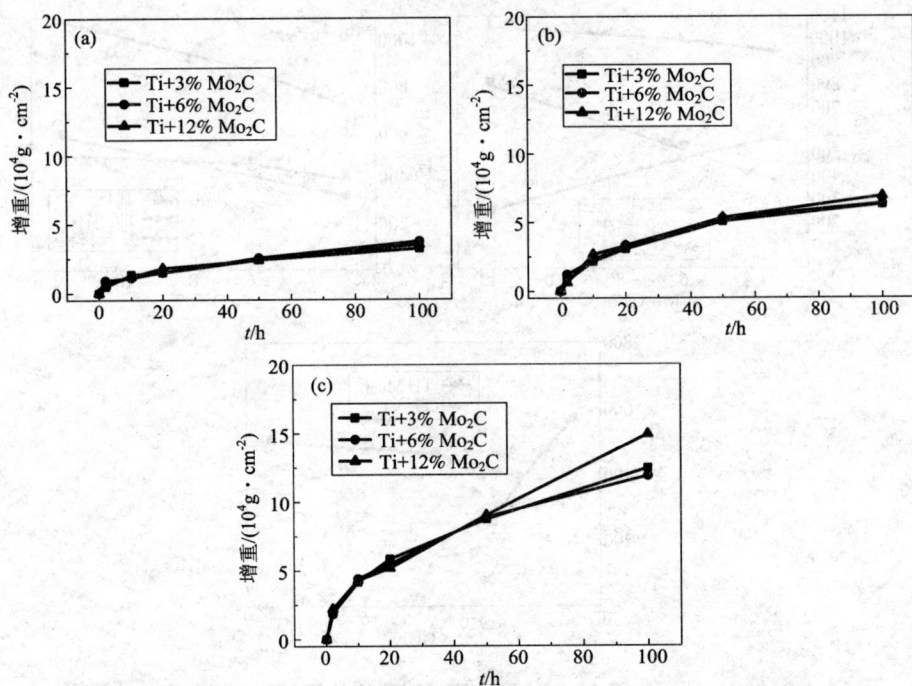

图 4-39　Ti + x% Mo_2C 钛基复合材料不同温度下的氧化增重曲线

(a)600℃；(b)650℃；(c)700℃

图 4-41 为含 5% 和 7.5%（6Al-4V）的 Ti-6% Mo_2C 钛基复合材料的氧化增重曲线。从图中可以看到，随着温度和时间的增加，不同 6Al-4V 添加量的 Ti-6% Mo_2C 钛基复合材料的氧化增重均增加。在温度和时间相同时，添加了 6Al-4V 的复合材料抗氧化性能差于未添加的材料。6Al-4V 含量高的复合材料抗氧化性也差一些。

根据 Wagner 氧化理论及式(3-3)，可计算出材料在不同温度下的 n 值，见表 4-8 ~ 表 4-10。从表中可以看到，Mo_2C、VC 以及 6A-4V 合金元素的添加对钛基复合材料的 n 值影响很大。Ti + x% Mo_2C 钛基复合材料在 600 ~ 700℃ 的范围

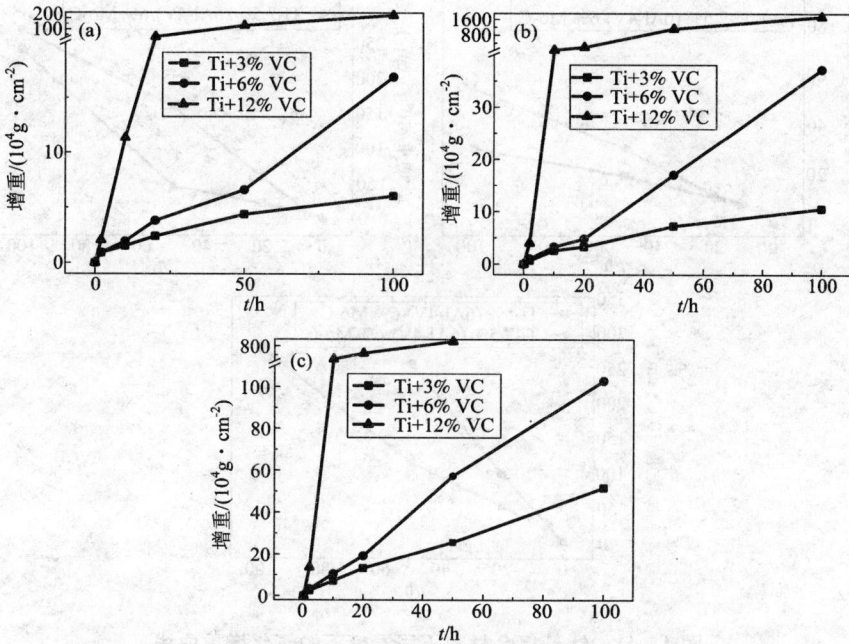

图 4 – 40　Ti + x%VC 钛基复合材料不同温度下的氧化增重曲线

(a)600℃；(b)650℃；(c)700℃

内，n 值维持在 2 左右，表明材料的氧化动力学曲线遵循抛物线关系。Ti + x% VC 钛基复合材料在 600 ~ 700℃的范围内，n 值随着 VC 添加量的增加而减小。在添加量为 3% 时，n 值介于 1 ~ 2 之间，材料的氧化动力学曲线为抛物线 – 直线混合型。在添加量为 6% 时，n 值接近 1，材料的氧化动力学曲线为直线型。而当添加量为 12% 时，n 值小于 1，表明材料的氧化动力学曲线为近直线型，其氧化速率比直线关系更快。在 Ti + 6% Mo_2C 钛基复合材料中添加 6Al – 4V 合金，n 值显著降低，接近 1。

表 4 – 8　Ti + x% Mo_2C 钛基复合材料 600 ~ 700℃氧化的 n 值

	n		
	600℃	650℃	700℃
Ti + 3% Mo_2C	2	1.8	2.1
Ti + 6% Mo_2C	2.5	2.3	2.1
Ti + 12% Mo_2C	2.2	1.6	2.1

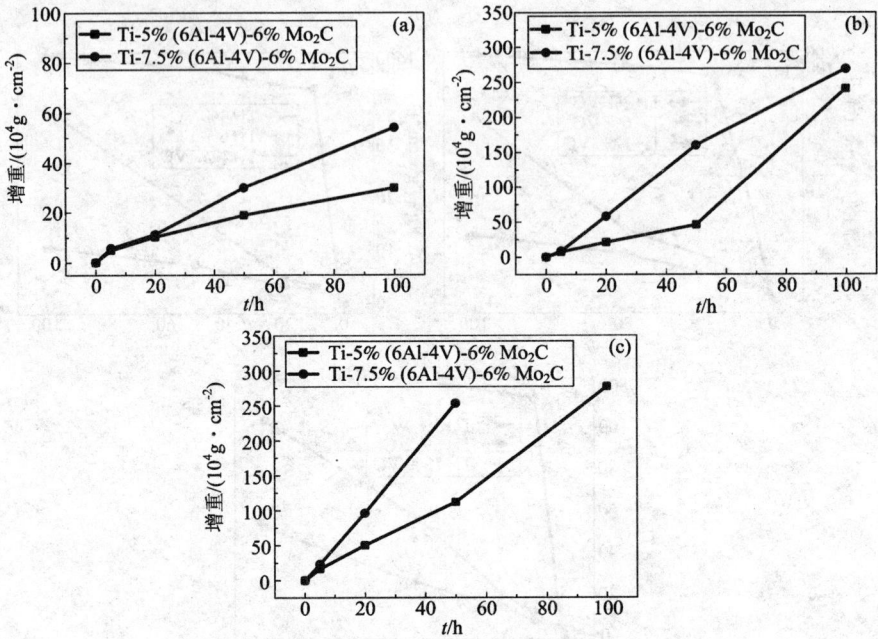

图 4 – 41   钛基复合材料不同温度下的氧化增重曲线

(a)650℃；(b)700℃；(c)750℃

表 4 – 9   Ti + x%VC 钛基复合材料 600 ~ 700℃氧化的 n 值

	n		
	600℃	650℃	700℃
Ti + 3% VC	1.9	1.4	1.3
Ti + 6% VC	1.3	1.1	1.1
Ti + 12% VC	0.8	0.6	0.7

表 4 – 10   含6Al – 4V 的钛基复合材料 700 ~ 800℃氧化的 n 值

	n		
	700℃	750℃	800℃
Ti – 5%(6Al – 4V) – 6% Mo$_2$C	1.7	0.9	1.1
Ti – 7.5%(6Al – 4V) – 6% Mo$_2$C	1.3	0.9	1.0

表 4 – 11 和 4 – 12 为根据式(3 – 4)计算得到的材料氧化的表观激活能。从表中可以看到 Ti + x% Mo$_2$C 钛基复合材料的表观激活能较高，在 Mo$_2$C 添加量为 6% 时表观激活能最小。而 Ti + x% VC 钛基复合材料的表观激活能较低，而且随

着 VC 添加量的增加而减小。从表 4 – 12 中可以看到,增加 6Al – 4V 合金的含量
使得材料的表观激活能降低。

表 4 – 11 钛基复合材料 600 ~ 700℃
氧化的表观激活能

	激活能 /$(kJ \cdot mol^{-1})$
Ti + 3% Mo$_2$C	210
Ti + 6% Mo$_2$C	126
Ti + 12% Mo$_2$C	180
Ti + 3% VC	117
Ti + 6% VC	102
Ti + 12% VC	77

表 4 – 12 含 6Al – 4V 合金的钛基复合材料
700 ~ 800℃氧化的表观激活能

	激活能 /$(kJ \cdot mol^{-1})$
Ti – 5% (6Al – 4V) – 6% Mo$_2$C	211
Ti – 7.5% (6Al – 4V) – 6% Mo$_2$C	200

表 4 – 13 为 Ti + x% Mo$_2$C 材料经恒温氧化的表面宏观照片。可以看到,经过
不同温度 100 h 的氧化后,钛基复合材料的表面颜色为蓝灰色,材料表面完整无
缺陷。

表 4 – 14 为 Ti + x% VC 材料经过恒温氧化的宏观照片。可以看到,经过不同
温度 100 h 的氧化后,钛基复合材料的表面颜色为土黄色。经过 600℃/100 h 的
样品表面基本能够保持完整,但是随着温度的增加样品开始变形,并且出现
裂纹。

表 4 – 15 为添加(6Al – 4V)合金元素的 Ti – 6% Mo$_2$C 钛基复合材料恒温氧化
的宏观照片。可以看到,样品经过氧化后表面呈暗紫色,但是外形较为完整。

表 4 – 13 Ti + x% Mo$_2$C 材料不同热暴露温度/100 h 氧化后的外观

	Ti + 12% Mo$_2$C	Ti + 6% Mo$_2$C	Ti + 3% Mo$_2$C
600℃			
650℃			
700℃			

表 4 – 14　Ti + x%VC 材料不同热暴露温度/100 h 氧化后的外观

	Ti + 12% VC	Ti + 6% VC	Ti + 3% VC
600℃	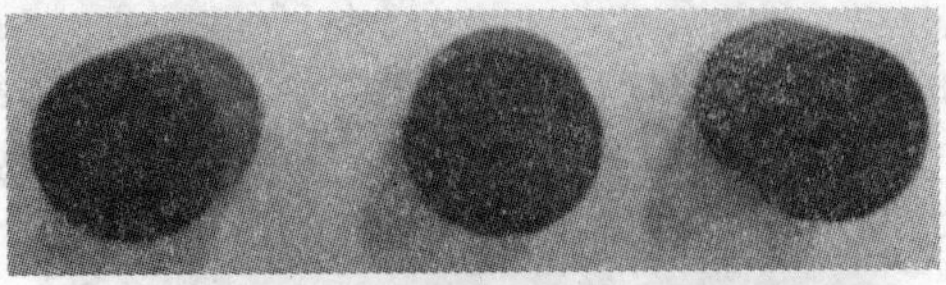		
650℃	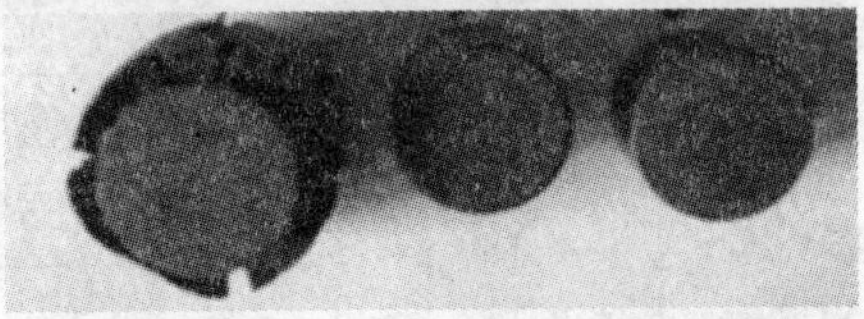		
700℃	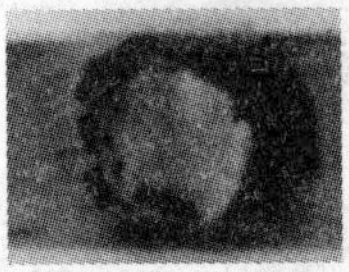	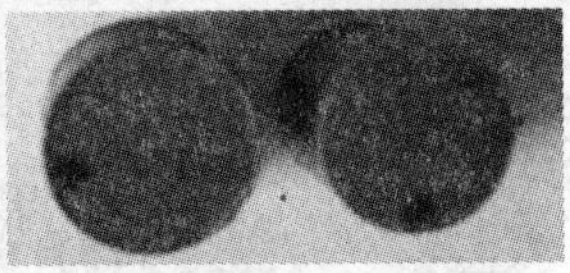	

表 4 – 15　Ti – 3Al – 2V – 6% Mo_2C, Ti – 4.5Al – 3V – 6% Mo_2C

材料不同热暴露温度/100 h 氧化后的外观

	700℃	750℃	800℃
Ti – 5%(6Al – 4V) – 6% Mo_2C			
Ti – 7.5%(6Al – 4V) – 6% Mo_2C			

　　图 4 – 42 为钛基复合材料恒温氧化后的表面形貌。Ti + 6% Mo_2C 钛基复合材料在 600℃恒温氧化 100 h 后，在表面形成致密的氧化物颗粒，颗粒尺寸分布均匀，尺寸细小。这表明氧化物在表面各处的形核和长大速率相同。随着温度的增加，氧化物颗粒的尺寸逐渐增加，达到微米级。但是，仍然保持颗粒尺寸分布均匀，致密。Ti + 6% VC 钛基复合材料在 600℃恒温氧化 100 h 后，在表面形成球状氧化物颗粒，氧化物颗粒之间结合比较松散，有少量孔隙存在。颗粒尺寸呈现双态分布特征，尺寸在亚微米级范围。氧化颗粒尺寸呈双态分布的主要原因是由于在氧化过程中，氧化层下方的 Ti 元素沿着孔隙向外扩散形成新的氧化物颗粒，先形成的氧化物颗粒和后形成的氧化物颗粒尺寸不一致引起。随着温度增加，氧化物颗粒长大，而且颗粒之间的空隙也增大，表面变得越来越疏松。

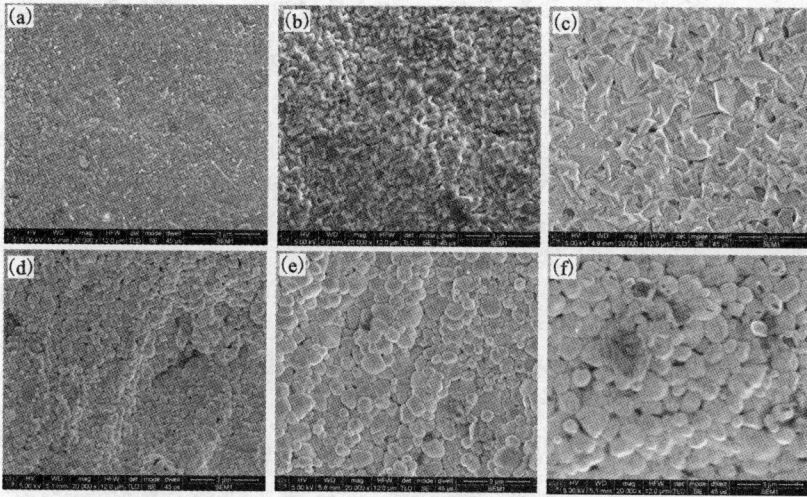

图 4-42 Ti+6%Mo₂C 钛基复合材料不同温度恒温氧化 100 h 后的表面微观形貌

Ti+6% Mo₂C：(a)600℃；(b)650℃；(c)700℃，Ti+6% VC；

(d)600℃；(e)650℃；(f)700℃

图 4-43 为不同 Mo₂C 和 VC 添加量钛基复合材料在 700℃氧化后的表面微观组织。从图中可以看到，随着 Mo₂C 添加量的增加 Ti+x% Mo₂C 钛基复合材料的表面氧化物形貌没有明显的变化，均为均匀致密的氧化物层，而且氧化物颗粒的

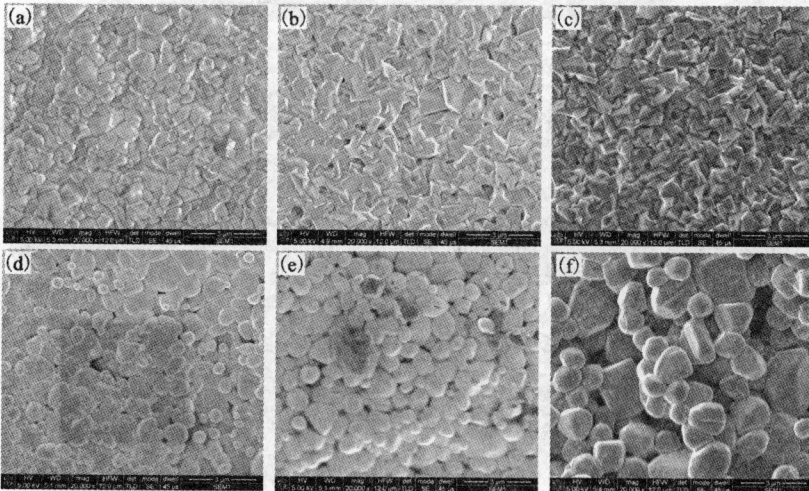

图 4-43 钛基复合材料 700℃氧化 100 h 后的表面组织

(a)Ti+3% Mo₂C；(b)Ti+6% Mo₂C；(c)Ti+12% Mo₂C；

(d)Ti+3% VC；(e)Ti+6% VC；(f)Ti+12% VC

尺寸也基本相当。随着 VC 添加量的增加，Ti + x% VC 钛基复合材料的表面氧化物颗粒尺寸有少量增加，但是颗粒之间的空隙变得越来越多，且越来越大。

图 4 - 44 为添加(6Al - 4V)合金的 Ti - 6% Mo_2C 钛基复合材料恒温氧化后的表面形貌。从图中可以到，钛基复合材料的表面氧化形貌呈现短棒状，排列较为疏松。氧化物短棒之间的疏松程度随着氧化温度的增加而加剧。在同样的温度下，7.5%(6Al - 4V)材料表面氧化物要比 5%(6Al - 4V)材料的粗大，而且排列更疏松。

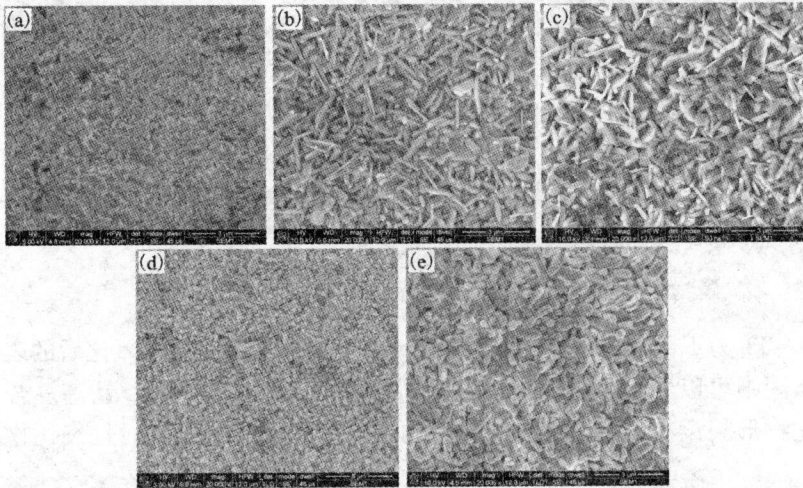

图 4 - 44 钛基复合材料不同温度恒温氧化 100 h 后的表面微观形貌

Ti - 5%(6Al - 4V) - 6% Mo_2C：(a)，(b)，(c)；Ti - 7.5%(6Al - 4V) - 6% Mo_2C：(d)，(e)；
(a)，(d)700℃；(b)，(f)750℃；(c)800℃

图 4 - 45 为 Ti + 6% Mo_2C 和 Ti + 6% V C 钛基复合材料 650℃/100 h 恒温氧化后的剖面显微组织。从图中可以看到，Ti + 6% Mo_2C 钛基复合材料的表层区域与心部区域相比，白色衬度相数量减少，尺寸变小。白色衬度相为 β - Ti 相，这说明在氧化过程中 β - Ti 相转化成 α - Ti 相。同时，能谱分析表明表层区域 α - Ti 相内的 Mo 元素和氧元素含量高于心部区域。表明表层 β - Ti 相内的 Mo 元素在相转变时溶解到 α - Ti 相内部。Ti + 6% Mo_2C 钛基复合材料的表层区域致密，没有发现明显的缺陷区域。氧化层与基体没有明显的界面。Ti + 6% VC 钛基复合材料表层的氧化层大约有 100，而且有大量的孔洞存在。氧化层与基体之间的界面呈现锯齿状。界面沿着 TiC 颗粒以及白色衬度的 β - Ti 相向基体一侧弓出，表明 TiC 颗粒和 β - Ti 相比 α - Ti 相更容易发生氧化。

图 4 - 46 为 Ti + 6% Mo_2C 和 Ti + 6% V C 钛基复合材料 700℃/100 h 恒温氧化

后 TiC 颗粒的形貌。从图中可以看到，Ti + 6% Mo₂C 钛基复合材料表层区域的 TiC 颗粒经过氧化物后仍然保持完整。但是 Ti + 6% V C 钛基复合材料中的 TiC 颗粒有部分区域发生了纤维化转变。氧化层与基体的界面也在 TiC 颗粒处向基体一侧弓出。

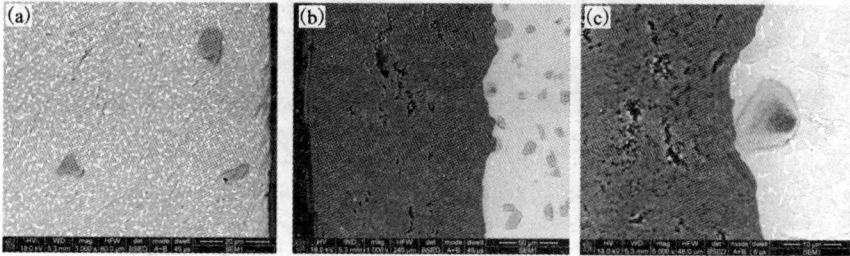

图 4 – 45　钛基复合材料 650℃/100 h 恒温氧化后的剖面显微组织

(a)Ti + 6% Mo₂C；(b)，(c)Ti + 6% V C

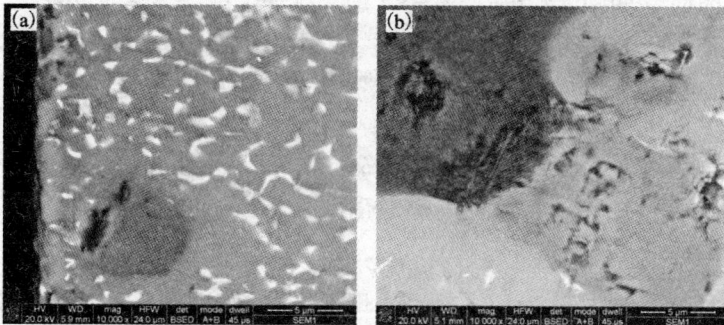

图 4 – 46　钛基复合材料 700℃/100 h 恒温氧化后表层区域 TiC 颗粒的形貌：

(a)Ti + 6% Mo₂C 和(b)Ti + 6% V C

图 4 – 47 为 Ti – 5%(6Al – 4V) – 6% Mo₂C 和 Ti – 7.5%(6Al – 4V) – 6% Mo₂C 钛基复合材料 700℃/100 h 恒温氧化后剖面的显微组织。从图中可以看到，钛基复合材料的氧化层厚度大约为 10。比 Ti + 6% V C 钛基复合材料 650℃/100 h 恒温氧化后的氧化层厚度还要小。

钛基复合材料中的 Ti、Al、Mo、V 和 TiC 的高温氧化反应如下：

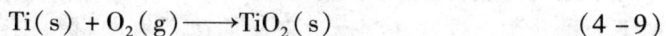

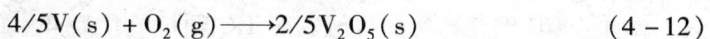

$$\text{Ti(s)} + \text{O}_2(\text{g}) \longrightarrow \text{TiO}_2(\text{s}) \tag{4-9}$$

$$4/3\text{Al(s)} + \text{O}_2(\text{g}) \longrightarrow 2/3\text{Al}_2\text{O}_3(\text{s}) \tag{4-10}$$

$$2/3\text{Mo(s)} + \text{O}_2(\text{g}) \longrightarrow 2/3\text{MoO}_3(\text{s}) \tag{4-11}$$

$$4/5\text{V(s)} + \text{O}_2(\text{g}) \longrightarrow 2/5\text{V}_2\text{O}_5(\text{s}) \tag{4-12}$$

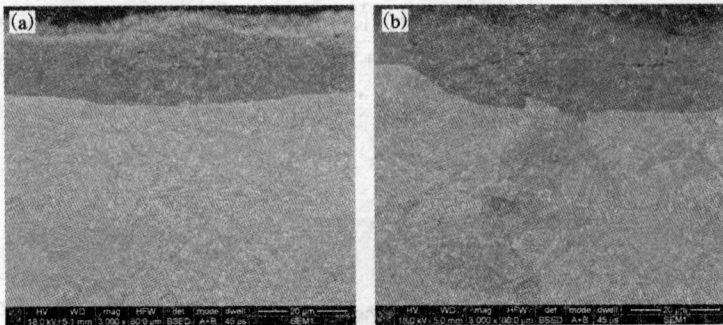

图 4 – 47　钛基复合材料 700℃/100 h 恒温氧化后剖面的显微组织

(a)Ti – 5% (6Al – 4V) – 6% Mo_2C 和(b)Ti – 7.5% (6Al – 4V) – 6% Mo_2C

$$1/2TiC(s) + O_2(g) \longrightarrow 1/2TiO_2(s) + 1/2CO_2(g) \qquad (4 - 13)$$

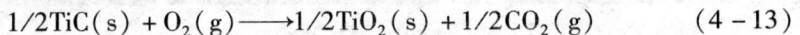

根据热力学数据计算得到各反应式的反应吉布斯自由能随温度变化的曲线如图 4 – 48。从图中可以看到，各氧化反应吉布斯自由能大小顺序为：(4 – 10) < (4 – 9) < (4 – 13) < (4 – 12) < (4 – 11)，表明 Al 最容易被氧化，其他物质的依次顺序为：Ti、TiC、V 和 Mo。因此钛基复合材料中的 Al、V、Mo 和 TiC 颗粒将对 Ti 基体的氧化性能产生不同的影响。在

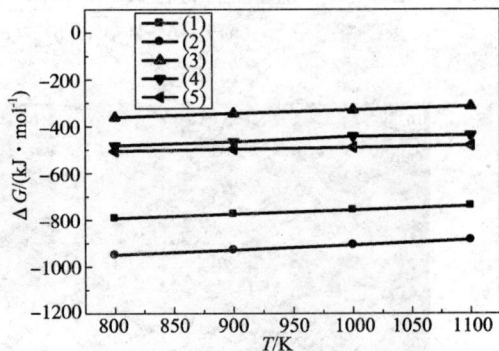

图 4 – 48　各物质与氧反应的吉布斯自由能随温度的变化曲线

Ti + x% Mo_2C 和 Ti + x% VC 钛基复合材料中均有 TiC 颗粒生成，但是钛基体中的合金元素不同。从热力学数据分析来看，V 比 Mo 更容易与氧发生反应。从材料的剖面组织看，富 Mo 的 β – Ti 相和富 V 的 β – Ti 相在氧化过程中发生变化不同。在 Ti + x% Mo_2C 钛基复合材料中，富 Mo 的 β – Ti 相在氧化过程在氧的作用下转变成 α – Ti 相，并且 Mo 也相应固溶于 α – Ti 相中。而在 Ti + x% VC 钛基复合材料中，富 V 的 β – Ti 相是氧快速扩散和快速氧化的通道。V_2O_5 的熔点只有 658℃，具有很强的挥发性。因此 β – Ti 相中的 V 元素氧化后由于挥发很容易在钛基体中留下大量孔洞。这些孔洞反过来又加速了氧向材料内部的渗透。而正是由于 Mo 和 V 对钛基氧化行为的影响不同，Ti + x% Mo_2C 和 Ti + x% VC 钛基复合材料中的 TiC 颗粒的氧化行为也不相同。由于 Ti + x% VC 钛基复合材料中产生大量的孔洞，增加了 TiC 颗粒与氧的接触。而 TiC 颗粒氧化后产生的 CO_2 气体也易于沿着

这些孔洞排出材料外部，所以 TiC 颗粒很容易被氧化，并且在被氧化区域呈现纤维状。而 $Ti + x\% Mo_2C$ 钛基复合材料中，TiC 颗粒与氧直接接触较少，而且氧化后产生的 CO_2 不易排出，因而稳定性较高。以上分析表明，V 元素不但能够加速 $\beta - Ti$ 相发生氧化，而且 V_2O_5 挥发后留下的空洞也促进了 TiC 颗粒的氧化。而 Mo 元素能够阻碍氧向材料的内部扩散，提高 TiC 颗粒的稳定性。因此，$Ti + x\% Mo_2C$ 钛基复合材料的氧化增重与时间成抛物线关系，抗氧化性能好。而 $Ti + x\% VC$ 钛基复合材料的氧化增重与氧化时间成线性关系，抗氧化性能差。

添加 Mo_2C 和 6Al－4V 合金的钛基复合材料的抗氧化性能介于 $Ti + x\% Mo_2C$ 和 $Ti + x\% VC$ 钛基复合材料之间。这也是由于 V 使得氧化层中存在空隙，为氧元素的扩散提供快速通道。而且随着 6Al－4V 含量的增加，V 含量增加，材料在氧化过程中形成的空隙增多，抗氧化性能变差。

4.4.5　摩擦磨损行为

钛基复合材料具有密度小、比强度高、高低温力学性能好等优点，在汽车的零部件应用方面有广大的应用前景。大部分的汽车零部件在使用过程中要经受摩擦与磨损，因而需要对其摩擦磨损性能进行研究。本节以直接在纯钛中加入金属碳化物制备的钛基复合材料为对象，研究了在不同载荷下，金属碳化物添加量和金属种类对钛基复合材料磨损磨损行为的影响。同时以 $Ti - 3A - 12V - 6Mo_2C$，$Ti - 4.5Al - 3V - 6Mo_2C$，$Ti - 6Al - 2Sn - 4Zr - 6Mo_2C$ 为对

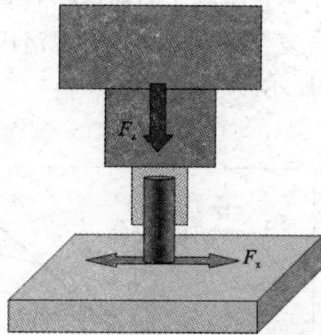

图 4－49　往复运动微摩擦试验装配图
(F_z) 垂直方向载荷；(F_x) 水平方向载荷

象，研究了合金元素的添加对颗粒增强钛基复合材料摩擦磨损性能的影响。

摩擦试验所用设备为美国产 UMT－3 型摩擦实验机，其工作方式如图 4－49 所示。

试验采用球－块式摩擦方式，运动方式为往复运动。在滑行过程中，上试样固定不动，做单向滑行运动。用应变传感器测量试样在 z 方向的变形，同时测定滑行过程中切向力 F_x（摩擦力）和法向力 F_z（载荷），F_x/F_z 的比值即为摩擦因数，取试验机对每个摩擦信号在有效区间的平均值，得到摩擦因数测试值。对偶件为直径 9.5 mm 的铬（Cr）钢球，硬度为 62HRC，如图 4－50 所示。

摩擦实验在室温无润滑条件下进行，设定转速均为 120 r/min，时间为 2 h，$Ti + x\% Mo_2C$ 样品的所加载荷分别为 5N 和 30N；$Ti + x\% VC$ 样品所加载荷分别为 10N 和 30N。实验前用超声波清洗机去除表面的污染物，实验后得到的样品也要用超声波清洗机清洗以除掉摩擦表面残留的磨粒。用精确度为 0.001 g 的电子天

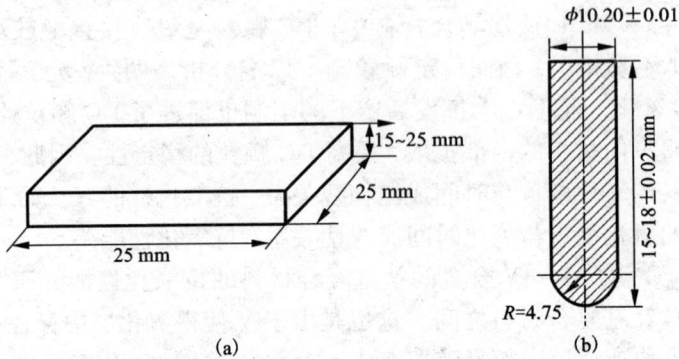

图 4-50 样品和对偶件的尺寸

(a)样品；(b)对偶

平分别称量摩擦实验前后样品的质量，据此得到复合材料的磨损质量。

各复合材料样品的宏观洛氏硬度和基体韦氏显微硬度分别如图 4-51 和图 4-52所示。

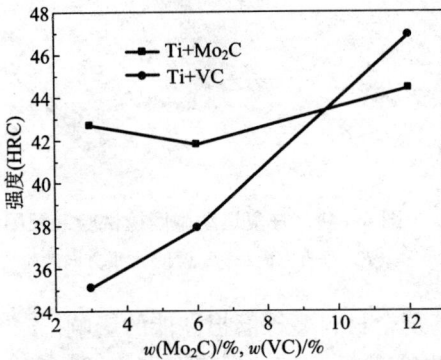

图 4-51 不同 Mo₂C 和 VC 添加量
复合材料的洛氏硬度

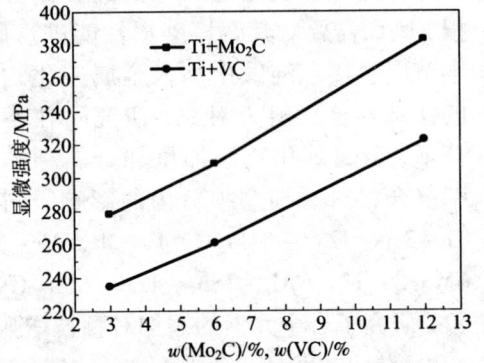

图 4-52 不同 Mo₂C 和 VC 添加量
复合材料的基体显微硬度

从图 4-51 和图 4-52 中可以看出，随着 Mo_2C 含量提高，复合材料的洛氏硬度先降低后升高，基体的显微硬度则逐渐升高；随着 VC 添加量增加，复合材料的洛氏硬度和基体显微硬度都逐渐增加。

添加 Mo_2C 的材料，其基体硬度均高于添加 VC 的材料。当添加量较少时，添加 Mo_2C 的钛基复合材料硬度较高，而当添加量为 12% 时，添加 VC 的复合材料的硬度高于添加 Mo_2C 的复合材料。这说明，当碳化物添加量少时，金属元素的种类对复合材料的硬度起决定性作用。

　　样品的摩擦因数(COF)随时间变化的曲线如图 4-53～图 4-56 所示。从图中可以看出，摩擦因数随着时间增加而逐渐增大，在一段时间后，达到稳定状态。这是由于在摩擦初始阶段，对磨面粗糙度小，摩擦因数较小；随着摩擦的进行，对磨面粗糙度逐渐增大，摩擦因数也逐渐增大；一段时间后，对磨面粗糙度不再变化，磨损进入稳定阶段。

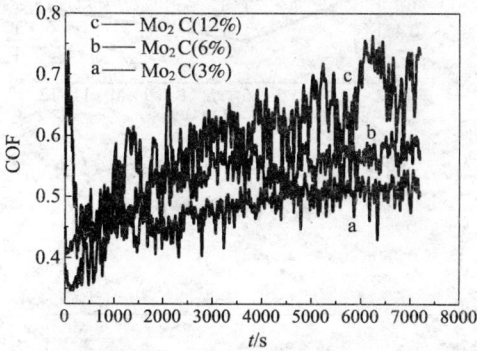

图 4-53　Ti + $x\%$Mo$_2$C 复合材料
摩擦因数与时间关系曲线(F_z = 5 N)

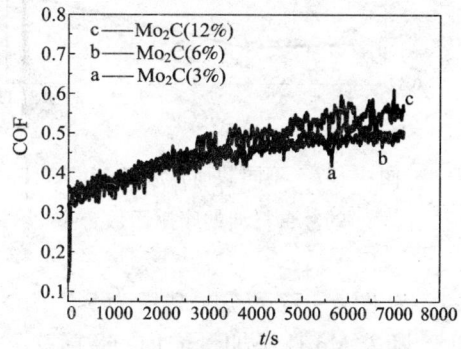

图 4-54　Ti + $x\%$Mo$_2$C 复合材料摩擦
因数与时间关系曲线(F_z = 30 N)

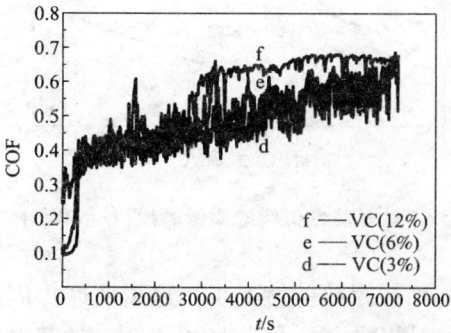

图 4-55　Ti + $x\%$VC 复合材料摩擦
因数与时间关系曲线(F_z = 10 N)

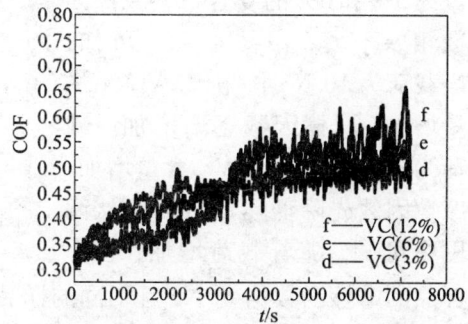

图 4-56　Ti + $x\%$VC 复合材料摩擦
因数与时间关系曲线(F_z = 30 N)

　　从图 4-53～图 4-56 中可以发现，随着载荷的增加，添加 Mo$_2$C 的材料的摩擦因数波动性明显降低，摩擦因数曲线更趋于平稳。添加 VC 的材料随着载荷增加，其摩擦因数曲线的波动性降低相对不明显。钛基复合材料的平均摩擦因数如图 4-57 和图 4-58 所示。

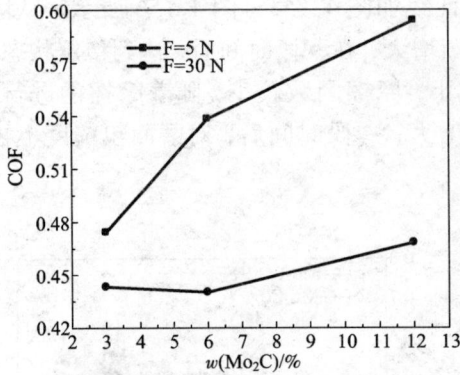

图 4-57 不同载荷下添加 Mo₂C
的复合材料的摩擦因数

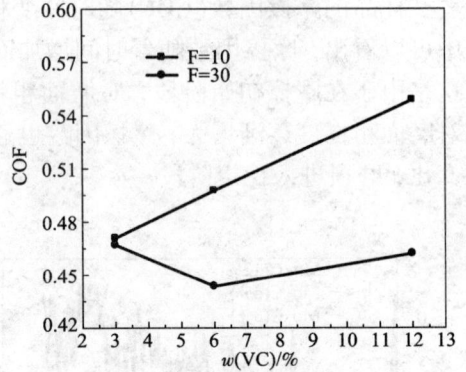

图 4-58 不同载荷下添加 VC 的
复合材料的摩擦因数

从图 4-57 可知，载荷为 5 N 时，随着 Mo₂C 添加量增加，摩擦因数增大。载荷为 30 N 时，随着 Mo₂C 添加量增加，摩擦因数先稍有降低然后升高，且 Mo₂C 添加量为 3% 和 6% 的复合材料摩擦因数相差不大。由图 4-58 可知，当载荷为 10 N 时，随着 VC 添加量增加，摩擦因数逐渐增加。载荷为 30 N 时，随着 VC 含量增加，摩擦因数先降低然后升高。从两图中可知，随着载荷增加，各个

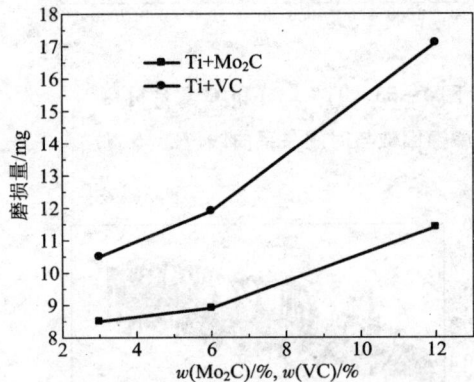

图 4-59 钛基复合材料的质量磨损(F =30 N)

样品的摩擦因数均变小，且不同的样品之间摩擦因数差值变小。这说明摩擦因数有载荷依赖性，随着所加载荷的增加，摩擦因数减小。载荷为 30 N 时，钛基复合材料样品的磨损量变化如图 4-59 所示。

从图 4-59 中看出，随着 Mo₂C 和 VC 添加量增加，复合材料的质量磨损逐渐增加，且添加 Mo₂C 的材料的质量磨损明显低于添加 VC 的材料。

在同样的实验条件下，对 α 相纯钛的摩擦磨损行为进行研究后发现，其磨损量为 13.9 mg。因此，Mo₂C 的添加，可以减少磨损量，提高耐磨性。当 VC 的添加量较小时，磨损量略有降低，而当添加量达到 12% 时，磨损量反而升高，耐磨性变差。

添加 Mo_2C 的复合材料摩擦表面形貌如图 4 - 60 所示。

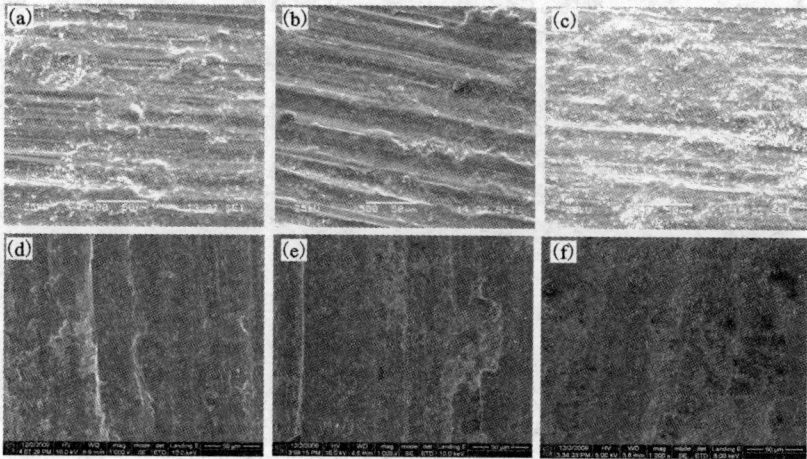

图 4 - 60　添加 Mo_2C 的复合材料摩擦表面形貌

(a/d) Ti + 3% Mo_2C；(b/e) Ti + 6% Mo_2C；(c/f) Ti + 12% Mo_2C

(a - c) Fz = 5 N；(d - f) Fz = 30 N

当所加载荷为 5 N 时，添加 Mo_2C 的样品摩擦表面均有犁沟和黏着现象出现。当所加载荷增加为 30 N 后，样品的摩擦表面犁沟变浅，但是塑性变形加剧。随着 Mo_2C 添加量的增加，摩擦表面黏着磨损加剧，磨粒增多，表面粗糙度增加，复合材料表面裂纹增加。

图 4 - 61 为添加 VC 的钛基复合材料摩擦表面形貌。从图中可以看出，添加 VC 的样品摩擦表面有犁沟和黏着现象出现，且表面有裂纹产生。载荷增大后，样品摩擦表面的犁沟变浅，但是发生了严重的塑性变形。载荷为 30 N 时，钛基复合材料摩擦表面存在被磨平的 TiC 颗粒，而且在 TiC 颗粒的周围存在大量不能用超声波清洗掉的嵌入基体的磨粒。随着 VC 添加量的增加，磨粒数量逐渐增加，颗粒脱离基体使得摩擦表面变得非常粗糙。

通过成分分析可发现，添加不同碳化物的复合材料摩擦表面均有 O 和 Fe 元素的存在，说明摩擦副之间发生了严重的黏着磨损，使得对偶件的材料转移到摩擦表面，同时表面还有钛的氧化物生成。

总之，钛基复合材料的耐磨损行为与碳化物的添加量成反比。碳化物在摩擦过程中发生破碎，从基体脱出，在摩擦表面形成磨粒磨损，这是复合材料磨损量加剧的主要原因；要提高复合材料的耐磨损性能，需要从强化颗粒/基体界面以及基体本身强度着手。

在纯 Ti 基体中添加 Al，V，Sn 等合金元素，成分及硬度见表 4 - 16。

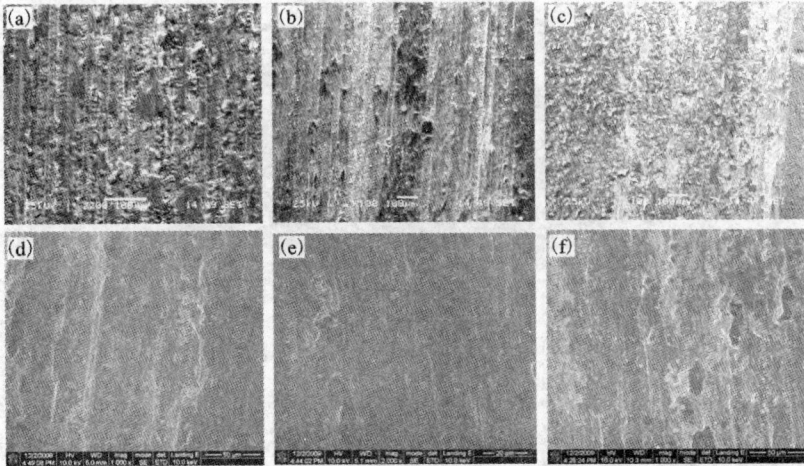

图 4 – 61　添加 VC 的复合材料摩擦表面形貌

(a)/(d)Ti + 3% VC；(b)/(e)Ti + 6% VC；(c)/(f)Ti + 12% VC

(a) ~ (c)F_z = 5 N；(d) ~ (f)F_z = 30 N

表 4 – 16　钛基复合材料成分及硬度

编号	成分 w/%	HRC
a	Ti – 3Al – 2V + 6% Mo_2C	37.7
b	Ti – 4.5Al – 3V + 6% Mo_2C	41.0
c	Ti – 6Al – 2Sn – 4Zr + 6% Mo_2C	45.2

从表 4 – 16 中可以看出，在碳化物的添加量相同的情况下，样品 c 的硬度最高。随着 6Al – 4V 的添加量增加，样品的硬度增加。而样品 c 中 Al，Sn，Zr 等元素粉末的添加量最多，故硬度也较高。

图 4 – 62 为三种样品摩擦因数与时间的关系曲线。从图中可以看出，a 和 b 样品的摩擦曲线相对于 c 来说要平稳一些。

样品的平均摩擦因数如表 4 – 17 所示。据此可知，样品 a 的平均摩擦因数最大，样品 b 与样品 a 相差不大，样品 c 的平均摩擦因数最小。

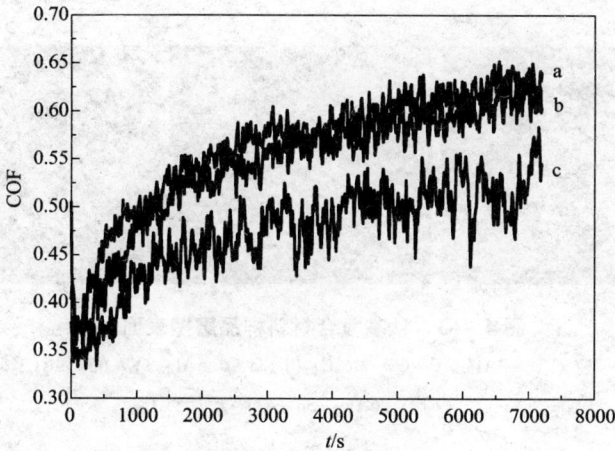

图 4 – 62　样品的摩擦曲线

（a）Ti – 3Al – 2V + 6% Mo$_2$C；（b）Ti – 4.5Al – 3V + 6% Mo$_2$C；

（c）Ti – 6Al – 2Sn – 4Zr + 6% Mo$_2$C

表 4 – 17　钛基复合材料的摩擦因数

样品	摩擦因数
a(Ti – 3Al – 2V + 6% Mo$_2$C)	0.5647
b(Ti – 4.5Al – 3V + 6% Mo$_2$C)	0.5452
c(Ti – 6Al – 2Sn – 4Zr + 6% Mo$_2$C)	0.4734

　　样品的磨损质量如表 4 – 18 所示。随着 6Al – 4V 合金元素添加量增加，复合材料磨损量显著增大。添加金属元素 Al、Sn 和 Zr 的样品 c，磨损量最大，远远超过了样品 a，b。

表 4 – 18　钛基复合材料的磨损量

样品	磨损量/mg
a(Ti – 3Al – 2V + 6% Mo$_2$C)	4.47
b(Ti – 4.5Al – 3V + 6% Mo$_2$C)	7.87
c(Ti – 6Al – 2Sn – 4Zr + 6% Mo$_2$C)	19.94

图 4 – 63 为三种样品摩擦后的表面形貌，放大的微区形貌如图 4 – 64 所示。

图 4 – 65 则显示了磨屑的形貌。

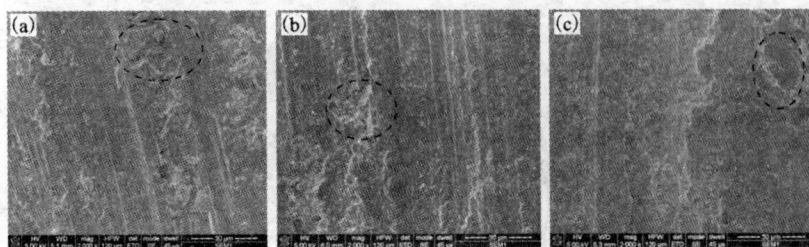

图 4 – 63　钛基复合材料样品磨擦表面形貌

(a)Ti – 3Al – 2V + 6% Mo_2C；(b)Ti – 4.5Al – 3V + 6% Mo_2C；

(c)Ti – 6Al – 2Sn – 4Zr + 6% Mo_2C

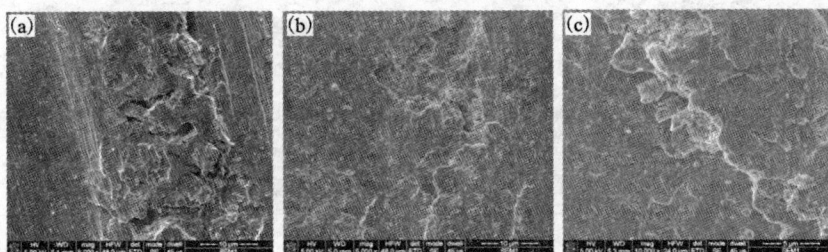

图 4 – 64　钛基复合材料摩擦表面微区放大形貌

(a)Ti – 3Al – 2V + 6% Mo_2C；(b)Ti – 4.5Al – 3V + 6% Mo_2C；

(c)Ti – 6Al – 2Sn – 4Zr + 6% Mo_2C

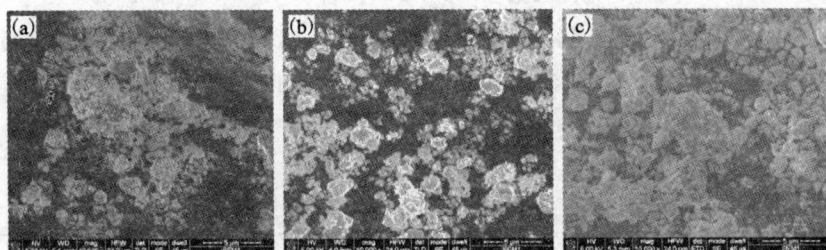

图 4 – 65　钛基复合材料表面磨屑形貌

(a)Ti – 3Al – 2V + 6% Mo_2C；(b)Ti – 4.5Al – 3V + 6% Mo_2C；

(c)Ti – 6Al – 2Sn – 4Zr + 6% Mo_2C

从图 4 – 63 ~ 图 4 – 65 中可以看出，摩擦后表面产生了犁沟和剥层磨损，且存在剧烈的塑性变形区域。在犁沟的周围，发现有很多细小的磨粒存在。样品 c

的塑性变形最为明显。通过对该区进行 EDX 能谱分析可以发现有来自对偶件的 Fe 元素存在，且表面有大量氧元素的存在，说明摩擦表面有氧化物生成。观察三种样品磨屑可以发现，样品 c 的磨屑颗粒最大。

复合材料的磨损机制主要是黏着磨损和磨粒磨损。在碳化物颗粒含量相同的情况下，基体材料的黏着磨损将起决定作用。根据各种金属与铁的黏着能与金属表面能之间的关系，Sn，Al，Zr 等金属活性较大，与 Fe 的黏着能力强，超过了其表面能；而 Mo 和 V 等金属与铁的黏着能小于其表面能，黏着力弱。故在碳化钼的添加量相同的情况下，添加 Sn、Al、Zr 量较多的样品 c 黏着磨损现象最严重，而只添加 Al 的样品相对好些。

参考文献

[1] Haldar B, Bandyopadhay D, Sharma RC, Chakraborti N, The Ti – Mo – C (Titanium-Molybdenum-Carbon) System [J], Journal of Phase Equilibrium, 1999, 20(3): 332 – 336.

[2] Bandyopadhay D, Sharma RC, Chakraborti N, The Ti – V – C system (titanium-vanadium-carbon)[J], Journal of Phase Equilibrium, 2000, 21(2): 199 – 203.

[3] Paransky Y, Klinger L, Gotman I. Kinetics of two-phase layer growth during reactive diffusion [J], Materials Science and Engineering A, 1999, 270: 231 – 236.

[4] Ilyin AA, Kolachev BA, Volodin VA, Ryndenkov DV. In: Gorynin IV, Ushkov SS. Titanium´ 99: Science and Technology, Proc 9th World Conf on Titanium Science and Technology, Vol. 1, St. Petersburg, Russia: Central Research Institute of Structural Materials. 2000.

第 5 章　粉末冶金钛合金及钛基复合材料热变形行为

5.1　热加工原理

5.1.1　金属材料热加工的研究概述

金属材料在热变形过程中将产生复杂的形变行为，直接与回复和再结晶过程相关。一方面，随着形变产生加工硬化，另一方面同时产生动态软化过程，即动态回复与动态再结晶。因此热变形可看成是硬化和软化的综合过程，对于材料的热变形行为，动态回复和动态再结晶是主要研究内容之一。材料在变形过程中表现出来的应力－应变曲线是反应材料热加工行为的重要信息。通过求出材料在高温塑性变形时的流变应力与变形条件的相互关系及相关的材料变形常数后，可以建立起组织－性能的预测模型。

在塑性变形过程中，变形区的不同位置处，塑性变形的产生是非同步的，且变形量的分布也很不均匀，尤其是当模具和坯料之间存在着较大的摩擦时。对于一些难变形合金，如钛基复合材料和 TiAl 基合金，其热加工的难度主要在于：塑性低、变形抗力高、加工温度范围窄、对应变速率敏感、再结晶温度高、热导率低等。

5.1.2　热塑性加工过程的力学行为分析

随着变形量增加，加工硬化与流变软化同时发生并决定了材料的变形抗力，变形过程的软化决定于回复及动态再结晶过程。其流变曲线可分为动态回复型与动态再结晶型两种。热变形过程只发生动态回复时，流变曲线如图 5－1(a)，变形实际上可分为三个阶段：①弹性变形阶段；②屈服变形阶段；③稳态变形阶段。热变形过程既发生动态回复又能发生动态再结晶时的流变曲线如图 5－1(b)，也可分为三个阶段：①动态回复：随变形量不断增大，硬化加剧的同时，部分位错消失，形成亚结构，使材料软化。此时硬化超过软化，因此流变应力增加，直到峰值。②动态再结晶：随变形量继续增大，点阵畸变达到一定程度时发生再结晶。随后材料的流变应力迅速下降，直到再结晶全部完成。③继续动态再结晶，此时可能有两种情况：一是发生连续动态再结晶，另一是发生间断(周期性)动态再结晶。

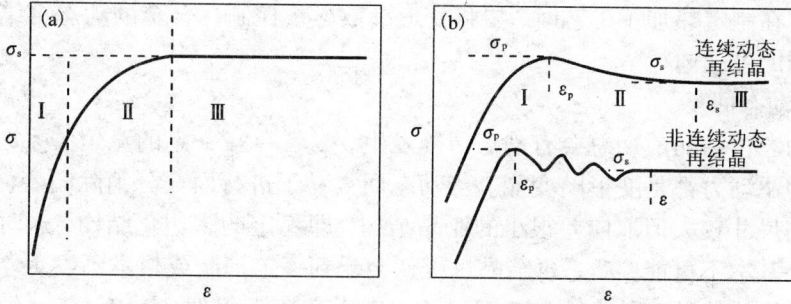

图 5 - 1　动态回复型材料和动态再结晶型材料的 $\sigma - \varepsilon$ 曲线示意图
(a)动态回复型；(b)动态再结晶型

在热加工条件下，随应变速率降低和温度的升高，发生不连续动态再结晶的可能性增大，峰值应力和稳态应力之间的差值减小，达到峰值应力所需的应变量 ε_p 也减小；应变速率升高或晶界的迁移率降低时则易出现连续动态再结晶。发生动态再结晶对应的临界应变量 ε_D 随流变应力 σ 或 Z 参数值的增大而增大，随晶界可动性的增加而减小。它还随杂质含量、溶质原子浓度及沉淀相的增加而增加。此外，在金属动态再结晶的过程中，各晶粒的取向也同时发生着十分复杂的变化，可能形成动态再结晶织构。

5.1.3　热变形机制

热变形机制指的是热加工过程中微观组织的变化过程和原理，包括动态再结晶、动态回复、超塑性变形、各种微观裂纹的形成、流变失稳和相的溶解析出等过程。

(1)动态再结晶

动态再结晶对变形参数非常敏感，显著地受到热加工过程中变形温度和应变速率的影响。一般来说，应变速率增大，动态再结晶晶粒变细。细化原因是：①应变速率增加，位错密度相应增加，晶内亚结构丰富，满足"尺寸和取向差异"的形核概率增大，即形核率 N 增大。②在形核后的长大过程中，长大驱动力是再结晶晶粒与原始晶粒的形变畸变能之差，变形速率越大，新再结晶晶粒内也很快具有较大变形畸变能，长大驱动力相应越小。

变形温度对动态再结晶的影响有两方面：①通过促进动态回复而影响动态再结晶的形核；②增大扩散速率而增大再结晶晶粒长大速率。由于在动态再结晶过程中,发生了明显的组织重建,可以大大地消除原始组织中各种缺陷,如铸态枝晶组织、粉末冶金的原始颗粒界面缺陷(PPB)等。微观的组织变化导致宏观上加工塑性提高和变形抗力减少。因此,在热加工过程中动态再结晶是一个安全的变形机制。在制定热加工工艺时,要将变形参数尽量控制在合金的动态再结晶机制发挥作用的范围内。

(2)动态回复

在动态再结晶前期总会有动态回复发生,二者存在一定的竞争关系,因为它们发生的驱动力都是变形畸变能。当动态回复易于进行而充分消除畸变储能,形成稳定的尺寸较大但取向差很小的亚晶结构,即稳定的多边化结构,这时形成再结晶核心基本不可能,动态再结晶过程就会受到一定抑制或根本不发生。这种情况一般在层错能较高的合金(如 Al 合金)或应变速率很低($< 10^{-2} s^{-1}$)的情况下会发生。当热变形以动态回复的机制进行时,其组织上呈现如下特征:原始晶粒沿变形方向被拉长;亚晶呈等轴状并且内部位错密度很低;真应力-真应变曲线是一个逐渐增大直至达到稳态流变阶段的曲线,没有峰值应力。动态回复机制发生的温度范围一般在 $0.4 \sim 0.6 T_m$,因此动态回复通常被温加工工艺采用。

(3)超塑性变形

超塑性一般在晶粒细小,变形速率极低,变形温度很高的条件下才可能发生。一般的塑性变形[55]主要发生在晶粒内部,如滑移、孪生等,因此延伸率不大。对于超塑性变形来说,晶界行为起主要作用,如晶粒转动、晶界滑移、晶粒换位等。但只有晶界行为还不能够引起超塑性变形,必须有与之相适应的扩散过程来减轻三叉晶界处楔形裂纹的产生。从真应力-真应变曲线上看,超塑性的应力应变曲线与动态回复的曲线非常类似,没有峰值应力,随着应变的增加具有轻微的应变硬化现象,这主要是变形过程中晶粒不断粗化造成的。在大变形过程中,超塑性变形不会引起大规模的组织重建,并且在晶界上可能会产生微观的空洞,进而发生空洞连接而断裂。所以,超塑性变形在较小的变形量下是一种安全的变形机制。

(4)微观裂纹

在热变形过程中,除了以上三种安全的变形机制外,还有各种危险的变形机制,即微观裂纹产生机制。这些微观裂纹的产生都是内部组织演化的结果,都对应着特定的热变形条件。

楔形裂纹:在高温且低应变速率的变形条件下,由于变形多以晶界的滑移为主,如果合金原子扩散能力不足,在三叉晶界处的应力集中就会导致微裂纹产生,形成楔形裂纹。这种楔形裂纹产生的条件与超塑性变形基本是相重合的,二者的区别就在于扩散能力的差别。

晶间裂纹:由于在变形过程中,低熔点物质在晶界上熔化后沿晶呈薄膜状分布，造成晶界结合力下降而生成的这种沿晶裂纹。在变形温度很高、应变速率较高，或中等变形温度、很低应变速率的变形条件下，这种晶间裂纹会比较常见。

PPB 裂纹：由于粉末颗粒的活性高，通常会在表面上吸附一些夹杂，或生成一些氧化物、氮化物、碳化物等物质。在将粉末压制成形时就会出现原始颗粒界面（previous particle boundary，PPB）缺陷。在变形温度和应变速率都较低的条件下，这种线状的 PPB 缺陷很容易引起裂纹的产生，降低材料的可加工性。可以通过动态再结晶的组织重建作用，重新分布这种 PPB 缺陷，从而避免裂纹的产生。

空洞形成：在一个较软的基体上存在硬的颗粒时，变形往往会集中在较软的基体上，而硬颗粒却没有变形，在硬质颗粒与基体的界面上就会产生应力集中。当累积的应力变得非常大时，在硬质颗粒的界面上就会产生裂缝，或者颗粒发生破碎。这种变形机制一般出现在应变速率很高、变形温度较低的条件下。

（5）其他变形机制

动态应变时效（DSA）：扩散的溶质原子与运动的位错发生交互作用，增加了位错运动阻力，对位错起到一定的钉扎作用，造成强化效果，尤其在高 Cr 钢铁合金中这种强化效果尤其强烈。这种微观组织演化机制就是动态应变时效。其最典型的特征就是在真应力－真应变曲线中出现"锯齿状"的屈服，其另一个特征是在流变应力随温度的升高连续下降的过程中，在某温度区间，动态应变时效导致的强化效果使下降趋势变缓，出现应力平台。这种强化效果的出现，使材料局部强化，造成流变的非连续性。一般在较低应变速率、中等变形温度的条件可能出现这种变形机制。

非均匀变形：在高应变速率的条件下，会产生大量的变形热，使变形温度急剧升高。当合金的热传导能力不能将产生的热传导开去，就会形成局部温度升高，导致软化，然后使变形集中在局部软化区域，产生更多变形热，这样整个过程就发生在局部区域。变形速率越高、变形温度越低，局部温升越高，变形越集中。在变形集中的区域，可能发生了动态再结晶、相变或裂纹。这种非均匀变形的出现会使流变应力变小，即明显偏离同一变形条件下的流变曲线。这种局部变形的集中程度取决于变形条件下的热传导能力，如热容、热传导系数等物理参数。

动态析出：在变形的诱导下，当变形温度与某析出物的溶解析出温度相近时，就会在变形的过程中产生动态的溶解析出行为。第二相的溶解和析出是同时进行的过程，在变形过程不断的在位错和新的界面上析出，同时又在其他地方溶解。有时很小的析出量就会对变形过程产生较大的影响。这种变形机制发生的变形条件一般与析出相的析出温度和析出速率有关。

可见，热加工过程中在以应变速率和变形温度确定的加工条件范围内，存在各种各样的微观组织演化机制。其中动态再结晶、超塑性变形和动态回复是安全的热变形机制，因为在这些变形机制的作用下，热变形的硬化效果能得到一定的软化，塑性能得到提高，没有微观缺陷产生。各种微观裂纹和非均匀变形是危险的热变形机制，需要在变形过程中避免。而动态析出和动态应变时效在特殊的目的下是可以用于强化的，但在一般热变形下应该避免，因为会引起力学上的流变失稳现象，并且微观组织不易控制。

5.1.4　热变形模型

1. 材料本构方程

为了建立具有预测性的材料塑性成形过程模型，必须首先精确地描述材料在热加工条件下的变形特征。对于目前常用的有限元数值模拟技术而言，建立精确的本构方程是重要前提。

材料的本构方程是描述材料变形的基本信息。它表明了在热加工变形条件下变形热力参数之间的数量关系，即流动应力与应变、应变速率以及温度之间的依赖关系。一般来说，用一种类型的本构方程来描述所用的材料，并满足这些材料的变形热力参数变化范围是不可能的。例如，在考虑大塑性变形的情况下，使用仅包含塑性应变或应变速率，忽略弹性变形的本构方程能够达到合理的精度。另一方面，当弹性变形大小与塑性变形处在同一量级时，如预测残余应力问题，本构方程就应当既包括弹性变形，又包括塑性变形。

人们通常可以通过三种途径获得材料塑性变形的本构方程：一种是假设特别的变形机制，用相关的材料参数建立与这种机制对应的应力 - 应变或应力 - 应变速率方程。但是，这样建立的本构方程有着很大的局限性，因为到目前为止还不能精确地描述所有的变形机制，而且，金属和合金的变形机制常常随着温度及应变速率的变化而发生改变。因此，这种方法仅适用于纯金属和简单合金。

对于一般的工程合金，由于变形机制非常复杂，而且往往具有温度和应变速度敏感性，所以，人们通常是实验测量一定应变速率、温度范围内的流变应力数据，然后根据这些数据建立相应的本构方程。

合金在热变形过程中，高温流变应力 σ 强烈地取决于变形温度 T、应变速率 $\dot{\varepsilon}$、变形程度 ε、合金化学成分 C，以及变形体内部显微组织结构 S 等。

通常可将其表达为：

$$\sigma = f(\varepsilon, \dot{\varepsilon}, T, C, S) \tag{5-1}$$

在实际变形加工过程中，材料的化学成分一般不会发生改变，可按材料常数来处理，而变形体内部显微组织结构又受变形条件的制约，因此式（5 - 1）可简化并有如下表达式：

$$\sigma = f(\varepsilon, \dot{\varepsilon}, T) = f_1(\varepsilon) f_2(\dot{\varepsilon}) f_3(T) \tag{5-2}$$

在高温塑性变形过程中，根据加工硬化和动态软化的发生情况，流变应力 σ、应变速率$\dot{\varepsilon}$、变形温度 T 之间的关系可由三者在稳态蠕变阶段的相互关系式即 Garofalo 公式[1]来描述。

通过对不同材料高温塑性变形实验数据的仔细研究表明，在低应力水平下，稳态流变应力 σ 和应变速率 $\dot{\varepsilon}$ 之间的关系可用指数关系进行描述[2]：

$$\dot{\varepsilon} = A_1 \sigma^{n_1} \tag{5-3}$$

式中：A_1、n_1 为与变形温度无关的常数。在高应力水平下两者满足幂指数关系：

$$\dot{\varepsilon} = A_2 \exp(\beta\sigma) \tag{5-4}$$

式中：A_2、β 也是与变形温度无关的常数。

式(5-3)和式(5-4)描述了应变硬化和动态软化过程之间的动态平衡，与稳态蠕变变形对应的关系非常相似。Sellar 和 Tegart[3]提出了一种包含变形激活能 Q 和温度 T 的双曲正弦形式的修正 Arrhenius 关系来描述这种热激活稳态变形行为：

$$\dot{\varepsilon} = A\left[\sinh(\alpha\sigma)\right]^n \exp\left[-Q/(RT)\right] \tag{5-5}$$

式中：A、n、α 为与变形温度无关的常数，Q 为激活能，R 为气体常数，T 为绝对温度。

从以上各式可以发现，在低应力水平下，即 $\alpha\sigma < 0.8$ 时，式(5-5)接近于式(5-3)的指数关系；在高应力水平下，即 $\alpha\sigma > 1.2$ 时，式(5-5)接近于式(5-4)的幂指数关系。常数 α、β 及 n 之间通常满足 $\alpha = \beta/n$，因此，α 和 n 可由不同应力水平下的实验数据求解。

热加工变形时的应变速率通常比蠕变时的应变速率大几个数量级，但由于蠕变和热加工均属于热激活过程，热加工可视作蠕变在大应变速率和较高应力水平条件下的一种外延，两者的变形机制和软化机制都非常相似，因此它们都可用热激活的 Arhenius 关系进行描述。

1944 年 Zener 和 Hollomon 在研究钢的应力－应变关系时发现材料的流变行为取决于变形温度 T 和应变速率 $\dot{\varepsilon}$，而 T 和 $\dot{\varepsilon}$ 的关系可用一个参数来表示[4]：

$$\sigma = \sigma(Z, \varepsilon) \tag{5-6}$$

$$Z = \dot{\varepsilon}\exp(Q/RT) \tag{5-7}$$

式中：Z 为 Zener-Hollomon 参数，其物理意义是温度补偿的变形速率因子；Q 是变形激活能，反映材料热变形的难易程度，也是材料在热变形过程中的重要参数，其值通常和激活焓 ΔH 相等。根据式(5-5)：

$$Z = A\left[\sinh(\alpha\sigma)\right]^n \tag{5-8}$$

研究表明，式(5-8)在较宽的应变速率和温度范围内与实验数据相符。

在研究材料热变形行为时，通常应先了解与应变速率和温度有关的流变应力的变化规律，从式(5-8)可以推出

$$\sinh(\alpha\sigma) = (Z/A)^{1/n} \tag{5-9}$$

根据双曲正弦函数的定义，应有：

$$\text{arsinh}^{-1}(\alpha\sigma) = \ln\{(\alpha\sigma) + [(\alpha\sigma)^n + 1]^{1/2}\} \qquad (5-10)$$

由此可以将流变应力 σ 表述为 Zener-Hollomon 参数 Z 值的函数：

$$\sigma = \frac{1}{\alpha}\ln\{(Z/A)^{1/n} + [(Z/A)^{2/n} + 1]^{1/2}\} \qquad (5-11)$$

可见，只要已知 A、α、n 和 Q 等材料常数，便可由式(5-11)求得材料在任意变形条件下的流变应力值，同时为用 Z 参数研究变形条件与材料形变组织和性能的关系提供方便。

此外，由 Z 参数的定义可知其包含了应变速率 $\dot{\varepsilon}$ 和形变温度 T 两个因素，即是用温度修正了的应变速率。若 $\dot{\varepsilon}$ 愈大或 T 愈低，即 Z 值愈大，则峰值应力 σ_p、稳态流变应力 σ_s 就愈大，产生动态再结晶就需更大的变形量，动态再结晶愈困难；反之亦然。因此，热变形时的真应力 - 真应变曲线的形状就会因 Z 不同而发生很大变化。

Raybould 和 Sheppard 等人提出了 Z 参数与亚晶尺寸 d 的关系[1]，即：

$$d^{-m} = a + b\ln Z \qquad (5-12)$$

式中：m、a、b 均为常数。可见，提高形变温度将降低 Z 值，亚晶尺寸增大，材料的流变应力 σ 将下降。式(5-12)可以近似用于描述稳态变形阶段的回复亚晶尺寸与 Z 参数或 σ 之间的关系。这一公式也可近似地描述动态再结晶晶粒组织变化。

2. 动态材料模型(DMM)及热加工图

动态材料模型(DMM)由印度学者 Prasad 于 1983 年提出[5]，由该模型推导出的加工图已经在大约 200 多种合金中得到成功应用。动态材料模型是基于大应变塑性变形的连续力学、物理系统模拟和不可逆热动力学等方面的基本原理建立起来的。该模型认为：变形体(热加工工件)作为一个功率耗散体，在塑性变形过程中，将外界输入变形体的功率消耗在以下两方面：①由于塑性变形引起的功率耗散，表现为黏塑性热；②通过变形过程中组织变化而耗散的功率。这一过程可以通过公式(5-13)体现出来：

$$P = \sigma\dot{\varepsilon} = \int_0^{\dot{\varepsilon}} \sigma d\dot{\varepsilon} + \int_0^{\sigma} \dot{\varepsilon} d\sigma \qquad (5-13)$$

式中：总功率 P 表示为两部分。第一部分叫功率耗散量，用 G 表示，代表塑性应变引起的功率耗散；第二部分叫功率协耗散量，用 J 表示，代表组织变化而耗散的功率。

在一定温度和应变下，热加工工件的应力与应变速率存在如下动态关系：

$$\sigma = K\dot{\varepsilon}^m \qquad (5-14)$$

式中：K 表示应变速率为 1 时的流变应力。应变速率敏感因子 m 的计算式如下：

$$m = \partial(\ln\sigma)/\partial(\ln\dot{\varepsilon}) \tag{5-15}$$

在一定温度和应变量下，在应变速率小范围变化时的 $(\Delta J/\Delta G)$ 和 $(\Delta J/\Delta P)$，显示耗散机制的变化。假设在一定范围内 K 与 m 受应变速率的影响很小，ΔJ、ΔG 和 ΔP 可以由公式 $(5-16)$ 和公式 $(5-17)$ 给出：

$$\Delta J = \int_{\sigma}^{\sigma+\Delta\sigma} \dot{\varepsilon}\,\mathrm{d}\sigma \tag{5-16}$$

$$\Delta G = \int_{\dot{\varepsilon}}^{\dot{\varepsilon}+\Delta\dot{\varepsilon}} \sigma\,\mathrm{d}\dot{\varepsilon} \tag{5-17}$$

所以

$$\Delta J/\Delta G \approx m \tag{5-18}$$

$$\Delta J/\Delta P \approx m/(m+1) \tag{5-19}$$

对于黏塑性固体的稳态流变，m 的取值范围在 $0 \sim 1$ 之间。m 的值越大，$\Delta J/\Delta P$ 随之越大，相应的微观组织的耗散性就越大。当 $m=1$ 时，材料表现为理想线性耗散体，此时 $\Delta J/\Delta P$ 取最大值为 $(\Delta J/\Delta P)_{\text{line}} = 0.5$。为了对 $\Delta J/\Delta P$ 进行标准化，定义了反映材料功率耗散特征的参数 η——功率耗散效率（efficiency of power dissipation）：

$$\eta = \frac{\Delta J/\Delta P}{(\Delta J/\Delta P)_{\text{line}}} = \frac{m(m+1)}{1/2} = \frac{2m}{m+1} \tag{5-20}$$

η 是一个关于温度、应变和应变速率的三元变量。在一定应变下，就其与温度和应变速率的关系作图，可以得到功率耗散图。一般功率耗散图是在 $\dot{\varepsilon} - T$ 平面上绘制功率耗散效率 η 的等值图。

值得注意的是在功率耗散图中，并不是功率耗散效率越大，材料的内在可加工性越好。因为在加工失稳区功率耗散效率也可能会较高。所以有必要先判断出合金的加工失稳区。在动态材料模型中，加工失稳的判据是由 Ziegler[6] 给出的。他将不可逆热动力学的极大值原理应用于大应变塑性流变中，推导出保持塑性流变稳定的微商不等式：

$$\frac{\mathrm{d}D}{\mathrm{d}R} > \frac{D}{R} \tag{5-21}$$

式中：R 是一个与时间有关的函数，这里由应变速率给出，即 $R = \dot{\varepsilon}$；D 是一个表示材料本征行为的耗散函数。由于 J 值反映了冶金学过程的功率耗散，所以与冶金学稳定性有关的耗散函数就由 J 给出，即 $D = J$。这样就得到了在一定温度和应变下的微观组织保持稳定的条件式：

$$\xi(\dot{\varepsilon}) = \frac{\partial\ln(m/m+1)}{\partial\ln\dot{\varepsilon}} + m > 0 \tag{5-22}$$

式 $(5-22)$ 的物理意义是，当一个系统的熵产生率小于施加于系统上的应变速率，那么塑性流变将会局部化从而发生流变失稳。在温度—应变速率的二维平

面上标出参数 $\xi(\dot{\varepsilon})$ 为负的区域就得到加工失稳图。

将加工失稳图叠加于功率耗散图之上就得到了材料的加工图。由式(5-20)可知，η 是直接与 m 相关的参数，其值与工件热加工过程中显微组织变化有关，可以利用 η 在一定温度和应变速率下的典型值来对这些显微组织的变化微观机制进行解释，并且通过显微组织观察来进一步得到验证。从而，在加工图中可以确定与单个微观机制相关的大致特征区域。对于金属材料而言，其加工图包含安全区、流变失稳区和危险区。安全区在微观机制上与动态再结晶、动态回复和超塑性有关。在材料安全加工区域内，η 值越大，表明能量耗散状态越低，材料内在可加工性越好。

（1）动态再结晶

动态再结晶一般出现在 $0.7T_{\rm m} \sim 0.8T_{\rm m}$ 温度，其发生条件随层错能变化而不同。对低层错能材料发生动态再结晶的应变速率为 $0.1 \sim 1~{\rm s}^{-1}$，最大耗散效率 $30\% \sim 35\%$；对高层错能材料应变速率为 $0.001~{\rm s}^{-1}$，最大功率耗散 $50\% \sim 55\%$。

动态再结晶随层错能的变化是由位错的形核率和晶界的迁移率两个过程相互竞争的结果。按照这个理论，低层错能的金属形核率低，因而动态再结晶是由形核率控制的，耗散效率也低。对高层错能金属，形核率高，动态再结晶主要受晶界的迁移率控制，因而动态再结晶耗散效率高，发生在低应变速率。

（2）超塑成形

一般细晶材料在温度 $0.7T_{\rm m} \sim 0.8T_{\rm m}$ 和应变速率小于 $0.01~{\rm s}^{-1}$ 时出现超塑性。在加工图中，超塑性区域表现为耗散效率高（$>60\%$），且随应变速率下降耗散效率急剧上升。

（3）楔形开裂和内部开裂

在热加工图中，楔形开裂与超塑性现象类似，都呈现很高的耗散效率（$>60\%$），需通过观察组织或者进行拉伸试验来区别。内部开裂则是由于低熔点化合物或合金元素在晶界上偏析，导致沿晶开裂。这种现象通常在高温或高应变速率条件下发生。

（4）热加工图在钛合金变形中的应用

在钛合金的高温变形研究中，加工图得到了较多的应用。尽管不同的钛合金的加工图有很大区别，但还是具有一些一般性的规律，包括：①氧含量对动态再结晶等稳定变形区的影响非常大，氧含量越低，动态再结晶发生的应变速率越高；②在近 α 和（$\alpha+\beta$）钛合金中，初始组织对变形机制区域有重要影响。层片组织变形时，组织的球化发生在低应变速率区；在等轴（$\alpha+\beta$）合金中，在低应变速率区将产生超塑性；③在较高的应变速率和较低的温度下，（$\alpha+\beta$）合金会出现绝热剪切带，甚至沿着剪切带产生裂纹。

3. 热变形激活能模型

材料热变形本构关系中的表观热激活能是与相应的微观机制的激活能相对应的。如当变形机制是空位扩散控制的位错攀移时，此时变形激活能就与合金的自扩散激活能相近。由于在热变形激活能模型中 Q 值不再是一个常数，而是随着温度和应变速率的变化而变化的一个变量，其值通常采用式（5-23）进行计算：

$$Q = -R \left. \frac{\partial \ln \dot{\varepsilon}}{\partial (1/T)} \right|_{\sigma} = -2.3R \left. \frac{\partial \lg \dot{\varepsilon}}{\partial \lg(\sigma)} \right|_{T} \left. \frac{\partial \lg(\sigma)}{\partial (1/T)} \right|_{\varepsilon} \qquad (5-23)$$

可见，通过计算变形激活能，能够推断变形的微观物理冶金机制。

5.2 粉末冶金钛合金的热变形

粉末冶金材料中通常都有残留孔洞，高温锻造可以促进材料全致密化，从而大幅度提高钛合金的力学性能。因此，本节将以 Ti - 1.5Fe - 2.25Mo - 0.6Y 合金为对象，采用动态热/力模拟试验机，系统地研究其高温塑性变形行为，包括高温等温压缩（轴对称）变形条件下的真应力—真应变曲线特征、高温变形条件与流变应力及形变组织的关系、热变形过程中的微观组织变化特点等，通过建立热加工图的方法，获得较为完整的 Ti - 1.5Fe - 2.25Mo - 0.6Y 合金的高温塑性变形规律。

5.2.1 高温压缩试验

高温压缩变形的实验条件如下：应变速率为 0.001 s⁻¹、0.01 s⁻¹、0.1 s⁻¹、1.0 s⁻¹ 和 10.0 s⁻¹，变形温度为 650℃、700℃、750℃、800℃、850℃、900℃、950℃ 和 1000℃，最大压缩变形量为 60%（真应变约为 0.9）。在高应变速率条件变形时，变形塑性功会产生大量的热，从而产生绝热温升，且应变速率越高，绝热温升越大。对于钛合金来说，其导热性较差，当应变速率较高时，大量的由塑性功所转变成的热来不及散失出去，就会引起局部温升，从而产生绝热剪切带，导致流变应力下降，因此实际的流变曲线是包含了绝热温升及摩擦等因素的流变曲线，有必要对其进行温度和摩擦补正。

压缩变形通过一对平锤对圆柱样品进行墩粗来实现。试验的变形条件主要指加热温度、压头位移速度和位移大小，对应于变形温度 T、应变速率 $\dot{\varepsilon}$ 和应变 ε。压缩用试样为采用电火花切割成尺寸为 $\phi 8$ mm × 12 mm 的的标准圆柱试样。先用丙酮去除表面油污，再采用300#~1000#金相砂纸进行表面抛光，以减少因为表面缺陷对热模拟试验结果造成的影响。压缩试验在 THERMEC MASTOR - Z 型热加工模拟试验机上进行。压缩用设备及工作区的放大图如图 5 - 2 所示。热压缩时，上下端面的凹槽充填特供的高温润滑用玻璃粉，并覆盖云母片，以减小试样与垫块之间的摩擦和降低试样与垫块之间的热传递，从而有利于降低变形的不均匀性。试验采用感应加热，加热曲线如图 5 – 3 所示，首先以 3 K/s 速率升温，当温度离设定变形温度 100 K 时降低升温速度到 1.5 K/s，达到设定值后，保温180 s，使试样温度均匀再开始压缩；用焊在试样中部的 NiCr – NiAl 热电偶实时测量试样温度，控制系统根据测得温度和预先设定温度之间的差值自动调整电压，以保证温度平衡在设定值。同时，控制系统实时采集几个通道的实时数据，包括：载荷（kg）、位移（cm）、测量温度（℃）等。最后待压缩完成后采用氩气和氮气的混合气体对试样进行淬火冷却，冷却速率为 50 K/s。

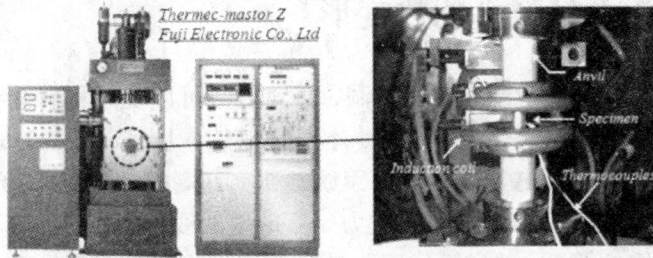

图 5 – 2　热模拟试验装置示意图

圆柱形热模拟试样经热压缩常会在腰部发生"腰鼓"现象，为了衡量单向热压缩试验的有效性，采用了英国国家物理实验室的评判标准[51]。该实验室经过大量对比实验，提出了膨胀系数 B 这一物理量，即：

$$B = \frac{L_0 d_0^2}{L_f d_f^2} \quad (5 – 24)$$

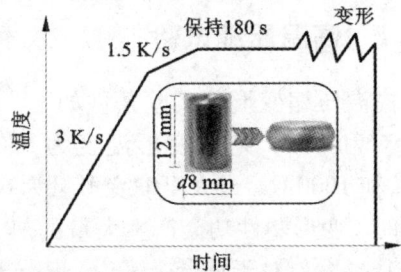

图 5 – 3　等温压缩加热曲线图
及压缩样品宏观形貌

式中：B 为膨胀系数；L_0 为试样原始高度；d_0 为试样原始直径；L_f 为压缩后的试样高度；d_f 为压缩后试样平均直径（腰部和端部平均值）。当 $B \geqslant 0.9$ 时，单向热压缩的试验结果是有效的。通过计算，各种试验条件下的 B 值均大于 0.9，说明热压缩试验的结果是有效的。

　　计算机采集的数据是工程应力与工程应变，还需将其转换为真应力与真应变。根据真应力与真应变的定义，可以采用式（5 – 25）和式（5 – 26）来计算实验合金的真应力 σ 和真应变 ε 值。式中 h_0 表示未压缩时试样的高度，h 表示压缩后试样的高度，p 是压缩时试样所承受的压力，F 是试样在承受 p 力作用时变形后所具有的横截而积，F_0 表示未压缩时试样的横截面积。

$$\varepsilon = \ln \frac{h_0}{h} \qquad (5-25)$$

$$\sigma = \frac{p}{F} = \frac{p}{F_0 e^{\varepsilon}} \qquad (5-26)$$

将计算后的真应力和真应变值一一对应，绘制出不同 $(\dot{\varepsilon}, T)$ 下的流变应力曲线，并按相同 $\dot{\varepsilon}$ 或 T 进行组合，以比较 $\dot{\varepsilon}$ 或 T 对流变应力曲线特征的影响。从流变应力曲线上可以读出曲线的 σ 或 ε 特征值，如峰值应力 σ_P 及其对应的峰值应变 ε_P 等，以用于后续的回归分析。

5.2.2　变形行为

粉末冶金 Ti – 1.5Fe – 2.25Mo – 0.6Y 合金的烧结组织如图 5 – 4 所示，图 5 – 4(a) 为 SEM 扫描组织(背散射模式)，其中深色条纹相为 α 相，浅色相为 β 相，黑色区域为残余孔隙。图 5 – 4(b) 和 5 – 4(c) 分别为 EBSD 相组成图和 IPF 图。由图可见，粉末冶金 Ti – 1.5Fe – 2.25Mo – 0.6Y 合金的烧结组织为较为细小的片层组织，平均晶团尺寸为 35 μm，β 相含量约为 15%。该微观组织明显细于铸造 Ti – 6Al – 4V 合金组织，而与等轴的 $(\alpha + \beta)$ 双态 Ti – 6Al – 4V 组织接近。粉

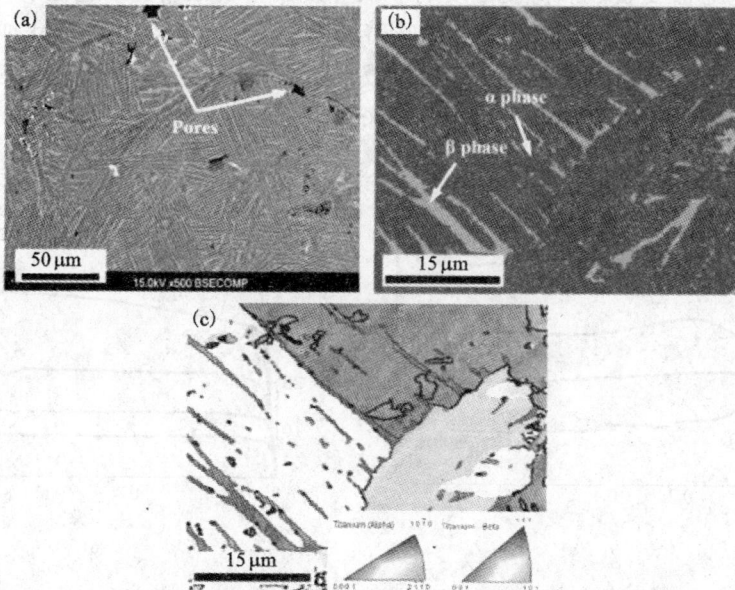

图 5 – 4　粉末冶金 Ti – 1.5Fe – 2.25Mo – 0.6Y 合金的烧结组织

(a)SEM 图；(b)EBSD 相组成图；(c)EBSD IPF 图

末冶金合金由于有少量残留孔隙的存在，应变硬化过程中可能即包括了塑性变形加工硬化，也可能存在一定的几何硬化（材料变形时随着变形量的增加不断的发生致密化，材料的变形抗力随着密度的增加而增加，这种随密度增加而产生的加工硬化效应称为几何硬化）。Ti - 1.5Fe - 2.25Mo - 0.6Y 合金高温烧结后的相对密度约为 97%，因此在锻造变形研究中可以忽略体积变化的影响。图 5 - 4(c) 中黑色晶界代表高角度晶界，白色晶界代表低角度晶界，可以看出，烧结组织中初始的晶粒取向基本是随机的，因此初始织构对再结晶不会有很明显的影响。

图 5 - 5 所示为 Ti - 1.5Fe - 2.25Mo - 0.6Y 合金在 800℃ [(α + β) 相区)] 压缩变形时的流变曲线和在 900℃ (β 相区) 压缩变形的流变曲线。在 (α + β) 相区变形时，应力 - 应变曲线基本上都呈现流变软化的趋势，流变应力在较小的应变下达到峰值后随应变的增加而下降，最后转为稳态流变；在 β 相区变形时，在较高的应变速率 (> 0.1 s^{-1}) 下变形曲线呈加工硬化趋势，而随着应变速率的降低，流变曲线也逐渐转变为稳态流变。钛合金的热变形过程是一个加工硬化效应和动态软化效应相竞争的过程，应力 - 应变曲线的上升或下降由二者共同决定。在变形初期，位错源开动，位错密度急剧增加，位错相互交割，加工硬化效应占优势，此时应力 - 应变曲线迅速上升。当流变应力达到峰值后，随着应变的继续增加，动态软化效应增强，应力 - 应变曲线开始下降，最后当加工硬化和软化效应平衡的时候进入稳态流变阶段。流变曲线的形状直接反应了压缩变形过程中合金内部的组织变化，钛合金中流变软化可能意味着动态回复、片层组织的球化或动态再结晶，也可能由一些不稳定流变机制（如微观裂纹、层片扭折或局部流变等）所引起，这些还需要通过微观组织结构分析来验证。

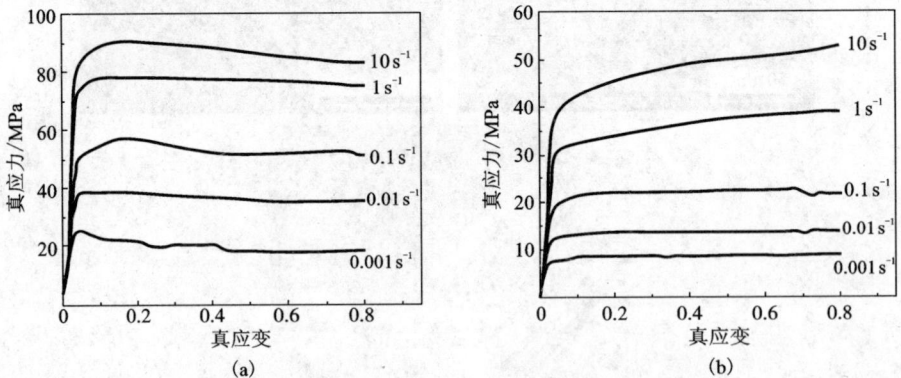

图 5 - 5　经过摩擦和温度修正后的应力应变曲线
(a)800℃; (b)900℃

Ti - 1.5Fe - 2.25Mo - 0.6Y 合金对变形条件(如变形温度和应变速率)非常敏感,如在相同的应变速率($10 \ s^{-1}$)和相同的应变条件下,热变形流变应力从 800℃的 93 MPa 降低到了 900℃的 45 MPa(图 5 - 5),而在相同的温度(800℃)条件下,热变形峰值应力从应变速率为 0.001 s^{-1}时的 26 MPa 上升到了速率为 $10 \ s^{-1}$时的 93 MPa。

从图 5 - 5 中还可以发现,在相同的温度下,随应变速率的提高,合金高温压缩变形时流变应力增加,且在流变应力升高的同时,应力峰所对应的应变量 ε_p 也增大,应力的衰减幅度也增大。这是因为增加应变速率会提高金属的临界剪切应力,即要驱使数目更多的位错同时运动并增大位错运动的速度来保持足够的应变。位错运动的速度与剪切应力有密切的关系,可用式 5 - 27 近似表示:

$$\nu = \nu_0 \exp\left(\frac{C}{T\tau}\right) \qquad (5-27)$$

式中:v 为位错运动的速度,v_0 为声音在金属中的传播速度,C 为材料常数,T 为绝对温度,τ 为临界剪切应力。根据式(5 - 27),当 T 为定值时,τ 随 v 的增大而增大,τ 的升高意味着变形抗力的增大,就是说应变速率的升高导致的位错运动速率的增加提高了流变应力。由于位错运动受扩散过程影响,因此,动态再结晶过程不仅与晶格畸变程度及温度的高低有关,还取决于变形过程的时间长短。提高 $\dot{\varepsilon}$ 将缩短变形时间,塑性变形时的位错运动难以在变形体内充分开展,对动态软化有一定的抑制作用,从而也增大了流变应力。因此,随应变速率的提高,合金高温压缩变形时流变应力也增加。

金属材料热变形的流变曲线可由式(5 - 5)的双曲正弦函数来描述,对该式两边取对数,并假设热变形激活能与温度无关,可以得到:

$$\ln\dot{\varepsilon} = \ln A - \frac{Q}{RT} + n\ln\sigma \qquad (5-28)$$

式中:变形激活能又通过分别在恒定温度的条件下对应变速率求偏微分及在恒定应变速率的条件下对 $(1/T)$ 求偏导,得出:

$$Q = R \left\{\frac{\partial\ln\dot{\varepsilon}}{\partial\ln\sigma}\right\}_T \left\{\frac{\partial\ln\sigma}{\partial(1/T)}\right\}_{\dot{\varepsilon}} \qquad (5-29)$$

由于峰值应力 σ_p 体现材料在热变形过程中的最大承载能力,因此建立 σ_p 与热变形条件的关系具有重要意义。将各变形条件下的应力峰值 σ_p 根据式(5 - 28)进行一元线性回归,以此来建立峰值应力 σ_p 与热变形应变速率 $\dot{\varepsilon}$ 的关系,结果见图 5 - 6(a),该直线的斜率即为应力指数 n。采用同样的方法可绘出流变应力 σ_p 和温度 T 的关系图,结果如图 5 - 6(b)所示。分别将图中两组直线的平均斜率代入式(5 - 29)中,便可求出该合金在 $(\alpha + \beta)$ 相区和 β 单相区的热变形激活能,分别为 358.8 kJ/mol 和 190.5 kJ/mol。

通常认为，合金的变形激活能与合金的塑性变形机制有直接的关系。钛合金中 α 相的自扩散激活能为 242 kJ/mol，β 相的自扩散激活能为 153 kJ/mol。Ti–1.5Fe–2.25Mo–0.6Y 合金在($\alpha+\beta$)双相区锻造时的变形激活能 358.8 kJ/mol 明显高于 α 钛合金的自扩散激活能，而在 β 单相区，合金的激活能 190.5 kJ/mol 与 β 钛的自扩散激活能 153 kJ/mol 接近。这与 Ti–6Al–4V 合金及其他的一些($\alpha+\beta$)合金的锻造实验结果接近。

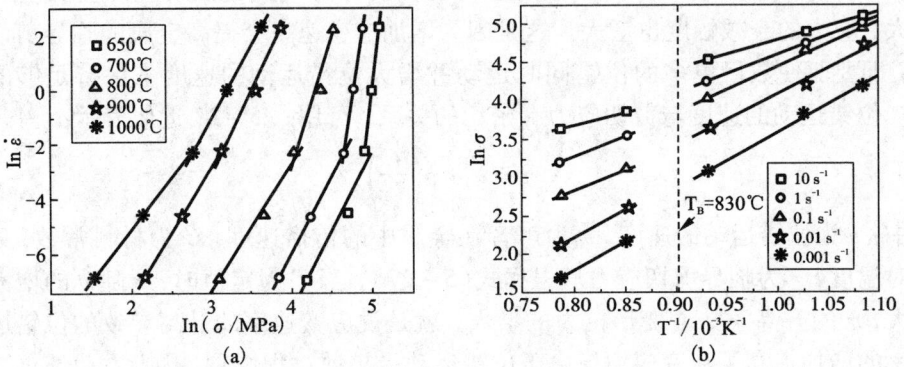

图 5–6
(a)峰值流变应力 σ_p 与应变速率 $\dot\varepsilon$ 的关系；(b)流变应力 σ_p 与变形温度 T 的关系

这种高激活能是由于高强度的 α 相与低强度的 β 相在变形过程中的交互作用引起的。在 β 单相区，合金的激活能与 β 钛的自扩散激活能接近，意味着合金在 β 相区的变形主要是受位错攀移控制。

图 5–7 所示为不同相区内 Ti–1.5Fe–2.25Mo–0.6Y 合金流变应力与参数 Z 之间的关系。由于在($\alpha+\beta$)相区和 β 单相区内的激活能差异，不同相区的 Z 值明显被分为两部分，

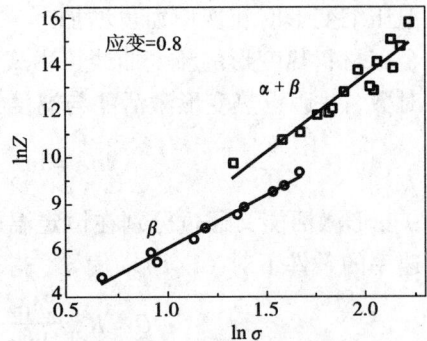

图 5–7 Zener–Hollomon
参数与流变应力的关系

而且 $\ln\sigma$ 值和 $\ln Z$ 值在不同的相区内均呈现较好的线性关系，说明在既定的应变速率和温度范围内，流变应力和 Z 参数符合式(5–11)的关系。

5.2.3 热加工图及变形机理

采用动态材料模型方法来构建 Ti–1.5Fe–2.25Mo–0.6Y 合金的热加工图。

首先利用三次样条插值函数对原始流变应力数据进行插值，以获得更多的流变应力数据。然后对插值后的流变应力利用最小二乘三次多项式进行拟合，进而计算出绘制加工图时所需要的各种参数。对原始实验数据经过三次样条插值和最小二乘拟合之后，用式(5-20)计算出不同温度和不同应变速率下的耗散率 η 值，随后根据式(5-22)来计算不稳定变形因子 ζ，最后将耗散率 η 值和不稳定变形因子 ζ 分别在给定的应变速率和温度范围内绘制等值线图，并将两个等值线图叠加得到 Ti-1.5Fe-2.25Mo-0.6Y 合金的热加工图。图 5-14 是 Ti-1.5Fe-2.25Mo-0.6Y 合金在应变为 0.8 时基于动态材料模型建立的热加工图，图中的曲线代表耗散效率 η 的等值线，其上的数字为对应等值线的 η 值；临界线上部为失稳变形区，下部为稳定变形区。

经过对比不同的应变下的加工图特征发现，不同应变下的加工图表现出大致相同的特征，这说明热加工过程中应力-应变曲线随应变增加时变化趋势是相似的。从图 5-8 可以看出，η 等值线的曲率在略高于 β 相变点(830℃)的地方有个明显的拐点。在 $(\alpha+\beta)$ 两相区和 β 单相区，失稳变形区都出现在高应变速率区域，而且都

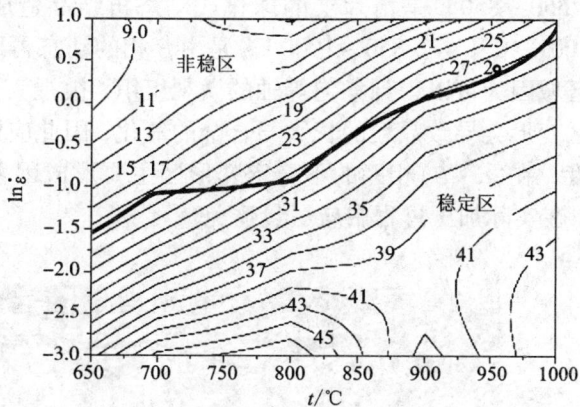

图 5-8　粉末冶金 Ti-1.5Fe-2.25Mo-0.6Y
合金热加工图

随温度的降低向低应变速率段扩展。在稳定变形区内有两个峰值 η 区域，一个发生在$(\alpha+\beta)$两相区的 $0.001\sim0.01\ \mathrm{s}^{-1}$/$650\sim850$℃范围内，最高 η 值50%出现在 800℃/$0.001\ \mathrm{s}^{-1}$；另一个出现在 β 单相区的 $0.001\sim0.1\ \mathrm{s}^{-1}$/$850\sim1000$℃范围内，最高 η 值45%出现在1000℃/$0.001\ \mathrm{s}^{-1}$。这两个区域均出现在较低的应变速率范围，除这两个峰值 η 区域外，其他地方的 η 等值线的 η 值均小于 0.4，可以认为是一种过渡变形行为，表明没有稳定的微观机制起作用。通常，高 η 值区域对应着较好的加工性能区，因此，这两个峰值 η 区域对应的温度和应变速率范围即为较佳的锻造加工区域。

粉末冶金 Ti-1.5Fe-2.25Mo-0.6Y 合金的加工图与具有片层组织的 Ti-6Al-4V 合金的热加工图有明显的差异，其稳定变形区的面积明显大于具有片层组织的 Ti-6Al-4V 合金，而与具有细小等轴组织的 Ti-6Al-4V 合金的稳定变形区面积相近。

图 5 - 9 所示为 Ti - 1.5Fe - 2.25Mo - 0.6Y 合金经过 800℃ 和不同应变速率下变形的组织。在高应变速率下变形时，变形特征主要表现为层片的扭折，这是一种局部的不均匀变形，属于不稳定变形的范畴；当应变速率低于 0.1 s⁻¹ 时，变形主要表现为片层组织的球化。从以上结果可以看出，低的应变速率有利于 Ti - 1.5Fe - 2.25Mo - 0.6Y 合金得到均匀细小的变形组织。图 5 - 10(a) 所示为 Ti - 1.5Fe - 2.25Mo - 0.6Y 合金经过 700℃/10 s⁻¹ 变形的组织，从图中可以清楚地看到沿剪切方向的局部流变变形组织，这是一种不均匀变形组织，也属于不稳定变形的范畴。图 5 - 10(b) 所示为经过 900℃/0.01 s⁻¹ 变形的组织，从中可以看出组织为均匀的等轴 β 转变组织，可以推测在该区域变形时合金发生了动态再结晶。以上组织分析可以解释热加工图：$(\alpha + \beta)$ 相区的耗散率 η 峰值区域 0.001 ~ 0.01 s⁻¹/650 ~ 850℃ 是由片层的球化或动态再结晶造成的；而在 β 相区的峰值区域 (0.001 ~ 0.1 s⁻¹/850 ~ 1000℃) 是由 β 相的动态再结晶造成的。这两个动态再结晶区域因为可以得到均匀等轴的微观组织，被视为理想的加工区域。但由于在 β 相区变形会导致晶粒的长大与合金的氧化，因此应该尽量避免选用 β 相区过高的温度。在 $(\alpha + \beta)$ 相区的不稳定变形区主要形成因素有局部流变和片层组织的扭折，在实际加工过程中应尽量避免。

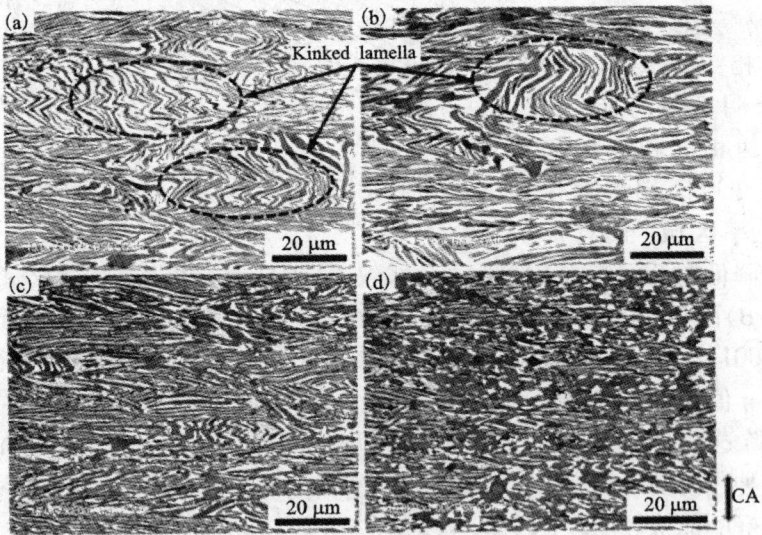

图 5 - 9 Ti - 1.5Fe - 2.25Mo - 0.6Y 合金在 800℃ 及不同应变速率条件下变形的组织

(a)10 s⁻¹; (b)0.1 s⁻¹, (c)0.01 s⁻¹, (d)0.001 s⁻¹

5.2.4　变形机理

对于具有层片组织的钛合金来说，在$(\alpha+\beta)$相区锻造时组织的演化与层片组织的取向有很大关系。在层片取向平行于或近平行于压缩方向的晶团中，随着变形的增加，层片会渐渐发生扭折，如图 5 - 9 所示。在层片取向与压缩方向呈一定夹角的晶团中，晶团在扭折的同时会发生旋转，直至到与应力轴垂直的方向。这种重排机制会逐渐消除相邻晶团的取向差异，同时会导致应力的大幅下降。在低应变速率变形时，较长的变形时间可以促进元素的扩散，从而使得片层扭折机制被抑制，变形机制转为层片球化机制。因此，层片状钛合金的变形应该优先选择在低的应变速率下进行。在 $0.001\ s^{-1}$ 速率下时经过 60% 变形后约有 75% 以上的层片晶团发生球化，其球化的程度明显要高于具有粗大层片组织的铸造 Ti - 6Al - 4V 合金，这可能与粉末冶金材料特有的细小组织有关。

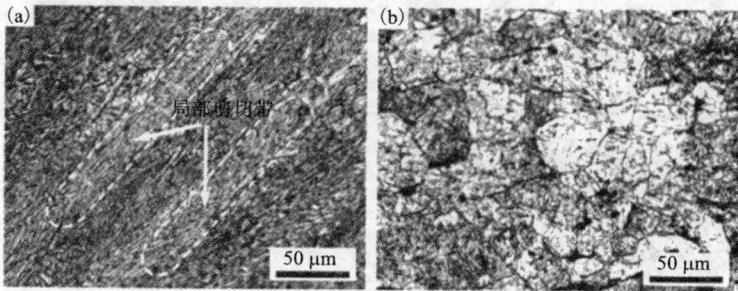

图 5 - 10　Ti - 1.5Fe - 2.25Mo - 0.6Y 合金经过
(a)700℃/10s^{-1} 和 (b)900℃/0.01s^{-1} 锻造变形后的光学组织

为了更加深入的了解 Ti - 1.5Fe - 2.25Mo - 0.6Y 合金的高温变形机制，探讨了变形过程中晶界取向角度随变形程度的变化趋势。图 5 - 11(a) ~ 图 5 - 11(c) 所示为 Ti - 1.5Fe - 2.25Mo - 0.6Y 合金经过 800℃/0.001 s^{-1} 变形后的 IPF 图。图5 - 11(d)所示为低角度晶界的百分含量和平均晶粒尺寸随变形的变化趋势。从图中可以看出，未变形的材料中大部分的晶界都是高角度晶界，只在少量晶团中有很少量的低角度晶界(见图 5 - 4)；经过 20% 变形后(变形量略高于屈服应变)，由于织构强化及晶体位向转动的原因，变形组织变得很不均匀，低角度晶界的含量提高到了约为 65.3% ，而平均晶粒尺寸则从开始的 35 μm 降低到了约 20 μm。随着变形增加到 40%，低角度晶界略有减少，一些新的具有高角度晶界($\theta > 15°$)的晶粒逐渐形成，此时的平均晶粒尺寸进一步降低到了约 7.5 μm。当变形增加到 60% 的时候，低角度晶界进一步减少到了 18% ，大部分的晶粒都成了新形成的等轴的大角度晶粒，平均晶粒尺寸约为 3 μm。从以上的分析可知，高角度晶界的形成是一个连续的过程。因此，该合金的动态再结晶机制与普通的形核与长大的非连续再结晶机制不同，而可能与铝合金和铁合金等高层错能合金的连续动态再结晶机制类似，是一个从亚晶到完整新晶粒连续变化的转变过程。同时，从图5-10(a)中可以清楚看到具有锯齿状大角度晶界的晶粒，从而进一步证明了该合金的变形机制是连续的动态再结晶机制。在连续的动态再结晶过程中，由于合金的层错能较高，位错运动受到抑制，随着应变的增加，应变硬化引起的位错运动逐渐形成亚晶粒，随后位错不断在亚晶粒晶界上塞集，导致亚晶粒晶界取向角度不断增加，当该角度超过一定的临界值(15°)后亚晶粒长大成为新的动

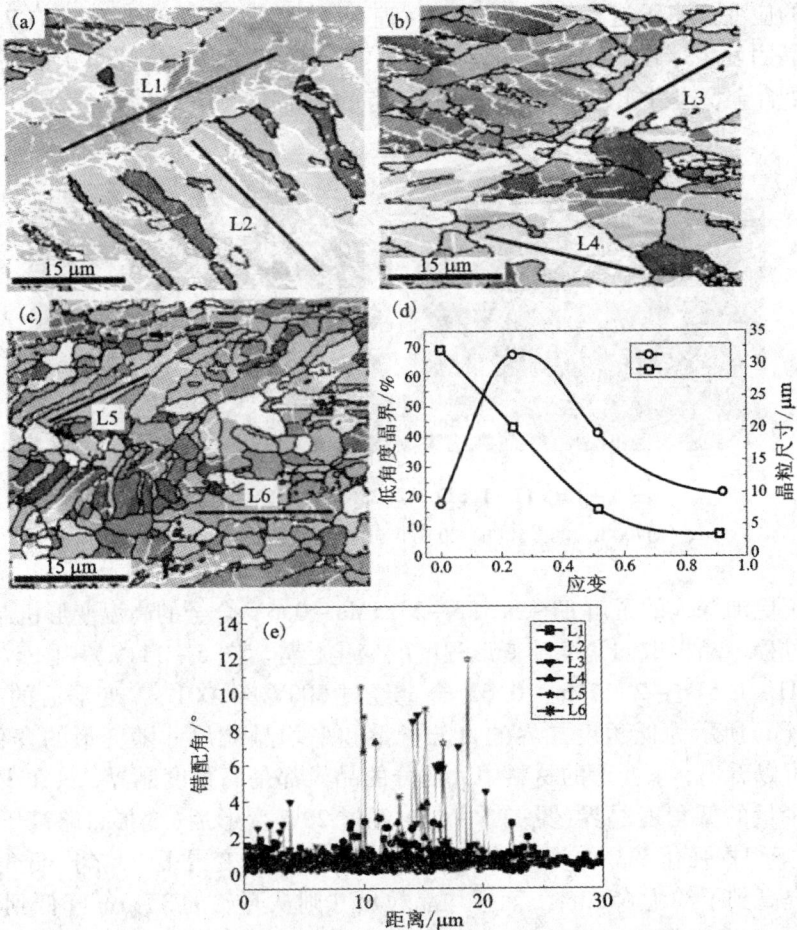

图 5 – 11　Ti – 1.5Fe – 2.25Mo – 0.6Y 合金经过 800℃/0.001 s⁻¹
及不同变形量变形后的 IPF 图

(a)20%；(b)40%；(c)60%；(d)表示低角度晶界的百分比与晶粒尺寸随变形量变化的趋势

态再结晶晶粒。因此，最后的锻造组织是具有小角度晶界的亚晶和具有大角度晶界的晶粒并存的混合组织。图 5 - 11(a) ~ 5 - 11(c) 中直线 L1 ~ L6 的两端点之间的晶界取向角变化图如图 5 - 11(e) 所示。从图中可以发现，经过 20% 变形后 (L1 ~ L2)，原始晶粒内部的亚晶晶界角度均小于 3°，基本处于亚晶形成的初始阶段。随着变形增加到 40% 和 60%，该最大的亚晶晶界角度也相继增加到 8° (L3 ~ L4) 和 12.5°(L5 ~ L6)。可以推测，随着变形的继续进行，该晶粒内部的亚晶将继续长大并最终形成新的动态再结晶晶粒。以上结果表明，Ti - 1.5Fe - 2.25Mo - 0.6Y 合金的高温变形过程是个亚晶晶界角度连续增大的过程，也就是说了是一个连续的动态再结晶的过程。

图 5 - 12 所示为在不同的应变速率及不同温度下的晶界取向角分布图，其中 45° 角附近的峰值对应为 α 相与 β 相之间的界面角度。从图中可以看出，低角度晶界的百分比随着变形温度的增加而降低，同时随着应变速率的增加而增加，这表明低角度晶界百分含量与合金变形时的变形条件有很大关系。考虑到 Zener-Hollomon 参数是一个综合了变形温度和应变速率等变形条件的综合参数，提出了变形后组织中低角度晶界百分含量与 Zener-Hollomon 参数之间的关系式如下：

$$LAGBs\% = A + B\ln Z \tag{5-30}$$

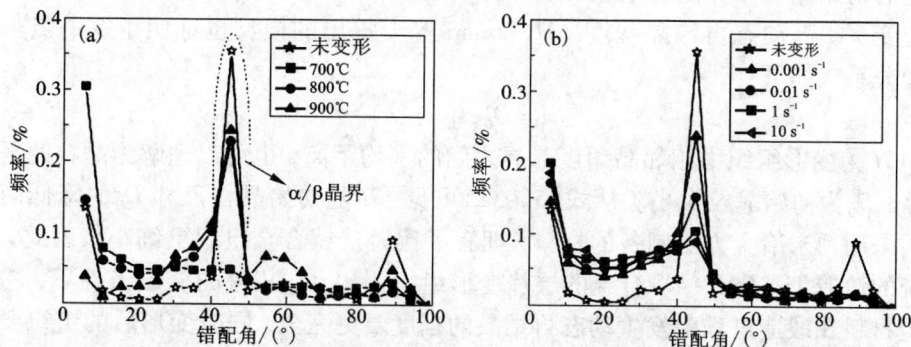

图 5 - 12 Ti - 1.5Fe - 2.25Mo - 0.6Y 合金经过不同条件锻造后的晶界取向角分布图
(a) 应变速率 0.001 s^{-1}，不同的变形温度；(b) 变形温度 800℃，不同的应变速率

其中 $A = -10.2$，$B = 4$。因为钛合金中亚晶粒形成与演化过程决定了变形微观组织，因此式 (5 - 30) 能够通过预测变形组织中具有低角度晶界的晶粒的情况大致预测变形后的微观组织。Zener-Hollomon 参数与连续动态再结晶的关系还可以通过下式来理解[7]：

$$\varepsilon_{cr} = \ln(Z^{\frac{1}{m}}D_0) + K_3 \tag{5-31}$$

式中：ε_{cr} 为发生连续动态再结晶所需的临界应变，D_0 是初始晶粒尺寸，K_3 是常数。

根据式(5-30)，临界应变ε_{cr}的大小由变形条件Z和初始的晶粒尺寸D_0共同决定。合金在高Z条件下变形时，临界应变ε_{cr}较大，也就是说连续动态再结晶要在较大的应变条件下才会发生，而当合金在低Z条件下变形时，在较小的应变下就能发生动态再结晶。相应的，在一定的应变下，低应变速率变形后的组织的动态再结晶程度要比高应变速率变形的再结晶高。这也就是高层错能材料变

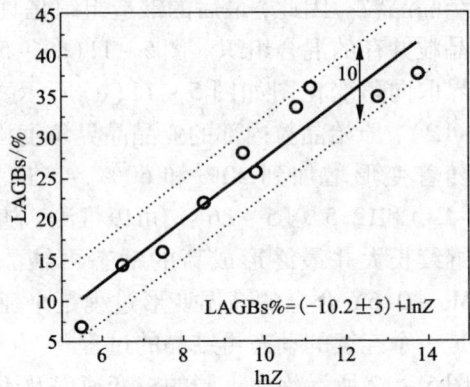

图5-13　变形组织内低角度晶界的百分比与 Zener-Hollomon 参数的关系

形一般都采用较低应变速率变形的原因。以上从式(5-31)推导的结果和图 5-13及式(5-30)中得到结论一致，如当样品在800℃/0.001 s^{-1}($\ln Z = 8.79$)变形时，动态再结晶发生的程度要明显比经过800℃/10 s^{-1}($\ln Z = 13.79$)和700℃/0.001 s^{-1}($\ln Z = 11.1$)变形后的组织高得多。此外，从式(5-31)中还可以看出细化的初始晶粒能降低发生连续动态再结晶所需的临界应变，或者说在相同的变形应变下提高动态再结晶程度。H. Jazaeri 等[7]提出的模型也证明了这一点。该模型关系式如下：

$$H = D_0 \exp(-\varepsilon) \tag{5-32}$$

式中H为变形组织中相邻高角度晶界之间的平均距离，也可以理解为晶粒的平均尺寸，D_0为初始晶粒大小。从式(5-32)可见，H随初始晶粒尺寸D_0的降低而降低。采用粉末冶金方法制备的材料，拥有了比铸造钛合金组织更细小。因此，与传统的铸造 Ti-6Al-4V 合金的层片变形组织相比，在相近的变形条件下，粉末冶金材料在锻造过程中发生动态再结晶的程度要更完全，同时变形后的组织要更加均匀。以上结果也验证了从加工图分析得到的结果，即该合金比具有层片组织的 Ti-6Al-4V 合金具有更宽的可加工区域。

5.3　粉末冶金钛基复合材料的热变形行为

和粉末冶金钛合金一样，钛基复合材料也需要经过进一步塑性变形，才能改善显微组织，实现增强相与基体的紧密结合，以获得较高的力学性能。因此，本节拟采用高温锻造的方法研究粉末冶金颗粒增强钛基复合材料的热变形行为，通过热加工图的方法探讨该合金的高温压缩变形行为。

5.3.1　热变形行为

高温压缩变形的实验条件如下：应变速率为 $0.001\ s^{-1}$、$0.01\ s^{-1}$、$0.1\ s^{-1}$、$1.0\ s^{-1}$ 和 $10.0\ s^{-1}$，变形温度为 $600℃$、$650℃$、$700℃$、$750℃$、$800℃$、$850℃$、$900℃$、$950℃$ 和 $1000℃$，最大压缩变形量为 60%（真应变约为 0.9）。流变曲线数据也进行了温度和摩擦修正。

粉末冶金 $Ti-1.5Fe-2.25Mo-0.6Y+10\%Mo_2C$ 复合材料的烧结组织如图 5-14 所示。图 5-14(a) 为 SEM 扫描组织（背散射模式），其中灰色相为 α 相，白色相为 β 相，深色等轴的颗粒相为增强相粒子。图 5-14(b) 和 5-14(c) 分别为 EBSD 相组成图和晶界图。由图可见，$Ti-1.5Fe-2.25Mo-0.6Y+10\%Mo_2C$ 合金的烧结基体组织为细小的片层组织和少量等轴的 α 晶粒，增强相粒子均匀分布在钛合金基体中，其晶粒尺寸为 $5\sim12\ \mu m$。根据 EDX 成分分析及 EBSD 结果可以判定该增强相粒子为碳化钛颗粒。从图 5-20(c) 中可以看出，基体合金内的初始状态下高角度晶界的百分含量约为 95%。

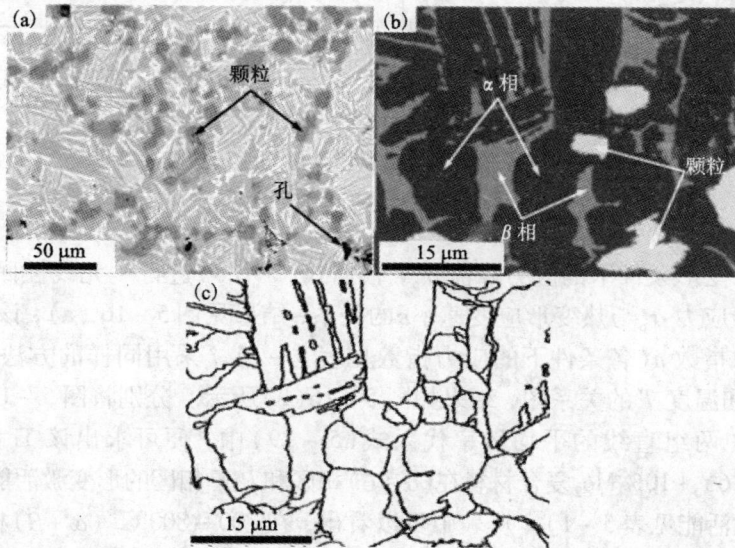

图 5-14　$Ti-1.5Fe-2.25Mo-0.6Y+10\%Mo_2C$ 复合材料变形前的组织

(a)SEM 图（背散射模式）；(b)相组成图；(c)晶界图

$Ti-1.5Fe-2.25Mo-0.6Y+10\%Mo_2$ 复合材料高温压缩变形时的真应力 - 真应变曲线如图 5-15 所示。其中图 5-15(a) 和图 5-15(b) 分别为经过 $800℃$ [($\alpha+\beta$)双相区] 和 $1000℃$（β 单相区）及不同应变速率变形时的应力 - 应变曲线。从图中可以看出，在$(\alpha+\beta)$相区变形及在β相区较高应变速率($>1\ \mathrm{s}^{-1}$)下变形时，流变曲线软化现象明显，当流变应力随应变增加达到峰值后迅速下降，最后达到动态平衡，进入稳态流变阶段。尤其是在β相区的变形时，变形特征与基体 Ti－1.5Fe－2.25Mo－0.6Y 合金在β相区较高应变速率下变形时的持续加工硬化现象(图 5－15)有很大的差别，这可能是因为添加增强相粒子后，增强相粒子与基体的不协调变形导致的缺陷引起的。对比发现，添加增强相粒子后的材料的流变应力有大幅度的提高，如在 $800\,℃/10\ \mathrm{s}^{-1}$变形时，合金的峰值应力从基体合金的约 90 MPa 上升到了复合材料的约 350 MPa。从图中还可以看出，添加增强相后的复合材料呈现出比基体合金更为明显的软化行为。

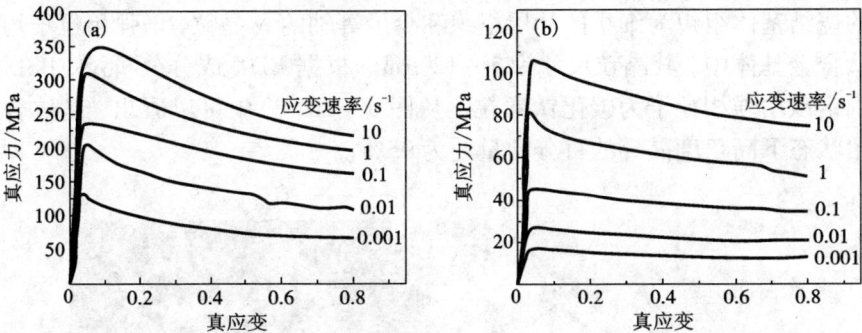

图 5 －15　经过摩擦和温度修正后的应力应变曲线

(a)800℃；(b)1000℃

　　根据各变形条件下的应力峰值 σ_{p}，根据式(5－28)进行一元线性回归，以此来建立峰值应力 σ_{p} 与热变形应变速率$\dot{\varepsilon}$的关系，结果见图 5－16 (a)，该直线的斜率即为应力指数 n(各条件下的应力指数见表 5－1)。采用同样的方法可绘出流变应力 σ_{p} 和温度 T 的关系图，结果如图 5－16(b)所示。分别将图 5－16(a)图及 5－16(b)中两组直线的平均斜率代入式(5－29)中，便可求出该 Ti－1.5Fe－2.25Mo－0.6Y＋10% Mo$_2$复合材料在$(\alpha+\beta)$相区和β单相区的形变激活能 Q 值(各条件下的激活能见表 5－1)。从表中可以看出，在 700~800℃$[(\alpha+\beta)$相区]变形时，合金的热激活能比常规钛合金的变形热激活能及α钛的自扩散激活能要高很多；而在 900~1000℃(β单相区)变形时，合金的热激活能值较低，与常规钛合金的在β相区的热激活能接近，且相对稳定。造成$(\alpha+\beta)$双相区高激活能的原因可能是由于合金中同时存在α相、β相及增强相，在合金变形时，这三相将同时变形和运动。由于α相往往具有较高的热激活能，同时增强相粒子在变形时会阻碍位错和晶界的滑移，从而使得合金的热变形激活能进一步提高，从而导致了含有增强相粒子的复合材料在$(\alpha+\beta)$相区变形时具有较高的热激活能；在β相区变形时，由于高

温 β 相良好的回复能力,能够有效地减小位错增殖对激活能的影响,因此往往具有较小的激活能。

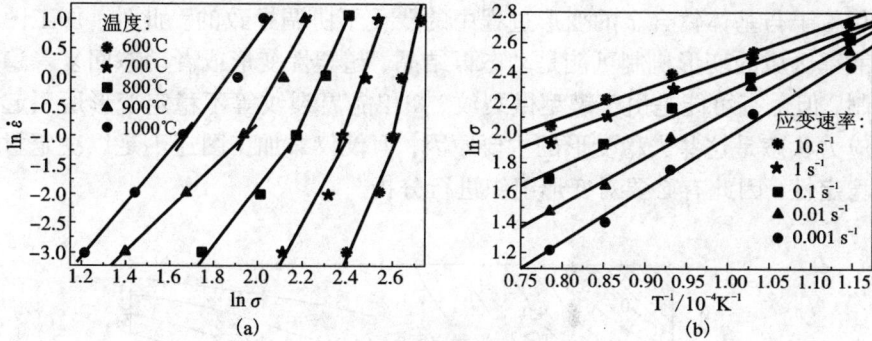

图 5 - 16

(a)峰值流变应力 σ_p 与应变速率 $\dot{\varepsilon}$ 的关系;(b)流变应力 σ_p 与变形温度 T 的关系

表 5 - 1   Ti - 1.5Fe - 2.25Mo - 0.6Y + 10% Mo₂复合材料在不同条件下变形时的激活能

温度/℃		700	800	900	1000
n	$10^{-3} \sim 10^{-1} s^{-1}$	5.15	4.57	3.7	4.38
	$1 \sim 10 \ s^{-1}$	11	8.6	7.3	7.1
Q_{HD},kJ·mol^{-1}		494.32	331.71	244.7	241.2

5.3.2   加工图的建立

采用与上节相同的方法建立 Ti - 1.5Fe - 2.25Mo - 0.6Y + 10% Mo₂C 复合材料在应变为 0.8 的热加工图,如图 5 - 17 所示。图中的曲线代表耗散率 η 的等值线,其上的数字为对应等值线的 η 值;临界线上部为失稳变形区,下部为稳定变形区。在加工图的稳定变形区内有两个峰值 η 区域,一个发生在 $(\alpha + \beta)$ 两相区内 $(0.001 \sim 0.01 \ s^{-1}/700 \sim 800 ℃)$,最高 η 值 46% 出现在 900℃/0.001s^{-1};另一个出现在 β 单相区内 $(0.001 \sim 0.01 s^{-1}/950 \sim 1000 ℃)$ 的范围内,最高 η 值 46.5% 出现在 1000℃/0.001 s^{-1}。这两个高耗散区域都有向低应变速率扩展的趋势。高 η 值区域对应着较好的加工性能区,因此,这两个峰值 η 区域对应的温度和应变速率范围即为较佳的锻造加工区域。从加工图还可以看出,该合金的失稳变形主要发生在应变速率高于 0.02 s^{-1} 的范围内。Ti - 1.5Fe - 2.25Mo - 0.6Y + 10% Mo₂C 合金的加工图与该合金的基体 Ti - 1.5Fe - 2.25Mo - 0.6Y 合金的加工图的加工图有一定的相似性，即稳定变形区域出现在低应变速率条件下，而失稳变形区域出现在高应变速率的范围内。但同时又有很大的区别，如失稳变形的区域要明显高于基体 Ti－1.5Fe－2.25Mo－0.6Y 合金。这可能是由于复合材料内部的增强相粒子与基体钛合金的变形过程中的严重不协调导致的。此外，加工图中的高耗散率区域的变形机制可能是动态再结晶、超塑性变形或者动态回复等稳态变形机制，但也有可能是由于锲型微裂纹、β 相晶界裂纹等不稳定变形所引起。局部的应力状态是这些失稳变形的主要原因，但仅仅靠加工图还不足以决定材料变形的稳定性，因此有必要对变形组织进行分析。

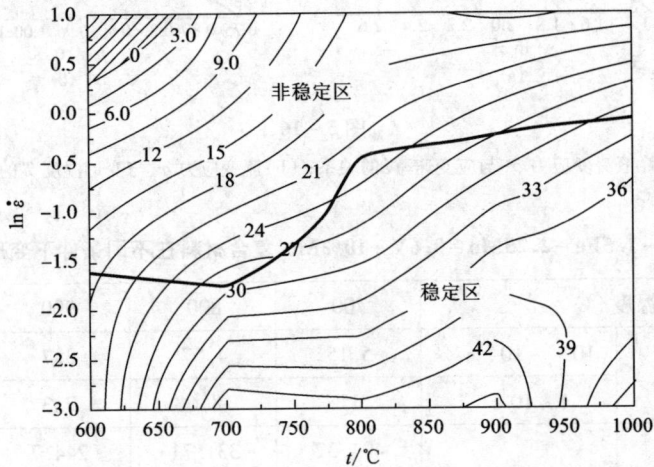

图 5－17　粉末冶金 Ti－1.5Fe－2.25Mo－0.6Y＋10％Mo2 复合材料的热加工图

图 5－18 为 Ti－1.5Fe－2.25Mo－0.6Y＋10％ Mo_2C 复合材料经 700℃/10 s^{-1} 下变形后的微观组织。从该图中可以清晰观察到由变形引起的局部绝热剪切带。绝热剪切带会很大程度上提高钛合金变形试样内部局部区域的温度（10 s^{-1} 速率下可以升高约 40°）。由于钛基复合材料的变形抗力更高，从而在试样的剪切方向出现失稳变形而形成绝热剪切带的趋势更明显。

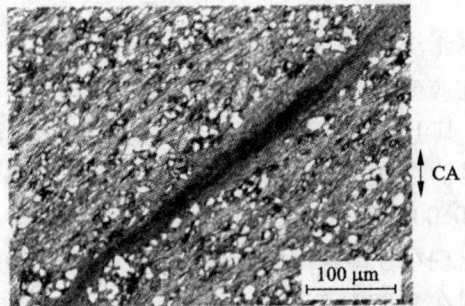

图 5－18　Ti－1.5Fe－2.25Mo－0.6Y＋10％Mo_2 复合材料经 700℃/10 s^{-1} 下变形后的微观组织

绝热剪切带会使材料产生局部开裂，对变形有害，因此在热加工图

5 – 17 上表现为失稳变形。

　　图 5 – 19 为 Ti – 1.5Fe – 2.25Mo – 0.6Y + 10% Mo$_2$C 复合材料不同的温度和不同应变速率下变形后的微观组织(变形量均为 60%)。从图中可以看出,变形组织对变形条件非常敏感。在低温高应变速率的失稳区域变形时,颗粒断裂以及和基体之间的脱离是材料失效的主要原因[图 5 – 19(a)]。提高变形温度和降低变形速率均能有效抑制颗粒的失效。在高温 β 相区变形时,颗粒断裂变得不明显,而颗粒与基体的脱离仍然存在[图 5 – 19(b))];随应变速率的降低,颗粒断裂及与基体的脱离都逐渐减少。高温及低应变速率区域(如 1000℃/0.001 s^{-1})是该合金的理想变形区域。图 5 – 20 是 Ti – 1.5Fe – 2.25Mo – 0.6Y + 10% Mo$_2$C 复合材料在应变速率为 0.001 s^{-1},温度为 700 ~ 900℃之间变形时的晶界取向图。可以看出,与变形前相比,变形组织的晶粒有了明显的细化,由此可以判断,在低应变速率条件下合金的变形是由动态再结晶造成的。动态再结晶行为不仅提高了热加工能力,而且能够较好的改善合金组织。经过 1000℃热变形后的组织出现了明显粗化,这可能是因为在 1000℃(β 单相区)变形时停留时间过长,出现了再结晶晶粒长大的结果。

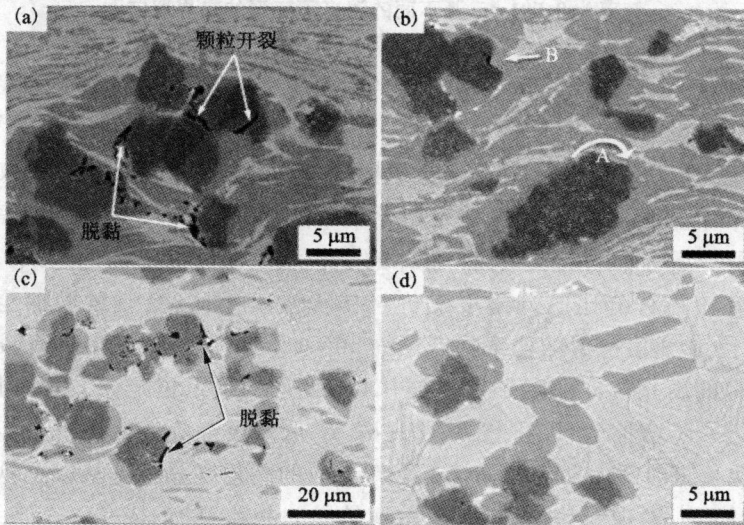

图 5 – 19　Ti – 1.5Fe – 2.25Mo – 0.6Y + 10% Mo$_2$C

复合材料在不同温度及不同应变速率条件下变形的组织

(a)700℃/10 s^{-1}; (b)800℃/0.001 s^{-1}; (c)1000℃/10 s^{-1}; (d)1000℃/0.001 s^{-1}

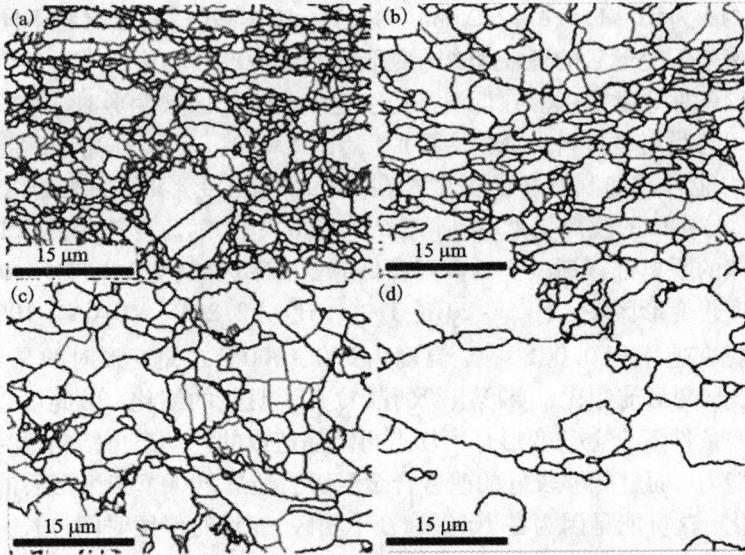

图 5 –20　Ti –1. 5Fe –2. 25Mo –0. 6Y +10％Mo$_2$C 复合材料在应变
速率为 0. 001 s^{-1}及不同的温度下变形的晶界取向图
(a)700℃；(b) 800℃；(c)900℃；(d)1000℃

　　图 5 –21 和图 5 –20(b)所示为 Ti –1. 5Fe –2. 25Mo –0. 6Y +10％ Mo$_2$C 复合
材料在 800℃/0. 001 s^{-1}条件下经过不同变形量变形后的材料的晶界取向图。从
图中可见，当经过 20％ 变形时(变形量略高于变形屈服点)，变形的组织主要由拉
长的晶粒及少量等轴的晶粒组成，整体的晶粒水平低于变形前的组织，此时的变
形组织具有较高百分比的低角度晶界(约 50％)。随着变形量增加至 40％［图
5 –21(b)］，低角度晶界的比率降低至约 36％，同时形成了许多具有较高角度晶
界(θ >15°)的新晶粒，晶粒尺寸与经过 20％ 变形的组织相比有了进一步细化；随
着变形量进一步增加至 60％［图 5 –20(b)］，低角度晶界的比例进一步降低到约
16％，微观组织内部大部分的晶粒都是新形成的高角度晶粒。从以上低角度晶界
比例的演化可以发现新晶粒(具有高角度晶界的晶粒)的形成是一个连续的过程。
前文讨论了 Ti –1. 5Fe –2. 25Mo –0. 6Y 合金的微观变形机制是与铝合金、镁合金
等高层错能材料相同的连续动态再结晶机制。从以上分析可知，复合材料的变形
过程中，基体的变形也遵循了连续动态再结晶的机制。如前文所述，在钛合金的
变形过程中，再结晶晶粒是从亚晶粒长大形成的，位错在亚晶粒晶界处聚集，使
得晶界的取向角增加，当角度增加到超过一定临界值时，实现从小角度晶界到大
角度晶界的转化，因此，图 5 –20 和图 5 –21 中合金的变形组织均表现为具有高

角度晶界的晶粒与具有小角度晶界的晶粒并存的混合组织。

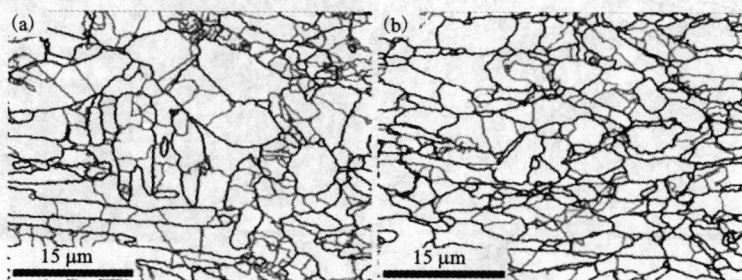

图 5 – 21　Ti – 1. 5Fe – 2. 25Mo – 0. 6Y + 10% Mo₂C 复合材料在
800℃/0. 001 s⁻¹条件下经过不同变形量变形后的样品的晶界取向图

　　Ti – 1. 5Fe – 2. 25Mo – 0. 6Y + 10% Mo₂C 复合材料在 800℃/1 s⁻¹的变形组织
如图 5 – 22 所示(变形量为 60%)。图 5 – 22(a)为晶界取向图,图 5 – 22(b)为
KAM 图(其中高 KAM 值一般对应着高的残余应力),图 5 – 22(c)为相组成图。
从图 5 – 22(a)中可以看出,大部分的低角度晶界都存在于增强相颗粒周围的 α
相中,结合图 5 – 22(b)可以看出,α 相中具有大量的残余应力。结合图 5 – 22
(a)和 5 – 22(c)可以看出,β 相中的平均晶粒尺寸要明显小于 α 相的平均晶粒尺
寸,这个现象与 β 相和 α 相的不同的变形特性有关。由于 β 相开放的 bcc 结构,
其变形能力要远高于 α 相。在(α + β)双相合金变形过程中,β 相的实际变形量是
α 相的实际变形量的 3 倍。因为双相合金的变形中,β 相承担了大部分的变形,
因此更易发生动态再结晶,从而其晶粒尺寸要明显小于 α 相。此外,由于 β 相的
动态再结晶释放了大部分的变形能和应力集中,使得 α 相的动态再结晶难以彻底
进行,从而在有限的变形量条件下难以得到完全再结晶的细 α 组织。

　　在含有增强相的复合材料的变形过程中,如果增强相是可变形的,那么在变
形时,它将与周围基体协调变形并承担一定的应变,但如果颗粒为难变形颗粒
(如陶瓷颗粒),变形就只能由颗粒附近的基体材料通过位错等机制来调节,Ash-
by 等[8]称这种位错为几何必须位错(geometrically necessarydislocations, GNDs)。
因为位错密度的大小往往直接决定了变形的流变应力的高低,因此颗粒附近高密
度的 GNDs 是复合材料变形时高流变应力的原因之一。此外,颗粒附近 GNDs 的
塞集往往还伴一定区域内晶格方向的转动,这个区域常被称为颗粒变形区(parti-
cle defor mAtion zones, PDZs)。颗粒变形区内的高位错密度区是颗粒诱发形核
(particle-stimulated nucleation, PSN)的形核源,同时高位错密度也为形核提供了
驱动力。因此,在变形过程中,颗粒附近有了高密度的低角度晶界。颗粒诱发形
核对基体合金的晶粒细化以及织构的形成有非常大影响。

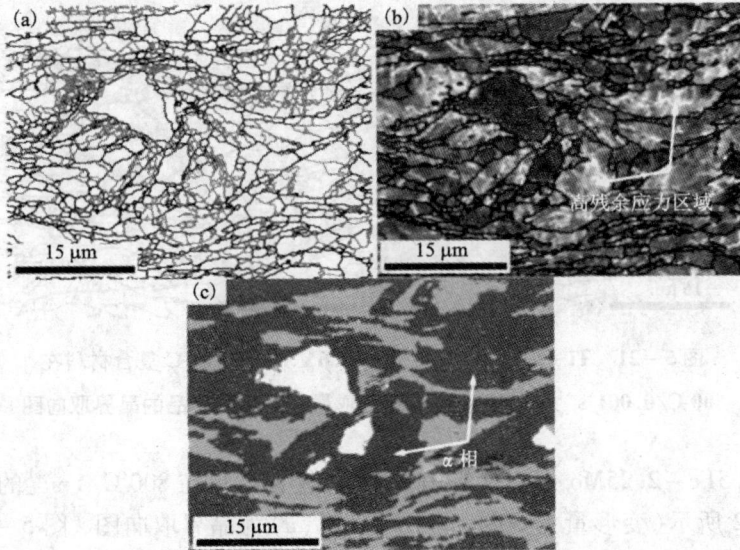

图 5 - 22   Ti - 1.5Fe - 2.25Mo0.6Y + 10% Mo$_2$
复合材料在 800℃/1 s^{-1} 条件下变形后的组织
(a)EBSD 晶界取向图；(b)KAM 图；(c)相组成图

在颗粒增强复合材料的变形过程中，大部分的失效都是从颗粒失效开始的。由于增强相颗粒与合金基体的弹性模量存在很大的差异，在压缩变形的压应力的作用下，颗粒与基体界面处会产生局部应力集中。当该应力集中超过了增强相的强度极限或者颗粒与基体界面的结合强度极限的时候，就会发生颗粒与基体的脱离甚至颗粒的断裂，如图 5 - 19(a)所示。由于颗粒断裂或者其与基体之间脱离产生的孔隙在应力局部张作用下会长大、合并，直至造成宏观裂纹。同时，在压应力的作用下，基体会沿着与压缩方向垂直的方向产生流动，增强相粒子也会配合基体流动而产生一定程度的转动。图 5 - 19(b)所示为合金经过 800℃/0.001 s^{-1} 变形后的微观组织，从图中可以看到变形后颗粒产生了一定的转动，同时可以看出基体合金在变形过程中发生的扩散流动。由于大部分的增强相颗粒形状都是不完全规则的，因此颗粒的转动可能增加颗粒断裂及与基体脱离的风险，从而造成材料失效的加速。综上所述，颗粒增强复合材料的变形包括了基体的变形和颗粒的断裂、与基体的脱离、合并及旋转几个特征。

从图 5 - 19 中可以看出，在高温高应变速率条件下变形时，颗粒的断裂被抑制，颗粒的失效主要表现为颗粒与基体之间的脱离。这是因为在高温 β 相区，基体合金的变形能力增强，基体与颗粒之间的应力集中减少，从而从基体传送到颗粒的应力减小，不足以产生颗粒断裂，但在高应变速率下，由于变形时间很短，不规则颗粒转动导致的基体与颗粒不协调变形还是可能会造成颗粒与基体的脱离。在低应变速率条件下，扩散可以通过扩散流动及物质传送动方式来缓解应力，从而抑制在较大颗粒周围组织颗粒断裂和脱离的发生。

　　Koeller 和 Raj 等[9]在假定颗粒是刚性体，且颗粒附近的基体的扩散流动只通过弹性变形和扩散来调节应力集中的基础上，提出了预测颗粒失效的临界应变速率的公式：

$$\dot{\varepsilon}_c = \frac{G - G_\infty}{G\tau_1} \qquad (5-33)$$

式中：G 和 G_∞ 为扩散流动前后的剪切模量。在给定基体与增强相颗粒弹性常数的情况下，颗粒失效的临界应变速率计算关系式如下：

$$\dot{\varepsilon}_c = 118 \frac{(1-\nu)(1-2\nu+2/\pi)}{(5/6-\nu)^2} \cdot \frac{G\Omega}{k_B T} \cdot \frac{f_v \delta D_B}{p^3} \qquad (5-34)$$

　　在该模型中为临界应变速率，ν 为泊松比，G 为剪切模量，Ω 为原子体积，f_v 为增强相粒子的体积分数，p 为最大颗粒尺寸，K 是玻尔兹曼常数。采用式(5-34)计算了该临界应变速率，所采用的计算参数见表 5-2。

表 5-2　用于计算增强相粒子失效临界应变速率的材料常数

$$\nu = 0.3$$

$$f_v = 0.1$$

$$k = 1.38 \times 10^{-23} \text{J } K^{-1}$$

$$p = 12 \ \mu\text{m}$$

$$G = 46 \text{ GPa(for } \alpha \text{ Ti)}/G = 20.5 \text{ GPa(for } \beta \text{ Ti)}$$

$$\Omega = 1.76 \times 10^{-2} \text{ nm}^3 \text{(for } \alpha \text{ Ti)}/\Omega = 1.81 \times 10^{-2} \text{ nm}^3 \text{(for } \beta \text{ Ti)}$$

$$\delta D_B = 8.6 \times 10^{-10} \exp(-150 \text{ kJ} \cdot \text{mol}^{-1}/RT) \text{m}^3 \text{s}^{-1} \text{(for } \alpha \text{ Ti)}$$

$$\delta D_B = 1.9 \times 10^{-8} \exp(-153 \text{ kJ} \cdot \text{mol}^{-1}/RT) \text{m}^3 \text{s}^{-1} \text{(for } \beta \text{ Ti)}$$

　　根据以上模型，当实际应变速率高于临界应变速率时，颗粒将出现失效。图5-23 是标示了失稳机制的失稳变形图，其中蓝色虚线为根据式 4-2 计算预测的临界应变速率，该线的上方对应的是可能出现颗粒失效的区域，该临界线下方对应的是安全区域。从图 5-23 中可以清除发现，计算所得的临界应变速率线与加工图中的稳定/失稳变形分界线很好的吻合。这证明了热加工图预测颗粒增强复合材料变形的有效性。实际上由于基体的塑性变形及蠕变的机制作用，实际的临界应变速率还会略高于图 5 – 23 中临界线。

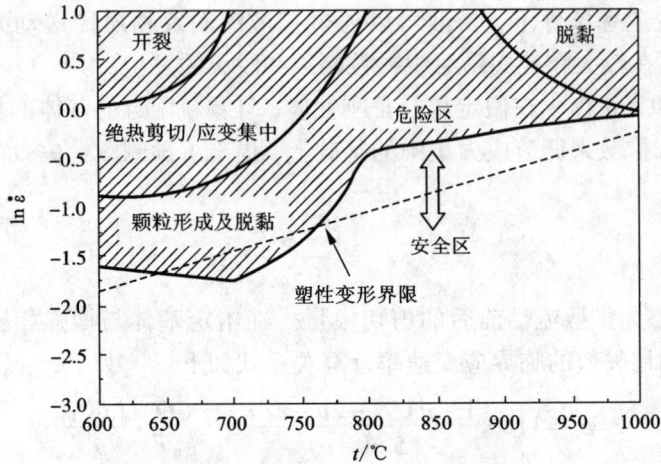

图 5 – 23 包含失稳机制的失稳变形图
[虚线为根据式(5 – 34)计算预测的临界应变速率]

参考文献

[1] Garofalo F. An Empirirical Relation Refining the Stress Dependence of Minimum Creep Rate in Metals[J]. Trans Metall soc. AIME, 1963, 227(2): 351 ~ 355.

[2] McQueen HJ, Yue S, Ryan ND, et al. Hot Working Characteristics of Steels in Austenitic State [J]. Journal of Materials Processing Technology, 1995, 53: 293 – 310.

[3] Sellars CM, Tegart WJ McG. Hot workability[J]. International Metallurgical Reviews, 1972, 17: 1 – 24.

[4] Zener C, Hollomon JH. Effect of strain rate upon plastic flow of steel[J]. Journal of Applied Physics, 1944, 15(1): 22 – 32.

[5] Prasad YVRK, Gegel HL, Doraivelu SM, et al. Modeling of dynamic material behavior in hot deformation: forging of Ti – 6242[J]. Metallurgical and Materials Transactions A, 1984, 15: 1883 – 1892.

[6] Ziegler H, In: Sneddon IN, Hill R. Progress in Solid Mechanics, Amsterdam, North-Holland Publishing, 1965: 91 – 193.

[7] Humphreys FJ, Hatherly M, Recrystallization and Related Annealing Phenomena, 2nd ed., Elsevier, UK, 2004.

[8] Ashby MF [J], Philosophy Magazine, 14 (1966) 1157 – 1165.

[9] Koeller RC, Raj R, Diffusional relaxation of stress concentration at second phase particles[J], Acta Metallurgica, 1978, 26 (10): 1551 – 1558.

第 6 章　粉末冶金钛合金及钛基
复合材料零部件成形

粉末冶金钛合金和钛基复合材料从成分设计、性能研究到零部件成形和应用，需要经历较长的研发阶段。而且，每个阶段的研究方法和思路都有所不同。本章主要结合粉末冶金钛合金材料在汽车上的典型零部件应用，如连杆、气门和气门座等，介绍相关的开发思路和针对应用所需开展的性能研究。

6.1　数值模拟技术

对于复杂形状零部件的塑性成形，通常会采用计算机模拟技术，描述零件的各个部位在成形过程中的应力场、应变场、温度场等各种物理参数的分布和变化。计算机模拟的基本方法主要是有限元。

基于有限元的 Deform – 3D 软件可用于粉末冶金 Ti 基合金塑性变形过程的模拟。该软件是由美国 Battelle Columbus 实验室在 20 世纪 80 年代早期开发的一套工艺仿真系统，用于分析金属成形及相关工业的各种成形和热处理工艺。通过在计算机上模拟整个加工过程，有利于减少昂贵的现场试验成本，提高效率，降低生产、材料成本，缩短新产品的研究开发周期。DEFORM 是一个高度模块化、集成化的有限元模拟系统，它主要包括前处理器、模拟器、后处理器三大模块，其系统结构如图 6 – 1 所示。前处理器包括三个子模块：数据输入模块，便于数据交互输入，可以实现边界条件、材料参数、模拟步长，以及迭代方法的选择和确定；网格自动划分和再划分模块；数据传递模块，当网格重划分后，能够在新旧网格之间实现应力、应变、速度场、边界条件等数据的传递，保证计算的连续性与准确性；模拟处理器，模拟在这部分进行，在模拟时，Deform – 3D 首先通过有限元离散化将平衡方程、本构方程和边界条件转化为非线性方程组，然后通过直接迭代法和 Newton-Raphson 法进行求解，求解的结果以二进制的形式进行保存，用户可在后处理器中获取所需要的结果；后处理器用于显示计算结果，以图片、曲线、数字等形式输出，包括温度场、等效应力、等效应变和损伤值的分布以及压力行程曲线图等。此外，还可以以点为单位，对单独的一个区域在某一时间时的应力、应变、损伤值、温度进行跟踪，并可根据需要抽取数据。

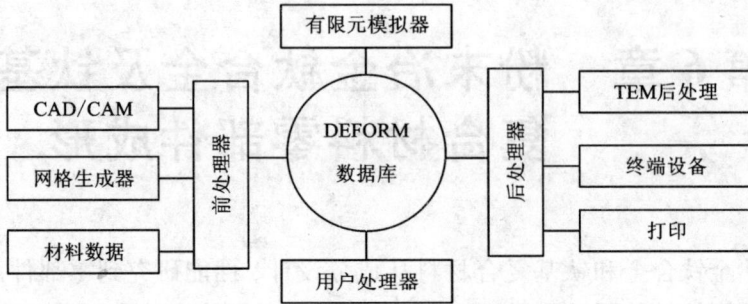

图 6-1　Deform-3D 软件系统结构图

6.2　粉末冶金钛合金连杆的成形

6.2.1　塑性变形的本构方程

在对材料塑性变形过程模拟时，首先要建立相关材料的变形参数数据库，特别是高温变形的本构方程。因此，针对粉末冶金 Ti-1.5Fe-2.25Mo 钛合金研究其热压缩变形的流变行为，并计算出在 $(\alpha+\beta)$ 相区和 β 相区的热压缩流变本构方程。通过后续的 DEFORM-3D 模拟，计算出了真应力-应变的关系方程。

以氢化脱氢 Ti 粉（<104 μm），羰基 Fe 粉（<4 μm）和 Mo 粉（<5 μm）为原料，按 Ti-1.5%Fe-2.25%Mo 合金（质量数分数）名义成分配料，在 250 MPa 下冷等静压成形，压坯在真空烧结炉内烧结得到 Ti-1.5%Fe-2.25%Mo 合金。烧结温度为 1300℃，保温 2 h，真空度 5×10^{-3} Pa。经测定，其 β 相变点为 800℃ 左右。图 6-2 为合金的原始组织，图 6-3 为其相组成。从图中可以看出，合金为 $(\alpha+\beta)$ 片层组织，晶界分布有粗大的 α 相，并且有部分的孔隙存在。

图 6-4 所示为 Ti-1.5%Fe-2.25%Mo 合金在高温压缩变形的真应力-真应变曲线。从图中可看出，随着温度降低或应变速率增加，流变应力都增大。在 β 相区变形时，在经过应力峰值后基本进入稳态变形阶段。在相变点（800℃ 左右）以下，在应变速率 ≤0.1 s^{-1} 时，曲线经过应力峰值后出现不同程度的加工软化现象；在应变速率 ≥1 s^{-1} 时，基本呈现稳态变形。

如前所述，采用线性回归处理，绘制出相应的 $\ln\dot\varepsilon/\ln[\sinh\sim(\alpha\sigma)]$ 关系曲线，如图 6-5 所示。用同样的方法绘制出 $\ln[\sinh(\alpha\sigma)]-1000/T$ 关系曲线如图 6-6 所示。求得不同温度、不同应变速率条件下的变形激活能 Q，其中 $(\alpha+\beta)$ 相区 Q 平均值为 257.73 kJ/mol，β 相区 Q 平均值为 378.01 kJ/mol。

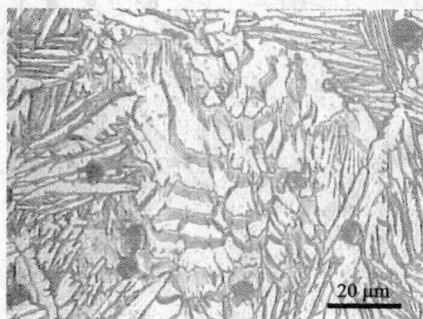

图 6 - 2 烧结态 Ti - 1.5Fe - 2.25Mo 合金金相组织

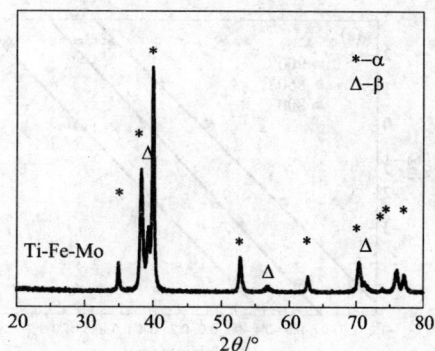

图 6 - 3 烧结态 Ti - 1.5Fe - 2.25Mo 合金 XRD 分析

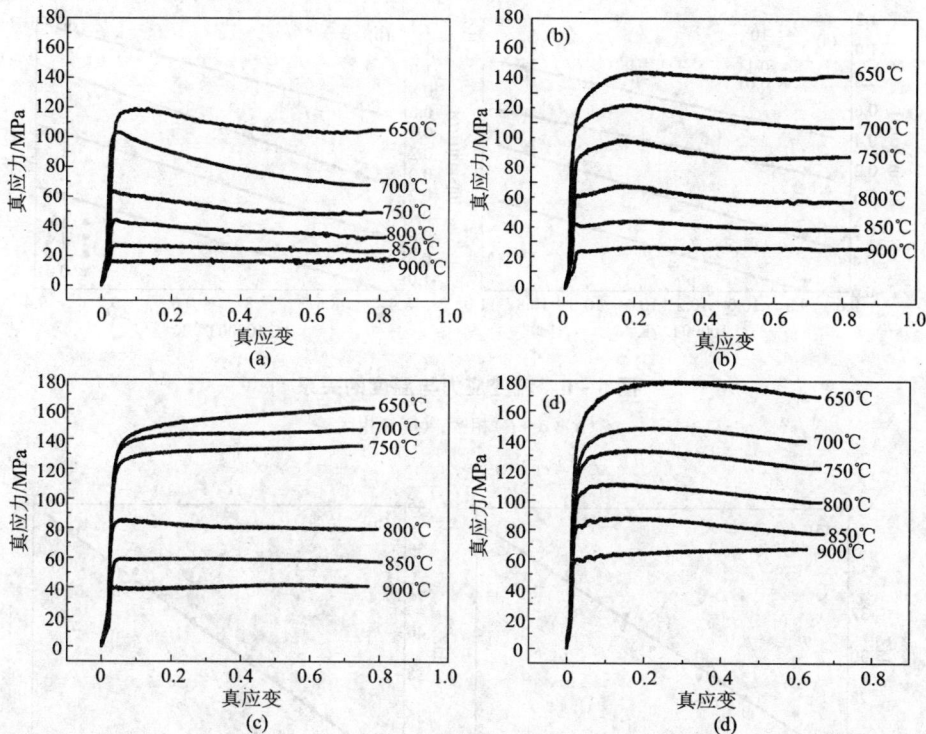

图 6 - 4 不同应变速率下真应力 - 真应变曲线

(a)$0.01 \ s^{-1}$; (b)$0.1 \ s^{-1}$; (c)$1 \ s^{-1}$; (d)$10 \ s^{-1}$

采用线性回归处理,绘制出 $\ln[\sinh(\alpha\sigma)] - \ln Z$ 的关系曲线如图 6 - 7 所示。从图 6 - 7 可看出,Ti - 1.5Fe - 2.25Mo 合金流变应力双曲正弦项的自然对数

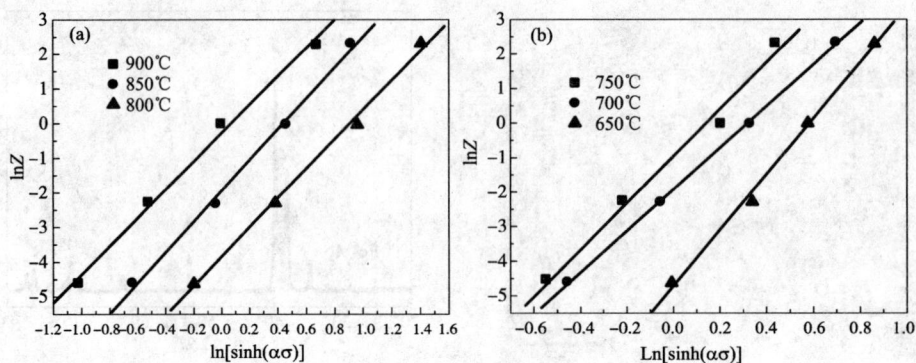

图 6 - 5　应变速率 $\dot{\varepsilon}$ 与流变应力 σ 的关系

（a）$(\alpha + \beta)$ 相区；（b）β 相区

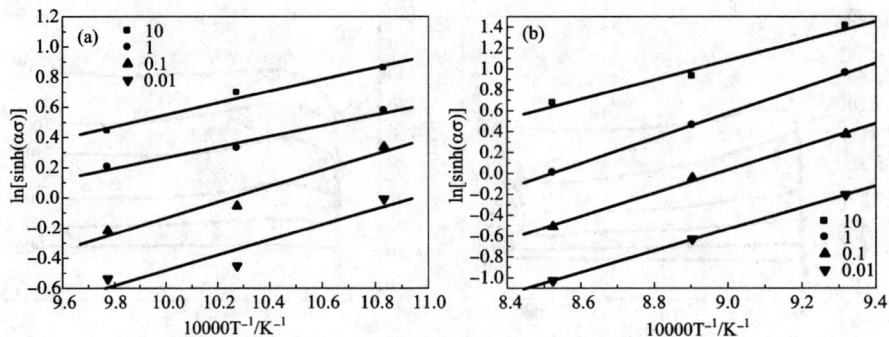

图 6 - 6　流变应力与温度的关系

（a）$(\alpha + \beta)$ 相区；（b）β 相区

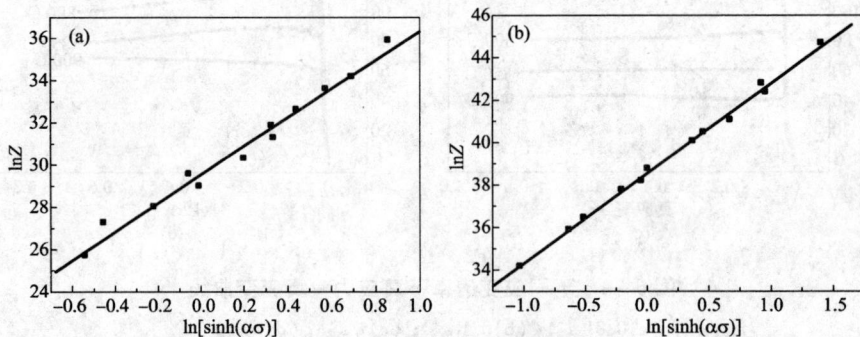

图 6 - 7　参数 Z 与流变应力的关系

（a）$(\alpha + \beta)$ 相区；（b）β 相区

和 Z 参数的自然对数间满足线性关系。进一步可求得 Z 参数表达式：

$$(\alpha + \beta) \text{相区：} Z = \dot{\varepsilon} \exp[257.73/(RT)] \tag{6-1}$$

$$\beta \text{相区：} Z = \dot{\varepsilon} \exp[378.01/(RT)] \tag{6-2}$$

以及材料流变应力方程：

$(\alpha + \beta)$ 相区：

$$\sigma = \frac{1}{0.0084} \ln\{Z/(6.73 \times 10^{12})^{1/6.77} + [(Z/(6.73 \times 10^{12})^{2/6.77} + 1]^{1/2}\} \tag{6-3}$$

β 相区：

$$\sigma = \frac{1}{0.021} \ln\{Z/(5.46 \times 10^{16})^{1/4.24} + [(Z/(5.46 \times 10^{16})^{2/4.24} + 1]^{1/2}\} \tag{6-4}$$

和本构关系方程：

$(\alpha + \beta)$ 相区：

$$\dot{\varepsilon} = 6.73 \times 10^{12} [\sinh(0.0084\sigma)]^{6.67} \exp[-257.73/(RT)] \tag{6-5}$$

β 相区：

$$\dot{\varepsilon} = 5.46 \times 10^{16} [\sinh(0.021\sigma)]^{4.24} \exp[-378.01/(RT)] \tag{6-6}$$

6.2.2　有限元模型建立

　　连杆的锻造过程是一个复杂的塑性变形过程，整个模锻过程过程采用 DE-FORM - 3D 模拟。模锻的目的是让坯料变形充分，消除烧结坯孔隙，改善内部组织结构；同时优化烧结坯的尺寸设计，保证其在模锻过程中不仅具有良好的充填性，而且还尽可能减少模锻所产生的飞边。

　　Ti - 1.5Fe - 2.25Mo 合金的烧结孔隙度为 95%。因此，将烧结坯设置为多孔体，孔隙度为 95%，并为其划分网格 50000 格。为了简化模拟过程，缩短模拟计算运行时间，可将上下模具处理为绝对的刚体。然而，考虑到模具与预成形坯件在高温的状态下长时间的接触，将上下模具设定为实物，并为其划分了网格。

　　在模拟开始前，分别确定 X，Y，Z 三轴的直角坐标系。在锻造过程中，上模具沿着 Z 轴的负方向向下运动，并给定一个运动速度。而烧结的预成形坯放置在下模具上面不

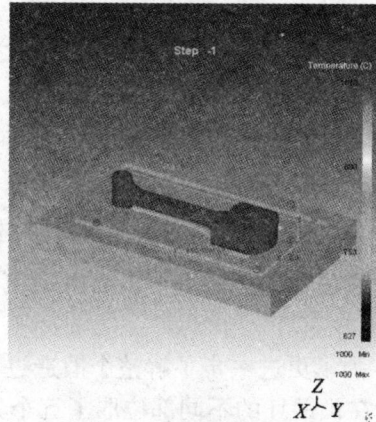

图 6 - 8　锻坯模型与坐标系

动。采用 Pro/ENGINEER 软件来对粉末烧结体汽车连杆的锻造前烧结坯建立三维有限元模型，并将该模型导入 DEFORM - 3D 软件进行模拟，如图 6 - 8 所示。

Ti－1.5Fe－2.25Mo 合金的力学模型采用上节求出的流变本构方程。模拟过程中预锻坯的温度为 1000℃，模具温度为 350℃。模具与材料之间的摩擦系数为 0.3，热辐射系数为 0.7，热导率为 5.8 W/m℃。环境温度为 20℃。设置上模具下压速度为 20 mm/s，下模具保持不动。表 6－1 所示为 Ti－1.5Fe－2.25Mo 合金材料基本参数，表 6－2 所示为 DEFORM－3D 模拟平台上模拟时的基本参数。

表 6－1　材料基本参数 r

材料参数	数值
杨氏模量/MPa	115000
泊松比	0.32
热导率/($W \cdot m^{-1} \cdot ℃^{-1}$)	5.8
热辐射系数	0.7
热激活能($\alpha + \beta$ 相)/($J \cdot mol^{-1}$)	257.73
热激活能(β 相)/($J \cdot mol^{-1}$)	378.01

表 6－2　模拟设置参数

模拟参数	数值
初始温度/℃	1000
模具温度/℃	350
环境温度/℃	20
孔隙度	95%
摩擦系数	0.3
模具下压速度/($mm \cdot s^{-1}$)	20

6.2.3　模拟结果

1. 温度场分布

整个模锻过程经历了 0.75 s。这段时间预锻坯的热损失情况如图 6－9 所示。可以看出预锻坯的上下表面由于和上下模具接触，温度下降明显快于侧面，相差 250℃左右。

为了更进一步了解整个锻造过程中预锻坯不同部位的温度以及应力、应变情况，在预锻坯的不同部位取了五个具有代表性的节点如图 6－9 所示，这五点在整个锻造过程中的温度变化如图 6－10 所示。

由图可以看出，在锻造过程中为了侧面的 4 号点和 5 号点温度变化梯度比较小，连杆杆部的 2 号点温度变化梯度也相对比较小，而位于上面的 1 号点和 3 号点温度变化梯度比较大。产生这种现象的主要原因是：侧面和连杆杆部与模具接触时间较短，而只有和周围的空气进行热交换，同时在锻造过程这些区域也会产生热量，能够弥补该区域的热量损失。而 1 号点和 3 号点首先和模具接触，直接将热量传导给模具，热量损失远大于其他部位。

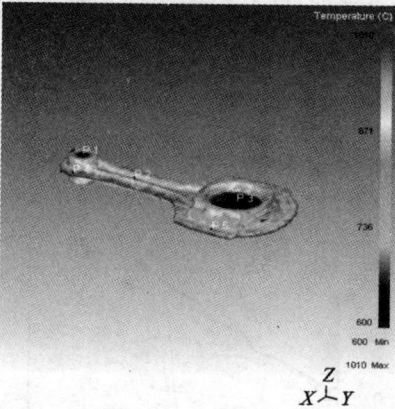

图 6-9　连杆模拟件上的五个代表性的点

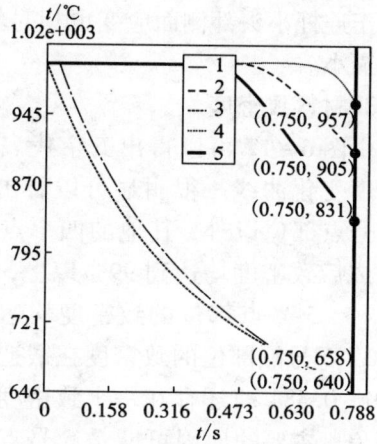

图 6-10　五个代表区域的温度曲线

2. 应力和应变场

整个过程中五个代表性区域的应力和应变变化如图 6-11 所示。可以看出，首先受到上模具挤压的是 1 号点和 3 号点区域，其最终所受到的应力也是最大的地方。4 号点和 5 号点都处于连杆侧面，所受到的应力大小基本一样。2 号点处

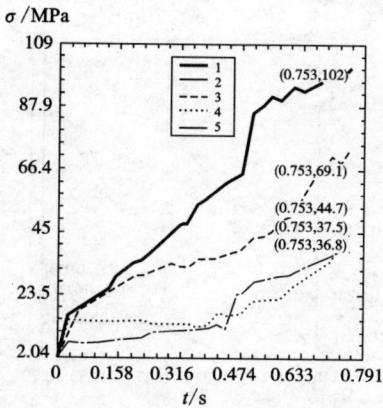

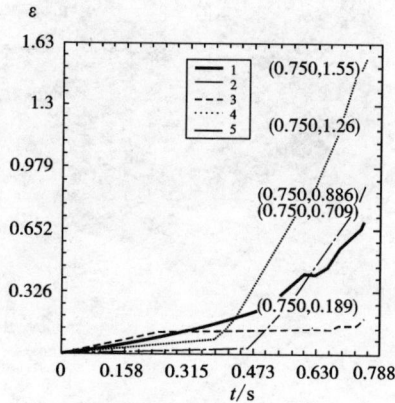

图 6-11　代表区域的应力和应变曲线

于连杆的杆部，在锻造开始时，没有受到上模具的直接挤压，所以在开始的时候所受到的压力较小。

应变曲线图中可以清楚地看出，5 号点所在区域为锻造后的应变最大的区域。这个主要是因为 5 号点位于连杆大头侧面接近锻造飞边区域。同样的 4 号点也位于连杆小头部侧面应变也相对较大。1 号点和 3 号点所在区域为基体中间，应变最小。

3. 材料致密度

由图 6 - 12 可以得出五个代表区域的密度变化曲线。很明显可以看出：除了 1 号点部位以外，其他的四个点在锻造完成后致密度均达到99%以上，而且在 2，3，5 号点部位的致密度均达到了100%。5 号点部位的致密度在锻造期间（从 0 ~ 0.384 s）还存在一个致密度下降的现象。主要的原因可能是 5 号点处于连杆外侧，其在压缩过程中有一个向外鼓出的趋势，而此时模壁未对其运动进行限制从而导致 5 号点区域的压应力反而减小。从图 6 - 11 中，也能看出 5 号点在锻造前期压应力存在一个下滑的现象。

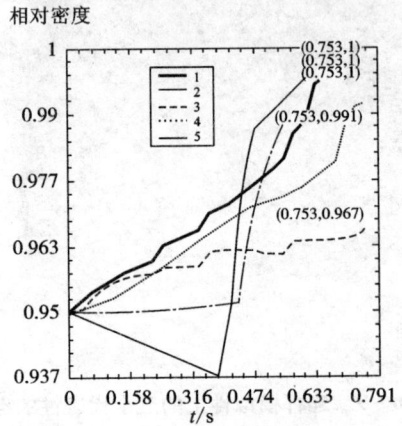

图 6 - 12　代表区域的密度曲线

4. 破损系数

由图 6 - 13 可以看出在锻造过程中最容易出现破损的地方主要集中在颜色较

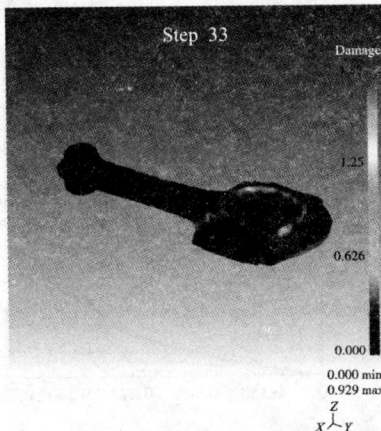

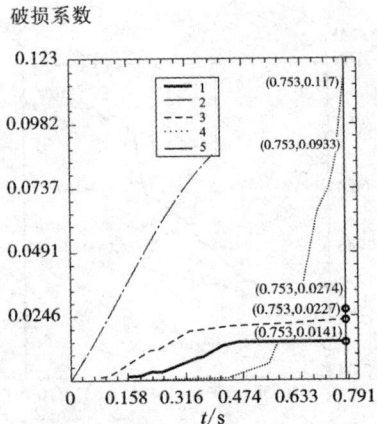

图 6 - 13　锻件破损系数分布和代表区域破损系数曲线

浅的地方，即连杆的大头部位。根据五个代表区域的破损系数曲线可以看出：随着上模具的不断下压，各点的破损系数逐渐升高。连杆侧边的 4，5 号点最终的破损系数明显高于 1，2，3 号点部位。但是 4，5 号点部位的破损系数并不是整个连杆中最高的。

6.2.4　锻造工艺优化

1. 锻造温度

为了研究和分析不同锻造温度对连杆的模锻过程中金属塑性变形特性的影响，设定了 900～1100℃ 三个不同的锻造温度状态。

图 6-14 是连杆锻造后密度分布图。可以看出，随着模锻温度的上升，连杆整体密度分布没有发生较大的改变。连杆的小头部密度相对较低，但是其致密度也达到了 97% 以上。由图 6-15 可得连杆锻造温度在 900～1100℃ 范围内对充填性影响并不大。在 1000～1100℃ 的范围内，连杆的绝大部分属于 β 相锻造，而在 900℃ 时，连杆的部分区域锻造属于 $(\alpha+\beta)$ 两相区锻造。图 6-16 为不同锻造温

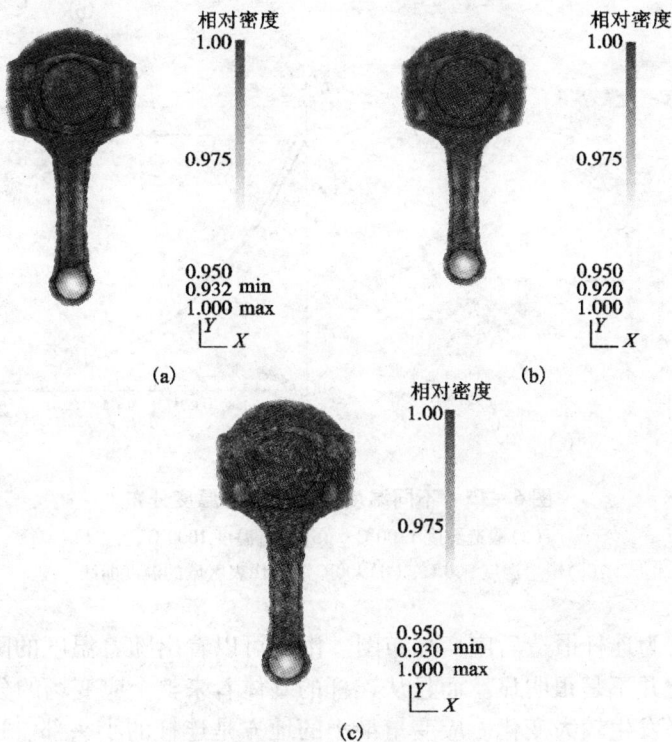

图 6-14　不同温度锻造后连杆密度分布图

(a)锻造温度 1100℃；(b)锻造温度 1000℃；(c)锻造温度 900℃

度上模具所需要施加的载荷。由图可以看出在锻造前期曲线上升平稳，随着飞边的溢出，上模具所施加的载荷显著升高。整个时间－载荷曲线形状没有随锻造初始温度的不同而发生较大的改变。锻造过程中需要的载荷和锻造结束时最大载荷均跟随温度的降低而升高。

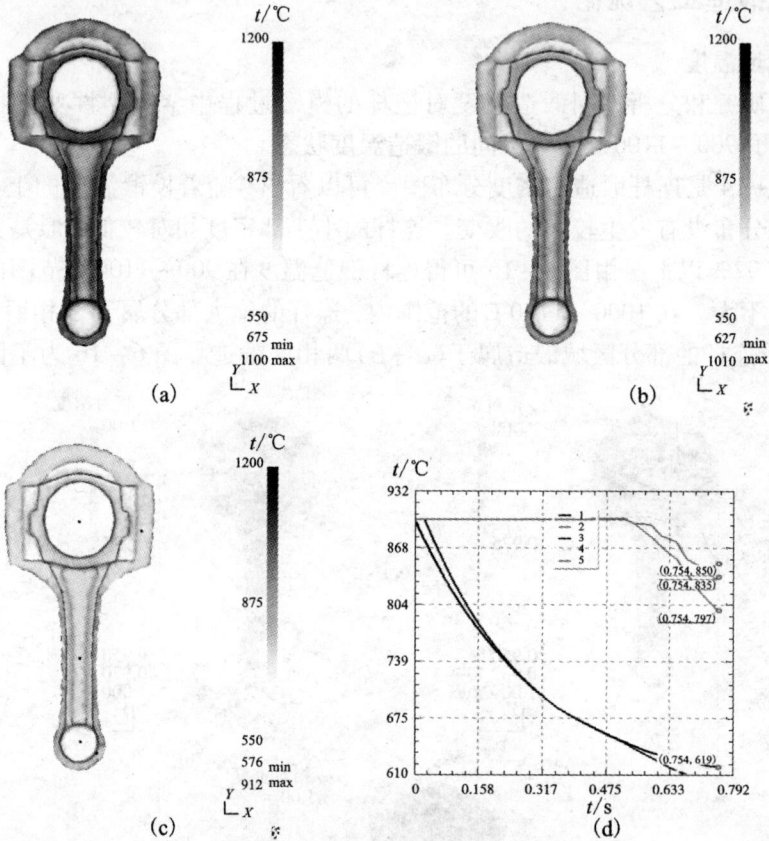

图 6 – 15 不同温度锻造后连杆温度分布

(a)锻造温度 1100℃；(b)锻造温度 1000℃；
(c)锻造温度 900℃；(d)900℃锻造代表区域的温度曲线

图 6 – 17 为连杆锻造后应变分布图。由图可以看出随着温度的降低，连杆整体的应变变化并不是很明显。而且从连杆的基体看来整个应变场的分布也没有随着温度的下降发生较大变化。应变量最小的地方是连杆的小头部。这与图 6 – 14 的密度分布图对应，小头部属于连杆基体中密度最小的部位。应变量最大的地方是锻造时产生飞边的区域。

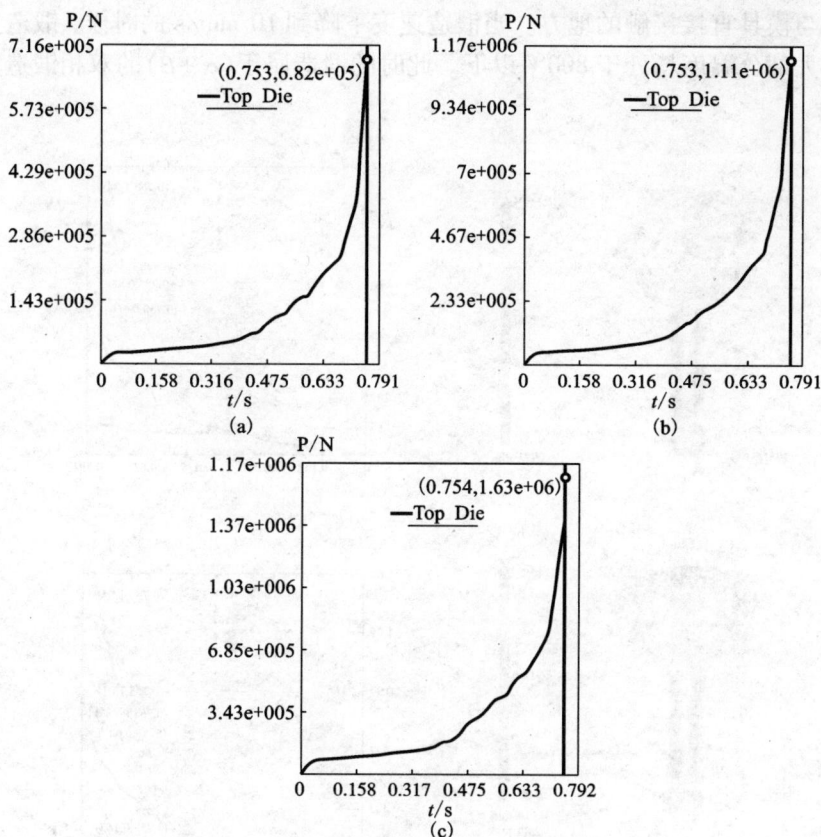

图 6 - 16　不同温度锻造时上模具时间 - 载荷曲线
(a)锻造温度 1100℃;(b)锻造温度 1000℃;(c)锻造温度 900℃

由图 6 - 18 可以看出,整个连杆的破损系数分布基本不随温度的降低发生的变化。锻造中容易出现破损的地方为连杆的大头部位及其与杆部连接的过去区域,即图中颜色较浅的区域。连杆基体上破损系数较小的部位主要是小头部和杆部区域,即应变量较小的区域。五个代表性区域的破损系数随着温度的下降变化不大。

2. 锻造速度

为了研究和分析不同锻造速度对连杆的模锻过程中密度分布、最大锻造压力等因素的影响,结合实际锻造工厂的加工速度,设定了 10 ~ 20 mm/s 三个不同的锻造速度,其余模拟参数和实验条件一样。

由图 6 - 19 可以看出,随着锻造速度的降低,锻造后连杆密度整体有少量的降低。下降出现的主要区域集中在连杆的小头部和大头部侧面。从图中还可以看出随着锻造速度的下降,锻造后连杆的温度下降是非常明显的,主要是因为随着锻造速度的下降,锻造时间延长,使得连杆的散热严重。几个温度下降最快的区域均为与模具直接接触的地方。当锻造速度下降到 10 mm/s 的时候，锻造完成时连杆的大部分温度均处于 800℃以下。此时的锻造属于($\alpha+\beta$)的双相锻造。

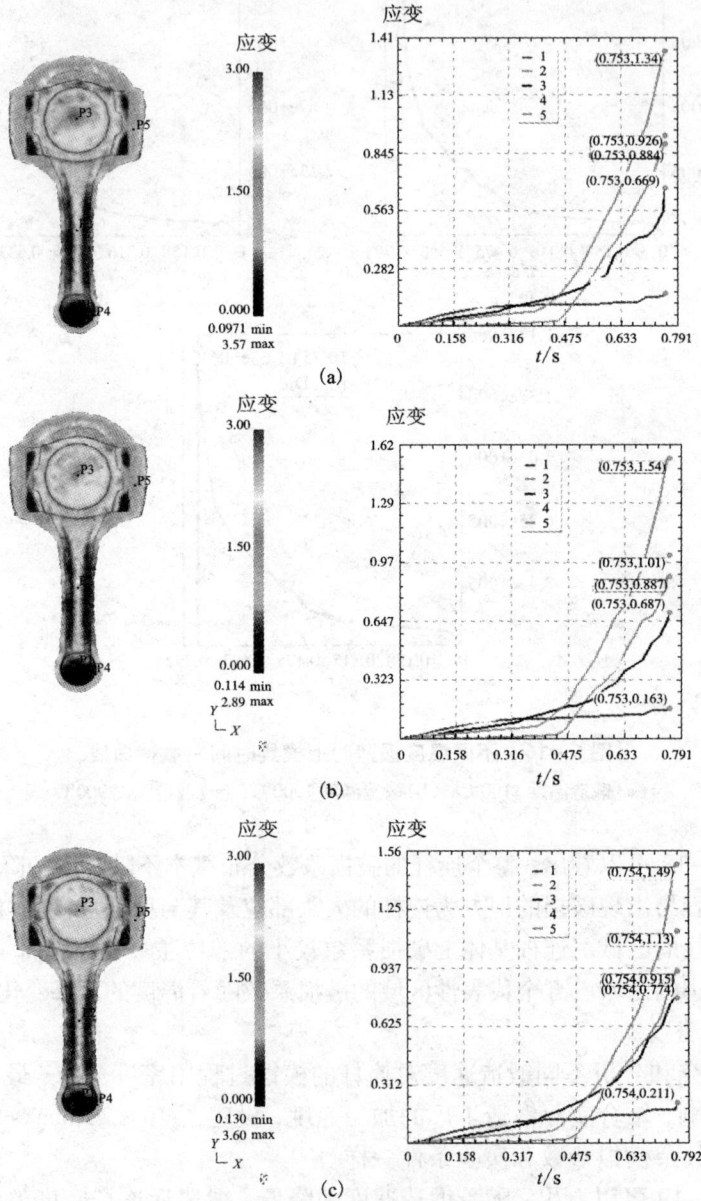

图 6-17　不同温度锻造后连杆应变分布和代表区域应变曲线

（a）锻造温度 1100℃；（b）锻造温度 1000℃；（c）锻造温度 900℃

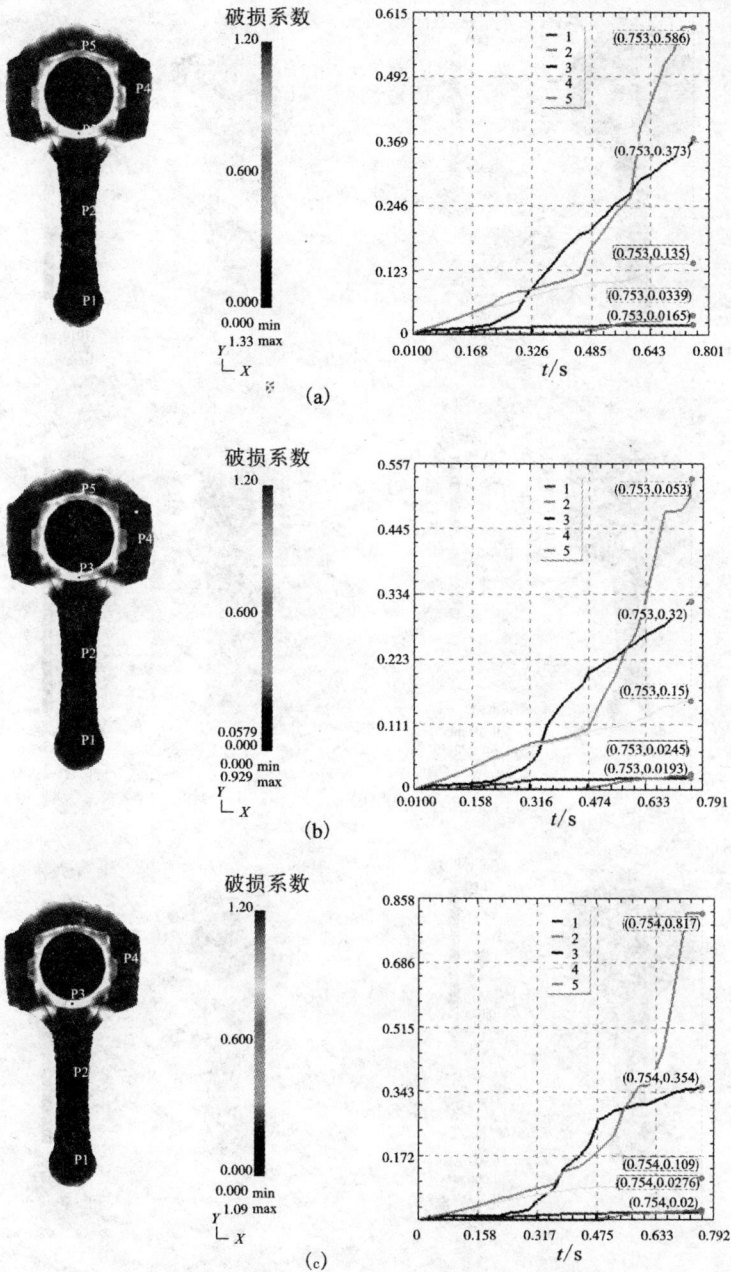

图6-18　不同温度锻造后连杆破损系数分布和代表区域破损变化曲线

(a)锻造温度1100℃；(b)锻造温度1000℃；(c)锻造温度900℃

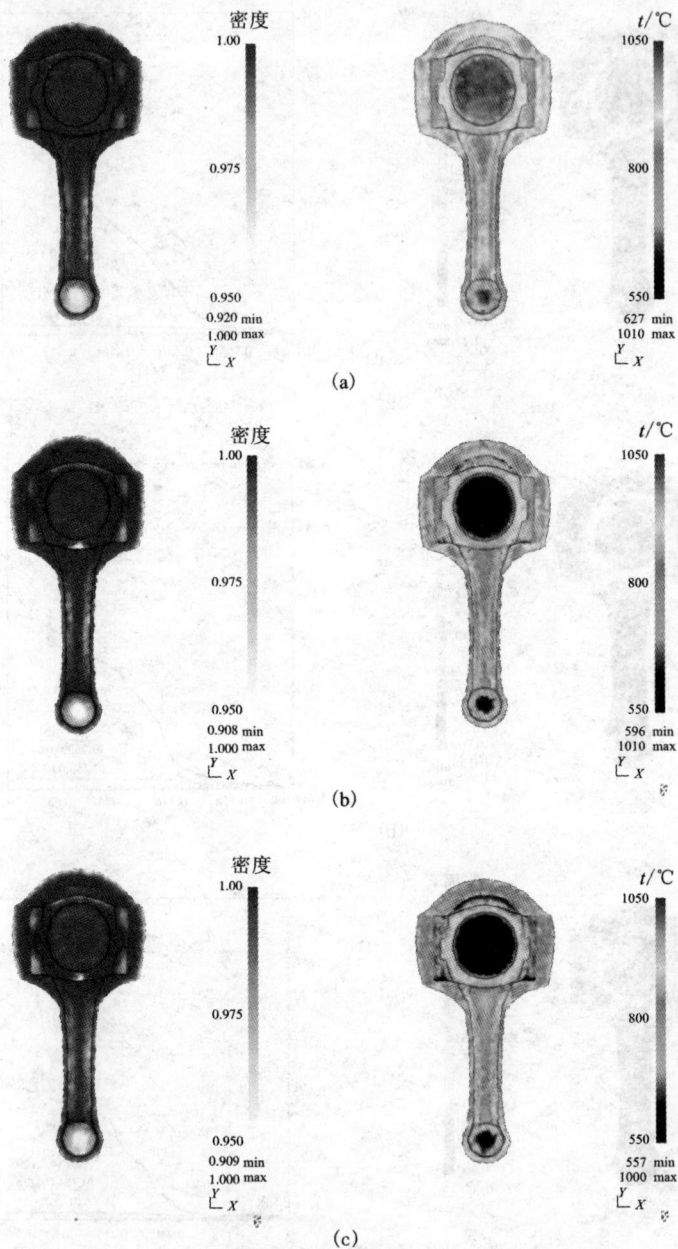

图 6-19 不同速度锻造后连杆密度和温度分布

(a)锻造速度 20 mm/s；(b)锻造速度 15 mm/s；(c)锻造速度 10 mm/s

由图 6 - 20 可得：当锻造速度为 15 ~ 20 mm/s 的范围，上模具所需要的最大
压力载荷随着锻造速度的下降而有所降低。这主要是因为单位时间压下量减少，
使得上模具对连杆的做功也减少，所以整个锻造所需要的载荷也随之减小。但是
当锻造速度继续下降至 10 mm/s 时，上模具的压力反而上升。这主要是因为锻造
速度的下降延长了整个锻造的时间，使得连杆向外界散热远大于上模具对其所作
的功，从而造成连杆锻造温度在锻造后期下降较多。连杆锻造后期部分区域已经
属于 $(\alpha + \beta)$ 双相锻造，所以锻造最终需要的压力增大。

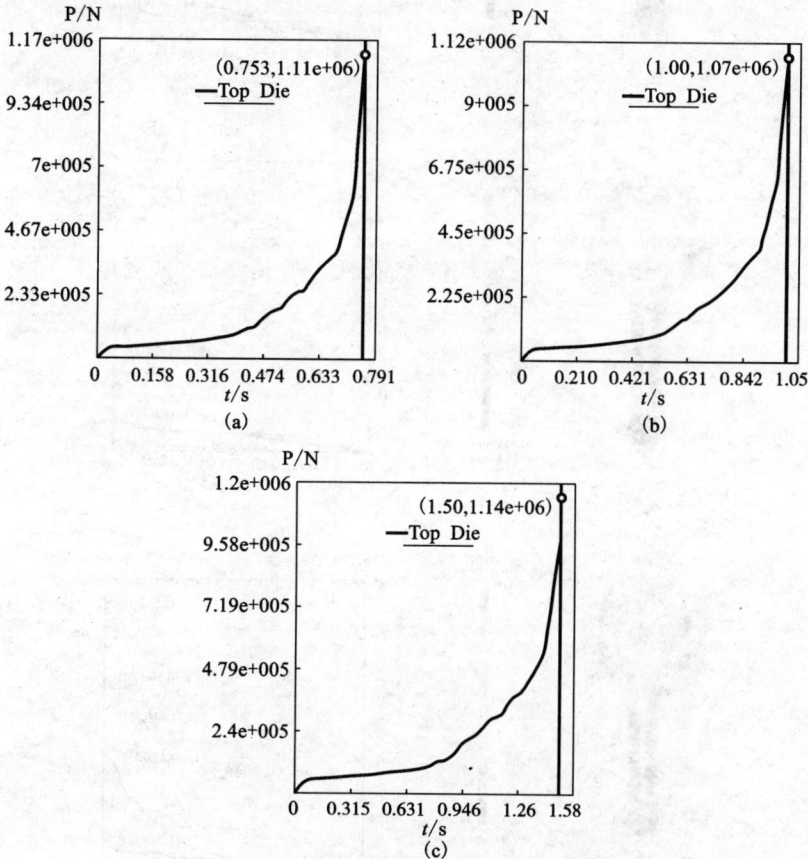

图 6 - 20　不同速度锻造过程的时间 - 载荷曲线

（a)锻造速度 20 mm/s；(b)锻造速度 15 mm/s；(c)锻造速度 10 mm/s

从图 6 - 21 可以看出随着锻造速度的下降，五个代表区域的应变量分布基本
不变。代表区域中 5、3、1 号点的应变量都是随着锻造速度的下降而产生少量的
下降。2、4 号点的应变量出现了先上升后下降现象。这可能与其所处的部位在

锻造时所受到的应力变化有关。

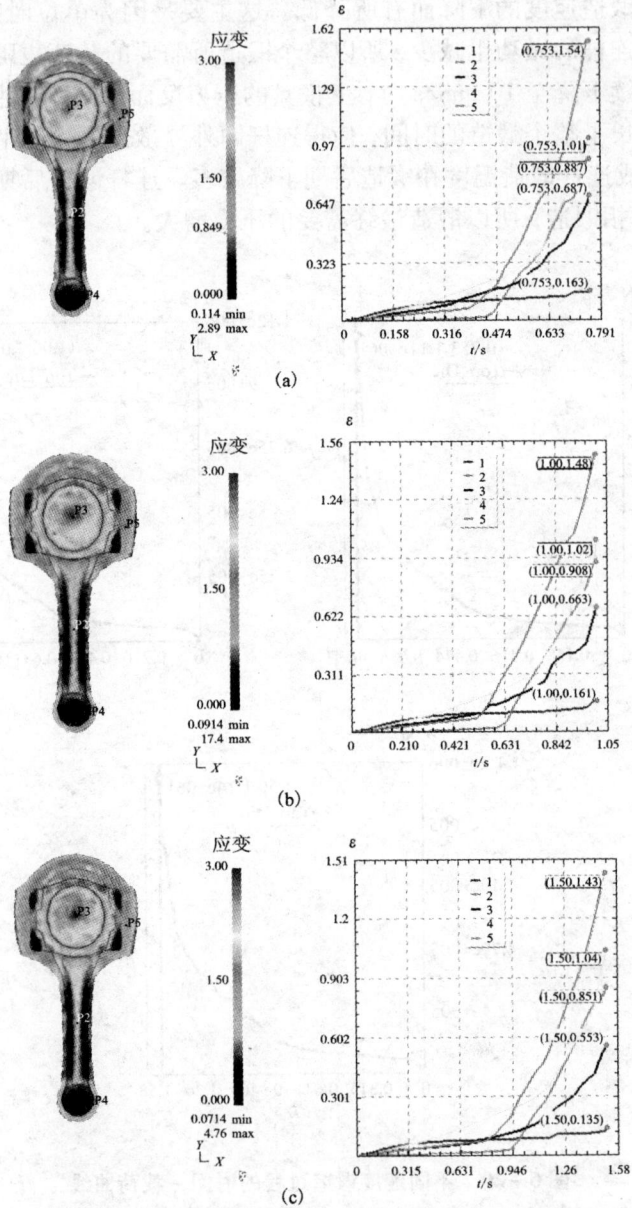

图 6 - 21　不同速度锻造后连杆的应变分布和代表区域应变曲线

（a）锻造速度 20 mm/s；（b）锻造速度 15 mm/s；（c）锻造速度 10 mm/s

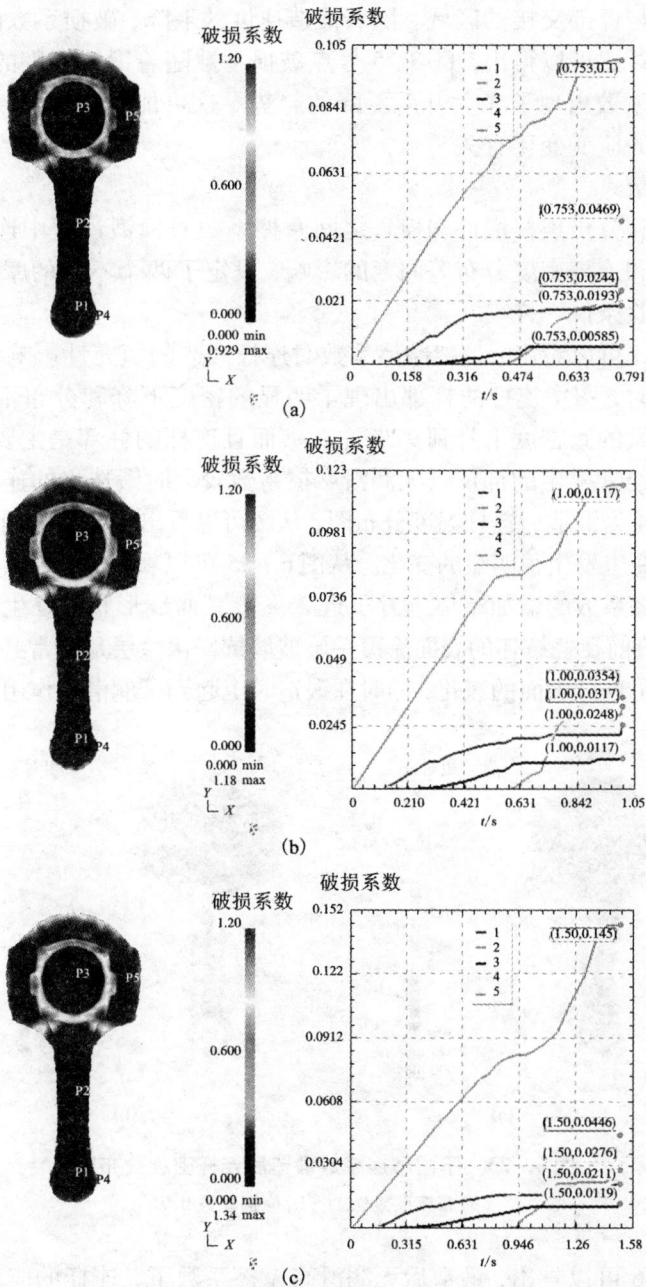

图 6-22　不同速度锻造后连杆破损系数分布和代表区域破损曲线

（a）锻造速度 20 mm/s；（b）锻造速度 15 mm/s；（c）锻造速度 10 mm/s

　　由图 6 – 22 可以看出，连杆锻造完后破损最可能出现的区域除去飞边以外就是大头部及其与杆部交接的区域。随着锻造速度的下降，破损系数的分布基本没有发生变化。对比可以得出，1、3、5 号点破损系数随着锻造速度的降低而升高。2、4 号点破损系数出现了先上升后下降的趋势。这可能与 2、4 号点所处部位在锻造中所受到的应变变化有关。

3. 摩擦系数

　　为了研究和分析连杆锻件和模具之间摩擦系数对模锻过程中连杆的填充性、金属塑性流动和连杆密度分布等因素的影响，设定了两个不同的摩擦系数，其余模拟参数和实验条件一样。

　　由图 6 – 23 可以看出：虽然摩擦系数对连杆锻造的填充性影响不大。但是在摩擦系数较大时，图中连杆的杆部出现了明显的密度下降和分布不均匀的现象。杆部的少数区域的致密度下降到 97% 左右。而且连杆的杆部是主要的受力部位，也是疲劳断裂经常发生的部位。无润滑摩擦系数较大时锻造出的连杆在杆部存在缺陷。图 6 – 24 为锻造后连杆温度分布图，从图可以看出连杆整体的温度分布随着摩擦系数的改变未发生很明显的变化。从图 6 – 25 可以看出，上模具锻造所需要的载荷也随着摩擦系数的增加整体上升了近 25%。其曲线形状为发生较大改变。所以，在锻造加热前在烧结坯的表面涂覆一层玻璃抗氧化涂层是非常必要的。它不仅在加热时减少了连杆表面的氧化，同时在锻造时也起到了润滑的作用。

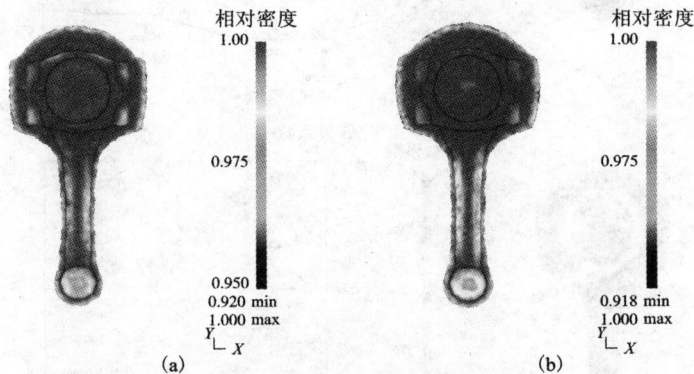

图 6 – 23　不同摩擦系数锻造后连杆密度分布图

(a)摩擦系数 0.3；(b)摩擦系数 0.7

　　从图 6 – 26 可以看出，锻造后无润滑高摩擦系数下，连杆的应变量分布变得不均匀，连杆大头部存在一个应变量很大的区域。连杆的主体 1、2、3 号点区域在摩擦系数为 0.7 的情况下锻造后，应变量明显低于摩擦系数为 0.3 的情况。飞边 4 号点区域应变量则有所增加，飞边 5 号点区域应变量则基本保持不变。

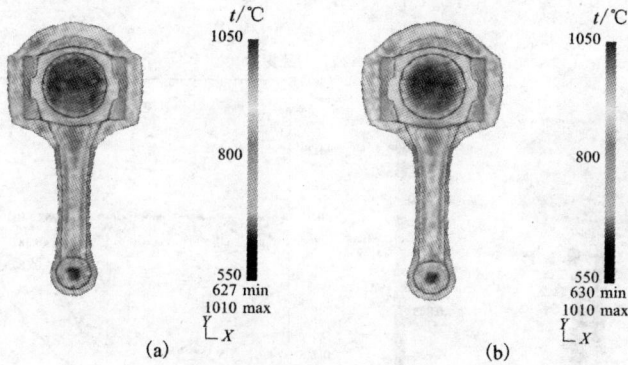

图 6 – 24　不同摩擦系数锻造后连杆温度分布图

(a)摩擦系数0.3；(b)摩擦系数0.7

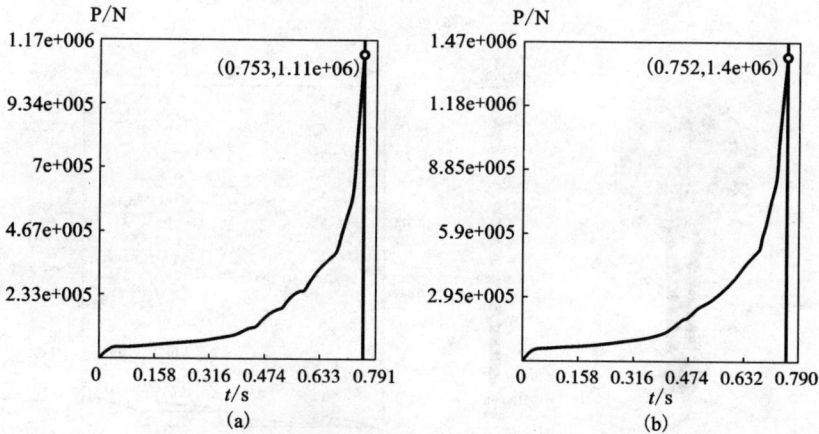

图 6 – 25　不同摩擦系数锻造中的锻造时间 – 载荷曲线

(a)摩擦系数0.3；(b)摩擦系数0.7

　　DEFORM – 3D 对粉末冶金钛合金连杆锻造的模拟为后续的锻造工艺参数制定起到了非常重要的指导作用，明确了对连杆锻造影响较大的几个重要工艺参数为锻造温度、上模具的下压速度和摩擦系数。锻造温度的不同主要影响锻造所需的最大载荷和锻造后连杆的整体温度和组织。最终，确定了一个比较适合的锻造温度范围为 1000 ~ 1100℃。所需要的压机吨位应大于 120 t。锻造速度的选取对锻造后材料的温度、组织和破损系数的分布均有明显的影响。锻造速度过快将导致锻造所需要的最大载荷变大；锻造速度过慢又会使得连杆散热过多，锻造后温度过低。锻造速度最佳范围为 15 ~ 20 mm/s。摩擦系数对锻造载荷与锻造后连杆密度和应力分布影响较大。锻造加热前在烧结坯的表面涂覆一层玻璃抗氧化涂层是非常必要的。

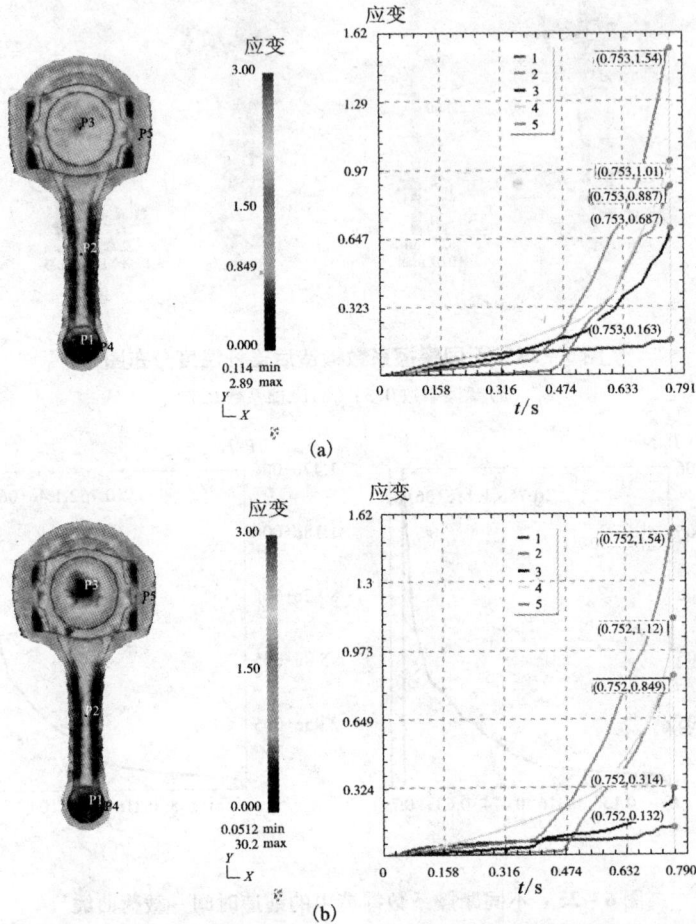

图 6 – 26   不同摩擦系数锻造后连杆应变分布和代表区域应变曲线

(a)摩擦系数0.3；(b)摩擦系数0.7

6.2.5   连杆的锻造试验

采用相同的工艺制备粉末冶金钛合金与锻造坯，成分为 Ti – 1.5Fe – 2.25Mo（质量百分数/%）。图 6 – 27 和图 6 – 28 分别显示了冷等静压坯和烧结坯外形。

烧结坯的金相组织如图 6 – 29 所示。

从图中可以看出，烧结样品孔隙较少，分布较均匀。测得烧结态致密度达到了95%以上。样品为($\alpha + \beta$)板条状组织，晶界分布有粗大的 α 相。图 6 – 30 为在 850℃下锻造后 650℃退火 2 h 后的显微组织。可以看出，锻造后孔隙度明显减小，组织更加均匀细小。

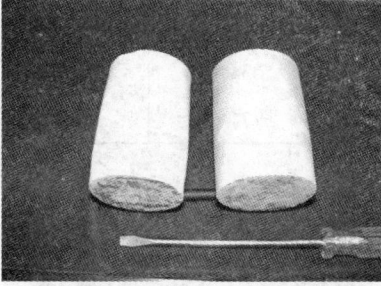

图 6-27　Ti-1.5Fe-2.25Mo
合金冷等静压压坯

图 6-28　Ti-1.5Fe-2.25Mo 合金烧结坯

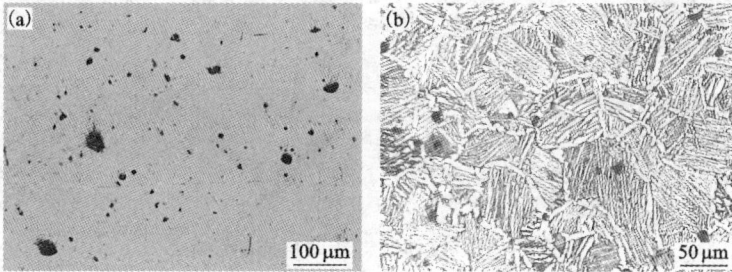

图 6-29　烧结态 Ti-1.5Fe-2.25Mo 合金金相组织

(a)未腐蚀金相组织；(b)已腐蚀金相组织

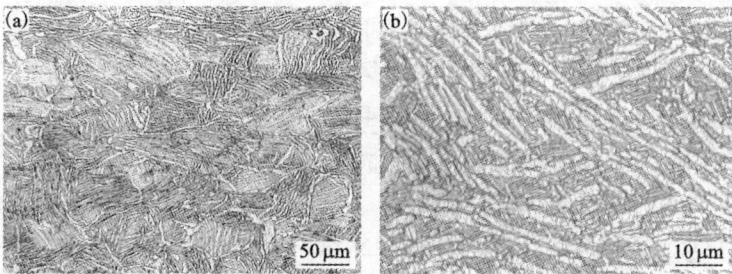

图 6-30　锻造态 Ti-1.5Fe-2.25Mo 合金金相组织

(a)低倍组织；(b)高倍组织

　　烧结态 Ti-1.5Fe-2.25Mo 合金的拉伸强度为 685 MPa，延伸率为 6%。锻造退火后的拉伸强度提高了 20%，延伸率也提高了 2 倍，如表 6-3 所示。

表 6 – 3   Ti – 1.5Fe – 2.25Mo 合金拉伸性能

试样	σ_b/MPa	$\sigma_{0.2}$/MPa	δ/%
Ti – 1.5Fe – 2.25Mo(烧结态)	685	634	4.8
Ti – 1.5Fe – 2.25Mo(锻造退火)	847	771	14.8

由图 6 – 31 可以看出 Ti – 1.5Fe – 2.25Mo 合金锻造态比烧结态断口具有更加发达的韧窝,说明了锻造态 Ti – 1.5Fe – 2.25Mo 合金塑性好于烧结态。可见锻造态的孔隙度减小和组织细化能明显提高合金的拉伸力学性能。

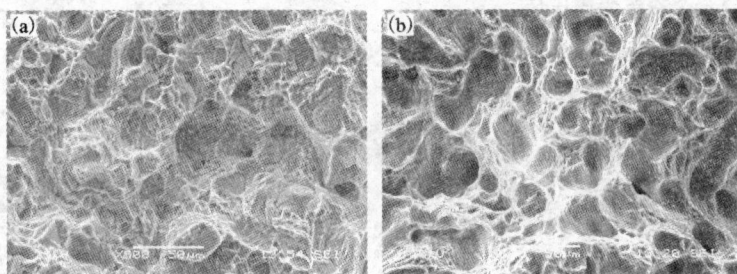

图 6 – 31   拉伸试样断口扫描电镜组织
(a)烧结态;(b)锻造态

以海南马自达某型号发动机连杆为模型,自行设计开发了连杆模锻模具,如图 6 – 32。

为了尽量减少锻造过程中锻件与模具的热传导,采用模具加热升温的方法将模具加热至 350℃左右。毛坯在中频加热炉中坯料加热温度为 1100℃。坯料出炉后迅速转移到模腔内进行模锻,模锻时毛坯温度约为 1000℃。在模压前模具上涂上一层由石墨、二硫化铜和机油组成的乳剂,以利于润滑和锻后锻件的脱模。模锻速度为 20 mm/s,锻件在出模后空冷。

锻造过程分布进行,具体如图 6 – 33 所示。

图 6 – 34 为粉末冶金 Ti – 1.5Fe – 2.25Mo 合金在 1050 ~ 1150℃模锻后经过喷丸处理后的汽车连杆零件。由图可以看出,锻造出来的连杆整体充填性能良好,重复性较高。图 6 – 35 为粉末冶金 Ti – 1.5Fe – 2.25Mo 合金在 850 ~ 950℃模锻后的外观。很明显可以看出,在 850 ~ 950℃模锻出来的连杆在边角处存在填充不满的情况。而且表面的光洁度也比在 1050 ~ 1150℃模锻出来的连杆差。

将锻造退火后的连杆按照如图 6 – 36 所示的叉部、杆部和小头部进行线切割制备成拉伸试验样品。所测得室温下连杆各典型部位的力学性能如表 6 – 4 所示。

图 6 – 32　连杆锻造模具 3D 模型

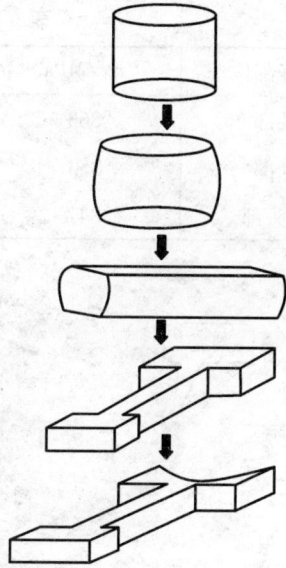

图 6 – 33　成形过程中外观变化示意图

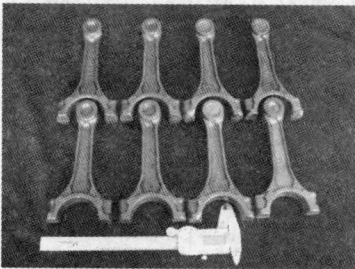

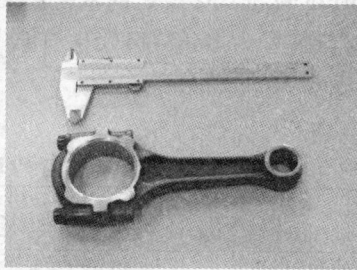

图 6 – 34　粉末冶金 Ti – 1.5Fe – 2.25Mo 合金 1050 ~ 1150℃锻造汽车连杆

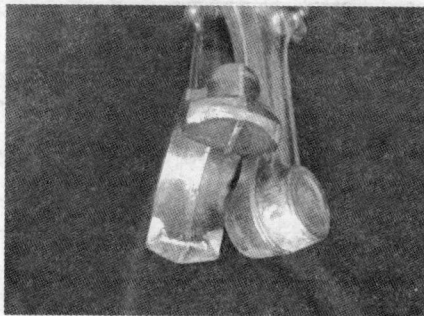

图 6 – 35　粉末冶金 Ti – 1.5Fe – 2.25Mo 合金在 850 ~ 950℃模锻汽车连杆

表6-4　连杆各部位力学性能

连杆部位	σ_b/MPa	$\sigma_{0.2}$/MPa	δ/%	硬度(HRC)
叉部	863	837	13	36.8
杆部	853	825	4.5	48.7
小头部	847	806	15.1	32.7

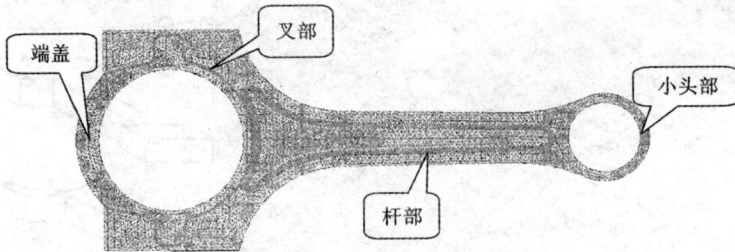

图6-36　连杆各典型部位名称示意图

美国 MPIF 标准 35《P/F 钢零件材料标准》(2000 年版)中公布了用于粉末锻造连杆的材料牌号为 P/F-11C50 与 P/F-11C60,其化学成分与力学性能分别见表6-5 与表6-6。

表6-5　P/F-11C50 与 P/F-11C60 材料的化学成分(%)

元素	Ni (max)	Mo (max)	Mn	Cu	Cr (max)	S (max)	Si (max)	P (max)	C	O	Fe 总
P/F-11C50	0.10	0.05	0.30~0.60	1.8~2.2	0.10	0.23	0.3	0.3	0.5	—	余
P/F-11C60	0.10	0.05	0.30~0.60	1.8~2.2	0.10	0.23	0.3	0.3	0.5	—	余

表6-6　P/F-11C50 与 P/F-11C60 材料的力学性能

材料牌号	拉伸性能			硬度/(HRC)
	抗拉强度/MPa	屈服强度/MPa	延伸率/%	
P/F-11C50	860	590	15	24
P/F-11C60	900	620	11	28

注: P/F-11C50 与 P/F-11C60 的无孔隙密度不小于 7.79 g/cm^3

由表 6 - 4 可以看出,连杆抗拉强度和屈服强度最高的部位为叉部,其次是杆部,最差为小头部。将表 6 - 6 中 P/F - 11C50 与 P/F - 11C60 材料的力学性能与连杆上各部位力学性能对比,发现所制备出来的 Ti - 1.5Fe - 2.25Mo 合金汽车连杆的拉伸力学性能和硬度上已经达到并超过了美国 MPIF 标准。

图 6 - 37 为 Ti - 1.5Fe - 2.25Mo 合金连杆锻造流线图。由图可以看出,连杆主体和端盖锻造流线连贯,流畅。连杆叉部流线呈现出沿着叉部的弧形流线。杆部锻造流线基本沿着杆部分布,有助于提高连杆的拉伸性能。小头部锻造流线基本与杆部流线垂直,并沿着小头部外缘呈弧形曲线。

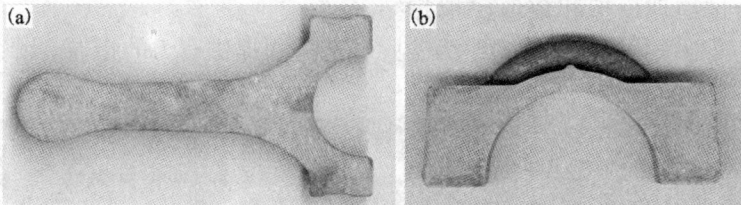

图 6 - 37　连杆锻造金属流线

(a)连杆主体;(b)端盖

观察三个典型部位的显微组织,如图 6 - 38。可以看出均为 $(\alpha + \beta)$ 相板条状组织,细小而且均匀。结合锻造模拟结果可以看出,除了飞边附近的应变量最大以外,连杆中部的锻造应变是最大的。故杆部的组织也会更加细小。除了小头部组织还存在少量的孔隙以外,锻造后组织孔隙基本闭合。

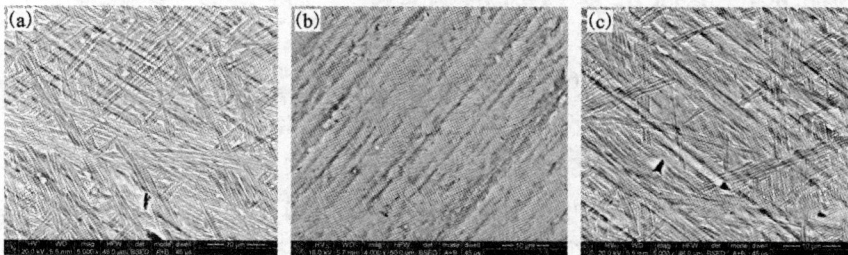

图 6 - 38　连杆不同部位的显微组织

(a)叉部;(b)杆部;(c)小头部

另外在杆部靠近连杆外表面组织中观察到了等轴状 $(\alpha + \beta)$ 组织,如图 6 - 39。根据模拟锻造过程中温度变化可以看出,连杆外表面和模具接触,降温速度明显快于内部，锻造温度在$(\alpha+\beta)$两相区。因此，其外表面可观察到 α 等轴晶粒，而内部组织中基本上呈现出板条状组织。

由图 6 - 40 可知，小头部比叉部韧窝的数量多，尺寸大且深，塑性好一些。

因此，采用粉末冶金 Ti - 1.5Fe - 2.25Mo 合金具有优良的热变形性能，可在 1000℃ 下进行锻造，制备钛合金发动机连杆。通过物理模拟和数值模拟相结

图 6 - 39　杆部等轴状显微组织

合，能够有效地优化个工艺参数，为实际锻造过程提供有力的指导。

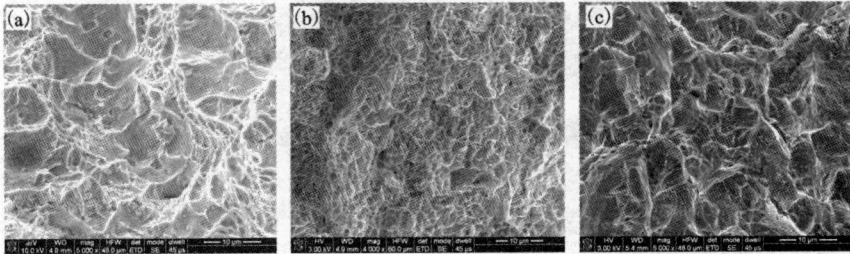

图 6 - 40　各部位拉伸变形后的断口组织

(a)叉部断口组织；(b)杆部断口组织；(c)小头部断口组织

6.3　粉末冶金钛基复合材料气门

以 Ti - 6Al - 2Sn - 4Zr - 6% Mo$_2$C 钛基复合材料为对象，采用粉末冶金、热挤压和常规锻造及后续精加工的方法制备发动机气门。

图 6 - 41 为 Ti - 6Al - 2Sn - 4Zr - 6% Mo$_2$C 钛基复合材料烧结态、热挤压和退火态的显微组织。从图中可以看到，经过烧结后有 TiC 颗粒生成，同时基体为较为粗大的魏氏组织，并有少量残存孔隙。经过热挤压和退火后，残存孔隙消除，基体变为细小的层片组织。热变形后 TiC 颗粒的排列变得较为均匀。

表 6 - 7 为热挤压及退火态材料室温和高温拉伸的力学性能，图 6 - 42 为各试样的拉伸断口形貌。

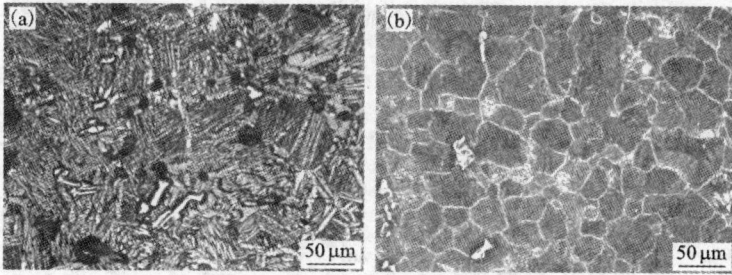

图 6-41　钛基复合材料的微观组织

(a)烧结态；(b)挤压退火态

表 6-7　不同温度下钛基复合材料的力学性能

	室温	600℃	700℃	700℃/100h + 600℃
强度/MPa	1320	850	594	822
延伸率/%	0.5	1	4	1

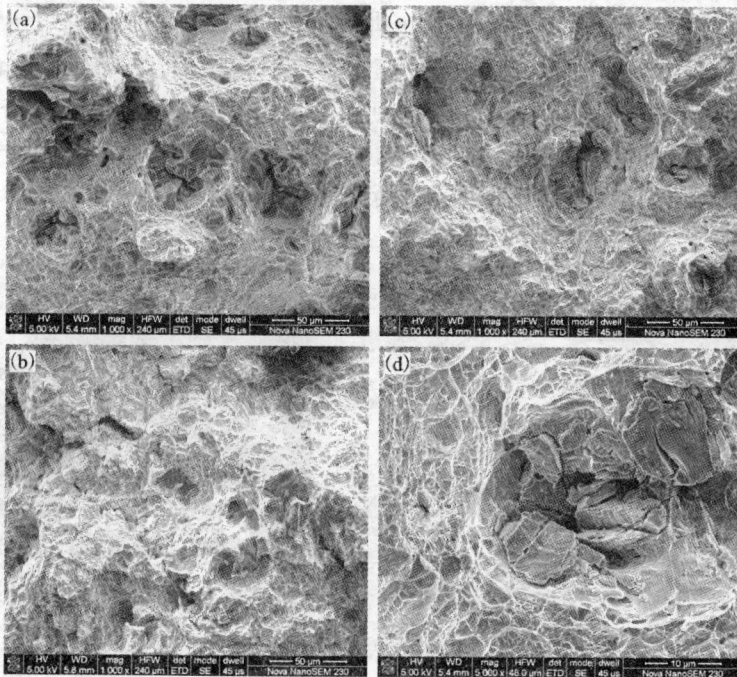

图 6-42　钛基复合材料不同温度拉伸的断口组织

(a)600℃；(b)700℃；(c)和(d)700℃热暴露 100 h，600℃拉伸

结果表明，Ti – 6Al – 2Sn – 4Zr – 6% Mo$_2$C 材料具有优异的室温性能，热衰退性能和高温长时间热暴露性能。

图 6 – 43 为钛基复合材料 700 ~ 800℃的氧化增重 – 时间曲线。一般汽车排气门在使用温度也在该区间。

结果表明，材料氧化具有抛物线型氧化规律，氧化增重很小，抗氧化性能优异。

将热挤压后的 Ti – 6Al – 2Sn – 4Zr – 6% Mo$_2$C 钛基复合材料棒材进行裁剪、表面磨光等工序后，按照图 6 – 44 所示意的工

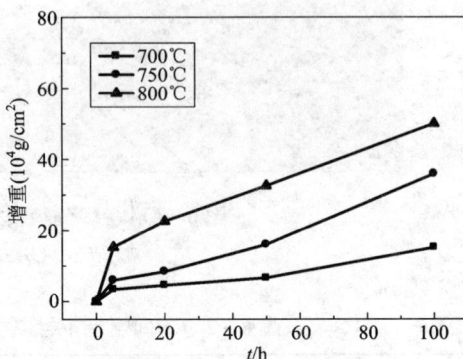

图 6 – 43　钛基复合材料不同温度下的氧化增重曲线

艺路线进行气门成形，主要工艺包括电镦粗、模锻。图 6 – 45 为气门制备过程中的实物图。棒料首先置于砧座电极与镦粗缸之间并施加一定的预压力，然后通过砧座电极和夹紧电极对棒料上部通电加热。采用红外测温仪测温度，当温度达到 1000℃后，利用镦粗缸向棒料底部施加压力迫使材料变形，获得图 6 – 45 中的大蒜头棒料。然后将大蒜头棒料快速转移到涂有石墨润滑剂的模具中进行锻造。锻造模具加热温度为 400℃，锻造上冲头的下压速度为 10 mm/s。可制得锻造气门毛坯。将锻造气门毛坯经过校正后，进行车铣加工，得到成品气门。

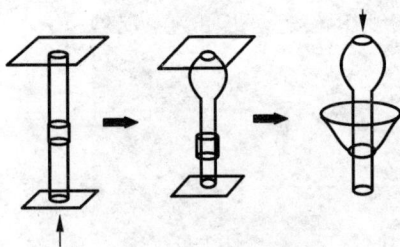

图 6 – 44　气门成形过程示意图

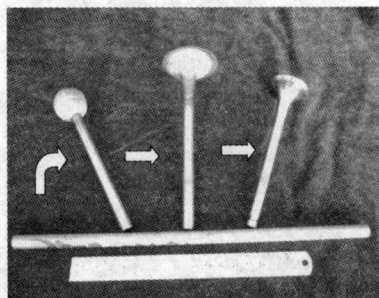

图 6 – 45　气门制备过程中的实物图

图 6 – 46 为电镦后大蒜头和模锻后气门裙部的流线组织。从图中可以看到，电镦后大蒜头部位流线分布与圆柱体自由锻后的组织基本相同，材料由棒材中部向两边流动。模锻后裙部的流线向顶部扩展。图 6 – 46 中的流线顺畅，说明钛基复合材料在两步工序中具有优异的成形性能。

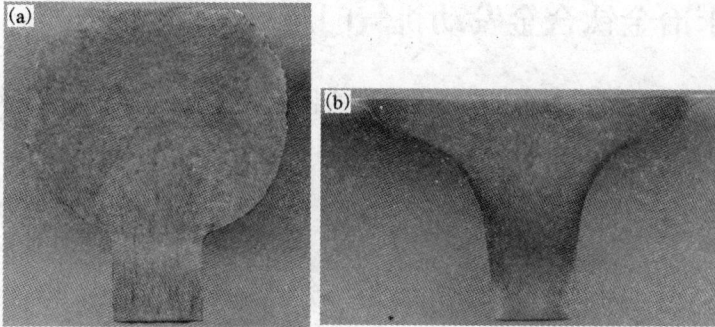

图 6 - 46　钛基复合材料气门锻后显微组织
(a)电镦后大蒜头；(b)模锻后气门裙部的流线组织

按照汽车发动机气门 – 气门座强化磨损台架试验方法（QC/T748 – 2006），在模拟台架试验机上进行了运转试验。

气门在实验机下方的顶杆和弹簧作用下产生往复运动，频率为 1500 次/min。为了磨损均匀，气门在台架实验过程中通过齿轮作用发生自转动，转速为 3.5 r/min。整个实验持续 8 h，总计往复运动约 7×10^5 次。

图 6 - 47 为钛基复合材料气门，同型号量产钢气门试验前后的外观图。钛基复合材料试验后无表面裂纹，外观完好。测试结果表明，粉末冶金冶金钛基复合材料具有优异的成形性能，可通过电镦粗和模锻工艺制备出汽车发动机气门，并且通过台架试验考核。

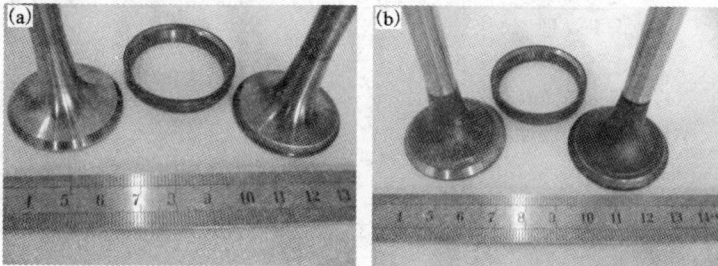

图 6 – 47　台架试验前后的气门，气门座外形图
(a)钛基复合材料；(b)不锈钢

6.4 粉末冶金钛合金发动机气门座

粉末冶金钛合金除了利用其轻质高强的特性，用于高速运动零部件以外，还可利用其耐磨性，用作汽车发动机气门座圈。

选用 Ti12LC、Ti12LC + 1.2% Nd、TN、TN + 5% Cr_3C_2 合金作为气门阀座圈的材料。分别用粉末烧结和粉末锻造合金锭进行机加，合金锭尺寸为 $\phi70$ mm × 90 mm，加工的阀座零件如图6-48所示。对合金进行显微硬度和摩擦磨损性能检测，并将阀座零件进行模拟台架试验。

模拟台驾试验在东风汽车集团模拟台架试验机上进行，实验在500℃、

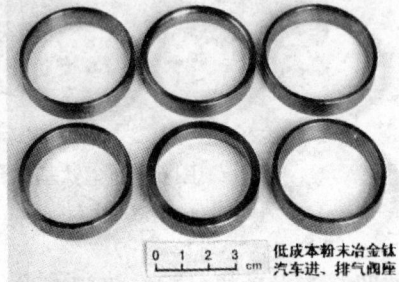

图6-48　粉末冶金钛合金气门座圈

800℃工况条件下50 h的摩擦磨损实验，根据气阀下沉量、阀带宽变化情况对摩擦材料为21-4 N(堆焊Stellite6)来评价合金性能的优良。

表6-8是阀座圈用粉末冶金钛合金的硬度。从实验数据看，热锻后合金的硬度较烧结态有很大的提高，合金的 HRC 值与熔锻态的同种钛合金(38~40)相当。

表6-8　汽车发动机气门座用钛合金硬度

试样	硬度(HRC)
TN(锻态)	37.8
TN + 5% Cr_3C_2(锻态)	42
TN + 5% Cr_3C_2(烧结态)	32.8
Ti12LC + 1.2% Nd(烧结态)	37.3
Ti12LC + 1.2% Nd(锻态)	41.3
Ti12LC(烧结态)	33.8

对粉末冶金 Ti12LC + 1.2% Nd、TN 及 TN + 5% Cr_3C_2 合金进行摩擦性能试验，以考察其耐磨性。耐磨试验在 MM1000 型摩擦磨损试验机上进行，实验参数设定为：摩擦实验机转速1500 r，压力150 N/cm^2，摩擦方式是环与环之间的摩擦。摩擦环的尺寸：外径49 mm，内径44 mm，环上有缺口，圆心角约30°，其面积为3.346 cm^2。摩擦对偶：GCr15轴承钢，经过热处理(860℃保温1 h，20 号机油淬火，160℃回火1 h)。尺寸为：外径49 mm，内径39 mm。热处理后硬度为50

（HRC）。

试验过程中测定摩擦系数，稳定度及质量磨损量，最后进行摩擦面形貌的观察。

表 6 - 9 是锻造热处理态 TN，TN + 5% Cr₃C₂ 及 Ti12LC + 1.2% Nd 合金的摩擦性能。结果表明，TiC 颗粒增强粉末冶金钛合金 TN + 5% Cr₃C₂ 的摩擦系数最高，为 0.3294；磨损量最小，0.18 g/h。这说明颗粒增强复合材料的耐磨性能最好。另外，Ti12LC + 1.2% Nd 合金的摩擦性能比 TN 合金的好，接近颗粒增强粉末冶金钛合金 TN + 5% Cr₃C₂ 的摩擦系数和磨损量。

表 6 - 9　钛合金耐磨性能比较

试样	最大摩擦系数	平均摩擦系数	稳定度	磨损量
TN，锻造热处理态	0.3247	0.2851	0.8786	0.97 g/h
TN + 5% Cr₃C₂，锻态热处理态	0.3294	0.2878	0.8739	0.18 g/h
Ti12LC + 1.2% Nd，锻造热处理态	0.3286	0.2861	0.8709	0.185 g/h

图 6 - 49 是耐磨试验后摩擦面形貌。可以看出，粉末锻造钛基复合材料 TN + 5% Cr₃C₂ 磨损最轻，摩擦面上只有很小的痕迹，高倍组织显示磨损后以颗粒状脱落，如图 6 - 49(d) ~ 图 6 - 49(f) 所示。这是由于该复合材料中第二相颗粒 TiC 起了作用。TN 合金的磨损最严重，磨损面有大片的黏作变形，所以其磨损量也是最大的。Ti12LC + 1.2% Nd 合金磨损面情况介于以上二者之间，更接近颗粒增强钛基复合材料，如图 6 - 49(g) ~ 图 6 - 49(i) 所示。

表 6 - 10 是粉末钛合金阀座的模拟台架实验结果。可以看出，粉末冶金钛合金的气阀下沉量在 0.17 ~ 0.27 mm 之间，阀带宽变化在 0.05 ~ 0.15 mm 范围内。

表 6 - 10　模拟台架实验结果(mm)

试验条件	500℃试验结果(50 h)			800℃试验结果(50 h)		
合金状态	Ti12LC 烧结态	Ti12LC + 2% Nd 锻态	TN + 5% Cr₃C₂ 锻态	Ti12LC 烧结态	Ti12LC + 2% Nd 锻态	TN + 5% Cr₃C₂ 锻态
气阀下沉量	0.21	0.19	0.17	0.25	0.27	0.25
阀带宽变化	0.15	0.10	0.09	0.09	0.06	0.05

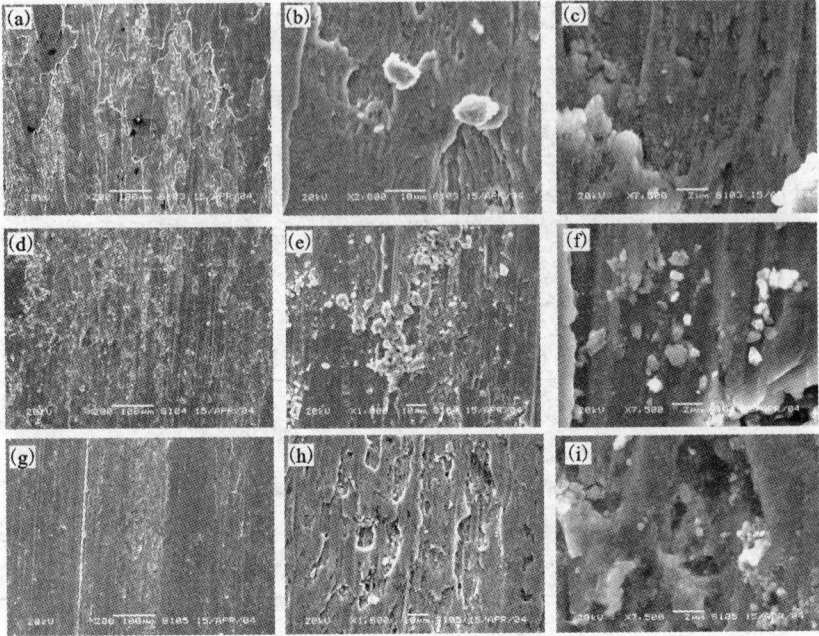

图 6-49 耐磨试验后摩擦面形貌

(a)~(c)：TN 锻态，(d)~(f)：TN+5%Cr$_3$C$_2$锻态，

(g)~(i)：Ti12LC+1.2%Nd 锻态

将试验结果与正在使用的铁基零件相比较，如表 6-11 所示。

表 6-11 粉末冶金钛合金阀座与其他合金阀座的性能比较

	美国 （铸造工具钢）	日本 （VX75，铁基 PM）	中国 （铁基 PM）	本项目 （钛基 PM）
500℃阀座带宽变化	0.23	0.16	0.21	0.09~0.15
800℃阀座带宽变化	0.18	0.12	0.16	0.05~0.09

从表 6-11 上所示的数据来看，粉末冶金钛合金零件阀座的带宽变化均小于正在使用的铁基零件。可以认为，粉末冶金钛合金汽车进排气阀座具有在未来高档汽车上应用的潜力。

第 7 章　粉末冶金钛铝基合金变形行为

7.1　合金成分设计

　　限制 TiAl 基合金应用的最大障碍是室温塑性低、热加工难度大。目前，改善铸造 TiAl 合金显微组织和力学性能的主要方法有热处理、热加工、合金及微合金化等。虽然通过循环热处理或者热加工均可以获得细小晶粒的 TiAl 合金，但前者受限于样品尺寸，且在热处理过程中容易产生退火微裂纹；而后者工艺设备复杂，操作难度大。

　　近年来，通过成分优化来实现铸造 TiAl 合金的组织控制、进而提高其性能的方法得到了比较广泛的应用。陈国良等人对高 Nb 的 Ti – Al – Nb 合金体系进行了系统研究，发现 Nb 元素能提高 TiAl 合金的熔点、高温强度和抗氧化性等[1]。研究表明，添加 W、B、Si、Mn、Mo、V 和 Cr 等元素也可以细化铸造 TiAl 合金晶粒尺寸和片层间距。

　　B 作为一种益于晶粒细化和减少凝固偏析的合金元素，在铸态 TiAl 合金中有较广泛的应用。目前人们已经提出了很多硼细化晶粒的机制，但是由于 B 对晶粒的细化作用与其添加量以及硼化物形成的类型、生长形态及分布有关。近年来，有关稀土元素在金属间化合物中的作用的研究日趋增多，适量稀土元素的加入，可明显细化晶粒、提高强度、改善塑性并提高抗氧化性能。研究表明微量稀土元素 Y 的添加能明显改善铸造 TiAl 合金的显微组织和力学性能。Wu[2] 等也以二元 TiAl 合金为对象，研究了 Y 对合金晶粒和层片结构的影响。但是由于过量的稀土元素形成大尺寸的氧化物，富集在晶界处，导致材料的提前失效。因此，必须对其作用机理进行更系统深入的研究，分析稀土相的成分、组织形貌及分布，从而探讨添加稀土对 TiAl 合金凝固机理、显微组织和力学性能的影响。

　　本节选取铸造 Ti – 43Al – 4Nb – 1.4W 合金作为研究对象，分析其铸态组织与凝固特征；通过在该合金中加入微量的 B 和 Y，研究两种元素在合金中的存在形式及分布规律，分析不同含量的 B 和 Y 对铸造 Ti – 43Al – 4Nb – 1.4W 合金凝固过程的影响。

　　合金采用真空非自耗电弧熔炼法制备。图 7 – 1 和图 7 – 2 为非自耗电弧熔炼炉及模具的外观照片。各合金的名义成分见表 7 - 1。熔炼用料均采用高纯原料，高熔点元素(Nb、W、B、Y)以中间合金形式加入。为保证合金成分的均匀性，每个合金锭均反复翻转熔炼 4 次，然后吸铸成为棒状铸锭。成分设计合金所用模具尺寸为 $\phi 8$ mm，热变形行为研究用合金所用模具尺寸为 $\phi 45$ mm。

图 7 - 1　非自耗电弧熔炼炉

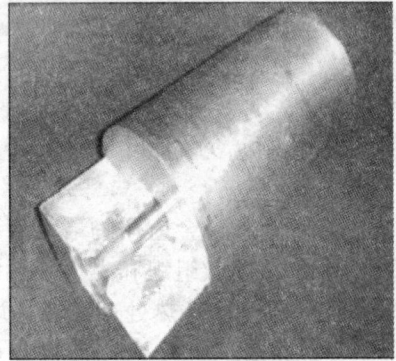

图 7 - 2　吸铸成形模具

表 7 - 1　试验合金的名义成分($x/\%$)

试样号	Ti	Al	Nb	W	B	Y
1	余量	43	4	1.4		
2	余量	43	4	1.4	0.2	
3	余量	43	4	1.4	0.4	
4	余量	43	4	1.4	0.6	
5	余量	43	4	1.4	0.8	
6	余量	43	4	1.4		0.05
7	余量	43	4	1.4		0.1
8	余量	43	4	1.4		0.2
9	余量	43	4	1.4	0.6	0.2

7.1.1　显微组织

图 7 - 3 为铸态 Ti - 43Al - 4Nb - 1.4W 合金的光学显微组织。可以看出，铸态 Ti - 43Al - 4Nb - 1.4W 合金的组织为近片层组织，片层晶团(晶粒)平均晶团尺寸在 150 ~ 200 μm 之间，晶团内部存在不同取向的片层结构。因此 Ti - 43Al -

4Nb - 1.4W 合金并未形成典型的柱状晶形貌，而是形成等轴晶，这主要与合金的凝固路径及冷却速度有关。

图 7 - 4 为铸态 Ti - 43Al - 4Nb - 1.4W 合金的 X 射线相分析图谱。结果显示，铸态 Ti - 43Al - 4Nb - 1.4W 合金主要由 α_2 和 γ 两相组成，还含有一定量的 β 相。利用扫描电镜在背散射电子衍射状态下对 Ti - 43Al - 4Nb - 1.4W 铸态合金进行观察(图 7 - 5)，发现合金中主要有三个不同的相存在，分别显示为白色、灰色和黑色。能谱分析结果显示白色亮区富 Nb、W，黑色区富 Al、贫 Nb 和 W。结合 XRD 结果可确定，白色亮区为 β 相，黑色区为 γ 相，灰色区为 $(\alpha_2 + \gamma)$ 片层结构。γ 相主要分布在各片层晶团的交界处，而 β 相呈连续线状沿晶团内部层片及晶团界面处分布并相互结成网状组织，利用相分析软件测得 β 相的含量约为 5%。

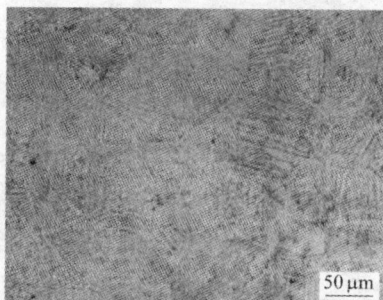

图 7 - 3　铸态 Ti - 43Al - 4Nb - 1.4W 合金的光学显微组织

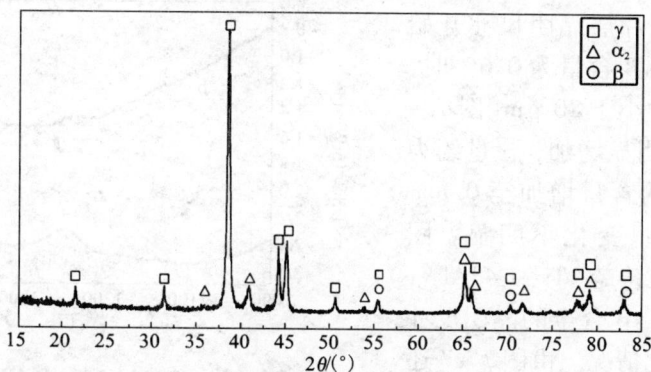

图 7 - 4　铸态 Ti - 43Al - 4Nb - 1.4W 合金的 XRD 图谱

图 7 - 6 为铸态 Ti - 43Al - 4Nb - 1.4W 合金在升温和降温过程中的 DSC 曲线。由图可以看出，Ti - 43Al - 4Nb - 1.4W 合金存在三个明显的相变点。在凝固过程中，熔体首先形核、长大生成 β 相。β 相是高温不稳定相，其形成需要一个孕育、形核的过程；随着温度的降低(约 1400℃时)大多数会分解转变成 α 相，在约 1350℃时发生 $\alpha \rightarrow \gamma$，在约 1250℃时 α 相转变成 $(\alpha_2 + \gamma)$ 片层结构。

图 7 - 7 所示为不同 B 含量铸态 Ti - 43Al - 4Nb - 1.4W - xB 合金的显微组织。由图可以看出，加入 0.2% 的 B 时，组织形貌与基体合金区别不大，主要由

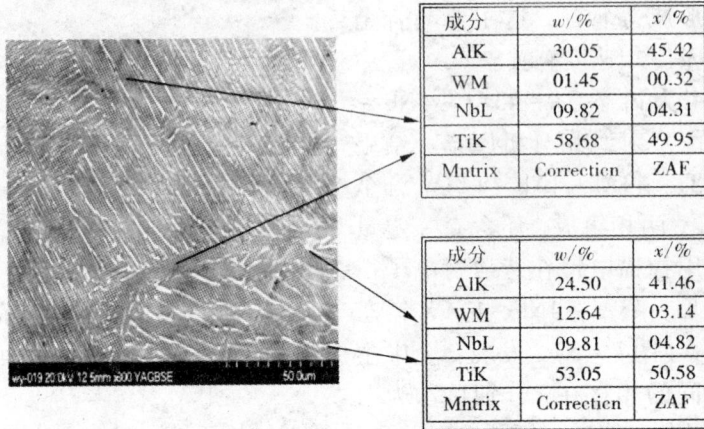

成分	w/%	x/%
AlK	30.05	45.42
WM	01.45	00.32
NbL	09.82	04.31
TiK	58.68	49.95
Mntrix	Correctien	ZAF

成分	w/%	x/%
AlK	24.50	41.46
WM	12.64	03.14
NbL	09.81	04.82
TiK	53.05	50.58
Mntrix	Correctien	ZAF

图 7 - 5　铸态 Ti – 43Al – 4Nb – 1.4W 合金的 SEM(BSE)照片及不同区域 EDS 分析结果

大量形状不规则的片层晶团以及片层界面处分布的白色 β 相组成[图 7 - 7(a)]。随着 B 含量的增加,铸态合金片层晶团尺寸开始明显细化。当 B 含量为 0.6% 时,平均晶团尺寸小于 20 μm[图 7 - 7(c)],β 相明显增加,含量约为 10%。当 B 的含量增加至 0.8% 合金显微组织变化不明显。图 7 -8 所示为铸态 Ti – 43Al – 4Nb – 1.4W – xB 合金的晶团尺寸随 B 含量变化情况。由图 7 - 7 还可以看出,在 B 含量小于0.6%时,几乎看不到 B 的析出物;当 B 含量大于 0.6%时,有弯曲细长的

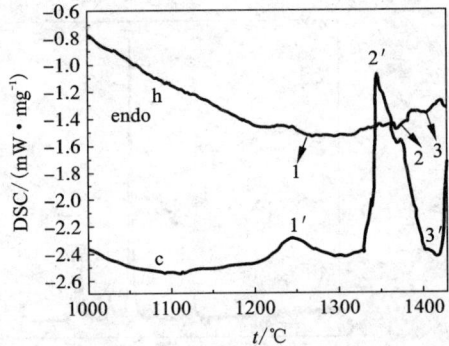

图 7 - 6　Ti – 43Al – 4Nb – 1.4W 在升温和
降温过程中的 DSC 曲线
(h—升温过程,c—降温过程)

析出物沿片层晶团界面处分布,且随着 B 含量的增加,析出物的含量增大,同时 β 相的含量增大。图 7 -9 为 B 含量为 0.8% 时合金的高倍显微组织,由图可以清晰地看出析出物的形貌与分布,可以推断其为 TiB$_2$。

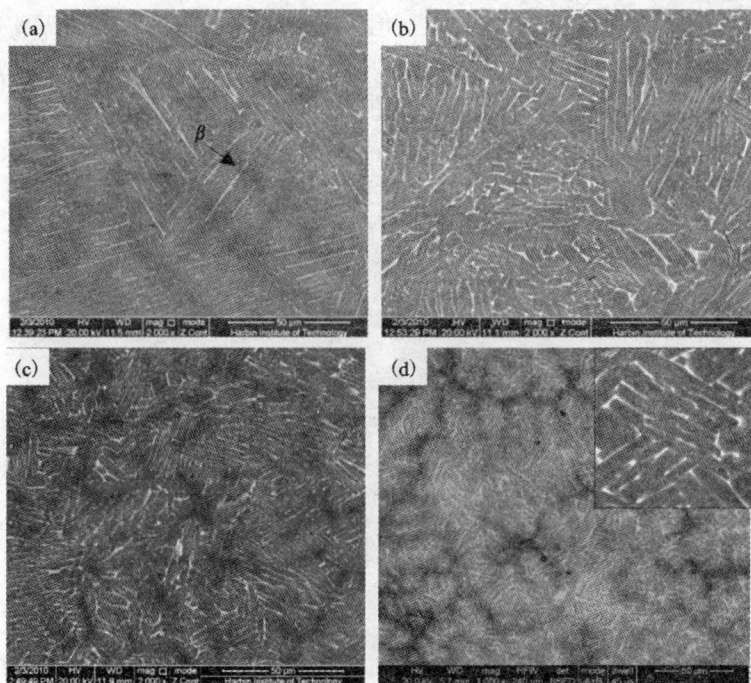

图 7 – 7　不同 B 含量铸态 Ti – 43Al – 4Nb – 1.4W – _x_B 合金的显微组织

(a)0.2%B；(b)0.4%B；(c)0.6%B；(d)0.8%B

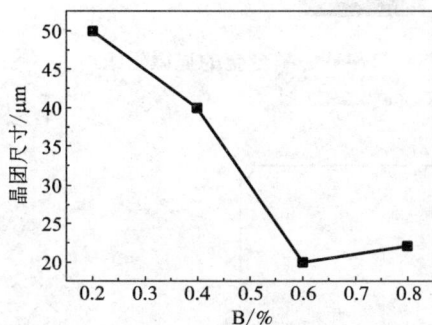

图 7 – 8　Ti – 43Al – 4Nb – 1.4W – _x_B
合金晶团尺寸随 B 含量的变化

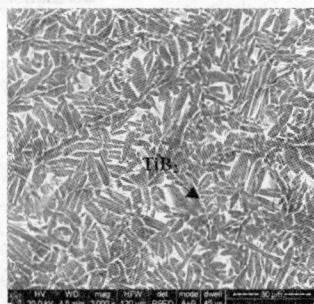

图 7 – 9　铸态 Ti – 43Al – 4Nb –
1.4W – 0.8%B 合金的显微组织

图 7 – 10 所示为添加不同 Y 含量后铸态 Ti – 43Al – 4Nb – 1.4W 合金的显微组织。可以看出，加入 Y 元素后铸态合金的晶粒形貌无明显变化，主要为不规则的片层晶团，晶团内片层界面处分布着白色 β 相，但片层晶团的尺寸随着 Y 含量的增加而降低。当 Y 含量从 0.05%增至 0.1%时，晶团尺寸变化并不很明显；层

片间距约为 5 μm，β 相含量约为 10%。但当 Y 含量从 0.1% 增至 0.2% 时，晶团尺寸迅速下降到约 25 μm，同时，晶团内片层的间距变小，约为 1 μm，β 相含量上升到约为 12%。图 7 - 11 为晶团尺寸随 Y 含量的变化曲线。

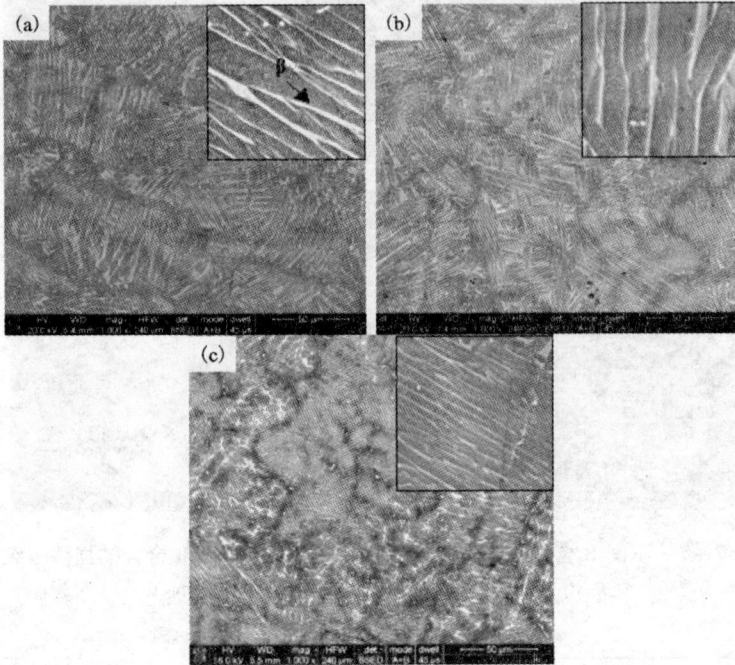

图 7 - 10　不同 Y 含量铸态 Ti - 43Al - 4Nb - 1.4W - Y 合金的显微组织
(a)0.05% Y；(b)0.1% Y；(c)0.2% Y

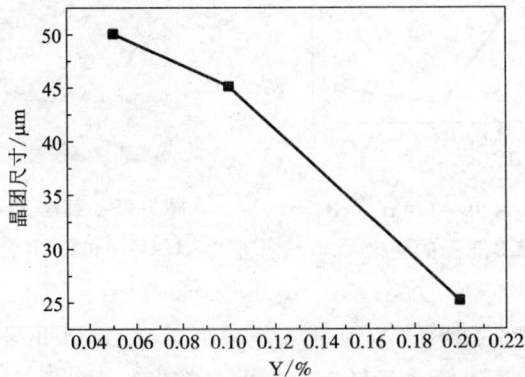

图 7 - 11　Ti - 43Al - 4Nb - 1.4W - Y 合金晶团尺寸随 Y 含量的变化

图 7 – 12 为 Ti – 43Al – 4Nb – 1.4W – 0.2Y 合金的高倍显微组织，可以看出，在晶团界面处及晶团内部有大量白色颗粒析出。从热力学角度分析可知，在 Ti、Al、Nb、W、Y 五种元素中，Y 最容易和 O 发生反应生成 Y_2O_3。虽然本书研究所选原料均为高纯原料，熔炼亦在真空环境下进行，但由于中间合金中携带一定量的氧，结合能谱分析可知该析出相为 Y_2O_3。

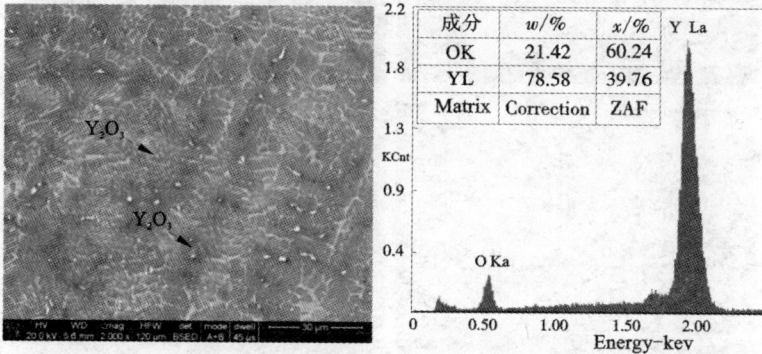

成分	w/%	x/%
OK	21.42	60.24
YL	78.58	39.76
Matrix	Correction	ZAF

图 7 – 12　铸态 Ti – 43Al – 4Nb – 1.4W – 0.2Y 合金的显微组织

图 7 – 13 所示为铸态 Ti – 43Al – 4Nb – 1.4W – 0.6B – 0.2Y 合金的显微组织。由图可以看出，同时加入0.6% B 和 0.2% Y 后，合金的晶团尺寸细小，约为 15 μm，β 相含量约为 15%。这要明显小于之前单独加入 B 或单独加入 Y 所获得的铸态合金晶粒尺寸（分别为 20 μm 和 25 μm）。

如图 7 – 14 所示为 Ti – 43Al – 4Nb – 1.4W – 0.6B – 0.2Y 合金在不同热处理条件下的显微组织，由图 7 – 14（a）可以看出，经过 1250℃、保温 2 h、

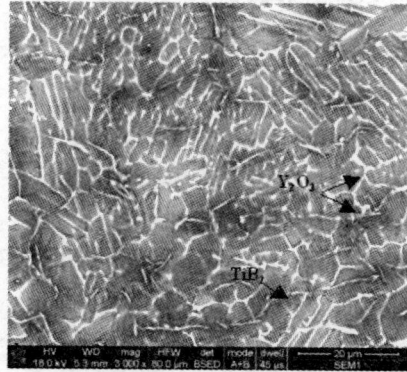

图 7 – 13　铸态 Ti – 43Al – 4Nb – 1.4W – 0.6B – 0.2Y 合金的显微组织

空冷后，Ti – 43Al – 4Nb – 1.4W – 0.6B – 0.2Y 合金为细小的近片层组织，同时，较原始态合金组织（图 7 – 13）合金中 β 相的含量明显减少，且在片层晶团界面和内部分布着少量线状硼化物。经 1250℃、保温 6 h、空冷后合金组织仍为近片层组织[图 7 – 14（b）]，与保温 2 h 相比，片层间距有所增加，β 相含量进一步减少。合金经过 1300℃热处理后[图 7 – 14（c）和（d）]，组织转变为全片层组织，β 相完全消除，保温时间提高组织变化不明显。

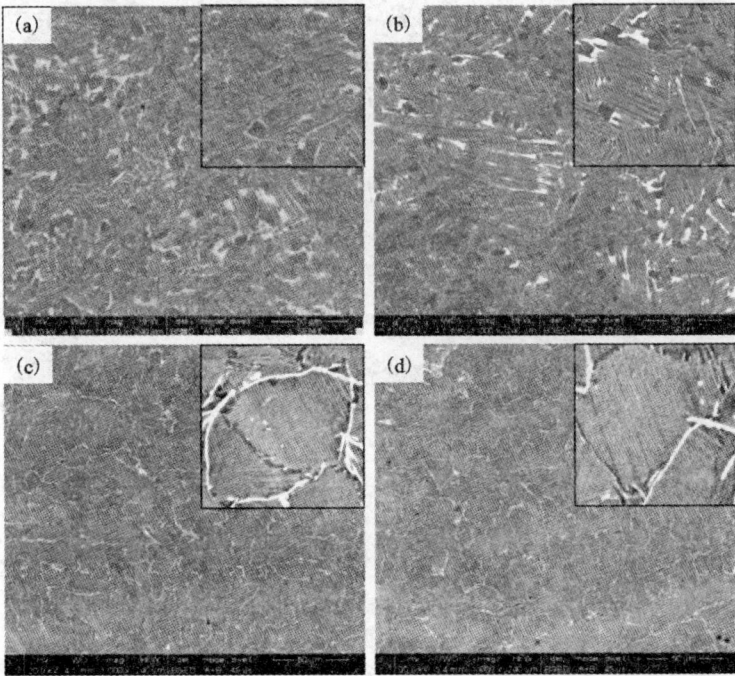

图 7 − 14   铸态 Ti −43Al −4Nb −1.4W −0.6B −0.2Y 合金经热处理后的显微组织

(a)1250℃、2 h、AC；(b)1250℃、6 h、AC；
(c)1300℃、45 min、AC；(d)1300℃、2h、AC

Nb 原子在 TiAl 合金中主要取代 Ti 原子，所以 Nb 含量的增加又相当于 TiAl 合金中 Ti 含量的增加或 Al 含量的减少，由 Ti − Al 二元相图(图 1 − 23) 和 Ti − Al − Nb 三元纵截面相图[3] (图 7 − 15)可以看出，Nb 加入后合金成分点会向左偏移，造成 β 相区扩大。W 是强 β 相稳定元素，W 加入 TiAl 合金后，在枝晶间偏析，能够稳定合金中生成的 β 相。结合 Ti − Al 二元相图及 DSC(图 7 − 16)分析结果可知：Ti −43Al −4Nb −1.4W 合金的

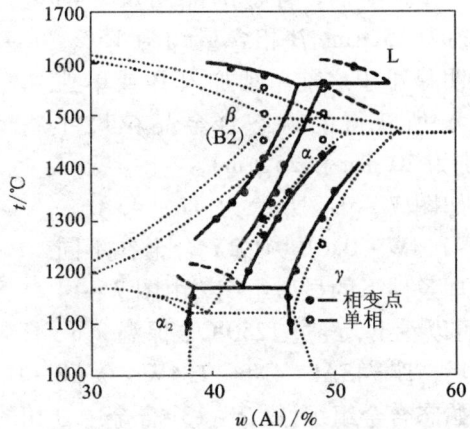

图 7 − 15   Ti − Al − Nb 三元纵截面相图

凝固首先是从 β 相开始。β 相凝固合金的铸态组织与 α 相凝固合金的铸态组织的

差异在于 α 相凝固组织易于形成柱状晶，而 β 相凝固组织则易于形成各向同性的等轴晶。这是因为 β 相凝固合金在凝固过程中经过 (β + α) 双相区，而 α 相通过包晶反应 L + β→α 生成，β 相对 α 固溶体的析出及生长有一定的影响，使 α 相在单一方向的生长遇到更多阻力，从而避免了柱状 α 晶的形成；同时，虽然 β 相在凝固冷却过程中晶体长大的优先方向只有一个 <110> 晶轴，但是却有 3 个等值的 <110> 晶向，即 [110]、[011]、[101]，所以其凝固组织不同于优先方向只有一个 c 轴的 α 相凝固组织，其柱状晶特征会明显减弱。

由前述结果可知，在 Ti – 43Al – 4Nb – 1.4W 合金凝固的过程中，熔体首先形核、长大初生 β 晶。β 晶是一种典型的铸态组织，晶粒之间有明显的晶界，杂质元素富集而偏聚于晶界。由于 β 相在高温下不稳定，其形成需要一个孕育、形核的过程，随着温度的降低又会分解转变成 α 相，因此当熔体的冷却速率足够大时，β 相就会来不及形成或部分形成，而且即使形成了其体积分数

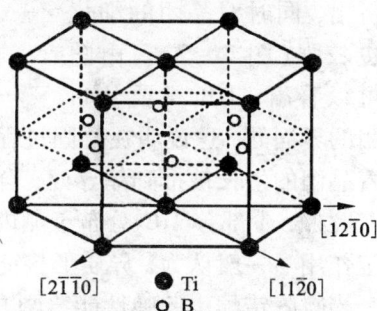

图 7 – 16　TiB$_2$ 相的晶体结构 (C 型)

也比较小，在进一步降温的过程中又很快转变成 α 相。大部分熔体在快速冷却的过程中都直接转变成了 α 相，故组织中晶界上块状的初生 β 相较少，大部分呈线状相连续分布而组成网状组织。最终，Ti – 43Al – 4Nb – 1.4W 铸态合金的显微组织以 (α$_2$ + γ) 层片为主，还有少量的 γ 相和 β 相。因此，Ti – 43Al – 4Nb – 1.4W 合金的凝固路径为：L→L + β→β→β + α→α + β$_r$→α + γ + β$_r$→片层 (α$_2$ + γ) + γ + β$_r$，其中 β$_r$ 表示残余 β 相。

B 在两相 TiAl 合金的 α$_2$ 和 γ 相中的固溶度非常低，分别为 0.003% 和 0.011% (摩尔数分数)。在 TiAl 基合金中加入微量 B 元素后，B 会以原位生成的方式形成 TiB$_2$、TiB 等，结合图 7 – 9 中硼化物的形态及之前研究得出，本研究中 B 主要是以高熔点的 TiB$_2$ 陶瓷相的方式存在。TiB$_2$ 相的晶体结构为 C32 型六方结构，如图 7 – 16 所示，晶格常数 a = 0.303 nm，c = 0.323 nm，TiB$_2$ 可视为由 Ti 原子密排面与按石墨方式排列的 B 原子面沿 c 轴按 ABAB……序列排列构成。

图 7 – 17 为 Ti – Al – B 三元相图液相面投影图，由图可以看出，试验合金从液相中凝固的初生相均为 β 相，凝固后的 β 相将按 β→α→α + γ→片层 (α$_2$ + γ) 的顺序转变。由图亦可以看出，加入 B 元素后，合金在凝固过程中可能发生 L→β + TiB$_2$ 和 L + β→α + TiB$_2$ 两种相变过程，即凝固过程中有可能沿 L→β + TiB$_2$ 直接从液相中生成少量 TiB$_2$ 相晶核，同时大部分 TiB$_2$ 相则沿着 L + β→α + TiB$_2$ 反应以次生 TiB$_2$ 相的形式生成。由于合金凝固过程中的初生相主要是 β 相，少量的

初生 TiB_2 相晶核形成后将迅速
被 β 晶粒包覆而不能显著地生
长，因此在 B 含量低于 0.6%
的合金中几乎观察不到硼化物
的存在，晶团的细化作用也并
不明显；只有在 B 达到一定含
量(0.6%)，才有较明显的硼
化物析出，同时对晶团的细化
作用也较强(图 7 – 7)。由图
7 – 9可以看出，TiB_2 主要分布

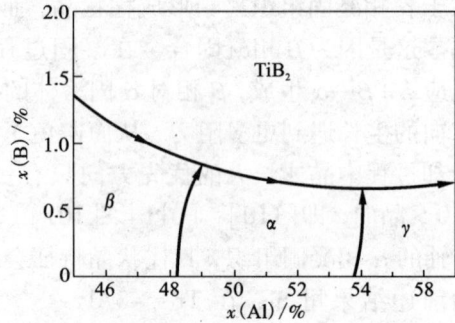

图 7 – 17   Ti – Al – B 三元相图的部分液相面投影图[75]

在晶团的界面处，这说明在凝固过程中，硼化物从液/固结晶前沿被排出到液相，
并随着晶团的生长被推到晶界处，合金晶粒细化的机制主要属于第二相阻止晶粒
长大。此外，少部分 TiB_2 分布于晶内，说明异质形核机制也对合金的晶粒细化起
到一定作用。一般认为，异质形核能力的大小取决于形核基底与结晶相之间的界
面能。当点阵错配引起弹性能急剧升高时，错配度是决定界面能的主要因素，基
体与形核颗粒间的晶粒错配度能有效促进异质形核。据报道[4]在非均质形核时，
$\delta < 6\%$ 的核心最有效，错配度 $\delta = 6\% \sim 15\%$ 的核心中等有效，而 $\delta > 15\%$ 的核心
无效。$TiB_2 - \beta - Ti$ 在低指数上的的错配度为 11%，因此，在铸造 Ti – 43Al – 4Nb
– 1.4W – xB 合金的凝固过程中，TiB_2 可以作为异质核心，使基体相的形核部位
增加，从而增大了形核率，降低了合金的晶团尺寸。

由于合金中加入了 Nb 和 W 两种 β 相稳定元素，所以可以观察到合金中含有
大量经 β 有序化转变而形成的 $\beta(B2)$ 相，且随着 B 含量的升高，$\beta(B2)$ 相的含量
也增加。Schwarz 等人[5]在对 Ti – 47Al – 2Cr – 2Nb – 0.8B 合金的研究中曾指出 B
元素在 β 相中偏聚，可以提高 β 相的稳定性，冷却后转变为 B2 相。Graef[6] 等人
也提出另一种解释是：B2 相有可能是由亚稳的硼化物(如 TiB 或 Ti_3B_4)在冷却过
程中分解成 TiB_2 相和 B2 相而形成的。因此，B 的加入，对于凝固过程中 $\beta(B2)$
相的形成及稳定也起到一定的作用。

Ti – 43Al – 4Nb – 1.4W 合金的凝固路径为：$L \rightarrow L + \beta \rightarrow \beta \rightarrow \beta + \alpha \rightarrow \alpha + \beta_r \rightarrow \alpha +$
$\gamma + \beta_r \rightarrow$ 片层$(\alpha_2 + \gamma) + \gamma + \beta_r$，初生相为高温 β 相，所以高温 β 相的尺寸决定了室
温下晶团的尺寸。Y 的加入对于 β 相的形核功、形核率及晶团的长大均有一定的
影响，因此，对降低合金晶团尺寸起到重要作用。

首先，Y 的加入降低了形核功。Y 添加到 Ti – 43Al – 4Nb – 1.4W 合金熔体
中，使液态金属的表面张力降低，界面的表面张力越小，生成晶核所要求的能量
起伏就越小，也就是说，添加 Y 降低了合金形成临界晶核的形核功，且 Y 含量达
到一定值(0.2%)，这种提高形核率的作用才会有所体现。其次，Y 的加入提高

形核率。由图 3 - 10 氧化物颗粒存在于晶内可以推断,在凝固过程中,Y_2O_3 颗粒可以作为异质形核点引发非自发结晶形核。再次,Y 的加入可以起到强化相界和晶界的作用。表 7 - 2 为 Y 在 Ti 和 Al 中的溶质平衡分配系数及偏析系数。由表可以看出,Y 在两种元素中平衡分配系数 k_0 远小于 1,即偏析系数 $(1 - k_0)$ 较大。因此 Y 在合金熔体中将引起固液界面前沿液相中的 Y 浓度的提高,使 Y 元素在金属液体凝固前就已形成 Y_2O_3 粒子。在晶粒生长过程中,由于溶质扩散受到析出物的阻碍,使晶粒生长受到抑制。

表 7 - 2　Y 在 Ti 和 Al 中的溶质平衡分配系数 (k_0) 及偏析系数 ($1 - k_0$)

组元	k_0	$1 - k_0$
Ti - Y	0.023	0.977
Al - Y	0.021	0.979

　　Y 对层片的细化作用主要体现在:一方面 Y 添加在 TiAl 合金中氧化形成 Y_2O_3,使母相中氧含量降低,从而降低母相的层错能;层错能的降低会提高晶界处层错形成的数量导致晶界处 γ 相的形核位置增加。另一方面,大量的富 Y 相钉扎在 α 相界处导致富 Y 相和 α 相之间形成高的相界能,在这些高能相界处 γ 相的临界形核自由能较 α/α 相界大为降低,这也有利于 γ 相的形核。因此,Y 的加入大大提高了 γ 相的形核率。但由于层片的位向关系会导致层片界面之间具有较低的界面能,固溶的 Y 原子在 $α_2$/γ 界面的扩散就不可能非常快,就可能阻碍 γ 相的生长,不利 γ 相层片侧向厚度的增加。同时,固溶的 Y 原子在其周围引起弹性畸变,Y 原子会阻碍界面处位错和台阶的运动,也会降低层片侧向增厚的速度。故 Y 的添加对 Ti - 43Al - 4Nb - 1.4W 合金的片层起到了一定的细化作用。

　　从实验结果可以看出,B 和稀土 Y 的同时加入要比单独加入对 Ti - 43Al - 4Nb - 1.4W 合金具有更好的晶粒细化效果。这可能是由于凝固过程中形成的 TiB_2 相被排挤到界面处,同时 Y 元素内部氧化形成的 Y_2O_3 氧化物颗粒也在晶团界面处富集,两者共同作用降低了界面处位错运动的能力,阻止了晶团的长大。

7.1.2　变形行为

　　选择 Ti - 43Al - 4Nb - 1.4W、Ti - 43Al - 4Nb - 1.4W - 0.6B、Ti - 43Al - 4Nb - 1.4W - 0.6B - 0.2Y 三种成份合金,对其分别进行等温、等应变速率热模拟实验,研究其变形行为。

　　图 7 - 18、图 7 - 19 和图 7 - 20 所示分别为 Ti - 43Al - 4Nb - 1.4W、Ti - 43Al - 4Nb - 1.4W - 0.6B、Ti - 43Al - 4Nb - 1.4W - 0.6B - 0.2Y 合金在变形温

度为 1050~1200℃、应变速率为 0.001~1 s^{-1}、名义应变为 60% 条件下高温压缩变形的真应力 - 真应变曲线。由图可见，三种合金的应力 - 应变曲线具备以下共同特征：

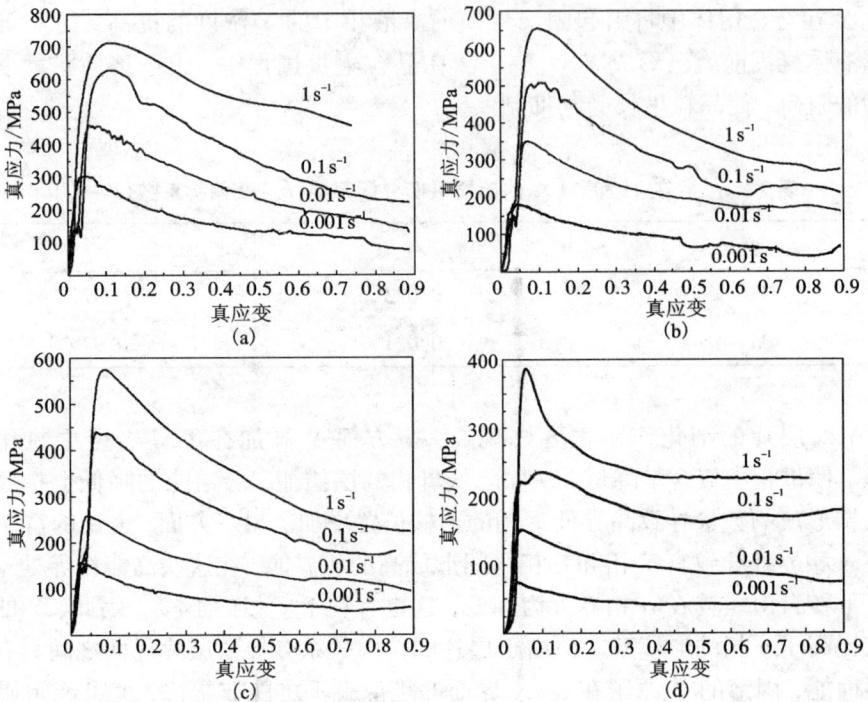

图 7 - 18   Ti - 43Al - 4Nb - 1.2W 合金在不同温度和不同应变速率下的真应力 - 真应变曲线
(a)1050℃；(b)1100℃；(c)1150℃；(d)1200℃

在变形初期，流变应力随着应变量的增加迅速增加并达到最大值；之后，随着应变量的增加，流变应力开始下降，直至达到一相对稳定值。产生上述现象的原因主要是由于变形过程中应变硬化和动态软化的共同作用。开始变形时，位错密度迅速增加，所产生的应变硬化占据主导地位，导致流变应力增加；随着应变量的增加，动态软化作用增强，当软化速率与硬化速率达到平衡时，流变应力达到峰值应力；继续变形，软化速率大于硬化速率，流变应力逐渐下降；最后，软化在较大范围内发生，应变硬化和软化再次达到动态平衡，出现稳态流变应力。图 7 - 21 所示为三种合金不同变形条件下的峰值应力比较，可见在相同的变形条件下，加入微量元素 B 和 Y 后，合金高温变形所达到的峰值应力有所下降。

由图 7 - 21 可见，在同一变形温度下，Ti - 43Al - 4Nb - 1.2W 基合金的流变应力均随着应变速率的增加而增大。这主要是因为应变速率不同，塑性变形过程

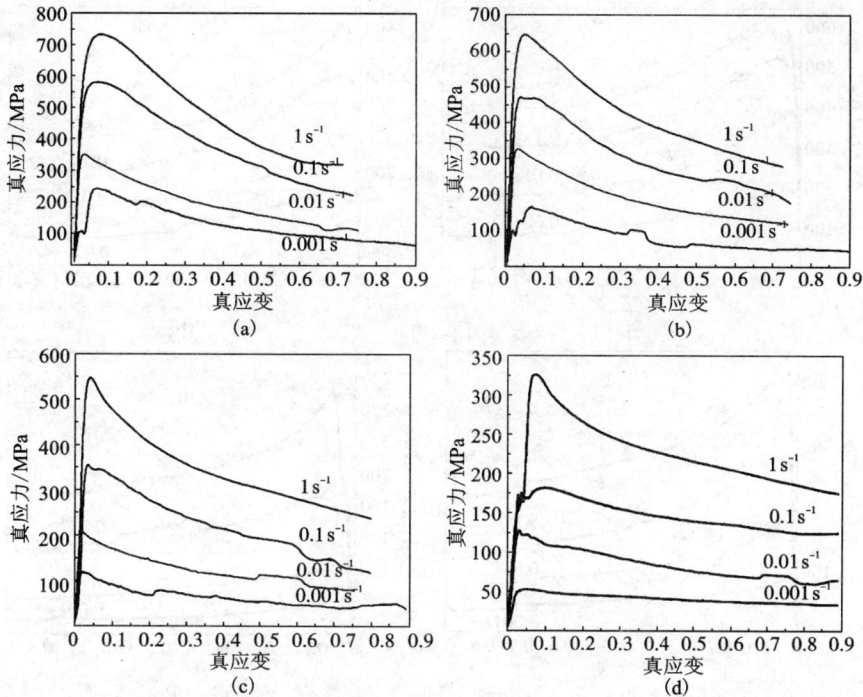

图 7 – 19　Ti – 43Al – 4Nb – 1.2W – 0.6B 合金在不同温度
和不同应变速率下的真应力 – 真应变曲线

(a)1050℃；(b)1100℃；(c)1150℃；(d)1200℃

中材料内部所发生的加工硬化与再结晶软化程度不同。从加工硬化角度考虑，增加应变速率，会增大位错运动的速度，增加材料临界剪切应力，进而增大变形抗力；从再结晶软化角度考虑，提高应变速率会使变形时间缩短，这会减少动态再结晶形核数量、降低晶粒长大速度，不利于材料的软化。

因此总体来说，随着应变速率的增加，三种合金的流变应力均增大。对不同材料的研究结果表明，高温塑性变形主要受热激活控制。有三种形式的数学模型可以描述这一热激活过程中流变应力与应变速率的关系，即指数关系、幂指数关系和双曲正弦函数关系。其表达式分别为：

$$\dot{\varepsilon} = A_1 \sigma^n \tag{7-1}$$

$$\dot{\varepsilon} = A_2 \exp(\beta\sigma) \tag{7-2}$$

$$\dot{\varepsilon} = A[\sinh(\alpha\sigma)]^n \exp[-Q/(RT)] \tag{7-3}$$

式中：A、α、n 称为材料常数，R 为广义气体常数，$8.31\ \mathrm{J \cdot mol^{-1} \cdot K^{-1}}$，$\dot{\varepsilon}$ 为应变速率，$\mathrm{s^{-1}}$，T 为绝对温度，K，Q 为热变形激活能，$\mathrm{J \cdot mol^{-1}}$，$\sigma$ 为给定应变下流变应力，α、n 分别为应力乘数和应力指数，其中 $\alpha = \beta/n$。

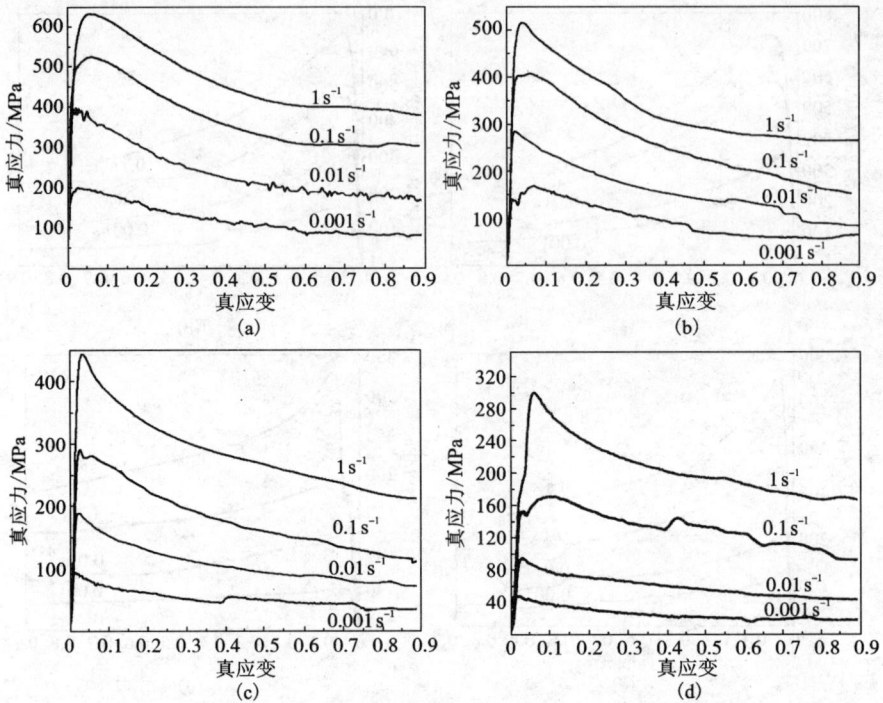

图 7 – 20   Ti – 43Al – 4Nb – 1.2W – 0.6B – 0.2Y 合金
在不同温度和不同应变速率的下真应力 – 真应变曲线

(a)1050℃；(b)1100℃；(c)1150℃；(d)1200℃

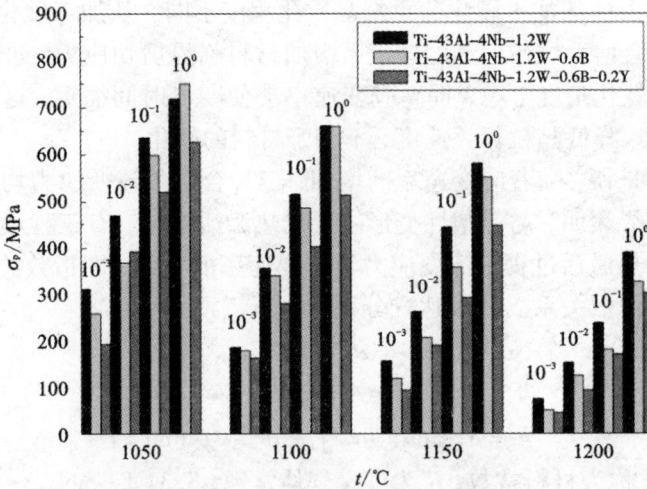

图 7 – 21   三种合金的不同变形条件下的峰值应力对比

假定试验 TiAl 基合金的峰值应力 σ 和应变速率 $\dot{\varepsilon}$ 之间分别满足式(7-1)、式(7-2)和式(7-3)。分别对以上三式两边取自然对数,可以得到:

$$\ln\dot{\varepsilon} = \ln A_1 + n_1\ln\sigma \tag{7-4}$$

$$\ln\dot{\varepsilon} = \ln A_2 + \beta\sigma \tag{7-5}$$

$$\ln\dot{\varepsilon} + Q/(RT) = \ln A + n\ln[\sinh(\alpha\sigma)] \tag{7-6}$$

将不同变形温度条件下合金的峰值流变应力和对应的应变速率分别代入式(7-4)、式(7-5)、式(7-6)中,可得到 $\ln\dot{\varepsilon} - \ln\sigma$、$\ln\dot{\varepsilon} - \sigma$ 和 $\ln\dot{\varepsilon} - \ln[\sinh(\alpha\sigma)]$ 的关系图(图7-22、图7-23 和图7-24),对所得结果进行一元线性回归处理,可由直线斜率分别得到常数 n_1 及 β 的平均值,利用 $\alpha = \beta/n_1$ 可计算出参数 α 的值。从图7-22、图7-23 和图7-24 可以看出,在三种关系中,双曲正弦函数关系的回归效果最好,且不同温度下各回归直线的斜率均较接近。所以 Ti-43Al-4Nb-1.4W 基合金高温压缩变形峰值应力与变形条件的关系可用双曲正弦函数来表示。

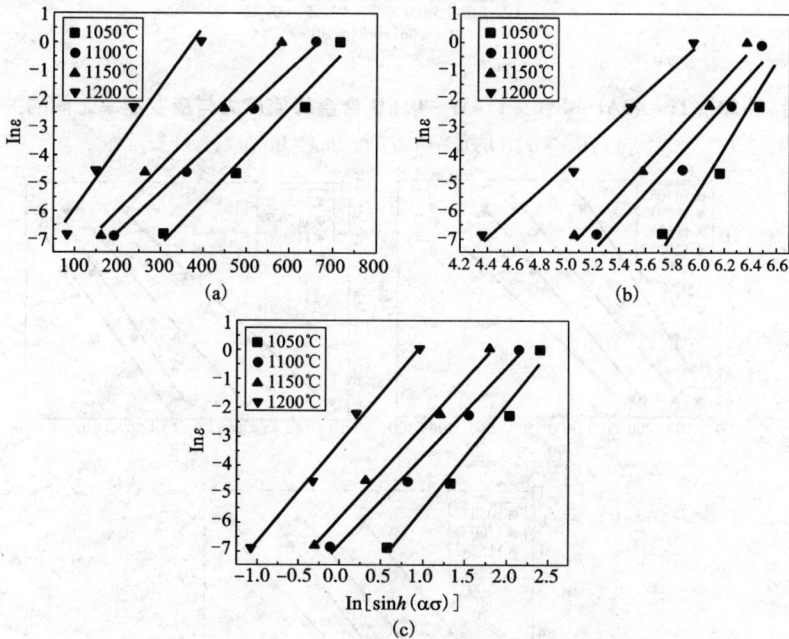

图 7-22　Ti-43Al-4Nb-1.4W 合金峰值应力与应变速率之间的关系

(a)$\ln\dot{\varepsilon} - \sigma$; (b)$\ln\dot{\varepsilon} - \ln\sigma$; (c)$\ln\dot{\varepsilon} - \ln[\sinh(\alpha\sigma)]$

如图7-21 所示,在同一应变速率下,三种合金的流变应力均随着变形温度的升高而减小。这主要是由于一方面,随着变形温度的升高,动态再结晶软化作用增强,动态再结晶过程主要受热激活控制,温度升高,热激活作用增强,动态再结晶的形核速率、晶核长大的驱动力均增大,动态再结晶使得塑性变形产生的加工

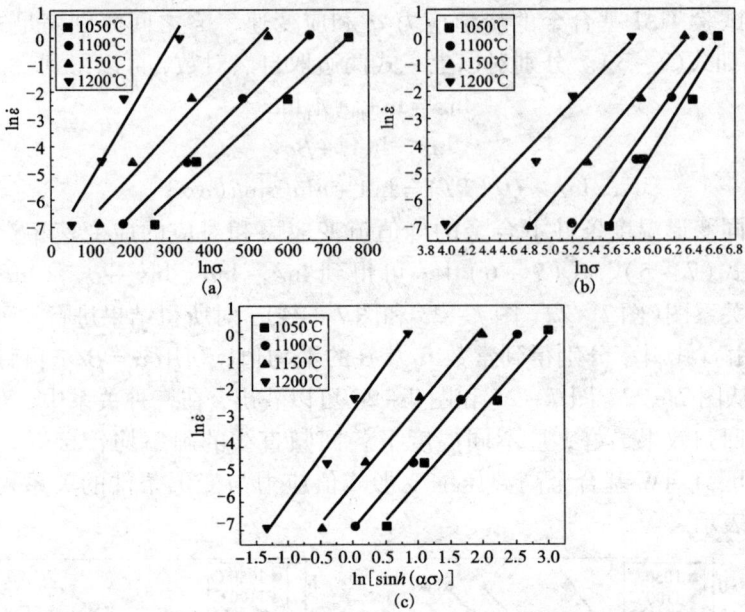

图 7 – 23　Ti – 43Al – 4Nb – 1.4W – 0.6B 合金峰值应力与应变速率之间的关系

(a)$\ln\dot{\varepsilon} - \sigma$；(b)$\ln\dot{\varepsilon} - \ln\sigma$；(c)$\ln\dot{\varepsilon} - \ln[\sinh(\alpha\sigma)]$

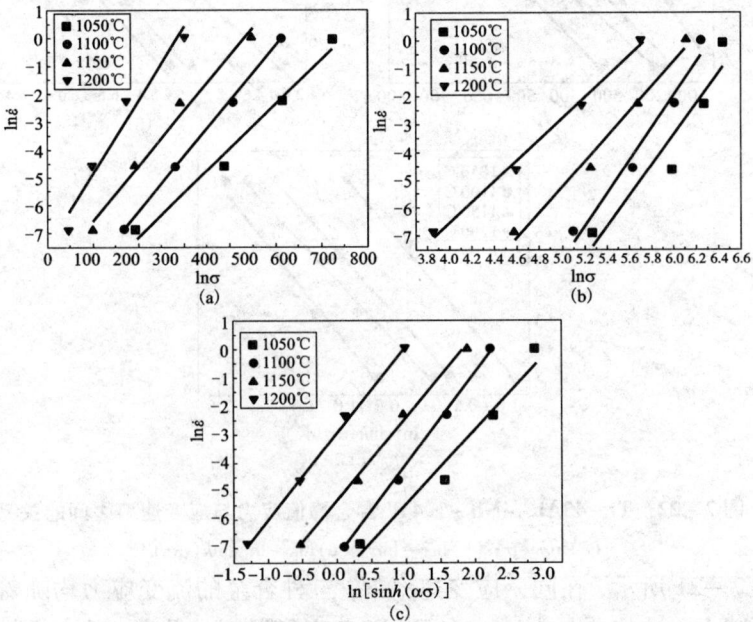

图 7 – 24　Ti – 43Al – 4Nb – 1.4W – 0.6B – 0.2Y 合金峰值应力与应变速率之间的关系

(a)$\ln\dot{\varepsilon} - \sigma$；(b)$\ln\dot{\varepsilon} - \ln\sigma$；(c)$\ln\dot{\varepsilon} - \ln[\sinh(\alpha\sigma)]$

硬化作用减轻或消除，流变应力降低；另一方面，随着变形温度的升高，原子的动能增大，减弱了原子间的结合力，降低了材料的临界剪切应力，使可动滑移系增多，降低了合金的变形抗力。因此，变形温度越高，流变应力越小。

将不同应变速率下 Ti－43Al－4Nb－1.4W 基合金的峰值应力与变形温度的数据分别代入式(7－6)中，可得到 $1/T-\ln[\sinh(\alpha\sigma)]$ 的关系图，如图 7－25 所示。

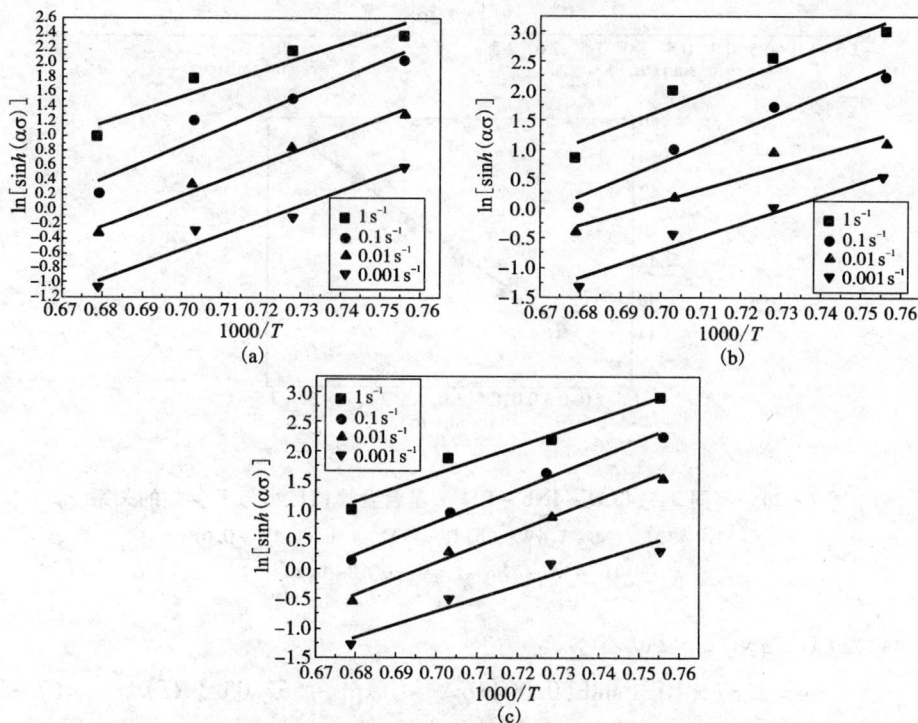

图7－25　不同 Ti－43Al－4Nb－1.4W 基合金峰值应力与变形温度之间的关系

(a)Ti－43Al－4Nb－1.4W；(b)Ti－43Al－4Nb－1.4W－0.6B；

(c)Ti－43Al－4Nb－1.4W－0.6B－0.2Y

采用 Zener-Hollomon 参数来表示变形温度和应变速率对变形的影响。

利用图7－24、图7－25 所得直线的斜率，可求得合金的高温变形激活能 Q 值和相应的 Z 值，再根据 $\ln Z-\ln[\sinh(\alpha\sigma)]$ 图7－23 中回归直线的斜率求出更为精确的 n 值。

将 n 值代入 $\alpha=\beta/n$ 中求出一个新的 α 值，在 Z 参数公式中第2次求解 Q 值。如此进行迭代计算，直到最后计算 n 值时平均标准偏差最小，由此求得的材料常数更为真实可靠。将计算所得各参数的数值代入式(7－6)中，可以得到不同 Ti－43Al－4Nb－1.4W 基合金高温压缩变形本构方程分别为：

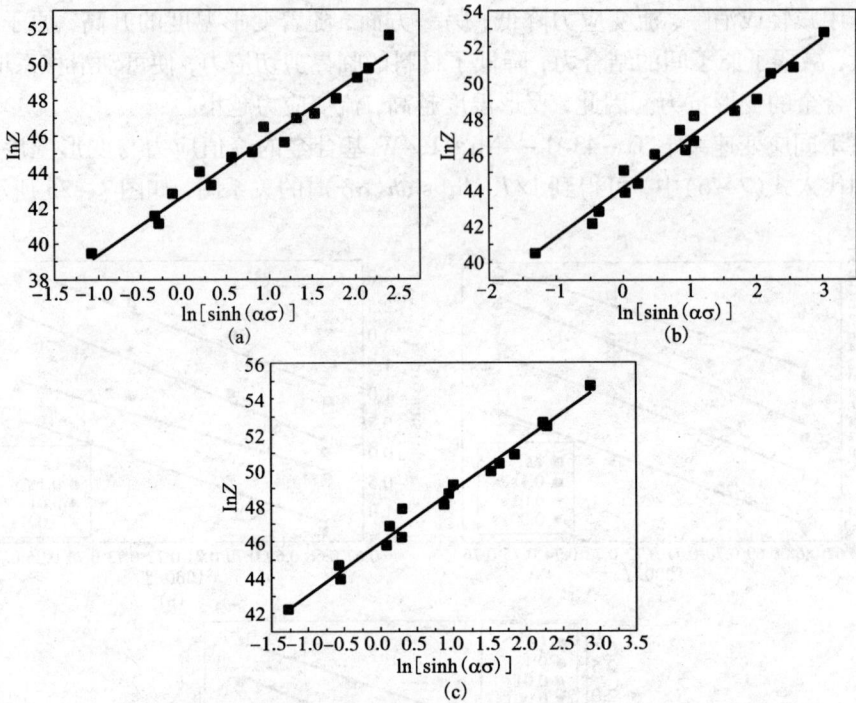

图 7 - 26　不同 Ti - 43Al - 4Nb - 1.4W 基合金峰值应力与 Z 参数的关系
(a)Ti - 43Al - 4Nb - 1.4W; (b)Ti - 43Al - 4Nb - 1.4W - 0.6B;
(c)Ti - 43Al - 4Nb - 1.4W - 0.6B - 0.2Y

Ti - 43Al - 4Nb - 1.4W 合金：

$$\dot{\varepsilon} = 3.37 \times 10^{18} [\sinh(0.0043\sigma)]^{3.27} \exp[-567.05/(RT)] \quad (7-7)$$

Ti - 43Al - 4Nb - 1.4W - 0.6B 合金：

$$\dot{\varepsilon} = 1.45 \times 10^{19} [\sinh(0.0049\sigma)]^{2.78} \exp[-580.11/(RT)] \quad (7-8)$$

Ti - 43Al - 4Nb - 1.4W - 0.6B - 0.2Y 合金：

$$\dot{\varepsilon} = 8.68 \times 10^{19} [\sinh(0.0057\sigma)]^{2.92} \exp[-601.71/(RT)] \quad (7-9)$$

由以上方程可以看出，三种合金的热激活能均较高，分别为：567.05 kJ/mol、580.11 kJ/mol、601.71 kJ/mol。加入 B 和 Y 元素后，合金的热激活能逐渐升高。

7.1.3　组织演化

图 7 - 27 为三种合金热模拟试验前的显微组织。由图 7 - 27(a)可以看出，Ti - 43Al - 4Nb - 1.4W 合金组织主要为大块的层片晶团，晶团尺寸约为 100 μm，此外还有少量 β 相在晶内分布。由图 7 - 27(b)可以看出，加入微量 B 元素后，合金晶团尺寸明显变小，在片层晶团界面处有少量等轴的 γ 相，并有少量的针状硼

化物相沿界面分布，β 相含量有所增加。由图 7-27(c)可以看出，加入 Y 后，除有少量线状硼化物外，在晶团内部及界面处还有少量的氧化钇析出物，晶团尺寸进一步减小，β 相含量进一步增加。

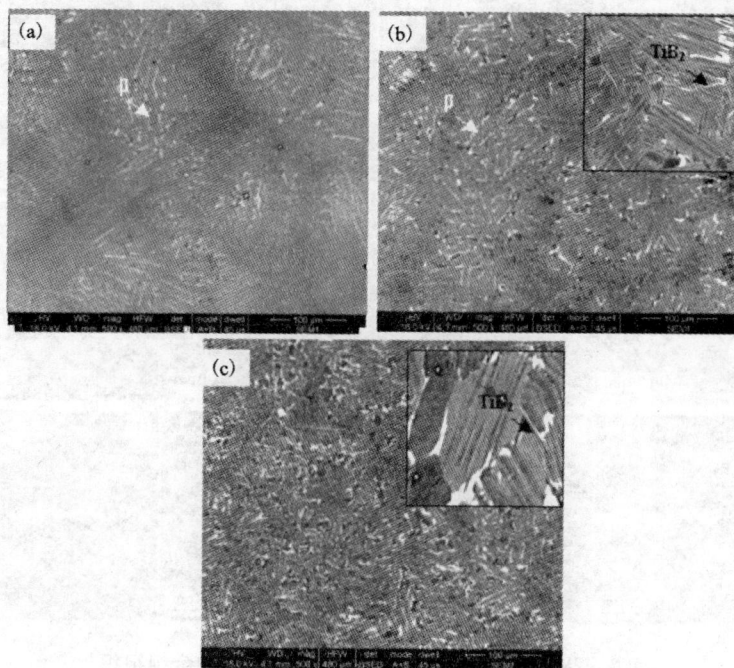

图 7-27　三种试验合金变形前显微组织
(a)Ti-43Al-4Nb-1.4W；(b)Ti-43Al-4Nb-1.4W-0.6B；
(c)Ti-43Al-4Nb-1.4W-0.6B-0.2Y

　　由上一节分析可知，变形温度和应变速率对合金的高温变形力学行为有重要影响，这主要可归结于变形条件对合金显微组织的影响。图 7-28 和图 7-29 分别给出了三种 Ti-43Al-4Nb-1.4W 基合金在不同变形条件下的金相和扫描电镜照片。可以看出三种 Ti-43Al-4Nb-1.2W 基合金在不同变形条件下发生了不同程度的动态再结晶以及 β 相的球化及长大。分析温度对变形组织的影响可以看出，在同一应变速率下($0.001\ \mathrm{s}^{-1}$或 $0.1\ \mathrm{s}^{-1}$)变形温度为 1200℃时合金的再结晶程度及晶粒尺寸明显大于变形温度为 1100℃时，即温度的升高有益于合金的动态再结晶。同时，随着温度的升高，β 相发生了较明显的球化和长大。进一步分析应变速率对高温变形组织的影响可以看出，在同一变形温度下(1100℃或1200℃)，应变速率为 $0.001\ \mathrm{s}^{-1}$时的再结晶程度要高于应变速率为 $0.1\ \mathrm{s}^{-1}$时，即低的应变速率更利于合金的动态再结晶。同时低应变速率下 β 相含量较大，球化更明显。由图 7 - 28 和图 7 - 29 还可以看出, 在 Ti - 43Al - 4Nb - 1.2W 基合金中加入 B 和 Y 后, 高温变形组织明显细化, 再结晶程度增大, β 相球化长大明显。

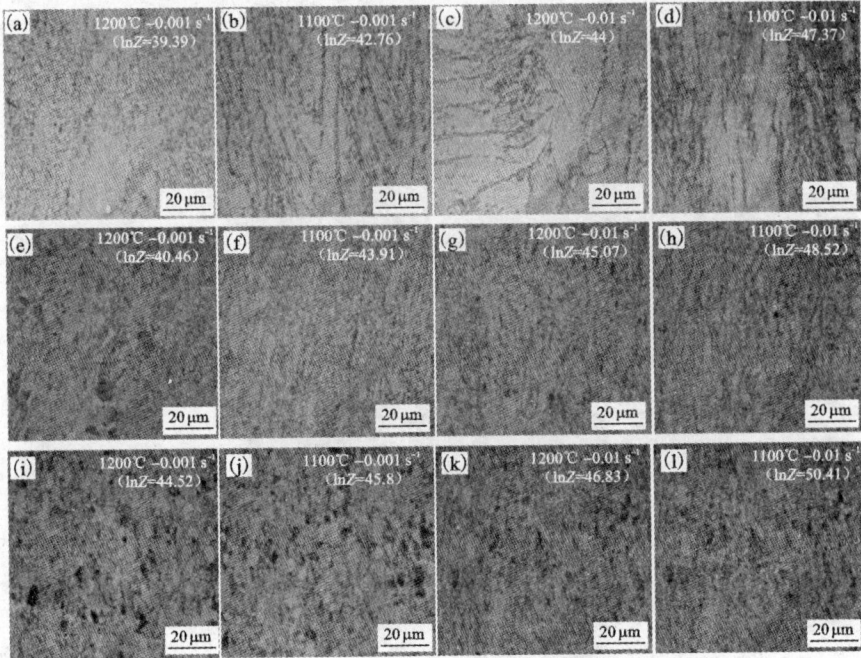

图 7 - 28 不同变形条件下三种试验合金的金相组织

(a) ~ (d)Ti - 43Al - 4Nb - 1.2W; (e) ~ (h) Ti - 43Al - 4Nb - 1.2W - 0.6B;
(i) ~ (l)Ti - 43Al - 4Nb - 1.2W - 0.6B - 0.2Y

热加工 Z 参数(Zener-Hollomon 参数)可以综合描述变形温度及应变速率对材料热变形行为的影响。Z 值的高低对材料高温变形的动态再结晶过程有着重要影响。当动态再结晶过程进入稳态阶段, 稳态动态再结晶平均晶粒尺寸(d_{DRX})与 Z 参数也存在一定的关系。

由图 7 - 28 和图 7 - 29 可以看出, 随着 Z 参数值的减小, 三种合金的动态再结晶程度均增加, 再结晶晶粒尺寸变大, 同时 β 相有较明显的破碎及球化, 球状 β 相尺寸明显增大。图 7 - 30 和图 7 - 31 给出了三种合金动态再结晶程度球状 β 相尺寸与 Z 参数的关系。Z 值的增加相当于加工硬化过程变快, 导致再结晶晶粒的位错密度增加很快, 从而减小了热加工过程中再结晶晶粒与基体中的位错密度差, 降低了再结晶晶界的迁移速度, 即降低了再结晶的速度, 最终导致动态再结晶晶粒的体积含量减少。

Beluakov 等[7]采用了一种幂指数关系来描述再结晶晶粒尺寸随变形温度和应

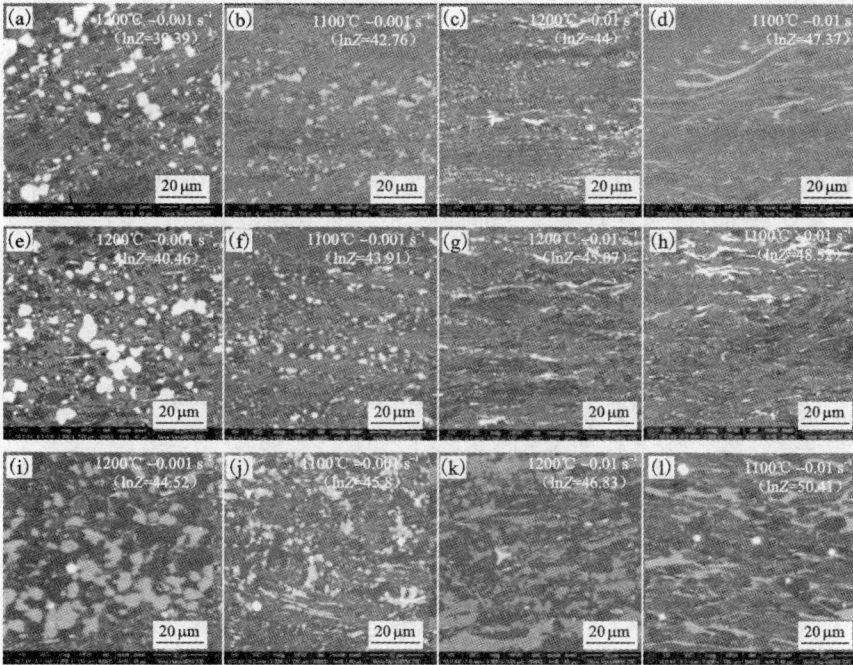

图 7 - 29　不同变形条件下三种试验合金的显微组织

（a）～（d）Ti - 43Al - 4Nb - 1.2W；（e）～（h）Ti - 43Al - 4Nb - 1.2W - 0.6B；
（i）～（l）Ti - 43Al - 4Nb - 1.2W - 0.6B - 0.2Y

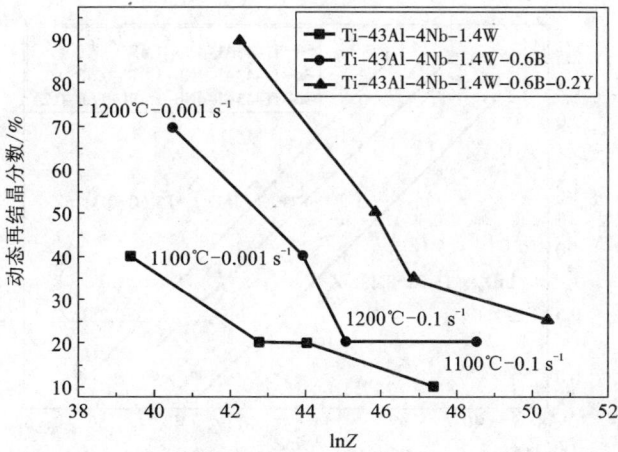

图 7 - 30　动态再结晶晶粒体积含量与 Z 参数的关系

变速率(即 Z 值)变化的变化规律:

$$d_{REX} = kZ^{-N} \tag{7-10}$$

式中:d_{REX} 为再结晶晶粒尺寸,K 和 N 为常数。此公式已被广泛应用于描述 TiAl 基合金高温变形动态再结晶尺寸与变形条件的关系。对上式两边取对数可得:$\ln d_{REX} = \ln k - N1 \ln Z$,代入相应的 Z 值和晶粒尺寸数值,即可得到 Ti – 43Al – 4Nb – 1.4W 基合金再结晶晶粒尺寸与 Z 参数之间的关系,如图 7 – 32 所示。由图可知,$\ln Z$ 与 $\ln d_{REX}$ 呈线性关系,即试验合金动再结晶晶粒尺寸与参数 Z 之间符合幂指数关系。

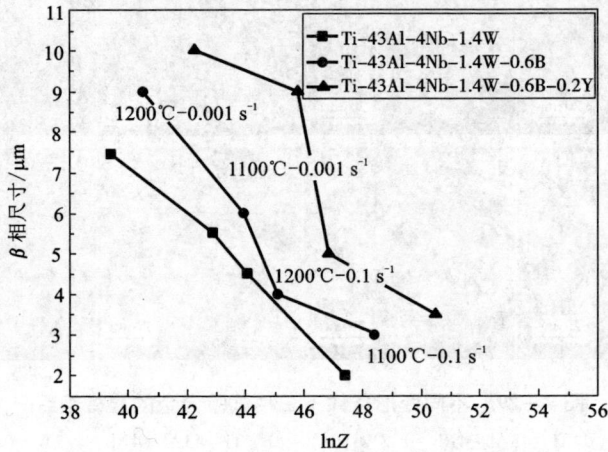

图 7 – 31　球状 β 相的尺寸与 Z 参数的关系

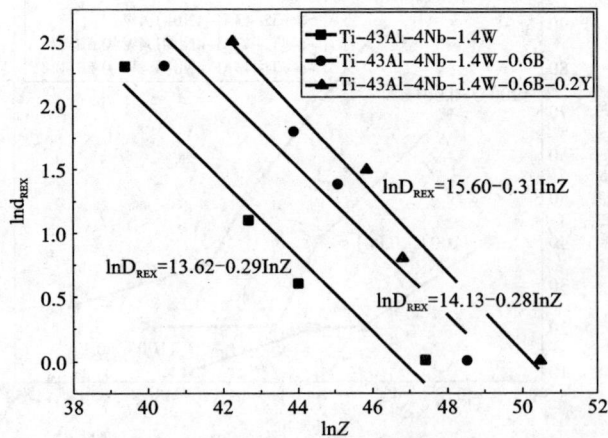

图 7 – 32　三种试验合金动态再结晶晶粒尺寸(d_{REX})与 Z 参数的关系

对不同 Z 参数下三种合金的高温变形组织进一步分析(图 7 – 33、图 7 – 34 和图 7 –35)可以看出，三种合金的高温变形机制在高 Z 参数条件下具有一定的相似性，主要是片层组织的弯曲、扭折及动态再结晶；而在低 Z 参数条件下，合金的变形机制主要是 β 相的球化、长大及动态再结晶。图 7 – 36 和图 7 – 37 所示为 Ti – 43Al – 4Nb – 1.4W – 0.6B 合金和 Ti – 43Al – 4Nb – 1.4W – 0.6B – 0.2Y 合金的 TEM 照片。由图可以看出，在加入 B 和 Y 后，B 和 Y 的析出相周围有大量的动态再结晶晶粒出现，因此合金中加入 B 和 Y 后，动态再结晶程度的加大与析出相诱发动态再结晶的发生密切相关。

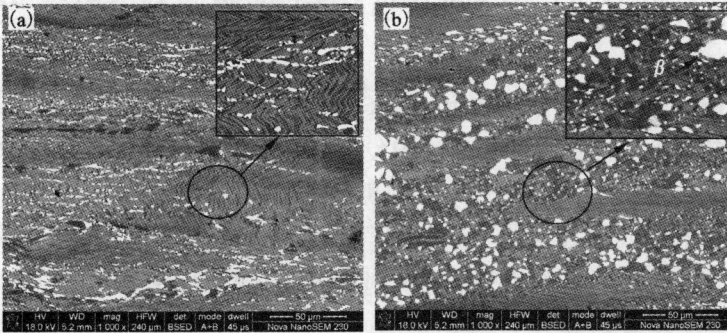

图 7 – 33　不同 Z 值下 Ti – 43Al – 4Nb – 1.4W 合金的显微组织

(a) $\ln Z = 44$；(b) $\ln Z = 39.39$

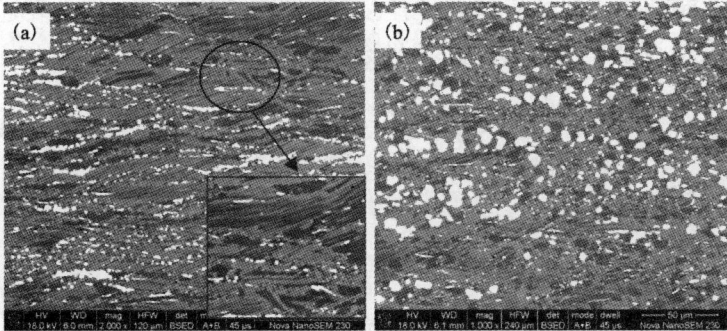

图 7 – 34　不同 Z 值下 Ti – 43Al – 4Nb – 1.4W – 0.6B 合金的显微组织

(a) $\ln Z = 48.52$；(b) $\ln Z = 40.46$

在相同变形条件下，加入微量元素 B 和 Y 后，合金所达到的峰值应力有所下降。这主要是由于，加入微量 B 和 Y 后，合金的 β 相含量增加。β 相由于具有开放的 BCC 结构，滑移系较多，且其高温强度比 α_2 相和 γ 相都要低，因而其高温变

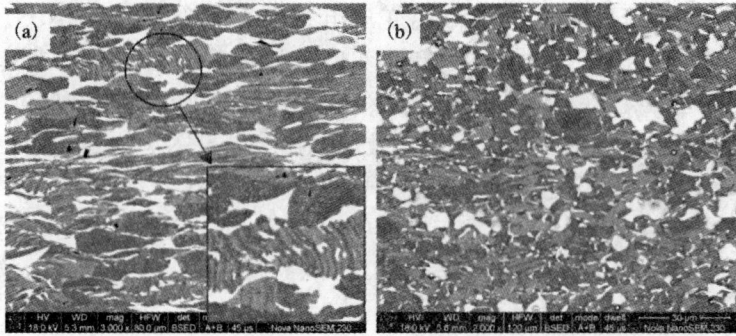

图 7 - 35　不同 Z 值下 Ti - 43Al - 4Nb - 1.4W - 0.6B - 0.2Y 合金的显微组织

(a)$\ln Z = 50.41$；(b)$\ln Z = 44.52$

形能力比 α_2 相和 γ 相都要好。在热变形过程中,晶界处会将产生高的局部应力集中,这些局部应力可以通过向邻近组织发射位错而得到释放。因为 β 相中位错的攀移和滑移要比片层晶团及等轴 γ 晶粒更容易,晶界处高的应力集中通过向 β 相中发射位错而释放也就比向片层晶团或者 γ 晶粒内容易,因此 β 相的存在将有利于减少三叉晶界处的局部应力集中,从而延缓裂纹的萌生过程,对 TiAl 基合金的热变形行为有利。关于 β 相(B2)来提高 TiAl 基合金高温塑性的报道很多。Masa-hashi[8] 等对 Ti - 47Al - 3Cr 合金的高温塑性行为的研究结果表明,晶界处的 B2 相在高温变形时,促进了晶界滑移,起到类似于晶界润滑剂的作用,从而提高了合金的高温变形能力。Vanderschueren[9] 等指出,B2 相的主要作用是增强了晶界的结合,因此而延缓了裂纹的萌生过程;Nieh 等[10] 认为,B2 相主要通过对晶界处的滑移应变的调节作用来增加其 TiAl 合金的高温塑性。

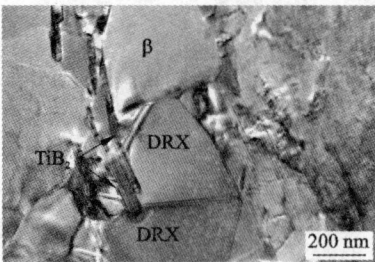

图 7 - 36　Ti - 43Al - 4Nb - 1.4W -
0.6B 合金的 TEM 照片

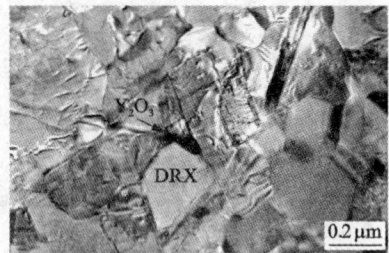

图 7 - 37　Ti - 43Al - 4Nb - 1.4W -
0.6B - 0.2Y 合金的 TEM 照片

但 β 相是一种高温不稳定相,在高温下会因为偏析元素的扩散而产生分解,而加入微量 B 和 Y 元素后,对 β 起到了很好的稳定作用,B 和 Y 会形成 TiB 和

Y_2O_3 析出相，阻碍了元素的扩散，使得高温下不稳定的 β 相得以保存，β 相含量有所增加，因此，对合金的高温塑性变形有一定的贡献，可以降低合金的变形抗力。变形抗力的降低同时也与析出相对动态再结晶的促进作用有关。

加入 B 和 Y 元素后，合金的热激活能升高。从元素扩散角度分析，热变形是一个动态析出与动态固溶同时进行的过程，溶质原子的分布状态会影响热变形激活能。本试验合金中，B 和 Y 主要以析出相形式存在，且在热变形过程中析出相的形态也将发生变化，这些因素都会影响到位错的运动，从而影响变形激活能量；此外 β 相大量球化也需要消耗较大能量。

动态再结晶是金属高温变形时的主要变形机制，可以破碎铸态组织，完成片状组织的球化，对改善材料的加工性和控制组织有重要作用。本书的研究结果证明了 TiAl 基合金的高温变形软化过程主要由动态再结晶引起。Ravichandran[11] 等认为动态再结晶随层错能的变化是位错的形核和晶界的迁移两个过程相互竞争的结果。按照他们的理论，低层错能的金属形核率低，因而动态再结晶是由形核率控制的；高层错能金属形核率高，动态再结晶主要受晶界的迁移率控制。而 TiAl 合金作为一种低层错能材料，其动态再结晶过程主要是受形核率控制的。在 Ti – 43Al – 4Nb – 1.4W 合金中加入微量的 B 和 Y 元素后，会形成 TiB_2 和 Y_2O_3 析出相，对动态再结晶的形核起到了促进作用。研究发现[12]，在两相 Cu 合金的热变形过程中，直径为几微米的 SiO_2 或 GeO_2 颗粒可以诱发动态再结晶的发生，其形核过程与单相铜中发生的仅与原始晶界有关的动态再结晶过程不同，称为颗粒诱发形核（PSN）。由于本研究中加入元素 Y 后可以形成不可变形的析出相 Y_2O_3 颗粒，高温变形过程中会在其周围基体产生附加的应变，从而形成适宜于形核的高密度亚结构，诱导动态再结晶的发生。但是颗粒诱发形核（PSN）产生的条件较为复杂，不但与合金的变形条件有关还有颗粒的尺寸有关，所以只有一部分析出相颗粒可诱发动态再结晶。

7.1.4　热加工图

加工图是功率耗散图和塑性失稳图的叠加，在加工图上可以直接显示加工安全区和塑性失稳开裂区域。根据合金的高温压缩试验数据，当变形温度一定时，流变应力与应变速率在对数坐标上满足线性关系，因此，可以采用动态材料模型方法绘制不同应变量下 Ti – 43Al – 4Nb – 1.4W、Ti – 43Al – 4Nb – 1.4W – 0.6B、Ti – 43Al – 4Nb – 1.4W – 0.6B – 0.2Y 合金的热加工图。

图 7 – 38、图 7 – 39 和图 7 – 40 分别为 Ti – 43Al – 4Nb – 1.4W、Ti – 43Al – 4Nb – 1.4W – 0.6B 和 Ti – 43Al – 4Nb – 1.4W – 0.6B – 0.2Y 合金在不同应变量下

的热加工图。其中阴影区为流动失稳区，等值线上的数字表示功率耗散系数。功率耗散率 η 是材料成形过程中显微组织演变单位时间所耗散的能量同线性耗散能量的比例关系，应变的大小对功率耗散率 η 有一定的影响，加工图的形状特征是随应变程度变化而变化的。应变量为 0.2 的热加工图对应靠近峰值应力时的状态，应变量为 0.4 的热加工图对应于流变应力达到峰值应力后的流变软化状态，应变量为 0.6 的热加工对应于流变应力接近稳态时的状态。由图可见，三种合金的耗散效率值分布有以下共同点：①耗散效率 η 变化范围都较大，基本在 10% ~ 70% 之间；②当应变量从 0.2 增加到 0.6 时，功率耗散因子 η 增大；③三种合金的高耗散效率 η 值区域均分布在应变速率为 0.001 ~ 0.005 s^{-1} 的变形条件($\eta = 40\%$ ~ 70%)；④三种合金在应变速率为 0.5 ~ 1 s^{-1} 的变形区域，功率耗散值都较低，且此范围均有失稳区。对比图 7 - 38、图 7 - 39、图 7 - 40 可以看出，加入 B 和 Y 元素后，合金热加工图有所变化：随着 B、Y 的加入，功率耗散因子 η 高于 40% 的区域有所扩大，失稳区域逐渐缩小；同时，加入 B 和 Y 后 Ti - 43Al - 4Nb - 1.4W 基合金在低温中应变速率下的失稳区域向高应变区域移动。

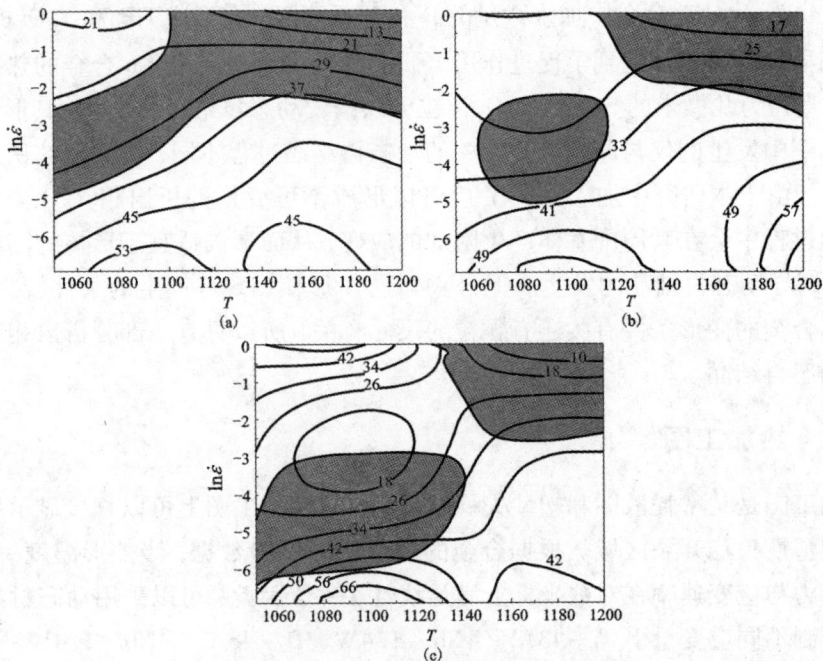

图 7 - 38   Ti - 43Al - 4Nb - 1.4W 合金加工图

(a)应变量0.2；(b)应变量0.4；(c)应变量0.6

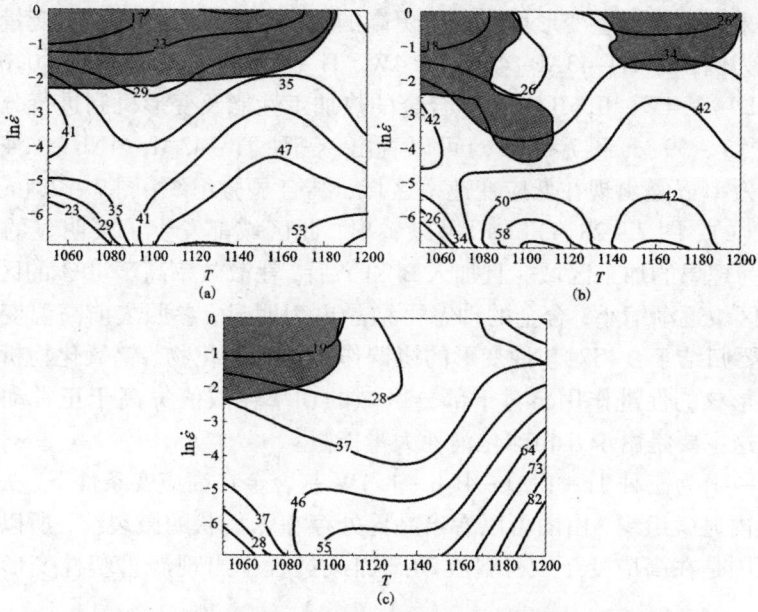

图 7 – 39　Ti – 43Al – 4Nb – 1.4W – 0.6B 合金加工图

（a）应变量 0.2；（b）应变量 0.4；（c）应变量 0.6

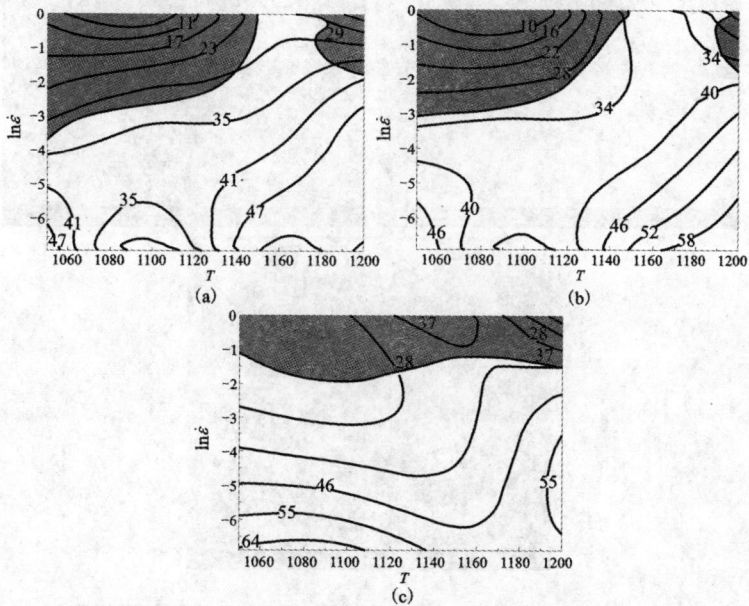

图 7 – 40　Ti – 43Al – 4Nb – 1.4W – 0.6B – 0.2Y 合金加工图

（a）应变量 0.2；（b）应变量 0.4；（c）应变量 0.6

鉴于采用大应变量变形可以获得更高的耗散效率，以下将以应变量为 0.6 的热加工图为例，对 Ti－43Al－4Nb－1.4W、Ti－43Al－4Nb－1.4W－0.6B 和 Ti－43Al－4Nb－ 1.4W－0.6B－0.2Y 合金的热加工性能及变形机制进行分析。由图 7－38(c)、7－39(c) 和 7－40(c) 可以看出，三种 Ti－43Al－4Nb－1.4W 基合金的高耗散效率 η 是出现在低应变速率区域，结合显微组织[图 7－28(a)(c)、图 7－28(e)(g)、图 7－28(i)(k)] 可以看出，此区域都发生了较明显的动态再结晶，是较为理想的加工区域。且加入 B 和 Y 后，耗散效率高于 40% 的区域有所扩大，失稳区域逐渐缩小，合金的动态再结晶更为明显，参照之前高温变形组织分析，这主要归结于 β 相对塑性变形的协调作用以及硼化物、钇氧化物析出相对动态再结晶形核的促进作用。对于部分区域的功率耗散值 η 高于正常动态再结晶的 η 值，这主要是由于 β 相球化消耗大量能量。

图 7－41 为三种 Ti－43Al－4Nb－1.4W 基合金在高应变条件下、失稳变形条件区内的内显微组织，由图可以看出晶界处存在锯齿状的微裂纹，所以合金失稳的主要原因是在高应变下，材料在动态加载过程中出现严重塑性变形局部化现

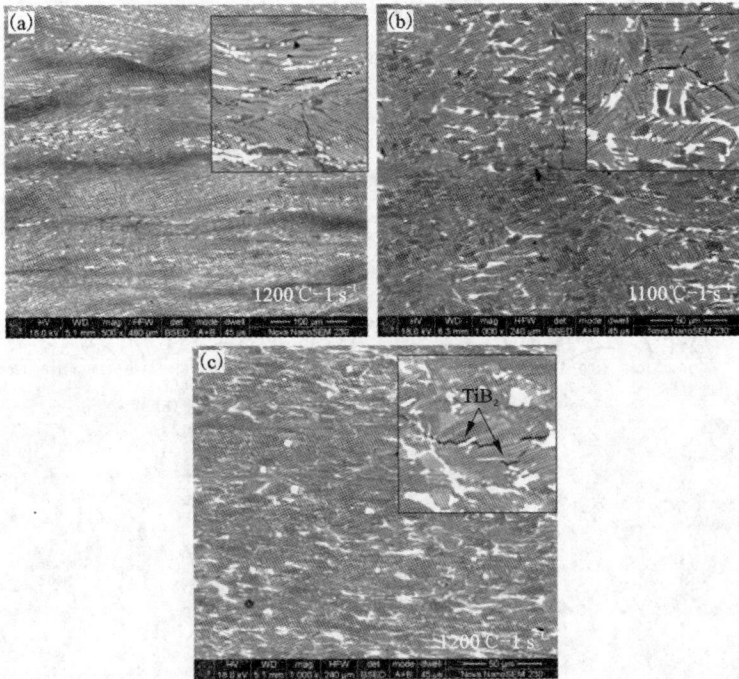

图 7－41　Ti－43Al－4Nb－1.4W 基在失稳区变形的显微组织

(a)Ti－43Al－4Nb－1.4W；(b)Ti－43Al－4Nb－1.4W－0.6B；
(c)Ti－43Al－4Nb－1.4W－0.6B－0.2Y

象，导致塑性变形产生的热量不能迅速向周围传递，造成局部流变应力下降，合金的加工应尽量避开此区域。同时，由图 7-41(c) 可以看出，硼化物析出相的存在也可以成为裂纹源，导致合金的失稳。

7.2　Ti-45Al-7Nb-0.4W 合金变形行为

7.2.1　元素粉末方法制备 TiAl 合金的变形行为

1.致密化行为

所采用的合金的名义成分为 Ti-45Al-7Nb-0.4W(x/%)，原料粉末的各项指标如表 7-3 所示，其中 Ti 粉采用氢化脱氢方法制备，其杂质含量包括氧 2800×10^{-6}，0.04%Fe，0.03%Si，0.02%N，0.03%H(质量数分数/%)等。Al 粉采用高纯铝(Al 为 99.99%)为原料经气雾化方法制得，Ti 粉和 Al 粉末的形貌如图7-42所示。

表 7-3　合金各原料粉末的各项指标

	Ti	Al	Nd	W
平均粒度/μm	26	15	≤45	≤10
纯度	99.7%	99.99%	99%	99%
氧含量/×10⁻⁶	2800	2000	—	—

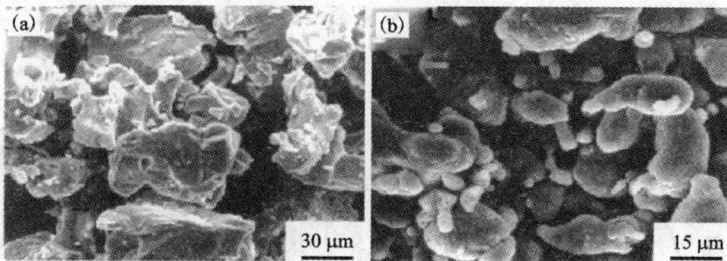

图 7-42　原料钛粉和铝粉的形貌(SEM，二次电子模式)

(a)Ti；(b)Al

采用元素粉末冶金方法制备 Ti-45Al-7Nb-0.4W 合金的基本工艺路线如图 7-43 所示。将各元素粉末按名义成分配比称重后放入 V 形混料机内混合均匀。将混合后的粉末装入冷压模内压成尺寸为 φ120 mm×50 mm 的冷压坯，压制压力约为 200 MPa。将粉末冷压坯放入特制的烧结模具内，随后与烧结模一起放入真空烧结炉内进行控制预烧结[图 7-43(a)]，预烧结工艺见图 7-44。将经过预烧结后的烧结坯从烧结模内取出，此时 TiAl 基合金烧结坯已经完全固结，且伴有少量膨胀，但由于有烧结模的约束作用，膨胀程度对比无约束烧结来说要低得多。将经过预烧结后的烧结坯料重新放入真空烧结炉内进行高温烧结。高温烧结温度分别选取 1300℃、1350℃和 1400℃。元素粉末冶金 TiAl 基合金内添加纯单质 Nb 粉时，由于元素 Nb 的扩散速率低，导致短时间内 Nb 无法扩散均匀而在烧结组织内残留少量 Nb 元素核心，造成成分不均匀。故为了保证 Nb 元素的扩散均匀，本书高温烧结时间均选择为 2 h。高温烧结后最后进行工艺为 1200℃/4 h/140 MPa 的热等静压处理。最终制备了尺寸为 φ115 mm×40 mm 的粉末冶金 TiAl 基合金坯料，外观如图 7-45 所示。

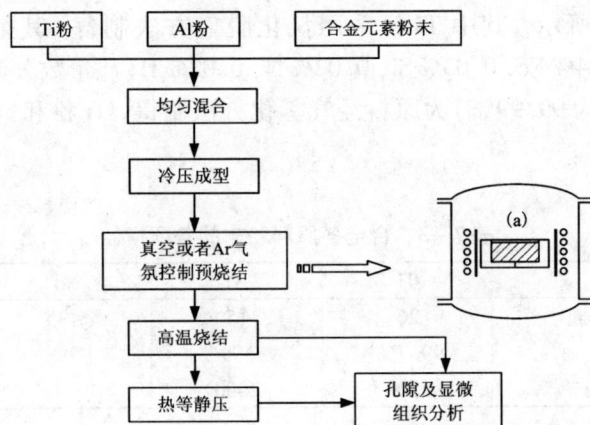

图 7-43　元素粉末冶金 TiAl 基合金的烧结致密化工艺流程图

其中(a)为控制烧结示意图

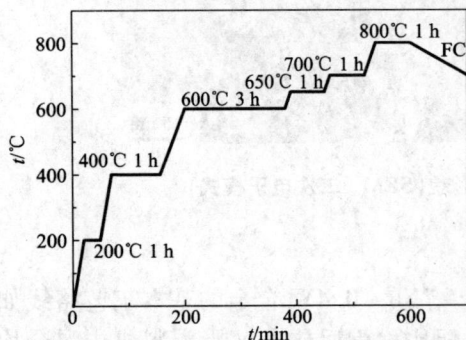

图 7-44　控制预烧结过程的烧结工艺

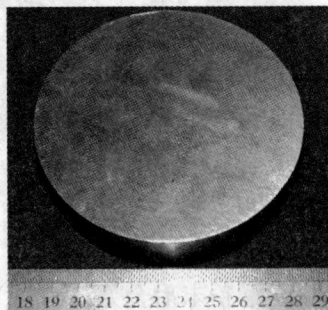

图 7-45　元素粉末冶金 Ti-45Al-7Nb-0.4W 合金样品的宏观形貌

图 7 - 46 为分别经过 1300℃、1350℃和 1400℃高温烧结并经热等静压(HIP)处理后烧结坯中心位置的微观组织照片。从图中可以看出,经过 1300℃烧结后的组织不够均匀,且有很多明显孔洞存在。烧结温度升高至 1350℃和 1400℃后,微观组织基本为全层片组织,且晶粒随温度升高发生明显粗化。

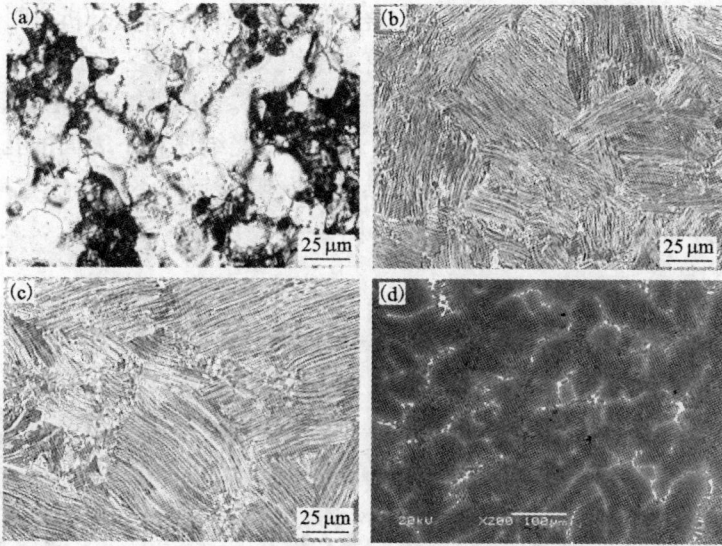

图 7 - 46 经不同烧结温度下的烧结组织

(a)1300℃;(b)、(d)1350℃;(c)1400℃

其中(a)、(b)、(c)为金相组织,(d)为 SEM 背散射模式照片

从与上述样品的相同位置取样分别检测密度,结果表明,随着烧结温度的升高,样品的密度也逐渐提高:1300℃度烧结密度并经过 HIP 处理后的样品相对密度约为 95%,而烧结温度为 1350℃和 1400℃时,烧结并经过 HIP 处理后的样品密度都达到了 98% (4.12 g/cm^3)以上,远远超过了无压烧结的 TiAl 基合金。此外,从图 7 - 46(b)和图 7 - 46(c)还可以看出,部分层片晶团发生了明显的弯曲,类似于热变形初期的组织,这可能与控制

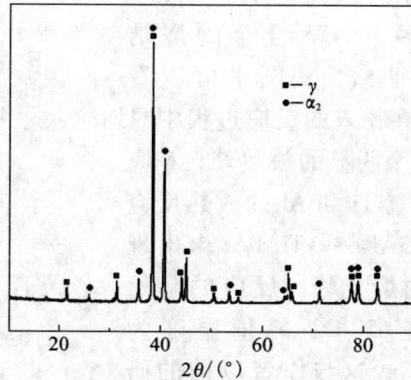

图 7 - 47 元素粉末冶金 Ti - 45Al - 7Nb - 0.4W 烧结组织的 X 射线衍射图

烧结过程中的预压力有关。图 7 - 46(d)所示为 1350℃烧结后的 SEM 组织,从图中可以看出,样品的微观组织为近层片组织,且在层片晶团的界面处有少量的等轴 γ 晶粒和不规则块状白色相。经 EDS 分析表明其中固溶有较多的重金属元素 W 和 Nb,在 X 射线衍射图(图 7 - 47)上没有观察到 B2 相,这可能和 B2 的含量太少有关。同时曲线上也没找到元素 Nb 的峰,说明经过 1350℃烧结后,合金中的 Nb 元素已经基本扩散完全。对 1350℃高温烧结后的样品的氧含量分析表明,此时的氧含量约为 3000×10^{-6}。如此高的氧含量将对组织及性能造成一定的影响。

烧结坯不同部位的 SEM 组织如图 7 - 48 所示。从图中可以看出,样品上表面密度较高,接近全致密[图 7 - 48(a)],而处于烧结坯料下表面的孔隙度最高,有明显的孔隙存在[图 7 - 48(b)]。烧结坯中孔隙分布的不均匀性与单向压制时压坯的密度分布有关。

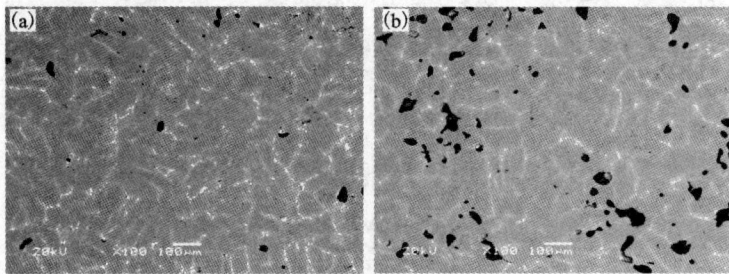

图 7 - 48　烧结坯经热等静压处理后不同部位的孔隙情况
(a)上表面靠近边缘部位;(b)下表面

图 7 - 49 为 Ti - 45Al - 7Nb - 0.4W 合金的烧结 DSC 曲线,从图中可以看出,在粉末的反应过程中只有一个明显的放热峰,对应着元素 Ti 和 Al 的放热反应 Ti + 3Al ⟶ TiAl$_3$。未出现 Al 的熔化峰。反应的起始点在 650℃,峰值温度为 674℃。这与作者以前的研

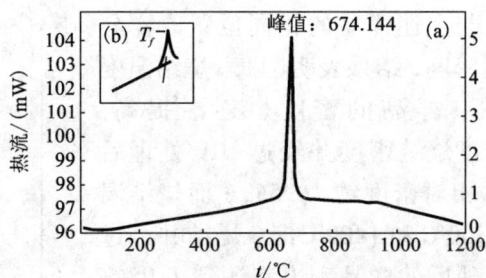

图 7 - 49　Ti - 45Al - 7Nb - 0.4W 粉末压坯的 DSC 曲线
(a)DSC 曲线;(b)反应起始 T_{ig} 及终了温度 T_f 的标定方法

究结果一致[13],可能是由于元素粉末粒度比较细(Ti 粉和 Al 粉均为 - 325 目),加热过程中 Ti、Al 粉末之间放热反应比较剧烈,所放出热量超过了 Al 熔化需要吸收的热量,或者是反应在 Al 未来得及完全熔化以前就已将 Al 消耗完了,导致

了在 DSC 曲线上仅出现一个放热峰。

　　在采用元素粉末冶金方法制备 TiAl 基合金时，原料中添加了较高比重的 Nb 元素，因此可以假定元素 Nb 粉对 Ti、Al 的合成反应有影响，但这要从 Nb 与 Ti 或者 Al 之间的反应开始分析。到目前为止，Ti－Al－Nb 三元体系的热力学计算与分析已经进行了广泛的研究，但大部分研究都是建立在已经确认的二元体系的基础上的。Kattner 等[14]认为二元系金属间化合物（如 TiAl、NbAl）的生成自由能

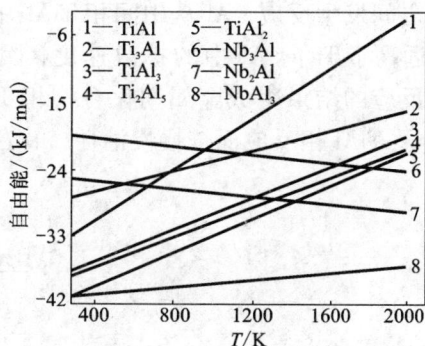

图 7－50　Ti－Al－Nb
三元系合金中不同相的生成自由能

与温度呈线性关系，即：$\Delta G_r = A + BT$。并列出了三元体系中各相的生成自由能随温度变化的曲线，见图 7－50。由图可见 NbAl$_3$ 的生成自由能最低，应该是最先生成的相。然而，微观组织观察与 X 射线分析中并未发现 NbAl$_3$ 存在。究其原因可能是三元体系的热动力学分析结果与实际试验结果不完全吻合，因为三元系的热动力学分析是以二元体系为基础的，但在三元系合金中，每个二元系都会受到第三种合金元素的影响，即一个三元体系不能简单的理解成由三个二元系组合而成。众所周知，高温下 Ti－Al－Nb 三元体系中，Ti 是扩散能力最强的元素，Al 次之，而 Nb 的活性最差。但在低温时，Al 的扩散能力比 Ti 要强，Ti 粉能在 Al 的熔点以下温度即与 Al 粉发生扩散反应，随着温度升高达到 Al 的熔融温度时，液态 Al 与固态 Ti 发生剧烈反应生成 TiAl$_3$，反应速度很快，通常在几分钟内即可完成。尽管 Nb$_2$Al 和 Nb$_3$Al 的生成自由能比 TiAl 及 Ti$_3$Al 低，但由于 Nb 与 Al 起反应的速度远远低于 Ti 与 Al 的反应速度，导致其来不及反应生成，Al 元素就已经消耗殆尽。因此，Ti－Al－Nb 三元系合金的生成过程中，Ti 与 Al 之间的反应占主导地位，很大程度上抑制了 Nb 与 Al 之间的反应，导致最终只有 Ti 与 Al 的化合物生成，而 Nb 元素则只能以扩散的形式进入 TiAl 化合物中。粉末 Ti－45Al－7Nb－0.4W 合金中还加入了少量的 W 元素，但由于其含量很低，且基本不和其余三种元素发生反应，也只是以扩散的机制进入基体合金中。由此可见，合金元素粉末 Nb、W 的存在对反应仅可能起一个类似自蔓延反应中通过添加抑制剂控制反应速度的缓冲作用，延缓反应的进行，但这还要经过进一步的分析。忽略元素 Nb、W 对烧结过程的影响，本文元素粉末 TiAl 基合金的烧结过程可以简化为 Ti 粉和 Al 粉之间的扩散烧结过程，烧结过程示意图如图 7－51 所示。在烧结初期，由于 Ti 粉和 Al 粉之间的固－固及固－液反应，TiAl$_3$ 相得以形成，TiAl$_3$ 的形成反应在主放热反应开始之前就已经开始，当反应完全后，Al 粉消耗殆尽，只剩

下 Ti 和 TiAl$_3$。随着温度的进一步升高达到起主放热反应的起始温度 T_{ig}，Ti 和 TiAl$_3$ 之间发生反应，Al 从中间相 TiAl$_3$ 中向 Ti 中扩散，由于 Al 向 Ti 中扩散的速度远远高于 Ti 向 Al 中的扩散速度，因此导致了 Kirkendall 孔洞的产生。Ti 和 TiAl$_3$ 反应的结果生成金属间化合物相 Ti$_3$Al、TiAl 和 TiAl$_2$，随后 TiAl$_2$ 相也会与 Ti$_3$Al 及 TiAl 相反应而被慢慢消耗，最终只剩下 Ti$_3$Al、TiAl 相。

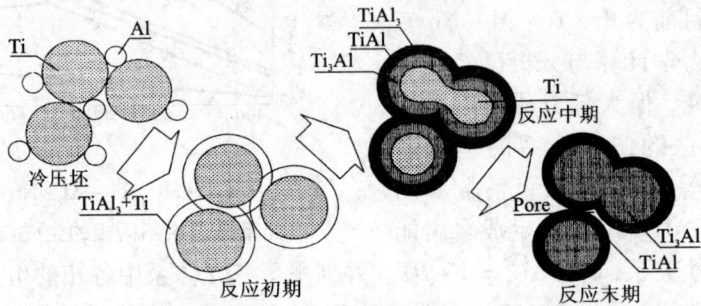

图 7 - 51 元素 Ti 粉和 Al 粉烧结过程及孔洞的形成过程示意图

7.2.2 变形行为

图 7 - 52 为采用控制烧结方法制备的元素粉末冶金 Ti - 45Al - 7Nb - 0.4W 合金的热加工窗口图，图中"S"代表不开裂，"C"代表开裂。从图中可以看出，采用此种工艺制备的 TiAl 基合金只有在较高温度（≥1100℃），且较低应变速率（≤1×10^{-2}s^{-1}）的条件下才能保证不开裂。元素粉末冶金方法制备的 TiAl 基合金的可加工范围相对要窄，且对应变速率很敏感。

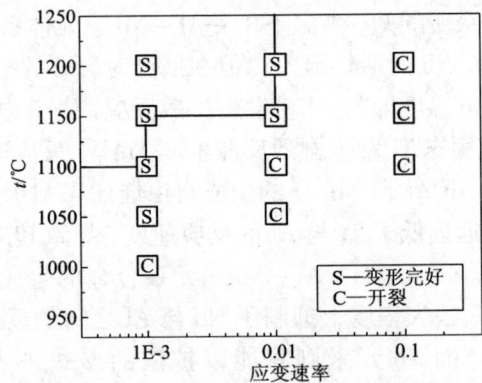

图 7 - 52 元素粉末冶金 Ti - 45Al - 7Nb - 0.4W 合金的热加工窗口图

可能有以下几方面原因：样品中有少量残留孔隙，易在外摩擦引起的不均匀周向拉应力作用下开裂；晶粒较大且很不均匀，大部分为层片组织，晶粒之间的协调性不好；样品中氧含量较高，氧的固溶增加合金的强度，但同时也提高了合金的脆性。

元素粉末冶金 Ti - 45Al - 7Nb - 0.4W 合金高温压缩变形时的真应力 - 真应变曲线如图 7 - 53 所示。从图中可以发现：该合金的流变曲线也表现出明显的软化特征，即在压缩变形初期，材料的流变应力随应变量的增加而迅速增加，达到峰值应力后开始下降，最后达到稳态流变阶段，流变应力保持相对稳定。由于有残余孔隙的存在，该合金在高温变形时除了产生塑性变形加工硬化外还将产生几何硬化。

该合金在不同温度及应变速率条件下的流变应力水平与铸造 Ti – 45Al – 7Nb – 0.4W – 0.15B 合金的流变应力水平相当。此外，该合金的流变应力也随温度的升高和应变速率的降低而降低，同样说明了流变应力对变形温度和应变速率非常敏感。

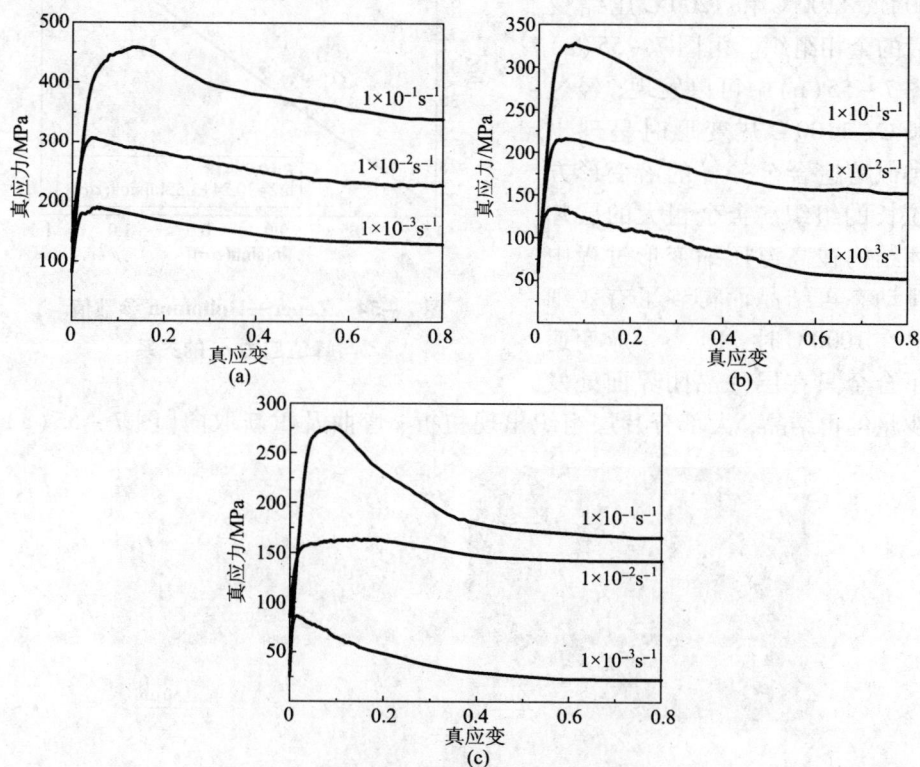

图 7 – 53   恒定温度下以不同应变速率高温压缩变形的真应力 – 真应变曲线
(a)1100℃；(b)1150℃；(c)1200℃

粉末冶金 Ti – 45Al – 7Nb – 0.4W 合金在高温变形时，应变速率项 $\ln\dot{\varepsilon}$ 和流变应力项 $\ln[\sinh(\alpha\sigma)]$ 之间以及流变应力项 $\ln[\sinh(\alpha\sigma)]$ 和温度项 $1/T$ 之间均满足线性关系。采用回归分析法绘制相应的 $\ln Z$—$\ln[\sinh(\alpha\sigma)]$ 曲线，结果如图 7 – 54 所示。如 7.13 节所述通过反复迭代计算，得到最终的变形激活能 $Q = 420 \text{ kJ.mol}^{-1}$，$n = 3.52$ 常数，并确定 $A = 1.36 \times 10^{13} \text{s}^{-1}$。其塑性流动本构方

程为：

$$\dot{\varepsilon} = 1.36 \times 10^{13} \cdot \left[\sinh(0.0044\sigma) \right]^{3.52} \cdot \exp\left(\frac{-420000}{RT} \right) \qquad (7-11)$$

材料高温变形时的稳态流变应力表达式为：

$$\sigma = \frac{1}{4.4 \times 10^{-3}} \ln \left\{ \left[\frac{Z}{1.36 \times 10^{13}} \right]^{\frac{1}{3.52}} + \left[\left(\frac{Z}{1.36 \times 10^{13}} \right)^{\frac{2}{3.52}} + 1 \right]^{\frac{1}{2}} \right\} \qquad (7-12)$$

图7-55为样品在相同的应变速率条件下（10^{-3} s^{-1}），分别在1000℃、1100℃和1200℃压缩变形后的金相组织。由图7-55(a)和图7-55(b)中可以发现，经过1000℃、1100℃热变形时呈现出了类似铸造合金一样的沿变形方向拉长的组织。合金粗大的层片晶团结构在高温压缩变形过程中发生动态再结晶而得到了有效细化。在1000℃时、10^{-3} s^{-1}应变速率下合金只在层片晶团界面处发

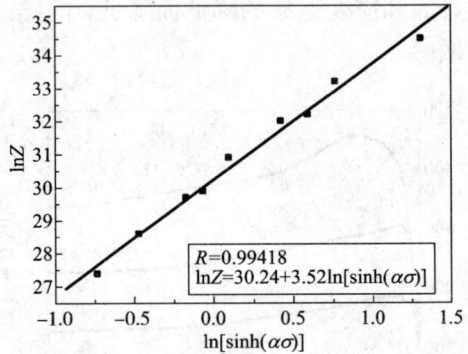

图7-54 Zener—Hollomon 参数值 Z 与峰值应力 σ_p 的关系

生少量的再结晶，大部分片层组织出现扭折、弯曲及重新取向[图7-55(a)]。

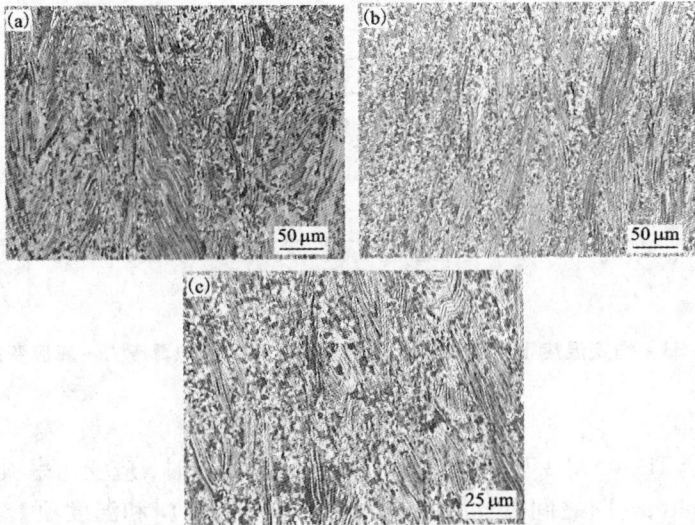

图7-55 在不同温度下热压缩变形后的微观组织（应变速率为 1×10^{-3} s^{-1}）

(a)1000℃；(b)1100℃；(c)1200℃

温度升高至1100℃时，片层组织剧烈变形，大部分片层组织已被破碎[图7-55(b)]，再结晶晶粒数量明显增加。经1200℃，应变速率为$10^{-3}s^{-1}$下变形后，组织中仅有少量的取向平行于加工流线方向的的硬取向层片晶团存在，合金微观组织得到了明显细化，如图7-55(c)。

图7-56为粉末冶金Ti-47Al-7Nb-0.4W合金采用相同的温度(1200℃)，不同的应变速率下高温压缩变形后的金相组织。当应变速率为$1\times10^{-1}s^{-1}$时，再结晶晶粒数量较少，主要是层片的弯曲和扭折，见图7-56(a)。当应变速率降低到$1\times10^{-2}s^{-1}$时，粗大的层片组织依然存在，但晶界处的动态再结晶晶粒数量已经明显增多，见图7-56(b)。随着应变速率的进一步降低至$1\times10^{-3}s^{-1}$，此时的组织内动态再结晶晶粒的数量占到所有晶粒数的一半以上，组织细小效果明显，见图7-55(c)。

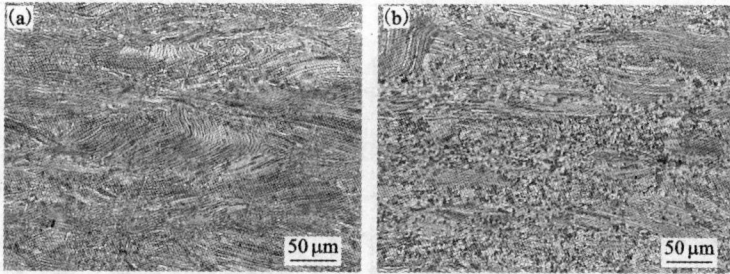

图7-56 样品在1200℃经不同应变速率热压缩变形后的微观组织

(a)$1\times10^{-1}s^{-1}$; (b)$1\times10^{-2}s^{-1}$

7.2.3 铸态 Ti-45Al-7Nb-0.4W-0.15B 合金的变形行为

本节主要研究铸态合金的变形行为，通过与同成分粉末冶金材料的对比，获得制备工艺对材料变形行为的作用规律。

所用TiAl基合金的名义成分为Ti-45Al-7Nb-0.4W-0.15B($x/\%$)。实验合金的原材料为：零级海绵Ti(纯度为≥99.95%，质量数分数)；高纯Al(纯度≥99.995%，质量数分数)；半导体级高纯度B粉；高纯度的W粉(纯度为≥99.95%，质量数分数)以及纯度大于99.95%的Nb-Al中间合金。铸锭采用磁悬浮熔炼方法制备，待合金熔化后，对合金溶液进行磁悬浮搅拌，并适当延长高温搅拌时间，以增加溶液均匀化过程，最后将合金溶液浇铸得到15 kg铸锭。

表7-4为铸锭的名义成分及各部位实际成分。由表可知，铸锭不同部位的成分偏析很小，说明采用该工艺制备的TiAl基合金铸锭具有较好的成分均匀性。图7-57为从铸锭心部取样进行组织分析的结果，从图中可以看出合金的微观组

织为近层片组织，平均晶粒尺寸约为 70 μm。从背散射模式的 SEM 照片中可知，在晶界处，尤其在三角晶界处分布着粗大的亮度较高的块状初生相，该相为高温残存的 B2 相，合金的 XRD 分析结果（图 7-58）也证实了 BCC 结构 B2 相的存在。此外，在晶团内部及晶界处还随机分布有少量的点状或者棒状硼化物相，这些硼化物相在合金中起到了细化晶粒的作用。

表 7-4   Ti-45Al-7Nb-0.4W-0.15B 合金的化学成分

	$x(Al)$ /%	$x(Nb)$ /%	$x(W)$ /%	$x(B)$ /%	$w(O)$ /%	$w(N)$ /%	$w(H)$ /%
名义成分	45	7	0.4	0.15	—	—	—
上部	44.35	7.12	0.4	—	0.078	0.0064	0.0016
下部	44.30	7.15	0.41	0.19	0.076	0.008	0.002

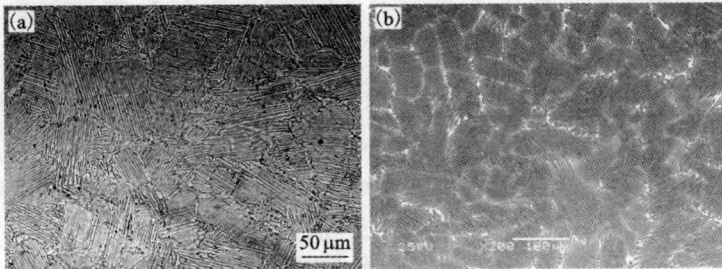

图 7-57   采用磁悬浮熔炼技术制备的
Ti-45Al-7Nb-0.4W-0.15B 合金铸锭的微观组织
(a)光学显微组织；(b)SEM 组织(背散射模式)

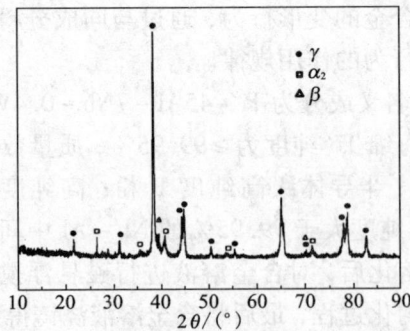

图 7-58   Ti-45Al-7Nb-0.4W-0.15B 合金铸锭的 X 射线衍射图

从 Ti – 45Al – 7Nb – 0.4W – 0.15B 合金铸锭的中心部位取样进行热模拟试验，研究不同变形温度和应变速率对该合金变形行为的影响。图 7 – 59 为 Ti – 45Al – 7Nb – 0.4W – 0.15B 合金的热加工窗口图，图中"S"代表不开裂，"C"代表开裂。从图中可以看出，Ti – 45Al – 7Nb – 0.4W – 0.15B 合金可以在较宽的温度（$\geqslant 1000\,℃$）和应变速率（$\leqslant 1 \times 10^{-1} s^{-1}$）范围内进行热加工而不开裂。图 7 – 60 为在 $1200\,℃$，应变速率为 $1 \times 10^{-3} s^{-1}$ 时，样品在未变形及分别经过 30% 和 75% 变形后的宏观形貌。可以看出，在不同变形量变形时，样品都表现出很好的变形性能，外表平滑，其中变形量较少时出现的明显腰鼓现象可能与压缩变形过程中的摩擦状态有关。由此可知，在此变形条件下，Ti – 45Al – 7Nb – 0.4W – 0.15B 合金具有良好的热加工性能。

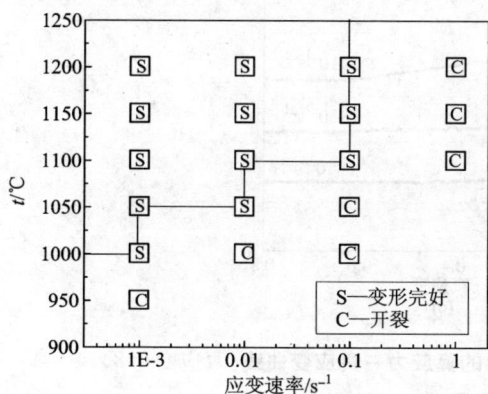

图 7 – 59　Ti – 45Al – 7Nb –
0.4W – 0.15B 合金的热加工窗口图

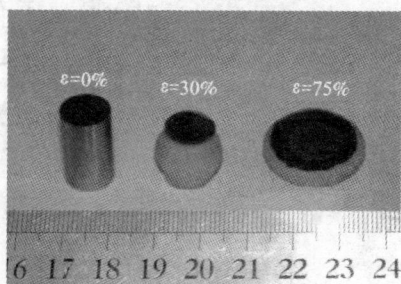

图 7 – 60　不同变形量情况下样品的宏观形貌
（$1200\,℃$，$1 \times 10^{-3} s^{-1}$）

铸造 Ti – 45Al – 7Nb – 0.4W – 0.15B 合金高温压缩变形时的真应力 – 真应变曲线如图 7 – 61 示，其基本趋势与图 7 – 53 一致。

用回归分析法绘制相应的 $\ln Z – \ln[\sinh(\alpha\sigma)]$ 曲线，结果如图 7 – 62 所示，并得到变形激活能 $Q = 384$ kJ·mol^{-1}，确定 n 值，常数 A 的值分别为 $n = 2.97$，$A = 5.86 \times 10^{12} s^{-1}$。从而获得了铸态 Ti – 45Al – 7Nb 的塑性流动本构方程为：

$$\dot{\varepsilon} = 5.86 \times 10^{12} \cdot [\sinh(0.0057\sigma)]^{2.97} \cdot \exp\left(\frac{-384000}{RT}\right) \tag{7-13}$$

材料高温变形时的稳态流变应力表达式：

$$\sigma = \frac{1}{5.7 \times 10^{-3}} \ln\left\{\left[\frac{Z}{5.86 \times 10^{12}}\right]^{\frac{1}{2.97}} + \left[\left(\frac{Z}{5.86 \times 10^{12}}\right)^{2.97} + 1\right]^{\frac{1}{2}}\right\} \tag{7-14}$$

这里测得的高温形变激活能值与公开报道的 Nb 合金化的的 TiAl 基合金的高

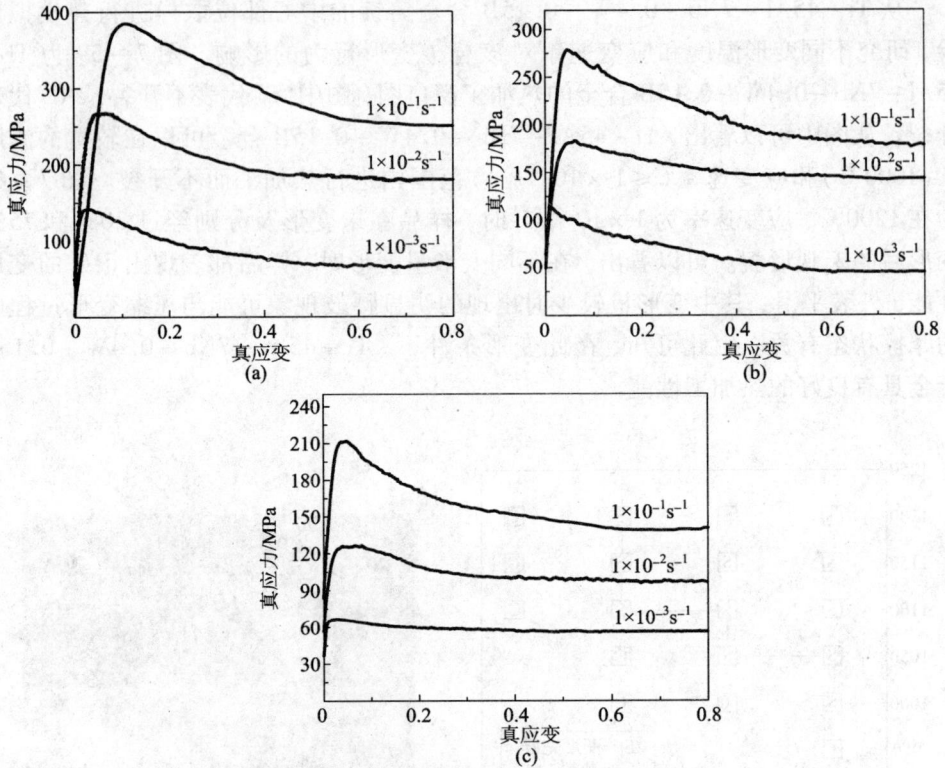

图 7 - 61　铸态 TiAl 合金高温压缩变形的真应力 - 真应变曲线（真应变 0.8）
(a)1100℃；(b)1150℃；(c)1200℃

温形变激活能值相当，如 Li 等[17]计算了 Ti - 45Al - 8Nb - 0.2B - 0.2W 在 1000 ~ 1250℃，1 × 10⁻³ ~ 1 × 10⁻¹ s⁻¹ 条件下的激活能为 367 kJ/mol；李宝辉等[18]报道了 Ti - 45Al - 5Nb - 0.3Y 合金在 1100 ~ 1200℃，1 × 10⁻³ ~ 1 × 10⁻¹ s⁻¹ 条件下的激活能为 399.5 kJ/mol；刘自成等[19]计算了 Ti - 46Al - 8.5Nb - 0.2B 合金在 900 ~ 1100℃，2 × 10⁻⁵ ~ 1 × 10⁻² s⁻¹ 条件下的激活能为 353 kJ/mol。

图 7 - 63 为在相同的应变速

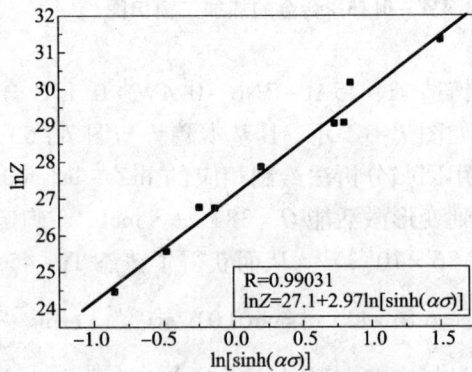

图 7 - 62　Zener - Hollomon 参数值 Z 与峰值应力 σ_p 的关系

率条件下($10^{-3}\mathrm{s}^{-1}$)，样品在 1000℃、1100℃ 和 1200℃ 压缩应变 $\varepsilon = 0.8$ 时的金相组织和 SEM 背散模式照片。由图 7 – 63(b) 和图 7 – 63(d) 中可以发现，经过 1000℃、1100℃ 热变形时呈现出了类似加工流线的流线型组织。铸态粗大的层片团结构在高温压缩变形过程中发生动态再结晶而得到有效细化。再结晶晶粒数量随温度的升高而迅速增加。在 1000℃ 变形后，合金只在层片晶团界面处发生少量的再结晶，大部分片层组织出现扭折、弯曲及重新取向［图 7 – 63(a) 和图 7 – 63(b)］。温度升高至 1100℃ 时，片层组织剧烈变形，部分片层组织已被破碎［图 7 – 63(c) 和图 7 – 63(d)］，再结晶晶粒数量明显增加。合金铸态层片组织在 1200℃，应变速率为 $10^{-3}\mathrm{s}^{-1}$ 下变形时，样品观测区内基本发生完全再结晶，在剪切带范围内基本没有残留的层片组织存在［图 7 – 63(e) 和图 7 – 63(f)］，但此时再结晶的晶粒尺寸比低温条件下(1000℃ 及 1100℃)变形时的再结晶晶粒明显长大。

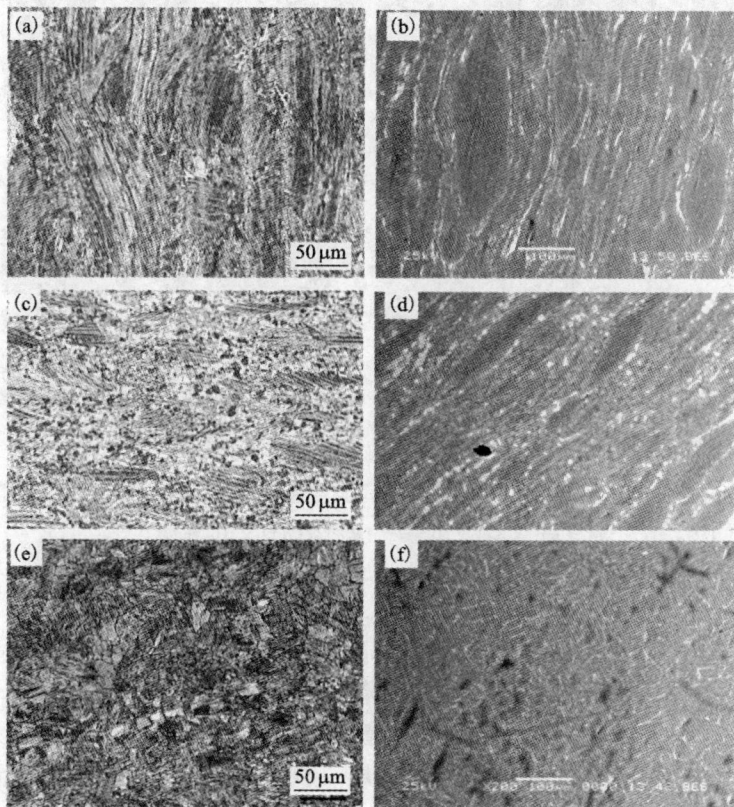

图 7 – 63　在应变速率为 $1 \times 10^{-3}\mathrm{s}^{-1}$ 条件下，不同温度下热压缩变形后的微观组织

(a)，(b)1000℃；(c)，(d)1100℃；(e)，(f)1200℃

其中(a)(c)(e)为金相照片，(b)(d)(f)为扫描电镜照片

图 7 - 64 为 Ti - 45Al - 7Nb - 0.4W - 0.15B 合金采用相同的温度(1100℃),不同的应变速率下在高温压缩变形 $\varepsilon = 0.8$ 后的微观组织。从图 7 - 64 中可以看出,合金在变形过程中均呈现出动态再结晶特征,这与真应力 - 真应变曲线的流变软化行为特征一致,也证明了是动态再结晶导致的流变软化。当应变速率为 $1 \times 10^{-1} s^{-1}$ 时,再结晶晶粒数量较少,主要是层片的变形和扭折,以及晶界 B2 相沿变形方向的流线型拉长。当应变速率降低到 $1 \times 10^{-2} s^{-1}$ 时,粗大的层片组织依然存在,但晶界处的动态再结晶晶粒数量已经明显增多[图 7 - 64(d)]。随着应变速率的进一步降低($1 \times 10^{-3} s^{-1}$),此时样品的心部基本已经发生完全再结晶[图 7 - 63 (c)和图 7 - 63(d)]。

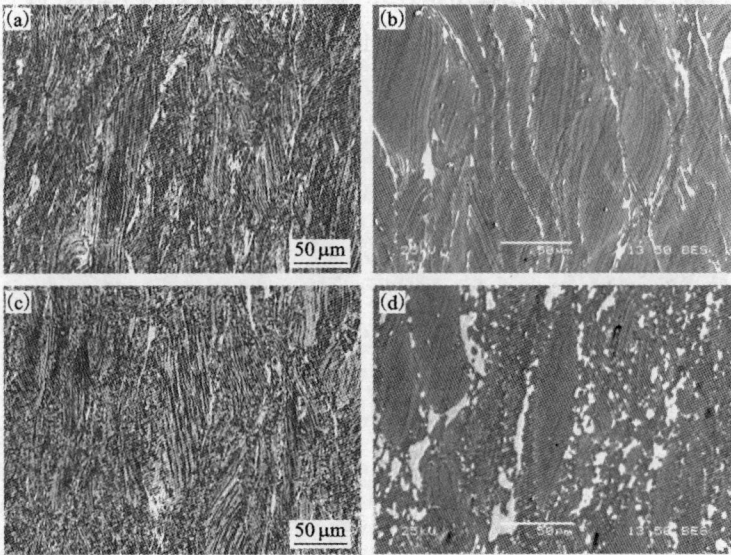

图 7 - 64　变形温度为 1100℃时在不同应变速率下热压缩变形后的微观组织

(a),(b)$1 \times 10^{-1} s^{-1}$;(c),(d)$1 \times 10^{-2} s^{-1}$

其中(a)(c)为金相照片,(b)(d)为扫描电镜照片

从图 7 - 64 中还可以看出,再结晶晶粒的尺寸随着应变速率的降低而增大。因此可知随着温度的升高和应变速率的降低,即随着参数 Z 值的减小,再结晶晶粒数量增多,但再结晶晶粒尺寸也随之增大。Z 值的增加相当于加工硬化过程加快,导致再结晶晶粒的位错密度增加很快,减小了热加工过程中再结晶晶粒与基体中的位错密度差,降低了再结晶晶界的迁移速度,即降低了再结晶的速度,导致动态再结晶的晶粒数量减少;同时随 Z 值的增加,基体位错密度增加,再结晶的驱动力增加,使得再结晶的晶粒变细,这就是再结晶晶粒随 Z 值变化而变化的原因。

再结晶晶粒尺寸与参数 Z 之间的关系，见图 7 - 65。由图可知，$\ln Z$ 与 $\ln d_{rex}$ 之间呈线性关系，即再结晶晶粒尺寸与参数 Z 之间呈指数关系 $D \propto Z^{-0.352}$。因此在实际生产中可以通过选择应变速率和变形温度，即选择适当的 Z 值来控制合金在热加工后的组织及晶粒大小。

图 7 - 66 为 Ti - 45Al - 7Nb - 0.4W - 0.15B 合金在 1100℃，$1 \times 10^{-3}\,\mathrm{s}^{-1}$ 条件下应变

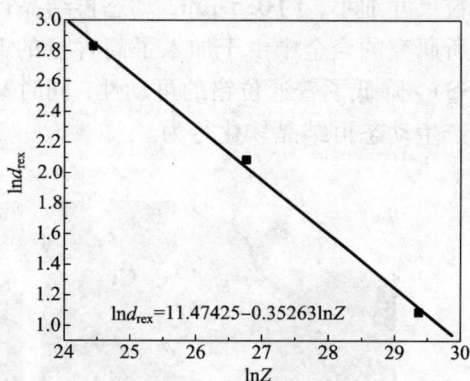

图 7 - 65　再结晶晶粒尺寸 d_{rex} 与 Z 值的关系

分别为 $\varepsilon = 0.2$ 和 $\varepsilon = 0.8$ 时的微观组织。从图中可以看出，在应变量 $\varepsilon = 0.2$ 时，层片发生明显的剪切变形，并且沿着平行于压缩轴线方向重新取向。随层片取向的不一样，软取向的层片的扭折及旋转现象很明显，而硬取向的层片变形很小。层片晶团界面处的 B2 相等开始发生再结晶。当应变量升高到 $\varepsilon = 0.8$ 时，组织中除了少量平行于变形方向的硬取向晶团外，其余的都发生严重再结晶，层片组织被分解成了等轴的 α_2 相和 γ 相，组织得到有效细化。由此可见，足够大的应变也是产生完全再结晶并有效细化组织的必要条件。

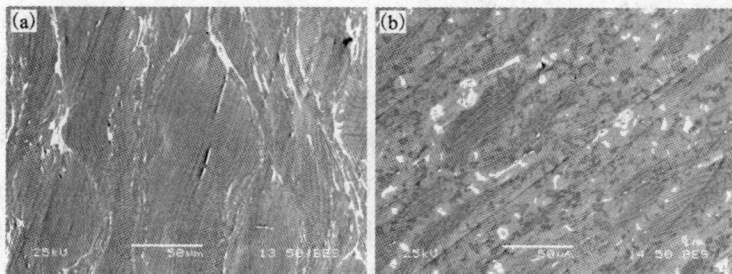

图 7 - 66　在 1100℃，$1 \times 10^{-3}\,\mathrm{s}^{-1}$ 条件下经不同应变量压缩变形后的微观组织（背散射模式）

其中 (a) $\varepsilon = 0.2$；(b) $\varepsilon = 0.8$

综合前述的显微组织分析可以看出，动态再结晶是 Ti - 45Al - 7Nb - 0.4W - 0.15B 合金高温压缩形变的一个主要特点，对它在 TiAl 基合金高温热加工过程中起着十分重要的作用。图 7 - 67 是经 1100℃，$1 \times 10^{-3}\,\mathrm{s}^{-1}$ 变形后剪切带附近形成的再结晶晶粒，其中图 7 - 67(a) 为在层片晶团界面处产生的动态再结晶晶粒，图 7 - 67(b) 为在层片晶团内部形核产生的动态再结晶晶粒。从图中可以看出，再结

晶晶粒尺寸细小，约 $0.5~\mu m$，动态再结晶行为为合金的的组织细化提供了可能。本文所研究的合金中由于加入了高含量的 Nb，提高了普通位错开动的剪切应力（CRSS），降低了普通位错的可动性，同时又大大降低了合金的层错能，使得合金更易产生动态再结晶软化行为。

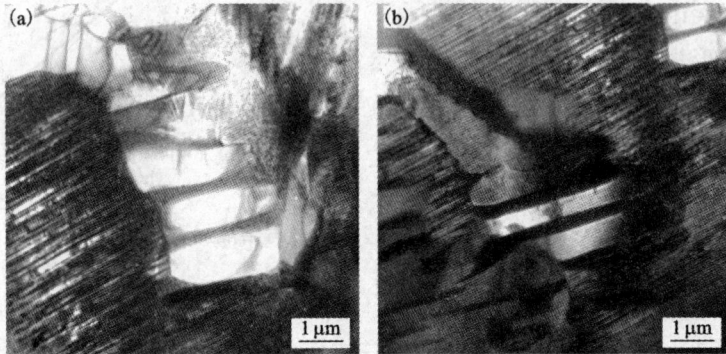

图 7 – 67　合金经 1100℃, $1 \times 10^{-3} s^{-1}$ 变形后再结晶区的动态再结晶晶粒
(a)在层片晶团界面处形核；(b)在层片晶团内部形核

7.2.4　热变形激活能与工艺的关系

经对两种不同方法制备的 TiAl 基合金的热变形行为对比表明：单纯从 $\sigma \sim \varepsilon$ 曲线特征难以准确地反映出材料的热塑性变形特性，还应结合热变形组织特征分析及采用其他的一些检测手段。热变形激活能 Q 是人们研究和评价金属材料热变形性能的主要手段之一，能较真实反映材料的热塑变能力。

位错的滑移与攀移是材料热变形过程中最重要的热激活过程。传统的热激活理论认为：位错在克服能垒（即障碍物）的过程中要借助于自身的热激活运动，当外力不足以使位错越过能垒时，可借助自身的热起伏辅助其越过，且外力越大，所需的热起伏就越小，因而热激活能就成为外力的函数，并随外力增大而减小。关于这一理论，得到了不少试验结果的支持。一些研究者[20]开展的一系列试验与这一理论相矛盾，即激活能并非力的函数，而是温度的函数，且随温度的降低而降低。文献[21]进一步表明：热变形激活能是一个取决于 T 和 $\dot{\varepsilon}$ 或 σ 而接近于自扩散激活能的量，但该情况仅适用于低应变速率的场合，正常的热加工条件下并不适用。

由于热变形过程中的外力大小可通过调整 T 或 $\dot{\varepsilon}$ 得以实现，因此，作者认为：热变形激活能 Q 与高温流变应力 σ 一样，是一个取决于热变形条件（T、$\dot{\varepsilon}$、ε）及材料组织结构的物理量。随着变形温度 T 的升高，位错的滑移与攀移能力加强，动态再结晶驱动力增加，这些都将使合金变形所需的变形激活能降低；当变形速率 $\dot{\varepsilon}$ 增加时，在相同的变形时间内，位错密度将迅速增加，在晶粒内形成位错缠结和胞状组织，增加可动位错的滑移阻力，提高合金的变形激活能；而当 T 和 $\dot{\varepsilon}$ 一定时，随着变形程度的增加合金出现动态硬化与动态软化，激活能 Q 随位错密度在峰值应力附近出现最大值，之后动态软化占优势，Q 值增幅趋缓或趋于恒定。激活能随变形温度和应变速率变化而变化，但并非呈单调的线性关系，而是在某个范围内会呈现一个相对稳定的值。对 Al – Mn – Mg 合金的研究表明[22]，造成激活能随变形温度和应变速率变化的原因与合金不同变形条件下的具体变形软化机制有关，在 300 ~ 450℃ 范围内，该合金的主要软化机制是动态回复机制，在此温度区间的变形激活能随温度和应变速率变化不大。而在 450℃ 以上，该合金的主要软化机制变为了动态再结晶，变形激活能下降明显。由此可见，发生高温变形软化机制变化的情况下，变形激活能变化明显，而在相同的软化机制情况下，合金的变形激活能基本保持稳定。在本研究的试验条件下，由于 TiAl 基合金的变形机制均为动态再结晶机制控制，可以认为在本试验条件范围内保持基本稳定。TiAl 基合金激活能在高温条件下保持基本稳定是广大研究人员对 TiAl 基合金高温变形行为研究成果具备可比性的基础。

为方便对 TiAl 基合金的热变形激活能及其他材料常数的理解，本书例举了不同成分及组织状态的 TiAl 基合金在高温变形时的各项材料常数值（见表 7 – 5）。对比表中数据可以看出：激活能 Q 和常数 A 则对材料的组织和成分比较敏感。层片组织或近层片组织的激活能普遍比 γ 或者近 γ 组织要高，这和本书的研究结果相同，也印证了不同组织状态下情况下 TiAl 基合金流变应力的变化规律。当初始的组织为 γ 或者近 γ 组织，激活能数值大致接近，一般大概在 320 ± 60 kJ · mol^{-1}，与 TiAl 基合金的蠕变激活能相当。而当组织为层片组织或者近层片组织时，激活能则随 α_2 相体积分数的增加而增加，即随着层片晶团数量的增加而增加。同时，变形激活能与合金的成分也有较大的关系，如在二元或者三元 TiAl 基合金中，变形激活能与 Al 的含量有关，一般随着 Al 含量的的下降而升高，但这种趋势在加入较多合金化元素的多元合金中会有所变化。文献[23]中指出，加入合金元素 B 后，合金的变形激活能有较大的下降，这与加入 B 元素后 TiAl 基合金的晶粒尺寸显著降低有关；文献[24]所报道的合金的激活能比其他合金的都要低得多，这也可能与合金中加入了合金元素 Ni 以及合金的细小近 γ 组织有关。可见合金成分的差异对变形激活能也有重要的影响。从表 7 – 5 中还可以看出，各合金的应力指数 n 和常数 α 的值都差别不大，由于 α 与 n 值仅是热变形过程的力学特征量，并不包含组织对变形的影响，故在本书中不予太多篇幅进行研究。

表 7-5　各种 TiAl 基合金高温压缩变形时的材料常数值（Q 为变形激活能）

成分	组织	$t/℃$	$\dot{\varepsilon}/s^{-1}$	A/s^{-1}	$\alpha/\times10^{-3}$	n	$Q/(kJ\cdot mol^{-1})$
Ti-49.5Al-2.5Nb-1.1Mn[198]	NG	1000~1250	$1\times10^{-3}\sim1\times10^{-1}$	8×10^{10}	3.2	3.9	327
Ti-48Al-2Cr-2Nb[199]	DP	975~1200	$3\times10^{-3}\sim1\times10^{-1}$	2.7×10^{9}	5.38	2.7	324
Ti-47Al-2Cr-4Nb[200]	NG	1000~1200	$1\times10^{-3}\sim1\times10^{-1}$	4.26×10^{8}	4.24	3.1	295
Ti-46.2Al-2V-1Cr-0.5Ni[172]	DP	950~1050	$1\times10^{-2}\sim1\times10^{0}$	—	—	—	247
Ti-49.5Al-2.3Cr	DP	800~1100	$1\times10^{-3}\sim1\times10^{-1}$	—	—	5.0	320
Ti-45Al-8Nb-0.2B-0.2W[155]	NFL	1000~1250	$1\times10^{-3}\sim1\times10^{-1}$	—	—	—	367
Ti-45Al-5Nb-0.3Y[156]	NFL	1100~1200	$1\times10^{-3}\sim1\times10^{-1}$	—	—	—	399.5
Ti46Al-8.5Nb-0.2B[159]	NFL	900~1100	$2\times10^{-5}\sim1\times10^{-2}$			4.16	353
Ti-43Al[201]	FL	927~1203	$7.5\times10^{-4}\sim7.5\times10^{-1}$	1.67×10^{17}	4.95	2.94	528
Ti-47Al-2V[201]	FL	927~1203	$7.5\times10^{-4}\sim7.5\times10^{-1}$	3.60×10^{15}	3.61	3.60	465
Ti-51Al[201]	γ	927~1203	$7.5\times10^{-4}\sim7.5\times10^{-1}$	1.53×10^{13}	4.90	3.63	416
Ti-52Al[201]	γ	927~1203	$7.5\times10^{-4}\sim7.5\times10^{-1}$	6.33×10^{12}	4.56	3.74	398
Ti-47Al-1V[202]	NFL	1000~1200	$1\times10^{-3}\sim1\times10^{0}$	2.93×10^{13}	3.69	3.8	404

续表 7-5

成分	组织	$t/℃$	$\dot{\varepsilon}/\mathrm{s}^{-1}$	A/s^{-1}	$\alpha/\times10^{-3}$	n	$Q/(\mathrm{kJ\cdot mol}^{-1})$
Ti-43.8Al[203]	FL	927~1323	$1\times10^{-3}\sim1\times10^{-1}$	1.41×10^{22}	6.32	3.13	672
Ti-44.9Al[203]	FL	927~1323	$1\times10^{-3}\sim1\times10^{-1}$	1.30×10^{16}	4.52	3.74	496
Ti-48.2Al[203]	DP	927~1323	$1\times10^{-3}\sim1\times10^{-1}$	5.52×10^{10}	4.01	3.70	343
Ti-49.5Al[203]	γ	927~1323	$1\times10^{-3}\sim1\times10^{-1}$	3.68×10^{9}	5.57	3.03	330
Ti-50.2Al[203]	γ	927~1323	$1\times10^{-3}\sim1\times10^{-1}$	1.09×10^{11}	4.79	3.57	354
Ti-46Al-2W[160]	NFL	1000~1200	$1\times10^{-3}\sim1\times10^{-1}$	1.31×10^{14}	4.37	3.6	449
Ti-48Al-2W[160]	NG	1000~1200	$1\times10^{-3}\sim1\times10^{-1}$	2.25×10^{12}	3.60	3.7	394
Ti-45Al-7Nb-0.4W-0.15B[本文]	NFL	1000~1200	$1\times10^{-3}\sim1\times10^{-1}$	5.86×10^{12}	5.70	2.97	384
Ti-46Al-2Cr-2Nb-0.2W-0.15B[本文]	NG	1000~1200	$1\times10^{-3}\sim1\times10^{-1}$	2.66×10^{12}	6.42	2.48	291
Ti-45Al-7Nb-0.4W[本文]	NFL	1000~1200	$1\times10^{-3}\sim1\times10^{-1}$	1.36×10^{13}	4.4	3.52	420

注: FL—全层片组织, NFL—近全层片组织, DP—双态组织, NG—近γ组织

7.3 准等静压工艺制备钛铝基合金变形行为

TiAl 预合金粉末氧含量相对元素粉末来说要低得多,这为制备高性能粉末冶金 TiAl 基合金创造了有利条件。由于近年来制粉工艺的改进及效率的提高使得原料粉末成本逐渐降低,导致粉末冶金 TiAl 基合金的制备成本也大大降低,使其具有了较好的发展及应用前景。目前,采用预合金粉末法制备 TiAl 基合金已经成为了 TiAl 基合金研究领域的研究热点。本节将采用准等静压(Ceracon)工艺制备粉末冶金 Ti – 46Al – 2Cr – 2Nb – 0.2W – 0.15B(质量数分数/%)合金,探讨该合金的高温压缩变形行为。

本节所采用的合金的名义成分为 Ti – 46Al – 2Cr – 2Nb – 0.2W – 0.15B (x/%),原料铸锭采用真空自耗方法制备,从铸锭各部分取样进行成分分析,结果显示铸锭各部分成分较为均匀,成分偏析较少。TiAl 基合金粉末采用等离子旋转电极雾化法来制备。所制得的 TiAl 基合金预合金粉末形貌如图 7 – 68 所示,从图中可以看出粉末基本为球形,且粒度不太均匀。粉末 EDAX 能谱分析[图7 – 68(b),各成分值均为取 3 份样品的平均值]结果表明,粉末的实际成分与原料铸锭的名义成分接近,这为制备成分准确、均匀的粉末冶金 TiAl 基合金提供了条件。TiAl 基合金粉末的粒度分布如图 7 – 69 所示。从图中可以看出,采用等离子旋转电极雾化法制备的 TiAl 基合金粉末的粒度很不均匀,且大部分为粒度较粗的粉末,这和离心雾化这种方法的对熔融液滴的破碎力较小有关。同时,从粉末的杂质含量分析表明,粉末中的氧含量为 680×10^{-6},N 为 32×10^{-6},H 为 20×10^{-6},由此可见,等离子旋转电极雾化法制备的 TiAl 基合金粉末杂质含量,尤其是氧含量很低,这与其离心雾化过程的无坩埚化有关。

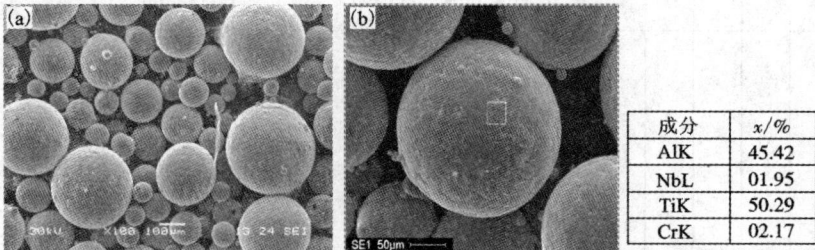

成分	x/%
AlK	45.42
NbL	01.95
TiK	50.29
CrK	02.17

图 7 – 68 旋转电极法制备 Ti – 46Al – 2Cr – 2Nb – 0.2W – 0.15B
预合金粉末的形貌及成分分析
(a)粉末形貌(SEM,二次电子模式);(b)粉末能谱分析

图 7 - 70 为 TiAl 基合金粉末的 X 射线衍射图，从图中可以看出 TiAl 基合金粉末的主要成分是 α_2 相和 γ 相。L. M. Hsiung 等[25]在研究粉末冶金 Ti - 47Al - 2Cr - 2Nb 及 Ti - 47Al - 2Cr - 1Nb - 1Ta 合金时发现了少量过冷形成的 B2 相。Ulrike Habel 等[26]在研究粉末冶金 Ti - 46Al - 2Cr - 2Nb 合金时也发现了类似的现象。其原因是合金中添加了 Cr、Ta 等 β 相稳定元素，可以使得高温 β 相残留，有序化后在低温条件下以 B2 相的形式存在。本书所研究合金也添加了少量 β 相稳定元素 Cr 和 W，但可能是由于 B2 相的含量太低(<5% ，体积数分数)，超出了 X 射线分析设备的测定范围，故在 X 射线衍射图上没有得到体现。

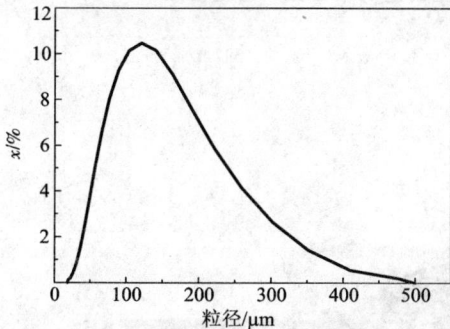

图 7 - 69　Ti - 46Al - 2Cr - 2Nb - 0.2W - 0.15B 合金预合金粉末的粒度分布

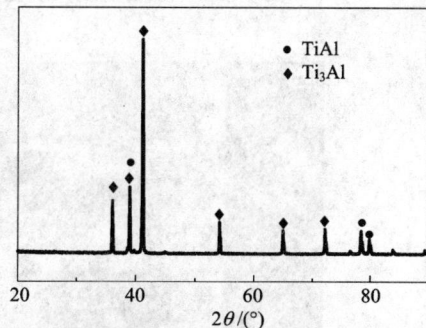

图 7 - 70　Ti - 46Al - 2Cr - 2Nb - 0.2W - 0.15B 合金预合金粉末的 X 射线衍射图

采用预合金粉末制备 TiAl 基合金的基本工艺路线如图 7 - 71 所示。将分级后粒度均匀的预合金粉末放入用不锈钢管制成的包套内。装入粉末以后，将包套端盖采用氩弧焊焊合，并用真空抽气机对包套中的合金粉末进行高温脱气。然后将包套放入准等静压模具内，压制温度为 1200℃，压力为 200 MPa。成形前后样品的宏观形貌如图 7 - 72 所示，从图 7 - 72(c)中可以看出，脱除包套并经过表面抛光后样品具有很好的光泽度，无肉眼可见的孔洞。经准等静压工艺制备的粉末冶金 Ti - 46Al - 2Cr - 2Nb - 0.2W - 0.15B 合金的最终氧含量约为 1100×10^{-6}。

由图 7 - 72(b)可见，经准等静压处理后，样品沿高度方向产生了少量压缩变形，导致了样品的上部在横向方向有少量膨胀，而样品的下部横向变形较小。本书所采用的准等静压介质是球形 Al_2O_3 陶瓷粗粉末，粒度为 300 μm 左右，Al_2O_3 陶瓷粉末在 1200℃高温压缩时，受压力作用也会产生少量变形和破碎，因此消耗掉一部分能量，导致压力的散失。同时，Al_2O_3 陶瓷粉末在压缩过程中与阴模产生的摩擦力也会导致压力在高度方向发生损耗，使压力沿横向的传递比垂直方向要小，故样品上端部所受到的压力要比下端部大，在高温条件下不可避免的会产生横向塑性流动。

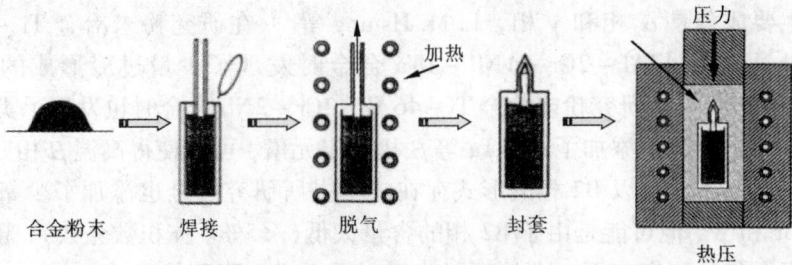

图7-71　预合金粉末冶金 TiAl 基合金的致密化工艺流程图

图7-72　准等静压工艺制备 TiAl 合金样品的各阶段宏观形貌

(a)致密化前；(b)致密化后；(c)去除包套后

图7-73 为准等静压方法制备的 TiAl 基合金的微观组织。由图可见，合金为近 γ 组织，还包含有少量灰色 α_2 相和一些白色相。Kainum 等[27]认为：Cr 的加入使得 Ti-47Al-2Cr-2Nb 合金在 1000℃ 和 1100℃ 热等静压处理时，合金会进入 $\alpha_2 + \gamma + \beta$ 三相区，而当 1200℃ 热等静压处理时，合金会进入 $\alpha + \gamma + \beta$ 三相区，这将使得 β 相会少量残留在合金中，室温下有序化为 B2 相，在扫描电镜 BSE 模式中表现为白色衬度相。因此，图7-73 中白色衬度的相可能是高温残留的 B2 相。

图7-74 为准等静压方法制备的粉末冶金 Ti-46Al-2Cr-2Nb-0.2W-0.15B 合金的热加工窗口图，图中"S"代表不开裂，"C"代表开裂。从图中可以看出，采用

此种工艺制备的 TiAl 基合金可以在温度 ≥1050℃ 和应变速率 ≤1×10⁻²s⁻¹ 的范围内进行热加工而不产生开裂。与铸造 TiAl 基合金相比，粉末冶金方法制备的 TiAl 基合金的可加工范围相对较窄，且对应变速率很敏感，原因可能是因为粉末冶金合金样品的表面有少量残留孔隙，易在不均匀周向拉应力作用下开裂。而在低应变速率条件下，合金有充分的软化时间，合金表面的应力相对较小，有更多时间使孔隙闭合，从而延缓了合金的开裂。

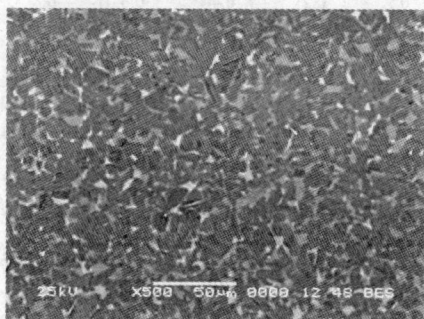

图 7-73　采用准等静压方法制备的粉末冶金
Ti-47Al-2Cr-2Nb-0.2W-0.15B
合金的微观组织

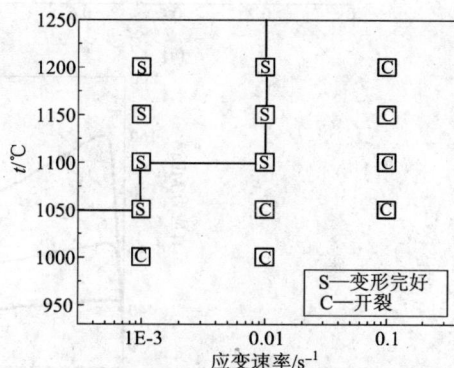

图 7-74　预合金粉末冶金
Ti-46Al-2Cr-2Nb-0.2W-0.15B
合金的热加工窗口图

粉末冶金 Ti-47Al-2Cr-2Nb-0.2W-0.15B 合金高温压缩变形时的真应力-真应变曲线如图 7-75 所示。从图中可以发现：该合金呈现出与铸造 Ti-45Al-7Nb-0.4W-0.15B 合金相似的流变曲线。即在压缩变形初期，材料的流变应力随应变量的增加产生加工硬化而迅速增加，随后加工硬化与流变软化交替控制，流变应力随应变增加达到峰值后逐渐减小，最后达到动态平衡，进入稳态流变阶段。

该合金由于有少量残留孔隙的存在，应变硬化包括了几何硬化和塑性变形加工硬化。随着变形量的增加，材料不断发生致密化，变形抗力随着密度的增加而增加，并产生几何硬化。与此同时，位错密度增加导致位错塞积，位错运动受到阻碍而产生加工硬化。TiAl 基合金对变形温度和应变速率非常敏感，如在相同的应变速率（1×10⁻³s⁻¹）条件下，热变形峰值流变应力从 1000℃ 的 202.5 MPa 降低到了 1200℃ 的 46 MPa，而在相同的温度（1100℃）条件下，热变形峰值应力从应变速率为 1×10⁻³s⁻¹ 时的 85.9 MPa 上升到了速率为 1×10⁻¹s⁻¹ 时的 285 MPa。

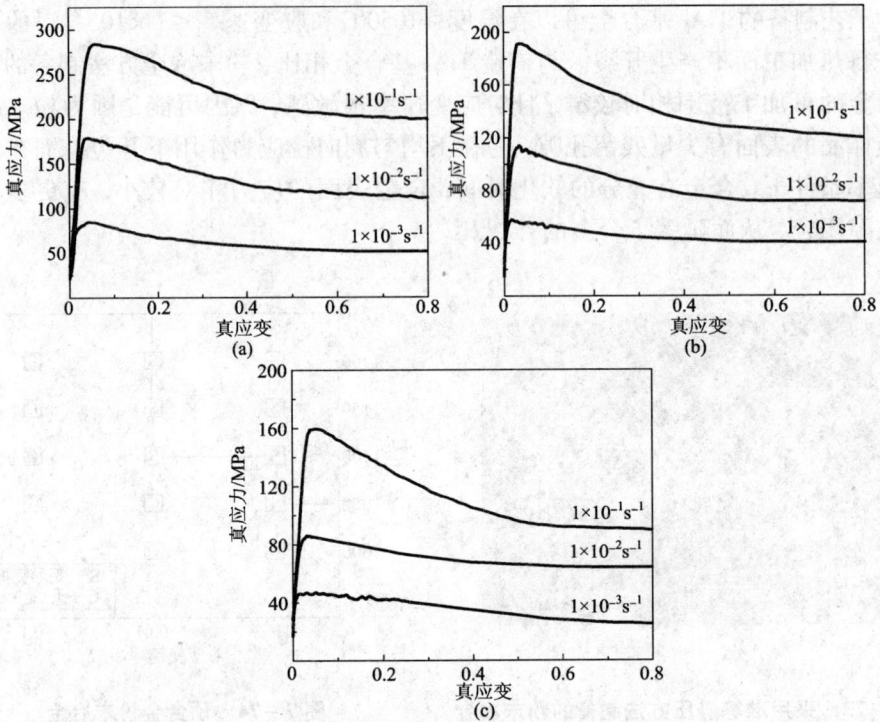

图 7 - 75 恒定温度下以不同应变速率高温压缩变形的真应力 - 真应变曲线

(a)1100℃；(b)1150℃；(c)1200℃

采用回归分析法绘制相应的 $\ln Z$ - $\ln[\sinh(\alpha\sigma)]$ 曲线，结果如图 7 - 76 所示，得到最终的变形激活能 $Q = 319$ kJ/mol，并确定 n 值和常数 A 值，分别为 $n = 2.48$，$A = 2.66 \times 10^{10} s^{-1}$。材料的塑性流动本构方程为：

$$\dot{\varepsilon} = 2.66 \times 10^{12} \cdot [\sinh(0.00642\sigma)]^{2.48} \cdot \exp(\frac{-319000}{RT}) \qquad (7 - 15)$$

材料高温变形时的稳态流变应力表达式为：

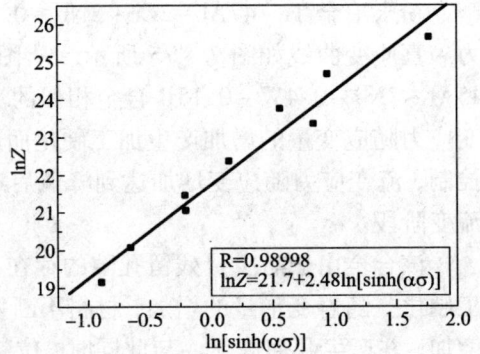

图 7 - 76 Zener - Hollomon 参数值 Z 与峰值应力 σ_p 的关系图

$$\sigma = \frac{1}{6.42 \times 10^{-3}} \ln\left\{ \left[\frac{Z}{2.66 \times 10^{10}} \right]^{\frac{1}{2.48}} + \left[\left(\frac{Z}{2.66 \times 10^{10}} \right)^{\frac{2}{2.48}} + 1 \right]^{\frac{1}{2}} \right\} \qquad (7 - 16)$$

　　本章测得的高温变形激活能值与文献报道的具有形变软化行为的细晶粒 TiAl 基合金的高温变形激活能相当。如双态的 Ti – 49.5Al – 2.3Cr 合金的高温热变形激活能为 320 kJ/mol；双态的 Ti – 46.2Al – 2V – 1Cr – 0.5Ni 合金的热变形激活能为 247 kJ/mol。且与 Ti 原子的自扩散激活能 291 kJ/mol，γ – TiAl 相中 Ti 与 Al 原子间的互扩散激活能 295 kJ/mol 相当，说明该 TiAl 基合金在本试验的条件下变形为同类原子和异类原子相互扩散控制的变形。

　　图 7 – 77 为粉末冶金 Ti – 47Al – 2Cr – 2Nb – 0.2W – 0.15B 合金在应变速率 $1 \times 10^{-3} s^{-1}$，不同的温度下高温变形后的微观组织。从图中可以看出，经过高温压缩变形后，晶粒得到了明显细化，组织均匀细小，均为双态组织，且随着温度的升高，合金的 α 相含量逐渐增多。经过 1200℃ 热变形后组织出现了长大的迹象，这可能是因为在 1200℃ 高温下较低速率变形时，由于高温停留时间较长，出现了再结晶晶粒长大的结果。图 7 – 78 是采用相同的温度（1200℃），在不同的应变速率下高温压缩变形后的微观组织。从图 7 – 78（a）和图 7 – 78（b）可以看出，

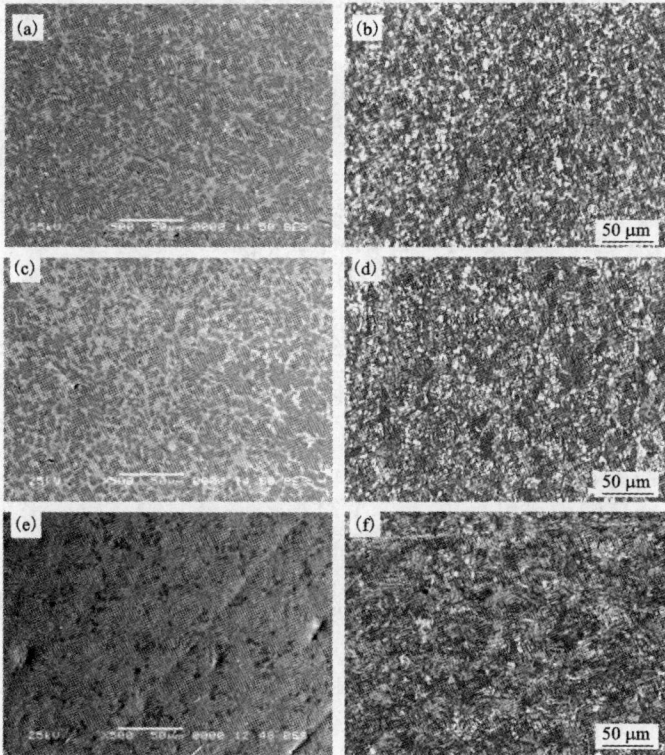

图 7 – 77　在相同的应变速率（$1 \times 10^{-3} s^{-1}$），不同温度下热压缩变形后的微观组织

(a)、(b)1000℃；(c)、(d)1100℃；(e)、(f)1200℃

其中(a)、(c)、(e)为 SEM 照片，(b)、(d)、(f)为金相照片

经 $1 \times 10^{-1} s^{-1}$ 变形后的微观组织内有很多细小的再结晶晶粒，但也有很多未发生动态再结晶的晶粒，所以组织很不均匀，呈现出明显的加工流线型组织特征。经过 $1 \times 10^{-2} s^{-1}$ 及 $1 \times 10^{-3} s^{-1}$ 变形后的组织中基本看不到流线形组织，说明随着应变速率的降低，动态再结晶的晶粒数量越来越多，合金组织变得越来越均匀，但随着应变速率降低，晶粒有长大的倾向，晶粒尺寸会有所长大。

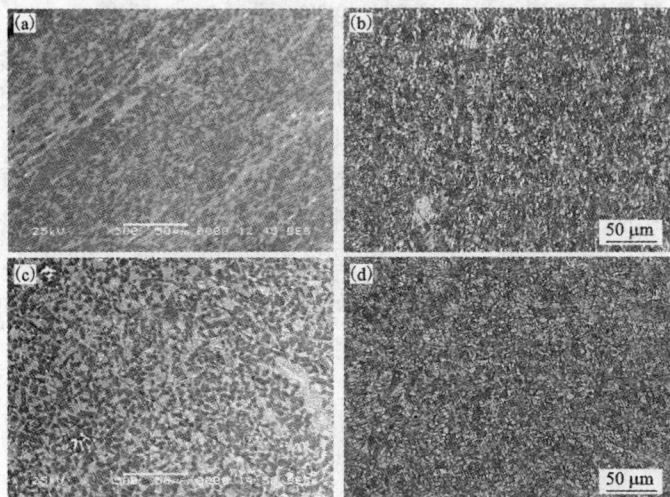

图 7 - 78　在不同应变速率下热压缩变形后的微观组织 (变形温度为 1200℃)

(a)、(b)$1 \times 10^{-1} s^{-1}$；(c)、(d)$1 \times 10^{-2} s^{-1}$

其中(a)、(c)为 SEM 照片，(b)、(d)为金相照片

细小近 γ 或双态 TiAl 基合金的高温变形机制与全层片或者近层片 TiAl 基合金有着极大的差别。图 7 - 79 为细晶 γ 组织的高温变形示意图。图中 α 代表因位错滑移引起的塑性变形速率；β 代表因位错攀移引起的塑性变形速率；GBS(grain boundary sliding)为晶界滑移；GMD(grain matrix deformation)指的是晶粒与基体之间的相对变形。从图中可以看出，γ - TiAl 基合金的高温压缩变形主要受位错的滑移、攀移，晶界的滑移和晶粒的动态再结晶等机制控制。在压缩变形的早期，变形主要以位错的攀移和晶粒与基体间的相对变形为主；随着变形的进行，当应变达到一定程度时(应变值 0.3 ~ 0.5)，晶粒之间的相互运动造成了晶界处的应力集中，形成高密度的位错塞积，动态再结晶机制开始起作用，新的低位错再结晶晶粒形成，整体的晶粒尺寸开始细化。在随后的变形中，再结晶晶粒数量逐渐增多，变形由晶界滑移控制。由此可见，在细晶 TiAl 基合金的高温压缩变形过程中，晶界滑移机制起到了很重要的作用，同时晶界滑移能力又因为动态再结晶的晶粒形成而得以加强。图 7 - 80 中的各种变形组织也进一步说明了 TiAl 合金的变形机制。

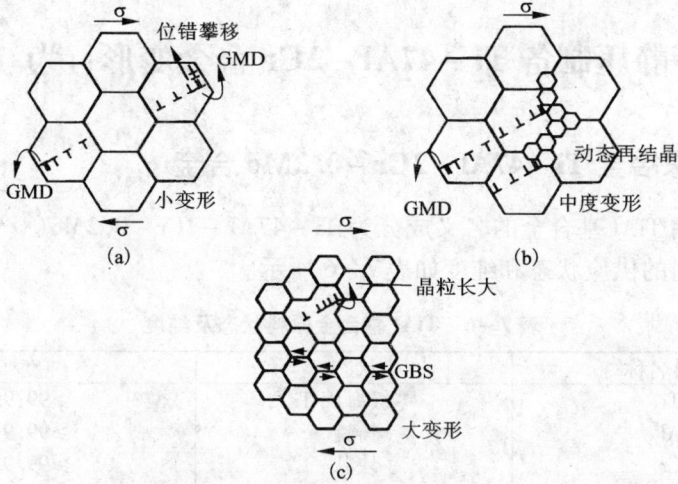

图 7 - 79 等轴细晶 TiAl 基合金的高温塑性变形过程

其中(a)(b)(c)分别代表了不同的变形量

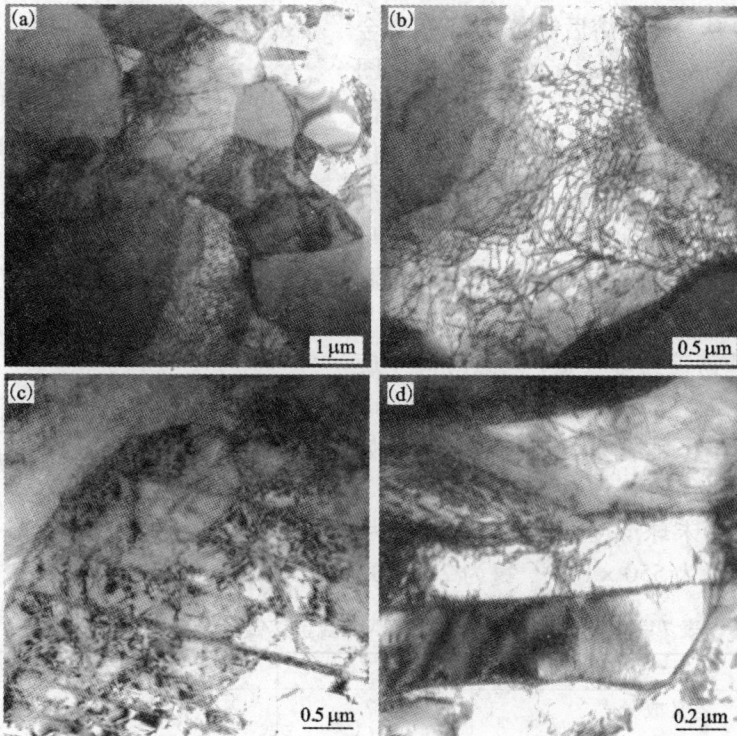

图 7 - 80 Ti - 46Al - 2Cr - 2Nb - 0.2W - 0.15B 合金的典型变形组织

(a)动态再结晶晶粒;(b)再结晶晶粒旁的位错;(c)晶内位错滑移和孪生;(d)变形形成的亚晶

7.4 热等静压制备 Ti-47Al-2Cr 合金变形行为

7.4.1 粉末冶金 Ti-47Al-2Cr-0.2Mo 合金

本节所用 TiAl 基合金的名义成分为 Ti-47Al-2Cr-0.2Mo($x/\%$),配制合金的各种原料的供应状态和纯度如表 7-6 所示。

表 7-6 TiAl 基合金原料状态及纯度

原料名称	状态	纯度/%
Ti	零级海绵 Ti	≥99.950
Al	铸锭	≥99.995
Cr	块状	≥99.950
Mo	薄板	≥99.500

按照名义化学配比,采用真空自耗电极熔炼技术经二次重熔后制备 TiAl 基合金铸锭,尺寸为 ϕ250 mm × 1000 mm,见图 7-81所示。

表 7-7 为铸锭的名义成分及各部位实际成分对照,可见铸锭不同部位的成分偏析很小,说明制备的 TiAl 基合金铸锭母合金具有较好的成分均匀性。其氧含量测定为 320×10^{-6}。

以 TiAl 铸锭为母合金,通过等离子旋转电极雾化工艺(Plasma Rotating Electrode Process, PREP)制备球形预合金粉末,如图 7-82 所示:

图 7-81 真空自耗电极电弧熔炼制备的 Ti-47Al-2Cr-0.2Mo 合金原始铸锭

预合金粉末球形度好,其粒度范围为 50~250 μm,平均粒度为 134 μm。粉末中的氧含量为 550×10^{-6},氮为 21×10^{-6}。

表 7-7 Ti-47Al-2Cr-0.2Mo 合金铸锭母合金的化学成分

	$x(\text{Al})/\%$	$x(\text{Cr})/\%$	$x(\text{Mo})/\%$
名义成分	47	7	0.4
上部	42.3	2.66	0.31
中部	41.8	2.36	0.29
下部	42.8	2.42	0.30

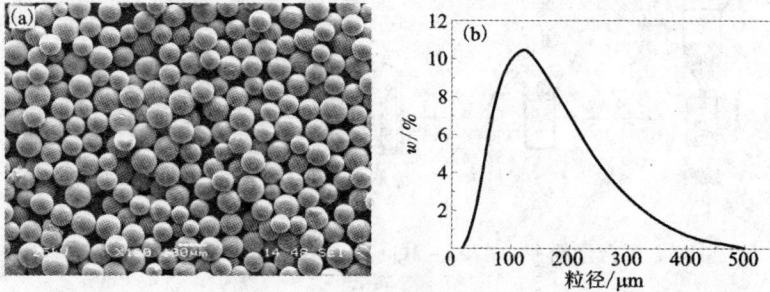

图 7 - 82   Ti - 47Al - 2Cr - 0.2Mo 合金粉末形貌(a)及粒度分布(b)

X 衍射分析显示 TiAl 预合金粉末组成相分别为 γ - TiAl, α - Ti$_3$Al 和少量的 $\beta(B_2)$。

采用预合金粉末制备 TiAl 基合金坯体的基本工艺路线如图 7 - 84 所示。成形前后样品的宏观形貌如图 7 - 85 所示,从图 7 - 85(c)中可以看出,去除包套并经过表面抛光后样品具有很好的光泽度。经热等静压技术制备的粉末冶金 Ti - 47Al - 2Cr - 0.2Mo 合金的最终氧含量约为 640×10^{-6}。

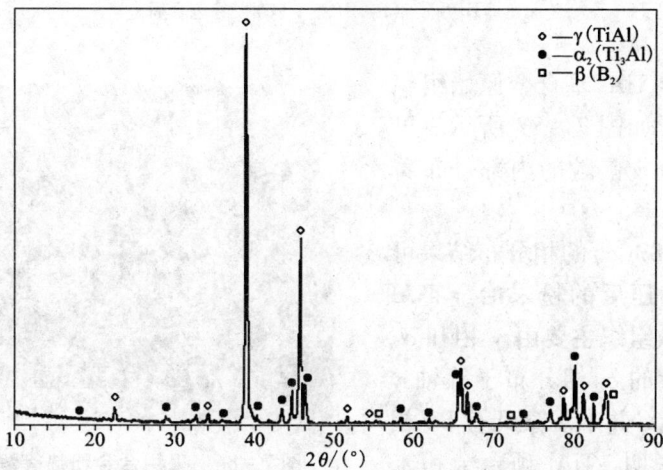

图 7 - 83   Ti - 47Al - 2Cr - 0.2Mo 合金粉末的 X 射线衍射图

图 7 - 86 为热等静压技术制备的粉末冶金 TiAl 基合金的微观组织。由图可见,粉末坯体的组织明显细于铸锭,平均晶粒尺寸约为 20 μm,主要由均匀等轴 γ 相,以及少量的灰色 α_2 相组成。

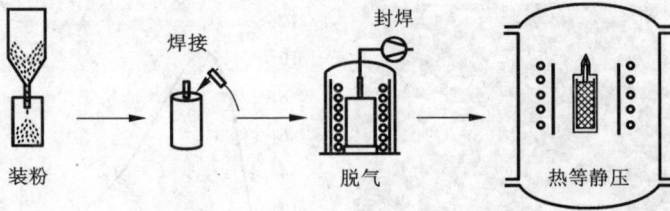

图 7 – 84　预合金粉 Ti – 47Al – 2Cr – 0.2Mo 合金的致密化工艺流程图

图 7 – 85　热等静压技术制备 TiAl 合金坯体的各阶段宏观形貌

(a)HIP 前；(b)HIP 后；(c)去除包套后

粉末冶金 TiAl 基合金原始组织的 EBSD 分析如图 7 – 87 所示。可观察到在部分 γ 晶粒的内部分布着孪晶。

由图 7 – 87(c)的相分布结果可知，经热等静压后的粉末冶金 TiAl 基合金的显微组织主要由 γ 相和 α_2 相组成，少量的 α_2 相分布于等轴 γ 晶的晶界位置，并未观察到有 B2 相的存在。这说明，TiAl 预合金粉末中存在的少量 B2 相经过热等静压后得到明显消除。

图 7 – 86　采用合金粉热等静压后的 Ti – 47Al – 2Cr – 0.2Mo 合金的微观组织

粉末冶金 TiAl 基合金在不同条件下压缩变形时的真应力 – 真应变曲线如图 7 – 88所示。其流变规律与其中合金基本一致。

将求得不同条件下粉末冶金 TiAl 基合金的 ln$Z$ 值，通过线性回归处理，可得到如图 7 – 89 所示的 ln$Z$ – ln[sinh($\alpha\sigma$)]的关系曲线。

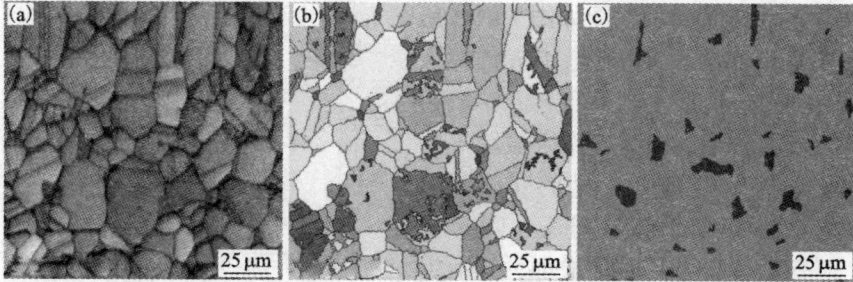

图 7 – 87　粉末冶金 TiAl 合金 EBSD 分析

(a)IQ 图；(b)IPF 取向图；(c)α_2 和 γ 相分布图

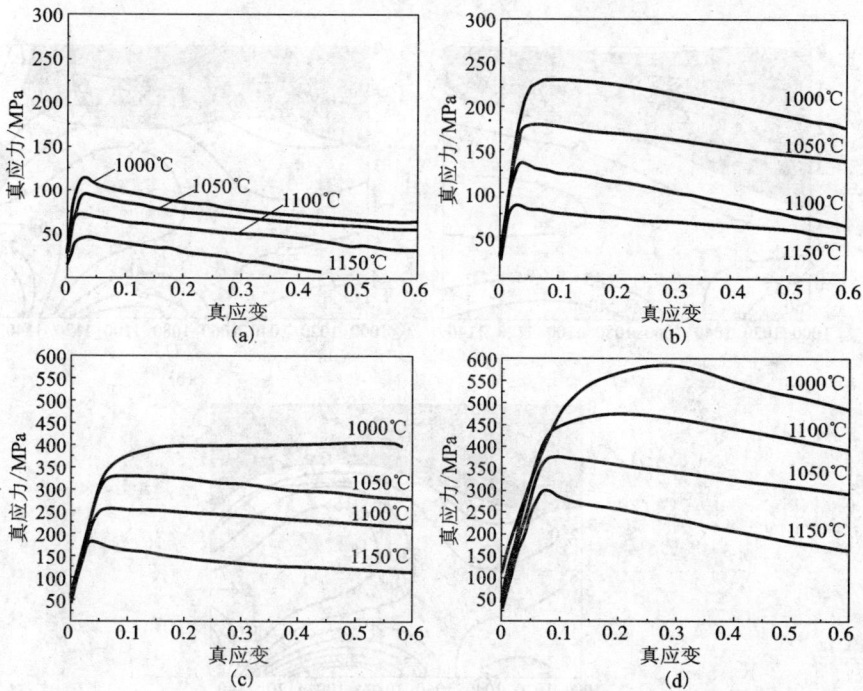

图 7 – 88　粉末冶金 TiAl 合金不同应变速率下的真应力 – 真应变曲线

(a)0.001 s^{-1}；(b)0.01 s^{-1}；(c)0.1 s^{-1}；(d)1 s^{-1}

经过计算，得到材料的变形激活能 Q 为 356.15 kJ/mol。最终得到粉末冶金 TiAl 基合金在温度 1000 ~ 1150℃；应变速率 0.001 ~ 1 s^{-1} 的变形条件下的本构方程为：

$$\dot{\varepsilon} = 9.92 \times 10^{10} \left[\sinh(0.0070\sigma) \right]^{2.28} \exp\left[-356.15/(RT) \right] \tag{7 – 17}$$

粉末冶金 TiAl 基合金真应变 $\varepsilon =$ 0.1, 0.4 及 0.6 时的加工图如图 7-90 所示。由图可以看出: 功率耗散率 η 的最大值都是在高温、低应变速率区域, η 最小值则出现在低温、高应变速率区域。不同变形量对粉末冶金 TiAl 合金的功率耗散图影响不大, 但对流动失稳区(阴影部分)有显著影响。随变形量增加, 流动失稳区有扩大趋势。应变量达到 0.6 时, 应变速率大于 0.1 s^{-1} 时均落入流动失稳区, 见图 7-90(c)。

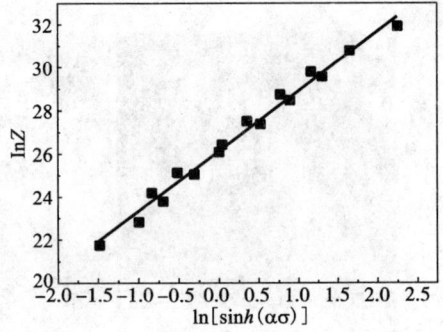

图 7-89　流变应力与 Z 参数的关系

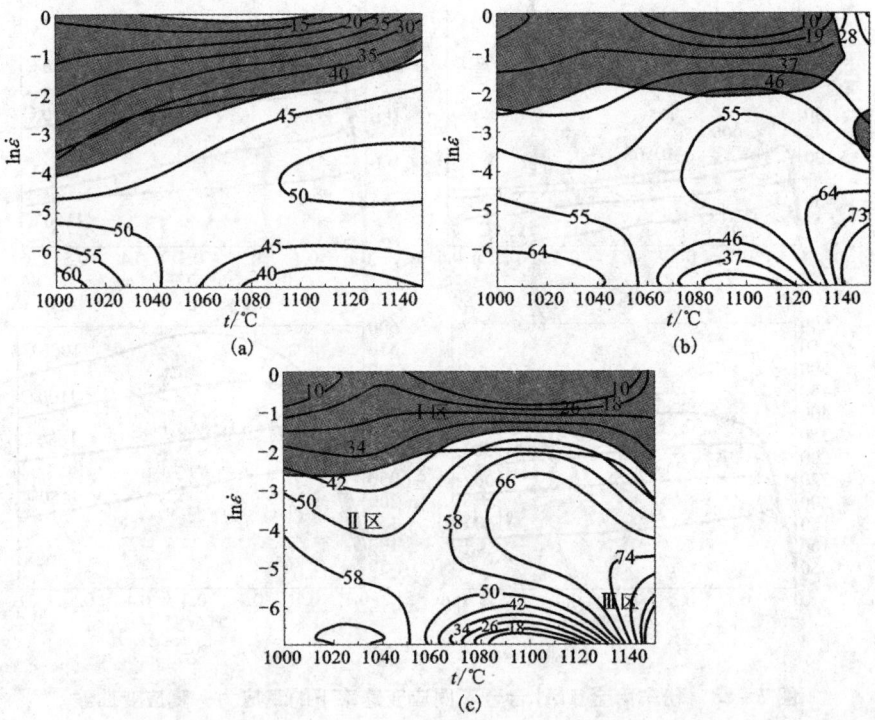

图 7-90　粉末冶金 TiAl 合金应变 $\varepsilon=0.1$(a), $\varepsilon=0.4$(b) 和 $\varepsilon=0.6$(c) 的加工图

以 $\dot{\varepsilon}=0.6$ 时的加工图为例, 对加工图的各个区间分别考察。大致将耗散效率等值线图分为三个区域:

Ⅰ 区: 温度为 1000~1100℃、高应变速率, 应变速率大于 0.1 s^{-1} 时, 功率耗

散率 η 最小，为 15%～35%。

　　Ⅱ区：温度为 1000～1100℃，应变速率为 0.001～0.01 s^{-1} 时，η 值在 35%～60% 之间，并在 1100℃，应变速率为 0.01 s^{-1} 时，出现局部极大值，约为 66%；为典型的再结晶区域。

　　Ⅲ区：温度为 1150℃、低应变速率，应变速率为 0.001 s^{-1} 时，η 值达到最大值，为 90%；是整个耗散效率等值线图 η 值最大的区域。

　　其中Ⅰ区落入流动失稳区，其余区域均为安全区域。

　　结合加工图上反映出的有代表性区域，研究不同条件下压缩变形后的样品显微组织。

　　(1)流动失稳区

　　图 7－91(a)表示的是 1000℃，1 s^{-1}（Ⅰ区）变形后试样的宏观形貌。试样侧面出现开裂，开裂的方向平行于压缩方向。通过显微组织观察，可以看到合金内部出现大量沿晶开裂(图 7－91(b))。

图 7－91　1000℃，1 s^{-1} 条件下热压缩试样的宏观形貌(a)与显微组织(b)

　　(2)再结晶区

　　根据加工图，粉末冶金 TiAl 合金的再结晶区域出现在温度为 1000～1100℃，应变速率为 0.001～0.01 s^{-1} 的区域（Ⅱ区）。粉末冶金 TiAl 基合金该变形区域内显微组织随变形条件的变化如图 7－92 所示。

　　结果表明，当 1000℃、应变速率为 0.1 s^{-1} 时，在组织中可以发现拉长的晶粒 [图 7－92(a)]。1000℃、应变速率为 0.01 s^{-1} 时，在拉长的原始晶界出现不同程度的再结晶晶粒，此时再结晶晶粒大多比较细小[图 7－92(b)]；应变速率降至 0.001 s^{-1} 时，再结晶进行得更为彻底，再结晶晶粒数量明显增加[图 7－92(c)]。图 7－92(d)表示了 1100℃、0.001 s^{-1} 变形后试样的显微组织，可以看到 γ 相的晶粒异常长大。这是由于在高温区的长时间停留和 α 相的不足所导致的。从图中还可以发现：在相同的温度下[图 7－92(b)、7－92(c)]，应变速率减小，再结晶晶粒数量增加，功率耗散率 η 值增大；在相同应变速率下[图 7－92(c)、7－92

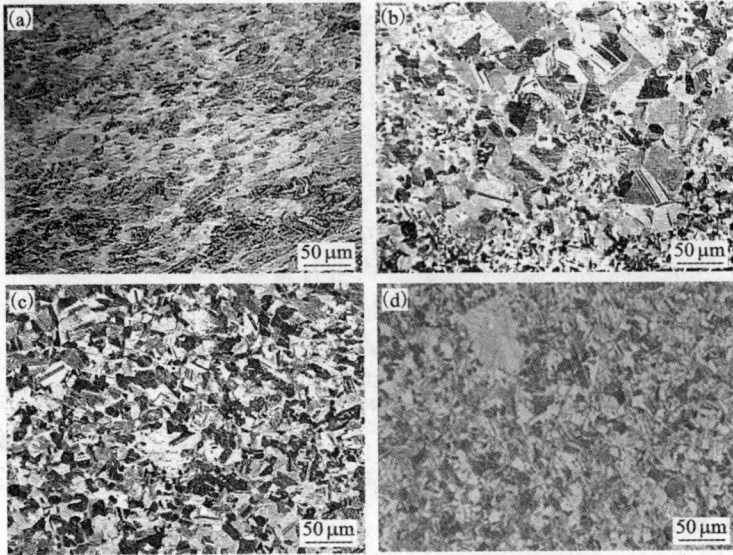

图 7 – 92 粉末冶金 TiAl 合金试样在 1000℃

(a)1000℃/0.1 s^{-1};(b)1000℃/0.01 s^{-1};

(c)1000℃/0.001 s^{-1};(d)1100℃/0.001 s^{-1}变形后的显微组织

(d)],温度升高,再结晶晶粒尺寸增加,功率耗散率 η 值减小。这与 $\varepsilon=0.6$ 时的加工图,图 7 – 90(c)中功率耗散率等值线的变化规律是一致的。

图 7 – 93 是温度为 1000℃,应变速率 0.001 s^{-1} 条件下真应变分别为 $\varepsilon=0.4$ 和 $\varepsilon=0.6$ 变形后粉末冶金 TiAl 基合金试样的 TEM 照片。从图中可以看出,在应变量 $\varepsilon=0.4$ 时,试样中出现大量的位错塞积[图 3 – 11(a)];当应变量增加到0.6 时,可以看到在位错集中区出现了动态再结晶[图 7 – 93(b)]。

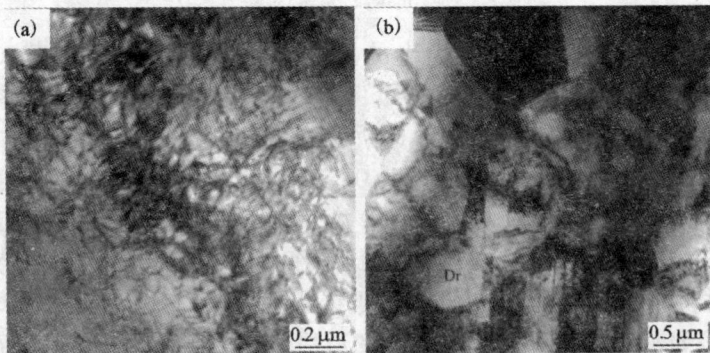

图 7 – 93 1000℃,0.001 s^{-1} 经不同变形量变形后 TiAl 合金试样的 TEM 照片

(a)应变0.4;(b)应变0.6

（3）超塑性区

1150℃，0.001 s^{-1}区域的功率耗散率值为90%，达到最大。根据 Prasad 的理论，此时多与超塑性变形有关。

经1150℃，0.001 s^{-1}（Ⅲ区）变形后试样的宏观形貌和显微组织如图 7 - 94 所示，可以看出在1150℃，0.001 s^{-1}下试样很好的变形，表面无开裂［图 7 - 94（a）］；与原始组织相比显微组织更为均匀细小，没有出现楔形开裂［图 7 - 94（b）］。

图 7 - 94　1150℃，0.001 s^{-1}条件下热压缩试样的宏观形貌（a）与显微组织（b）

7.4.2　铸态 Ti - 47Al - 2Cr - 2Nb - 0.3W

图 7 - 95 为从铸锭心部取样进行组织分析的结果。从图中可以看出合金的显微组织为近层片组织，平均晶粒尺寸约为 60 μm，沿层片晶界分布着白色衬度的网状组织。图 7 - 96 为铸锭冶金 TiAl 基合金主要物相的能谱分析结果。根据能谱分析可确定这些白色衬度组织为 B2 相［图 7 - 96（a）］，呈现块状形貌。相对于基体而言，B2 相中 Cr、Nb 和 W 元素含量较高，而 Al 含量较低。

图 7 - 95　铸造 TiAl 基合金热压缩试样的原始组织

铸造 TiAl 基合金在不同温度下压缩变形的真应力 - 应变曲线如图 7 - 97 所示。可以看到，与粉末冶金 TiAl 基合金曲线相似，铸造 TiAl 基合金也是温度、应变速率敏感材料。

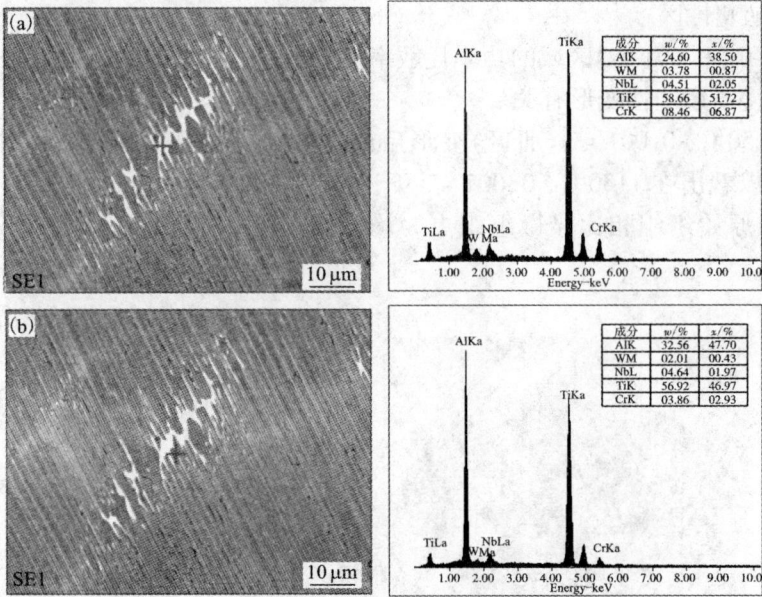

图 7-96　(a)B₂相(b)层片晶团

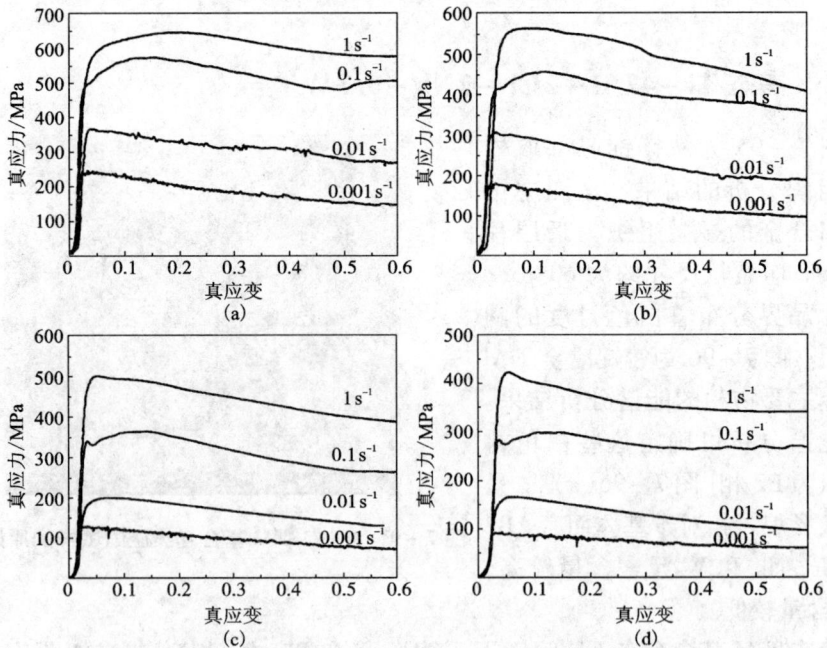

图 7-97　铸造 TiAl 基合金不同变形温度下的真应力-真应变曲线

(a)1000℃；(b)1050℃；(c)1100℃；(d)1150℃

　　粉末冶金 TiAl 基合金和铸造 TiAl 基合金在不同条件下压缩变形时峰值应力的比较分别如图 7-98 所示。

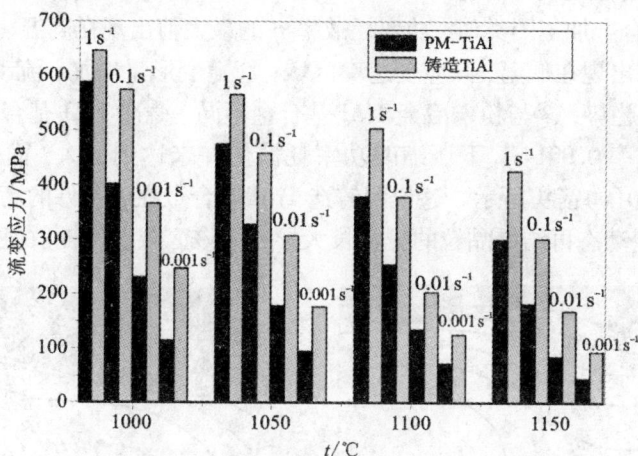

图 7-98　粉末冶金 TiAl 基合金和铸造 TiAl 基合金不同变形条件下的峰值应力

　　虽然两种材料在高温压缩变形时都表现出了明显的流变软化特征，但两者应力应变曲线仍有较大差别。相比而言铸造 TiAl 基合金的加工硬化现象更为明显，且铸造 TiAl 基合金达到峰值应力时的应变都小于粉末冶金 TiAl 基合金。在相同的变形条件下，铸造 TiAl 基合金的流变应力要明显大于粉末冶金 TiAl 基合金的流变应力。在 1100℃，1 s⁻¹ 的变形条件下，铸造 TiAl 基合金的峰值应力比粉末冶金 TiAl 基合金的峰值应力高了 125 MPa。

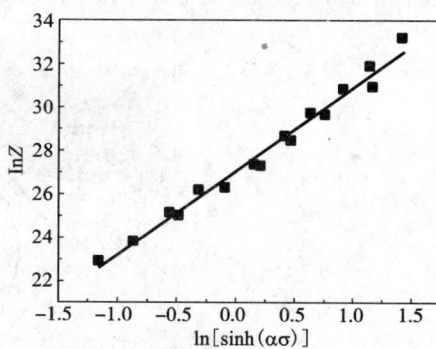

图 7-99　流变应力与 Z 参数的关系

　　通过线性回归处理，可得到 $\ln Z$ 和 $\ln[\sinh(\alpha\sigma)]$ 的关系，如图 7-99 所示。

　　经过计算，得到变形激活能 Q 为 380.99 kJ/mol，最终得到铸造 TiAl 基合金在温度为 1000~1150℃，应变速率 0.001~1 s⁻¹ 的变形条件下的本构方程为：

$$\dot{\varepsilon} = 4.63 \times 10^{11} [\sinh(0.0046\sigma)]^{3.22} \exp[-380.99/(RT)] \qquad (7-18)$$

　　由于热变形激活能 Q 是表征材料热变形难易程度的物理量，热变形激活能 Q 值越小，材料越易于进行热塑性变形。计算出的铸造 TiAl 基合金的热变形激活能高于粉末冶金 TiAl 基合金的热变形激活能，可以认为粉末冶金 TiAl 基合金较铸造 TiAl 基合金更易于进行热塑性变形。

铸造 TiAl 基合金在应变 $\varepsilon=0.1$、0.4 及 0.6 时的加工图如图 7 – 100 所示。将铸造 TiAl 基合金与粉末冶金 TiAl 基合金的加工图进行对比可以看出：①与粉末冶金 TiAl 基合金加工图类似，功率耗散率 η 的最大值出现在高温、低应变速率区域，η 最小值则出现在低温、高应变速率区域；②随变形量增加，流动失稳区（阴影部分）也有扩大趋势；③与粉末冶金 TiAl 基合金不同，铸造 TiAl 基合金在变形温度 1150℃，应变速率 $0.001\ s^{-1}$ 下压缩时功率耗散值并未达到最大，而是有减小的趋势，如图 7 – 100(c) 箭头所示。这说明铸造 TiAl 基合金在该条件的高温变形机制仍为动态再结晶，动态再结晶晶粒的异常长大导致了该区域功率耗散值的减小。

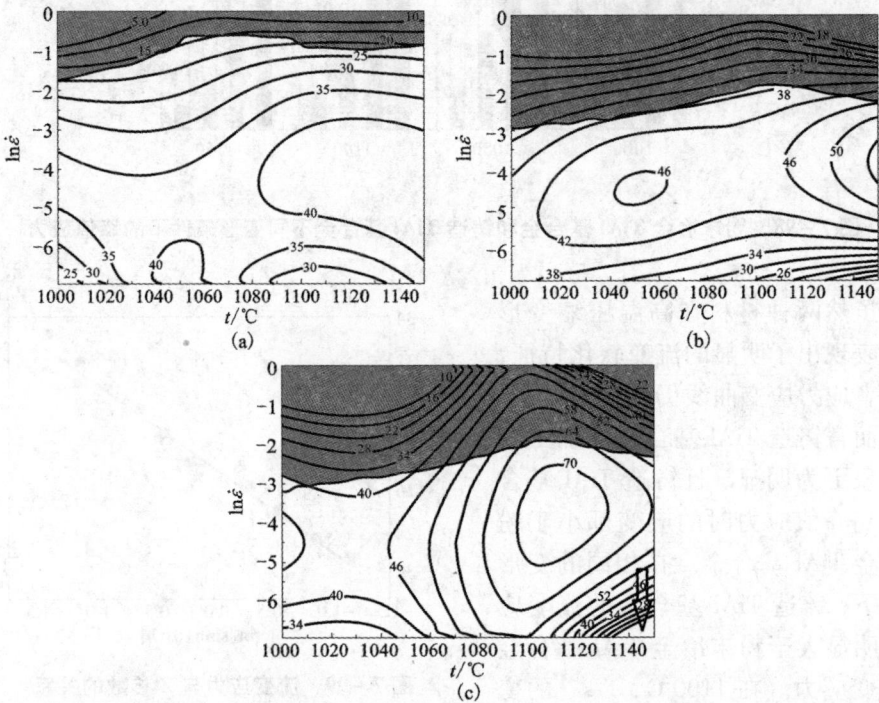

图 7 – 100　铸造 Ti – 47Al – 2Cr – 2Nb – 0.3W 合金在不同应变下的加工图

(a)0.1；(b)0.4；(c)0.6

结合铸造 TiAl 基合金变形后的显微组织对 $\varepsilon=0.6$ 的加工图的失稳区和安全区分别进行考察。

图 7 – 101 表示的是在不同变形条件下压缩应变 $\varepsilon=0.6$ 后试样的宏观形貌。1050℃，$1\ s^{-1}$ 变形时试样落入流变失稳区，试样侧面出现开裂，开裂的方向与压缩轴方向平行[图 7 – 101(a)]。与之相对，1100℃，$0.001\ s^{-1}$ 的变形条件对应的是加工图上安全区域，此时试样可以很好地变形[图 7 – 101(b)]。

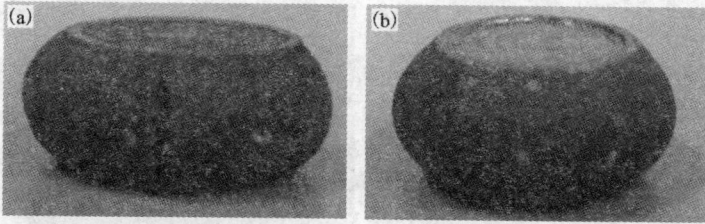

图 7 - 101　不同变形条件下压缩后铸造 TiAl 基合金试样宏观形貌

（a）在 1050℃，1 s^{-1} 变形后表面纵裂；（b）在 1100℃，0.001 s^{-1} 下很好的变形

图 7 - 102 表示了在不同变形条件下压缩应变 $\varepsilon = 0.6$ 后试样的显微组织。在 1050℃，1 s^{-1} 变形后试样内部可以看到较明显的局部塑性流动现象［图 7 - 102（a）］，对应的功率耗散率低于 30%。此时变形所吸收的大部分能量以变形热的形式扩散到材料中去，引起局部温度升高，使得材料的变形集中于这些区域，造成材料变形和微观组织的不均匀，材料内部组织流动也比较紊乱，从而引起变形失稳。而经 1100℃，0.001 s^{-1} 变形后的组织由动态再结晶形成的细小等轴晶、呈流线型/直线型的 α_2/γ 层片晶团和带状分布的 B2 相组成［图 7 - 102（b）］，对应的功率耗散值在 65% 左右，此时变形吸收的能量以动态再结晶的形式耗散。

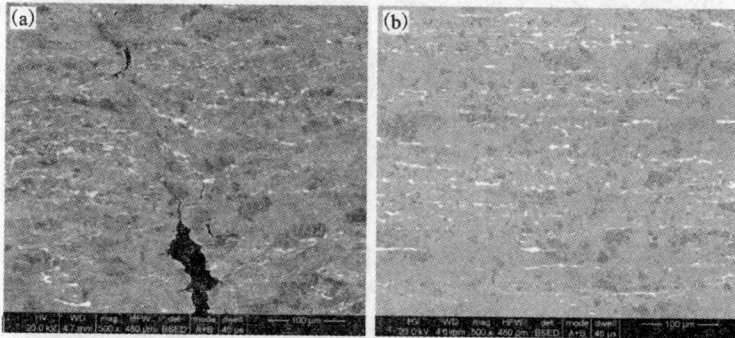

图 7 - 102　不同变形条件下压缩后铸造 TiAl 基合金试样显微组织

（a）1050℃，1 s^{-1}；（b）1100℃，0.001 s^{-1}

铸造 TiAl 基合金在相同应变速率（0.1 s^{-1}），温度为 1050℃、1100℃ 下压缩变形 $\varepsilon = 0.6$ 后的显微组织如图 7 - 103 所示。

在 1050℃ 变形时再结晶晶粒数量较少，主要是层片的弯曲和扭折，以及晶界 B2 相沿变形方向的流线型拉长。温度升高至 1100℃ 时，层片组织发生剧烈变形，部分层片被破碎，再结晶晶粒数量明显增加。动态再结晶的发生也对应真应力 - 真应变曲线中出现的流变软化现象，从而说明了合金的流变软化是变形过程中的动

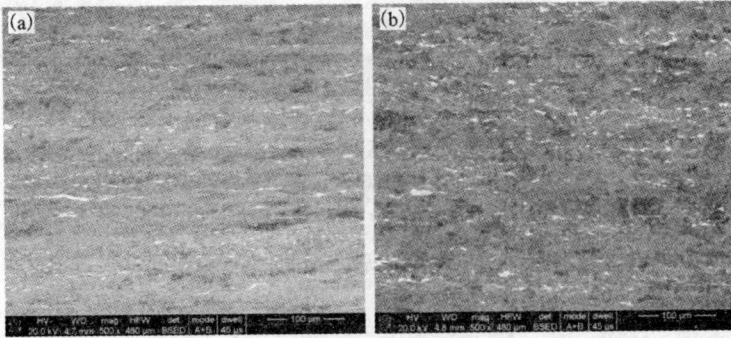

图 7 – 103　铸造 TiAl 基合金试样在 0.1 s^{-1}
(a)1050℃；(b)1100℃变形后的显微组织

态再结晶导致的。流线型层片状组织形成于层片处于软取向发生大变形时；直线型片层状组织则形成于层片处于硬取向时，只是在垂直于变形方向上被拉长。此外，原来大的块状 B2 相也被破碎，并沿合金的流动方向分散开，形成带状分布区。

　　铸造 TiAl 基合金在 1150℃，不同应变速率下压缩变形 $\varepsilon = 0.6$ 后的显微组织如图 7 – 104 所示。

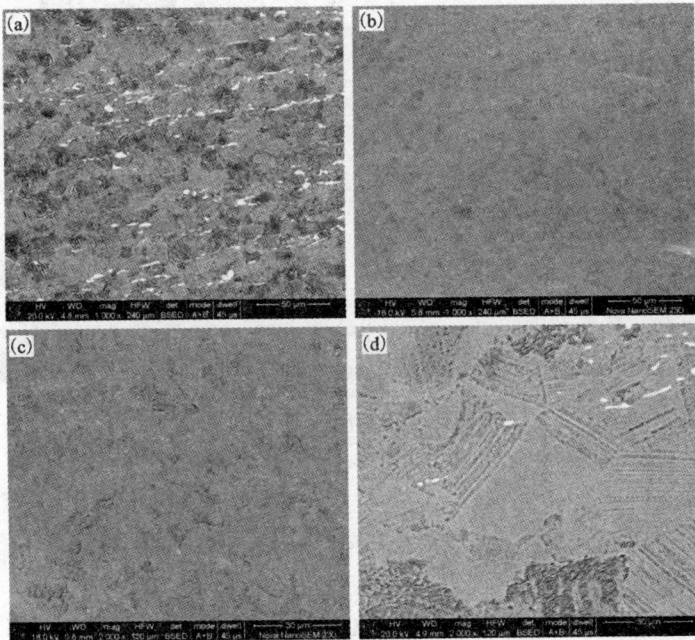

图 7 – 104　铸造 TiAl 基合金试样在 1150℃不同应变速率下变形后的显微组织
(a)0.1 s^{-1}；(b)、(c)0.01 s^{-1}；(d)0.001 s^{-1}

铸造 TiAl 基合金在 1150℃，应变速率 0.1 s^{-1}下变形时，铸态粗大的层片晶团在高温压缩变形过程中由于发生动态再结晶而得到有效细化；块状 B2 相也被破碎呈带状分布。当应变速率降低到 0.01 s^{-1}时，样品心部动态再结晶基本完全，此时在心部也没有观察到 B2 相的存在。当应变速率继续降低至 0.001 s^{-1}时，由于在高温区的长时间停留，导致变形过程中再结晶晶粒的异常长大。此现象对应了图 7-104(d) 中该变形条件下真应力-真应变曲线动态再结晶软化特征减少，同时也与热加工图功率耗散值在该变形条件下减小的变化规律一致。

结合上述分析结果可以得出如下结论：再结晶晶粒尺寸随着温度的升高和应变速率的降低而增加，即随着 Z 参数的减小，再结晶晶粒数量增多，再结晶晶粒尺寸也随之增大。动态再结晶晶粒尺寸随 Z 参数变化的关系如图 7-105 所示。

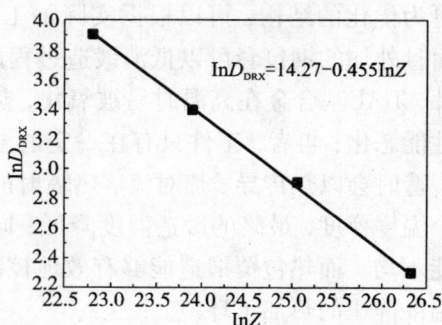

$\ln D_{DRX}=14.27-0.455\ln Z$

图 7-105　动态再结晶晶粒尺寸随
Z 参数变化的关系

铸造 TiAl 基合金在 1100℃，0.01 s^{-1}条件下压缩变形量 $\varepsilon=0.1$，$\varepsilon=0.4$ 和 $\varepsilon=0.6$ 的 TEM 照片如图 7-106 所示。在应变量 $\varepsilon=0.1$ 时，可以观察到界面附近产生了位错环结构。当应变量增加到 0.4 时，显微组织观察发现样品内部出现了孪晶。由于层片晶团具有的滑移系较少，会在高温塑性变形过程中产生大量应力集中，在变形开始后就形成孪晶。当应变量继续增加至0.6时，可以看到变形组织内部发生了明显的再结晶。

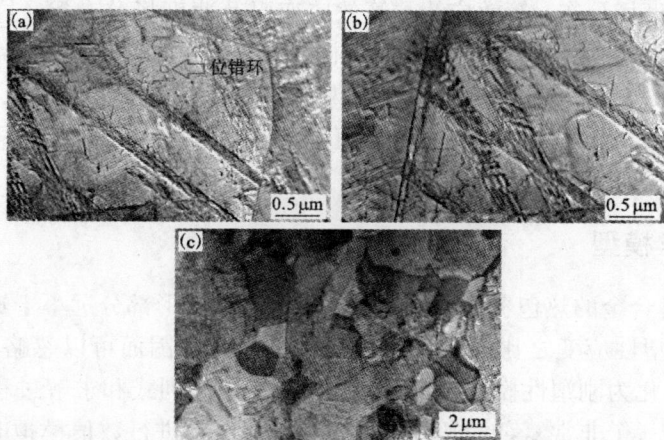

图 7-106　铸造 TiAl 基合金试样在 1100℃/0.01 s^{-1}下经不同变形量变形后的 TEM 照片

(a)应变0.1；(b)应变0.4；(d)应变0.6

7.5 粉末冶金钛铝基合金的包套锻造变形行为

前述的研究结果表明，无论是粉末冶金方法还是铸造方法制备的 TiAl 合金热变形性能都有待改进，主要的问题是塑性流动能力较差，加工窗口较窄，工艺控制难。

热包覆锻造是一种基于传统包套锻造技术发展起来的新型热加工工艺，具有更为优化的结构，可以根据实际加工要求，自由装配组合。它对设备要求简单，而且外加的钢包套可以抵消锻造过程产生的二次拉应力，避免了锻坯的开裂；此外，TiAl 基合金在高温时易被氧化，热包覆锻造能够很大程度降低因氧化带来的性能恶化；再者，工件只有在一定的温度范围才能用于热加工[70]，工件在转移和锻造时会以热传导、热对流、热辐射的方式损失热量，使工件表面与内部呈现一个温度梯度，最终的锻造温度降低，同时因温度分布不均匀而造成锻后组织和性能不均。而热包覆锻造能够有效地控制温降，为难变形 TiAl 基合金锻坯提供准等温准静压的热加工环境。

由于热包覆锻造是一个多因素的复杂系统，一方面，热包覆锻造不仅与工件复杂的几何形状有关，而且还与模具与材料间的摩擦力、材质、温度及润滑条件等许多因素有关；另一方面，材料在塑性变形状态下本构关系的非线性、塑性变形引起的材料各向异性以及大变形带来的几何非线性等，使得热包覆锻造问题很难求得精确解。近年来由于计算机技术的发展，数值模拟应用于金属塑性加工领域中已起到非常重要的作用。通过数值模拟，可以获得在实际情况中很难得到的数据，例如温度场分布、等效应力、等效应变以及速度场分布等，这对实际的锻造实验起到了很好的预测作用。在本节中利用有限元商业软件 Deform – 3D 来模拟热包覆锻造过程以及对热包覆机构和热包覆锻造参数进行了优化，分析锻造过程中锻坯的温度场、应力应变场、损伤值等分布。然后在实验室中采用相似的变形条件和参数，对数值模拟的结果进行了验证。

7.5.1 数学模型

在 TiAl 基合金的热包覆锻造过程中，由于弹性变形部分远小于塑性变形部分（弹性应变与塑性应变之比通常在 1/100 ~ 1/1000），因而可以忽略其弹性变形，将材料模型简化为刚塑性模型，从而大大简化有限元列式和求解过程。由于热包覆锻造过程是一个非常复杂的塑性变形过程，在对其进行数值模拟时，有必要作出某些必要的假设和近似：①不考虑材料的弹性变形；②材料均匀且各向同性；③材料不可压缩，体积保持不变；④不考虑重力和惯性力等的影响；⑤材料的变形服从 Levy-Mises 流动理论；⑥加载条件给出刚性区与塑性区的界限。

（1）热变形行为分析方法

理想刚塑性材料变形多采用马可夫变分原理（Markov Principle）：对于刚塑性边值问题，在满足变形几何方程式 $\dot{\xi}_{ij} = \dfrac{1}{2}(\nu_{i,j} + \nu_{j,i})$，体积不可压缩条件式 $\dot{\xi} = \dot{\xi}_{ij}\delta_{ij} = 0$ 和边界位移速度条件式 $\nu_i = \nu_i^0$ 下，其真实解使罚函数 $\delta\Pi_2 = 0$，即 $\delta\Pi_2 = \int_v \overline{\sigma}\delta\dot{\xi}\mathrm{d}V + \alpha\int_V \dot{\xi}\delta\dot{\xi}_V\mathrm{d}V - \int_{S_p} p_i\delta v_i\mathrm{d}S = 0$，式中 α 为罚因子，取值一般为 $10^5 \sim 10^7$。

经过对求解区域进行离散化和对上面的方程进行线性化处理后，可以得到 $[K]\{\Delta u\}\{F\}$ 矩阵式，式中：$[K]$ 为刚度矩阵；$\{\Delta u\}$ 为速度的修正项；$\{F\}$ 为节点力矢量的残差。通过这个线性方程组可以得到 $\{\Delta u\}$，进而通过迭代收敛得到真实速度场，以及变形过程中的应力、应变等各种变形信息。

（2）温度场分析方法

对于各相同性的连续介质，需满足导热微分方程：$\dfrac{\partial t}{\partial \tau} = a\nabla^2 t + \dfrac{q_v}{\rho c}$，式中，$\nabla^2 t$ 是温度 t 的拉普拉斯运算符，$\dfrac{a}{\rho c}$ 为材料的导温系数，τ 为时间，q_V 为内热源的强度，由工件塑性变形功率转换而来，可用公式 $\dot{q}_v = \eta\overline{\sigma}\,\dot{\xi}$ 表示，式中参数分别为热生成功率、等效应力、等效应变。把上式转化为求泛函极值问题，并在泛函中引入热辐射、热对流等具体的边界条件。

热对流边界条件：$-\lambda\dfrac{\partial T}{\partial n} = h(T - T_0)$，式中 h 为对流换热系数，T_0 为空气温度；

热辐射边界条件：$-\lambda\dfrac{\partial T}{\partial n} = \sigma\xi(T^4 - T_0^4)$，式中 σ 为 Stefan-Boltz mann 常数，ξ 为黑度系数。

（3）传热耦合分析

热变形工件内部的塑性变形和传热发生在同一空间域和时间域，但由于变形和传热二者分别由瞬态刚塑性变值问题和瞬态热传导问题描述，因此其对应的场量难以采用联立求解的方法分析，从前述分析可知，刚塑性有限元法采用增量法逐步解出工件的塑件变形有关的场量（加速度场、应力场、应变场等），而温度场则采用时间差分格式逐步积分得到。这样可以在某一瞬时分别计算变形和温度，通过二者之间的联系，将它们的相互影响作用考虑进去，以便达到热变形过程的耦合分析。

通过离散化处理建立矩阵 $[K]\{T\} + [C]\{\dot{T}\} = \{Q\}$，式中 $[K]$ 为热传导矩阵，$[C]$ 为热容矩阵，$\{Q\}$ 为热流向量。同时对时间域采用有限差分网格进行离散，$T_{n+1} = T_n + \Delta t\left[(1 - \beta)\dfrac{\partial T_n}{\partial t} + \beta\dfrac{\partial T_{n+1}}{\partial t}\right]$，式中 β 取值应为 $[0, 1]$。从而可以求

出变形过程中的温度场。

(4)有限元网格重划分技术

在热包覆锻造过程中，由于工件的变形量比较大，会使部分网格出现不同程度的扭曲，产生网格畸变，这些网格在有限元计算中就会变得不可用，使计算精度大大降低。这是因为在锻造的初期，原始坯料形状比较简单，网格中的单元形状及密度都比较容易控制，可是随着变形的发展，坯料的几何形状变得复杂，并且各部分的变形不一致，这使得与坯料发生同样变形的有限元网格单元的形状逐渐变坏，甚至产生畸变，若把这种已经畸变的网格形状作为增量分析的参考状态，将导致计算精度降低，甚至不能继续进行计算；另外，在变形过程中，变形工件与模具型腔表面之间有很大的相对运动，使得工件的某些边界网格与模具发生边界干涉，这时网格边界所描述的工件外形与模具型腔形状相差较大，将会使模拟结果产生误差。因此，对于涉及复杂大变形的成形过程，很难用一成不变的网格把变形过程模拟到底。当这种情况产生时必须进行网格重划分，在旧的网格基础上重新生成新的网格信息，保证后续计算的进行，这种方法对大型的复杂的线性和非线性问题的求解是很必要的。网格重划分的判别是进行网格再划分操作时首先要解决的问题。目前，网格重分的判据很多，主要依据是单元畸变和工件与模具的干涉。这两条判据与塑性成形的大变形密切相关，应用起来简单方便，而且基本上能满足塑性有限元模拟的精度。在有限元模拟过程中，在检测到网格中发生畸变和干涉时，可以先对少量的畸变或干涉网格进行局部调整，调整无效或畸变网格过多时可以再进行网格重划分。网格调整的方法主要有以下几种：①调整某些节点的位置，以改善畸变网格的质量。这种方法简单，且易实现，但容易丧失精度。②在单元边或单元面上增加新节点。该方法不会改变网格的拓扑关系，但缺点在于由于形函数改变而使计算量有所增加。③局部网格细分。对与模具发生干涉或严重畸变的单元划分，把新单元填加到旧网格中。该方法由于增加了新单元，刚度矩阵的带宽将增大。新的有限元网格重新生成后，还需要将旧网格上的有关状态参量传递到新的网格上。对于刚黏塑性有限元法，这些状态参量包含等效应变、速度场和边界条件等。状态参量一般是以节点信息的形式进行传递的。由于采用缩减积分，单元的等效应变等于该单元形心处的等效应变值。所以对于单元等效应变的传递包括以下两部分：①将单元形心处的等效应变插值到旧单元的节点上，通常采用体积加权平均法处理；②通过插值的方法，将旧网格节点的等效应变值 ε_i 传递到新网格上。

7.5.2 模拟前处理

(1)几何模型

粉末冶金 TiAl 基合金热包覆锻造几何模型如图 7 – 107，TiAl 工件外面被低碳钢包套包覆,低碳钢直接与上冲头和垫块接触。为了使结果更加精确,模拟中考虑了上冲头和垫块的温升,从而使计算时间延长。

(2)假设条件

TiAl 基合金的弹性变形远小于其塑性变形,所以锻造模型简化为刚塑性模型。在变形过程中时间较短,TiAl 基合金的一些相关性能取值为常数。模型中

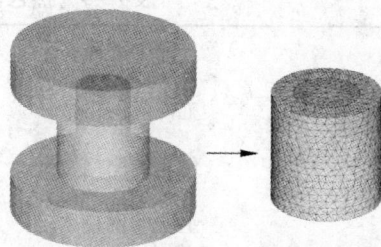

图 7 - 107 TiAl 基合金热包覆锻造几何模型与工件网格划分示意图

所用到的传热系数也定义为常数。为了简化模拟过程,将整个过程分为 3 个步骤:①从炉子到工具的转移过程(时间为 10 s);②坯料在工具上的停留过程(2 s);③锻造过程。

(3)材质与尺寸

在包套尺寸优化研究中,坯料为粉末冶金 TiAl 基合金,尺寸为直径 $d = 60$ mm,高 $h = 100$ mm。包套和垫片材质均为低碳钢,包套尺寸分别为厚度 $d = 10$ mm、20 mm、30 mm,高 $h = 120$ mm;垫片直径 $d = 60$ mm,高 $h = 10$ mm。在包套结构优化研究中,坯料为粉末冶金 TiAl 基合金,尺寸为直径 $d = 60$ mm,高 $h = 100$ mm;包套和垫片材质均为低碳钢,包套厚度 $d = 20$ mm,高 $h = 120$ mm;垫片直径 $d = 60$ mm,高 $h = 8$ mm;隔热层为硅酸铝纤维板,直径为 60 mm,厚度为 2 mm。低碳钢采用 Deform - 3D 材料数据库所定义的塑性应力应变曲线。其热膨胀率、比热容和导热系数随温度呈非线性变化。而 TiAl 基合金的 key 文件由自己建立,通过热模拟实验得到的不同温度和应变速率下的应力应变曲线,然后导入到 Deform - 3D 材料库中。TiAl 基合金的性能参数见表 7 - 8。

(4)初始条件和约束的处理

将 Pro - e 建模后的模型导入到 Deform - 3D 中,模型中接触部分的接触公差由 Deform - 3D 自动生成。对工件和包套进行网格划分,具体参数见表 7 - 9。然后选择热辐射面,环境温度设为 20℃,热对流系数为 Deform - 3D 的默认值。热包覆锻造的变形量 $\Delta h/h$ 均为 50%,再根据最小网格和压下量选择步长和步数。

表 7 - 8 TiAl 基合金的物理性能参数

E/GPa	$\alpha/10e^{-6}$	$\lambda/(W \cdot m^{-1} \cdot K^{-1})$	$\rho/(kg \cdot m^{-3})$	$c/(J \cdot kg^{-1} \cdot K^{-1})$	e
170	10.8	17.16	3900	800	0.7

表 7 - 9   热包覆锻造模拟中的加工参数

加工参数	数值
工件的网格数	12000
包套的网格数	12000
垫块的网格数	3000
摩擦系数	0.3(lubricated)
传热系数/($N \cdot s^{-1} \cdot mm^{-1} \cdot ℃^{-1}$)	11

7.5.3　锻造参数的选择

(1)锻造温度

对于粉末冶金 TiAl 基合金而言,温度越高,其流变应力越小,但是温度的升高会造成组织的粗化,而且温度越高,对设备的要求越高,使成本增加。在锻造温度区间,粉末冶金 TiAl 基合金会发生一定程度的氧化,而且氧化行为随着温度和时间会有所变化。氧化产物可能使 TiAl 基合金性能降低,影响 TiAl 基合金的锻造能力。因此,合适的锻造温度是影响热包覆锻造能否有效进行的一个重要因素。

前期研究发现,粉末冶金 Ti - 47 - 2Cr - 0.2Mo($x/\%$)合金热包覆锻造的最佳温度区间为 1100 ~ 1200℃,温度大于 1200℃时,低碳钢包套对 TiAl 基合金约束变形的能力急剧降低。

图 7 - 108 是粉末冶金 Ti - 47Al - 2Cr - 0.2Mo($x/\%$)合金在不同加热温度与保温时间下的单位面积氧化增重曲线。从图中可以发现粉末冶金 TiAl 基合金在 1200℃短时间氧化过程中,氧化增加最小,抗氧化性能最好。为了进一步降低由氧化带来的消极影响,可在 TiAl 基合金锻坯表面涂覆一层高温玻璃防护层。高温玻璃防护液是由固态玻璃基料和黏结剂调和成悬浮状液体而成,高温时能在锻坯表面形成连续的保护膜,从而很大程度减缓了试样的氧化速度,这在图 7 - 108 中很好地反映了出来。

综合上述两个因素,考虑到锻造过程中变形致热引起的温升,将热包覆锻造温度选择为 1150℃。

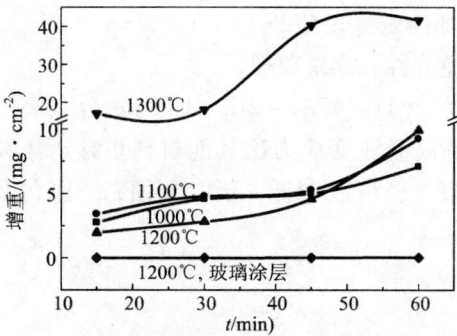

图 7 – 108　粉末冶金 Ti – 47Al – 2Cr – 0.2Mo 合金在热加工温度区间单位面积增重 – 时间曲线

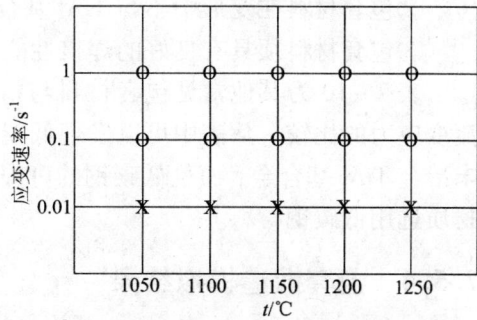

图 7 – 109　粉末冶金 Ti – 47Al – 2Cr – 0.2Mo 合金（$\phi 60 \times 100$ mm）热包覆锻造的加工窗口
（X 代表在此温度和应变速率下，高度方向上的最大变形量不能达到 50%；O 代表在此温度和应变速率下，高度方向上的最大变形量可以达到 50%）

（2）锻造速率

锻造速率也是影响粉末冶金 TiAl 基合金热包覆锻造的一个重要因素。锻造速率在变形分析中体现为应变速率。一般说来，平均应变速率 = 锻造速率/样品高度。对于粉末冶金 TiAl 基合金来说，应变速率越低，工件变形抗力越小，变形能力越大；但是低的应变速率使锻造时间延长，从而导致大幅度的温降，因此一个合适的锻造速率是非常重要的。在本实验中先通过 Deform – 3D 软件模拟热包覆锻造过程，从图 7 – 109 模拟结果可以看出，当应变速率在 $0.1 \sim 1$ s^{-1} 这个数量级内锻造能够进行，而且应变速率越低，得到的锻坯越完好。结合到实验室锻造设备的速度区间，选择热包覆锻造速率为 15 mm/s。

表 7 – 10　粉末冶金 TiAl 基合金与其他常见包套材料高温流变应力的比较

	低碳钢	316L		Ti		Ti – 6Al – 4V			TiAl		
t/℃	1150	1100		1000		1000			1150		
应变速率 /s^{-1}	1	0.25	8	0.25	16	0.01	0.1	1	0.01	0.1	1
流变应力 /MPa	197	91	150	18	81	21	42	74	82	181	295

（3）包套材质的选择

在热包覆锻造过程中，包套材质选择有如下几个原则：

①在锻造温度时，包套的流变应力应该尽量接近 TiAl 基合金的高温变形抗力，从而有利于协调变形，获得完好的锻坯；

②包套材料在变形中不与 TiAl 基合金坯体发生反应；

③包套材料须具有良好的焊接性能及经济性，容易获得。

表 7-10 为其他常见包套材料与粉末冶金 Ti-47Al-2Cr-0.2Mo 合金高温流变应力的比较。从表中可以发现低碳钢的高温流变应力比其他材料更接近于粉末冶金 TiAl 基合金，而且低碳钢的可焊性好，经济成本低，获取方便，所以包套材质选用低碳钢材料。

7.5.4　包套锻造模拟结果

为了方便分析包套厚度对粉末冶金 TiAl 基合金工件在锻造过程中的温度场和变形行为的影响（等效应力、等效应变、损伤值分布），沿锻造方向将锻坯平分成两部分。

1. 包套尺寸优化

（1）粉末冶金 TiAl 基合金的温度场分布

图 7-110(a)~图 7-110(c)为不同包套厚度的粉末冶金 TiAl 基合金分别经过从炉子转移到压机，在压机上停留，锻造过程后的温度场分布示意图。从图中可以看出，TiAl 基合金锻坯的温降最先从端角处开始且两端的温降明显大于侧面温降。当包套厚度为 10 mm 时，TiAl 基合金工件在转移过程中的温降约为 20℃；随着包套厚度的增加，温降减少；当包套厚度增加至 30 mm，工件内部能够获得一个温降不明显、均匀分布的温度场。工件在压机上停留和锻造后的温度场分布情况与在转移过程中的情况大概一致。当热包覆锻造后，由于剧烈的塑性变形粉末冶金 TiAl 基合金工件的温度可瞬时升至 1800℃。

（2）粉末冶金 TiAl 基合金的流变行为

图 7-111 为不同包套厚度的 TiAl 基合金工件的等效应变的分布。等效应变在工件的中心部分达到最大值，而在两端的等效应变最低。随着包套厚度的增加，工件的最大等效应变降低，但是最小等效应变得到提高。同时从图中可以发现平行于锻造方向上的等效应变随着包套厚度的增加分布更加均匀，但是工件的变形程度降低。图 7-112 为工件的等效应力分布。从图中可以发现，等效应变在工件中心获得最小值，而在工件两端的等效应力是最大的，这和等效应变分布是恰好相反的。随着包套厚度的增加，沿锻造方向上的等效应力变化不是很大，可是垂直于锻造方向上的等效应力却随包套厚度的增加而变化。图 7-113 是工件的损伤值分布图。当包套厚度为 10 mm 时，缺陷可能在工件的两端或者侧鼓处形成，同时缺陷在侧鼓处出现的几率要大于出现在两端的几率。当包套厚度增加至 20 mm，损伤值分布范围没有多大的改变但是损伤值大大降低，说明缺陷出现的几率大幅度的降低。包套厚度为 30 mm 时，只有在工件两端出现低损伤值的分布，锻后的工件表面完好无损。

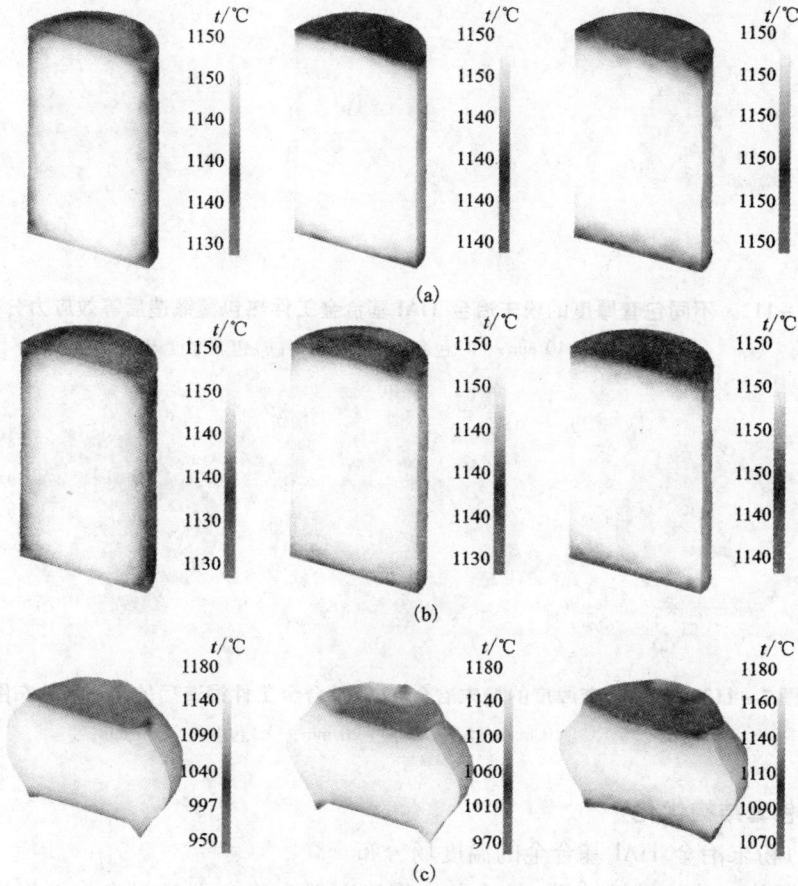

图 7 - 110　不同包套厚度的粉末冶金 TiAl 基合金的温度场分布

（从左到右：10 mm，20 mm，30 mm）

（a）工件从炉子转移到压机后；（b）工件在压机上停留 2 s 后；（c）热包覆锻造后

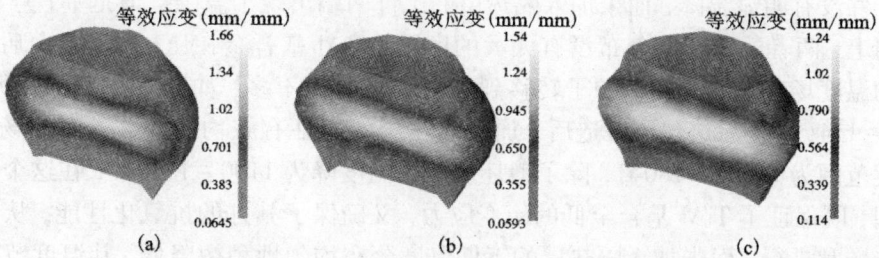

图 7 - 111　不同包套厚度的粉末冶金 TiAl 基合金工件热包覆锻造后等效应变分布图

（a）包套厚度 10 mm；（b）包套厚度 20 mm；（c）包套厚度 30 mm

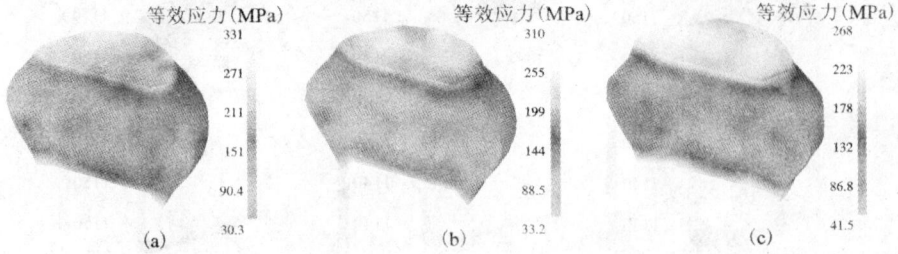

图 7 – 112　不同包套厚度的粉末冶金 TiAl 基合金工件热包覆锻造后等效应力分布图

(a)包套厚度 10 mm；(b)包套厚度 20 mm；(c)包套厚度 30 mm

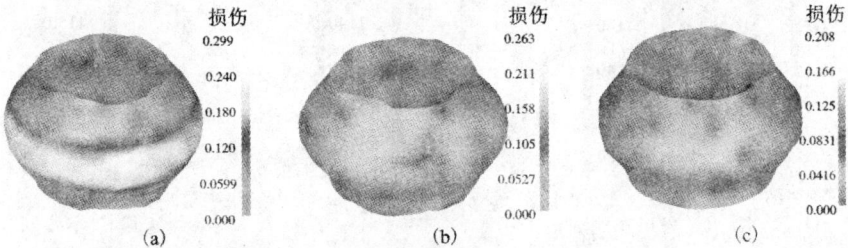

图 7 – 113　不同包套厚度的粉末冶金 TiAl 基合金工件锻造后的损伤值分布图

(a)包套厚度 10 mm；(b)包套厚度 20 mm；(c)包套厚度 30 mm

2. 包套结构优化

(1)粉末冶金 TiAl 基合金的温度场分布

根据前一节的模拟结果，综合包套厚度对粉末冶金 TiAl 基合金温度场和变形行为的影响，在包套结构优化的模拟中，包套的厚度选择 20 mm。图 7 – 114(a) ~ 图 7 – 114(c)为 TiAl 基合金分别经过从炉子转移到压机，在压机上停留后，锻造后的温度场分布示意图。在图 7 – 114(a)中可以发现沿着锻造方向，加入隔热层的工件没有明显温降，而未加入隔热层的工件两端出现了温降。但是垂直于锻造方向上，两者的温度场分布没有太大的区别。TiAl 基合金在压机停留 2 s 后，两者的温度场分布情况和从炉子转移到压机的情况差不多，如图 7 – 114(b)所示。图7 – 114(c)显示热包覆锻造后，加入隔热层的工件有着均匀分布的温度场，其温度范围为 1160 ~ 1180℃，除了锻坯端角处温度降为 1100 ~ 1150℃，在这个温度区间，既保证了 TiAl 基合金低的流变应力，又确保了其好的抗氧化性能，从而使锻造顺利进行；而未加入隔热层的工件温度分布均匀性稍微降低，其温度范围为 1080 ~ 1182℃。

(2)粉末冶金 TiAl 基合金的流变行为

图 7 – 115 为不同包套结构的粉末冶金 TiAl 基合金的等效应变分布示意图。

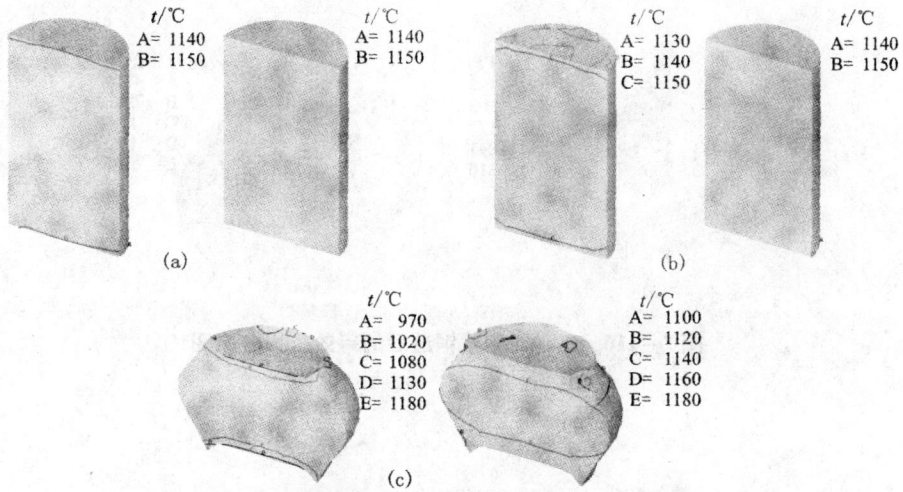

图 7 - 114 不同包套结构的 PM TiAl 基合金的温度场分布

（左边的图是未加隔热层的，右边的图是加入隔热层的）

（a）从炉子转移到压机；（b）在压机上停留后；（c）热包覆锻造后

从图中可以看出加入隔热层后，工件的等效应变分布更加均匀，易变形区增大，小变形区扩展到易变形区，而难变形区面积减少且变形程度也有所增加，等效应变在锻坯中部达到最大值 1.70。而且，其塑性变形程度比未加入隔热层的工件的大。图 7 - 116 为不同包套结构的 TiAl 基合金的等效应力分布示意图。加入隔热层后，由于温度场分布均匀且温降小，锻坯的等效应力大大减少，特别是靠近锻坯的两端，由于隔热层的加入降低了锻坯与压机之间的热传递，温降减少，从而等效应力大幅度的降低。图 7 - 117 为 TiAl 基合金热包覆锻造后的损伤值分布图。从图中可以看出，加入隔热层后的锻坯的损伤值更低且分布范围更小，说明缺陷出现的可能性进一步降低。

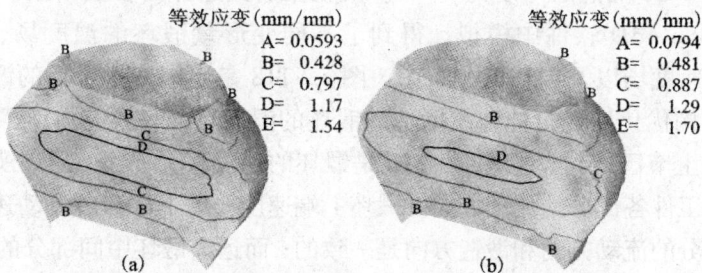

图 7 - 115 工件热包覆锻造后的等效应变分布图

（a）未加入隔热层；（b）加入隔热层

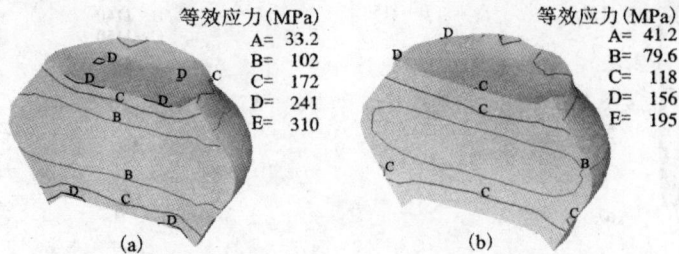

图 7 – 116   工件热包覆锻造后的等效应力分布图
（a）未加入隔热层；（b）加入隔热层

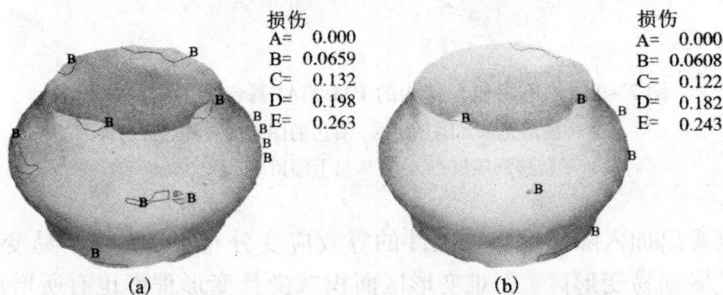

图 7 – 117   工件热包覆锻造后的损伤值分布图
（a）未加入隔热层；（b）加入隔热层

7.5.5 包覆锻造模拟

由前面的模拟结果得出，对于尺寸为 $\phi 60$ mm × 100 mm 的粉末冶金 TiAl 基合金，其最优化的热包覆结构为：包套厚度 20 mm；包套高度 120 mm；垫片尺寸为 $\phi 60$ mm × 8 mm；隔热层厚度为 2 mm。再根据前面选择的参数，通过 Pro – e 建模导入到 Deform – 3D 软件中模拟。得到了不同变形量锻坯的温度场、等效应力、等效应变、速度场以及损伤值分布图。图 7 – 118 是不同变形量后的锻坯形貌。

包套结构优化后经过热包覆锻造的锻坯的温度场、等效应力、等效应变和损伤值分布在上节已经讨论。图 7 – 119 是锻坯的速度场分布图，通过模拟可以预测锻造过程中工件各部分的流动方向。锻坯上端速度要比下部分的流动速度大，而且锻坯中间部分的流动方向和锻造方向是一致的；而远离锻坯中间部分的物质流动方向发生了改变，从而使工件在垂直于锻造方向上出现宽展，形成鼓状形态。

图 7 – 120 是热包覆锻造过程中的压头载荷 – 行程曲线。通过模拟，还可以发现在热包覆锻造过程中随着变形量的增加，压头所受力的变化趋势以及极大

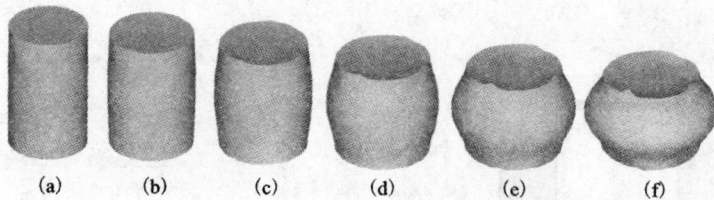

图 7 – 118　不同变形量的锻坯

(a)压下量0%；(b)压下量10.4%；(c)压下量21.6%；
(d)压下量32%；(e)压下量42.4%；(f)压下量50%

值。从图中可以发现在锻造开始阶段压头所受力突然增加，随后随着压下量的增加，压头所受的载荷接近于成线性增加。当压下量达到50%时，压头所受载荷大约为220 t。

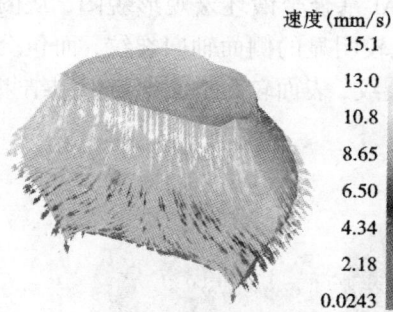

图 7 – 119　锻坯的速度场分布图

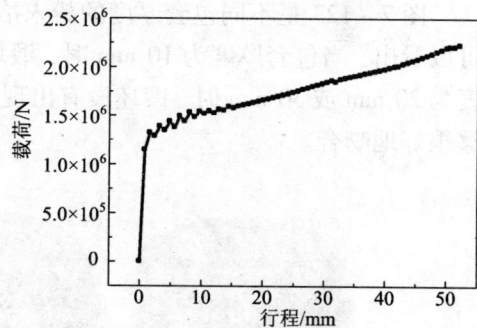

图 7 – 120　热包覆锻造过程中压头所受载荷 – 行程曲线

7.5.6　包覆锻造试验

用线切割从热等静压态、成分为 Ti – 47Al – 2Cr – 0.2Mo 合金大坯上取圆柱样，其尺寸为 $\phi60$ mm×100 mm。然后将低碳钢包套加工成圆柱筒 + 端盖的结构。端盖尺寸即垫片尺寸(垫片上开有沟槽，利于存放玻璃润滑防护液)，圆柱壁的厚度分别为 10 mm, 20 mm 和 30 mm, 在粉末冶金 TiAl 基合金工件表面涂覆玻璃润滑防护层，然后将包套与 TiAl 工件组合好，一起放入炉子加热到1150℃保温半小时，之后进行热包覆锻造，变形量为 50%，热包覆锻造后锻坯放置于石棉上空冷。图7 – 121为实验中的热包覆结构。

将锻坯用线切割去除包套，然后在不同部位取样(图7 – 122)，考虑到变形的对称性，只对区域 a，b，d，e 和 g 的组织进行表征与分析。

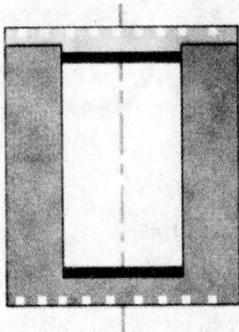

图 7 - 121　热包覆结构示意图

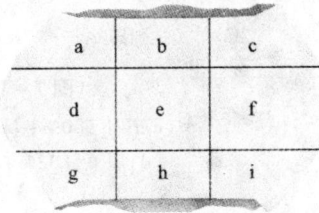

图 7 - 122　锻坯不同部位取样示意图

1. 锻坯宏观形貌

图 7 - 123 是不同包套厚度的粉末冶金 TiAl 基合金锻坯宏观形貌图，从图中可以看出，当包套厚度为 10 mm 时，锻坯出现较明显的侧面轴向裂纹，而包套厚度为 20 mm 或 30 mm 时，锻坯没有出现宏观裂纹，表面较光滑。这与模拟结果能够很好地吻合。

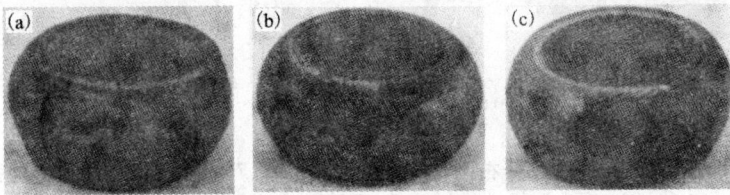

图 7 - 123　热包覆锻造后不同包套厚度的锻坯宏观形貌图

(a)10 mm；(b)20 mm；(c)30 mm

2. 锻坯微观组织

以前的研究发现，在包套锻造时，随着包套厚度的增加，由于包套能与 TiAl 试样进行协调变形，包套与 TiAl 试样之间的间隙慢慢消失，变形流线区的显微组织也趋于均匀。

对热包覆锻造后的锻坯进行了组织分析，主要表征了包套厚度为 10 mm 和 20 mm 的锻坯组织。图 7 - 124 为包套厚度为 10 mm 的锻坯不同部位的组织。从图中可以看出处于难变形区 a 和 b 的组织不是非常均匀，晶粒尺寸较大，变形程度较小，孔洞未完全消除，特别是区域 b 还保留了原始组织的形貌。区域 e 的组织与 a 和 b 组织相似。小变形区内 c 的组织较难变形区 a，b 和 c 细小，但是孔隙仍未完全消除。对于易变形区 *d*，其组织得到进一步细化，孔隙基本消除。图 7-125是包套厚度为 20 mm 的锻坯不同部位的组织。和包套厚度为 10 mm 的锻坯一样，难变形区 *a*，*b* 和 *c* 的晶粒尺寸比小变形区 *c* 和易变形区 *d* 的大，残余孔隙仍有存在。但是包套厚度为 20 mm 的锻坯组织比包套为 10 mm 的锻坯组织更均匀细小，变形程度大，致密度高。从而验证了模拟结果，包套厚度为 20 mm 的锻坯的变形组织均匀细小、变形程度较大，从而有利于获得优异的力学性能。

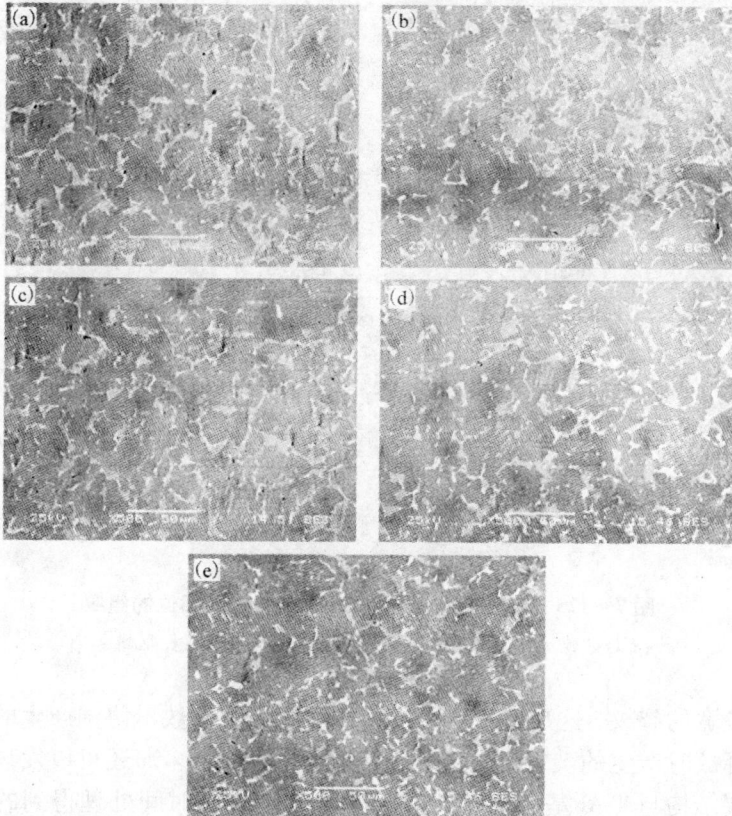

图 7-124　包套厚度为 10 mm 的锻坯不同部位的组织

(a)区域 *a*；(b)区域 *b*；(c)区域 *c*；(d)区域 *d*；(e)区域 *e*

3. 热加工温度区间的氧化行为

图 7-126 ~ 图 7-130 为粉末冶金 Ti-47Al-2Cr-0.2Mo 合金的氧化截面图及其氧化层线扫描元素分布图。从图 7-126 中可以发现所有的氧化层内部均未发现氮化物的存在。当温度在 1000℃时，TiAl 基合金仍保留了热等静压后的近 γ 组织。试样表面氧化层的厚度随着时间的增加而显著增加。同时在氧化层内，可

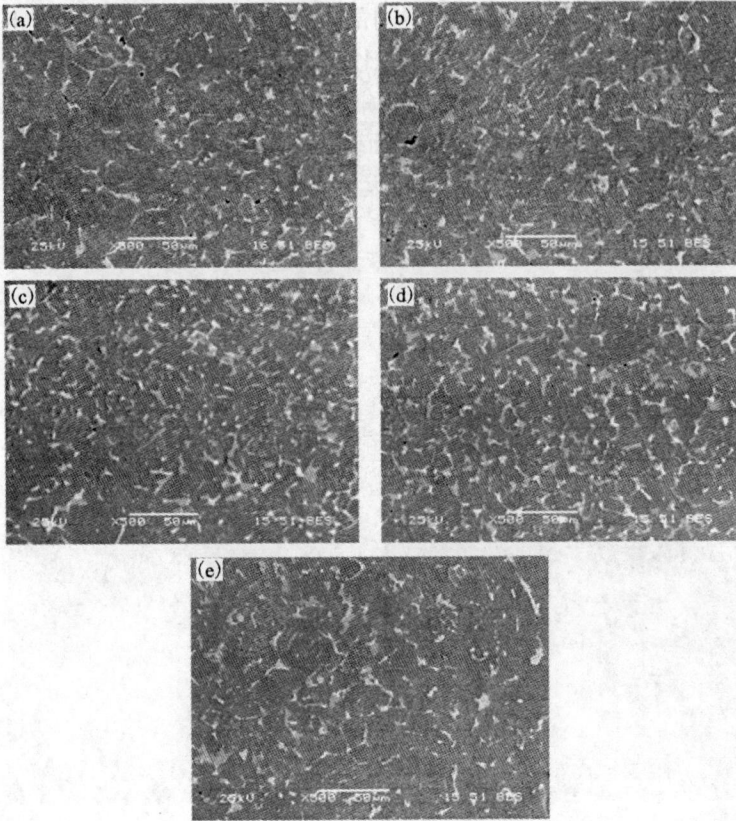

图 7 – 125 包套厚度为 20 mm 的锻坯不同部位的组织

(a)区域 a；(b)区域 b；(c)区域 c；(d)区域 d；(e)区域 e

以看到比较宽的裂纹，这是由于氧化过程中由于晶胞参数不协调产生的内应力在试样冷却释放时产生的。氧化层结构较疏松，孔隙比较多。还可以发现在该温度下的氧化层结构与 TiAl 基合金在其使用温度范围内长时间处理得到的氧化层结构存在着很大的相似性，均由四层组成：a 为氧化层 – 金属界面区，此区域贫 Al（富 Ti），其成分组成与 α_2 – Ti_3Al 相相似，形成的原因是因为 Al 元素在氧化过程中向外层发生偏扩散，其次氧是 α_2 – Ti_3Al 相的稳定元素，氧元素的固溶促进了 α_2 – Ti_3Al 的生成；区域 b 是一层较致密由 Al_2O_3 和 TiO_2 所组成的混合物；c 是 Al_2O_3 层和 TiO_2 层交替存在的区域，此区域由于 Al 的偏扩散导致 Kirkendall 孔洞的产生，使氧化层结构较疏松；d 是连续的多孔 TiO_2。在区域 b 和区域 c 之间存在较大的裂纹，在制样时需小心处理，否则易脱落。在 c 和 d 区域之间以及其内部，存在大量的孔隙，根据 Kirkendall 机制，Ti 原子从内部晶格向外扩散形成

TiO$_2$，留下的空位聚集在一起形成了孔洞。

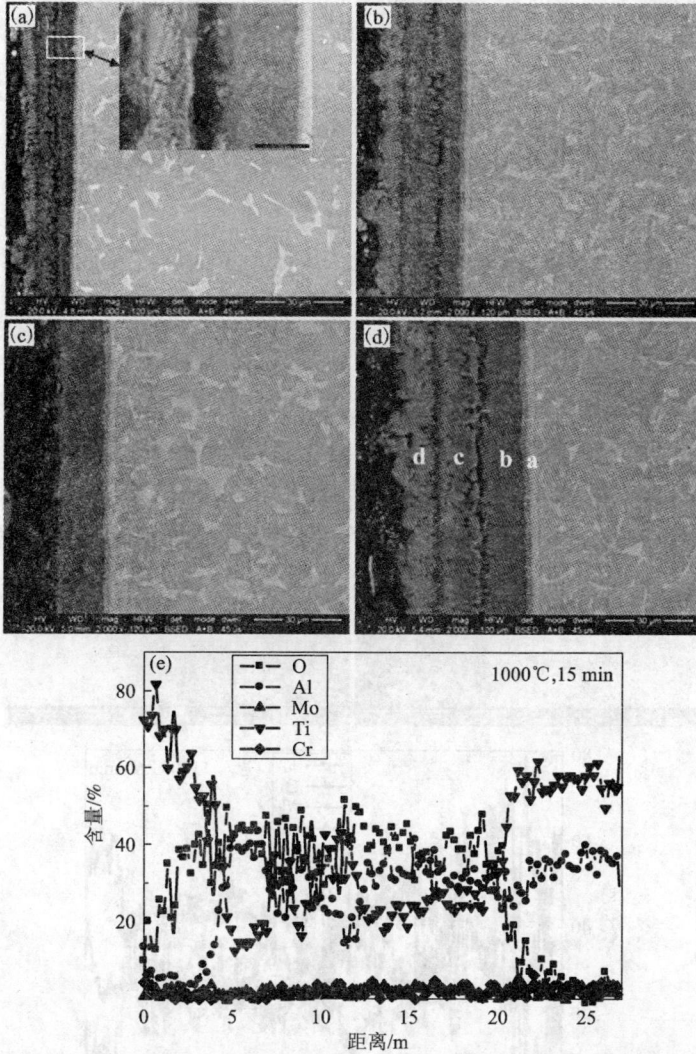

图 7 – 126　粉末冶金 Ti – 47Al – 2Cr – 0.2Mo 合金在 1000℃时的氧化截面图
(a)15 min；(b)30 min；(c)45 min；
(d)60 min 和(e)氧化层线扫描元素分布图

当温度增加到 1100℃，可以发现氧化层结构并没有发生太大的改变，仍然分为四区。然而 a 区，即贫 Al 区厚度有所增大且试样总的氧化层厚度也增大。贫 Al 增加不利于试样的抗氧化性能，因为 Al 含量的减少意味着 Ti 含量的增加，将有利于氧化层的增长。其次温度增加，基体内部的原子扩散更加剧烈，外界氧原子的扩散速率也大大增加。同时温度的增加降低了氧化物产生的吉布斯自由能，从而氧化更加剧烈。

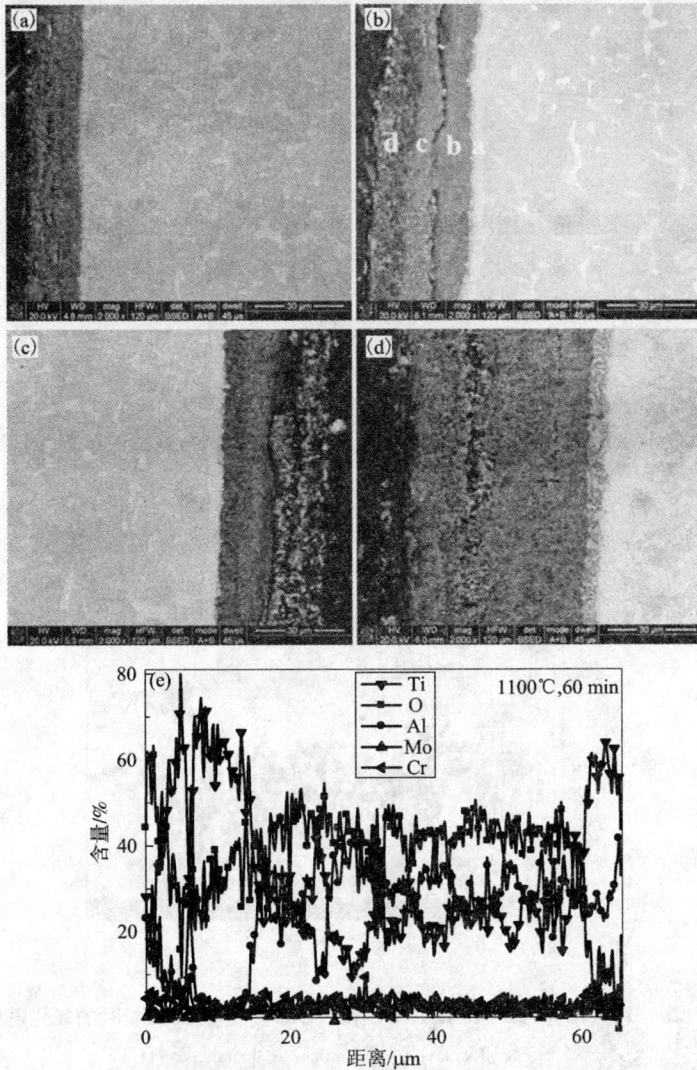

图 7 - 127　粉末冶金 Ti - 47Al - 2Cr - 0.2Mo 合金在 1100℃时的氧化截面图

(a)15 min；(b)30 min；(c)45 min；
(d)60 min 和(e)氧化层线扫描元素分布图

当氧化温度为 1200℃时，粉末冶金 TiAl 基合金的氧化层结构有所改变。从

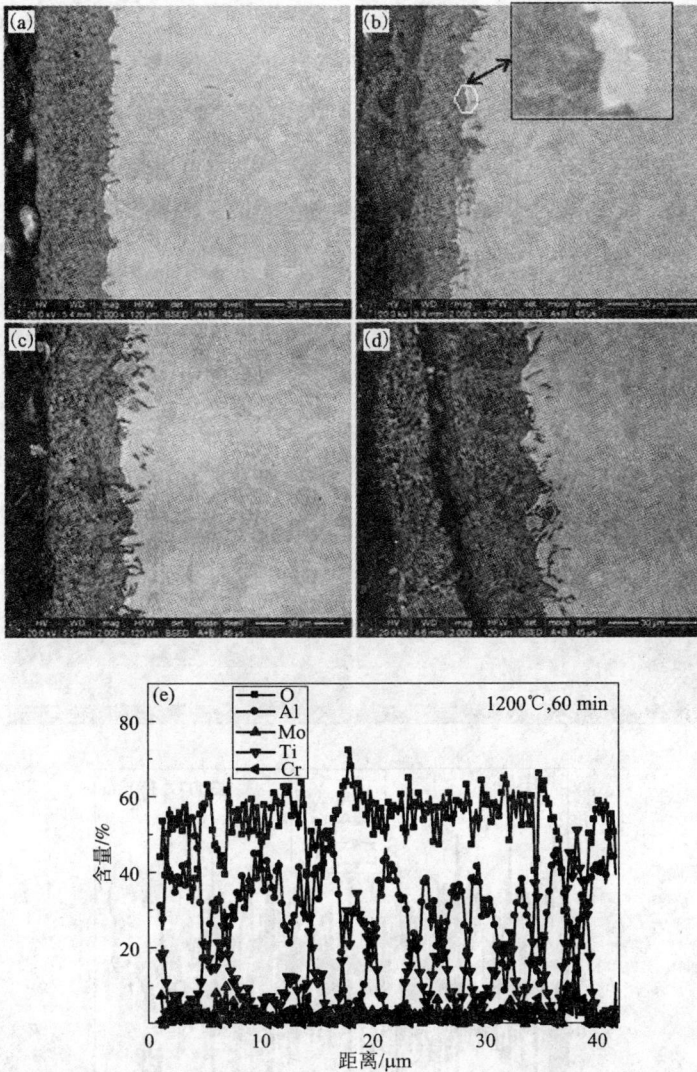

图 7 – 128 粉末冶金 Ti – 47Al – 2Cr – 0.2Mo 合金在 1200℃时的氧化截面图
(a)15 min; (b)30 min; (c)45 min;
(d)60 min 和(e)线扫描成分分布图

图 7 – 127 中可以发现氧化层内 Al_2O_3 含量明显增加，大部分区域含量大于 TiO_2 的含量，而且试样氧化层 – 金属界面有一层富 Cr、稍富 Mo 元素的氧化区，由于该区能够成为元素扩散的障碍，从而有力地降低氧化速率。其次试样氧化层内未有明显的界面，致密度提高，总的氧化层厚度大大降低，但是在 1200℃保温 60 min

后，氧化层厚度又稍微增加，在其氧化层内部也存在着大的裂纹。在氧化层 - 金属界面处可以看到 Al_2O_3 生成物向基体内部生长，使氧化层与金属界面变得不平。

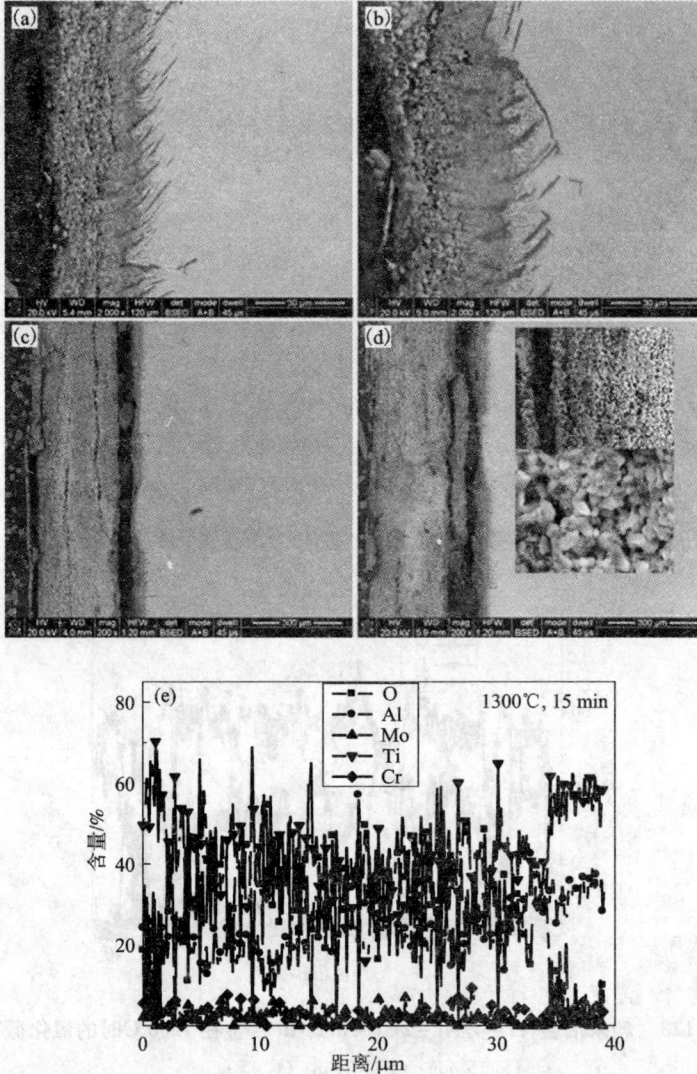

图 7 - 129　粉末冶金 Ti - 47Al - 2Cr - 0.2Mo 合金在 1300℃时的氧化截面图
(a)15 min；(b)30 min；(c)45 min；
(d)60 min 和(e)线扫描成分分布图

　　当温度继续上升至 1300℃时，粉末冶金 TiAl 基合金发生了非常严重的氧化。生成的氧化层不仅疏松多孔，而且存在很多裂纹。这使得氧原子扩散到基体中；

其次，温度的提高也使基体元素和氧元素的扩散速率提高，降低生成氧化物的自由能。基体与氧化层表面的富 Cr、Mo 元素层被破坏，生成了间断的 Al_2O_3 相。该层对元素扩散的阻碍能力大大降低，因此 TiAl 基合金的抗氧化性能大大降低。

同时在上述氧化层结构中可以发现氧化温度大于 1200℃ 的试样氧化层－金属界面是与基体不平行的。因为氧化层的形貌与金属基体和氧化层内部元素的扩散系数比相关。如果这个比例大于 1，则元素到达金属－氧化物界面要快于被氧化的时间，则这个界面是平行的。反之，如果比例小于 1，氧化反应就会在靠近界面的区域发生，导致氧化层区域向金属内部扩展，形成针状的金属－氧化物界面。当温度大于 1200℃ 时，元素的氧化速率大大增加，大于元素扩散速率的增大程度，所以试样形成的氧化层－金属界面为不平行的。

图 7-130 是不同氧化温度下 TiAl 基合金表面氧化层的物相分析结构，表 7-11 为氧化表层各物相的体积分数。从中可以发现当温度处于 1000℃ 时，TiAl 基合金表层氧化物主要是 TiO_2 和少量 Al_2O_3 组成。随着温度升高至 1100℃，表面氧化层出现新相 $TiAl_2O_5$ 相，而且有 $(Al，Cr)_2O_3$ 氧化物的生成。当温度继续升高时，TiO_2 含量减少，而新

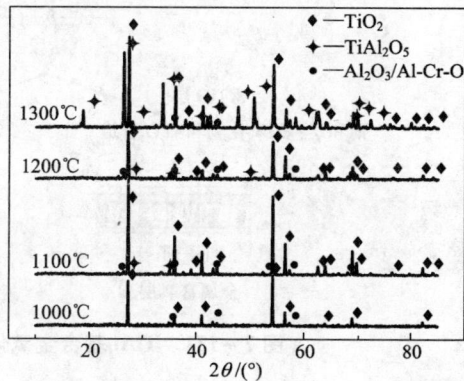

图 7-130　粉末冶金 TiAl 试样在不同氧化温度生成的最外层氧化物的物相分析

相 $TiAl_2O_5$ 含量继续增加，说明随着温度的增加，Ti 的活性降低。而 Cr 能为 Al_2O_3 的形核提供核心，形成了 $(Al，Cr)_2O_3$ 氧化物，而不是以 Cr_2O_3 的形式存在。因为 Cr_2O_3 会与氧气进一步反应生成易挥发性的 CrO_3，而线扫描元素分布图中未见 Cr 元素含量的降低。

表 7-11　TiAl 试样在不同氧化温度下表层氧化产物中各物相的体积分数

	1000℃	1100℃	1200℃	1300℃
TiO_2	84.6	96.0	52.4	46.1
ZXAl_2O_3/$(Al，Cr)_2O_3$	15.4(Al_2O_3)	3.0	3.3	5.8
$TiAl_2O_5$	0	1.0	44.3	48.1

图 7-131 描述了 TiAl 基合金表面氧化层结构的形成过程[30]，这能很好解释

上述氧化过程中氧化层的形成，由于此部分研究已经很多，因此只讨论 TiAl 试样在 1200℃ 表现出优异的抗氧化性能的原因。

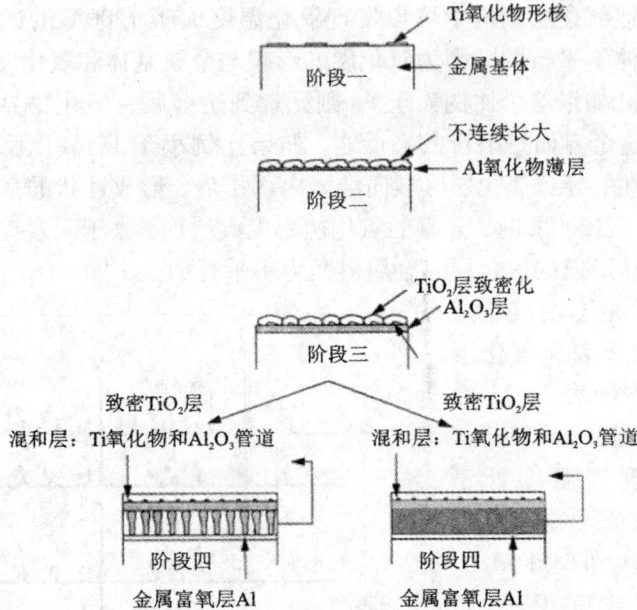

图 7 – 131　TiAl 基合金氧化结构形成示意图

可以从图 7 – 128 中发现，TiAl 基合金样品在 1200℃ 处理后，在氧化层与金属界面出现一富 Cr，稍富 Mo 的氧化层，而且氧化层内部较致密，Al_2O_3 成分含量明显大于 TiO_2 含量。因为致密的氧化层结构能够减少氧原子的扩散通道，从而减少氧分压，降低氧化动力学速度。从 Ti、Al 元素的氧化动力学和热力学角度考虑，$Gaskell^{[31]}$ 提供了两个计算公式：

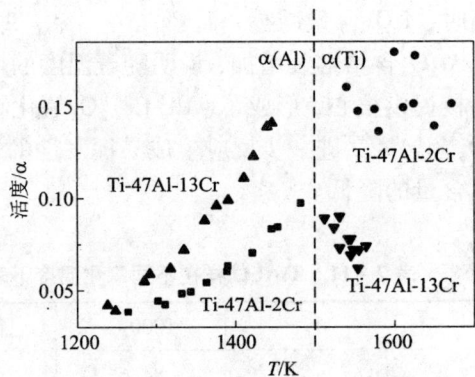

图 7 – 132　不同温度下 Ti、Al 活度值

$$\Delta G^{\ominus}_{TiO_2}(T) = -910000 + 173T \qquad (7-19)$$

$$\Delta G^{\ominus}_{Al_2O_3}(T) = -1676000 + 320T \qquad (7-20)$$

通过计算，从热力学角度讲，Al_2O_3 将会优先形成，但是 TiO_2 的生长动力学优势占主导作用。根据 Wagner 公式，凡是能提高 TiAl 中 Al 的活度，降低 Ti 的活度都有利于 Al_2O_3 的生成。随着温度的升高，Al 的活性增加，而 Ti 的活性出现波动变化，如图 7-132 所示[32]。同时，Cr 可以提高 Al 元素的活性，且首先生成的 Cr_2O_3 能够作为 Al_2O_3 成核的核心，降低形成 Al_2O_3 所需能量，因此 Al 不断向外层扩散形成$(Al, Cr)_2O_3$。Al 向外扩散从而促进界面处新相(有待进一步研究)的形成，Cr、Mo 是该新相稳定元素，因此在氧化层与界面处形成一层富 Cr、Mo 的氧化层。该氧化层对提高 TiAl 基合金的抗氧化性有促进作用。因为此氧化层能够成为元素扩散的障碍，即降低了元素的扩散速度，从而降低了 TiAl 基合金的氧化速度。Cr 对 TiAl 基合金高温氧化性能有双重作用。当含量低的时候，不能够形成均匀的 Al_2O_3 膜，只起到掺杂作用，增加氧空穴的浓度，从而使氧化速度增加；但当 Cr 的浓度增加(出现富集)，可以作为 Al_2O_3 结晶的核心，降低热力学形成 Al_2O_3 膜所需要的最低 Al 含量，扩大 Al 的扩散系数，有利于形成均匀的 Al_2O_3 膜，并有利于增加 TiO_2 和 Al_2O_3 混合层的致密度，提高氧化皮的黏附力。同时，Cr 的富集有利于减少 γ-TiAl 和 α_2-Ti_3Al 合金中氧的溶解度。也有文献指出，Cr 元素的原子半径较小，能够作为氧在扩散过程中的一种阻碍，从而降低氧化反应速度。Mo 的富集也有利于减少氧在基体中的溶解度，降低 Ti 原子的活动能力，减少了 Kirkendall 效应，从而氧化层的致密度提高，氧通道减少，抗氧化性能提高。而当温度继续增加时，此结构遭到破坏，因此对元素扩散约束减弱，TiAl 基合金内氧化生成不连续的 Al_2O_3 片层。

当试样表面涂覆玻璃防护层时，可以阻碍氧向基体扩散和溶解，试样抗氧化

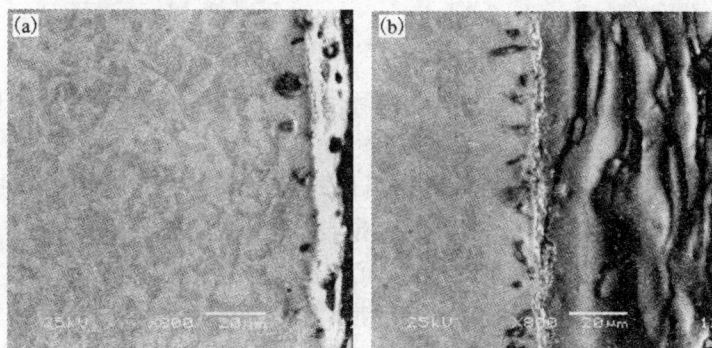

图 7-133 粉末冶金 Ti-47Al-2Cr-0.2Mo 合金
在 1200℃时的氧化截面图(表面涂覆玻璃防护液)
(a)30 min; (b)60 min

性能大大提高，如图 7-133 所示，TiAl 基合金试样表面的氧化层厚度急剧减少。在氧化层-金属界面处有一贫 Al 区，未见 Cr、Mo 富集区，可能是由于在 1200℃时玻璃防护液熔融在试样表面，把试样与空气隔离，从而改变了氧分压，改变了试样的氧化动力学，使 Al 优先氧化生产一层致密的 Al_2O_3，阻碍了试样的进一步氧化，从而导致界面处形成贫 Al 区。

2. 包套对工件温度场的影响

粉末冶金 TiAl 基合金热包覆过程中，包套能够降低工件的热损。在工件由炉子转移到压机这个过程中，工件的热损分为两部分：包套的热传递以及包套的热辐射。根据热传递公式，工件的热传递也由两个部分组成：第一部分是沿工件的径向，采用圆柱壁稳态传热模型；第二部分是沿锻造方向，采用平板稳态传热模型。通过平板稳态传热为：

$$dQ_1 = \left[\frac{2\pi L(1150 - T_1)}{\frac{1}{\lambda_1} \ln \frac{r_1}{r_1 - t}} + \frac{2\pi r_1^2 \lambda_1 (1150 - T_1)}{d_1} \right] dt \qquad (7-21)$$

式中：r_1 为工件的半径，λ_1 为粉末冶金 TiAl 基合金的热传递系数，d_1 为热传递的距离。

工件的热损为

$$dQ_2 = c_1 m_1 dT \qquad (7-22)$$

式中：c_1 和 m_1 分别为粉末冶金 TiAl 基合金的比热容和质量。

当温度场稳定时，工件的热损要等于通过包套热传递的热量，即

$$dQ_1 = dQ_2 \qquad (7-23)$$

同时通过热辐射后的热量必须等于工件和包套的热损，

$$c_0 \varepsilon \left(\frac{T_2}{100} \right)^4 s dt = c_1 m_1 dT + c_2 m_2 dT \qquad (7-24)$$

式中：c_0 为 5.67 J/($m^2 \cdot K^4$)（黑体辐射系数），c_2 和 m_2 分别为低碳钢包套的比热容和质量。

随着包套厚度的增加，包套的热损也相应增加，因此工件的热损会相应降低。当包套的厚度足够大时，工件的热损可以忽略。根据式(7-21)，T_1 将接近取值为 1150℃，即 TiAl 基合金工件表面的温度将近似等同于工件中心温度。包套的热损能够弥补由于热辐射导致的热损。在稳态热传递中，在任何时候包套的热辐射能损要等于包套内部热传递的热量。同时包套内部的热传递可以分解成两个部分：第一部分是通过圆柱壁，采用圆柱壁稳态传热模型；第二部分是通过两端的垫块，采用平面稳态热传导模型，即，

$$c_0 \varepsilon \left(\frac{T_2}{100} \right)^4 s = \frac{2\pi L \lambda_2 (1150 - T_2)}{\ln(r_1 + d)/r_1} + \frac{2\pi r_1^2 \lambda_2 (1150 - T_2)}{d_2} \qquad (7-25)$$

$$c_0\varepsilon\left(\frac{T_2}{100}\right)^4 s\mathrm{d}t = -c_2 m_2 \mathrm{d}T \qquad\qquad (7-26)$$

式中：d 和 d_2 分别为包套厚度和垫片厚度，λ_2 为低碳钢垫片热传递系数。

综合式（7-25）和式（7-26），得出 $T_2 = 1100\,℃$，$d = 17\ \mathrm{mm}$。

通过上述计算，可以得出对于尺寸为 $\phi 60\ \mathrm{mm} \times 100\ \mathrm{mm}$ 的粉末冶金 TiAl 基合金工件，包套厚度为 17 mm 就足以使工件在锻造过程中保持相对稳定的温度场。

工件在压机停留和锻造后的过程中，除了通过包套热辐射导致温降外，包套和压机之间的热传递也会导致热损。Boër[33] 指出在金属的形成过程中，热传递导致温降的作用远远大于热辐射。包套热辐射导致的热损为：

$$\mathrm{d}Q_1 = c_0\varepsilon\left(\frac{T_2}{100}\right)^2 \times s\mathrm{d}t \qquad\qquad (7-27)$$

热传递导致的热损为

$$\mathrm{d}Q_2 = \frac{\lambda_2}{d_2}(T_1 - T_3) \times 2\pi r_1^2 \mathrm{d}t \qquad\qquad (7-28)$$

式中：T_1 和 T_3 分别为工件和压机的温度。由于空气的热容远远小于压机的热容，热辐射散失的热量会远远小于包套与压机之间热传递的热量，因此工件两端的温降会明显大于侧面温降。

当在 TiAl 基合金工件两端添加隔热层后，工件内部能够获得一个均匀分布的温度场。通过包套与压机之间的热传递的热量为

$$\mathrm{d}Q_2 = \frac{\lambda_2}{d_2}(T_1 - T_3) \times 2\pi r_1^2 \mathrm{d}t \qquad\qquad (7-29)$$

λ_2 在温度区间 $600 \sim 1200\,℃$ 取值为 $31.4\ \mathrm{W\cdot m/℃}$。然而当加入硅酸铝纤维隔热层后，$\lambda_2$ 变成 $0.2\ \mathrm{W\cdot m/℃}$，远小于压机的热传递系数。因此，隔热层能够降低由于热传递而导致的温降，从而使工件的温度分布均匀。

3. 包套对工件变形行为的影响

从模拟的结果可以看出，包套厚度对粉末冶金 TiAl 基合金的变形有着很大的影响。包套厚度越厚，TiAl 基合金的最大等效应变越小，变形更加均匀。作者通过热模拟实验研究了包套厚度对 TiAl 合金的变形行为的影响，发现当包套厚度较小时，工件内部出现了大的剪切应力，从而导致工件的非均匀变形；当包套厚度增加，大的剪切变形消除，变形变得均匀。同时，包套能够为 TiAl 基合金工件提供一个侧向压应力，从而降低工件在变形过程中的流动，阻止了微裂纹的产生。

在高温时，低碳钢比粉末冶金 TiAl 基合金更易变形，同时，低碳钢本身也存在着非均匀变形。当包套厚度较小时，包套对工件变形的约束非常小，因此工件的变形不均匀；除此之外，工件侧面拉应力比较大，导致侧面裂纹的产生。当包套厚度增加为 20 mm 和 30 mm 时，包套的变形应力相应增加。当包套的变形速

率等于或小于工件的变形速率时，包套和工件将会协调变形；而且由于包套对工件的约束变大，工件侧面的压应力也会增加。从而工件能够均匀变形，虽然变形程度得到一定的降低。侧面的压应力也有利于裂纹的焊合。图 7 – 134 中为不同包套厚度的粉末冶金 TiAl 基合金工件侧面鼓形处的应力状态。从图中可以得出当包套厚度为 10 mm 时，应力状态为拉

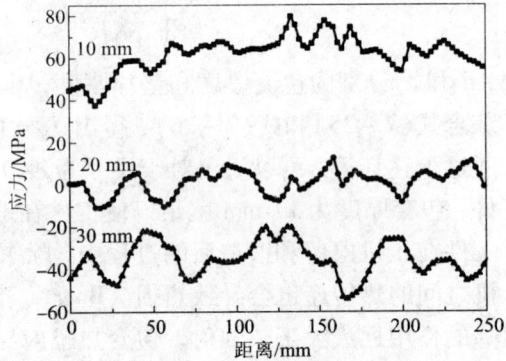

图 7 – 134　不同包套厚度的工件
侧面鼓形处的应力状态

应力状态，当包套厚度增加为 20 mm 和 30 mm 时，应力状态转变为压应力状态。考虑到包套厚度增加，加工成本会增加，最大等效应变会降低，所以选取优化后的包套厚度为 20 mm。

当在工件两端加入了隔热层后，工件能够均匀变形，因为工件内部温度场分布均匀。在热包覆锻造过程中，工件内部会发生动态回复和动态再结晶，在一定程度上减少了加工硬化的效应，从而改善了加工态的组织。均匀分布的温度场促使了均匀变形组织的形成，阻碍了裂纹在应力集中、组织不均匀的区域形成。

因此，综合粉末冶金 Ti – 47Al – 2Cr – 0.2Mo 合金的热变形行为和抗氧化行为，热包覆锻造的加工参数选择为锻造温度为 1150℃，压机的速率为 15 mm/s（平均应变速率为 0.15 s^{-1}），包套材质选择为低碳钢。随着包套厚度的增加，TiAl 基合金工件的温度场分布更加均匀。然而当包套厚度增加到一定程度后，包套的保温作用不是很明显。对于 TiAl 基合金尺寸为 φ60 mm × 100 mm 的坯体，包套厚度为 17 mm 就足以为锻坯保持一个准等温的环境。TiAl 基合金工件端面温降要大于其侧面温降。为了获得温度和等效应变分布均匀的工件，可以考虑在工件两端加入隔热层。包套的厚度对 TiAl 基合金的变形行为有很大的影响。随着包套厚度的增加，TiAl 基合金工件的最大等效应变降低，但是其变形均匀性增加，且缺陷出现的几率大大降低。一般来说，最优包套厚度与坯料直径的关系为：$d \approx (2/3)r$。

7.5.7　现场试验

选用 Ti – 47Al – 2Cr – 0.2Mo 合金球形预合金粉末。将分级后粒度均匀的预合金粉末放入尺寸为 φ250 mm × 125 mm 的 45$^{\#}$ 钢包套内；经高温脱气和真空封焊后，在一定工艺条件下进行热等静压处理，获得大型粉末合金压坯；采用机加工

方法去除包套，最终制备出尺寸为 $\phi220\ mm \times 105\ mm$ 的大型粉末冶金 TiAl 基合金坯料。

图 7 - 135　大型粉末冶金 TiAl 基合金坯体制备过程的宏观形貌演变

(a)热等静压前的包套；(b)热等静压后的包套；

(c)去除包套后的坯体的正视图；(d)去除包套后的坯体的俯视图

通过对热包覆复合锻造工艺的仿真模拟结果的分析，并根据实验室现有的设备条件，对数值模拟结果进行的实验验证所选定的加工设备为 500 t 油压机，粉末冶金 TiAl 坯料尺寸为 $\phi80\ mm \times 100\ mm$，见图 7 - 136。

图 7 - 136　用于热包覆锻造实验的 500 t 油压机(a)和粉末冶金 TiAl 合金坯料(b)

为了使热包覆复合锻造的坯体产品达到尺寸规整、厚度均匀、组织性能良好，包覆机构的结构形式和选材质地是非常关键的。科学合理的热包覆机构可以避免复合锻造加工过程中出现的机构开裂、锻坯被压出套筒以及黏连等问题。基于对热包覆机构组合方式和结构形式的优化研究,针对粉末冶金 TiAl 基合金坯体的实际尺寸,设计了相应的包覆机构,如图 7 - 121。

粉末冶金 TiAl 基合金坯料必须完成足够的应变量才能实现晶粒的充分细化和达到一定的尺寸规格。然而,根据前述的研究结果,仅仅通过一个道次的热包覆锻造明显很难达到目标尺寸,必须经过至少两个道次才能完成,所以,提出了粉末冶金 TiAl 基合金的热包覆复合锻造工艺方案,其设计原则如下:

①加热原则。尽量在保护性或中性气氛中加热,避免长时间停留在再结晶温度范围内,以免晶粒长大;适当延长保温时间,以确保坯料芯部达到规定温度。

②变形原则。可采取多道次小应变的复合锻造思路,在粉末冶金 TiAl 基合金热加工条件允许之变形条件下,通过适当的增加锻造道次来实现大型板坯的成形;严格控制实际道次间隔时间,保证锻坯的充分软化。

③冷却原则。热处理将决定粉末冶金 TiAl 基合金板坯最终的宏观组织、显微组织和力学性能等。对于实际锻后的冷却过程,影响因素主要是热加工后的残余应力,这在大型坯体成形过程中表现得尤为突出。

在粉末冶金 TiAl 基合金等温复合锻造过程中,锻压道次间的停歇时间是不可忽略的关键问题之一。在此停歇过程中,粉末冶金 TiAl 基合金内部的组织和性能将发生明显的变化,在随后的变形中将表现出不同的力学行为。这种力学行为的变化一般表现为流变应力和硬度的下降,即变形材料发生软化现象。这种软化通常是亚动态再结晶、静态再结晶及静态回复共同作用的结果,对变形材料的性能具有直接的影响,是工艺控制中必须考虑的问题。因此,对这种软化规律的研究,可为实际生产工艺的制定和材料性能的控制提供理论依据。一般地,可采用力学软化法来研究热变形道次间的软化规律,并引入参数 Fs(软化率),其定义为[34]:

$$Fs = \frac{\sigma_m - \sigma_2}{\sigma_m - \sigma_1} \times 100\% \qquad (7-30)$$

式中:σ_1 和 σ_2 分别表示第一、二道次热变形的屈服应力;σ_m 是第一道次卸载时的流变应力值。

当 $Fs = 1$ 时,表示在两道次热变形的间隔时间内,加工硬化得以完全消除,材料回复到变形前的力学状态,这是完全再结晶的结果。

当 $Fs = 0$ 时,表示在两道次热变形的间隔时间内没有发生任何程度的软化现象。

当 $0 < Fs < 1$ 时,表示在两道次热变形的间隔时间内,发生了一定的回复和再结晶,材料获得一定程度的软化。

表 7 - 12 为粉末冶金 TiAl 基合金等温复合热压缩过程中道次间软化率的实验结果,图 7 - 136 为相同应变速率、相同变形温度、不同保温停歇时间、不同道次变形量两道次压缩的真应力 - 真应变曲线。

表 7 - 12　粉末冶金 TiAl 基合金等温复合热压缩过程中道次间的软化率

	(a)	(b)	(c)	(d)
软化率/%	31.68	85.17	55.28	60.23

　　从表 7 - 12 和图 7 - 137 中可以看出，道次保温停歇时间较短(1 min)时，粉末冶金 TiAl 基合金的软化率较低，第二道次热变形的屈服应力值明显高于第一道次卸载时的流变应力值；道次保温停歇时间较长(5 min 和 10 min)时，粉末冶金 TiAl 基合金的软化率较高，第二道次热变形的屈服应力值明显低于第一道次卸载时的流变应力值。由图 7 - 137(a)、7 - 137(c) 和 7 - 137(d) 可以看出，在变形温度和第一道次变形相同的条件下，随着道次保温停歇时间的延长，热变形道次间的软化率逐渐增大；由图 5 - 4(a) 和 5 - 4(b) 可以看出，在变形温度和道次保温停歇时间相同的条件下，第一道次变形量大的，软化率明显变大。流变应力的变

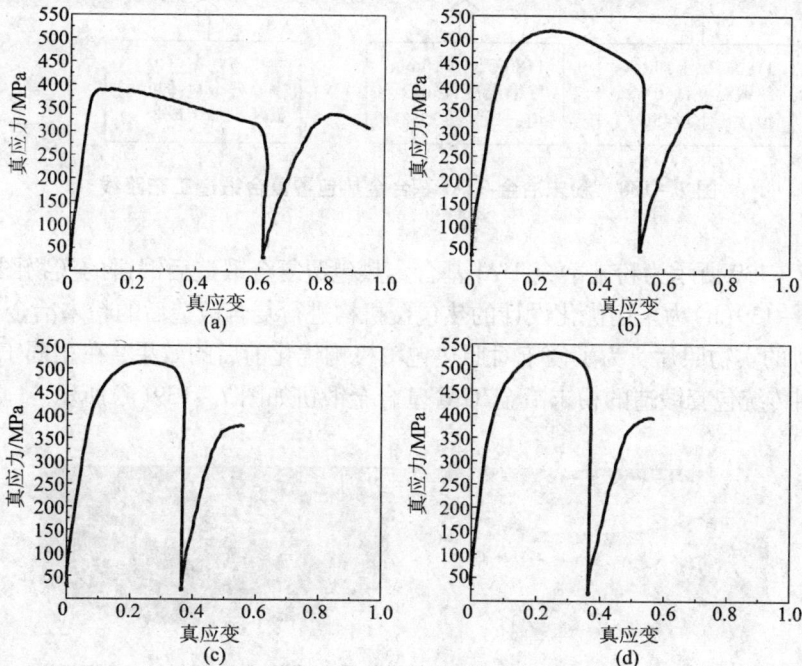

图 7 - 137　在 1150℃/2.5s⁻¹的条件下，

不同道次变形量和保温停歇时间，两道次压缩的真应力 - 真应变曲线：

(a)第一道次变形量25%　保温停歇时间1 min，第二道次变形量25%；(b)第一道次变形量35%　保温停歇时间1 min，第二道次变形量25%；(c)第一道次变形量25%　保温停歇时间5 min，第二道次变形量20%；(d)第一道次变形量25%　保温停歇时间10 min，第二道次变形量30%

化反映了变形材料内部组织结构的变化。粉末冶金 TiAl 基合金等温多道次热压缩过程是加工硬化同动态回复和动态再结晶软化过程的一个动态平衡过程。塑性变形过程的实质是位错的运动，位错运动总是不可避免地造成变形金属内部组织结构的不稳定，使变形的任何阶段都存在着加工硬化。而动态回复和动态再结晶则是与之相反的组织变化，通过点缺陷扩散和位错运动，使内部组织趋于稳定，从而减少加工硬化效应，使材料得以软化。在卸载停歇期间，当温度足够高时，这种回复和再结晶软化过程还将继续进行，消除加工硬化，使材料达到更为稳定的状态。此外，第一道次变形程度越大，储存的畸变能就越高，从而促使回复和再结晶的速度加快。

通过前面对粉末冶金 TiAl 基合金热包覆复合锻造工艺的模拟与优化，提出以下工艺路线，如图 7－138。

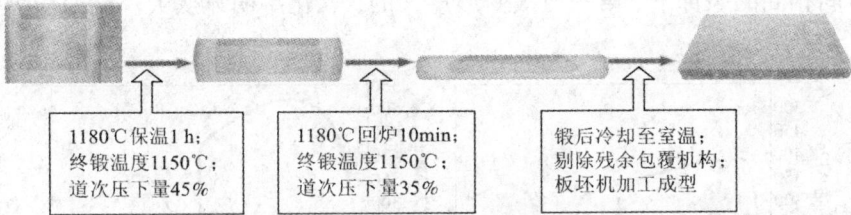

| 1180℃保温1 h；
终锻温度1150℃；
道次压下量45% | 1180℃回炉10min；
终锻温度1150℃；
道次压下量35% | 锻后冷却至室温；
剔除残余包覆机构；
板坯机加工成型 |

图 7－138　粉末冶金 TiAl 基合金热包覆复合锻造工艺路线

图 7－139 所示为粉末冶金 TiAl 基合金热包覆复合锻造后锻饼的实物图片。其中，图 7－139(b) 为采用优化设计的热包覆机构进行复合锻造后的粉末冶金 TiAl 基合金锻饼的实物照片。为了便于对照热包覆机构优化前后的效果，在相同工艺条件下，采用传统包套锻造的粉末冶金 TiAl 基合金锻饼如图 7－139(a) 所示。

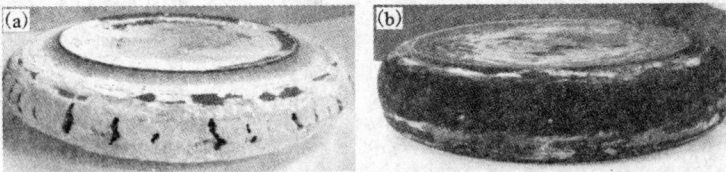

图 7－139　粉末冶金 TiAl 基合金热包覆复合锻造后坯料的宏观形貌
(a) 采用传统包套锻造的粉末冶金 TiAl 基合金锻饼；
(b) 采用热包覆机构制备的粉末冶金 TiAl 基合金锻饼

从图中可以看出，经过总压下量达 65% 的墩粗变形，获得有效直径为150 mm 的粉末冶金 TiAl 基合金锻饼，采用传统包套锻造的锻饼形状规整，鼓形特征明显，上下端面展开程度较小，侧面出现多条纵向裂纹，裂纹最深可达 3 mm，整个锻饼表面质量不高，出现了部分氧化和大量轻微皱褶的现象。而相比之下，采用优化设计的热包覆机构进行复合锻造后的粉末冶金 TiAl 基合金锻饼上下端面展开程度大，并且平整，这说明包覆机构充分体现出了润滑作用，在锻造墩粗过程中上下端面受到的摩擦力明显减少，易于展开；另一方面，由于包覆机构在上下端面添加了保温隔热层，减少了上下端面的热量散失，有利于锻坯的变形展开。此外，整个锻饼形状规整、表面光滑，未见明显的氧化和裂纹，说明在墩粗变形过程中包覆机构起到了良好的侧向约束作用。

　　粗加工后的粉末冶金 TiAl 基合金锻饼和相应的 X 射线探伤如图 7-140 所示。因其分辨率为样品厚度的 1%，所以可探测出任何大于 100 μm 的孔洞和裂纹。由于设备条件的限制，还未能对此标准以下的缺陷进行探测。在所探测的图片中，未发现明显的孔洞和裂纹等缺陷，进一步的研究还在开展之中。

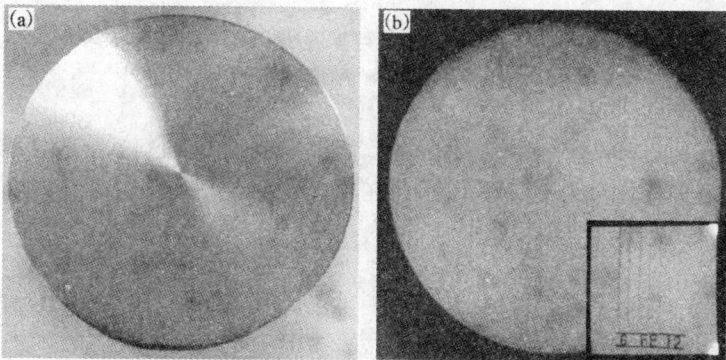

图 7-140　粗加工后的粉末冶金 TiAl 基合金锻饼(a)及相应的 X 射线探伤照片(b)

　　根据均匀墩粗时变形力学可知，粉末冶金 TiAl 基合金坯料受力及变形特点：坯料内部为三向亚应力状态，而其应变有两向正应变和一向负应变，这样将在负应变方向的晶粒被压扁，在两个正应变方向拉长呈纤维状的晶粒形成纤维组织。墩粗过程变形区域随变形过程变化属于非稳态流动，由于粉末冶金 TiAl 基合金本身塑性差、显微组织力学性能的各

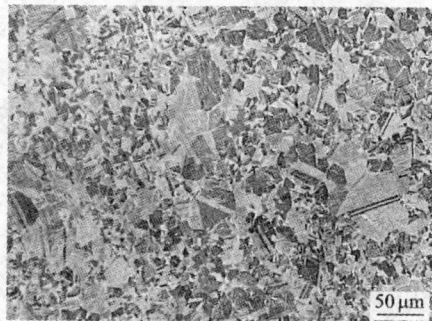

图 7-141　粉末冶金 TiAl 基合金坯体的锻前显微组织

向异性，同时由于锻件上下端面与工具接触部分摩擦力的影响，和坯料本身温度场不均匀分布等因素的影响，虽然通过包覆机构的改进，还是会不同程度地造成粉末冶金 TiAl 坯料变形不均匀，导致分区现象的出现，只是难变形区域的程度有所减少，如图 7-141 和图 7-142 所示。图 7-141 是锻造前的粉末冶金 TiAl 基合金的显微组织，而图 7-142 是锻饼的显微组织分析结果，发现芯部组织细化明显。

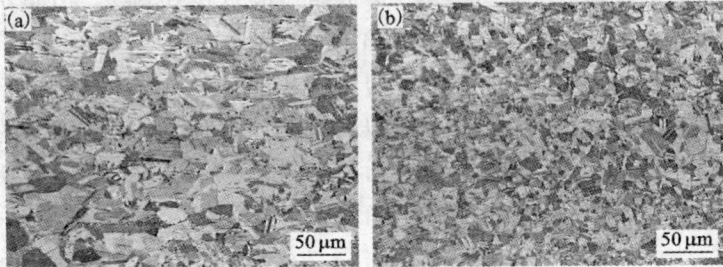

图 7-142　粉末冶金 TiAl 基合金锻饼的显微组织定位分析
(a)边部组织；(b)芯部组织

对于尺寸超过 φ200 mm 的大型粉末冶金 TiAl 合金坯料，热加工墩粗的过程不同于实验室规模的坯料变形，往往存在更多的影响因素，造成整个锻造过程的复杂化。

大型粉末冶金 TiAl 基合金板坯在水压机整体锻压成形时，由于受力面积很大，即使在较高温度下成形，其变形抗力也是非常巨大的。所以在变形前，进行合理的变形抗力预测，可以为选择适当的锻压能力的变形设备提供参考，并为设备的锻压成形参数的选择提供依据。通过有限元数值模拟，预测了锻造所需设备的载荷能力，见

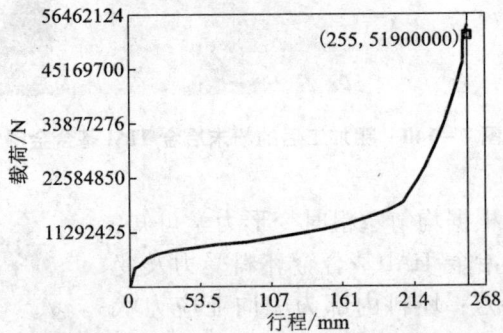

图 7-143　大型粉末冶金 TiAl 基合金板坯热包覆锻造过程的载荷预测

图 7-143。通过选择合适的装备成功制备出有效尺寸为 450 mm×50 mm 的大型粉末冶金 TiAl 基合金锻饼，图 7-144(a)，经后续机加工成形和抛光处理，获得表面质量良好的大型板材，详见图 7-144(b)。

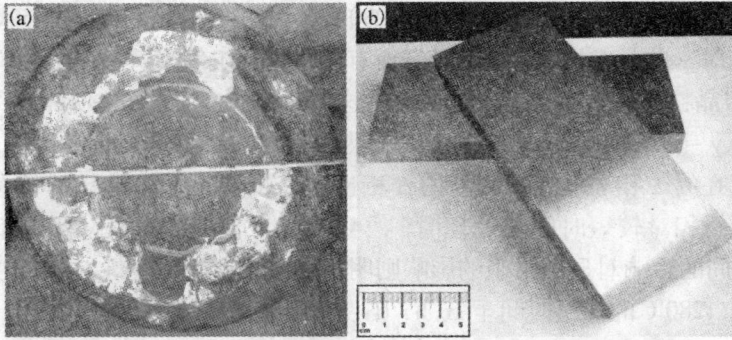

图 7 - 144　热包覆复合锻造的大型粉末冶金 TiAl 基合金锻饼(a)
及机加工成形后的板材(b)

7.5.8　锻后热处理

对粉末冶金 TiAl 基合金锻态组织进行热处理的主要目的如下：①尽可能完全发生再结晶，得到均匀细小的再结晶组织；②尽量减少退火过程中再结晶晶粒的长大；③消除残留 B 2 相，降低室温脆性。合金再结晶行为和热处理的温度、时间和冷速等因素有关。一般来说，多元合金的再结晶起始温度一般在 $0.5 \sim 0.6 T_m$ 左右，但要使合金发生完全再结晶还需更高的温度。本节通过金相法确定粉末冶金 Ti - 47Al - 2Cr - 0.2Mo$(x,\%)$的 T_α 点(α 相的转变点)为 1315 ± 5℃。对成分为 44% ~49% Al 的钛铝合金，在$(\gamma + \alpha)$双相区和 α 单相区热处理可以得到四种典型的组织，通过选择不同的热处理温度、时间和冷却方式则可以获得更多形式丰富和分布均匀的组织形态。对于粉末冶金 TiAl 基合金的锻态组织而言，较慢的冷速有利于 B_2 相的消除，从而得到稳定的平衡热处理组织，所以本节中所有热处理制度均选用随炉冷却。

粉末冶金 Ti - 47Al - 2Cr - 0.2Mo$(x,\%)$合金锻态组织在 1230℃ 分别保温 2 h、5 h、8 h 和 16 h，随炉冷却的显微组织如图 7 - 145 所示。由图中可以看出，锻造合金在热处理后的组织与热处理保温时间密切相关。热处理组织基本为近 γ 组织，其中已未见白色的 B_2 相。热处理保温时间控制在 8 h 内的显微组织，晶粒尺寸未见明显变化；而延长保温时间至 16 h，组织长大现象明显，晶团的尺寸由原来的 5 μm 迅速长大到了 25 μm 左右。

锻造组织在 1250℃ 到 1280℃ 之间分别热处理 5 h 和 10 h，炉冷的显微组织如图 7 - 146 所示。从图中可以看出，热处理组织基本为双相组织，随着热处理温度的升高，γ 晶粒的体积分数略有减少，而 α_2 相的体积分数逐渐增加。尤其是对比图 7 - 145 的结果，γ 相的体积分数由 1230℃ 的 78% 减小到 1280℃ 的 15%，而层片晶团的体积分数由 1230℃ 的不足 22% 升高到 1280℃ 的 85% 左右。试样组织的整体晶粒度水平变化并不大，而且经 1280℃ 热处理后的组织基本为近层片组织。温度的改变对 γ 的晶粒尺寸影响较小，所有的热处理组织中（除了保温 10 h 以上的热处理），γ 晶粒的尺寸基本没发生变化。这与 γ 相的本质有关，Grewal G 等的研究表明，单相 γ - TiAl 基合金在 T_α 温度以下热处理时，晶粒长大非常缓慢，另外，组织中大量存在的 α 相和低温时残存的 β 相也进一步阻碍了 γ 晶粒的长大。这说明在双相区进行相对较短时间热处理时，改变温度对合金晶粒尺寸影响不大。相反地，保温时间的影响对显微组织的影响则明显要大于温度，在图 7 - 146 中，分别延长 1250℃ 和 1280℃ 的保温时间至 10 h，则发生组织的明显粗化。

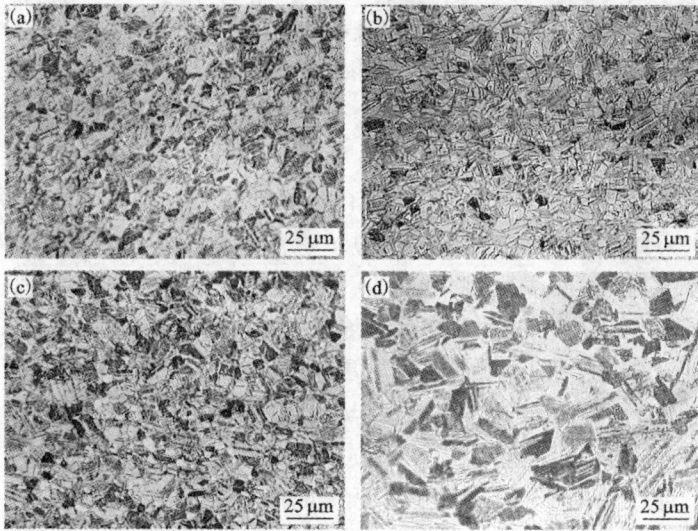

图 7 - 145　锻态试样在 1230℃ 保温不同时间热处理后炉冷的显微组织

(a)2 h；(b)5 h；(c)8 h；(d)16 h

全层片组织的获得需在 T_α 以上温度处理后以较低的速度冷却（空冷或至炉）。对于本书所研究的粉末冶金 TiAl 基合金，由于锻造组织储存了较高的变形能，组织很不稳定，对温度比较敏感，尤其是超过 T_α 后组织将迅速长大。因此，通过常规的高温热处理方式，直接升温至 α 单相区进行热处理的工艺极易造成晶粒的过度长大，难以控制，故采用了双温热处理方式进行组织调整。图 7 - 147 为锻态试样分别从 1330℃、1310℃、1295℃ 和 1290℃ 经短时保温(10 min)，炉冷至 1220℃ 后保温 4 h，炉冷后的组织。从图中可以看出，锻态组织在 1310℃ 双温热处理开始出现全层片组织，其层片间距细小，将温度提高至 1330℃ 后，全层片组织明显粗化和长大。而由于 1290℃ 和 1295℃ 均低于 T_α，仍处于两相区，所以显微组织中清晰可见 γ 相的存在，只是所占比例较少，形成典型的近层片状组织。贺跃辉等[35] 率先提出了锻造 TiAl 基合金双温热处理的原理及其相变特征，提出了显微组织转变及相

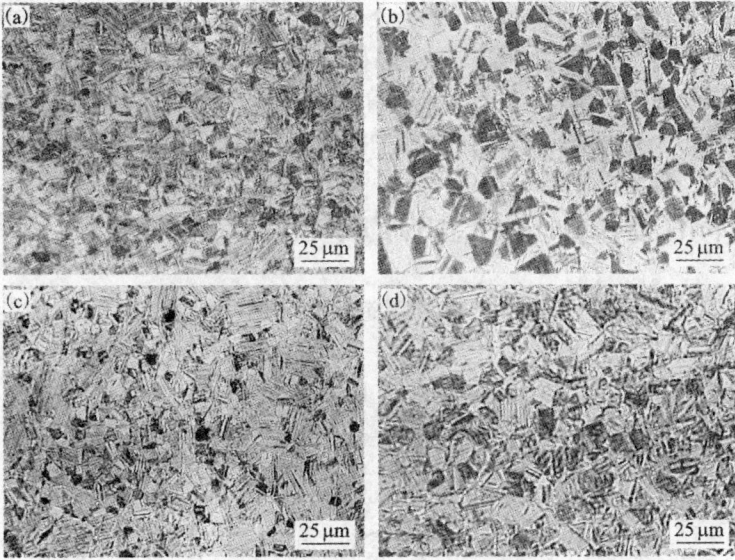

图 7 - 146　锻态试样经过高温退火处理后的显微组织
(a)1250℃, 5 h, FC; (b)1250℃, 10 h, FC;
(c)1280℃, 5 h, FC; (d)1280℃, 10 h, FC

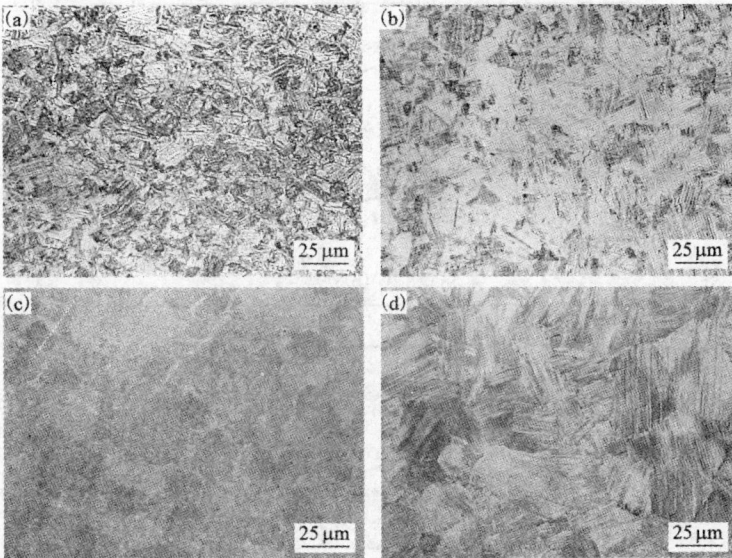

图 7 - 147　锻态试样经双温热处理后的显微组织
(a)1290℃ - 10 min - FC - 1220 - 4 h - FC; (b)1295℃ - 10 min - FC - 1220 - 4 h - FC;
(c)1310℃ - 10 min - FC - 1220 - 4 h - FC; (d)1330℃ - 10 min - FC - 1220 - 4 h - FC

变模型。当合金在略高于 T_{α} 加热时，合金进入了单相区，这时可以通过再结晶和重结晶形核及长大，得到均匀的等轴状 α 晶粒。因为加热温度高，并且原锻坯中储存着一定内能，致使形核率较高，所以形成的 α 相晶粒尺寸不是很大。随后，立即由 α 相区冷却至 $(\alpha+\gamma)$ 两相区，将在 α 相中析出 γ 相，得到全层片组织。

7.6 粉末冶金钛铝基合金的力学性能

本节主要对热等静压态和热包覆锻造态的 TiAl 基合金组织和性能进行了对比研究。

将热包覆锻造后的 TiAl 基合金进行 DSC 实验分析相转变温度点。图 7 – 148

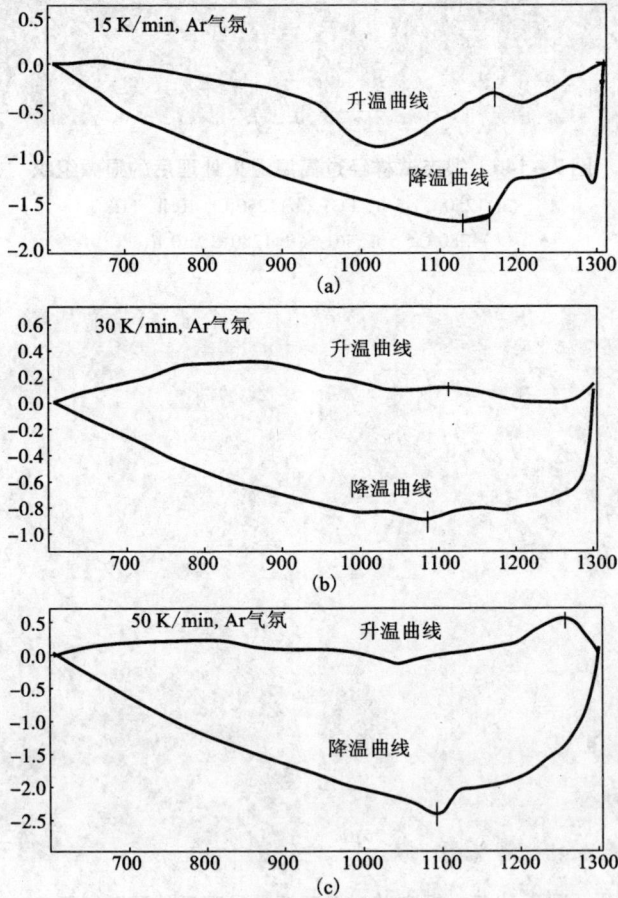

图 7 – 148 热包覆锻造态 TiAl 基合金的热分析曲线图
(a)速率为 15 K/min，(b)速率为 30 K/min，(c)速率为 50 K/min

是不同加热与冷却速度下 TiAl 基合金的 DSC 曲线图。从图中可以看到在升温和降温过程中的相变温度区间以及峰值有一定的差别，一般说来降温过程中的相变温度滞后于升温过程中的相变温度。同时可以看到随着加热速度或降温速度的增大，相转变温度有一定幅度的下降。在实际实验中，所用加热炉加热速度一般在 10 K/min 左右，随炉冷的速度也约为 10 K/min，因此大约可以确定 $t_e \approx 1160 \sim 1180$℃，$t_a \approx 1300$℃。具体的相转变温度峰值见表 7 – 13。

用 EDS 能谱仪对热等静压态和热包覆锻造态 TiAl 基合金的 γ 相进行化学成分分析，结果如表 7 – 14 所示。热包覆锻造后的 TiAl 基合金 γ 相中的 Ti、Cr、Mo 含量增加，因此造成 Al 元素含量下降。热包覆锻造后 TiAl 基合金 γ 相中的 Ti、Al 元素比更接近于 1∶1。

表 7 – 13　不同加热速度下 TiAl 基合金的相转变温度

相变温度/℃	15 K/min	30 K/min	50 K/min
t_e	1170.3	1192.0/ –	—
	1160.5	1083.2	1084.5
t_a	—	—	1249
	1297.0	—	—

表 7 – 14　TiAl 基合金的化学成分组成

	$x(Ti)/\%$	$x(Al)/\%$	$x(Cr)/\%$	$x(Mo)/\%$
热等静压态	47.62	50.68	1.60	0.10
锻造态	48.41	49.59	1.83	0.17

图 7 – 149 为热等静压态和热包覆锻造态 TiAl 基合金的显微组织。从图中可以发现，热等静压后组织存在少量的孔隙，主要由 γ 相组成，在 γ 晶粒边界存在着少量的 α_2 和 β 相。经机械抛光后，在 γ 相中产生了很多微裂纹，这些微裂纹分布有一定的取向，且在同一晶粒中，大部分微裂纹沿着相同方向扩展。除此之外，在颗粒以及相边界处也存在着微裂纹，但是 α_2 和 β 相中没有裂纹存在；而手动抛光后的组织只看到被拉伸的孔洞，微裂纹消失。经过热包覆锻造后，TiAl 基合金组织的致密度提高，孔隙基本消除。机械抛光和手动抛光后的组织未出现明显的差别，均未见到孔洞和微裂纹。与热等静压态 TiAl 基合金的组织相比，热包覆锻造态 TiAl 基合金的组织未出现明显的变化，只是各相含量稍微出现变动；同时可以看到由于热包覆锻造过程中机械破碎作用以及动态再结晶，TiAl 基合金的组织得到了一定程度的细化和均匀化。

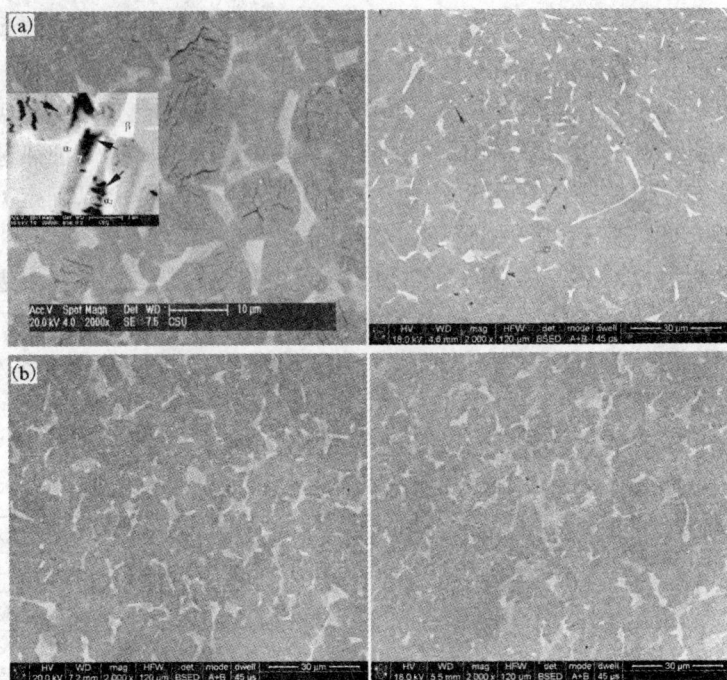

图 7 – 149　（a）热等静压和（b）热包覆锻造态 TiAl 基合金的原始组织

（左图是机械抛光，右图是手动抛光）

图 7 – 150 为热等静压态 TiAl 基合金在 TEM 下的形貌。从图 7 – 150（a）中可以发现 γ 相中大量位错塞积和相互作用，图 7 – 150（b）中孪晶在晶粒边界上生成，从而和晶粒边界存在着相互作用。

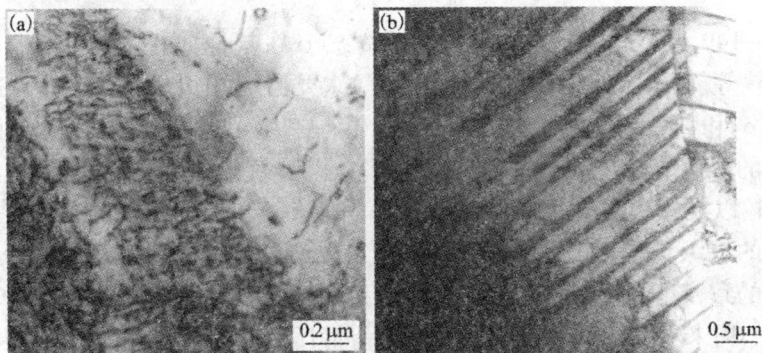

图 7 – 150　热等静压态 TiAl 基合金的 TEM 下的显微组织

（a）大量位错堆积；（b）孪晶与晶粒边界的相互作用

图 7 - 151 分别为热包覆锻造态和热等静压态 TiAl 基合金在 EBSD 下的晶界示意图。从图中得知，热包覆锻造后，再结晶较完全，晶粒尺寸较热等静压态的晶粒尺寸细小。热等静压态 TiAl 基合金内部存在着大量的孪晶。

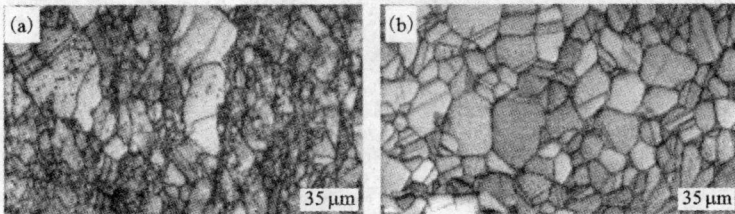

图 7 - 151　TiAl 基合金在 EBSD 下的晶界分布示意图
(a)热包覆态；(b)热等静压态

根据 DSC 热分析确定的相转变温度点，通过不同的热处理制度，可以得到在热处理过程中温度以及保温时间对锻后组织演化的影响，从而可以通过控制热处理制度获得理想的组织与性能。不同热处理制度对应的显微组织如图 7 - 152 所示。(该部分实验中如果没有特别指明所有的冷却方式均为炉冷。)

由于近层片组织就有较优异的综合性能，因此本实验主要目的是获得组织均匀且细小的近层片组织，一般需要在两相区温度区间进行热处理，而且越靠近两相区间的上端，层片组织的含量越多。所以以下热处理制度均在两相区的上端温度区间进行。在热处理(a)制度下，室温组织为双态组织，且层片组织出现"择优生长"，随着保温时间的增加，即(b)制度下，层片组织增多且尺寸比较均匀，说明在两相区间长时间保温在一定程度上有利于层片组织的生成。然后增加温度至 1260℃，层片组织大幅度增加但是尺寸未出现明显的长大，说明在一定范围内提高温度也有利层片组织的生产而不引起晶粒尺寸长大。当温度提高至 1290℃ 且保温 10 min 时，可以发现组织不是非常均匀，层片组织只在某些区域生产，同时层片组织的含量也非常少，当保持温度不变而增加保温时间时，层片组织含量增加但是尺寸明显长大。当提高温度到 T_a 附近的 1300℃，保温 2 min 时，得到的 TiAl 组织也非常不均匀，层片组织含量少且晶团尺寸比较大。随着保温时间的增加层片组织的含量渐渐增加，组织仍是非常不均匀。在 T_e 下的 1150℃ 保温 3 h，然后再到 1300℃ 进行保温，可以得到组织较均匀、层片尺寸为 10 ~ 30 μm 的近层片组织。当采用热处理制度(k)时，也可以得到近层片组织，但是层片间距明显宽化。

对热等静压和热包覆锻造态 TiAl 基合金分别做物相分析，如图 7 - 153 所示，发现两者的物相未出现明显的差别，均由 γ、少量 $α_2$ 和 β 相组成，但是各相相对

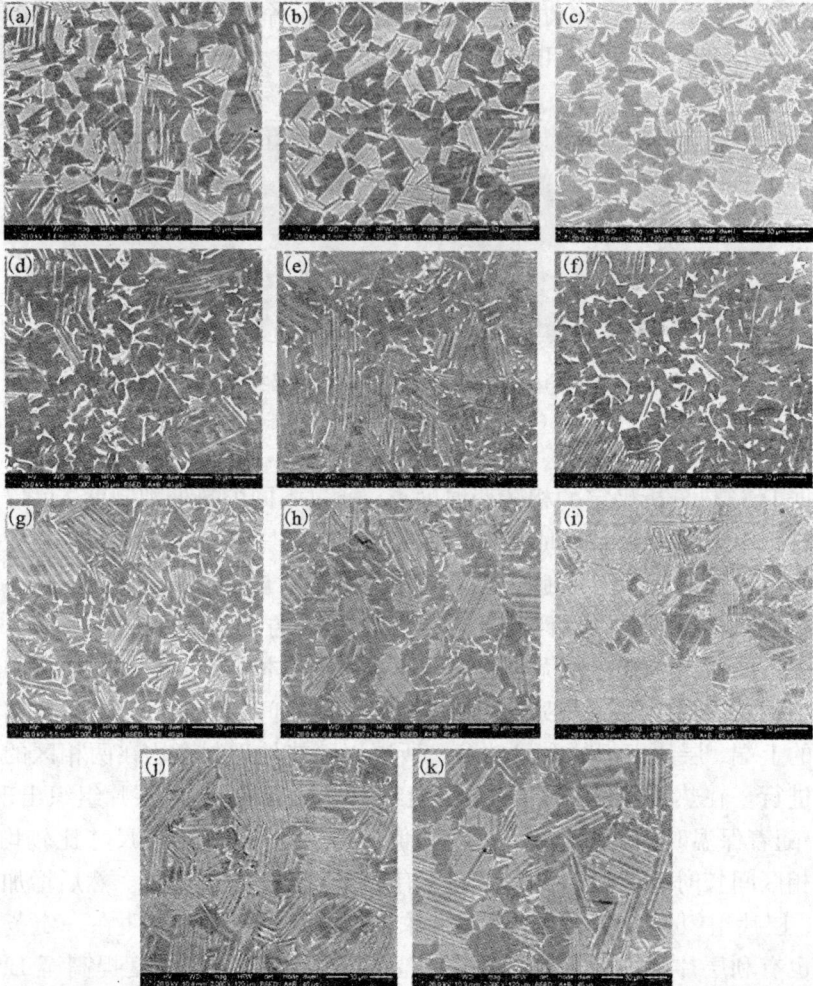

图 7 - 152　热包覆锻造态 TiAl 基合金经不同热处理制度后的微观组织

(a)1250℃, 2 h + 900℃, 2 h; (b)1250℃, 5 h + 900℃, 2 h; (c)1260℃, 2 h + 900℃, 2 h; (d)
1290℃, 10 min + 900℃, 2 h; (e)1290℃, 0.5 h + 900℃, 2 h; (f)1300℃, 2 min + 900℃, 2 h;
(g)1300℃; 5 min + 900℃, 2 h; (h)1300℃, 10 min + 900℃, 2 h; (i)1300℃, 15 min + 900℃, 2
h; (j)1150℃, 3 h + 1300℃, 15 min + 900℃, 2 h; (k)1300℃, 15 min + 1260℃, 2 h + 900℃, 2 h

含量在小范围内出现变化。

　　为了解释热等静压态 TiAl 基合金在机械抛光处理后 γ 相中出现微裂纹而热包覆锻造态 TiAl 基合金中没有出现微裂纹的原因，分别对热等静压和热包覆锻造态 TiAl 基合金的 γ 相进行了残余应力的分析。残余应力计算公式[36]为：

$$\sigma = M \cdot \Delta 2\theta / \Delta \sin^2 \psi = M \cdot K \qquad (7-31)$$

其中 M 为一个正的常数，因此应力状态与 K 值有关。

从图 7 – 154 中可以发现热等静压态的 TiAl 基合金 γ 相的 K 值为负数，而热包覆锻造态的 TiAl 基合金的 K 值为正数，从而可以推断在热等静压态 TiAl 基合金 γ 相中存在着残余拉应力，而经过热包覆锻造后，γ 相中的应力状态变为压应力状态。

通过分析前面一系列热处理后的显微组织，选择 1260 ℃，2 h + 900 ℃，2 h 和 1150 ℃，3 h + 1300 ℃，15 min + 900 ℃，2 h 这两种热处理制度来分别获得双态组织和近层片组织。然后对热等静压态组织（Ⅰ）、热包覆锻造态组织（Ⅱ），双态组织（Ⅲ）和近层片组织（Ⅳ）的 TiAl 基合金进行高温拉伸试验。具体测试数据见表 7 – 15 ～ 表 7 – 17。

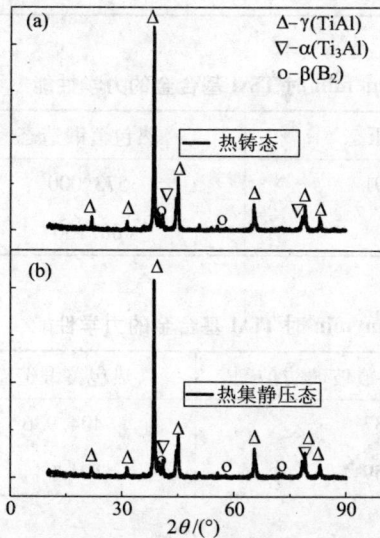

图 7 – 153　TiAl 基合金的物相分析
（a）热等静压态；（b）热包覆锻造态

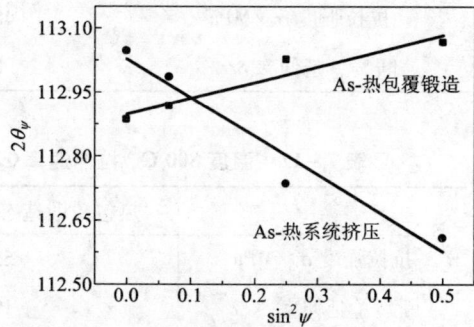

图 7 – 154　TiAl 基合金残余应力的分析

从表 7 – 15 中发现，通过热包覆锻造后，TiAl 基合金的力学性能得到提高，锻后以及热处理组织均出现了超塑性现象。近层片组织的抗拉强度最高，虽然其断裂总延伸率低于双态组织。在表 7 – 16 中可以得出当拉伸速率提高后，即应变速率增加，TiAl 基合金的抗拉强度大幅度提高，而断裂总延伸率降低，特别是热等静压态 TiAl 基合金的断裂总延伸率从 89.9% 降至 8.6%。而热包覆锻造态的 TiAl 基合金的抗拉强度提高为 573 MPa，延伸率的下降幅度却不是很大，仍达到了 88.2%。这说明热等静压态 TiAl 基合金的力学性能对应变速率非常敏感，而通过热包覆锻造后，TiAl 基合金强度和塑性得到明显的增加，且在高应变速率下仍保持着良好的塑性。

由于高温拉伸实验是在无气氛保护的环境下进行的，因此在高温拉伸过程中，难免会由于试样发生氧化而影响 TiAl 基合金的力学性能。因此在拉伸样表面涂覆一层高温玻璃防护液来降低氧化速度，减少氧化带来的影响，从表 7 – 17 中可以看出，试样表面涂覆玻璃防护层后，TiAl 基合金的抗拉强度明显上升，且出现了超塑性现象。

表 7 – 15　温度 800℃，拉伸速率 0.1 mm/min 时 TiAl 基合金的力学性能

	i	ii	iii	iv
抗拉强度 σ_b/MPa	357.103	404.936	401.326	412.939
断裂总延伸率 δ/%	89.876	104.944	112.376	66.088

表 7 – 16　温度 800℃，拉伸速率 1.0 mm/min 时 TiAl 基合金的力学性能

	热等静压态	热包覆锻造态
抗拉强度 σ_b/MPa	481.801	573.000
断裂总延伸率 δ/%	8.642	88.230

表 7 – 17　温度 800℃，拉伸速率 0.1 mm/min 时 TiAl 基合金的力学性能

	热包覆锻造态 + 涂覆玻璃防护剂	热包覆锻造态
抗拉强度 σ_b/MPa	530.237	404.936
断裂总延伸率 δ/%	190.759	104.944

不同状态下 TiAl 基合金的高温拉伸应力 – 应变曲线如图 7 – 155 所示。从图中可以观察到状态 A 和状态 C 的应力应变曲线先发生加工硬化现象，然后在较低应力时出现了一个平台，然后再发生加工硬化到应力峰值，再发生流变软化现象；状态 B 和 D 的应力应变曲线均是先加工硬化后出现流变软化；而状态 E 加工硬化到最大抗拉强度后直接断裂，未见流变软化过程。

图 7 – 156 为试样高温拉伸后宏观形貌图，从图中可以看到，TiAl 基合金的高温塑性较好，延伸率较大。同时可以发现表面未涂覆玻璃防护液的样品发生氧化，相应的延伸率也降低了。

图 7 – 157 ~ 图 7 – 160 为不同状态 TiAl 基合金高温拉伸后断口附近的组织照片。从图中可以发现，高温拉伸断口非常不平整，从而进一步说明 TiAl 基合金高

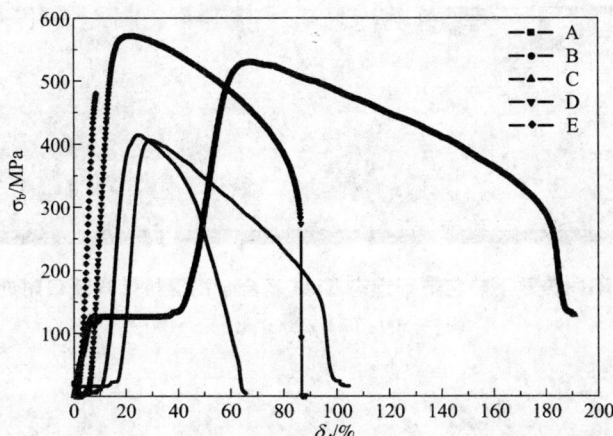

图 7-155　不同状态下 TiAl 基合金的高温拉伸应力-应变曲线

A—热包覆态 TiAl 基合金，拉伸速率为 0.1 mm/min；

B—近层片组织，拉伸速率为 0.1 mm/min；

C—热包覆态 TiAl 基合金，拉伸速率为 0.1 mm/min，表面涂覆玻璃防护层；

D—热包覆锻造态 TiAl 基合金，拉伸速率为 1 mm/min；

E—热等静压态 TiAl 基合金，拉伸速率为 1 mm/min

温延性较好。图 7-157 为热包覆锻造态 TiAl 基合金，高温拉伸后，断口附近组织出现很多孔洞。孔洞是超塑性变形中重要的组织特征，一般存在于晶界、三叉晶界和第二相粒子等处。

在热包覆锻造态 TiAl 基合金中，在晶粒或相边界出现许多孔洞，当这些孔洞连接在一起就会演化成大孔洞，导致试样出现断裂。拉伸后试样内部晶粒具有一定的取向，沿着拉伸方向进行排列。从图 7-157 中可以发现 α_2 和 β 相沿着拉伸方向包围在 γ 相外围，或沿 γ 相

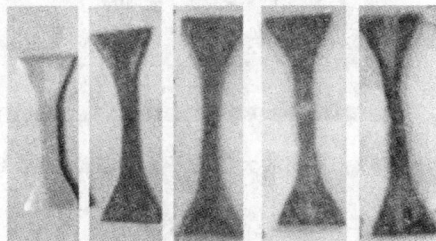

图 7-156　试样高温拉伸后宏观形貌图

界扩展。当原始组织为双态组织时，如图 7-158，组织内部除了较大的孔洞外，在颗粒以及相界面处出现少量像热包覆锻造态试样中的小孔洞，且可以明显看到层片组织的弯曲变形，并沿拉伸方向排列。除此之外，可以在层片组织内部有等轴晶 γ 和 α_2 相的生成。近层片组织的 TiAl 基合金拉伸后断口附近组织跟双态组织一样，不过其只存在存在大孔洞，且层片组织明显变形，向拉伸方向弯曲并排列。图 7-160 为热等静压态 TiAl 基合金的拉伸断口附近的组织，与热包覆锻造态的相似，只不过是前者内部本来存在的大孔洞将有利于试样产生缺陷而失效。

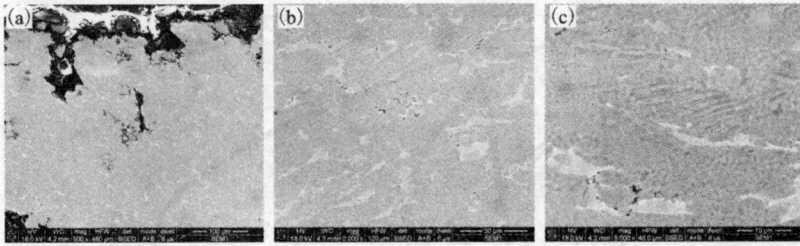

图 7 – 157 不同倍数下热包覆锻造态 TiAl 基合金高温拉伸样断口附近的组织表征

(a) ×500；(b) ×2000；(c) ×5000

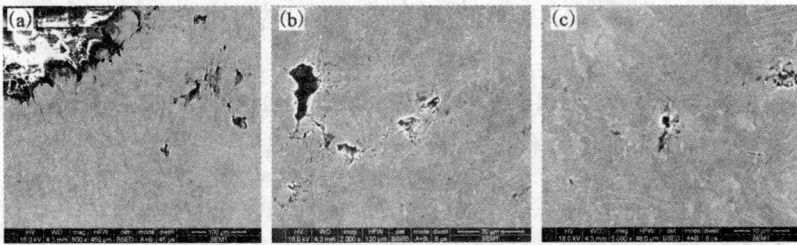

图 7 – 158 不同倍数下双态组织的 TiAl 基合金高温拉伸样断口附近的组织表征

(a) ×500；(b) ×2000；(c) ×5000

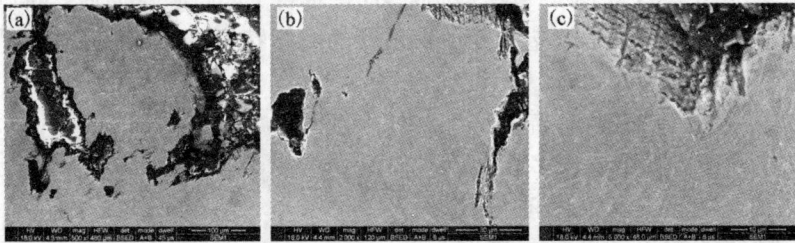

图 7 – 159 不同放大倍数下近层片组织的 TiAl 基合金高温拉伸样断口附近的组织表征

(a) ×500；(b) ×2000；(c) ×5000

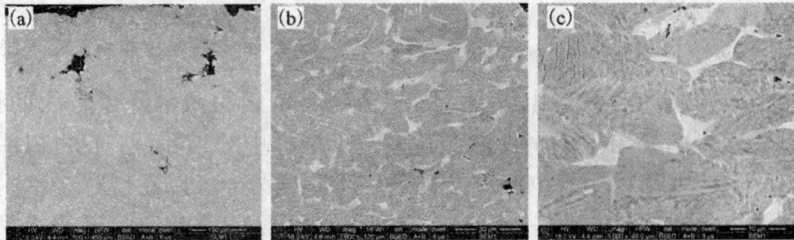

图 7 – 160 不同放大倍数下热等静压态 TiAl 基合金高温拉伸样断口附近的组织表征

(a) ×500；(b) ×2000；(c) ×5000

图 7-161 为不同状态 TiAl 基合金高温拉伸断口形貌图。从图中可以发现，当拉伸速率为 0.1 mm/min 时，热包覆锻造态 TiAl 基合金表现出非常好的韧性，在断口处有许多韧窝，而且韧窝处孔洞基本不连接。当拉伸速度增加为 1 mm/min 时，热包覆锻造态的延性稍微降低，韧窝数量减少，孔洞通过曲折状裂纹连接在一起。对于热等静压态 TiAl 基合金来说，组织表现出更低的塑性。当拉伸速率为 0.1 mm/min 时，热等静压态断口形貌图 7-161(c) 与图 7-161(b) 相似，而且表面生成了细小的氧化物。当增加拉伸速率到 1 mm/min 时，热等静压态的 TiAl 基合金表现出低的延伸率，出现了明显的脆性解理断裂。因此热包覆锻造态的 TiAl 基合金比热等静压态的 TiAl 基合金具有更好的高温延性和超塑性变形能力。

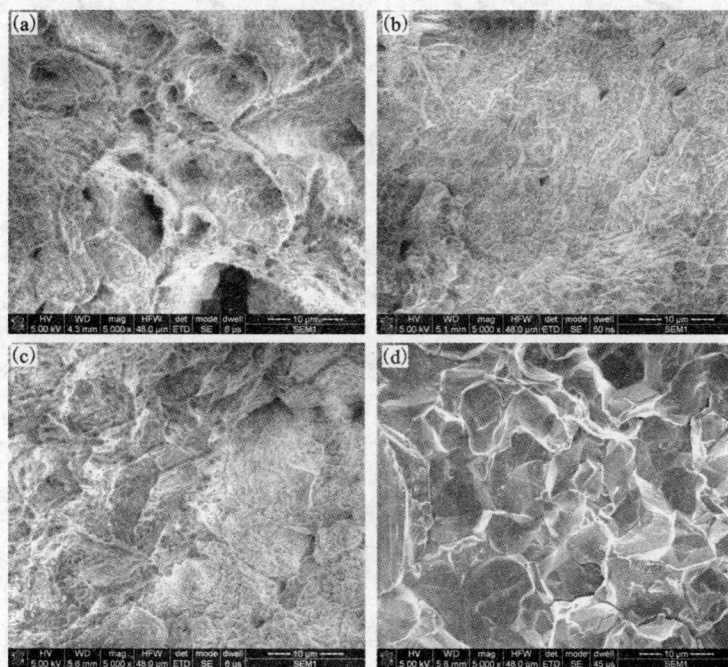

图 7-161　不同状态 TiAl 基合金高温拉伸断口形貌图
(a)锻造态，800℃，0.1 mm/min；(b)锻造态，800℃，1 mm/min；
(c)热等静压态，800℃，0.1 mm/min；(d)热等静压态，800℃，1 mm/min

分别对热等静压态和热包覆锻造态 TiAl 基合金中的 γ 相进行了纳米压痕测试实验。假定 γ 相的泊松比为 0.3。γ 相的压入硬度和弹性模量见表 7-18，压痕测试的载荷 - 深度曲线见图 7-162。从表中可以发现，Berkovich 压头测出的数据比 Vickers 压头测试出的数据大，表现出"尺寸效应"，即压入深度越小，试样表现出更大的硬度和模量；除此之外，可以发现热包覆锻造态的 TiAl 基合金比热等静压态的 TiAl 基合金具体更高的硬度和更大的模量。图 4 – 15 的载荷 – 深度曲线可以反映出热等静压态 TiAl 试样的残余深度要大于热包覆锻造态 TiAl 试样。同时验证了残余应力测试的结果，热等静压态存在的残余拉应力导致试样的硬度降低。

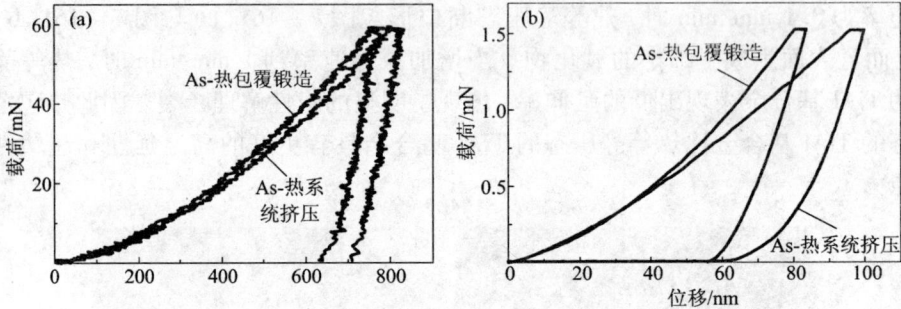

图 7 –162　压痕实验中 TiAl 基合金的载荷 – 位移曲线

（a）Vickers 压头，50 mN；（b）Berkovich 压头，1.5 mN

表 7 –18　热等静压态和热包覆锻造态 TiAl 基合金的硬度和模量

	Vickers tip, 50 mN		Berkovich tip, 1.5 mN	
	H_{IT}/MPa	E_{IT}/GPa	H_{IT}/MPa	E_{IT}/GPa
As-热系统挤压	4135.4 ±142.9	128.75 ±4.5	7875.8 ±242.2	198.81 ±9.79
As-热包覆锻造	4572.7 ±127.0	144.03 ±10.9	10341.1 ±21.3	230.64 ±3.74

在图 7 –163 中，可以发现在 Berkovich 压头下，热等静压态和热包覆锻造态 TiAl 基合金的压痕形状具有很大的相似性，但当在 Vickers 压头下，可以发现在热等静压态 TiAl 基合金的压痕尖角处出现了裂纹，而热包覆锻造态 TiAl 基合金的压痕周围没有出现裂纹，此现象表明热等静压态 TiAl 基合金对裂纹的形成和扩展的阻碍作用较小，即具有低的强度和断裂韧性，而热包覆锻造态的 TiAl 基合金则能够承受更大的力，对裂纹的形成和扩展具有抑制作用。

上述压痕实验中，试样的制备方式为机械抛光方法，虽然机械抛光方法制样非常方便，得到的试样表面粗糙度也较低，然而机械抛光会带入残余应力，使试样的表面应力状态改变，从而影响试样的硬度和模量，如果引入残余压应力，会使硬度增加；如果引入拉应力，则会造成硬度降低；同时，如果一个样品中有几个相时，机械抛光后得到的样品在做压痕实验时的金相显微镜中较难分辨出来，所以如果要比较不同相的性能时，需采用电解抛光制样。在电解抛光过程中，各种相的腐蚀速度不一样而使试样不同相之间有高度差；而且电解抛光可以保留试

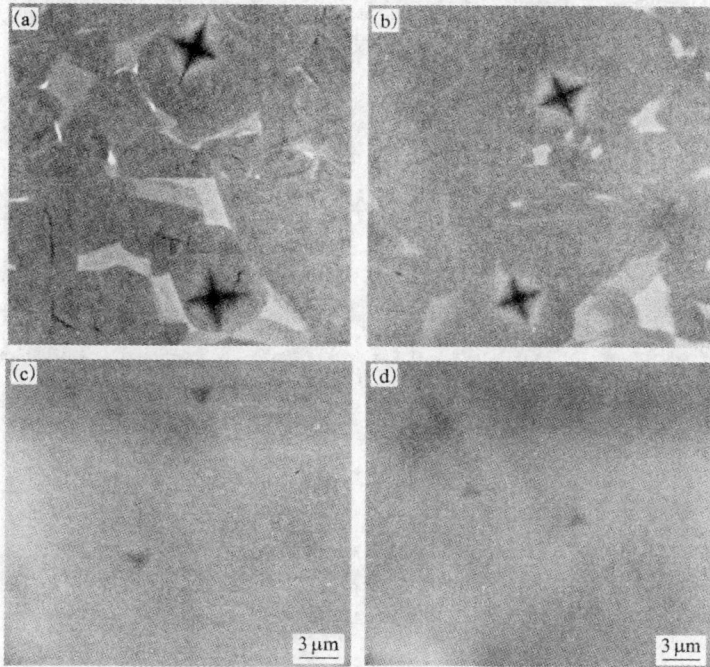

图 7 - 163　TiAl 基合金 γ 相中压痕的 SEM 图

(a)热等静压态, Vickers 压头; (b)热包覆锻造态, Vickers 压头;

(c)热等静压态, Berkovich 压头; (d)热包覆锻造态, Berkovich 压头

样表面的原始状态, 从而得出的结果更加精确。图 7 - 164 为 TiAl 基合金电解抛光后在原子力显微镜下观察到的组织。

以上结果表明, 在机械制样过程中, 微裂纹易在热等静压态 TiAl 基合金的 γ 相中生成。该实验现象与 E. Evabgelista[37] 报道的有差别, 他们认为 γ 相有很好的延性, 会阻碍裂纹的生成与扩展。产生裂纹的原来可能是因为热等静压态 TiAl 基合金中残余应力的释放。在热等静压过程中, 可以相当于一个相变过程即预合金粉中的 α_2 相转换为 γ 相和近 γ 相组织的热变形过程, α_2 相转换为 γ 相是一个体积减少的过程, α_2 相的体积为 $16.7 \times 10^{-30}\,\mathrm{m^3}$, 比 γ 相的体积 $16.3 \times 10^{-30}\,\mathrm{m^3}$ 大[38], 因此, 相变后会在 γ 相中产生拉应力。同时由于预合金粉里面还有一些由于雾化气体残留或不完全致密化导致的孔洞, 在卸压过程中, 残余孔洞内压力的变化要滞后于热等静压室内压力的变化, 因此, 在室温时, 热等静压态的 TiAl 基合金内部孔洞有膨胀的趋势, 从而导致周围基体产生一个拉应力, 这个拉应力会脆化 γ 相。

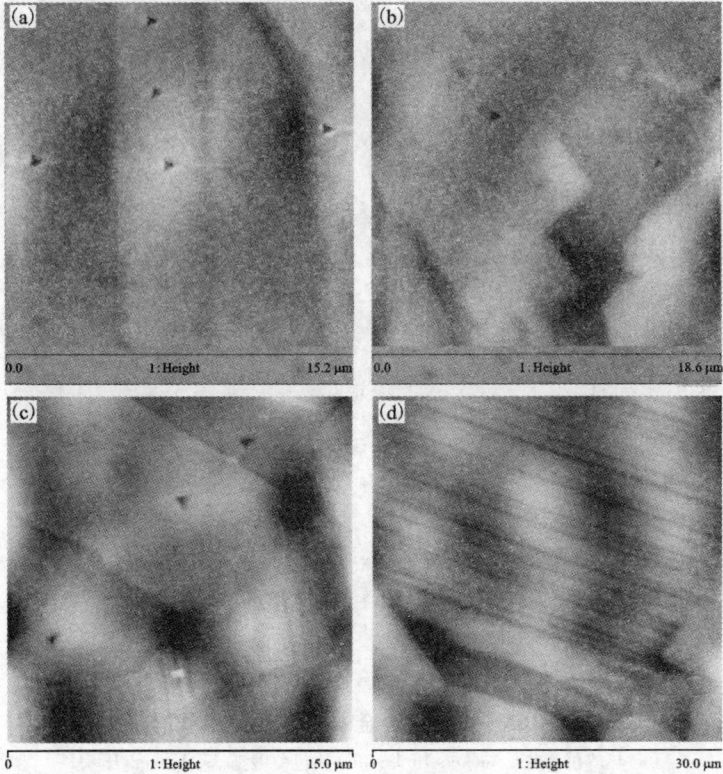

图 7 – 164　TiAl 基合金经过电解抛光和压痕测试后在 AFM 下的形貌照片

(a)全层片组织；(b)近 γ 组织；(c)双态组织；(d)近层片组织

　　同时热等静压态 TiAl 基合金中 γ 相的微观组织状态也是形成裂纹的另外一个原因。γ 晶粒内部位错密度非常高，从而易成为机械抛光过程中缺陷的露头，导致裂纹的产生。由于 α_2 相的高硬度和低位错密度，裂纹没有在 α_2 相中产生。

　　热等静压态 TiAl 基合金经过热包覆锻造后，致密度提高，组织变得更加均匀、细小，从而力学性能也相应提高。由于热包覆锻造是一个近似准等温准等压的热加工过程，提供了大的机械力使热等静压态残留的孔隙进行闭合，或在高温下通过相变和原子移动使孔隙消除，从而热包覆锻造后 TiAl 基合金的致密度得到提高。在变形过程裂纹不易形成。另外，热变形及其热处理可以消除材料内部的残余应力，也能阻止裂纹的产生。

7.7　粉末冶金钛铝基合金板材的轧制

TiAl 合金板材在航空航天热结构上具有非常广泛的应用前景。但相对热锻造而言，TiAl 合金板材的轧制难度更大。其主要原因是轧制过程的速度快，拉应力大，而外层包套仅能起防氧化作用，不能保温和降低剪切力。本节主要是初步探索粉末冶金 TiAl 合金的热轧制工艺，为其实用化提供试验和理论指导。

7.7.1　高温较高速率热压缩模拟

与前述研究不同，本节主要根据实际轧制的工艺制度，首先研究 TiAl 合金在高温高速率下的变形行为。变形温度为 1050℃、1100℃和 1150℃，应变速率为 $2.5\ \text{s}^{-1}$、$5.0\ \text{s}^{-1}$ 和 $7.5\ \text{s}^{-1}$，使用玻璃粉作为润滑材料，采用空冷方式进行 Ti – 47Al – 2Cr – 0.2Mo 合金热模拟压缩实验。通过实验，确定变形温度、应变速率对变形量的影响，最终得出不同变形条件下的最大变形量，为 TiAl 合金的热变形提供理论基础，并研究了 Ti – 47Al – 2Cr – 0.2Mo 合金热变形过程中组织的演变情况。最后利用 DEFORM 软件模拟了 Ti – 47Al – 2Cr – 0.2Mo 合金热压缩变形，分析了变形过程中应力、应变的变化情况及大小的分布情况。

根实验所测得的 Ti – 47Al – 2Cr – 0.2Mo 合金在不同变形条件下最大变形量如表 7 – 19、表 7 – 20 和表 7 – 21 所示。

表 7 – 19　Ti – 47Al – 2Cr – 0.2Mo 合金在应变速率为 2.5 s^{-1} 条件下的变形情况

变形量/% 变形温度/℃	40	45	50
1050	完好	完好	开裂
1100	完好	完好	开裂
1150	完好	完好	开裂

表 7 – 20　Ti – 47Al – 2Cr – 0.2Mo 合金在应变速率为 5 s^{-1} 条件下的变形情况

变形量/% 变形温度/℃	30	35	40
1050	完好	开裂	
1100		完好	开裂
1150		完好	开裂

表 7 – 21   Ti – 47Al – 2Cr – 0.2Mo 合金在应变速率为 7.5 s^{-1} 条件下的变形情况

变形量/% 变形温度/℃	20	25	30	35	40
1050	完好	完好	开裂		开裂
1100		完好	开裂		
1150			完好	开裂	开裂

上述结果清晰地反应了不同变形温度不同应变速率条件下 Ti – 47Al – 2Cr – 0.2Mo 合金的最大变形量，即：

在 1050℃ 情况下，$\dot{\varepsilon} = 2.5$ s^{-1} 时，$\varepsilon_{max} = 45\%$

$\dot{\varepsilon} = 5.0$ s^{-1} 时，$\varepsilon_{max} = 30\%$

$\dot{\varepsilon} = 7.5$ s^{-1} 时，$\varepsilon_{max} = 25\%$

在 1100℃ 情况下，$\dot{\varepsilon} = 2.5$ s^{-1} 时，$\varepsilon_{max} = 45\%$

$\dot{\varepsilon} = 5.0$ s^{-1} 时，$\varepsilon_{max} = 35\%$

$\dot{\varepsilon} = 7.5$ s^{-1} 时，$\varepsilon_{max} = 25\%$

在 1150℃ 情况下，$\dot{\varepsilon} = 2.5$ s^{-1} 时，$\varepsilon_{max} = 45\%$

$\dot{\varepsilon} = 5.0$ s^{-1} 时，$\varepsilon_{max} = 35\%$

$\dot{\varepsilon} = 7.5$ s^{-1} 时，$\varepsilon_{max} = 30\%$

可以看出，Ti – 47Al – 2Cr – 0.2Mo 合金在高温塑性变形时，在相同应变速率不同温度条件下，随着温度的升高，变形性能有所变好；在相同温度不同应变速率的条件下，随着应变速率的增大，变形性能迅速变坏。因此，变形温度和应变速率都能影响其变形性能，但应变速率影响更大，Ti – 47Al – 2Cr – 0.2Mo 合金变形性能对应变速率更加敏感。

变形温度对金属材料的高温变形过程有着重要的影响。在应变速率一定情况下，测得热压缩实验数据，得出真应力 – 真应变曲线如图 7 – 165 所示。从图中可以看到，温度越高峰值应力越小。这说明了，随着温度的升高，材料的软化作用变得明显，材料的流动性变好。

图 7 – 166 是应变速率为 2.5 s^{-1}、变形量为 45%、不同变形温度的宏观图片，从图中可以看出 Ti – 47Al – 2Cr – 0.2Mo 合金变形均匀，变形后的试样完好表面没有出现裂纹。

图 7 – 167 是应变速率为 5 s^{-1}，变形量为 35%，不同变形温度的宏观图片，从图中可以看出 Ti – 47Al – 2Cr – 0.2Mo 合金在温度为 1050℃ 时，压缩后的试样发生破裂。而随温度的升高，在温度为 1100℃ 和 1150℃ 时，变形后的试样完好，表面没有裂纹的出现。

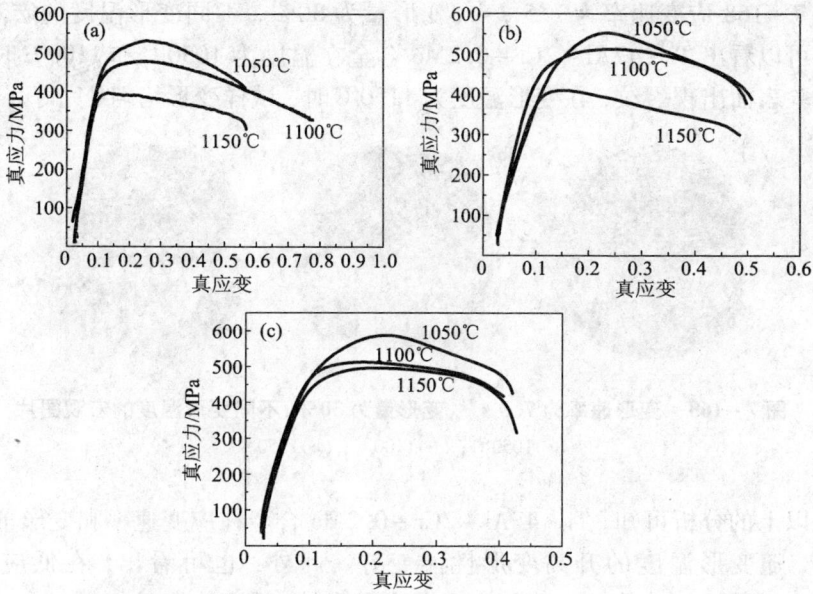

图 7 - 165　Ti - 47Al - 2Cr - 0.2Mo 合金真应力 - 应变曲线

$(a)\dot{\varepsilon} = 2.5 \text{ s}^{-1}$; $(b)\dot{\varepsilon} = 5.0 \text{ s}^{-1}$; $(c)\dot{\varepsilon} = 7.5 \text{ s}^{-1}$

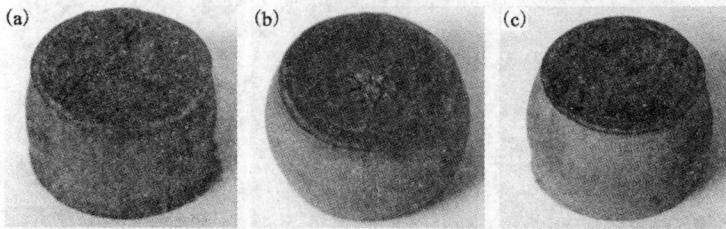

图 7 - 166　变形速率为 2.5 s^{-1}, 变形量为 45%, 不同变形温度的宏观图片

$(a)1050℃$; $(b)1100℃$; $(c)1150℃$

图 7 - 167　变形速率为 5 s^{-1}, 变形量为 35%, 不同变形温度的宏观图片

$(a)1050℃$; $(b)1100℃$; $(c)1150℃$

图 7 – 168 应变速率为 7. 5 s^{-1}，变形量为 30%，不同变形温度的宏观图片，从图中可以看出 Ti – 47Al – 2Cr – 0. 2Mo 合金在温度为 1050℃ 和 1100℃ 时，变形后的实验表面出现裂纹，在变形温度为 1150℃ 时，试样变形均匀、完好。

图 7 – 168　变形速率为 7. 5 s^{-1}，变形量为 30%，不同变形温度的宏观图片
(a)1050℃；(b)1100℃；(c)1150℃

从以上的分析可知，Ti – 47Al – 2Cr – 0. 2Mo 合金在应变速率和变形量相同的条件下，随变形温度的升高变形性能变好。此外，也可看出，在低应变速率 (2. 5 s^{-1}) 变形时，本合金在不同变形温度变形时，最大变形量都为 45%，并没有随温度的升高而发生明显改善。

图 7 – 169 为 Ti – 47Al – 2Cr – 0. 2Mo 合金在不同变形条件下热变形试样侧表

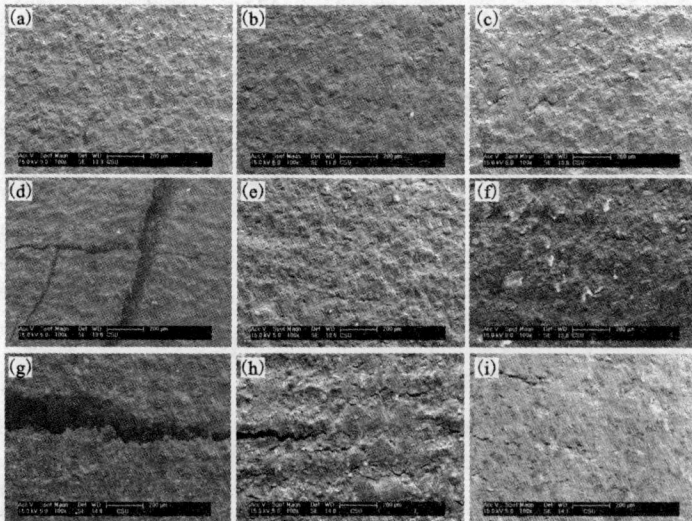

图 7 – 169　TiAl 基合金在不同变形条件下热变形试样侧表面 SEM 照片
(a)2. 5 s^{-1} – 1050℃ – 45%；(b)2. 5 s^{-1} – 1100℃ – 45%；(c)2. 5 s^{-1} – 1150℃ – 45%；
(d)5 s^{-1} – 1050℃ – 35%；(e)5 s^{-1} – 1100℃ – 35%；(f)5 s^{-1} – 1150℃ – 35%；
(g)7. 5 s^{-1} – 1050℃ – 30%；(h)7. 5 s^{-1} – 1100℃ – 30%

面 SEM 照片，从图中可以看出在应变速率为 2.5 s⁻¹，变形量为 45%，不同变形温度的变形条件下，试样扫描侧表面完好并没有出现明显的裂纹；在变形速率为 5 s⁻¹，变形量为 35%，变形温度为 1050℃时，试样侧表面出现了明显的大裂纹，随着变形温度的升高，在变形温度为 1100℃和 1150℃时，试样侧表面完好，并没有出现明显的裂纹；在变形速率为 7.5 s⁻¹，变形量为 30%，变形温度为 1050℃和 1100℃时，试样侧表面出现明显的裂纹，并随温度的升高，裂纹有变小的趋势，当温度升高到 1150℃时，试样侧表面并没有出现明显的裂纹。

从以上结果可以看出，Ti－47Al－2Cr－0.2Mo 合金热变形时，在相同的变速率和变形量，随变形温度升高，变形性能得到改善，变形能力增强。这也同样说明了，变形温度是 Ti－47Al－2Cr－0.2Mo 合金热变形的重要影响因素，随着温度的升高除了材料本身塑性有了提高，还对材料变形时所产生的微裂纹有明显的焊合作用，尤其在压应力状态下，故温度越高 Ti－47Al－2Cr－0.2Mo 合金热的变形能力越强。

Ti－47Al－2Cr－0.2Mo 合金对应变速率非常敏感。图 7－170 所描述的是在变形温度不变的情况下 Ti－47Al－2Cr－0.2Mo 合金变形受应变速率影响的真应力－真应变曲线。从图中可以看出，随着应变速率的增加，峰值应力增大。

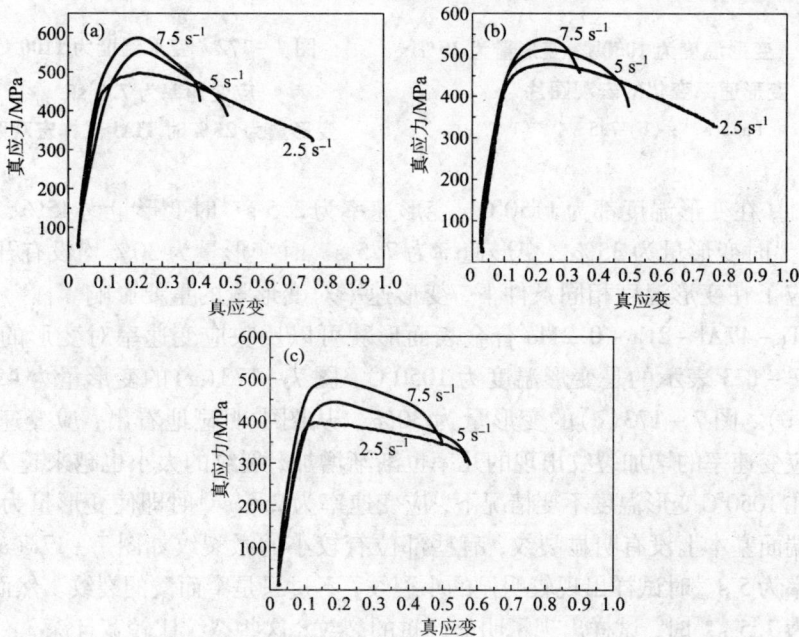

图 7－170　变形温度相同变形速率不同时 TiAl 基合金真应力－应变曲线

（a）1050℃；（b）1100℃；（C）1150℃

  图7-171表示的是变形温度为1050℃、变形量为30%、应变速率分别为 $5\ s^{-1}$ 和 $7.5\ s^{-1}$ 的变形条件下，Ti-47Al-2Cr-0.2Mo合金变形后宏观照片。从 图中可以看出，在变形速率为 $5\ s^{-1}$ 时，试样变形均匀完好。在变形速率为 $5\ s^{-1}$ 时，试样表面出现了明显的宏观裂纹，试样破坏。

  变形温度为1100℃、应变速率为 $7.5\ s^{-1}$ 、变形量为25%时Ti-47Al-2Cr- 0.2Mo合金热压缩变形后试样的宏观照片如图7-171所示。该图与图7-166、 图7-167一起可以看出，变形温度为1100℃，在变形速率为 $2.5\ s^{-1}$ 、最大变形 量为45%；变形速率为 $5\ s^{-1}$ 、最大变形量为35%；变形速率为 $7.5\ s^{-1}$ 、最大变形 量为25%。因此，在变形温度相同条件下，Ti-47Al-2Cr-0.2Mo合金高温条件 下最大变形量随着变形速率的加快而减小，且表现得非常敏感。

图7-171 变形温度为1050℃，变形量为30% 变形速率变化的宏观图片 (a)5 s^{-1} ；(b) 7.5 s^{-1}

图7-172 变形温度为1100℃， 应变速率为7.5 s^{-1} ， 变形量为25%时TiAl试样宏观照片

  此外，在变形温度都为1150℃，变形速率为 $2.5\ s^{-1}$ 时变形量为45%，变形速 率为 $5\ s^{-1}$ 时变形量为35%，变形速率为 $7.5\ s^{-1}$ 时变形量为30%均没有开裂，也 同样反应了在变形温度相同条件下，变形速率对变形量的重要影响。

  从Ti-47Al-2Cr-0.2Mo合金表面形貌可以反映应变速率对变形的影响效 果。图7-173表示的是变形温度为1050℃，图7-173(a)的变形量为45%，图 7-173(b)、图7-173(c)的变形量为30%。从图中明显地看出，应变速率不变 时随着应变速率的增加裂纹出现的几率也渐渐增加，裂纹的大小也越来越大，越来 越深。在1050℃变形温度不变情况下，应变速率为 $2.5\ s^{-1}$ 时即使变形量为45%压 缩试样端面基本上没有明显裂纹，有些部位有较小的微裂纹如图7-173(a)所示。 应变速率为 $5\ s^{-1}$ 时试样出现较明显的小裂纹，不过只是窄而浅的裂纹。然而，在应 变速率为 $7.5\ s^{-1}$ 时，试样出现了明显严重的裂纹，这些裂纹比较宽且深。

  通过以上的实验可以发现，变形速率对变形有着强烈的影响。在变形温度、 变形量都相同的条件下，Ti-47Al-2Cr-0.2Mo合金在低的应变速率时不容易出 现裂纹而在高的应变速率时容易出现裂纹，且随着速率的增加裂纹会增加、变

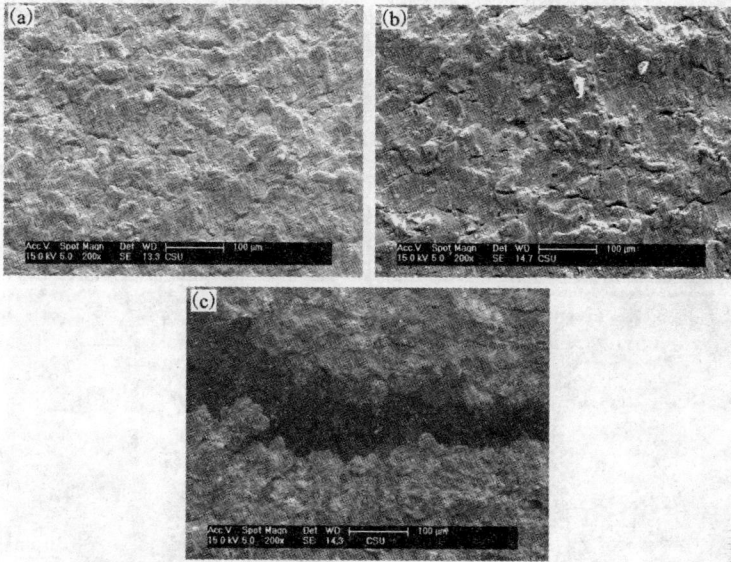

图 7 - 173　变形温度为 1050℃变形速率改变条件下试样端面 SEM 照片

(a)2.5 s^{-1}；(b)5 s^{-1}；(c)7.5 s^{-1}

大。在变形温度相同的条件下，Ti - 47Al - 2Cr - 0.2Mo 合金的最大变形量受到变形速率的影响而具有很大的差别。

　　图 7 - 174 为 Ti - 47Al - 2Cr - 0.2Mo 合金在不同变形条件下的金相照片。从图中可以看出高温变形后合金的显微组织比较均匀，主要由被拉长破碎的 α_2/γ 层片晶团和 γ 晶粒组成。γ 晶粒主要是高温变形过程中动态再结晶的产物。由此可以看出合金在高温变形过程中发生了动态再结晶，软化机制主要以动态再结晶为主。在应变速率 2.5 s^{-1}、变形量为 45%、不同变形温度条件下变形后（如图 7 - 174(a)、图 7 - 174(b) 和图 7 - 174(c) 所示），合金再结晶的 γ 晶粒尺寸随着温度的升高发生明显变化。当变形温度为 1050℃时，合金中白色 γ 晶粒较细小，如图 7 - 174(a) 所示，当温度升高到 1150℃时，γ 晶粒明显粗化，如图 7 - 174(c) 所示。在变形温度为 1150℃、变形量为 40%、不同应变速率条件下热变形后，如图 7 - 174(d)、图 7 - 174(e) 和图 7 - 174(f) 所示，合金再结晶的 γ 晶粒尺寸随着应变速率的增大变化不明显，但数量明显增加。

　　高温变形后 Ti - 47Al - 2Cr - 0.2Mo 合金动态再结晶组织如图 7 - 175 所示。Ti - 47Al - 2Cr - 0.2Mo 合金为低层错能合金，在高温变形过程中动态软化以动态再结晶为主，但 Ti - 47Al - 2Cr - 0.2Mo 合金中层片晶团的特殊结构又与普通合金不同，在动态再结晶过程中不同位相层片晶团会导致动态再结晶发生位置不同。图 7 - 175 左半边是原始的层片晶团，右半边是新生的动态再结晶晶粒。

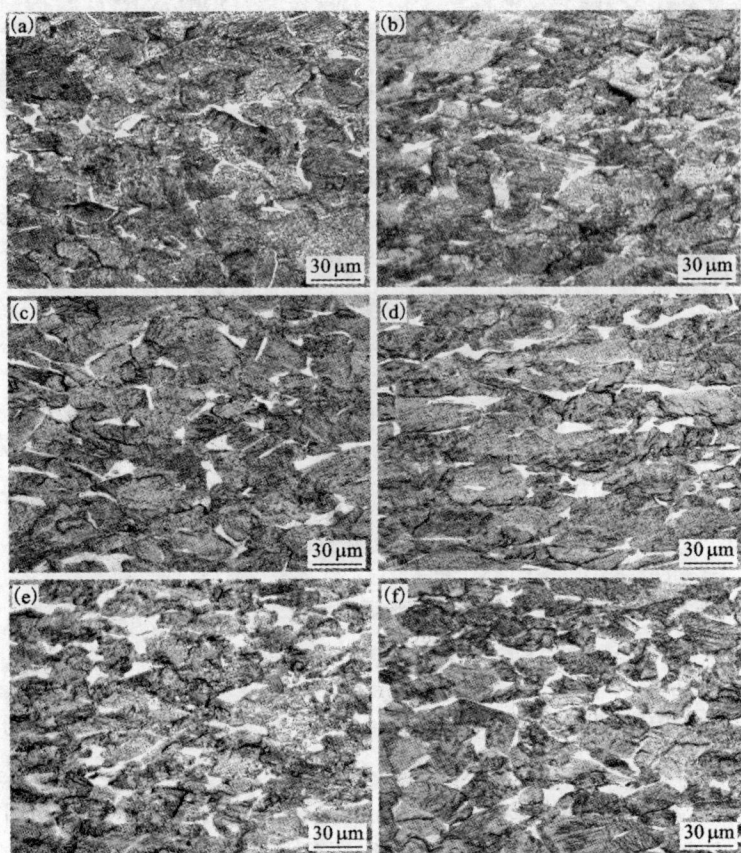

图 7 - 174   合金高温压缩变形后的金相组织

(a)2.5 s⁻¹ - 1050℃ - 45% ; (b)2.5 s⁻¹ - 1100℃ - 45% ; (c)2.5 s⁻¹ - 1150℃ - 45% ;

(d)2.5 s⁻¹ - 1150℃ - 40% ; (e)5 s⁻¹ - 1150℃ - 40% ; (f)7.5 s⁻¹ - 1150℃ - 40%

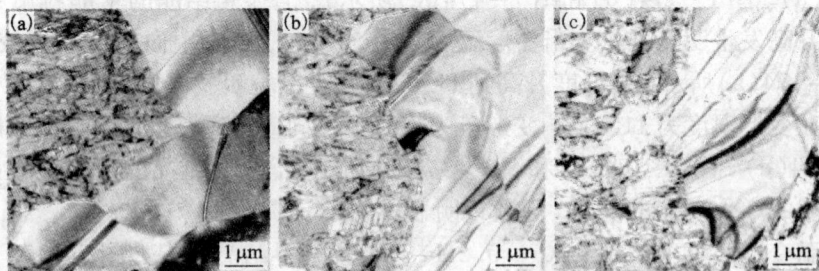

图 7 - 175   合金在变形温度为 1150℃、应变速率为 2.5 s⁻¹、
变形量为 45% 时的 TEM 照片

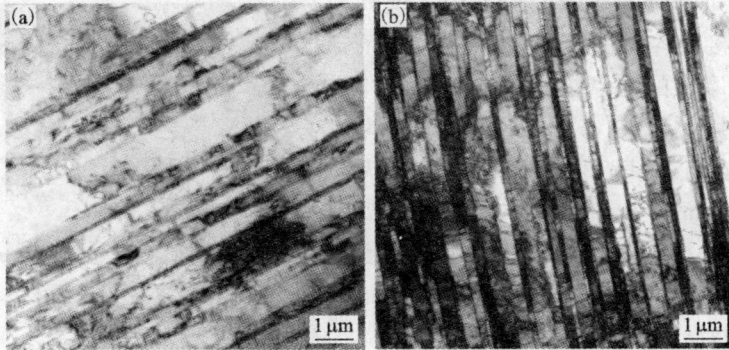

图 7-176　合金在变形温度为 1150℃、不同应变速率条件下的 TEM 照片

(a)2.5 s^{-1}；(b)7.5 s^{-1}

变形条件对 Ti-47Al-2Cr-0.2Mo 合金层片间距的影响如图 7-176 所示。从图中可以看出，在变形温度为 1150℃，随着应变速率的增大，层片间距明显减小。层片晶团中当层片间距减小后，变形过程中位错在层片内部运动的距离减小如图 7-177 所示。且位错大量塞积在层片的交界处，层片交界对位错滑移有明显的阻碍作用，这就使得硬取向晶粒的滑移系及软取向晶粒中垂直于片层方向的滑移系开动的阻碍加大。大量位错被束缚不能运动，当位错密度达到一定数量时就会产生

图 7-177　合金在变形温度为 1150℃、应变速率为 7.5 s^{-1}条件下的 TEM 照片

微裂纹，进而降低合金的变形性能，因此增加应变速率合金的热加工性能将降低。

7.7.2　高温压缩数值模拟

选取 Ti-47Al-2Cr-0.2Mo 合金圆柱试样建立高温压缩模型，圆柱试样的尺寸为 φ10 mm×12 mm。Ti-47Al-2Cr-0.2Mo 合金在不同温度和不同应变率变形条件下的真应力-真应变曲线如图 7-165 所示，本构方程采用前述试验确定的。

对变形体进行均匀的网格划分，变形体的几何形状及原始网格的划分如图 7-178所示，网格数为 12000。采用整体网格重划分，可避免过密的网格划分可能造成的计算费用的增加，也可避免因过疏的网格无法精确描述单元变形的空间

变化。网格重划分的穿透容限采用系统默认值，即为接触容限的 2 倍。摩擦边界条件采用剪切摩擦的常摩擦因子法，接触体之间的摩擦因子 m 取 0.3。环境温度设为 30℃，试样与环境间传热系数设为 0.02 N/(s·mm·℃)。初始速度场由边界条件确定，模拟中所采用的初始速度有：1.2 mm/s、12 mm/s、30 mm/s 和 60 mm/s，分别对应的应变速率是：$0.1\ s^{-1}$、$1\ s^{-1}$、$2.5\ s^{-1}$ 和 $5\ s^{-1}$，模拟过程采用恒应变速率。试样开始压缩温度设为 1150℃。适当设定各种控制参数，如求解器、增量

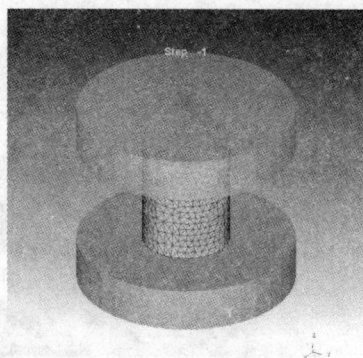

图 7 – 178 压缩试样自动生成的单元网格分布图

步长、网格重划控制参数等，然后利用求解器进行计算了。求解结束后可以用后处理器分析计算结果。

　　图 7 – 179 为合金在 1150 ℃不同应变速率时 DEFORM – 3D 高温压缩模拟损伤分布图。从图中可以看出合金在应变速率为 $0.1\ s^{-1}$ 和 $1\ s^{-1}$ 时变形，高温压缩后试样基本无损伤，如图 7 – 179(a) 和图 7 – 179(b) 所示。合金在在应变速率为 $2.5\ s^{-1}$ 时变形，变形量为 45% 时试样基本无损伤，形状完好，如图 7 – 179(c) 所示；当变形量达到 50% 时，试样出现了明显的损伤现象，即上下表面有金属异常变形，如图 7 – 179(d) 所示。合金在应变速率为 $5\ s^{-1}$ 时变形，变形量为 35% 时试样基本无损伤，形状完好，如图 7 – 179(e) 所示；当变形量达到 50% 时，试样出现了和图 7 – 179(d) 相类似的损伤现象，如图 7 – 179(f) 所示。由 DEFORM – 3D 高温压缩模拟损伤分布图可以看出，DEFORM – 3D 模拟的结果和 Gleeble – 1500 热模拟机压缩的结果是一致的。

　　图 7 – 179 为合金在 1150℃不同应变速率时高温压缩模拟的等效应变分布图。从图中可以看出，试样的等效应变分布很不均匀，试样的心部变形很大，而试样的顶部由于摩擦的影响，应变很小。其他部位的等效应变分布介于最大和最小之间，并由心部向顶部、心部向边部呈递减趋势。这与实际压缩过程中所产生的三个变形区（即难变形区、易变形区和自由变形区）是一致的。

　　图 7 – 181 为合金在 1150℃不同应变速率时高温压缩模拟的应力分布图。从图中可以看出，试样中的应力分为两种：一种是压应力（应力值为负值），另一种是拉应力（应力值为正值）。压应力主要分布在试样的心部，并且由心部向上下表面和侧表面压应力逐渐减小，进而转化为拉应力。侧表面的拉应力最大值随着应变速率的增大而增大，当应变速率为 $0.1\ s^{-1}$ 时，合金侧表面最大拉应力值为 91.3 MPa，如图 7 – 181(a) 所示；当应变速率为 $5\ s^{-1}$ 时，合金侧表面最大拉应力

图 7-179 1150℃不同应变速率时 DEFORM-3D 高温压缩模拟损伤分布图

(a)50%, 0.1 s^{-1}; (b)50%, 1 s^{-1}; (c)45%, 2.5 s^{-1};
(d)50%, 2.5 s^{-1}; (e)35%, 5 s^{-1}; (f)40%, 5 s^{-1}

值增大到 215 MPa，如图 7-181(d)所示。侧表面的拉应力达到一定值时，即超过合金的抗拉极限，就把合金的侧表面拉裂，产生裂纹，由此可以看出应变速率对合金的变形性能影响很大。

图 7-182 为合金在 1150℃不同应变速率时高温模拟的温度分布图。从图中可以看出，试验中的温度分布不均匀，并随着应变速率的增大变得更加不均匀。

试验心部的温度较高，由心部向四周温度逐渐降低，这主要是因为心部变形量大，压缩时对心部做功多引起的。对升温的总体情况来分析，可以看出随着应变速率的增大，试验的升温增大。当应变速率为 0.1 s^{-1}时，试验心部最高温度达

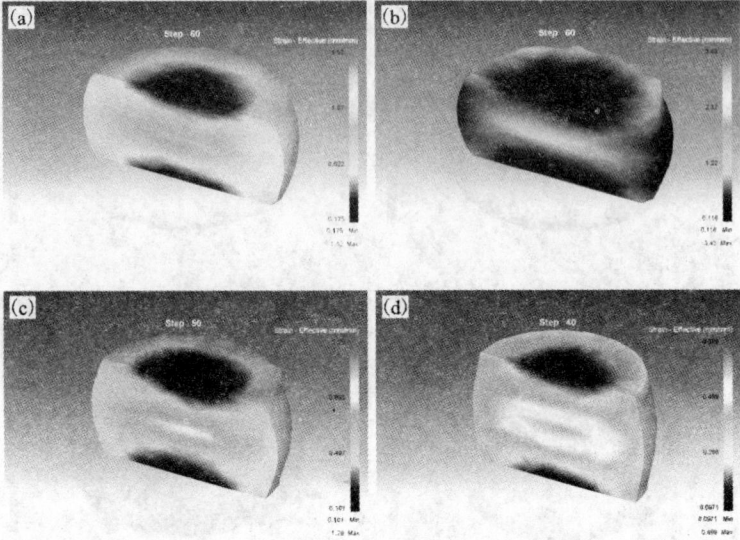

图 7 - 180　1150℃不同应变速率时 DEFORM - 3D 高温压缩模拟有效应变分布图

(a)50%,0.1 s^{-1};(b)50%,1 s^{-1};(c)45%,2.5 s^{-1};(d)35%,5 s^{-1}

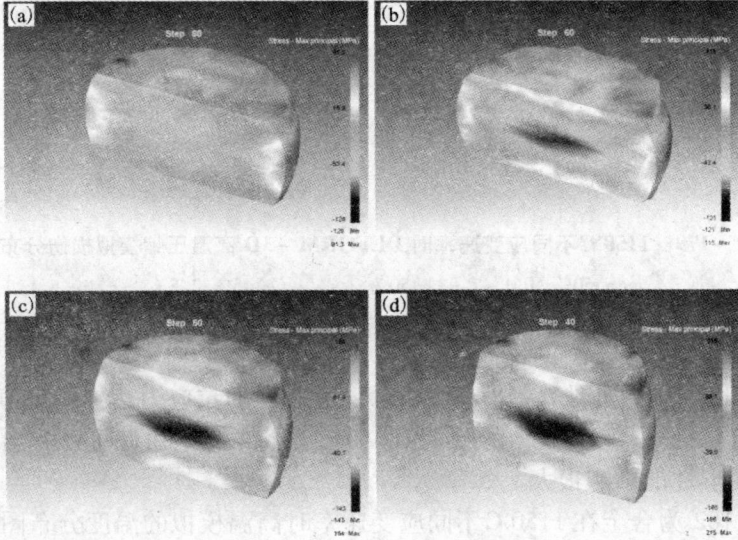

图 7 - 181　1150℃不同应变速率时 DEFORM - 3D 高温压缩模拟应力分布图

(a)50%,0.1 s^{-1};(b)50%,1 s^{-1};(c)45%,2.5 s^{-1};(d)35%,5 s^{-1}

到 1160℃，如图 4 - 182(a)所示；当应变速率为 5 s⁻¹时，试验心部最高温度达到
1200℃，如图 4 - 182(d)所示。

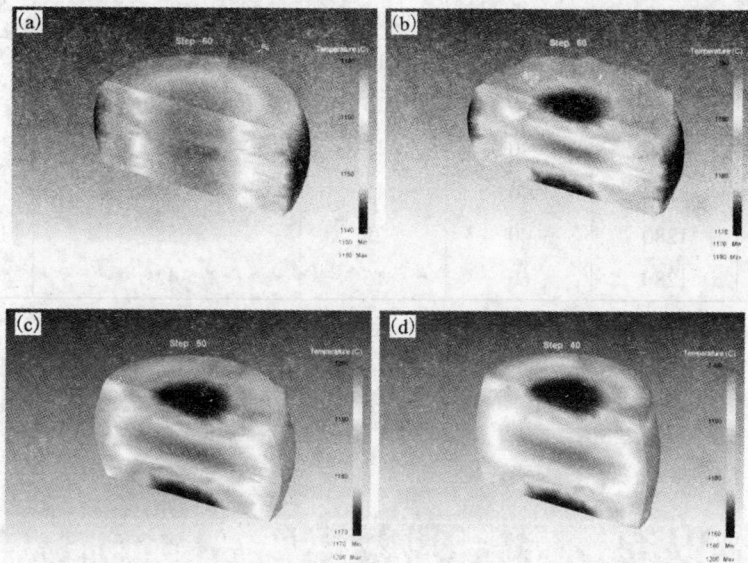

图 7 - 182　1150℃不同应变速率时 DEFORM - 3D 高温压缩模拟温度分布图
(a)50% ,0.1 s⁻¹; (b)50% ,1 s⁻¹; (c)45% ,2.5 s⁻¹; (d)35% ,5 s⁻¹

7.7.3　热轧制行为

表 7 - 22 和图 7 - 183 为采用不同轧制工艺轧制后的板材成形性实验结果。
可以发现，当轧辊线速度和道次变形量相同时，随着轧制温度的升高，合金板材
的成形性变好，当温度恒定，无论是增加道次变形量还是提高轧辊线速度，合金
的成形性都会变差。采用工艺 1 轧制时，轧制温度较低，合金总变形量达到 32%
时，即发生横向断裂；采用工艺 2 时，其他条件不变，轧制温度升高到 1250℃，合
金的总压下量较采用工艺 1 时增加，达到 45% ，但是合金边部已经出现了明显的
裂口，继续提高轧制温度后，如工艺 3 和 4，合金的轧制温度提高到 1280℃和
1300℃，合金总变形达到 65% 和 68% 时，板材依然完好，未出现裂口和裂纹，说
明在这两种轧制工艺下，Ti - 47Al - 2Cr - 0.2Mo 合金具有较好的板材成形性。保
持轧制温度为 1280℃和轧辊线速度为 40 mm/s，道次变形量增加为 25% 时(工艺
5)，合金总变形量达到 58% 时，边部发生开裂；保持轧制温度为 1280℃和道次变
形量为 15% ，轧辊线速度提高为 60 mm/s 时，合金总变形量为 42% 时，合金板材
边部即出现裂口。

表 7 – 22　轧制实验结果

工艺	轧制工艺参数			板材成形性	
	轧制温度/℃	轧辊线速度/(mm·s⁻¹)	道次变形量/%	总压下量(含包套)/%	板材质量
1	1220	40	15	32	断裂
2	1250	40	15	45	开裂
3	1280	40	15	65	完好
4	1300	40	15	68	完好
5	1280	40	25	58	边部开裂
6	1280	60	15	42	开裂

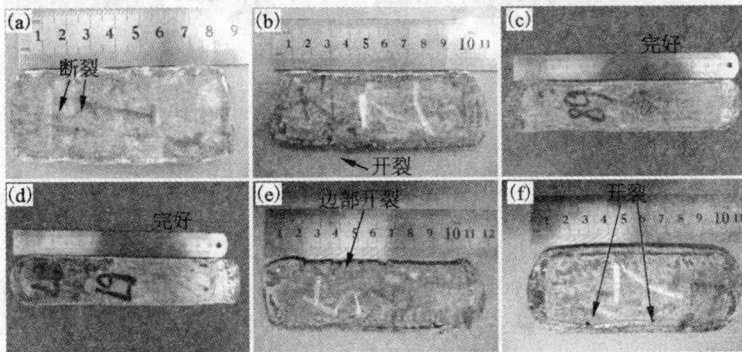

图 7 – 183　不同工艺轧制后合金板材宏观形貌

(a)工艺 1；(b)工艺 2；(c)工艺 3；(d)工艺 4；(e)工艺 5；(f)工艺 6

图 7 – 184 为合金轧制前 HIP 态的合金组织，由合金的 SEM 照片可以看出，合金轧制前的组织由 γ 相 α 相和 β 相组成，并且各相分布均匀。

从 EBSD 的取向分布图 7 – 184(b)可以看出，各晶粒取向随机分布，平均晶粒大小为 10～15 μm，并且组织中存在许多热等静压时产生的压缩孪晶，对孪晶处晶粒取向差[图 7 – 184(c)虚线圈处]的分析结果如图 7 – 184(d)所示，可以看出这些孪晶为 58° 的压缩孪晶。

图 7 – 185 为采用工艺 1(1220℃ – 40 mm/s – 15%)轧制后合金的组织，由图 7 – 185(a)可以看出：合金在较低温度下变形时，合金变形不均匀，在局部已发生了动态再结晶，同时在一些晶粒内部正在发生亚晶合并的过程。从图中晶界角度差分析[图 7 – 185(c)]可以看出，在一些大的晶粒内部，产生许多晶界小于 15° 的亚晶界，从图 7 – 185(d)的 TEM 照片中也可以看出，合金晶粒内的位错密度较高，因此，合金的变形抗力大，导致合金的成形性较差，轧制过程中容易开裂。

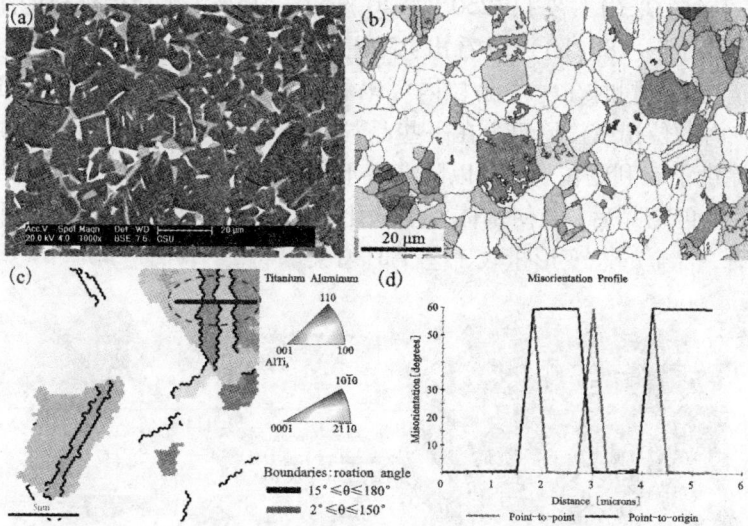

图 7 – 184 轧前 HIP 态的组织

（a）SEM；（b）EBSD/取向图；（c）EBSD/孪晶；（d）孪晶角度差分析

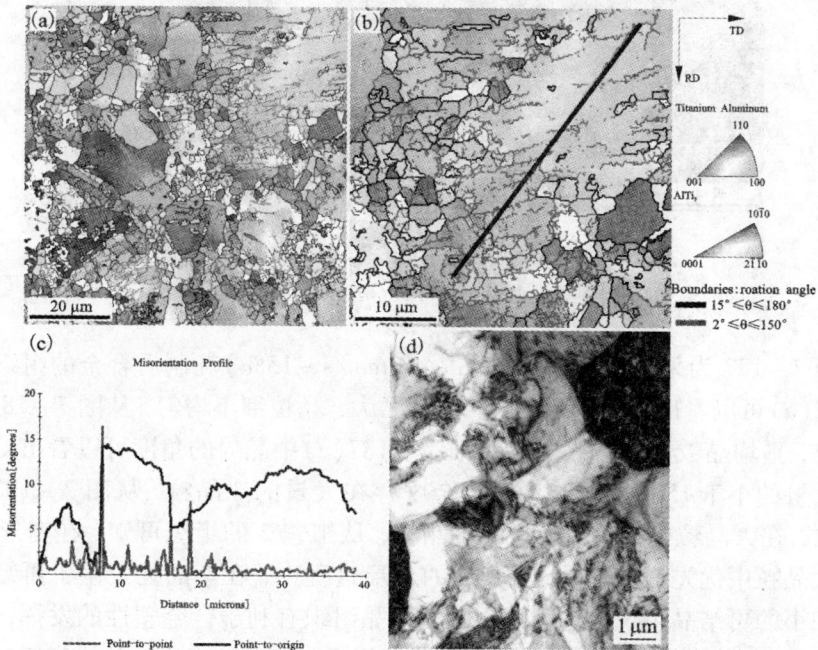

图 7 – 185 采用工艺 1 轧制后的组织

（a）EBSD/取向图；（b）亚晶处 EBSD/取向图；（c）亚晶处晶粒角度差分析；（d）TEM

图 7 - 186 为采用工艺 1(1250℃ -40 mm/s -15%)轧制后合金的组织,由图 7 -186(a)和图 7 -186(b)可以看出:随着变形温度进一步升高,合金中的再结晶晶粒数量增多,同时在一些晶粒内可以看到明显的孪晶。从 TEM 照片中可以看出,晶粒内的位错密度降低,在一些晶粒内产生了大量的孪晶,这些孪晶为再结晶形核提供了有利的位置,所以随着变形温度的升高,合金中的再结晶分数增大,合金发生再结晶后,会使基体发生软化,有利于合金的塑性变形,所以,采用工艺 2 以后,合金的总变形量较工艺 1 时增大。

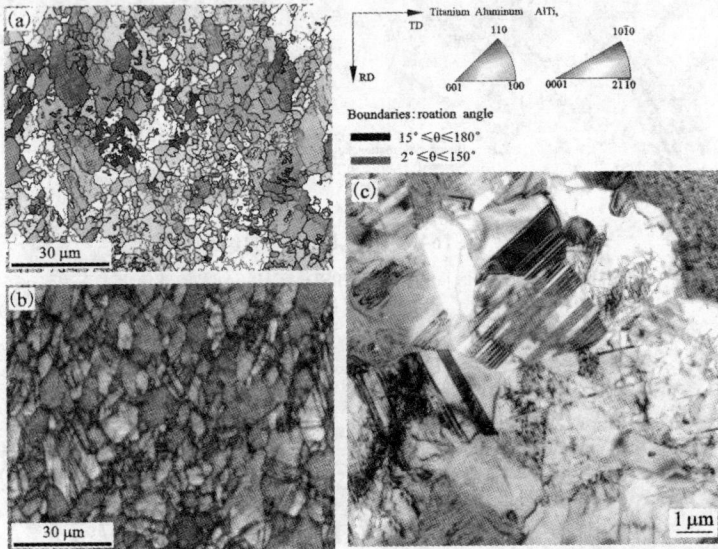

图 7 - 186 采用工艺 2 轧制后的组织
(a)EBSD/取向图;(b)EBSD/菊池带衬度图;(c)TEM

图 7 - 187 为采用工艺 3(1280℃ -40 mm/s -15%)轧制后合金的组织,从图 7 -187(a)可以看出,合金再结晶的程度增大,晶粒细小均匀,从图 7 -187(c)可以看出,平均晶粒大小为 3 μm。从图 7 -187(a)中晶界的角度可以看出,合金中存在大量的小于 15°的晶界,说明合金中存在大量的亚晶粒,从图 7 -187(b)可以看出,在大晶粒中产生了大量的小晶粒,从工艺 2 的组织可知,在变形过程中这些大晶粒中优先形成孪晶,在其后的变形过程中,在孪晶处发生了再结晶,形成了细小的再结晶组织。这种细小的再结晶组织有利于合金塑性的发挥,因而成形性较好。由图 7 -187(d)的 TEM 照片可以看出,晶粒内部的位错密度较低,低的位错密度也同样有利于合金塑性变形。所以使用该变形工艺轧制,合金的成形性较好,可以轧出板型良好的板材。

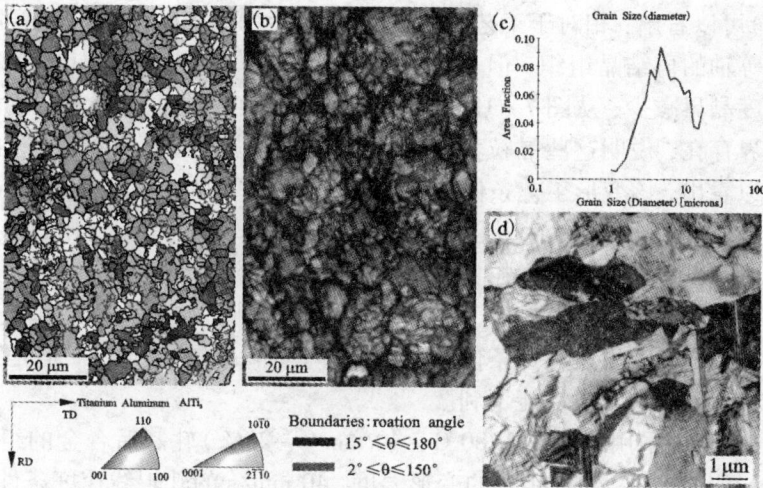

图 7 – 187 采用工艺 3 轧制后的组织

(a)EBSD/取向图;(b)EBSD/菊池带衬度图;(c)晶粒尺寸分布;(d)TEM

图 7 – 188 为采用工艺 4(1300℃ – 40 mm/s – 15%)轧制后合金的组织,由图

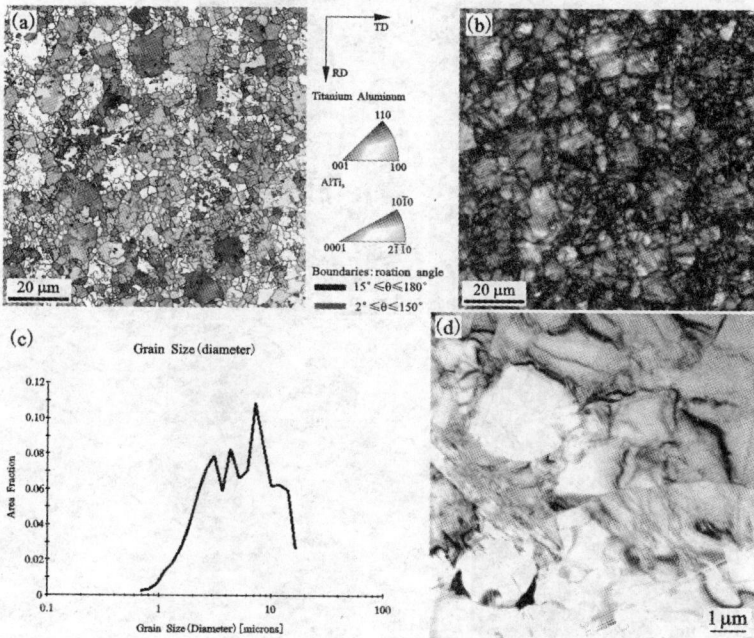

图 7 – 188 采用工艺 4 轧制后的组织

(a)EBSD/取向图;(b)EBSD/菊池带衬度图;(c)晶粒尺寸分布;(d)TEM

7-188(a)可以看出：相对于工艺 5 轧制后的组织，采用工艺 6 轧制后的组织中，晶粒仍为等轴的再结晶组织，但是晶粒大小却不均匀，部分晶粒已经发生长大，并且小角度晶界减少，从图 7-188(b)的菊池带衬度图中也可以看出，大晶粒中并无亚晶界存在，说明这些晶粒为长大的再结晶晶粒。从图 7-188(c)的晶粒尺寸分布可以看出，该变形工艺条件下变形后合金的平均晶粒大小为 8 μm，明显较工艺 4 轧制后的合金晶粒大，从图 7-188(d)的 TEM 形貌可以看出，合金组织中的位错密度很低，也说明了晶粒长大现象。所以在较高温度下轧制时，合金中同样发生了大量的再结晶，但是由于温度较高，再结晶晶粒长大，导致合金中的晶粒大小均匀性变差，虽然在该条件下合金同样具有较好的成形性，但是这种不均匀的组织，对合金的力学性能不利。

图 7-189 为采用工艺 5(1280℃-40 mm/s-25%)轧制后合金的组织，由图 7-189(a)可以看出：在 1280℃ 的变形温度，40 mm/s 的轧辊线速度条件下，增加道次变形量，合金发生再结晶的速度增加，从图 7-189(b)和图 7-189(c)中可以看出，在层片组织处开始产生许多细小的再结晶晶粒，这些再结晶晶粒角度小于 15°，说明这些再结晶并不完全，处于在结晶未完全的阶段。从 TEM 照片中也证明了这一点。但是道次变形量增大，在层片组织处存在大量位错如图 7-189(d)，这

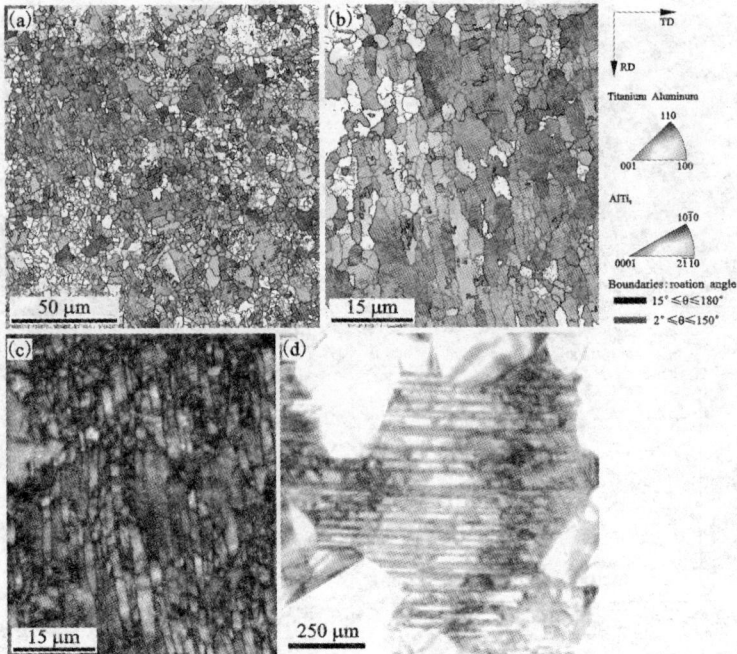

图 7-189　采用工艺 5 轧制后的组织

(a)EBSD/取向图；(b)层片组织处的取向图；(c)层片组织处菊池带衬度图；(d)TEM

会导致合金的加工硬化效应增加，轧制时的变形抗力增加，不利于塑性的发挥。

图 7 – 190 为采用工艺 6(1280℃ – 60 mm/s – 15%) 轧制后合金的组织。由图 7 – 190 可以看出：在 1280℃ 的变形温度，道次变形量 15% 的条件下，增大轧辊的轧制线速度以后，合金中的变形不均匀性增大，部分晶粒已经发生了再结晶，同时有部分晶粒还来不及再结晶，表现为粗大的晶粒，这种不均匀的组织，同样不利于合金的轧制变形。

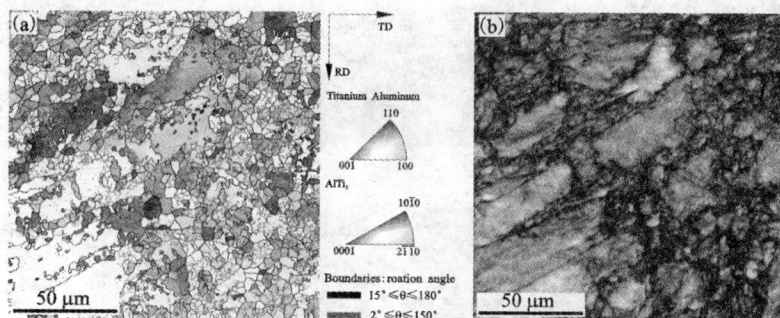

图 7 – 190　采用工艺 6 轧制后的组织
(a)EBSD/取向图；(b)EBSD/菊池带衬度图

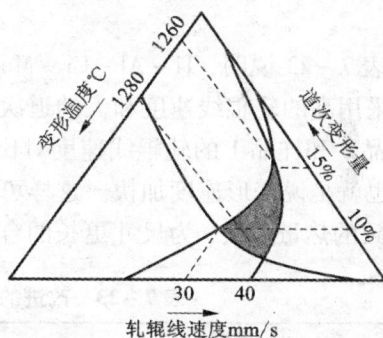

图 7 – 191　板材成形性与变形工艺关系示意图

总结以上变形条件与合金变形能力的关系，得到板材成形性与变形工艺的关系示意图如图 7 – 191 所示。从示意图总可以看出，随着变形温度增加板材的成形性增强，并且当温度达到一定程度时，板材的成形性随温度增加而增强的趋势减弱；随着轧辊线速度增加，板材的成形性降低，轧辊线速度从零开始时，随着速度的增加，变形能力缓慢增加，当达到一定速度时，继续提高线速度，板材的成形性显著降低；随着道次变形量增加，板材的成形性降低，道次变形量小时，增加显著，当道次变形量大到一定程度时，增加道次变形量，对板材的成形性影响变小。轧制温度、轧辊线速度和道次变形量是影响 Ti – 47Al – 2Cr – 0.2Mo 合金板材成形性的主要影响因素，当三者达到协调时合金具有较好的轧制变形能力，如图 7 – 191 中灰色阴影部分。

对轧制工艺 4 进行优化，即在较低的变形速度先变形一定的变形量，然后提高压下量和轧辊线速度，以提高板材的成形效率。实验过程变形参数以及变形结果如表 7 - 18 所示。

图 7 - 192 为根据改进的轧制工艺轧制后，合金板材的宏观形貌。除了采用中间未退火的工艺轧制会导致包套开裂外，采用其他工艺轧制，均能得到无裂纹且板型良好的合金板材，并且总变形量可达 80% 左右，也就是说最终可以得到包括包套厚度为 2 mm 左右的板材，去除包套后，合金板材厚度约为 1.5 mm。

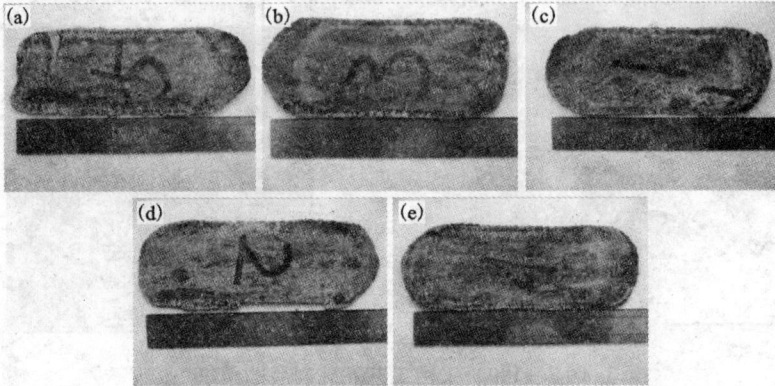

图 7 - 192　采用改进工艺轧制后板材宏观形貌
(a)样品 1；(b)样品 2；(c)样品 3；(d)样品 4；(e)样品 5

结合表 7 - 23 说明，Ti - Al - Cr - Mo 基合金经过低速小道次变形量轧制开坯后，即使采用高的轧辊线速度和大的道次变形量，合金板材依然具有良好的成形性。由样品 5 和样品 1 的轧辊线速度对比可以发现，样品 5 的变形效率为样品 1 的 3 倍，也就是说变形速度加快。这样可以有效地防止在变形过程中由于变形时间长而导致的热量散失，为尺寸更长的合金板材轧制提供了依据。

表 7 - 23　改进的轧制工艺及结果

样品编号	第一阶段轧制				中间退火	第二阶段轧制			板材成型性	
	轧制温度 /℃	轧辊线速度 /(mm·s^{-1})	道次变形量（含包套）/%	累计变形量（含包套）/%		轧制温度 /℃	轧辊线速度 /(mm·s^{-1})	道次变形量（含包套）/%	总变形量（含包套）/%	板材表面质量
1	1280	40	10 ± 1	45.1	不退火	1280	40	15 ~ 30	76.4	包套开裂
2	1280	40	10 ± 1	45.4	850℃/20 min	1280	40	15 ~ 30	81.1	完好
3	1280	40	10 ± 1	45	850℃/20 min	1280	72	15 ~ 30	79.6	完好
4	1280	40	10 ± 1	43.6	850℃/20 min	1280	96	15 ~ 30	79.5	完好
5	1280	40	10 ± 1	43.2	850℃/20 min	1280	120	15 ~ 30	81.2	完好

参考文献

[1] 陈国良. 金属间化合物结构材料研究现状与发展[J]. 材料导报. 2000, 9: 1-5.

[2] Wu Y, Hagihara K, Umakoshi Y. Influence of Y - addition on the oxidation behavior of Al-rich TiAl alloys[J]. Intermetallics. 2004, 12(5): 519-532.

[3] 马丁. 基于 Thermo-Calc 的 Ti - Al - X 三元合金相图热力学计算. [博士学位论文]. 哈尔滨工业大学, 2007.

[4] Brambitt B L. The effect of carbide and nitride additions on the heterogeneous nucleation behavior of liquid iron[J]. Metallurgical transactions, 1970, 1 (5): 1987-1995.

[5] Schwartz D S, Shih D S. The influence of boron additions in cast Ti - 47Al - 2Cr$_2$ Nb - 0.8B In: J. A. Horton, eds. high temperature Ordered-Intermetallics Alloys. Boston. 1995, p.787.

[6] Graef M, Löfvander J P A, McCullough C, et al. The evolution of metastable borides in a Ti - Al - B alloy[J]. Acta Metallurgica et Materialia. 1992, 40(12): 3395-3406.

[7] Belyakov A, Miura H, Sakai T. Dynamic recrystallization under warm deformation of a 304 type austenitic stainless steel [J]. Materials Science and Engineering A. 1998, 255 (1 - 2): 139-147.

[8] Masahashi N, Mizuhara Y, Matsuo M, et al. High temperature deformation behavior of titanium-aluminide based gamma plus beta micro duplex alloy[J]. ISIJ International. 1991, 31 (7): 728-737.

[9] Vanderschueren D, Nobuki M, Nakamura M. Superplasticity in a vanadium alloyed gamma plus beta phased Ti - Al intermetallic [J]. Scripta Metallurgica et Materialia. 1993, 28 (5): 605-610.

[10] Nieh TG, Hsiung LM, Wadsworth J. Superplastic behavior of a powder TiAl alloy with a meta-stable microstructure[J]. Intermetallics. 1999, 7(2): 163-170.

[11] Ravichandran N, Prasad YVRK. Influence of oxygen on dynamic recrystallization during hot working of polycrystalline copper[J]. Materials Science and Engineering A, 1992, 156(2): 195-204.

[12] Ardakani MG, Humphreys FJ. The annealing behaviour of deformed particle-containing aluminium single crystals[J]. Acta Metallurgica et Materialia. 1994, 42(3): 763-780.

[13] 刘咏. 元素粉末冶金 TiAl 基合金制备工艺及成形技术: [博士学位论文]. 长沙: 中南大学, 1999.

[14] Kattner UR, Boettinger WJ. Thermodynamic calculation of the ternary Ti - Al - Nb system[J], Materials Science and Engineering A, 1992, 152(1 - 2): 9-17.

[15] 李小强. 大塑性变形 - 反应烧结制备 TiAl 基合金的研究: [博士学位论文]. 哈尔滨工业大学, 2002.

[16] Lamirand M, Bonnentien JL, Ferriere G, Guerin S, and Chevalier J P. Effects of interstitial oxygen on microstructure and mechanical properties of Ti - 48Al - 2Cr - 2Nb with fully lamellar

and duplex microstructures[J]. Metallurgical and Materials Transactions A, 2006, 37(8): 2369-2378.

[17] Li SS, Su XK, HanY F, Xu XJ, Chen GL. Simulation of hot deformation of TiAl based alloy containing high Nb[J]. Intermetallics, 2005, 13(3-4): 323-328.

[18] 李宝辉, 陈玉勇, 孔凡涛. Ti-45Al-5Nb-0.3Y 合金的等温热变形模拟及包套锻造[J]. 航空材料学报, 2007, 27(3): 42-46.

[19] 刘自成. 高铌 TiAl 基合金成分及组织优化的研究: [博士学位论文]. 北京: 北京科技大学, 2000.

[20] 柳永宁, 宋小龙, 林君山. 钢的屈服强度与激活能[J]. 兵器材料科学与工程, 1995, 18(6): 10-14.

[21] 葛列里克著. 金属和合金的再结晶[J]. 北京: 机械工业出版社, 1985.

[22] 沈健. 2091 铝锂合金高温塑性变形行为研究: [博士学位论文], 长沙: 中南大学, 1996.

[23] 闫蕴琪. 8.5Nb-TiAl 基合金制备-组织-性能关系: [博士学位论文]. 西安: 西安交通大学, 2001.

[24] Zhang J, Zhang ZH, Su X, Zou DX, Zhong ZY, Li C. Microstructure preparation and hot-deformation of Ti-46.2Al-2.0V-1.0Cr-0.5Ni alloy[J]. Intermetallics, 2000, 8(4): 321-326.

[25] Hsiung LM, Nieh T G. Microstructures and properties of powder metallurgy TiAl alloys[J]. Materials Science and Engineering A, 2004, 364(1-2): 1-10.

[26] Ulrike Habel, Brian J Mctiernan. HIP temperature and properties of a gas-atomized gamma titanium aluminide alloy[J]. Intermetallics, 2004, 12(1): 63-68.

[27] Kainuma R, Fujita Y, Mitsui H, Ohnuma I, Ishida K. Phase equilibria among α(hcp), β(bcc) and γ(L10) phases in Ti-Al base ternary alloys[J]. Intermetallics, 2000, 8(8): 855-867.

[28] Kim HY, Sohn WH, Hong SH. High tempertature deformation of Ti-(46-46)Al-2W intermetallic compounds[J]. Materials Science and Engineering A, 1998, 251: 216-225.

[29] Hofmann U, Blum W. A simple model of deformation of Ti-48Al-2Cr-2Nb at high temperatures[J]. Scripta Metallurgica et Materialia. 1995, 32(3): 371-376.

[30] Lu W, Chen CL, Xi YJ, et al. The oxidation behavior of Ti-46.5Al-5Nb at 900℃[J]. Intermetallic, 2007, 15: 989-998.

[31] Gaskell R. Introduction to Metallurgical Thermodynamics. Hemisphere Publishing Corporation, 1981.

[32] Nathan SJ, Michael P B, Gopal M M. Thermodynamics of selected Ti-Al and Ti-Al-Cr Alloys[J]. Oxid Met., 1997, 52(5-6): 537-556.

[33] Boër CR, Rydstad H, Schröder G. Choosing optimal forging conditions in isothermal and hot-die forging[J]. J. Appl. Metalworking, 1985, 3: 421-431.

[34] Zhang WJ, Reddy BV, Deevi SC, Physical properties of TiAl-based alloys[J]. Scripta Metallurgica et Materialia, 2001, 45: 645~651.

[35] 黄劲松, 刘咏, 贺跃辉. 热处理工艺对 Ti – 45Al – 7Nb – 0.15B – 0.4W 显微组织的影响 [J]. 中国有色金属学报, 2005, 15(3): 343~351.

[36] Guo FA, Ji V, François M, Zhang YG. X – ray elastic constant determination and microstresses of α_2 phase of a two-phase TiAl-based intermetallic alloy[J]. Material Science and Engineering A, 2003, 341: 182 – 188.

[37] Evangelista E, Zhang WJ, Francesconi L, et al. Toughening mechanism in the lamellar and duplex TiAl-based alloys at ambient temperature: micro-crack analysis[J]. Scripta Metallurgica et Materialia, 1995, 33: 467 – 472.

[38] Grinfeld MA, Hazzledine PM, Shoykhet B, et al. Coherency stresses in lamellar Ti – Al[J]. Metallurgical and materials transaction A, 1998, 29: 937 – 942.

图书在版编目(CIP)数据

粉末冶金钛基结构材料/刘咏,汤慧萍著.—长沙:中南大学出版社,
2012.5

ISBN 978-7-5487-0513-0

Ⅰ.粉…　Ⅱ.①刘…②汤…　Ⅲ.钛－粉末冶金
Ⅳ.TF125.2

中国版本图书馆 CIP 数据核字(2012)第 070758 号

粉末冶金钛基结构材料

刘　咏　汤慧萍　著

□**责任编辑**	刘颖维	
□**责任印制**	文桂武	
□**出版发行**	中南大学出版社	
	社址:长沙市麓山南路	邮编:410083
	发行科电话:0731-88876770	传真:0731-88710482
□**印　　装**	长沙市宏发印刷厂	

□**开　　本**	720×1000 B5　□**印张** 25.5　□**字数** 496 千字	
□**版　　次**	2012 年 5 月第 1 版　□2012 年 5 月第 1 次印刷	
□**书　　号**	ISBN 978-7-5487-0513-0	
□**定　　价**	115.00 元	

图书出现印装问题,请与出版社调换